国家高技术研究发展计划（863计划）资助
国家自然科学基金资助
西南交通大学创新团队培育计划资助

"十一五"国家重点图书
"十二五"国家重点图书

铁路客运专线（高速）轨道结构关键技术丛书

高速铁路道岔设计理论与实践

王 平 著

西南交通大学出版社
·成都·

图书在版编目（CIP）数据

高速铁路道岔设计理论与实践 / 王平著.—成都：
西南交通大学出版社，2011.10（2013.9 重印）
（铁路客运专线（高速）轨道结构关键技术丛书）
ISBN 978-7-5643-1428-6

Ⅰ. ①高… Ⅱ. ①王… Ⅲ. ①高速铁路－道岔－设计
Ⅳ. ①U238

中国版本图书馆 CIP 数据核字（2011）第 191980 号

铁路客运专线（高速）轨道结构关键技术丛书
高速铁路道岔设计理论与实践
王 平 著

*

| 责任编辑 | 万 方 李芳芳 张宝华 |
| 封面设计 | 本格设计 |

西南交通大学出版社出版发行
成都二环路北一段 111 号 邮政编码：610031 发行部电话：028-87600564
http：//press.swjtu.edu.cn
成都蓉军广告印务有限责任公司印刷

*

成品尺寸：170 mm×230 mm 印张：32
字数：591 千字
2011 年 10 月第 1 版 2013 年 9 月第 2 次印刷
ISBN 978-7-5643-1428-6
定价：78.00 元

图书如有印装质量问题 本社负责退换
版权所有 盗版必究 举报电话：028-87600562

序

建设中国高速铁路是几代中国铁路工作者的愿望。

轨道结构是高速铁路重要的组成部分，其中高速道岔又是十分关键的技术装备。

中国铁路既有线在经过六次提速后，实现了列车运行速度达到 200 km/h 等级目标，而新建高速铁路的列车速度目标值为 250~350 km/h，这是又一次列车运行速度的大跨越。

高速道岔除了要满足列车高速运行外，在安全性、平稳性、舒适性和可靠性方面提出了比提速道岔更高的要求。突破高速屏障是一项十分艰巨的挑战。

为了打破德、法两国对高速道岔技术的垄断和封锁，铁道部科技司和工程管理中心从 2005 年开始组成了"产、学、研、用"相结合的联合课题组协同攻关。

西南交通大学作为联合课题组的成员，肩负起了高速道岔基础理论研究的攻关重任。在以王平教授为核心的西南交大高速铁路轨道研究团队经过不懈的努力，终于在高速道岔平面线形设计、轮轨系统动力学评价、无缝道岔适应性检算、道岔可动部件转换阻力计算及道岔零部件动力强度检算等理论分析领域取得了开创性成果，建立了具有自主知识产权的高速道岔基础理论分析体系。该基础理论分析体系在时速 250~350 km、60 kg/m 钢轨、18 号以及 42 号和 62 号高速道岔研制工作中发挥了重要作用。

在基础理论研究成果的有力支持下，使我国高速道岔的整体技术达到了世界发达国家的同类水平，有的领域还有所超越。

在参与高速道岔研制全过程的工作中，王平教授十分注重各项资料的搜集，并按设计、制造、运输、铺设、维护等门类进行整理，内容全面、资料丰富，是对我国高速道岔的一次全面的技术总结，具有很强的实用性和参考价值。

本书内容对高速道岔基础理论研究及设计方法的普及和提高起到了有益的推动作用。该书对从事铁路轨道工程教学、科研、设计及工程管理人员具有重要的参考价值。

2011 年 9 月 9 日

前　言

　　道岔是实现列车转线或跨线运行必不可少的轨道设备，是影响行车平稳性与安全性的关键基础设施，是我国高速铁路建设中的关键技术之一。因高速道岔（编者注：铁路行业将"高速铁路道岔"习称"高速道岔"）要求具有高速度、高安全性、高平稳性、高舒适性和高可靠性，2005年以前在我国是一项空白技术。为满足我国高速铁路大规模建设的需要，铁道部制定了"引进法国技术、中德合资生产、自主研发"并行的高速道岔技术路线。

　　在铁道部科技司和工程管理中心的领导下，2005年组织了"用、产、学、研"高速道岔联合攻关课题组，由西南交通大学、中国铁道科学研究院、中铁工程设计咨询集团有限公司、北京全路通号总公司、中铁山桥集团有限公司、中铁宝桥集团有限公司、北京交通大学等十多家单位组成的联合课题组，历时六年，多学科联合攻关，历经理论研究、结构设计、试制生产、试铺试验等研发过程，完成了具有自主知识产权的时速250公里和350公里的18号、42号、62号有砟及无砟轨道基础系列高速道岔的研制，并在武广、沪杭等高速铁路线上铺设，通过了最高试验速度410公里/小时、运营速度350公里/小时的考核，已在哈大（哈尔滨—大连）、京郑（北京—郑州）、郑武（郑州—武汉）等高速铁路线上大规模推广应用，市场份额已达75%以上。

　　我国高速铁路道岔的成功研制，为我国高速铁路建设提供了关键基础设备，显著推动了道岔行业的技术进步，打破了德、法两国对国际高速道岔市场的垄断，开始出口到国外，并迫使德、法两国的高速道岔在我国大幅度降低销售价格，为我国高速铁路建设节约了数十亿元的直接投资。

　　高速道岔设计理论体系的建立是道岔结构创新的源泉和技术保证。作者有幸担当了我国高速铁路道岔理论研究组的组长，在近几年的研究过程中，与联合课题组、作者领导的研发团队一起，团结协作、锐意进取，攻克了高速道岔平面线形、轮轨关系、轨道刚度、无缝化、工电一体化设计中的大量技术难题，建立了高速道岔平面线形设计理论、高速道岔轮轨系统动力学设计理论、无缝道岔设计理论、高速道岔转换计算理论、高速道岔零部件动力强度设计理论，形成了我国高速道岔的理论研究、结构设计、制造铺设、试验监测、技术条件、定型图等成套技术。同时，高速道岔还是轨道结构技术的集成，它的研制成功，还推动了区间线路轨道结构相关技术的发展。本书及时地将这些理论研究成果归纳总结，并呈现给大家，希望能对铁路道岔设计工作者有所帮助，继续推动我国道岔技术的发展。

本书共五章，第一章介绍了国内外高速道岔的发展概况及技术特点，提出了我国高速道岔的设计技术要求；第二章建立了高速道岔平面线形的基本参数法设计及轮轨系统动力学评估理论，提出了高速道岔结构选型原则；第三章基于高速道岔轮轨接触关系研究，建立了列车道岔系统动力学理论，提出了动力参数法设计理论，指导高速道岔轮轨关系、轨道刚度的设计，提出了高速道岔几何不平顺及状态不平顺的控制标准，大量的实车动测试验结果验证了列车道岔动力学理论的正确性；第四章建立了高速道岔转换计算理论，指导各种型号高速道岔的牵引转换设计；第五章系统总结了高速铁路钢轨件、铁垫板、扣件系统、轨下基础、转换设备等关键零部件的研究设计及强度检算方法，为进一步完善道岔零部件动力强度设计理论奠定了基础。有关路基及桥上无缝道岔的设计理论与设计方法，在作者的另两本专著《无缝道岔计算理论与设计方法》、《桥上无缝道岔设计理论研究》中有详细的论述，在本书中就未赘述了。

在开展高速道岔理论研究的过程中，得到了国家"863计划"项目"高速铁路道岔设计关键技术研究"、教育部新世纪人才基金项目"高速道岔设计理论体系研究"、国家自然科学基金项目"高速铁路道岔轮轨接触理论与设计优化研究"、铁道部科技开发计划项目"遂渝线无砟轨道道岔区设计与试验研究"、"客运专线道岔国产化研究——道岔设计理论研究与动力仿真分析"、"350公里/小时客运专线无砟轨道道岔研发——设计理论与检算分析研究"、"客运专线无砟轨道道岔提高直向行车舒适性关键技术研究"、"客运专线无砟轨道道岔精调技术研究"、"高速铁路勘察设计技术深化研究——高速铁路车—岔—桥动力学仿真技术研究"等项目的资助，得到了铁道部工程管理中心郭福安教授级高工、中国铁道科学研究院顾培雄研究员、肖俊恒研究员、范佳研究员、王树国副研究员、方杭玮副研究员、铁道器材研发中心沈长耀教授级高工、中铁工程设计咨询集团有限公司许有全教授级高工、侯文英教授级高工、侯爱滨教授级高工、北京全路通号总公司张玉林教授级高工、孙晓勇工程师、中铁山桥集团有限公司徐安有教授级高工、王柏重教授级高工、于保东教授级高工、鹿广清高工、中铁宝桥集团有限公司董彦录高工、费维周高工、中铁轨道系统集团有限公司王全生教授级高工、刘浩高工、周文博士、北京交通大学范俊杰教授、高亮教授、蔡小培博士及各铁路设计院轨道专业专家们的大力支持和帮助。在此还要特别感谢西南交通大学高速铁路轨道研究团队的各位同仁；在本书的写作过程中，作者的硕士研究生、博士研究生们提供了大量的算例，在此一并表示感谢。

感谢原铁道部专业设计院副院长、总工程师、我国知名的道岔专家、提速道岔设计负责人沈长耀教授级高级工程师在百忙之中为本书作序，并提出了许多宝贵的修改意见。

本书由西南交通大学出版基金资助出版。本书作者对支持、帮助和关心本书出版的各位同行、出版者致以诚挚的谢意！

书中错误之处在所难免，敬请广大读者批评指正。

王平

2011年7月3日于成都

目 录

第一章 概 述 ... 1
- 第一节 高速道岔的技术要求与特点 ... 2
- 第二节 国外高速铁路道岔技术 ... 9
- 第三节 我国高速铁路道岔技术 ... 46

第二章 道岔平面线形设计理论 ... 72
- 第一节 高速道岔的设计条件与结构选型 ... 72
- 第二节 道岔平面线形与基本参数法 ... 109
- 第三节 高速道岔总布置图设计 ... 124
- 第四节 轮轨系统动力学在道岔平面线形设计中的应用 ... 139

第三章 列车道岔系统动力学理论及应用 ... 150
- 第一节 道岔区轮轨接触几何与轮轨蠕滑 ... 150
- 第二节 列车道岔系统动力学理论 ... 209
- 第三节 道岔区轮轨关系研究设计 ... 231
- 第四节 道岔区轨道刚度研究设计 ... 261
- 第五节 道岔不平顺动力学分析 ... 300
- 第六节 道岔动力学仿真评估与试验验证 ... 322

第四章 道岔转换计算理论 ... 331
- 第一节 道岔转换结构与转换原理 ... 331
- 第二节 道岔转换计算理论 ... 343
- 第三节 高速道岔转换研究设计 ... 354
- 第四节 高速道岔转换试验研究 ... 371
- 第五节 高速道岔夹异物动力仿真研究 ... 377

第五章　道岔部件研究设计与受力分析 379
第一节　道岔钢轨件强度检算 379
第二节　道岔铁垫板强度检算 405
第三节　道岔扣件系统研究设计与受力分析 426
第四节　道岔轨下基础研究设计 461
第五节　道岔转换设备受力分析 491

参考文献 498

第一章 概 述

道岔是机车车辆从一股轨道转入或越过另一股轨道的线路设备，是铁路轨道的重要组成部分和系统集成。道岔是线路上的薄弱环节，是养护维修的重点和难点，是影响列车运行速度和安全的关键设备，是高速铁路建设中的关键技术之一。

我国高速道岔可按以下方式进行分类：

（1）按直向容许通过速度分：可分为 250 km/h 和 350 km/h 两种类型。

（2）按侧向容许通过速度分：可分为 80 km/h、120 km/h、160 km/h、220 km/h 四种类型，侧向容许通过速度不小于 160 km/h 的高速道岔因道岔号码大、长度长，也被称为侧向高速道岔。

（3）按道岔功能分：可分为正线道岔、渡线道岔和联络线道岔三种类型，其中正线道岔位于车站咽喉区，实现列车由正线进出到发线的功能，渡线道岔位于车站咽喉区外，实现列车在上下行线间换线运行的功能，联络线道岔也位于车站咽喉区外，实现列车在两条高速线间换线运行的功能；其中正线道岔侧向容许通过速度为 80 km/h、渡线道岔侧向容许通过速度为 80~160 km/h、联络线道岔侧向容许通过速度为 120~220 km/h。

（4）按轨下基础类型分：可分为有砟轨道及无砟轨道两种类型，有砟道岔采用预应力混凝土岔枕；无砟道岔的轨下基础又可分为埋入式混凝土岔枕和道岔板两种类型，但道岔本身相同。

（5）按技术类型分：可分为中国自主研发的高速道岔（简称Ⅰ型高速道岔）、引进法国技术的道岔（简称Ⅱ型高速道岔）、中德合资生产的高速道岔（简称Ⅲ型高速道岔）。Ⅰ型高速道岔已在石太（石家庄—太原）、甬台温（宁波—台州—温州）、温福（温州—福州）、广珠（广州—珠海）、沪宁（上海—南京）、武广（武汉—广州）、哈大（哈尔滨—大连）等高速铁路线上使用；Ⅱ型高速道岔已在合宁（合肥—南京）、合武（合肥—武汉）、郑西（郑州—西安）等高速铁路线上使用；Ⅲ型高速道岔已在京津（北京—天津）、武广（武汉—广州）、京沪（北京—上海）等高速铁路线上使用。

（6）按道岔号码分：可分为 18 号、30 号、42 号、62 号道岔，法国与德国技术的侧向高速道岔号码与我国有所差别，分别为 41 号、58 号及 39.113 号、42 号、50 号。

国内外高速铁路基本上采用的是 60 kg/m 钢轨、标准轨距、跨区间无缝线路，因而高速道岔一般不按钢轨、轨距、接头类型分类；我国高速道岔全部采用的是可动心轨辙叉，国外高速铁路还有固定型辙叉道岔或乘越式道岔（列车直向过岔时与走行区间线路相同，侧向过岔时侧股钢轨转换并跨越直股钢轨走行，侧向过岔速度较低）；我国高速铁路采用的是 1∶40 的轨底坡，国外高速铁路还有采用 1∶20 轨底坡的情况，因而国外高速道岔可按轨底坡分为 1∶40 与 1∶20 两种类型。[1]

高速道岔由钢轨、扣件系统、岔枕及有砟道床或无砟轨道等轨下基础、转换设备、监测系统、融雪装置、道岔前后轨道刚度过渡段等部件组成，除轨下基础外，要求各部件应具有相同的使用寿命。

第一节　高速道岔的技术要求与特点

高速道岔区别于普速、提速道岔之处在于其技术性能要求高、需要解决道岔结构设计、制造组装、运输铺设、养护维修、检测监测等各个环节中的关键技术问题并不断创新发展，其技术难度要大得多。在 2005 年以前，高速道岔技术在我国为空白，整体技术水平与国外铁路发达国家的先进水平差距较大，通过近几年的自主研发工作，目前我国高速道岔的研究与设计技术已基本达到了国外先进水平，高速道岔的制造、铺设、维护与监测技术差距也正在缩短。[46]

一、高速道岔的技术要求

高速道岔集中了钢轨、扣件、轨枕、有砟道床、无砟轨道等轨道结构技术，路基及桥上无缝线路、轮轨关系、电务转换与轨道电路等相关专业的接口技术，精密机械制造、机械化铺设与养护、控制测量、信息化管理等多学科的交叉技术，系统复杂，技术难度大，技术性能高。其技术性能主要体现在以下几方面。

1. 高速度

高速道岔要求直向容许通过速度能与区间线路相同，不能成为高速铁路线上的限速设备；侧向容许通过速度也相对较高，不能显著地影响高速铁路的通过能力。而且为确保其安全性，直向设计速度尚需预留 10% 的安全余量，侧向设计速度尚需预留 10 km/h 的安全余量，比如直向容许通过速度为 350 km/h、侧向容许通过速度为 160 km/h 的 42 号高速道岔，其直向设计速度应为 385 km/h，侧向设计速度应为 170 km/h。

2. 高安全性

高速道岔要求动车组以设计速度直侧向通过时，其减载率、脱轨系数等安全性指标与区间线路相同；尖轨及可动心轨的开口量在容许限度内，不得发生车轮撞击尖轨及心轨尖端的事故；道岔转换设备显示正常，不得出现"红光带"及信号异常现象；可动轨件锁闭牢固，不得因异物落入尖轨与基本轨、心轨与翼轨密贴区段或因异物撞弯转换杆件而导致车轮掉道；监测系统应作为高速道岔的必要组成部分，以便能及时发现异常转换、尖轨与基本轨的密贴超限、可动心轨与翼轨的密贴超限、钢轨折断等危及行车安全的故障及隐患；北方地区应安装融雪装置，以确保雨雪天气情况下在道岔转辙器及辙叉部分不会出现积雪、积冰而影响其正常转换；等等。

3. 高平稳性

高速道岔要求动车组以运营速度直侧向过岔时，不出现明显的"晃车"现象，在横向上与区间线路具有相同的旅客乘坐舒适度；综合检测车或轨检车过岔时，车体横向水平加速度不出现Ⅰ级超限（我国高速铁路的计划维修标准，对应的车体水平加速度为 0.6 m/s^2）。在道岔的转辙器及辙叉部分，轮载需在两钢轨上过渡，因轮轨接触点的变化将形成不可避免的竖向及横向结构不平顺，导致列车过岔时出现较大的竖向与横向振动，如图 1-1 所示。实践表明，道岔的高平稳性要求是其所有技术性能中最难实现的，需要进行轮轨关系的创新以及制造、组装、铺设及维护等各方面的技术保障才能得以实现。

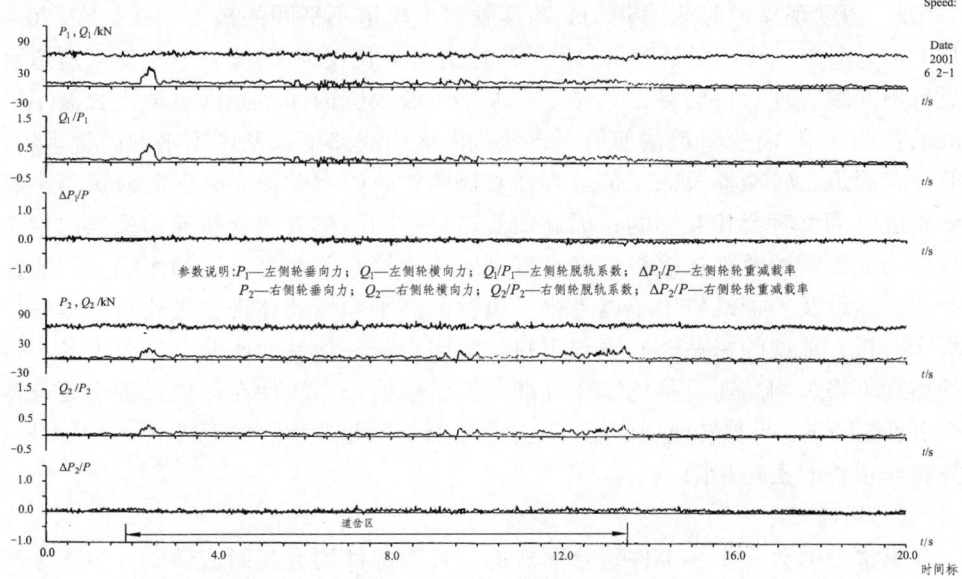

图 1-1　列车过岔时的轮轨竖向力与横向力

4. 高舒适性

高速道岔要求动车组以运营速度直侧向过岔时，在竖向上与区间线路具有相同的旅客乘坐舒适度，不会在进出岔时出现类似于桥头的"跳车"现象，不会在岔区内因轨道整体刚度的分布不均而出现过大的竖向振动；综合检测车或轨检车过岔时，车体垂直加速度不出现Ⅰ级超限（我国高速铁路的计划维修标准，对应的车体垂直加速度为 1.0 m/s^2）。因此要求高速道岔进行岔区轨道刚度的均匀化设计、道岔与区间线路轨道刚度的过渡设计、有砟轨道碎石道床弹性的保持等。

5. 高可靠性

高速铁路采用的是白天全线封闭运行、夜间开"天窗"维修养护的运营模式，要求高速道岔具有较提速道岔更高的可靠性，不出现提速道岔中常见的病害，如：无缝道岔中因尖轨及心轨的伸缩超过外锁闭机构的容许位移而出现转换卡阻现象，影响道岔的正常开通；可动心轨第一牵引点处因心轨"翻背"而导致心轨与翼轨的密贴检查失效等。

6. 高平顺性

高速铁路要求所有的轨道结构必须具有高平顺性，高速道岔当然也不例外，只有轨道的高平顺性才能确保高速列车的高安全性与高平稳性。对于高速铁路，需要重点关注的是与列车自振频率相对应的长波不平顺以及影响轮轨关系的轨面短波不平顺。法国及日本高速铁路运营实践表明，高速列车存在较明显的"1 Hz"振动现象，时速 350 km 高速铁路上轨道不平顺的最不利波长在 70～120 m 范围内，而数量最多的 18 号高速道岔全长仅为 69 m，单独对高速道岔进行不平顺管理，可能会因其位于长波不平顺范围内而不能满足轨道长波不平顺的管理要求，需要将道岔前后一定范围的区间线路纳入岔区不平顺的管理中。此外，因道岔转辙器及辙叉部分存在直侧股钢轨的密贴段，直侧股轨道不平顺分别进行调整时会相互影响，因此需要以科学的调整方法为指导。岔区内钢轨顶面的加工轮廓及焊接接头的平直度则对轮轨接触关系有一定的影响，需要在制造、铺设及养护维修中予以重视。道岔的高平顺性还体现在尖轨与基本轨、滑床台板、顶铁的密贴，心轨与翼轨、滑床台板、顶铁的密贴上，要求各部位的离缝不得影响高速道岔的工作性能。道岔中的长大轨件在转换过程中要求各牵引点能同步、平稳转换到位而不至于引起转换不足位移、轨距减小，与基本轨、翼轨或顶铁的密贴超限。

7. 高精度

道岔是由数千个零部件组合而成的，各零部件均有其制造误差，为满足高速道岔对组装几何尺寸及密贴的高平顺性要求，需要高速道岔的制造与组装必须具有高精度。因此道岔制造厂家需进行设备改造及技术更新，以满足高精度制造的要求；需建立高精度的组装平台，在组装平台上对高速道岔进行逐组组装，以满足高精度组装的要求；需开发道岔专用运输车，采用分块或分片运输方式，以满足高精度运输的要求；采用大型吊装设备装卸道岔部件，采用牢固支撑系统进行无砟道岔铺设，采用大型养路机械进行有砟道岔铺设，以满足高精度铺设的要求。

8. 高稳定性与少维修

高速道岔还要求在高速列车及温度等荷载的作用下强度储备高，不易发生较大的残余变形，具有较高的结构稳定性和较少的养护维修工作量。钢轨件要求材质洁净、强韧匹配、残余应力低、可焊性好，可动轨件不易产生拱腰变形；轨下基础结构稳定可靠，不易产生较大的累积沉降变形；扣件系统保持轨距和方向能力强，不易产生较大的轨道不平顺积累；电务转换设备与融雪系统工作稳定、可靠，各部件磨耗磨损慢，故障率低；钢轨及铁件受环境影响小，不易锈蚀；橡胶及尼龙件损伤、老化速度慢；所有的螺栓防松效果好，在列车振动作用下不易松弛等。

9. 易维修

随着运营时间延长、通过总重增加、道岔工作状态的恶化，一旦出现轨道不平顺超限、部件严重伤损需要进行维修、更换时，应能在天窗时间内方便快捷地进行处理，并能尽快按正常速度开通线路，轨道结构这种边运营、边变形、边维修的工作特点在高速铁路上显得尤为突出，要求高速道岔结构的研制必须考虑维修作业手段与维修工艺，易于维修。道岔扣件系统应具备较大的调高量与调距量、调整精度应能满足道岔高平顺要求，转辙器及辙叉等特殊部位的轨距与方向也应可调；钢轨件及铁垫板折断时应能便于更换（目前辙叉垫板折断后更换较为困难）；铁垫板锚固螺栓及预埋套管损伤后应能在不大范围抬高轨道的条件下快速更换；无砟轨道基础沉降、开裂、破损后应能快速修复；有砟轨道上电务转换杆件不影响大型养路机械的作业，等等。

二、高速道岔的技术特点

高速道岔的高技术性能要求决定了它与普速、提速道岔具有不同的技术特点。

1. 工电一体化的整体系统

高速道岔是由工务（包括道岔钢轨、扣件、岔枕及轨下基础）及电务（转换系统、监测系统、融雪设备）两部分所组成的，两者是实现道岔转线功能所必需的、确保其高技术性能、不可分割的有机组成部分。一方面，工务部件要为电务部件预留足够的安装空间和便利的安装条件，因而应注重工电接口部位的制造与组装精度；另一方面，电务部件应能确保工务部件的平稳转换而不至于导致尖轨及心轨的侧拱、转换不到位，应能允许尖轨及心轨的自由伸缩，应能确保尖轨及心轨的密贴与可靠锁闭、在雨雪天气能正常转换，应能实时监测尖轨与基本轨、心轨与翼轨的密贴状态等。因此，可以说高速道岔是高精密的机电设备，而不是普通的土工结构物。

2. 安全、成熟、可靠的道岔结构

高速道岔与提速道岔相比，在整体结构上并无显著差别，主要采用的是提速道岔中安全、成熟、可靠的结构部件。只是由于其技术性能要求高，决定了高速道岔以可动心轨辙叉结构为主；且以单开道岔为其结构类型，没有普速道岔中的对称道岔、三开道岔、曲线道岔、交叉渡线、交分道岔等复杂的结构形式；均铺设于跨区间无缝线路中，直侧股均为焊接接头；尖轨及心轨第一牵引点为外锁闭结构；侧向高速道岔采用缓和曲线线形及双肢弹性可弯心轨结构；设置有轨底坡或轨顶坡，导曲线上未设置超高和轨距加宽；弹性扣件、混凝土岔枕或无砟轨道基础等。

3. 良好的国情、路情适应性

我国时速 350 km 高速铁路为纯客运，时速 250 km 高速铁路可能会有部分线路为客货共线，高速道岔要能适应不同的运营条件；我国幅员广阔，南北地区温差较大，高速道岔要能适应在不同轨温差地区跨区间无缝线路的铺设；我国高速铁路轨下基础类型较多，既有有砟轨道，也有枕式、板式无砟轨道，高速道岔要能适应于不同的轨下基础；为节约土地、控制沉降，我国高速铁路线上建设有大量的高架车站，车站咽喉区可能位于桥梁上，高速道岔既要适应铺设于路基上，也要适应铺设于桥梁上。

4. 现代化的生产工艺与系统集成

为满足高速道岔的高技术性能要求，道岔制造要求采用长大的数控龙门铣床、高精度的数控锯钻、大吨位的压力机、先进的焊轨机、大型的吊装机械、高精度的组装平台等现代化的生产装备、生产工艺及检测设备，树立细节决定成败的精品道岔理念，制订严格的原材料、外购件与生产过程质量管理体系，形成以道岔厂为责任主体的集成供货与驻厂监造制度。

5. 机械化、标准化与专业化的铺设工艺

高速道岔的铺设是确保其高技术性能极其重要的环节，开通即达到容许通过速度是高速道岔铺设成功的标志。高速道岔主要采用原位铺设法，也有少量的移位铺设法。有砟道岔的铺设主要控制"装"和"养"两个核心环节，在吊装、运输及铺设中应采用长达 20 m 的平板车，大吨位吊车、专用吊具、专用移位台车，铺设后的养护维修作业中，应采用道岔捣固车进行作业，保证道床的密实及稳定、以形成对道岔的稳定支撑。对于长枕埋入式无砟道岔，可采用"工厂预组装、分节段运输、现场精调并灌注混凝土"的施工方法，应采用牢固的道岔侧向/竖向支撑调整系统，避免在施工过程中形成空吊。板式无砟道岔的铺设应注重道岔板的平整度、钉孔距的精度。应重视钢轨焊接和接头打磨工作，可采用以下焊接顺序：先焊接岔内接头，后与区间无缝线路焊连；岔内按照先外后里，从后至前，先直后曲的顺序焊接；与区间焊连按照先前端后尾端，岔尾先外后里的顺序焊接；以上焊接均应成对进行，两次焊接的温度差应小于 2 ℃。道岔铺设需要和精密测量相结合，准确确定道岔的三维空间坐标。还应重视无砟道岔的精细调整，道岔调试需要轨道检测小车、全站仪和相应的调整软件支持，通过调高、调距弥补道岔施工中出现的几何状态超限等问题，要求达到铺设技术条件的规定。总的来看，高速道岔需要采用机械化的作业手段、标准化的施工工艺、专业化的施工队伍，才能满足其高平顺性要求。

6. 信息化与科学化的维修管理

由于高速铁路线白天全封闭运行，只有在夜间天窗时间对其进行检测与维护，为长期保持道岔的高技术性能，减少养护维修工作量，且还能对其工作状态做到有序可控，需要采用信息化、科学化的养护维修方法。应用道岔监测系统，实现高速道岔的信息化管理，实现故障修向状态修的转变。针对其高速度要求，应注重长波长及短波长不平顺的控制；针对其高安全性与高平稳性要求，应注重尖轨及基本轨顶面高差、滑床台板及顶铁离缝、轨底坡、钢轨顶面轮廓等轮轨关系的维护；针对其高舒适性要求，应注重轨道刚度的维护；针对其高平顺性要求，应注重备品备件的储存、运输和吊装工艺；针对其高可靠性要求，应注重钢轨几何状态检测、钢轨探伤、电务转换测试、融雪装置及监测系统的配置等。

三、我国高速道岔的关键技术问题

我国高速道岔的研制，需要从研究、设计、制造、铺设等各个环节解决以下四大关键技术问题。

1. 动力学问题

动力学问题中需要解决的是高速道岔的安全性、平稳性与舒适性等技术问题。

（1）满足动车组安全、平稳运行的高速铁路道岔轮轨关系创新设计。道岔轮轨关系是形成道岔结构不平顺的根源，是导致轮轨动力作用加剧，甚至脱轨的根源,也是影响行车平稳性的根源,是高速道岔设计中最为关键的技术。

(2)满足动车组行车舒适性的高速铁路道岔轨道刚度的合理匹配及均匀化设计。道岔轨道刚度的不合理及不均匀是导致行车舒适性降低的主要因素,也是限制列车速度提高的重要因素。

(3)满足高速铁路道岔高平顺性要求的长大轨件及双肢弹性可弯心轨结构创新设计。过去我国道岔长大轨件转换过程中,存在着较大的转换不足位移,影响着行车的平稳性。双肢弹性可弯心轨结构在国内还是空白,没有相应的设计和制造经验。

2. 可靠性问题

可靠性问题中需要解决的是我国道岔中长期存在的尖轨侧磨、转换卡阻、密贴检查失效等技术问题。

(1)与我国运营条件相适应的高速铁路道岔平面线形设计。由于我国铁路大轴重、高速度、高密度的客货共线运营条件,普速及提速道岔尖轨及心轨磨耗、伤损较严重,需在时速 250 km 客货共线高速道岔中予以重点解决;此外我国还没有侧向容许通过速度为 160 km/h 高速道岔的设计经验。

(2)适应跨区间无缝线路的高速铁路道岔无缝化优化设计。从提速道岔开始,我国一直在进行道岔无缝化技术的研究,但仍存在着转换卡阻、碎弯变形等病害,未能彻底解决,这是长期困扰我国的技术难题。

(3)确保高速道岔可靠性与稳定性的工电一体化系统设计。工电结合部是道岔结构中的设计难点,过去一直未能较好解决,比如在心轨一动处,在提速道岔中虽然采用了转换凸缘的创新设计,在实际使用过程中仍存在着"翻背"及检测失效的问题。

3. 适应性问题

适应性问题中需要解决的是高速道岔在无砟轨道及桥梁上铺设的相关接口技术问题。[3-4, 10]

(1)高速道岔无砟轨道基础设计与施工。无砟轨道是我国时速 350 km 高速铁路的主要轨道结构类型,岔区长枕埋入式和板式无砟轨道的设计与施工技术在我国尚属空白。

(2)桥上无缝道岔设计理论与设计方法。我国在建高速铁路上有大量的高架车站,桥上无缝道岔综合了桥上无缝线路、无缝道岔、无砟轨道、车岔系统动力学、车桥系统动力学的相关技术,是一项前沿性的综合技术难题。

4. 技术标准问题

满足高技术性能要求的高速铁路道岔设计、制造、组装、运输、铺设和维护的成套技术标准制订。这在国内还是空白,只有提速道岔的相关技术标准。

第二节 国外高速铁路道岔技术

在中国研制高速道岔以前,世界上能够自主设计、生产时速 300km 及以上高速道岔的国家仅有德国、法国和日本,日本高速道岔因未实现真正的无缝化(道岔前后采用伸缩调节器连接)仅限在日本国内使用,法国高速道岔以有砟轨道技术体系为主,德国高速道岔以无砟轨道技术体系为主,西班牙、韩国、荷兰、比利时高速铁路均采用的是这两个国家的技术,是高速道岔世界先进水平的代表。我国在高速铁路建设初期也引进和采用了这两个国家的高速道岔技术,下面对其进行简要介绍。[65]

一、法国高速道岔技术

从 1975 年开始,科吉富(Cogifer)公司就成为法国国铁最紧密的合作伙伴。1981 年设计和制造了第一代高速道岔,采用木岔枕,并研究设计了单肢三次抛物线形 46 号、65 号侧向高速道岔,实现了 270 km/h 的旅行速度;第二代高速道岔主要是将单肢抛物线改为圆缓线形,采用混凝土岔枕,有砟道床,1990 年创造了 501 km/h 直向过岔的世界纪录;目前,法铁在巴黎至马赛的线路上普遍应用的是第三代高速道岔,行车速度达到 300 km/h;第四代道岔主要是在第三代的基础上采用了 NiCr 减磨镀层和可调滚轮,将应用至速度 330 km/h 以上的新建铁路线上。法国高速道岔经过了上万次的试验,技术日趋成熟,目前世界各国应用科吉富公司的高速道岔大约有 1 200 多组,中国的郑西(郑州—西安)、合宁(合肥—南京)、合武(合肥—武汉)线上使用了大约 200 多组。

(一)平面线形

法国高速铁路的道岔系列是 65 号、46 号、29 号、26 号、21 号和 15.3 号,侧向速度分别为 230 km/h、170 km/h、160 km/h、130 km/h、100 km/h、80 km/h。欠超高最小值为 77 mm(21 号),最大值达到了 100 mm(29 号)。除 65 号和 46 号为圆缓线形外(如图 1-2 所示),其余均为圆曲线形。法国为中国设计的 18 号高速道岔导曲线为 1 100 m 的单圆曲线,41 号道岔为圆曲线(半径 4 500 m)+ 抛物线线形。在侧向速度为 70~170 km/h 时,未被平衡的离心加速度 $a \leqslant 0.65$ m/s^2,欠超高最大值为 100 mm,欠超高时变率不超过 236 mm/s;在侧向速度为 170~230 km/h 时,未被平衡的离心加速度 $a \leqslant 0.56$ m/s^2,欠超高最大值为 85 mm,欠超高时变率不超过 260 mm/s。

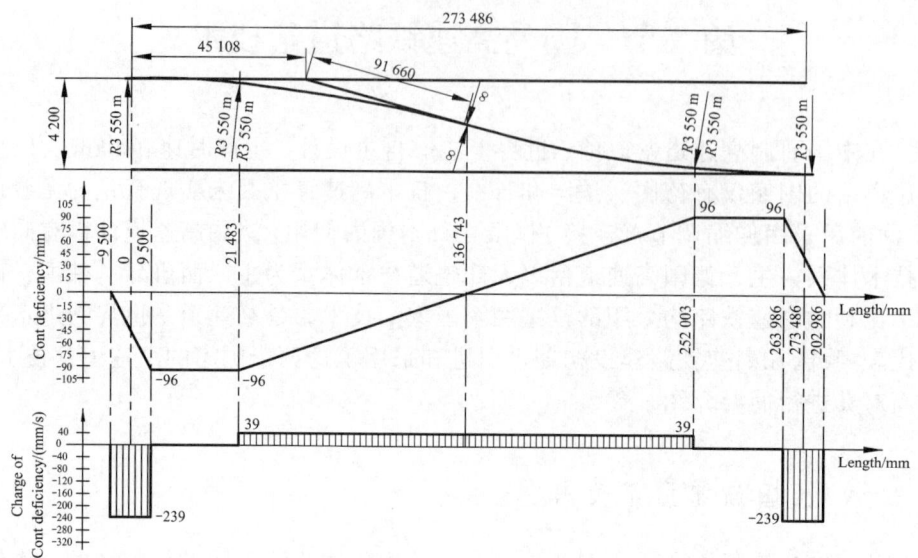

图 1-2 法国 46 号道岔平面线形

（二）转辙器结构

1. 尖轨结构

法国高速道岔尖轨采用整根 AT 轨加工制造，主要采用 UIC60D 轨，不淬火，强度为 900 A。尖轨尖端采用藏尖结构，藏尖深度均为 3 mm，尖端降低值为 17 mm。法国道岔采用轮对通过转辙器时倾角不超过 4 rad/1 000 作为尖轨顶面降低值设计标准，其直曲尖轨采用相同的顶面降低值。法国为中国设计的高速道岔基本轨采用的是中国 60 kg/m 钢轨，客货共线线路上为 U75 V 钢轨，时速 350 公里客运专线上采用的是 U71MnK，设 1∶40 轨底坡。尖轨采用 60D40 钢轨，材质与基本轨相同，顶面加工 1∶40 轨顶坡，跟端扭转 1∶40 斜。

2. 尖轨适应无缝道岔的技术措施

尖轨的伸缩位移主要由两部分组成：一是尖轨跟端的伸缩位移，二是自由段的伸缩位移。为了减少这两方面的位移，法国在道岔设计中采取了以下一些措施：

（1）道岔扣件纵向阻力不低于线路阻力，单个扣件扣压力不低于 12 kN，在轨下设置橡胶垫后（刚度较大），纵向阻力保持 8~10 kN。

（2）尽可能降低尖轨的自由段长度，在尖轨跟端较窄处，采用改进后的 Nabla 扣件（如图 1-3 所示）或 USK2 弹条、SKL24 弹条扣件进行扣压（如图 1-4 所示）。

图 1-3　法国道岔跟端的异型 Nabla 扣件

图 1-4　法国道岔跟端扣件

（3）研制适应尖轨伸缩能力强的外锁闭机构，法国过去也采用限位器，但当转换机构能适应较大的伸缩位移后，为避免限位器变形影响尖轨线形，目前已不再采用限位器结构。

3. 尖轨转换不足位移的控制

为了消除尖轨的不足位移，首先从理论上采用有限单元法模拟尖轨与心轨转换后的线形，如图 1-5 所示，若存在不足位移，则将采取以下措施予以消除：采用减摩装置，降低转换阻力；增加牵引点数，缩短最后一牵引点与尖轨跟端的距离，尖轨最后一牵引点的位置如图 1-6 所示；通过两尖轨间的连杆保持线形。

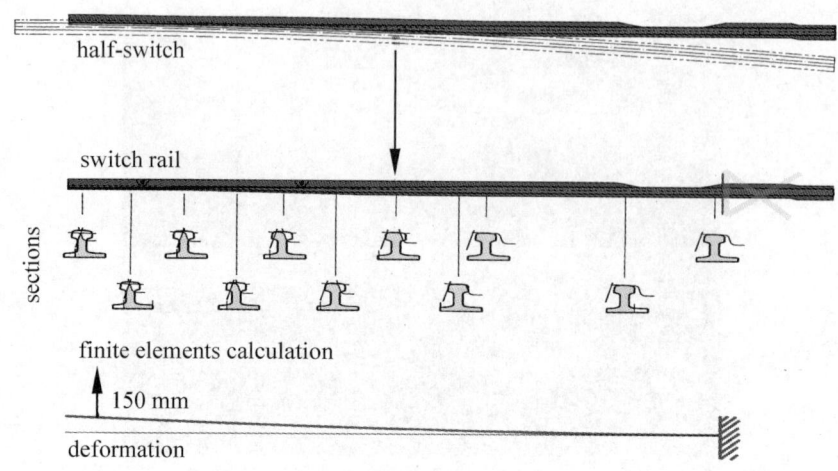

图 1-5 有限元法模拟尖轨转换

图 1-6 尖轨最后一牵引点后移

4. 减摩滑床板或辊轮滑床板结构

法国高速道岔采用如图 1-7 所示的无须润滑的滑床板，普通减摩滑床板台面有一层 0.3 mm 厚的镍铬镀层，并与带辊轮的滑床板配合使用，可将尖轨的转换由滑动摩擦转变为滚动摩擦，可减小转换阻力及不足位移。

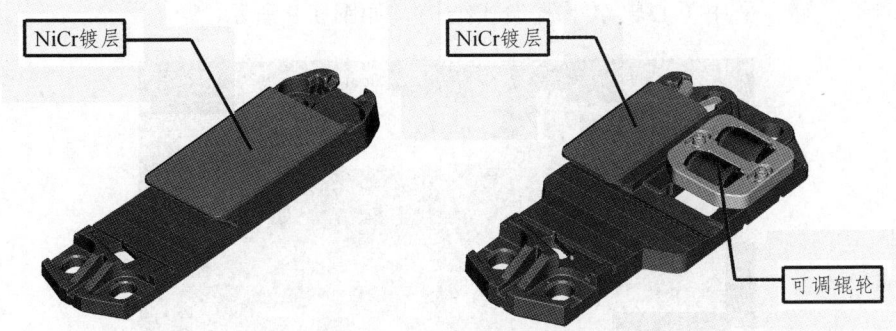

图 1-7 减摩滑床板

5. 基本轨扣压技术

法国高速道岔设置了如图 1-8 所示的几形弹性夹，其扣压力与普通扣件相当，可实现基本轨内侧的弹性扣压，大幅度提高了基本轨抵抗外翻的能力。采用专用工具时，弹性夹的装卸较为方便。

图 1-8 法国道岔所使用的弹性夹

（三）辙叉结构

1. 心轨及跟端连接技术

法国道岔心轨材质与尖轨相同，长短心轨采用嵌入拼接式，短心轨尖端断面宽度约为 10 mm，对应的长心轨断面宽度约为 50 mm，有利于缩短整个心轨的长度，短心轨尖端降低约 10 mm，长短心轨用哈克螺栓（工厂）或高强度螺栓（现场）连接，轨头轨底的连接面均密贴，顶面和底面接缝处长短心轨两侧均有大于 5 mm 的倒棱。

同尖轨顶面降低值设计原则一样，法国道岔在心轨顶面降低值设计中仍然遵循的是轮载转移过程中轮对倾角小于 4 rad/1 000 和顶宽 22 mm 断面之后、心轨与翼轨密贴点之前完成轮载过渡的设计原则。长心轨尖端处心轨降低值较小，为 10~12 mm，心轨尖端宽度约为 10 mm。为进一步降低列车通过辙叉时的横向不平顺，采用了心轨水平藏尖式结构，如图 1-9 所示。

图 1-9　法国道岔心轨水平藏尖结构

辙叉跟端固定点位置仅在心轨顶宽约 150 mm 断面处；跟端为长间隔铁（>2 000 mm）结构，心轨与翼轨每侧采用 3 块间隔铁、弹性套筒式防松螺栓连接（如图 1-10 所示），不用胶结，各螺栓所承受的无缝道岔纵向力近似相等；46 号道岔心轨可动段长仅 11 m 左右，最后一个牵引点距固定点也仅 3 m 多，可有效降低转换不足位移。为中国设计的 18 号道岔为单肢弹性可弯心轨结构，41 号道岔为双肢弹性可弯心轨结构，跟端结构类似。

（a）整体结构

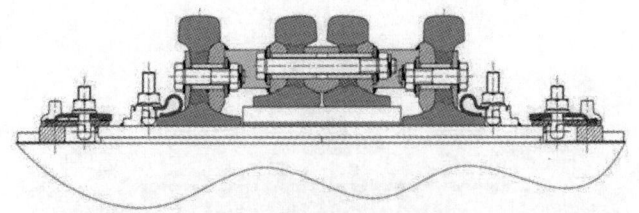

(b) 跟端结构截面图

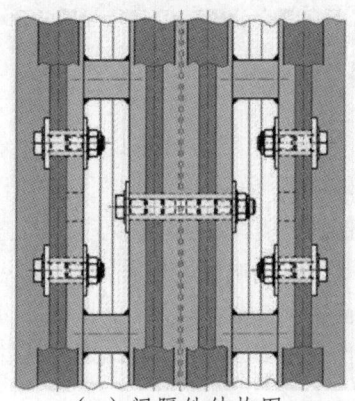

(c) 间隔铁结构图

图 1-10 法国道岔辙叉跟端结构

2. 辙叉翼轨的结构形式

法国高速道岔辙叉翼轨为整铸"摇篮式"结构，如图 1-11 所示，前端通过闪光焊与普通钢轨在厂内焊接，后端焊接 A74 钢轨，外侧用竖向轨撑扣压，其长度随道岔号码不同而异，46 号道岔约为 7 m，65 号道岔约为 8 m。心轨第一牵引点电务装置从底部伸出，牵引心轨。另有三个 U 型托槽，托住心轨并在

(a) 辙叉翼轨的整体结构

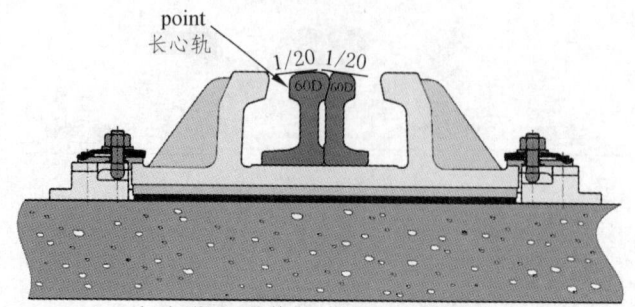

（b）辙叉翼轨的"摇篮式"结构

图 1-11　法国道岔锰钢整铸"摇篮式"辙叉

滑床台上滑动（如图 1-12 所示），所能容许的心轨伸缩位移较大。心轨牵引点位置较高，心轨不易发生外翻现象。该锰钢"摇篮"稳定性好，心轨及翼轨不会发生外翻；避免了许多部件的机加工，避免了螺栓连接；允许对导曲线进行修改，左右开道岔均可使用，与心轨配合时既坚固又灵活；锰钢裂纹发展缓慢，可以焊补，并重复使用；但须与钢轨焊接 4 个接头，水平藏尖式结构对心轨的爬行控制及长大高锰钢铸件铸造质量要求高，寿命不能低于其他钢轨件。

图 1-12　法国道岔心轨尖端结构

3. 心轨防跳措施

法国高速道岔可动心轨辙叉的活动段较短，约在长短心轨分叉点后就用间隔铁将其与翼轨固定，故未设扣压防跳装置。

4. 心轨不足位移的控制措施

与控制尖轨的不足位移相似，法国规定高速道岔不足位移应小于 1 mm，所采取的措施有缩短心轨自由段长度、最后一牵引点后移。对于双弹性肢心轨结构而言，控制长短心轨的不足位移难度更大，主要通过在组合长短心轨前预设变形拱，使心轨转换密贴后能够使线形满足要求，将不足位移控制在合理的范围内。

（四）扣件系统

1. 扣件结构

法国高速铁路道岔与区间线路一致，主要采用 Nabla 弹片式扣件，如图 1-13 所示，扣压力为 12 kN，下为塑料挡板。由于在使用中道岔钢轨磨耗很小，轨距变化不大，所以道岔区轨距不可调。

图 1-13　法国区间与道岔上的 Nabla 扣件

科吉富公司为中国设计的有砟道岔采用 Vossloh 公司的 Skl-12 窄型弹条，轨下设置 9 mm 橡胶垫层，板下设置 4 mm 橡塑垫板；滑床台部分轨下不设弹性垫层，板下设 9 mm 橡胶垫层；跟端固定区轨下及板下各设置 4.5 mm 橡胶垫层。铁垫板与岔枕的连接采用双排 $\phi 24$ mm 高强螺栓结构，板下可设调高垫层，实现 0~10 mm 的调高量。不设轨距块，轨距调整依靠铁垫板端部的月牙挡块实现，可实现 -4~+2 mm 的调距量，如图 1-14 所示。

图 1-14　有砟道岔扣件系统

Cogifer 公司为中国设计的无砟道岔采用 Vossloh 公司的 W300 扣件系统，采用 Skl-15 弹条，轨下设 6 mm 橡胶垫层，板下设 12 mm 弹性垫层。铸铁挡肩与岔枕上的 V 型槽相配合，锚固螺栓受力点较低。板下设置调高垫层，可实现 $-4\sim +26$ mm 的调高量，绝缘轨距与调整垫片相配合实现轨距调整，调距量为 $-4\sim +8$ mm，如图 1-15 所示。

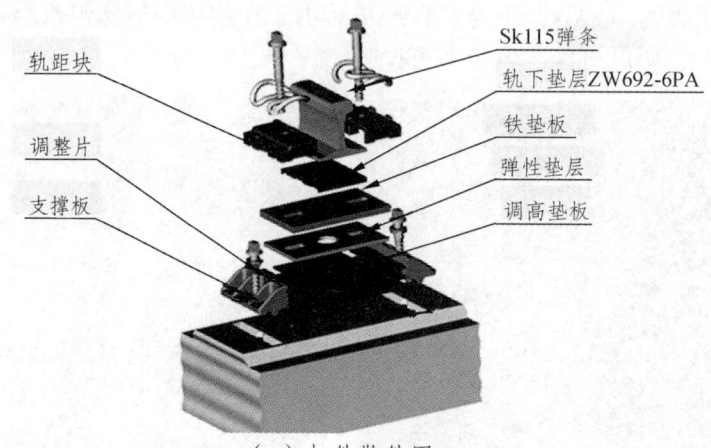

（a）扣件散件图

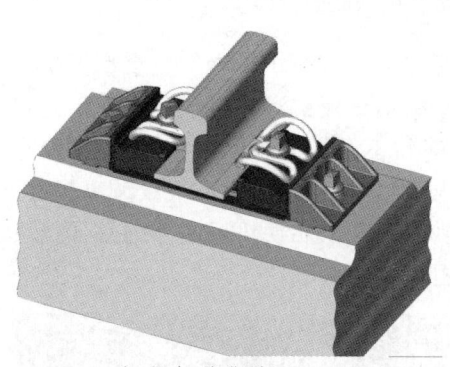

（b）扣件集装图

（c）无砟岔枕及扣件系统

图 1-15 无砟道岔扣件系统

2. 扣件系统刚度

法国高速铁路有砟轨道与其他国家不同，扣件系统刚度较大，道床刚度较小。区间线路采用的是双块式轨枕，如图 1-16 所示，重量相对较轻，区间线路垫层厚 9 mm，静态刚度为 $90\sim 120$ kN/mm，动态刚度为 $150\sim 200$ kN/mm，整体刚度为 $57\sim 80$ kN/mm，同时特级道砟颗粒级配范围较窄，为 $25\sim 55$ mm，粒径均匀，如图 1-17 所示，这样道床可提供较好的弹性支承，刚度为 $20\sim$

40 kN/mm。道岔区道床所提供的弹性为 40～60 kN/mm，在转辙器部分及辙叉部分所采用的垫层为 4.5 mm，静态刚度为 200～250 kN/mm，动态刚度为 400～500 kN/mm，整体刚度为 75～105 kN/mm，连接部分与区间线路相同，岔区及与区间线路轨道刚度的过渡在 5 m 内完成。道岔区垫层刚度的确定原则为：一是控制岔枕的垂直位移不超过 0.5～0.7 mm，钢轨的垂直位移不超过 1 mm；二是在较大的动荷载下，垫层仍能提供弹性，即动刚度不至于过大。由于法国道岔的弹性主要由道砟提供，为保证道床具有良好的弹性工作状态，每 5 年进行一次道岔区的全面揭固，对冲击较大的尖轨和心轨部位则根据具体情况进行不定期的道床维护。

图 1-16　法国双块式轨枕　　图 1-17　颗粒均匀的法国道砟

法国道岔在轨下设置弹性垫层，而板下垫层基本上不提供弹性，岔区整体刚度大于区间线路，其优点是：有利于控制尖轨及可动心轨相对于基本轨、翼轨的位移，有利于降低钢轨的应力，有利于控制岔区轨距的动态扩大，有利于减少扣件的扣压力损失。其缺点是：轨下垫层刚度偏大，从动力学的角度考虑，轨道整体刚度越大，附加动轮载、钢轨接触疲劳伤损、轨枕及道床受力与位移、列车受力及振动加速度越大，有可能给道岔钢轨的养护维修带来不利影响。

（五）轨下基础

法国高速铁路道岔主要为有砟道床，所用轨枕大多为整体式，如图 1-18 所示，允许承载能力为 ±25 kN·m，采用先张法制造，长度在 2.6～4.8 m 之间，重量为 145 kg/m，所用钢筋为无螺纹圆截面钢筋，两端带有锚具，岔枕内预埋塑料套管。要求混凝土岔枕具有足够的刚度、强度和良好的稳定性，可为道岔钢轨件提供一个稳定、平顺的安装平台。为避免长岔枕未行车股道的一端有翘起和拍打道床的现象，开发了如图 1-19 所示的铰接岔枕，但应用较少，主要通过加强该部位的道砟揭固来解决。

法国道岔十分重视岔枕的钉孔尺寸偏差及平直度，规定当控制垫板的钉孔间距小于 500 mm 时，钉孔间距公差为 ±0.5 mm，当控制垫板的钉孔间距大于 500 mm 时，钉孔间距公差为 ±1.0 mm，岔枕拱度允许值为 ±1 mm，这一标准较我国提速道岔的岔枕制造标准要严格得多。

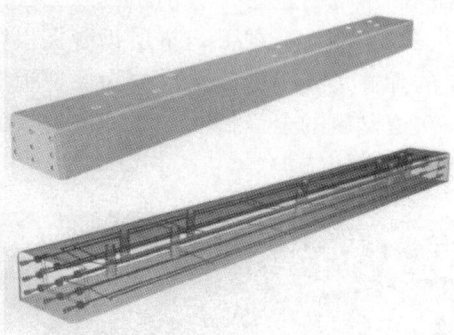

（a）有砟岔枕　　　　　　　　（b）岔枕配筋图

图 1-18　法国有砟道岔岔枕

图 1-19　法国有砟道岔铰接岔枕

为便于有砟轨道的大型养路机械捣固作业，一机多点转换系统的杆件及锁闭机构均置于岔枕上，因此，安装电务设备的岔枕断面为异型或低于其他岔枕顶面，称为电务枕，如图 1-20 所示。法国道岔在我国合宁线使用时，因一机多点转换系统的托板与岔枕采用如图 1-21 所示的单枕悬挂连接方式（法国高速铁路上为双枕悬挂连接），且岔枕上钉孔群密集，岔枕设计中未采取特殊加强措施，转换过程中导管中较大的纵向力传递至岔枕螺栓而导致电务枕发生劈裂，影响了转换系统的稳定性，随后又进行了双枕悬挂改进予以加强。

（a）尖轨尖端处电务枕

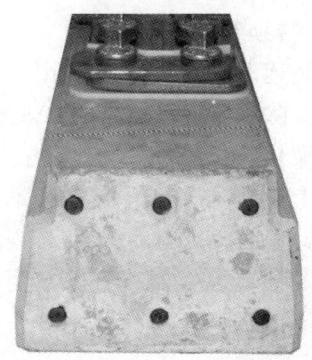
（b）安装导杆的电务枕

（c）安装转换托板的电务枕

图 1-20 法国道岔的电务枕

法国无砟道岔采用的是如图 1-22 所示的套靴式埋入式长轨，扣件系统与有砟道岔相同，主要依靠弹性轨枕提供弹性；在我国郑西线上采用的带钢筋桁架的埋入式混凝土长岔枕，主要依靠扣件系统提供弹性（参见图 1-15）。

图 1-21 法国道岔单枕悬挂式转换系统

图 1-22 法国弹性长枕式无砟道岔

(六)转换系统

法国高速道岔转换设备采用一机多点牵引方式,如图 1-23 所示,两尖轨为联动方式。除第一牵引点采用 VCC 外锁闭装置外,其他牵引点通过直角拐和导管由转辙机间接锁闭,转辙机安装在长轨枕上,VCC 外锁闭及尖轨连接杆设置在轨枕上(或轨枕边上),动作杆靠近轨枕,不影响道岔捣固作业。转辙机不设表示杆,只有动作杆起转换和锁闭功能,尖轨、心轨尖端的密贴通过内置式尖轨定位及锁定检查器检查,在两牵引点间设密贴检查器检查尖轨及心轨的密贴,如图 1-24 所示。

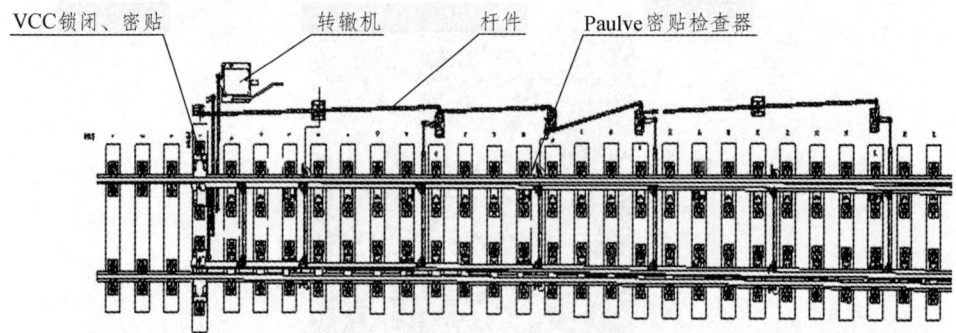

图 1-23 法国道岔的一机多点牵引方式

图 1-24 密贴检查器

采用一机多点机械导管方式牵引转换道岔,同步性能好,设备投资小。转辙器部分 VCC 外锁闭装置采用外锁闭与尖轨的连接铁之间的碟形弹簧按固定力矩进行连接,对尖轨伸缩量的适应能力较强,可达到 ±30~40 mm,既保证了外锁闭与尖轨的可靠连接,又能够在尖轨发生伸缩时使尖轨自由伸缩,如图 1-25 所示。辙叉部分 VPM 外锁闭装置(见图 1-26)由于与心轨不固定连接,心轨可在外锁闭装置内自由伸缩,心轨的伸缩允许值为 ±10~20 mm。

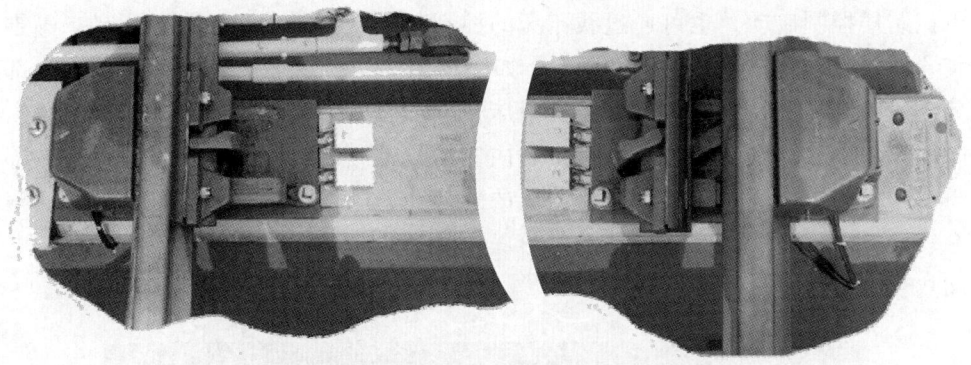

图 1-25　法国道岔的 VCC 外锁闭装置

图 1-26　法国道岔的 VPM 外锁闭装置

法国科吉富公司也根据用户的需要，为外国铁路高速道岔设计了多机多点牵引方式；开发了基于液压传动的轨枕式转辙机；在我国郑西线上也将其道岔各牵引点改为了外锁闭及单机单点牵引。

（七）监测系统

法国道岔所采用的道岔监控系统，属远程监控系统，有报警的警报功能；主要用于养护维修；该系统监测道岔的各种数据及道岔的环境数据，主要监控电信号，包括电流、电压、通讯设备、轨道电路状态、转辙机监控，地面工务设备及关键部件可采用专用传感器监测，起辅助功能。该系统由监控中心、服务器及现场采集设备组成，已推广至新加坡地铁中使用。

（八）融雪装置

为保证高速铁路运行的安全可靠，在法国高速铁路道岔上，不论道岔号码大小、环境温度高低，均装有电加热的融雪装置。可根据天气温度和湿度情况，由控制楼控制启动，也可通过线路旁的控制装置（见图1-27）人工启动。融雪装置的安装分为纵向和横向两部分，如图1-28所示。尖轨和可动心轨的前半部分采用横向加热，将加热点安装在滑床板下；后半部分是沿着翼轨和基本轨纵向加热，加热点安装在翼轨和基本轨内侧的轨腰底部。采用焊接将加热点端部与滑床板固定或通过翼轨轨腰铸造出的安装孔，用螺栓进行固定，金属条靠箍在轨底的卡片或安装间隔铁处的螺栓固定的卡片装在轨腰底部。每组道岔的电加热装置功率总计为15~45kW。

图1-27 法国道岔融雪控制装置

图1-28 法国道岔融雪装置的安装

法国道岔加热装置的结构设计、安装与道岔结构联系较为紧密，必须在道岔的结构设计，包括岔枕的设计与制造中统盘考虑。其安装方式对其道岔维护影响较小，捣固时可不必拆除导线。加热装置本身的维修、保养工作量很小，仅需定期检查。

（九）护　轨

法国道岔直侧股均设有护轨，但轮缘槽宽度大于我国道岔，列车在运行过程中不会与护轨发生接触，主要是为了预防维修及铺设过程中列车掉道。

（十）设计理论

除了前面结构技术设计中所涉及的道岔平面线形、轮轨关系、无缝道岔、道岔转换、道岔轨道刚度理论外，法国还十分重视轨道部件的动力强度检算，如图 1-29 所示的锰钢辙叉强度分析，以及现场的实车动测试验，特别重要的是法国道岔十分重视道岔轨底坡的研究，在轮对动力学分析的基础上，依据列车蛇行运动的幅度与轨底坡、临界速度的关系（见图 1-30），提出 250 km/h 以上的高速道岔宜设置 1∶20 的轨底坡。

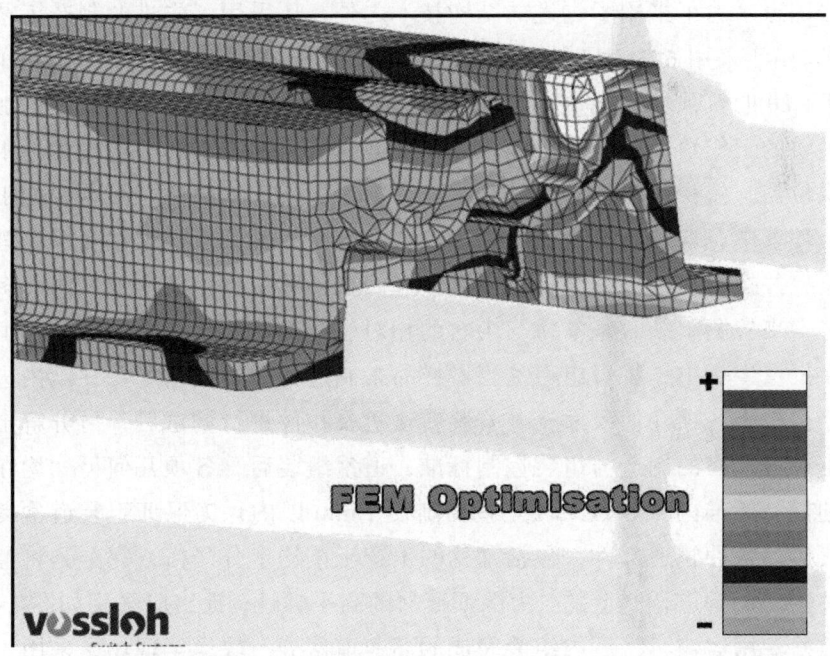

图 1-29　法国道岔部件强度分析

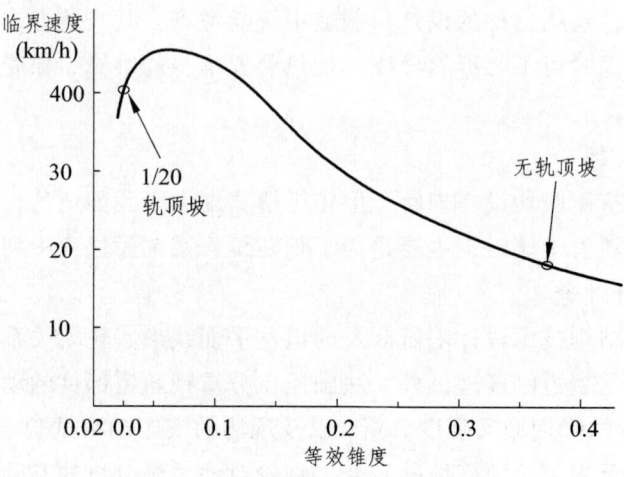

图 1-30 道岔临界速度与等效锥度关系

（十一）制造、铺设与维护技术

法国道岔除了采用了先进的结构技术之外，还采用了先进的制造工艺与检测技术。由于采用 60D 钢轨（欧洲道岔钢轨标准 prEN13674-2 称之为 60E1A4），带有 1:20 的轨顶坡，尖轨不淬火，这样可减少淬火工序和轨顶横坡的加工工序，尖轨的工作边、非工作边和轨头降低面仅需一次装卡和一次加工，跟端不设置限位器，减少了限位器的钻孔工序。同时，长大钢轨件在吊装、加工、组装各个环节中，均安装有专用弦绳检查其平直度；长大轨件预钻孔采用激光精确定位，并按 20 ℃ 进行设计，根据室温修正钻孔位置；道岔工厂内有多种检测工装，来检测组装时基本轨与尖轨的相对位置；岔枕生产常年保持在恒定室温；在批量生产中，将每组道岔当做样品来制造，每组道岔均要在厂内进行组装，严格检查各项几何尺寸，并安装转辙机及扣件进行调试后，再分解出厂，制定了十分严格的制造与组装控制标准，道岔组装后，各项几何尺寸均在十分严格的控制标准内，如轨距误差就控制在 1 mm 以内；为保证组装道岔良好的几何线形，各种轨道部件，包括岔枕的生产工艺均十分严格，完全是将道岔视为一件精密设备进行制造的。为保证道岔的高平顺性，提出应采用如图 1-31 所示的道岔专用运输车将厂内组装完成的高速道岔分三块运至现场，采用大型吊装设备进行铺设。

图 1-31 道岔专用运输车

养护维修中,道岔的人工检查项目有:轨距、线形、顶面纵坡、尖轨与基本轨密贴状态、焊点质量、扣件锁紧状态及道砟等。动态检查包括:几何尺寸、舒适度、平稳性、车体振动加速度等,几何尺寸检查项目包括:方向、轨距、水平、扭曲,12 m、31 m、200 m 三种检测基长同时检查。维修分为四级:VA-报警级(相当于验收标准);VO-设计值(相当于养护标准);VI-人工干预而不影响运营(相当于紧急补修标准);VR-限速模式(相当于限速标准),维护人员立即采取措施降速。

法国高速道岔每五年进行一次大机捣固并添砟,每五年进行一次道岔钢轨打磨,每 6 个月进行一次钢轨探伤,每两周检测一次加速度,每两个月检测一次几何线形;电务每 4 个月目视检查一次,每年对系统和齿轮、销轴等进行润滑。对容易产生变形的部位,如尖轨尖端,增加捣固次数,缩短捣固周期。

二、德国高速道岔技术

德国 BWG 公司是专业生产道岔的公司,在 20 世纪 80 年代中期研制的第一代高速道岔线形采用复合圆曲线组合方式,有砟道床,随着使用经验的积累,以及研究、试验和道岔动力仿真分析的深入发展,发现采用小半径+大半径的复合圆曲线方案尖轨磨耗严重,从 1996 年开始,第二代高速道岔逐步采用了缓圆缓线形及动态轨距优化技术,并研制了高弹性的橡胶垫板系统,形成了无砟轨道基础上的高速道岔成套技术,满足了西班牙等国时速 350 km 高速铁路的建设需要。目前,世界各国应用 BWG 公司的高速道岔大约有 1 000 多组,中国京津、武广线上使用了大约 200 多组。

（一）平面线形

德国高速铁路的道岔原系列为42号、32.5号、27.5号、18.5号、14号，目前大部分按缓圆缓的线形进行了更新设计，可分为50号、42号、39.113号、23.7号、19.2号、14号，侧向速度分别为220 km/h、160 km/h、100 km/h、80 km/h。德国高速道岔的线形从复合圆曲线发展到了缓圆缓的线形，控制未被平衡的离心加速度不大于 0.5 m/s^2，相当于欠超高 76 mm，其欠超高值较法国道岔小；未被平衡的离心加速度的增量小于 0.4 m/s^3，起点处的未被平衡的离心加速度的增量小于 1.0 m/s^3，由于德国道岔为三段曲线，为避免振动叠加，要求每段曲线的列车运行时间不得小于1秒。渡线道岔按4 m间距设计，线间距增大时插入直线段，130 km/h 以下时直线段长度为 0.15 V，以上时为 0.4 V，主要目的是为列车悬挂系统提供足够的调整时间，保证旅客舒适度。德国50号道岔平面线形如图1-32所示，曾应用于我国京津线上。

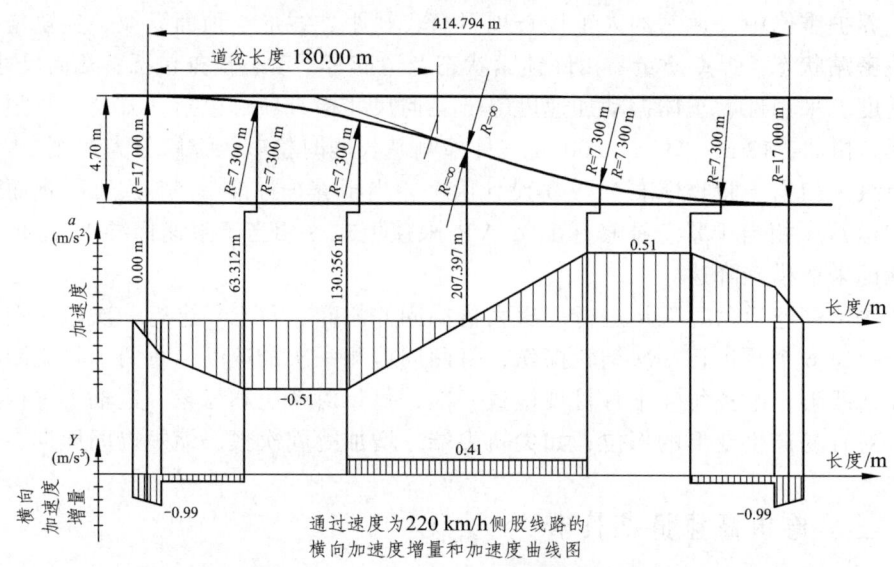

图1-32 德国50号道岔平面线形

（二）转辙器结构

1. 尖轨的结构特征

德国高速道岔的尖轨采用整根 60E1A1（即 Zu1-60）钢轨制造，材质为R350HT硬头轨，抗拉强度为 1 175 MPa。基本轨设 1：40 轨底坡，尖轨顶面通长加工 1：40 轨顶坡，跟端不扭转，与导曲线钢轨轨头工作边对齐焊接。尖轨尖端采用藏尖结构，藏尖深度均为 3 mm。

德国道岔转辙器部分采用了特有的动态轨距优化(德文缩写 FAKOP)技术,在尖轨顶宽 30 mm 处基本轨发生弯折,致使该处存在 15 mm 的轨距加宽量,如图 1-33 所示,该设计能使左右轨上的横向不平顺对称存在,可有效减缓列车过岔时的蛇行运动,同时还可增大尖轨的粗壮度,提高尖轨的耐磨性,尖轨顶降低值以保证钢轨强度及轮载平稳过渡为设计依据。

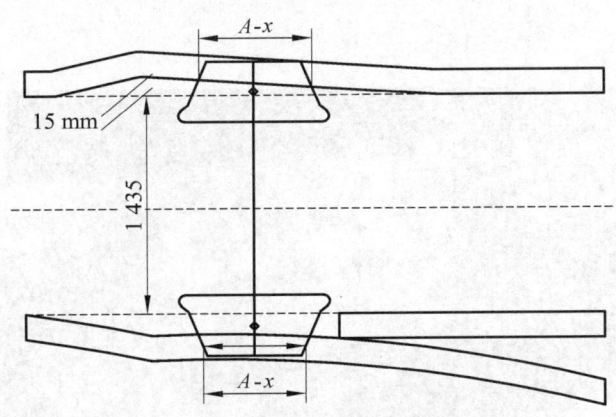

图 1-33　德国道岔 FAKOP 技术

2. 尖轨适应无缝道岔的技术措施

为控制尖轨的伸缩位移,德国道岔采用扣压力及纵向阻力较大的 Vossloh 扣件;为降低尖轨的自由段长度,尖轨跟端采用如图 1-34 所示的 Vossloh 窄形扣件,并在尖轨跟端设置一个至多个限位器,以减缓尖轨跟端位移,如图 1-35 所示。

图 1-34　德国道岔窄型扣件　　图 1-35　德国道岔跟端限位器

3. 减摩滑床板或滚轮滑床板结构

德国高速道岔与普速道岔中普遍采用如图 1-36 所示的辊轮减摩滑床板，其下部为弹性垫层，沿长度方向弹性呈梯度变化，离基本轨近侧较软，最外侧滚轮高出台板 3 mm，可实现尖轨的平稳转换。基本轨与尖轨的高差小于法国道岔，未采用如法国的弹性夹而是两根弹性扣压条，安装在滑床板两侧。

图 1-36　德国道岔滚轮滑床板

（三）辙叉结构

1. 心轨结构

德国道岔心轨前端采用与钢轨同一材质的钢坯经机加工而成的整体结构，后端与两根叉跟轨拼焊，焊接部位在心轨断面宽度约 250 mm 的部位，焊接方法为接触焊，如图 1-37 所示。18 号道岔为单肢弹性可弯心轨结构，39.113 号、42 号及 50 号道岔为双肢弹性可弯心轨结构。心轨顶面降低值设计采用的是轮廓以心轨顶面中心线对称设置和机加工顶面圆弧平顺过渡的设计原则，因而其轮载过渡范围较长，未采用水平藏尖式结构设计。18 号道岔辙叉跟端为高强螺栓连接的间隔铁结构，如图 1-38 所示。39.113 号、42 号及 50 号道岔辙叉下部为通长整体大垫板，心轨—心轨、翼轨—心轨间长大间隔铁通过螺栓与大垫板连接，同时还有横向螺栓连接，能够满足抵御区间无缝线路温度力的要求和防止转换杆件与翼轨轨腰孔碰卡，如图 1-39 所示。

图1-37 德国道岔心轨结构　　图1-38 德国18号道岔辙叉跟端结构

图1-39 德国39.113号道岔辙叉结构

德国道岔翼轨为普通钢轨刨切而成，外侧采用弹条扣压。18号道岔采用从翼轨轨底牵引的方式，与国内类似，如图1-40所示。39.113号、42号及50号道岔心轨的牵引杆件穿过翼轨轨腰的长圆孔，翼轨轨底不作切削，结构形式简单，牵引点在心轨轨腰，心轨牵引受力较好，不会导致心轨翻转，但翼轨开孔过大，强度有所降低，如图1-41所示。

图1-40　德国18号道岔牵引杆件安装方式　　图1-41　德国39.113号道岔牵引杆件安装方式

德国道岔可动心轨辙叉的活动段较长,在心轨尖端和顶铁上都设置有心轨防跳的功能。心轨尖端为防跳台,密贴时与翼轨配合防跳。顶铁的扣压面和心轨轨底上斜面的间隙在顶铁和轨腰密靠时约1mm,以实现防跳功能。在无砟轨道基础上,还采用了如图1-42所示的液压式防跳结构,即心轨转换密贴后,通过穿过心轨的杆件压住心轨,这种防跳措施效果较好,也较为可靠。

可动心轨道岔的直侧股均不设护轨。

图1-42　德国18号道岔液压防跳装置

(四) 扣件系统

1. 弹性扣压件

德国道岔的弹性扣压件主要采用 Vossloh 弹条扣件,扣件与钢轨间也不调距，以保证钢轨方向稳定，调距主要通过铁垫板钉孔内的偏心套调距，可实现 $-12\sim+12\mathrm{mm}$ 的调距量。弹条座与轨底间不设置轨距块，依靠偏心锥套。扣件系统如图 1-43 所示，不使用弹簧垫圈而使用如图 1-44 所示的两块橡胶弹簧实现螺栓紧固，可防止采用高弹性垫板时螺栓的松弛。轨下设置 6 mm 橡塑垫片，采用平垫板或 1∶40 斜型垫板实现不同部位轨底坡要求；铁垫板与弹性垫层硫化成一体形成弹性基板结构；铁垫板与岔枕的连接采用 φ30 高强螺栓及带缓冲偏心套的结构。板下垫层设置调高垫板，无砟轨道上可实现 $-4\sim+26\mathrm{mm}$ 的调高量。

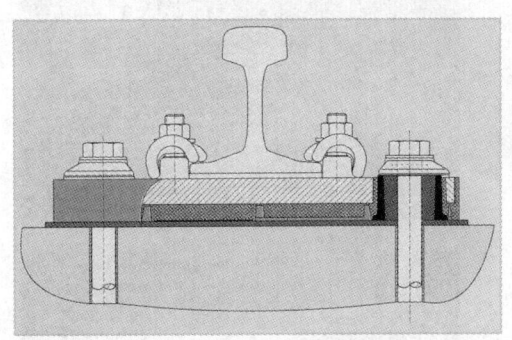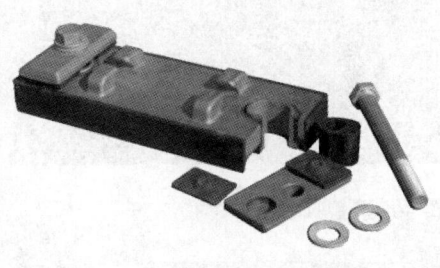

图 1-43　德国道岔扣件系统

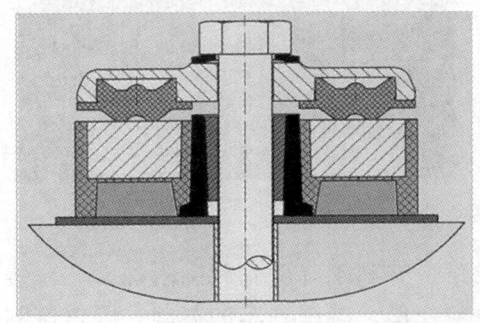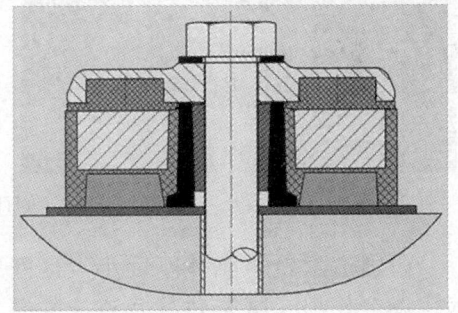

图 1-44　德国道岔扣件的弹性紧固件

2. 扣件系统刚度

德国道岔以钢轨底部应力不超过 75 MPa 作为道岔区轨道刚度的取值，在 23 t 轴重作用下，道岔区轨道竖向静刚度取为 17.5 kN/mm。在高速道岔的前期采用的是刚性垫层，后因道岔钢轨伤损及维修工作量较大而改为弹性垫层。道岔区竖向刚度通过弹性基板（硫化橡胶垫板）来实现，该结构通过在板底设置不同数量及形状的刚性支承块，来约束橡胶的变形，保证道岔区轨道整体刚度的均匀性，使各部位扣件节点刚度一致，如图 1-45 所示。弹性基板动态刚度值为静态刚度值的 1.2～1.3 倍，低温情况下，－15 ℃～－20 ℃ 以上垫板弹性不会发生变化。弹性基板组装疲劳试验表明，动态轨距扩大量不超过 1 mm。区间线路轨道垫层刚度大于道岔刚度时，在岔前及长岔枕后应设置弹性过渡段，以减少冲击力，弹性等级差一般为 2～6 级，在 0.5 秒内过渡完毕，因而过渡段长度是随列车速度而变化的，过渡段内轨道刚度仍采用弹性基板来实现。

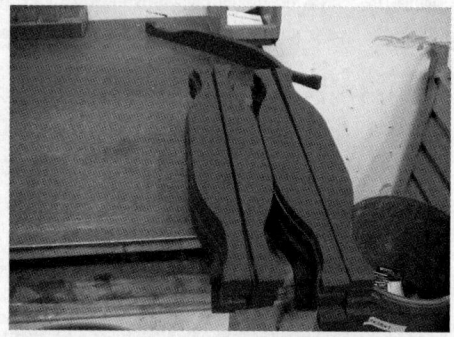

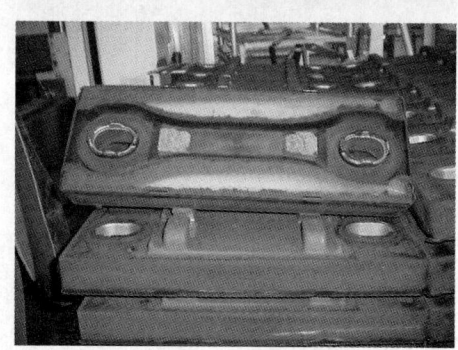

图 1-45　德国道岔刚度均匀化

德国道岔轨道整体刚度小于区间线路，有利于降低轮载动附加力，减缓钢轨疲劳伤损，减轻轨枕及道床的受力与变形，减缓列车的振动。因轨道刚度较小，轮载影响范围较大，因而作用于轨枕上的支承力较小。轨下垫层刚度越大，列车走行部动力作用显著增大，设置高弹性垫层有利于提高列车走行部性能。因道岔钢轨位于弹性基板上，相当于板下设置弹性，因而轨距扩大、扣件扣压力损失基本上不会限制基板的弹性。但钢轨动态位移过大，因基本轨与尖轨相对位移过大，即使在牵引点锁闭力量很强的情况下，两牵引点中间部分将出现较大的动态位移差，而使尖轨提前受到作用力；钢轨动应力较大，在道岔区内的一些薄弱环节，有可能导致尖轨及心轨受力过大，降低强度储备。

（五）轨下基础

德国道岔基础可分为两大类：碎石道床、整体混凝土岔枕基础及无砟道床、长枕埋入式岔枕基础。列车运营速度大于 220 km/h 的线路上，重点发展整体道床基础，当采用碎石道床、整体混凝土岔枕基础形式时，3.2 m 以上的长岔枕以柔性铰连接，如图 1-46 所示。

图 1-46　德国道岔轨下基础

德国研制铰接式混凝土岔枕主要基于两个目的：解决整组道岔运输超限问题；解决列车高速运行时长岔枕未行车股道一端翘起和拍打道床引起道砟粉化问题。弹性铰结构如图 1-47 所示，可在两枕间传递纵向力而不传递弯矩，对侧股线路轨距的保持能力不会造成影响。德国道岔主要是采用钢岔枕来放置转换杆件，如图 1-48 所示，大机作业时不拆除电务杆件；为增加钢岔枕的稳定性，在钢岔枕下面贴了刚度较大的橡胶垫，与高弹性扣件系统配合使用时，钢岔枕处不会形成动力不平顺源。

图 1-47　德国道岔岔枕铰接结构

图 1-48 德国道岔所用钢岔枕

德国从 1972 年在 Rheda 火车站修建长枕埋入式整体道床开始，经过多年的应用、改进，发展到今天较为成熟的 Rheda2000 无砟轨道，混凝土基础上的岔枕结构跟随路基上埋入式轨枕而发展成如图 1-49 所示的带钢筋桁架的部分预应力混凝土岔枕，与道床板的连接牢固，为道岔提供了稳定的基础。岔枕长度由 2.2 m 逐渐过渡到 4.8 m，岔枕内预设钉孔和紧固螺母。德国道岔在中国使用时，还发展了板式无砟轨道基础，预制板上预留道岔扣件系统安装的钉孔，施工速度较快，但对钉孔距及道床板施工平整度要求较高，如图 1-50 所示。

图 1-49 德国长枕埋入式道岔

图 1-50 德国板式无砟道岔

（六）转换系统

德国高速道岔采用的是多机多点的牵引方式，分动外锁闭，如图 1-51 所示。转辙机采用西门子公司的 S700K 型电动转辙机或劳伦兹公司的 L700H 型电液转辙机，两牵引点间加密贴检查器检查尖轨（心轨）与基本轨的密贴。

图 1-51　德国道岔的多点多机牵引

德国高速道岔采用的外锁闭装置由原来的燕尾式外锁闭发展成为对尖轨伸缩可自动调整的滚轮式钩型外锁闭装置，如图 1-52 所示。锁闭时锁钩的合力通过尖轨断面中心，尖轨及外锁闭锁钩的受力状态较好。该外锁闭机构采用滚动摩擦，可减少转换阻力。对于 18 号道岔，自调整机构能适应尖轨 ±30mm 的伸缩量，而且此值可根据道岔伸缩量的需要调整锁闭机构的尺寸扩大适应量，确保道岔转换的顺利。心轨的外锁闭装置如图 1-52 所示，有砟轨道置于钢岔枕中，无砟轨道置于枕跨间。

图 1-52　德国道岔的外锁闭机构

为保证道岔转换各个牵引点同步转换，德国道岔采取了较多的技术措施：尖轨各牵引点动程设置相同，斥离尖轨线形如图 1-53 所示，虽然这种线形可能会导致非工作尖轨内聚积应力，但各牵引点处可采用相同的转辙机而使尖轨同步转换；将不同动程转辙机的动作时间设置为一致，通过控制电路保证转辙机在极短的时间内（ms 级）错开峰值电流顺序启动，保证转换的同步；根据不同的转辙机动程和道岔开口量，调整外锁闭的锁闭动程，确保道岔尖轨和心轨同步解锁和锁闭，使道岔转换保持同步。这些措施可确保尖轨、心轨在转换过程中不发生侧拱现象。

图 1-53　德国道岔斥离尖轨线形

此外，德国 BWG 公司还研制有适用于多点牵引的轨枕式液压转辙机，图 1-54 中显示了两种类型的枕式转辙机。目前，该种类型的转辙机正在普通线路上进行试验，尚未在高速铁路道岔上使用。这种类型的转辙机安装于岔枕上，可提高岔枕的稳定性，且不占用道岔旁的线路空间。

图 1-54　德国道岔枕式转辙机

(七) 监测系统

德国铁路采用如图 1-55 所示的 Rodamaster2000 道岔监测系统，对道岔监控的数据有：尖轨的位置，转辙机的电流、电压，各牵引点的转换力、转换时间、最小轮缘槽、钢轨纵向力、钢轨温度、加热装置，并对信号系统和轨道电路做同步监测。该系统与道岔没有机械连接装置，不会影响道岔正常使用，道岔的监测数据通过网络传送到维护中心。该系统已作为奥地利地铁的标准配置，安装在每组道岔中，且尖轨位置的检测已接入到连锁设备中参与运营。德国已在 64 组道岔中安装了该系统进行试验，维修工作量大大减少，可对道岔进行预防性维修。BWG 公司在给台湾高速铁路提供的道岔中，将该系统作为标准配置，在总共 160 组道岔中，安装了 120 组，共设 4 个维护中心。

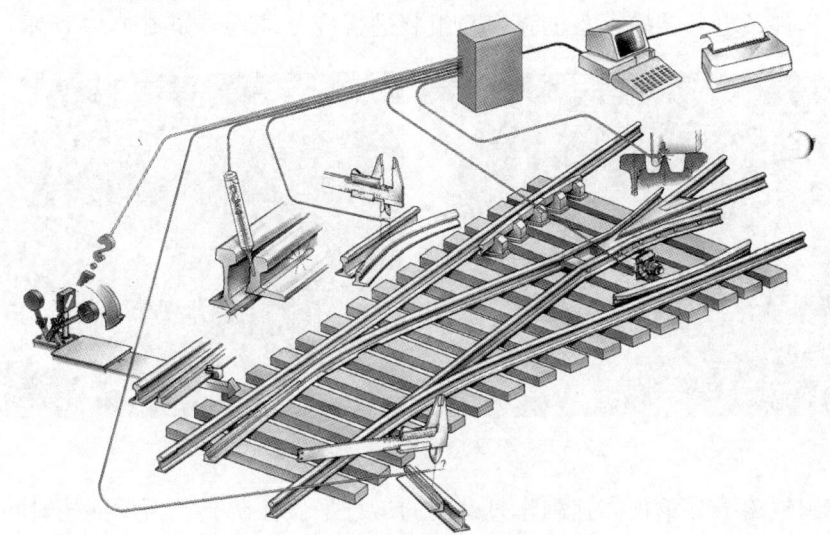

图 1-55 德国道岔监测系统

(八) 融雪装置

德国高速铁路道岔上也均装有电加热的融雪装置，如图 1-56 所示，尖轨和心轨处均靠箍在轨底的卡片将加热金属条安装在基本轨内侧，加热点端部卡在两岔枕间的轨底上，在锁闭装置及牵引拉杆底下，设置有两块加热板，加热装置导线从控制装置引出后，均裸露在路基和岔枕上，在对有砟轨道线路进行机械化维修养护作业时需将导线拆除。

图 1-56 德国道岔融雪装置

（九）设计理论

德国 BWG 工厂建立了道岔试验基地，对新设计的道岔结构各关键部件进行了大量试验，以确保其强度及变形能适应高速铁路的要求，如可以对钢轨、各种零部件及电务转换设备的强度与组装进行疲劳试验，如图 1-57 所示。

图 1-57 德国道岔厂建立的试验基地

德国铁路十分重视高速列车过岔时的运行平稳性研究，为保证轮对在转辙器部分轨距动态扩大的情况下，不致引起蛇行运动，将基本轨外侧弯折，使轮对位于线路中心线上运行，同时可以增大尖轨顶面宽，提高尖轨强度及耐磨性，形成了其特有的轨距加宽式结构设计。

德国道岔对轨道刚度的设计也十分重视，采用了特有的高弹性硫化铁垫板扣件系统，考虑了低温、振动等因素对扣件系统刚度的影响，特别是通过弹性基板下部刚性肋的设计，可使其刚度呈分段线性，在正常荷载范围内扣件系统为高弹性，一旦荷载超限会导致轨距扩大时，扣件系统为高刚度，可较好地抵抗钢轨翻转。

此外，德国道岔在平面线形、无缝道岔、道岔转换设计等方面均建立有相应的设计理论，系统全面地指导着道岔的结构设计。

（十）制造、运输、铺设技术

德国道岔十分重视道岔的制造与组装精度，如采用钢弦绳来控制长钢轨的平直度，如图 1-58 所示，其矢度误差不得超过 1mm；采用各种钢轨顶面高差、弧度检查样尺；每组道岔均在厂内进行试铺，检测其组装几何形位，如图 1-59 所示。

结合其铰接式岔枕结构，德国道岔在厂内组装好后，不拆除扣件系统与岔枕，分四片采用平板车运输至现场，如图 1-60 所示。现场铺设时，采用如图 1-61 所示的大型龙门吊安装就位。这种运输铺设方式，可保证铺设在现场的道岔与厂内具有相同的组装精度。

图 1-58 钢弦绳检查平直度

图 1-59 轨检小车检查几何尺寸

图 1-60 德国道岔的分片运输

图 1-61 德国道岔的吊装安装

三、德、法两国高速道岔技术总结

总的来看，德、法两国高速道岔的技术水平都很高，且各有其特点，均形成了自己完善的系统的设计理论，建立有精湛的制造工艺、科学的运输铺设及养护维修技术体系，有许多值得学习和借鉴之处。

（一）高速道岔应具有百分之百的安全性

道岔历来是轨道结构中的薄弱环节，安全性较低，但德、法两国从未在高速道岔中发生一起脱轨事故，这与两国在高速道岔设计中采用了多项保证措施有关。

1. 试验速度、检算速度与运营速度的关系

高速道岔的设计检算速度应是直向设计值增加 10%，侧向设计值增加 10 km/h。而试验速度应较设计检算速度更高，如法国曾多次对道岔进行了 400 km/h 以上的运行试验，最高纪录达到了 501 km/h，而各项安全性指标仍在容许限度内。将道岔速度分成设计速度、设计检算速度、试验速度三个档次，其目的就是要保证正常运营情况下高速道岔运行的绝对安全。

2. 完备的密贴检查设备

德、法两国均在尖轨及心轨两牵引点间设置有密贴检查器，第一牵引点检查标准较其他牵引点更为严格。安装调整标准第一牵引点为 0.5 mm，其他点为 1 mm。德国还在牵引点处进行密贴检查。

3. 可靠的外锁闭机构

德国采用 HRS 钩型外锁，法国在尖轨处采用 VCC 拐肘型外锁，在心轨处采用 VPM 拐肘型外锁，均能自动适应尖轨、心轨伸缩，不会发生卡阻。法国 VCC 外锁设定开口值为 0.5 mm，高于 3 mm 时无法锁闭，小于 1.5 mm 时自动锁闭，连接杆受到非正常冲击时解锁。

4. 合理的无缝道岔技术

德国在道岔结构设计上采用心轨跟端连接结构加强、扣件扣压力保证、尖轨及心轨自由段长度缩短、设置多个限位器等措施减小尖轨及心轨伸缩位移，未突出采用减小基本轨附加温度力措施。在转换系统设计上，锁闭机构能在锁闭及解锁状态下允许尖轨及心轨的自由伸缩。法国锁闭机构适应尖轨伸缩能力更强，可不需要设置限位元件。

5. 可动部分等薄弱环节的强度保证

长大尖轨均不焊接，避免了因焊接质量而导致尖轨折断；尖轨生产过程中不允许发生扭曲，避免在尖轨中产生过大的残余应力；尖轨跟端成型段长度加长至 540 mm（法国）或 600 mm（德国），并进行磁粉探伤、翼轨开孔处的疲

劳试验、各零部件的疲劳试验、德国客货混运线路钢轨进行淬火等。

6. 严格的几何形位

尖轨及可动心轨转换中基本不存在不足位移，均采用了先进的减摩技术；道岔组装后，各项几何尺寸均在十分严格的控制标准内，如轨距误差就控制在 1 mm 以内；为保证组装道岔良好的几何线形，各种轨道部件，包括岔枕的生产工艺均十分严格，可以说是将道岔视为一件精密设备进行制造的。严格的几何形位，大大降低了轮轨动力作用，减缓了道岔状态的恶化，减少了养护维修工作量，提高了行车的安全性，也为道岔结构设计提供了更多的选择，可见强化道岔结构、确保道岔轨道的高平顺是高速道岔行车安全的基本保证。

7. 科学的道岔检修规程

法国高速道岔每五年进行一次大机捣固并添砟，每五年进行一次道岔钢轨打磨，每 6 个月进行一次钢轨探伤，每两周检测一次加速度，每两个月检测一次几何线形；电务每 4 个月目视检查一次，每年对系统和齿轮、轴等进行润滑。德国也同样采用轨检车等检测几何线形、钢轨、道砟、列车加速度多个指标。德、法两国均安装了道岔监测系统，实现了高速道岔的状态修。以上这些检测是道岔经常保持良好状态的保证，也是行车安全的保证。

8. 防脱护轨

为防止施工中列车脱轨而损坏道岔，法国高速道岔直侧向均安装了防脱护轨，在平时运营中该护轨不起作用。

9. 融雪设备

从保证道岔使用安全的角度考虑，德、法两国均安装了融雪装置，该装置虽然使用率很低，但作为一项安全保证措施，也在高速道岔中全面推广应用。

（二）高速道岔应具有与区间线路相同的行车舒适性

在保证高速道岔行车安全性的前提下，德、法两国均十分重视旅客列车在道岔中的舒适性，使之能尽量与区间线路相同，两国在这方面的技术各有侧重。

1. 平面线形

德国高速道岔采用缓圆缓线形，缓和曲线为螺旋线，导曲线线形十分精确，有利于保持导曲线的圆顺度，尖轨部分采用缓和曲线有利于降低该处欠超高时变率。岔枕按垂直于辙叉角平分线布置，左右开道岔垫板可以通用。

法国采用圆＋缓线形，缓和曲线为三次抛物线，优点是道岔长度较短。岔枕按垂直于直股钢轨布置。因钢轨无侧磨，不需调轨距。

2. 轨底坡

法国高速道岔采用 1∶20 轨底坡，这与国际铁路联盟推荐区间线路采用 1∶20 轨底坡相同，其目的是为了获得最小的等效锥度，以减缓列车蛇行运行与摇摆。

3. 轨距加宽

德国虽然采用 1∶40 的轨底坡，但在尖轨尖端附近将轨距增大 15 mm，一方面可以增加采用缓和曲线后尖轨的顶面宽度，另一方面可以消除部分横向不平顺，减缓列车的蛇行运动。实践证明可将尖轨使用寿命提高一倍以上。

4. 振动冲击

德国在考虑车轮踏面表面有擦伤的不利情况下，在道岔区内不至于产生过大的振动，因而采用了高弹性的硫化橡胶基板，可大大降低车体的竖向振动加速度。

5. 弹性过渡段

德国高速道岔前后均设置了与区间线路间的弹性过渡段，可保证列车在 0.5 秒内过渡完毕，且过渡段采用多级刚度，以尽可能减小枕上压力波动。通过调整弹性基板中钢支承块的数量及位置，可保证道岔区各部位的轨道整体刚度一致，以减缓列车在道岔内的竖向振动。

6. 渡线道岔夹直线

德国渡线道岔按 4 m 间距设计，线间距增大时插入直线段，130 km/h 以下时直线段长度为 0.15 V，以上时为 0.4 V，主要目的是为列车悬挂系统提供足够的调整时间，保证旅客舒适度。

法国渡线道岔中若两圆曲线相接时要插入夹直线；若两缓和曲线相接时，夹直线长度无具体规定，道岔按 4.2 m 线间距设计，若线间距增大，则插入相应长度的夹直线。

（三）高速道岔应具有高标准的平顺性及最少的维修工作量

无论从行车安全还是从降低维修工作量角度看，高平顺性一直是贯穿于高速道岔设计、制造、组装、运输、铺设、养护等各个环节中最为重要的指导思想。

1. 控制不足位移及可动部分线形

从设计上，经过精心计算分析，完全可以消除尖轨及可动心轨的不足位移，可动部分在铺设及使用过程中始终处于高平顺状态。优化牵引点布置，减缓尖轨及心轨长度，采用减摩装置等是消除不足位移的有效措施。

2. 十分严格的制造与组装公差

要想使组装铺设的道岔具有超高平顺性,就要求道岔各部件具有十分严格的制造公差。除了轨道部件外,岔枕、转换设备无不执行着十分严格的制造公差和生产工艺。

3. 合理的钢轨打磨及检测

除了在设计和制造中要实现高速道岔的高平顺性外,在使用过程中也要随时保持高平顺性,定期检测道岔的几何形位,定期对钢轨进行打磨。目前我国还未研究过道岔的合理打磨。

4. 机械化维修作业

采用整组或分片运输方式,在吊装、运输及铺设中均采用大型设备,以保证高速道岔的平顺性,预防其产生变形;在平时的养护维修作业中,也采用道岔捣固车进行作业,对容易产生变形的部位,如尖轨尖端,增加捣固次数,缩短捣固周期。

(四)高速道岔设计是一项系统工程

高速道岔是由工务、电务有机结合在一起的系统工程,两者不能割裂。工务系统中的高平顺性、无缝化等均需电务系统提供有力的保障;电务系统又需要工务系统提供低振动、高平顺性的安装平台。

在工务系统中,各轨道部件又组成了一个有机的系统,岔枕的高平整度是保持道岔高平顺的基础,扣件系统的高弹性又降低了岔枕的受力。扣件的高弹性一方面会增大钢轨应力、引起扣压力损失、导致轨距扩大,但另一方面对降低轮轨动作用力十分有利。德、法两国均采用优化轨道结构来使高速道岔这一整体系统达到最佳状态。

(五)高速道岔设计应采用动力强度及可靠性设计方法

高速道岔中的各个部件均处于振动环境中,一方面德、法两国通过提高道岔的平顺性来降低轮轨系统振动,另一方面在进行部件设计时,要强化其结构,采用动力强度理论进行设计,考虑其疲劳寿命,进行细致的疲劳试验,使道岔各部件强度、使用寿命能相互匹配。

(六)智能化是高速道岔的发展方向

德国在高速道岔中采用了 Rodamaster2000 监测系统,并将监测信息传送到维护中心,实践证明可降低维修成本,使道岔智能化,可以进行预防性维修。法国也在高速道岔中采用了西拖拜哥道岔监测系统,具有报警功能,主要用于维护和维修。这些监控系统是目前高速道岔智能化的发展方向。

第三节　我国高速铁路道岔技术

鉴于我国道岔整体技术水平与建设世界一流客运专线的要求尚有差距，为保证我国客运专线的建设成功，2005年6月，铁道部成立了产、学、研、用（户）相结合的道岔联合研制组，通过原始创新，自行研发生产高速道岔，着力打造中国铁路道岔品牌，实现中国铁路道岔研究、设计、制造技术的新飞跃。联合课题组先后攻克了时速250 km和时速350 km 18号、42号、62号客运专线道岔的理论研究，以及系统设计、结构比选、标准制定、厂内试制、组装验收、现场铺设、动力试验等一系列技术难题，达到了预期的研究目的，已在各客运专线上使用。我国高速道岔的主要技术特点如下。

一、高速道岔设计理论

我国所建立的高速道岔设计理论包括道岔动力学、无缝道岔及转换计算等，本书将主要介绍这些计算理论及其在高速道岔结构设计中的应用。

（一）高速道岔动力学设计理论[2,5,9]

基于轮轨系统动力学和道岔区轮轨间复杂的多点接触轮轨关系，建立了较完善的列车—道岔系统耦合动力学，综合研究列车通过道岔时的动态运行行为及其对道岔结构的动力破坏作用，其学术思想是将机车车辆系统和道岔系统视为一个相互作用、相互耦合的总体大系统，考虑岔区轮轨间复杂的多点接触关系，综合研究列车通过道岔时的动态运行行为及其对道岔结构的动力破坏作用。通过建立列车与道岔耦合振动理论模型，编制动力仿真程序，并通过动测试验验证，用于指导高速道岔平面线形、轮轨关系、轨道刚度、相关技术标准的制定。

1. 在平面线形设计中的应用

研究设计了适合于中国铁路列车客货共线运行特点的相离式半切线尖轨道岔平面线形，极大地提高了尖轨的耐磨性；形成了我国客运专线道岔三种侧向速度平面系列。根据高速道岔的用途可分为三类：① 侧向低速行车的车站咽喉道岔，直向与区间等速，侧向低速进站停车，要求速度为80 km/h；② 用于列车上下行换线行驶的区间渡线道岔，直向与区间等速，侧向中速换线，要求速度为160 km/h；③ 用于上下两高速线的联络线道岔，直向与区间等速，侧向高速换线，要求速度为220 km/h。根据这一要求，应用轮轨系统动力学理论，指导设计了导曲线为1 200 m圆曲线的18号车站咽喉道岔、导曲线为5 000 m

圆曲线加缓和曲线的 42 号渡线道岔、导曲线为 8 200 m 圆曲线加缓和曲线的 62 号联络线道岔，形成了我国客运专线道岔系列，道岔结构的优化及产品的升级换代均将在该系列进行，为我国客运专线的标准设计提供了有利条件。

2. 在轮轨关系设计中的应用

通过对轮载在尖轨与基本轨、心轨与翼轨过渡规律研究，发现转辙器部分的轮轨关系是影响动车组过岔平稳性的主要因素，缩短轮载过渡范围能有效提高动车组的过岔平稳性；辙叉部分的轮轨关系则是影响动车组过岔安全性的主要因素，减缓该处竖、横向不平顺能确保动车组过岔安全性。为此，创造性地设计了尖轨及心轨顶面合理的降低值及心轨水平藏尖结构，并提出了尖轨及心轨的容许跳动限值、顶面 20~50 mm 断面范围内降低值，以及制造、组装、养护维修容许误差标准。

3. 在轨道刚度合理匹配及均匀化设计中的应用

应用道岔动力学理论，对有砟、无砟轨道基础上客运专线道岔不同轨道刚度进行了动力学分析，确定了有砟、无砟轨道道岔扣件系统合理刚度值。开展了道岔区轨道刚度合理设置及均匀化研究，提出了道岔区合理轨道刚度设计值、扣件双层弹性"上硬下软"的设计原则；揭示了道岔区轨道整体刚度沿线路方向的分布规律及各部件对轨道刚度的影响规律，提出了道岔不同部位扣件系统刚度设计值；揭示了道岔前后轨道刚度过渡段对列车运行平稳性的影响规律，提出了过渡段的长度及轨道刚度过渡设计值；研制了道岔范围内轨距和高低可调、全弹性化的新型扣件系统，开发了分块式橡胶垫层及整体硫化技术；动力试验及运营实践表明该技术能有效地保持道岔的良好几何状态，保证了列车高速运行时的平顺性和舒适性。

4. 在相关技术标准制定中的应用

制定了转换不足位移、夹异物大小、尖轨及心轨跳动量、顶面降低值偏差等制造、铺设和养护维修控制标准。

（二）无缝道岔设计理论[11-12, 47]

无缝道岔设计理论将道岔群和区间线路视为跨区间无缝线路中的单元轨节，综合研究无缝道岔及其群组在路基、桥上跨区间无缝线路中的纵向受力与变形行为。功能全面、结构详尽的无缝道岔计算模型中考虑了无缝道岔扣件、轨下基础及传力部件在温度力传递中的作用，考虑了钢轨温度力对其横向变形的影响，考虑了多组道岔群的温度力相互作用，考虑了桥上铺设无缝道岔时的岔桥（道岔—桥梁）相互作用，可用于指导道岔扣件阻力、锁闭机构容许尖轨及心轨伸缩位移等设计参数的确定，以及传力部件结构设计、桥梁结构及岔桥相对位置设计等。该理论得到了提速干线及客运专线上各种类型无缝道岔的纵向力与变形测试验证。

考虑纵向力对道岔横向变形的影响,建立了较完善的无缝道岔群计算模型。采用温度应变测量仪测试钢轨附加温度力,对计算理论进行了验证,结果表明理论与试验结果吻合良好,并自行研制了适合于工程应用的计算软件。

应用所建立的无缝道岔设计理论,分析研究了不同轨道基础、多种因素对道岔受力与变形的影响规律,提出了传力部件承力、扣件纵向阻力、锁闭机构容许尖轨及心轨伸缩位移等设计参数,成功指导了无缝道岔及转换机构设计,无缝道岔纵向温度力与变形测试结果及室内伸缩试验证明了该设计理论的正确性。

对有砟及无砟轨道基础上无缝道岔纵向力传递机理及横向胀轨规律进行了比较分析,提出辙叉跟端应采用可承受1 000 kN的长大间隔铁结构,转辙器跟端宜根据不同的铺设地区年轨温差,设置限位器、间隔铁等传力结构,扣件纵向阻力应达到10 kN/组以上。为保证道岔几何状态良好(在纵向力集中处不出现"碎弯"),不致影响行车平稳性与舒适性,传力部件的设置应保证纵向力集中处道岔胀轨引起的轨距、方向不平顺变化率小于1/2 000;提出转辙器锁闭机构应能容许尖轨伸缩量、辙叉锁闭机构应能容许心轨伸缩量、密贴检查器应保证尖轨的自由伸缩等设计指标与要求,同时通过试制、厂内铺设及室内伸缩及转换试验,验证了该设计标准的合理性。

(三)道岔转换设计理论[7]

道岔转换设计理论考虑在牵引点处的转换力、长大轨件的变形反弹力、尖轨(心轨)与基本轨(翼轨)贴靠时的密贴力、滑床台板的摩阻力的共同作用下,研究高速道岔长大尖轨及可动心轨在转换过程中的受力与变形行为,通过分析尖轨及心轨牵引点布置、滑床板摩擦系数、牵引点动程等因素对转换力和不足位移的影响,用于指导道岔转换结构、侧向高速道岔双肢弹性可弯心轨辙叉结构、减缓不足位移的预设反拱结构、减摩滑床台板结构、同步转换控制等设计。该理论得到了室内及现场道岔转换力测试验证。

考虑转换力、反弹力、密贴力、摩阻力等综合作用,应用有限单元法,建立了较完善的尖轨、单肢弹性可弯心轨、双肢弹性可弯心轨道岔转换计算模型。采用剪力销测试道岔尖轨与心轨转换力,对计算理论进行了验证,结果表明理论计算与试验结果可较好吻合,并研制了适合于工程应用的通用计算程序。

应用所建立的高速铁路道岔转换计算理论,对尖轨及心轨牵引点布置、滑床板摩擦系数、牵引点动程等因素对转换力和不足位移的影响进行了深入分析,提出尖轨、心轨宜采用水平惯性矩较小的60D40钢轨,18号道岔尖轨设置三个牵引点、心轨设置两个牵引点,42号道岔尖轨设置六个牵引点、心轨设置三个牵引点，应将尖轨转换由滑动摩擦转为滚动摩擦，以降低摩擦阻力，为此该道岔转辙器部分设置了辊轮机构，使尖轨在转换过程中置于辊轮上，摩擦系数降低至 0.07 左右；并可通过预设一定的反拱、缩短牵引点间距等来减缓转换不足位移，这为道岔转辙器及双肢弹性可弯心轨结构设计提供了指导，室内及现场转换试验表明，这些技术措施可大幅度降低转换阻力，长大尖轨及心轨的转换不足位移可控制在 1 mm 左右。解决了长期困扰我国的无缝道岔转换卡阻及转换不足位移问题。

（四）工电一体化设计理论

工电一体化设计理论基于系统工程观念，考虑道岔工（工务：轨道结构）电（电务：信号及转换结构）接口处关键零部件的列车荷载及转换荷载的共同作用，研究工电结构的匹配性及结构的可靠性，基于工电各结构部件等强度的设计原则，指导各牵引点处工电接口结构、转换及锁闭结构设计，工电状态监测系统及融雪系统的研制与安装设计。该理论得到了多次现场动测试验的验证。

从系统设计的理念出发，提出了心轨一动处工电新型配合结构，解决了该处检查失效的技术难题，并对道岔关键部件的受力进行了动力强度检算。利用道岔动力学所计算的作用于道岔各零部件的动荷载，对特种断面翼轨轨底切削后、心轨轨底切削后、心轨牵引点处锁钩强度等进行了检算，为这些零部件的结构优化设计提供了指导，解决了提速道岔中在该处存在的锁闭失效、心轨"翻背"等问题，使我国道岔结构由静力强度设计迈上了动力强度设计的新台阶。

（五）高速道岔设计仿真技术

基于高速道岔设计理论及数值仿真方法，自主开发了高速道岔设计仿真技术，编制了具有自主知识产权的系列专用设计软件：DCPMXX 为道岔平面线形设计软件，DATTSIM 为道岔动力学仿真分析软件，CWRT 为路基上无缝道岔计算软件，BCWRT 为桥上无缝道岔计算软件，SFTR 道岔转换计算软件。该仿真技术的应用，大幅度缩短了道岔新产品的研发周期。

（六）高速道岔动态设计安全评估技术[51-52]

基于上述理论与仿真技术，建立了一套列车过岔安全评估技术体系，包括列车过岔安全性、平稳性与舒适性评价指标，道岔结构稳定性与可靠性评价指标，道岔动力性能优化设计评估方法，室内组装检测及现场实车动测试验评估技术。大量的现场试验验证了设计理论与仿真技术的正确性，同时通过胶济（青岛—济南）、合宁、京津、武广、郑西等客运专线上铺设的本项目研制的高速道岔与从法国和德国引进的高速道岔的各项技术指标的对比试验，表明我国高速道岔整体技术已达到国际先进水平，且在轮轨关系、轨道刚度、结构稳定性等方面的研究还具有一定的优势。

二、高速道岔结构技术[66-70]

1. 平面线形

道岔平面线形设计主要解决了两项关键技术：

（1）为提高列车侧向过岔时的舒适性，最高速度按设计容许过岔速度加 10 km/h 进行检算，侧向 80 km/h 18 号道岔采用 1 100 m 单圆曲线，如图 1-62 所示；侧向 120 km/h 30 号道岔采用 2 700 m 单圆曲线；侧向 160 km/h 42 号道岔采用 5 000 m 圆曲线加缓和曲线线形，如图 1-63 所示；侧向 220 km/h 62 号道岔采用 8 200 m 圆曲线加缓和曲线线形，形成了我国的高速道岔系列。道岔动力学仿真分析及现场实车试验表明，列车侧向过岔舒适性与区间相同欠超高曲线相当。相同号码的时速 250 km 高速道岔与时速 350 km 高速道岔平面线形及尺寸相同，如表 1-1 所示。

表 1-1　中国高速道岔平面线形与主要尺寸

道岔号码	18	30	42	62
平面线形	单圆	单圆	圆+缓	圆+缓
尖轨尖端线形	相离 12 mm 半切	相离 8 mm 半切	顶宽 3.7 mm 半切	顶宽 3.04 mm 半切
导曲线半径 R(m)	1 100	2 700	5 000	8 200
道岔前长 a(m)	31.729	42.301	60.573	70.784
道岔后长 b(m)	37.271	59.699	96.627	130.216
道岔全长 L(m)	69.0	102.0	136.2	201.0
辙叉角	3°10′47.39″	1°54′32.95″	1°21′50.14″	0°55′26.56″
尖轨长（m）	21.45	29.84	44.2	54.45
尖轨刨切段长(m)	10.97	14.22	23.811	30.835
尖轨牵引点数量	3	6	6	8
心轨牵引点数量	2	3	3	4

（2）为了适应我国铁路客货共线运行特点，尖轨前段采用相离式半切线线形，该设计为中国独有技术，可在不影响直侧向行车舒适性的前提下，大幅度提高尖轨的粗壮度，如图 1-64 所示，使用寿命与其他部件相当。而国外则通过基本轨轨头切削或弯折来提高尖轨粗壮度，这对直向行车平稳性有较大影响。运营实践表明：该设计解决了道岔曲尖轨侧磨快、使用寿命短这一技术难题。

第一章 概述

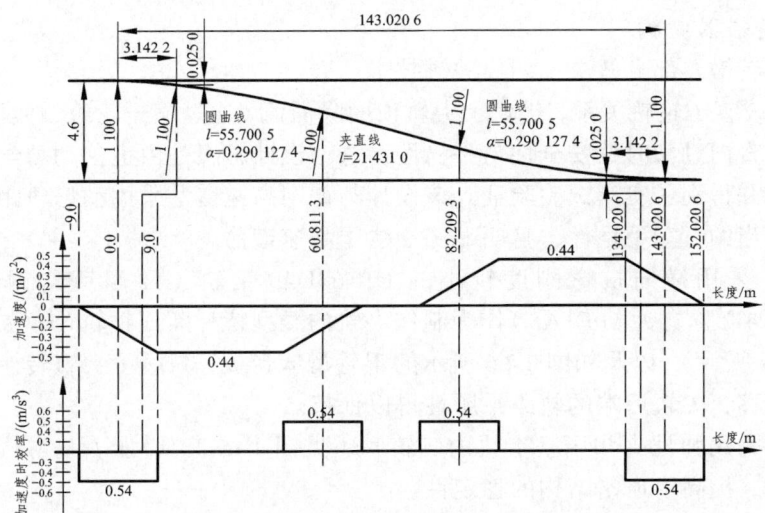

图 1-62　中国 18 号道岔平面线形

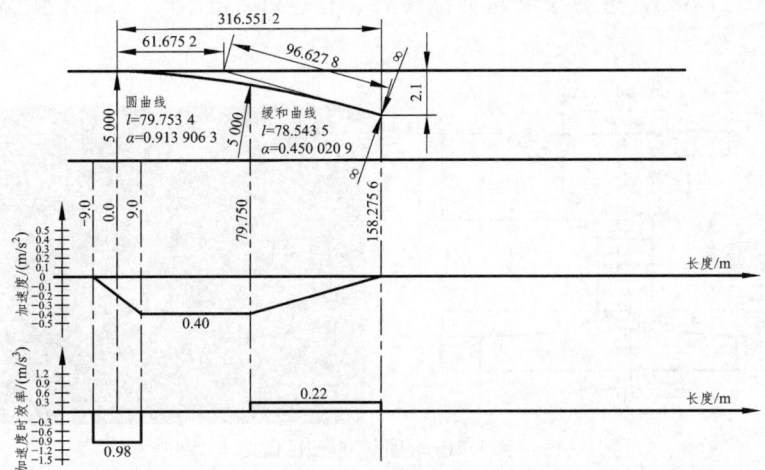

图 1-63　中国 42 号道岔平面线形

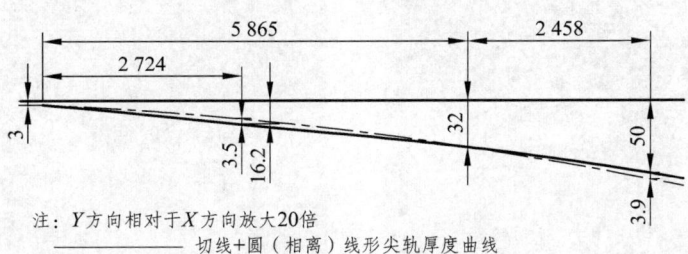

图 1-64　18 号道岔尖轨前端线形

2. 转辙器结构

道岔转辙器部分解决了四项关键技术：

（1）改善了轮轨关系，优化了尖轨顶面降低值，通过缩短轮载过渡段范围，提高列车直向过岔时的安全性与平稳性，这一设计思想是由道岔动力学仿真分析所发现并得到了实车试验验证。该设计与德国高速道岔采用动态轨距加宽技术具有相当的行车平稳性，且明显优于法国高速道岔。

（2）采用横向抗弯刚度较小的 UIC60D40 钢轨（欧洲道岔钢轨标准 prEN13674-2 称之为 60E1A5）作为制作尖轨的矮型特种断面钢轨（简称 AT 轨，如图 1-65 所示），以及如图 1-66 所示的辊轮滑床台板，减缓了尖轨转换力及转换不足位移，尖轨后端的轨距平顺性得以保持。

（3）采用弹性夹扣压基本轨内侧轨底（见图 1-67），增强了基本轨抗横向倾翻能力，提高了道岔结构的稳定性。

（4）尖轨跟端根据铺设轨温范围采用了间隔铁、限位器等不同类型的传力部件（见图 1-68），可减缓尖轨伸缩位移，适应在中国南、北方年轨温差较大的地区铺设。

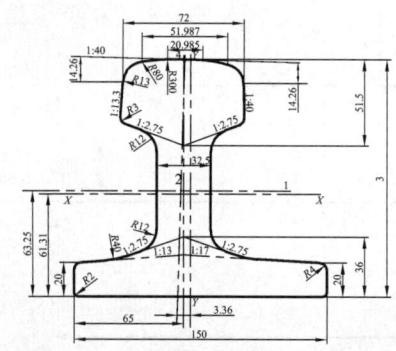 

图 1-65 带 1.40 轨顶坡的 UIC60D40 钢轨

图 1-66 辊轮滑床台板　　　　图 1-67 基本轨内侧的弹性夹

图 1-68 尖轨跟端传力部件

3. 辙叉结构

道岔辙叉部分解决了三大关键技术：

（1）开发了心轨第一牵引点处新型工电接口结构，采用托槽式心轨锁钩，因转换点上移，能可靠检查心轨与翼轨的密贴状态，有效解决了过去采用凸缘转换方式因心轨"翻背"而检查失效或采用轨腰开孔方式而削弱翼轨强度的技术难题（见图1-69）。

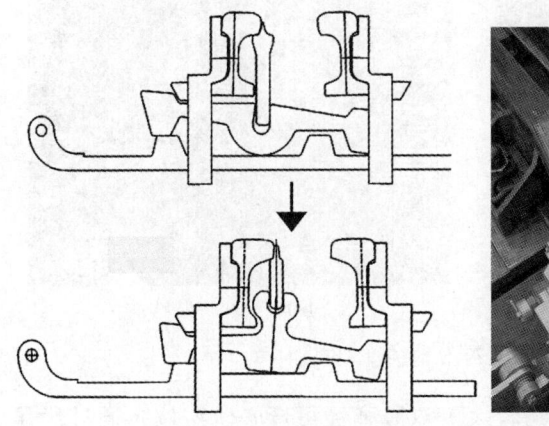 

图 1-69 托槽式心轨一动结构

（2）开发了新型宽轨头特种断面钢轨（称为特种断面翼轨，简称 TY 轨，如图 1-70 所示），用作翼轨时可为转换设备留下足够安装空间，横向稳定性好，其结构较法国高速道岔简单，稳定性却又优于德国高速道岔，同时优化了轮轨关系设计。时速 350 km 道岔心轨采用了如图 1-71（a）所示的水平藏尖结构，可降低该处的轮轨横向作用力,确保列车过岔时的安全性与平稳性;时速250 km道岔仍采用的是如图 1-71(b)所示的竖直藏尖结构。

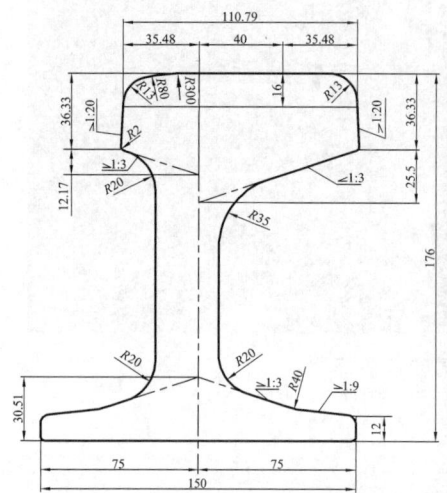 

图 1-70 特种断面翼轨

(a)水平藏尖结构　　　　　　　　(b)竖直藏尖结构

图 1-71 中国道岔心轨尖端结构

(3)开发了侧向高速道岔(号码较大)双肢弹性可弯心轨结构,通过优化牵引点位置及转换动程,实现了这种复杂结构的平稳转换,通过预设反拱减缓了心轨跟端附近的转换不足位移,该结构消除了侧股跟端处的斜接头,确保了列车以 160km/h 速度侧向过岔时的安全性与平稳性(见图 1-72 中右图所示),18 号、30 号道岔因侧向过岔速度较低,仍采用的是单肢弹性可弯心轨结构,短心轨跟端为斜接头结构。

（a）单肢弹性可弯心轨　　　　　　（b）双肢弹性可弯心轨

图 1-72　中国道岔心轨结构

4. 扣件系统

道岔扣件系统是影响行车舒适性的重要部件，着重解决了以下三项关键技术问题：[6]

（1）运用道岔动力学分析理论，确定了不同轨下基础、不同运营条件下的合理刚度取值，如无货运无砟轨道扣件系统竖向刚度为 25 ± 5 kN/mm，有货运无砟轨道扣件系统竖向刚度为 40 ± 10 kN/mm，无货运有砟轨道扣件系统竖向刚度为 50 ± 10 kN/mm，有货运有砟轨道扣件系统竖向刚度为 60 ± 10 kN/mm，并提出了分层弹性、上硬下软的设计原则。

（2）实现了岔区轨道整体刚度的均匀化，以及岔区与区间线路轨道刚度的均匀过渡，由于道岔中连接钢轨、共用垫板、共用岔枕等多种因素的作用，过去沿道岔整体刚度的分布是极不均匀的，最大值相差 2 倍以上，导致列车在"软硬不均"的基础上行驶时舒适性极差，通过扣件系统结构创新成功地解决了这一技术难题。

（3）开发了新型扣件系统（见图 1-73），采用炭黑接枝改进橡胶新材料及分块式结构（见图 1-74），可实现每块垫板等厚度、不等弹性、不高于 1.35 的低动静刚度比设计，解决了岔区轨道刚度不均匀及动刚度过大的问题；采用橡胶垫板与铁垫板的复合硫化及缓冲锚固螺栓结构，可确保低刚度情况下扣件系统抵抗横向变形的能力；采用轨距块及偏心套可实现岔区全范围内轨距可调；采用板下调高垫层可实现 $-4 \sim +26$ mm 的高低可调；且有砟及无砟道岔扣件系统结构相同。

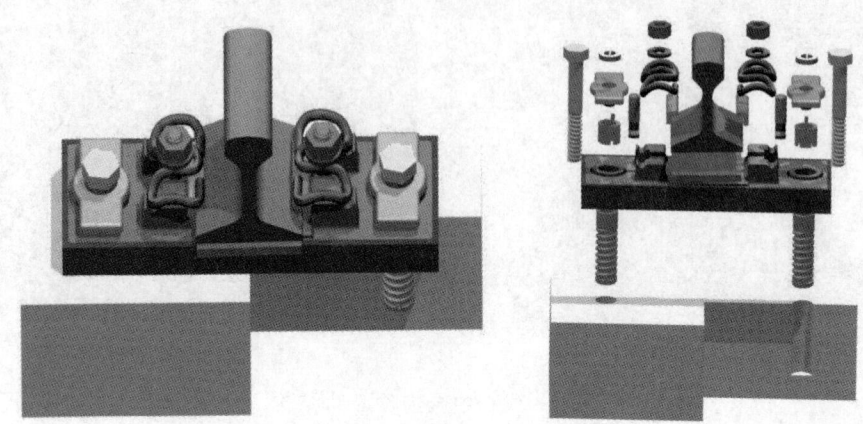

图 1-73 中国道岔扣件系统

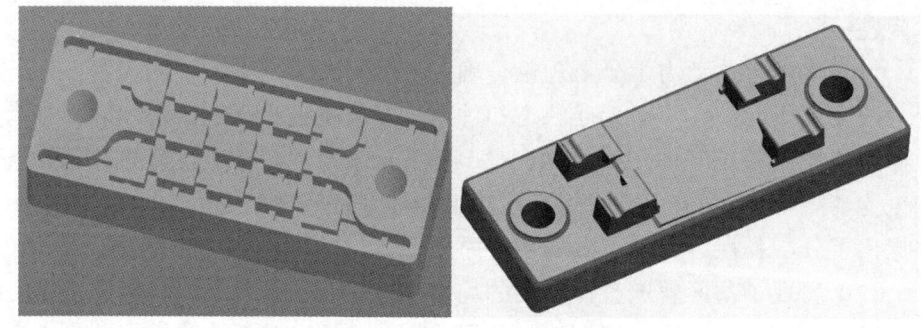

图 1-74 分块式橡胶垫层及整体硫化

5. 轨下基础

道岔轨下基础关系着道岔组装精度，主要解决了以下三项关键技术：

（1）优化了有砟轨道岔枕截面配筋数量及钢筋布置，使钢筋形心与截面形心重合，解决了长岔枕徐变上拱技术问题。

（2）开发了带钢筋桁架的无砟轨道埋入式岔枕结构（见图 1-75），可与混凝土道床板可靠连接，结构稳定，施工方便。

（3）开发了带预埋螺栓套管的道岔板（见图 1-76），定位精度高，施工速度快。这三种岔枕结构使高速道岔能与各种形式的轨下基础相适应。

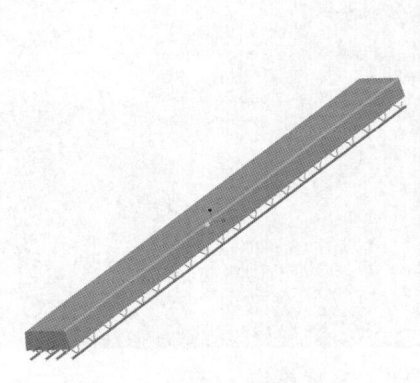

图 1-75 埋入式岔枕　　　　图 1-76 预制道岔板

6. 转换设备

转换设备是实现道岔转换功能的重要组成部分,主要解决了五项关键技术:

(1) 采用多机多点牵引方式(见图 1-77),各牵引点均采用钩型外锁闭方式,锁闭能力强,安全性高,极端特殊情况下,当高速列车风引起的冰块、石砟等异物冲击转换杆件导致其弯曲后,仍能有效保证尖轨与基本轨、心轨与翼轨的可靠锁闭,同时优化了外锁闭机构(见图 1-78),将尖轨的容许伸缩位移由 25 mm 提高至 40 mm,有效地解决了过去提速道岔中存在的转换卡阻技术难题。

图 1-77 中国有砟及无砟道岔的多机多点牵引

图 1-78　钩型及自调式外锁闭机构

（2）开发了安装于岔枕上的密贴检查器，不占用岔枕空挡，可在列车过岔时有效检查尖轨与基本轨的动态密贴情况，并为道岔维修提供了依据，如图 1-79 所示。

图 1-79　中国道岔的密贴检查器

（3）采用不同动程的转辙机及控制各牵引点启动顺序，解决了大号码道岔 50 多米长尖轨同步转换技术难题。

（4）开发了发热效率高、安装简单的道岔融雪系统（见图 1-80），可在冰雪天气自动除去滑床台板上的积雪、积冰，不会因道岔无法转换而需停运进行人工除雪、除冰，确保了高速道岔在恶劣气候条件下的正常使用。

（5）初步研制了道岔监测系统（见图 1-81），监测项目有尖轨、心轨的各项转换参数（如尖轨及心轨的密贴、转辙机转换力、动态力、振动加速度、转辙机工作电压、工作电流、油压等)、道岔轨距等,监测数据可直接接入客运专线综合维修中心,实现了高速道岔的实时、信息化监控,并大大减少了道岔的日常检查工作量,提高了道岔的使用安全性能,为道岔实现状态修奠定了基础。

图 1-80 道岔融雪装置

图 1-81 道岔监测系统

三、高速道岔制造、铺设与维护技术[8]

1. 道岔制造设备与工艺

为确保高速道岔制造的高精度与高平顺性,我国三家大型的道岔制造厂(中铁山桥集团有限公司、中铁宝桥集团有限公司、中国铁建重工集团有限公司)购置了 70 m 数控龙门铣床,如图 1-82 所示,可对长大尖轨一次性加工成功,提高了尖轨加工精度;购置了高精度的数控锯钻,如图 1-83 所示,可将钢轨下料及钻孔精度提高至 0.1mm;研制或购置了特种材质钢轨焊机,如图 1-84 所示,为不同材质道岔焊接成无缝道岔提供了条件;购置了 60Mt 框架式油压机,如图 1-85 所示,可用于尖轨跟段锻造和翼轨锻造的加工;购置了可对道岔大型铸造、热处理轨件进行探伤的 X 射线道岔探伤仪等具有国际先进或领先水平的大型设备。攻克了 60D40 尖轨跟端成型(见图 1-86)、高平顺性滑床台板顶面加工(见图 1-87)、长大轨件防变形吊装、考虑钢轨温度变化的钻孔定位、混凝土岔枕钉孔距偏差控制等关键、难点工艺。

图 1-82 数控龙门铣床

图 1-83 数控锯钻

图 1-84 异种材质钢轨焊机

图 1-85 60Mt 油压机

图 1-86 60D40 尖轨跟端成型

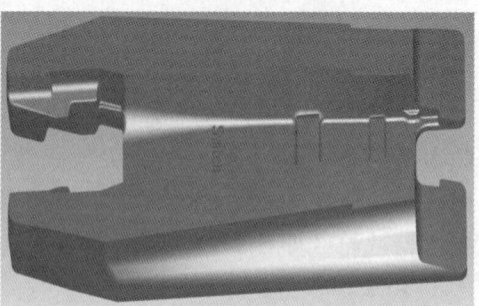
图 1-87 高平顺性的滑床台板

2. 道岔系统集成与组装

提出了高速道岔厂内逐组组装、检测、调试的总装集成技术要求；研发了高精度、多功能道岔专用组装平台（见图1-88）及尖轨、心轨制造检测平台（见图1-89）；制作了近千件各重要零部件组装配合精度检测样板（见图1-90），确保了道岔近万个零部件总装过程中的组装精度；形成了道岔外购件质量控制、钢轨件及其与滑床台板选配组装等制度，解决了道岔组装过程中滑床台板空吊等问题；实现了道岔各项几何尺寸偏差不超过1 mm的集成组装，使道岔这一土木工程结构物首次达到了精密机械设备的制造精度。

图1-88 道岔组装平台

图1-89 尖轨及心轨检测平台

图1-90 道岔部件制造检测样板

经过关键设备研制、重点工艺攻关、检测和系统集成技术的研究，树立了精品道岔、细节决定成败的制造理念，形成了高速道岔的成套先进制造技术，大大缩短了与国外高速道岔制造技术的差距，并为提速道岔和普速道岔的产品升级奠定了坚实的基础。

3. 道岔运输与铺设

形成了道岔组件吊装与运输、专业化、机械化、标准化的铺设工法（见图1-91），开发了高精度的道岔精测网、便捷的粗调及精调设备（见图1-92）、科学的调整软件等，确保了高速道岔铺设的高平顺性，实现了道岔铺设后的开通速度即可达到设计速度。

图 1-91 有砟及无砟道岔的铺设

图 1-92 道岔的测量与调整系统

4. 道岔养护与维修

形成了高速道岔实时测控、精细化作业、高平顺性控制、周期修与状态修相结合的科学养修体系，确保了高速道岔在使用过程中的状态良好、质量稳定、安全可控。

5. 技术条件与标准

制定了高速道岔的制造、组装、运输、铺设及养护维修等系列先进标准和技术条件，确保了高速道岔在制造、运输、铺设及使用过程中的高平顺性，满足了高速道岔的高技术性能要求。

四、实车动测试验

铁道部先后组织了十多次高速道岔的实车动测试验，以武广试验段中国、德国道岔及合宁线法国道岔测试结果进行对比；中国、德国、法国道岔的直向最高通过速度分别为 347.5 km/h、347.1 km/h、277 km/h，侧向最高通过速度均为 90 km/h。主要的试验结论如下：[9]

（一）动车组直、侧向过岔安全性指标对比

1. 地面测试数据

动车组直、侧向过岔的脱轨系数、减载率、轮轴横向力分别列于表 1-2、表 1-3。中国和德国的道岔在相同的直向和侧向通过速度的条件下，三个安全性指标基本相当。法国直向通过速度为 277 km/h，远低于中国和德国道岔的试验速度，其他三个安全性指标接近中国和德国道岔的相应指标。

表 1-2 动车组直向过岔安全性指标

技术类型	生产厂家	使用地点	最高速度 km/h	脱轨系数	减载率	轮轴横向力 kN
中国	山桥、宝桥	武广试验段	347.5	0.05~0.28	0.12~0.50	4.2~19.2
德国	新铁德奥	武广试验段	347.1	0.05~0.29	0.11~0.50	2.6~16.6
法国	宝桥	合宁铁路	277.0	0.10~0.22	0.22~0.40	7.6~16.6

表 1-3 动车组侧向过岔安全性指标

技术类型	生产厂家	使用地点	最高速度 km/h	脱轨系数	减载率	轮轴横向力 kN
中国	山桥、宝桥	武广试验段	90.6	0.07~0.43	0.15~0.26	8.2~18.6
德国	新铁德奥	武广试验段	91.9	0.04~0.26	0.13~0.29	3.0~11.2
法国	宝桥	合宁铁路	91.0	0.15~0.26	0.18~0.28	13.1~21.1

2. 动车组运行测试数据

（1）动车组直向通过中国、德国、法国道岔的脱轨系数、轮重减载率、轮轴横向力随速度关系的散点图示于图 1-93 至图 1-95，由图中可见：

① 动车组直向通过中国、德国、法国 18 号道岔的脱轨系数实测最大值分别为 0.32（$V=290$ km/h）、0.28（$V=330$ km/h）、0.18（$V=260$ km/h），小于安全限值 0.8；动车组直向通过中国和德国 18 号道岔的脱轨系数相近，法国道岔脱轨系数较小（速度低）。

② 动车组直向通过中国、德国、法国 18 号道岔轮重减载率实测最大值为 0.86（$V=340$ km/h）、0.83（$V=330$ km/h）、0.69（$V=275$ km/h）；动车组直向通过中国、德国 18 号道岔轮重减载率实测最大值均超过了安全限值 0.8，但未出现双峰减载率超过 0.8 的情况，法国道岔轮重减载率小于 0.8（速度低）。

③ 动车组直向通过中国、德国、法国 18 号道岔轮轴横向力实测最大值为 17.0 kN（$V=330$ km/h）、22.3 kN（$V=330$ km/h）、24.0 kN（$V=260$ km/h），动车组直向通过三种道岔的轮轴横向力相差不大。

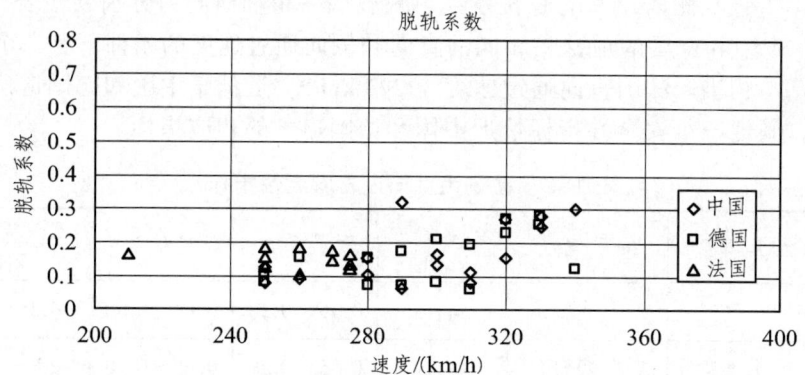

图 1-93 动车组直向通过中国、德国、法国 18 号道岔脱轨系数

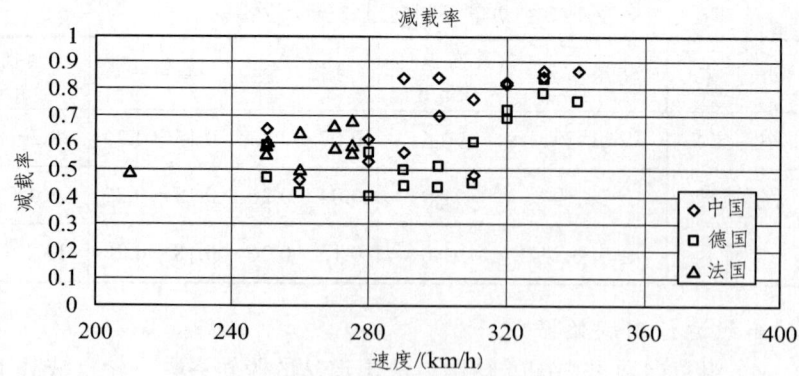

图 1-94 动车组直向通过中国、德国、法国 18 号道岔轮重减载率

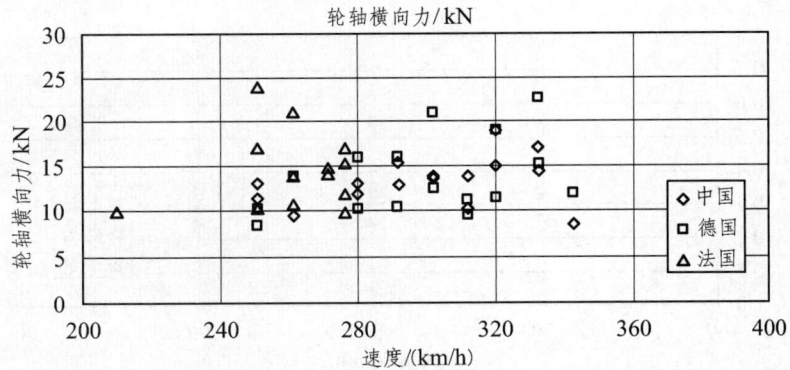

图 1-95 动车组直向通过中国、德国、法国 18 号道岔轮轴横向力

（2）动车组侧向通过中国、德国、法国 18 号道岔的脱轨系数、轮重减载率、轮轴横向力随速度关系的散点图示于图 1-96 至图 1-98，由图中可见：

① 动车组侧向通过中国、德国、法国 18 号道岔的脱轨系数实测最大值分别为 0.26（$V_{测}$ = 90 km/h）、0.92（$V_{测}$ = 80 km/h）、0.24（$V_{测}$ = 80 km/h），德国 18 号道岔的脱轨系数实测最大值超过安全限值 0.8。

② 动车组侧向通过中国、德国、法国 18 号道岔轮重减载率实测最大值为 0.33（$V_{测}$ = 90 km/h）、0.54（$V_{测}$ = 90 km/h）、0.29（$V_{测}$ = 90 km/h），小于安全限值 0.8。

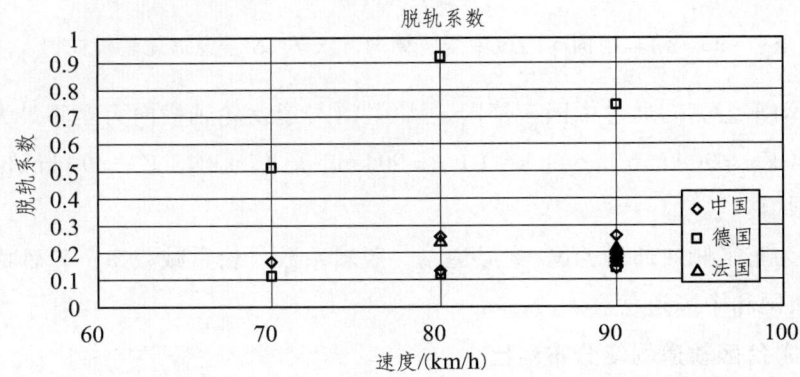

图 1-96 动车组侧向通过中国、德国、法国 18 号道岔脱轨系数

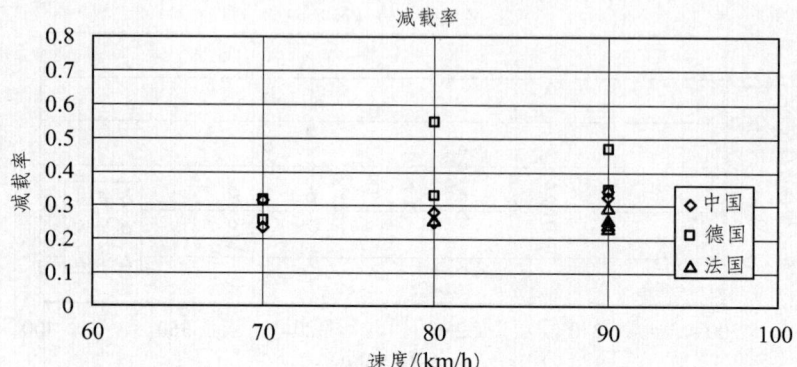

图 1-97 动车组侧向通过中国、德国、法国 18 号道岔轮重减载率

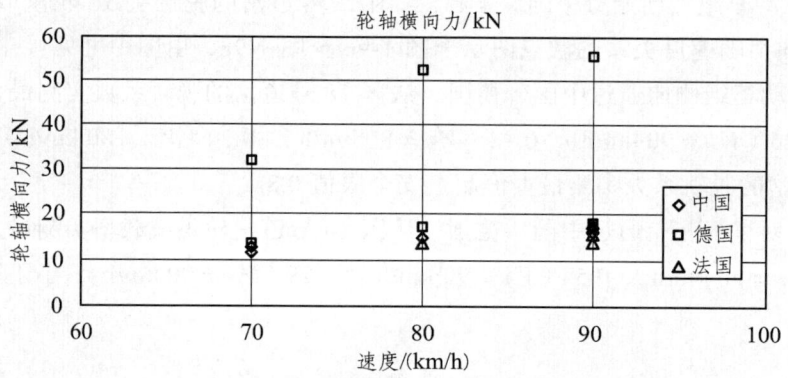

图 1-98 动车组侧向通过中国、德国、法国 18 号道岔轮轴横向力

③ 动车组侧向通过中国、德国、法国 18 号道岔轮轴横向力实测最大值为 15.8 kN（$V_{测}$ = 90 km/h）、54.8 kN（$V_{测}$ = 90 km/h）、17.4 kN（$V_{测}$ = 90 km/h），小于安全限值。

④ 动车组侧向通过德国 18 号道岔，脱轨系数、轮重减载率、轮轴横向力远大于法国和中国道岔。

（二）岔区轨道刚度分布对比

岔区轨道刚度可用列车通过道岔时的钢轨垂向位移来表示，中国、德国和法国道岔岔区钢轨垂向位移列于表 1-4 和图 1-99。

表 1-4　CRH2 动车组时速 250 km 直向过岔钢轨垂向位移

武广试验段中国道岔		武广试验段德国道岔		合宁线法国道岔	
轨枕编号	钢轨垂移（mm）	轨枕编号	钢轨垂移（mm）	轨枕编号	钢轨垂移（mm）
10	0.62	-3	0.84	-3	0.33
28	0.76	10	0.46	13	0.37
37	0.65	27	0.99	27	0.41
47	0.44	44	0.96	50	0.56
72	0.53	70	0.47	70	0.30
91	0.47	93	1.02	92	0.33
102	0.71	99	1.39	111	0.38

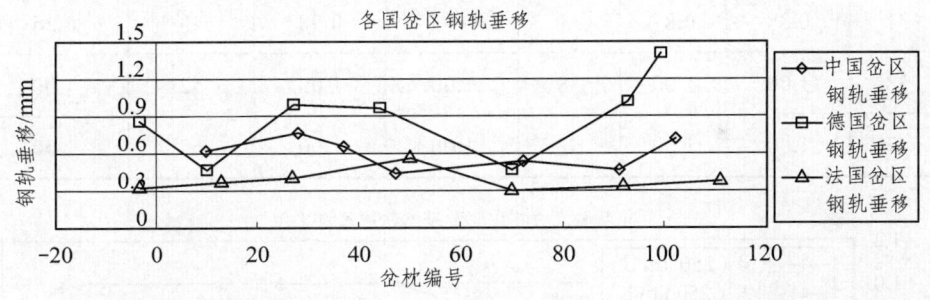

图 1-99　CRH2 动车组时速 250 km 直向过岔钢轨垂向位移

德国道岔钢轨垂向位移（0.46~1.39 mm）最大，法国道岔钢轨垂向位移（0.30~0.56 mm）最小，中国道岔钢轨垂向位移（0.44~0.76 mm）居于二者之间，说明德国道岔轨道刚度最小、弹性最好，法国道岔轨道刚度最大、弹性最差，中国道岔轨道刚度和弹性居于二者之间。但中国道岔钢轨垂向位移离散性最小，轨道刚度在岔区比较均匀，即轨道刚度均匀化效果最好。

（三）转辙器轮载过渡范围和过渡比例对比

轮轨垂直力在尖轨和基本轨间的过渡范围及过渡比例和列车过岔平稳性直接相关，中国 350 km/h 18 号道岔通过优化尖轨降低值，调整轮轨垂直力在尖轨和基本轨间的过渡范围和过渡比例，从而提高道岔平顺性和列车过岔平稳性。

中国、德国和法国道岔轮轨垂直力在尖轨和基本轨间的过渡范围和过渡比例见表1-5和图1-100。德国道岔的轮轨垂直力在尖轨和基本轨间的过渡范围短、过渡快，而法国道岔过渡范围长、过渡慢，中国道岔和德国道岔相类似。从试验结果看，通过优化尖轨降低值，中国道岔的平顺性和列车过岔平稳性和德国在同一水平，好于合宁线上的法国道岔。

表1-5 轮轨垂直力在尖轨和基本轨间的过渡范围和过渡比例

武广试验段中国道岔			武广试验段德国道岔			法国道岔	
轨头宽（mm）	垂直力过渡比例		轨头宽（mm）	垂直力过渡比例		轨头宽（mm）	垂直力过渡比例
	250 km/h	300 km/h		250 km/h	300 km/h		250 km/h
15	0	0	15	0	0	21	0
24	0.25	0.26	24	0.31	0.38	31	0.22
31	0.88	0.87	31	0.97	0.98	43	0.26
38	1.00	1.00	38	1.00	1.00	52	1.00
47	1.00	1.00	47	1.00	1.00	65	1.00

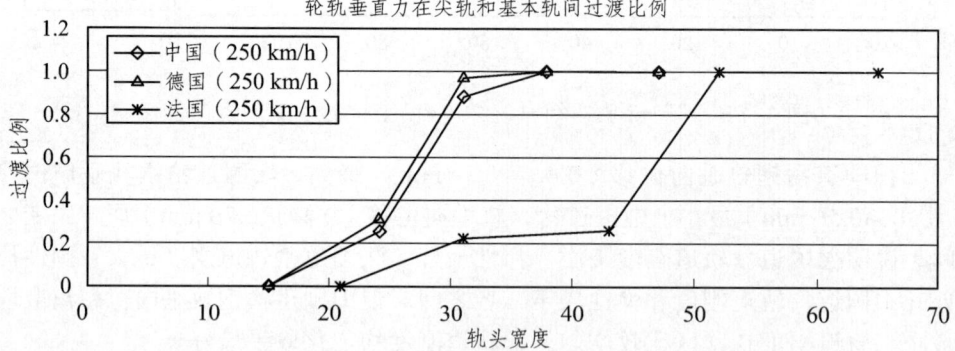

图1-100 轮轨垂直力在尖轨和基本轨间的过渡范围和过渡比例示意图

（四）钢轨横向位移对比

中、德、法三个国家的道岔钢轨件横向位移最大值列于表1-6，中国道岔钢轨横向位移量值小于德国道岔，和法国道岔相当，表明道岔结构稳定、可靠，而德国翼轨结构横向稳定性较差。

表1-6 动车组过岔钢轨件横向位移最大值 （单位：mm）

直向或侧向	武广试验段中国道岔		武广试验段德国道岔		法国道岔	
	基本轨横向位移	翼轨横向位移	基本轨横向位移	翼轨横向位移	基本轨横向位移	翼轨横向位移
直向	0.36	0.48	0.71	0.97	0.69	0.43
侧向	0.52	0.96	0.95	1.42	0.78	0.91

（五）动车组平稳性指标对比

中国（武广试验段）、法国（合宁线）、德国（武广试验段）道岔直向通过道岔的平稳性指标见图 1-101 和图 1-102，侧向通过道岔的平稳性指标见图 1-103 和图 1-104。直向过岔，在相同的速度挡条件下，中国和德国的平稳性指标相当，法国的平稳性指标较大，平稳性略差；侧向过岔，在相同的速度挡条件下，中国、德国及法国的平稳性指标相当。

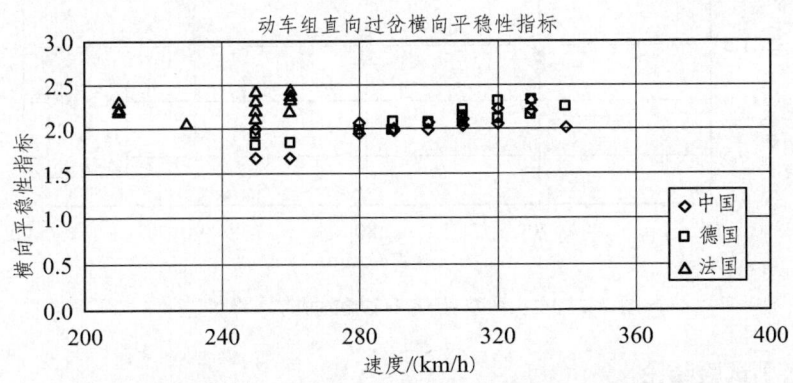

图 1-101　动车组直向过岔横向平稳性指标

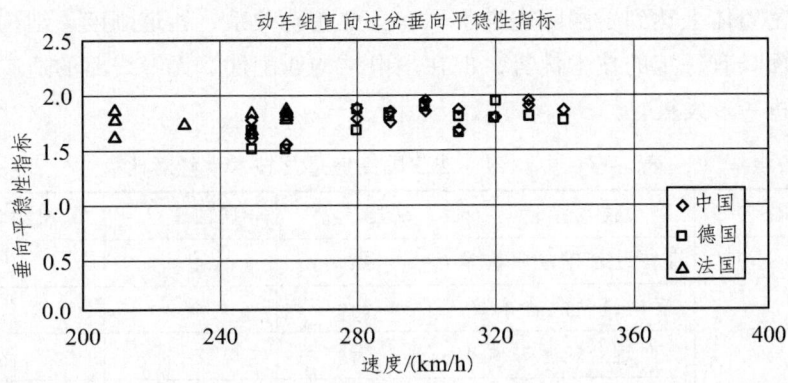

图 1-102　动车组直向过岔垂向平稳性指标

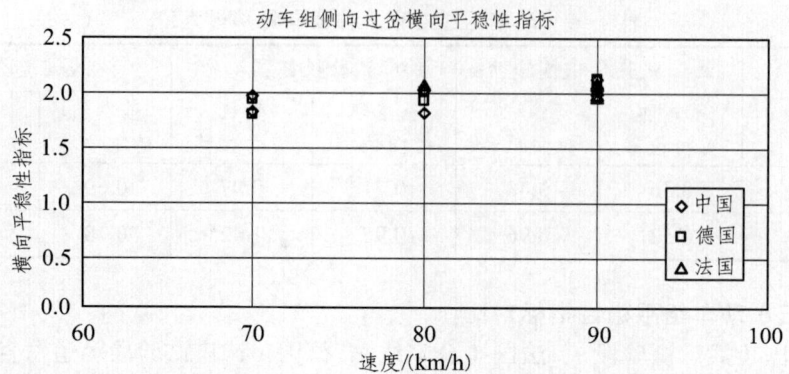

图 1-103 动车组侧向过岔横向平稳性指标

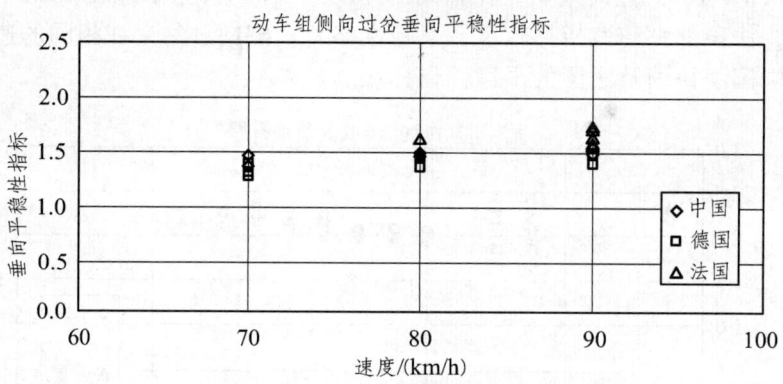

图 1-104 动车组侧向过岔垂向平稳性指标

（六）试验结论

中、德、法三国高速道岔的主要性能比较如表 1-7 所示。对比可见，中国高速道岔整体上达到了国际先进水平，且在轮轨关系、轨道刚度、结构稳定性设计方面具有一定的技术优势，但在工电结构匹配性、无缝线路的适应性等方面尚需进一步发展。

表 1-7 中、德、法三国高速道岔技术性能对比

性能比较	技术指标	法国道岔	德国道岔	中国道岔
行车安全性	直向过岔轮重减载率	优	优	优
	直向过岔脱轨系数	优	优	优
	侧向过岔轮重减载率	优	较优	优
	侧向过岔脱轨系数	优	较优	优

续表 1-7

性能比较	技术指标	法国道岔	德国道岔	中国道岔
行车平稳性	直向过岔竖向平稳性	优	优	优
	直向过岔横向平稳性	较优	优	优
	侧向过岔竖向平稳性	优	优	优
	侧向过岔横向平稳性	优	较优	优
行车舒适性	直向过岔舒适性	较优	优	优
	侧向过岔舒适性	优	优	优
结构稳定性	转辙器部分	优	优	优
	辙叉部分	优	较优	优
结构可靠性	工电匹配性	较优	优	较优
	无缝线路适应性	优	优	较优
整体性能		优	优	优

第二章　道岔平面线形设计理论

　　道岔设计工作应完成以下两项任务：道岔总图设计和道岔结构设计。一般设计过程是，首先设计道岔总图，然后根据所给定的主要尺寸再进行零部件的结构设计。道岔总图设计的内容包括：确定道岔主要尺寸、确定道岔各部轨距、确定岔枕布置及数量、计算配轨长度等，它是道岔设计中的重要一环，集中体现了整组道岔设计是否技术先进和经济合理，直接关系到列车通过道岔时的运行技术状态，并涉及铺设、养护及加工制造等一系列问题，需要道岔平面线形设计、轮轨接触关系、转换计算、机车内接计算等设计理论的支撑。道岔结构设计的内容包括：选择各零部件的结构形式、确定零部件的布置及数量、确定零部件的断面形式、尺寸及材质等，应根据机车车辆运行条件、加工制造的实际可能及养护维修要求等条件来进行设计，需要道岔动力学、轮轨关系、轨道刚度、无缝道岔、部件动力强度等设计理论的支撑。由于道岔是轨道系统的集成，高速铁路轨道结构的所有新技术及设计理论均要在高速道岔设计中得到应用。

　　道岔的总图设计及结构设计应以满足列车的运行要求为前提，在任何情况下，应保证列车以规定的速度通过道岔时有足够的安全性和稳定性以及必要的旅客舒适度；道岔各部轨距及间隔尺寸应保证在最不利条件下也能使机车车辆轮对顺利通过；道岔各零部件及其相关的机件在任何情况下均不得突入建筑接近限界；道岔转换机构应保证转辙设备的正确安装；绝缘接头的设置应保证连锁信号能正确地显示；道岔结构零部件应有足够的强度与刚度，断面形式应尽可能地做到简单合理，节省材料，易于工厂成批生产，并努力提高道岔零部件的互换性，为道岔铺设养护提供便利条件；道岔长度应尽量缩短，以减少占地面积。对于高速道岔，需要满足其高速度、高安全性、高平稳性、高舒适性、高可靠性、高平顺性、高精度、高稳定性、少维修、易维修的技术要求。

第一节　高速道岔的设计条件与结构选型

　　我国高速道岔的设计应遵照"先进、成熟、可靠、经济、适用"的原则，以《客运专线道岔暂行技术条件》、250 km/h 与 350 km/h 钢轨及 AT 轨等相关的技术标准、技术条件为设计依据，充分学习、借鉴但不盲从照抄德、法等国道岔的先进技术，着重解决我国高速道岔的空白技术及提速道岔中存在的关键技术问题，并考虑发展空间，坚持可持续发展战略，兼顾道岔设计的通用、简统、互换及标准化，树立系统工程概念，贯彻细节决定成败的理念，考虑设计、制造、运输、铺设等各个环节中相关技术的衔接与协调，形成具有我国自主知识产权的高速道岔技术体系。

一、高速道岔的运营条件

1. 容许通过速度

我国高速道岔直向容许通过速度分为最高速度 350 km/h 及最高速度 250 km/h 两种，分别用于时速 250 km 客运专线及时速 350 km 高速铁路线上。

我国高速道岔侧向容许通过速度分为 80 km/h、160 km/h 及 220 km/h 三种，分别用作进站停车的正线道岔、上下行换线的渡线道岔、上下高速线的联络线道岔。

这样组合起来，我国高速道岔按直、侧向速度的不同可分为六种。

根据高速道岔的设计安全性要求，其设计检算速度分别为直向加 10%，侧向加 10 km/h，试验速度应不低于设计检算速度。

2. 设计轴重

设计轴重指名义静轴重另加考虑配重可能上浮 10%。时速 250 km 无货运客运专线及时速 350 km 高速铁路，采用动力分散式高速动车组，其轴重小于等于 170 kN；考虑 10% 的上浮，设计轴重取为 187 kN，与采用动力集中式高速动车组（轴重小于等于 190 kN）相当。

时速 250 km 客货混跑线路，动车组最高速度为 250 km/h，货车最高速度为 120 km/h，货车轴重为设计控制值，货车轴重小于等于 230 kN；考虑 10%的上浮，设计轴重取为 253 kN。

3. 运 量

道岔整体使用寿命不少于 20 年或通过总重 6 亿吨以上。客货共线的 250 km/h 客运专线因有货运，道岔使用寿命以通过总重计，应与提速道岔相当，不应低于 6 亿吨。无货运的 250 km/h 客运专线及 350 km/h 高速铁路因全部为客运，年通过总重一般不大于 3 000 万吨，因此道岔的使用寿命按 6 亿吨折算不应低于 20 年。

二、高速道岔的设计技术条件

1. 轨 距

我国铁路一直采用的是标准轨距 1 435 mm，在轨顶下 16 mm 处测量。高速道岔轨距设计也应遵守这一规定。根据机车车辆在道岔中的内接要求，道岔各部轨距应保证机车车辆能够以强制内接的条件通过，不允许楔形内接存在。普速及提速道岔规定：道岔区轨距过渡的顺坡率一般不应大于 4.0 mm/m，特殊情况下不应大于 6.0 mm/m。根据我国高速道岔侧向通过速度的设计要求，道岔导曲线半径的选择远大于 350 m，按机车车辆的内接要求，不必设置轨距加宽，只是在铺设和养护维修过程中要求轨距的容许偏差为 ±1 mm，轨距的变化率可按区间线路取为 2‰（相当于两相邻轨枕的轨距变化量不大于 1 mm）。德国高速道岔为减缓列车过岔时的蛇行运动，在尖轨顶宽 30 mm 处设置了 15 mm 的轨距加宽，18 号道岔中的轨距顺坡率为 2.67 mm/m，运营实践表明可满足高速动车组在道岔区运行平稳性的要求。

2. 轨底坡

世界高速铁路所用轨底坡有 1∶40 和 1∶20 两种，高速道岔轨底坡一般与区间轨道轨底坡一致，若道岔区轨底坡与区间不一致时，应在道岔两端分别平稳向区间延伸过渡。经研究，我国高速铁路区间线路采用的是 1∶40 的轨底坡，道岔区尚无十分明确的结论必须采用 1∶20 的轨底坡，除法国道岔外，德国、日本的高速道岔均采用的是 1∶40 的轨底坡。因此，我国第一代高速道岔决定采用 1∶40 的轨底坡。

3. 超 高

导曲线设置超高可减小列车侧向过岔时的欠超高，提高侧向行车的平稳性。但是在道岔设置超高有较多的不利因素：一是受列车直向过岔时建筑限界的约束，导曲线外轨超高的设置一般不宜大于 15 mm，对欠超高的减缓作用较为有限；二是受尖轨与基本轨、心轨与翼轨顶面相对高差的限制，尖轨及心轨可动部分一般无法设置超高，这对于曲线尖轨及曲线辙叉处的欠超高没有减缓作用；三是导曲线超高需在尖轨跟端后及辙叉前需设置超高顺坡段，并通过扣件系统予以实现，扣件系统较为复杂，因此在国外高速道岔中一般不设置超高。综合来看，我国高速道岔导曲线也不宜设置超高。

4. 线间距

我国 350 km/h 高速铁路线间距为 5 m，250 km/h 高速铁路线间距为 4.6 m。为减少道岔型号，侧向允许通过速度对应的道岔号数、线形及平面主要尺寸应统一，因此高速道岔应按 4.6 m 线间距进行设计。

为避免两道岔上的振动叠加,当两渡线道岔反向曲线连接时,两支反向缓和曲线起点可直接连接;两支反向圆曲线间需插入直线段,其长度按一个半振动周期计算,直线段的最短长度 $L \geqslant 0.4V_{侧}$(车站到发线道岔及渡线道岔间的连接直线插入段长度不应小于 20 m)。这一规定与《新建时速 300~350 公里客运专线铁路设计暂行规定》中列车到发进路上的道岔至其连接曲线间的最短直线段长度要求相同。

5. 钢轨材质与重量

高速铁路要求钢轨具有高的安全使用性能、高的平直度、高的几何尺寸精度。高的安全使用性能具体要求钢质洁净、表面无缺陷、低的轨底残余拉应力、优良的韧塑性及焊接性能,同时要求便于生产、质量稳定和可靠性高。钢轨的几何尺寸高精度、高平直度是高速铁路实现高平顺运行的重要保证,系列技术条件规定了客运专线用钢轨严格的几何尺寸公差、钢轨端头和本体平直度、扭曲等指标。发展百米定尺钢轨已确定为我国铁路技术政策,目前正在加大生产和使用百米定尺钢轨的力度。为了减少焊接接头的数量,客运专线应尽量采用百米定尺钢轨,但根据特殊需要,也可使用 25 m 或 50 m 定尺长度的钢轨。

高速铁路钢轨选材应遵循钢种成熟、强韧匹配、材质纯净、焊接优良、适用道岔的原则。目前我国新建客运专线分为时速 350 km 的纯客运专线和时速 250 km 的客货混线,前者采用 350 km/h 客运专线钢轨暂行技术条件,钢种为 U71Mnk;后者使用 250 km/h 客运专线钢轨技术条件,钢种为 U75V 或 U71Mnk。用以制造道岔的钢轨材质,应与区间线路钢轨相同,其材质应能满足两者的焊接要求。同时为减少钢轨焊接接头,道岔配轨应尽可能采用 50 m 或 100 m 的长定尺钢轨。

我国铁路正线以 60 kg/m 钢轨为主,也有少量的 50 kg/m 和 75 kg/m 钢轨。世界上已建或在建的高速铁路基本上采用的是 60 kg/m 钢轨,因此高速道岔也应选用 60 kg/m 钢轨。铁道科学研究院应用轮轨系统动力学理论,就中国 60 kg/m 钢轨和 UIC60 kg/m 钢轨的轨头断面形式尺寸对轮轨几何接触、轮轨动力作用、轮轨磨耗、钢轨使用寿命等的影响规律进行了对比研究,所得结论认为:两者间没有实质性的差异。因此,我国高速铁路选用了中国断面的 60 kg/m 钢轨,道岔也应选用与区间钢轨相同的中国断面 60 kg/m 钢轨。

道岔中所采用的特种断面钢轨,其材质也应与区间线路相同,前后与普通钢轨焊接地段应采用机加工或热处理成形为中国断面的 60 kg/m 钢轨。

6. 轨下基础

我国时速 250 km 客运专线以有砟轨道为主,时速 350 km 客运专线以无砟轨道为主,因此我国高速道岔应能适应有砟轨道及无砟轨道两种基础形式,而岔区无砟轨道基础形式又有长枕埋入式和板式两种。无砟和有砟基础的道岔金属件（钢轨件、金属零件）应力求统一，扣件系统刚度可根据设计要求进行调整。

根据等寿命设计原则，有砟轨道岔枕的使用寿命应按40年进行设计，可保证在道岔两个大修周期内（20年使用寿命或6亿吨通过总重）岔枕不更换；无砟道岔的轨下基础使用寿命应按60年进行设计，与区间线路相同，可保证在道岔三个大修周期内埋入式岔枕或道岔板不更换。

为便于大型养护维修机械作业，有砟道岔还可设置钢岔枕，将转换杆件置于钢岔枕中。

7．扣件系统

高速铁路列车运行速度高、行车密度大，对轨道平顺性有极高的要求，因此对钢轨扣件有较一般线路更高的技术要求：

（1）保持轨距能力强。扣件系统应保持由钢轨和混凝土轨枕（或混凝土轨道板）组成的轨道框架几何特征稳定，即保持轨距和防止轨距扩大，同时增强轨道框架的弯曲和扭转刚度，以保证轨道框架的稳定性，道岔各部位不需设置拉杆来保持轨距。

（2）足够的防爬阻力。扣件系统应防止钢轨相对于轨枕的纵向位移，即防止钢轨爬行，这就需要扣压件有足够的扣压力并且扣压力衰减小。因铺设无缝线路的要求，隧道内和路基上扣件系统应有足够的防爬阻力，一般情况下防爬阻力越大对无缝线路越有利，因而往往采用扣压力较大的弹条扣压钢轨；而桥上扣件系统为满足铺设无缝线路的要求通常采用小阻力弹性扣件，即采用扣压力较小的弹条扣压钢轨且配合采用较低摩擦系数的复合垫板。因此，要求扣件系统应同时具备安装大扣压力弹条和小扣压力弹条的功能。

（3）结构简单、可靠性好、维修工作量小。客运专线轨道维修只能在很短的封锁点内进行，因而要求扣件系统零部件少和养护维修工作量小。这就要求扣件各部件有足够的强度，在期望的使用寿命周期内扣件各部件不产生疲劳伤损和显著的残余变形；同时要求扣件有更好的性能，当扣压件和轨下弹性垫层产生磨耗和残余变形时，扣件阻力减少不大，扣件螺栓无须经常进行复拧。

各种无砟轨道结构不一，但从设计、施工及运营管理角度要求扣件系统具有通用性，无论轨枕埋入式还是板式无砟轨道，所采用扣件系统均应可安装，即扣件系统可适应各种不同类型的无砟轨道结构。

无砟轨道扣件一般采用带铁垫板的弹性分开式扣件，根据功能要求，铁垫板通过锚固螺栓与混凝土基础中预埋绝缘套管配合紧固在基础上。根据以往工程实践，混凝土基础中预埋件的强度和疲劳寿命是薄弱环节，需有效地提高预埋绝缘套管的强度和疲劳寿命。

（4）零部件精度高、平顺性好。扣件系统应保证钢轨具有更好的平顺性。良好的平顺性可以降低由于轨道不平顺引起的激振，减少列车通过时的振动，从而提高乘客舒适度。

（5）良好的减振性能。轨道的动力效应与行车速度有直接关系，高速列车通过时，轨道动力效应将急剧增大，因而要求扣件系统有良好的减振性能，即要求采用弹性更好的缓冲垫板。

与有砟轨道相比，无砟轨道结构中由于取消了提供线路弹性的道砟层，这样就要求无砟轨道扣件系统具有比有砟轨道更好的弹性，以最大限度地降低轨道的振动，减缓轮轨间的冲击。对于客运专线无砟轨道来说，要求扣件系统各节点刚度一致，以减小动力不平顺；无砟轨道扣件弹性又不能无限制提高，否则会导致列车通过时钢轨倾翻很大从而动态轨距扩大，影响列车的平顺性。因此，需合理确定系统的刚度与轨道刚度的匹配。

轨下弹性垫层刚度降低，意味着列车通过时有较大的变形，弹条前端的动态变形加大，这就对弹条的弹性性能和疲劳性能提出了较高的要求，需解决在采用较低刚度轨下弹性垫层时弹条的扣压力衰减及大变形下的疲劳寿命缩短等技术问题，提高弹性扣压件与弹性垫层的跟随性。

（6）绝缘性能好。为保证行车绝对安全，要求扣件系统有良好的绝缘性能，保证轨道电路正常工作。由于我国铁路信号制式的特殊性，对轨道电路参数的要求特别高，这样我国客运专线对扣件系统的绝缘性能就有更高的要求。

根据轨道电路的要求，扣件系统不仅在干燥情况下具有较高的绝缘性能，而且在特大降雨情况下也应具有较高的绝缘性能，这就要求扣件系统结构上采取特殊技术措施提高水膜电阻。

（7）钢轨高低与左右位置调整能力强。由于无砟轨道结构中的扣件系统直接将钢轨与混凝土道床连接在一起，受施工误差和混凝土基础变化等因素的影响，钢轨高低和轨向的变化不能像有砟轨道那样进行起道和拨道作业，只能通过扣件进行调整，因此，无砟轨道结构要求其所用扣件系统具有一定的调高和调整轨向（即钢轨左右位置）的能力。

总结我国无砟轨道工程实践经验，钢轨高低和左右位置调整量均较大而且要求进行精细调整。因此，扣件系统结构应采用使用较少备件而且作业方便的模式实现调整钢轨高低和左右位置。在进行钢轨左右位置调整时应尽量不更换部件，而且调整模式最好是无级调整。

对于桥上无砟轨道来说，受梁体收缩徐变上拱、墩台沉降等因素的影响，钢轨高低的变化更大，因此要求其所用扣件系统具有更大的钢轨高低调整能力。

对于高速道岔扣件，除了需要满足高速铁路对扣件的技术要求外，还要满足一些特殊的技术要求：

- 高速道岔宜采用双层弹性分开式扣件系统

道岔中存在滑床台板等铁垫板结构，需要采用螺栓将其与岔枕连接，铁垫板与岔枕间宜设置弹性垫层；扣压基本轨的扣件需要采用螺栓与铁垫板连接，轨底与铁垫板间也宜设置弹性垫层。因此，道岔扣件系统宜为双层弹性的分开式扣件。

- 道岔各部位均需实现弹性扣压

在道岔的尖轨跟端、心轨跟端、护轨、滑床台板等部位，因空间狭窄，一般无法安装与其他部位相同的弹性扣压件，需要采用"弹性夹"、窄形及其他形状的扣压件，以实现道岔各部位的弹性扣压。

- 道岔各部位均需具有调整轨距与高低的能力

无砟道岔应与区间轨道一样，具有 $-4 \sim +26$ mm 的调高量和 $-4 \sim +4$ mm 的调距量；有砟道岔也应与区间轨道一样，具有 $0 \sim +10$ mm 的调高量和 $-4 \sim +4$ mm 的调距量；调高与调距精度均为 1 mm。道岔转辙器及辙叉部分因滑床台板空间限制，提速道岔在该部位一般无法调整轨距，高速道岔则要求铁垫板具有调距功能，以满足道岔各部位轨距调整的需要。

道岔区轨下基础刚度应与区间轨道的轨下基础刚度匹配，两者如有差异，应在岔区外设置过渡段逐级递减，每级递减长度应满足走行 0.5 秒的要求。

8. 无缝线路

为满足高速铁路高平顺轨道结构要求，新建高速铁路均采用新线一次铺设跨区间无缝线路技术，要求高速道岔均应设计为无缝道岔。根据高速道岔的铺设条件，可能铺设于有砟及无砟轨道路基上、隧道洞口、桥梁上、坡道上，这就要求高速道岔具有较强的适应能力。此外，我国南北地区温差较大，在北方严寒地区，年轨温差可达 100 ℃ 左右；在中原寒冷地区，年轨温差约为 90 ℃；在南方温暖地区，年轨温差约为 80 ℃，要求高速道岔能适应不同温差地区的铺设条件。

车站无缝道岔群的检算还应考虑两道岔间夹直线长度的影响：正线上道岔对向设置，当有列车同时通过两侧线时，两道岔间最短插入钢轨长度为 50 m；当受站坪长度限制时，两道岔间最短插入钢轨长度为 33 m。当无列车同时通过两侧线时或道岔顺向布置时，两道岔间最短插入钢轨长度为 25 m。到发线上道岔顺向布置时，两道岔间最短插入钢轨长度为 12.5 m；对向布置时，两道岔间最短插入钢轨长度为 25 m。

9. 转换设备

转换设备必须具有转换、锁闭和表示三种功能。

转换功能是为了引导机车车辆由一条线路进入另一条线路，借助转换设备扳动尖轨或活动心轨，改变道岔开向。每一种转换设备的转换动程常有一定的范围，因此道岔的动程需根据转换设备的动程来确定。

锁闭功能是道岔转换后，转换设备必须锁闭道岔，避免出现假密贴现象。

表示功能是道岔转换后，转换设备必须显示道岔的定位（开通直股）或反位（开通侧股）。转换设备的种类有电动、电液、机械和电空转换设备，常用的是前两种。

- 牵引方式

道岔转换有多机多点牵引方式和一机多点牵引方式。法国高速道岔采用的是一机多点牵引方式，除第一牵引点采用 VCC 外锁闭装置外，其他牵引点通过直角拐和导管由转辙机间接锁闭，转辙机安装在长轨枕上，VCC 外锁闭及尖轨连接杆设置在轨枕上（或轨枕边上），动作杆靠近轨枕。采用的转辙机只有动作杆，不设表示杆，转辙机有转换和锁闭功能，尖轨（心轨）的密贴通过外置式尖轨定位及锁定检查器检查；每两牵引点间设密贴检查器检查尖轨密贴。采用一机多点机械导管方式牵引转换道岔，同步性能好，但导管容易磨耗，对道岔密贴等的调整困难，养护维修工作量大，磨损超限时存在安全隐患，对此，法国也研究了多机多点牵引方式。

德国铁路高速道岔牵引方式由原来的一机多点（或两机多点）转化为多点多机牵引方式，为分动外锁闭方式，每牵引点都设外锁闭，安全程度高。正在建设中的欧洲高速铁路网大多采用德国高速铁路道岔转换牵引模式。

我国铁路提速道岔是根据德国铁路道岔的模式而发展的，也是从一机多点到多机多点牵引，每牵引点都设外锁闭。在实际使用中，一机多点导管牵引方式振动大，造成导管及丁字拐磨耗严重，养护维修工作量大，影响铁路运输的安全和效率。因此，后期上道的提速道岔全部采用多点多机牵引方式，同时对已上道的提速道岔也进行了单机改多机牵引。根据我国铁路道岔转换设备安装模式及实际使用经验，综合法国和德国高速道岔采用的两种不同的牵引方式，我国铁路客运专线应采用每个牵引点都设外锁闭的多点多机牵引方式。

- 转辙机技术性能要求

转换设备试验寿命应大于 100 万次，使用寿命不少于 20 年，能与道岔整体使用寿命相匹配。电气接点应符合我国铁路车站的连锁电路要求。转辙机应具有手动装置，手动时应可靠切断电机电源。采用三相 380 V 交流电源，室外不设置控制及转接设备。尖轨、心轨的第一牵引点采用动作杆和锁闭杆双锁闭。

多机牵引不同动程的转辙机须确保道岔的同步转换。

转辙机在接通电源后应准确动作并符合下列程序：切断原表示接点；转辙机解锁；转辙机转换；转辙机锁闭；接通新表示接点。

- 转辙机机械性能参数

动作杆转换动程：	适应道岔动程要求
额定转换力：	3 000～5 000 N
最大牵引力：	6 000 N
锁闭杆锁闭保持力：	≥20 000 N
动作杆锁闭保持力（锁定力）：	≥90 000 N

转辙机动作杆转换动程应根据道岔尖轨动程确定，保证道岔转换的同步要求和锁闭要求。转辙机转换力须与道岔实际扳动力相适应。转换力过大容易造成尖轨（心轨）变形，过小则容易转换不到位，根据我国大号码道岔的转换力配置及参考国外道岔转辙机转换力，确定为 3 000～5 000 N。转辙机锁闭杆锁闭保持力和动作杆锁闭保持力遵守了《转辙机通用条件》（TB/T2614）的规定。

- 转辙机电气参数

电源电压：三相交流	380 V（单线允许电阻≥54 Ω），50 Hz
动作时间：	≤8 秒

转辙机内应有控制电路配线并配有相应的标牌。三相 380 V 交流转辙机是我国提速线路及客运专线采用的基本形式。单线允许电阻≥54 Ω 是转辙机控制电路的指标。转辙机动作时间是影响排列列车进路时间的主要指标，根据使用条件限制了最低要求。

- 锁闭方式

道岔尖轨宜采用分动外锁闭装置。外锁闭装置牵引杆件的布置应有利于道岔的捣固和维修。分动外锁闭道岔转换装置作为我国铁路主要技术政策，已在我国铁路提速干线普遍采用，取得了成熟经验。因此在客运专线应采用分动外锁闭。

外锁闭的锁闭量：尖轨、心轨第一牵引点不小于 35 mm。锁闭量是外锁闭装置结构可靠锁闭的安全裕度，我国铁路《信号维护规则》规定了外锁闭装置在尖轨（心轨）第一牵引点的最小锁闭量≥35 mm，同时要求两侧锁闭量不均等偏差不大于 2 mm。

外锁装置能自动适应无缝线路大号码道岔尖轨、心轨大伸缩量的要求。我国铁路区域南北分差大，年最大温差达 100 ℃，由于高速大号码道岔尖轨（心轨）长度长，由温度产生的尖轨（心轨）伸缩量大，容易造成外锁闭装置卡阻，因此需要外锁闭装置能适应尖轨（心轨）大伸缩量的要求，确保外锁闭装置的可靠转换。

外锁闭装置应有密贴调整量且结构简单，安装调整方便。在牵引点位置，由于尖轨（心轨）与基本轨（翼轨）本身存在的形位误差和加工的尺寸偏差以及尖轨（心轨）伸缩造成的厚度误差，外锁闭需要具有一定的调整量。同时要求道岔规定在牵引点位置的尖轨（心轨）与基本轨（翼轨）的形位公差和加工尺寸偏差。

外锁闭装置锁闭杆的绝缘性能良好，用 500 伏的兆欧表测量电阻不小于 100 兆欧。

- 密贴检查

牵引点外锁闭中心线处尖轨与基本轨、心轨与翼轨间有 4 mm 及以上缝隙时，锁闭机构不得锁闭及接通道岔表示。尖轨、心轨的密贴段，在牵引点间有 5 mm 及以上缝隙时不得接通道岔表示（设密贴检查设备）。发生挤岔时应可靠切断道岔表示。

道岔尖轨（心轨）与基本轨（翼轨）间夹异物的检查标准，是涉及行车安全性的一个指标，目前参照的是国外标准，并结合道岔动力学分析而确定的。在牵引点位置，《铁路技术管理规程》（简称《技规》）规定必须检查 4 mm 不锁闭，国外大多检查 4 mm，法、德高速铁路也检查 4 mm，只有个别国家（瑞典）检查 3.5 mm，也有检查 5 mm 的。因此，我国高速道岔规定在牵引点处检查 4 mm；对牵引点间的检查标准，我国提速道岔规定检查 5 mm，德、法高速铁路道岔的密贴检查标准也是 5 mm，故我国高速道岔在牵引点间的检查标准也规定为检查 5 mm。

- 安装装置

转换设备的安装装置使用寿命也不应小于 20 年。安装装置能适用于转辙机在主线侧及侧线侧安装，其安装零部件不变。转辙机应安装在道岔主线一侧，并与道岔主线基本轨平行，其偏移量在转辙机外壳两端的距离内不大于 5 mm，在主线一侧无法安装时允许在侧线一侧安装。安装完毕，应保证尖轨、心轨在道岔定位或反位时，在牵引点位置尖轨（心轨）与基本轨（翼轨）间有 4 mm 及以上间隙时不得锁闭道岔。

10. 融雪装置

道岔融雪系统设备是道岔转辙设备的基本组成部分之一，当发生降雪或温度变化时，系统可自动或人工启动融雪装置。融雪装置有燃气加热、热水循环、管道输送热空气、盐水喷射、电加热等多种方式，其中电加热方式元件工作可靠、寿命长，宜作为我国高速道岔融雪系统的加热方式。

电加热融雪装置的技术要求如下：

（1）设备配有计算机控制系统，可根据雨雪情况自动开启和关闭道岔加热电路，融化道岔积雪，节省大量的人力、物力和财力。

（2）系统采用优质的电加热元件，寿命不少于10年，保证很好的融雪效果。

（3）基于对轨道电路和人身安全的考虑，加热融雪电路采用变压器进行隔离。

（4）系统应具有良好的电磁兼容性，在供电电源质量恶劣、电磁干扰严重的环境中能可靠工作。

（5）系统应具有过压、过流保护，漏电保护及电磁脉冲防护措施。

（6）系统应具有高可靠性，平均无故障时间不小于5万小时。同时在以下环境中应能可靠工作：

周围空气温度：室外 – 40 ~ + 70 °C，室内 – 15 ~ + 45 °C；

周围空气相对湿度：室内不大于90%（25 °C），室外不大于95%（25 °C）；

大气压力不低于51.22 kPa（相当于海拔高度5 400 m以下）。

（7）电加热道岔融雪系统应能适用于电气化和非电气化牵引区段各种类型的道岔，便于车站集中管理。

南方温暖地区不需要安装融雪装置，但为了道岔结构的统一，在设计中需预留安装加热元器件的空间。

11. 监测系统

应采用成熟可靠的道岔状态监测系统，监测内容包括：转辙机电流、电压、转换时间、转换力、尖轨（心轨）尖端密贴状态、轨温等，并能纳入铁路客运专线综合维修体系中，与客运专线的综合维修系统合为一体，应能实现远程测试、远程诊断功能，为客运专线道岔的维护提供实时准确的数据。

12. 轨道电路

目前道岔中广泛采用并联式道岔区段轨道电路。根据轨道电路原理，在道岔中划分一定区段设置钢轨绝缘接头，使两股钢轨成为不同极性，保证机车车辆在道岔中任何部位都能短路。绝缘接头可设置在直股或曲股。在划分绝缘区段时，绝缘接头两端的钢轨应为不同极性，若不能把相邻钢轨的极性错开时，必须调换道岔上钢轨绝缘接头的安装位置（原来在直股时，调换到曲股；或反之），以取得正确的极性配置。在自动闭塞区段，装有连续式机车信号的车站，为使地面能向机车不间断地传递信号，道岔上的钢轨绝缘必须设置在道岔的曲股上（对单开道岔而言）。两股钢轨上的绝缘接头尽可能设成对接接头，错接时，两接头相错不应大于2.5 m（此2.5 m范围内两股钢轨同极性，称为死区间）；否则，当具有最小轴距的单个车体偶尔停留在死区间时，将不能短路电路，致使轨道电路无法正确显示信号，造成行车事故。

道岔总布置图配轨计算时，必须考虑道岔直、侧都能设置绝缘接头的可能。设轨道电路道岔的有关零部件，如拉杆，需设有绝缘装置。高速道岔的绝缘接头应采用胶接绝缘接头，其构造、制作及试验要求应符合 TB/T2975 的规定。

13. 列车及轮对尺寸

我国高速铁路主要采用"和谐号"CRH（China Railway High-speed：中国铁路高速）动车组，目前有 CRH_1、CRH_2-200、CRH_2-300、CRH_3、CRH_5、CRH380 六种型号，CRH_2-300、CRH_3 属于 300~350 km/h 速度等级，CRH380 属于 350~380 km/h 速度等级，其他型号属于 200~250 km/h 速度等级。各型动车组的编组分别为 5 动 3 拖、4 动 4 拖、6 动 2 拖、4 动 4 拖、5 动 3 拖。采用 LM_A 磨耗型踏面，如图 2-1 所示，轮背距为 1 353 mm。客、货共线上的其他各型货物列车及客车与普通提速干线相同。

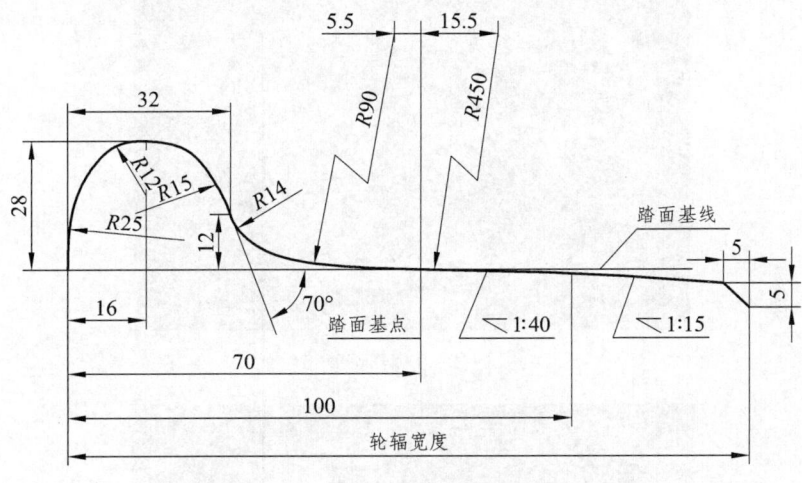

图 2-1 LM_A 型车轮踏面轮廓

三、高速道岔的结构选型

（一）高速道岔结构选型原则

应尽量减少道岔型号，运行条件相同的道岔零部件宜通用。各型高速道岔轨型应相同；350 km/h 及 250 km/h 客运专线用对应侧向运行速度 80 km/h、160 km/h 及 220 km/h 的道岔号数及平面主要尺寸（全长、前端长、后端长、道岔角、线形及平面布置）相同；道岔直向允许通过速度相同的道岔零部件宜通用。

道岔结构选型应能满足设计、制造条件的要求，并采用成熟可靠的技术。

（二）道岔整体结构

1. 采用导轨式道岔

以尖轨、心轨引导车轮在直侧股运行的道岔称为导轨式道岔，世界上绝大部分的道岔均为这种类型的道岔；乘越式道岔直股与区间线路相同，列车侧向过岔时采用爬轨通过，在铁道科学研究院环行铁道试验线上使用，如图 2-2 所示。乘越式道岔列车直向通过可与区间等速，侧向通过时因道岔结构稳定性较差，不适宜高速道岔高平稳性与高可靠性的要求。因此，我国高速道岔宜选用导轨式道岔。

图 2-2　乘越式道岔

图 2-3　英国 24 号道岔

2. 采用可动心轨辙叉

固定辙叉因存在轨距线中断的有害空间，所形成的竖向及横向结构不平顺较大，不能满足高速列车过岔时的安全性与平稳性要求，因此我国规定直向容许速度大于 160 km/h 的道岔应采用可动辙叉，以消除有害空间。国外有在时速 200 km 线路上采用固定辙叉的情况，甚至在时速 250 km 高速铁路上采用大号码固定辙叉的情况，如英国保富公司（Balfour Beatty）研制的 24 号高速道岔，如图 2-3 所示。目前，我国固定辙叉道岔的直向最高运行速度为 160 km/h，对于应用于更高速度线路中尚缺乏实践经验，因此从采用成熟技术的角度考虑，宜选用可动辙叉。

可动辙叉又分为可动心轨、可动翼轨、活动叉心三种。

（1）可动心轨辙叉中翼轨固定、心轨可动，其优点是结构稳定性好，缺点是为满足心轨转换要求，所设计的道岔较长，世界各国的可动辙叉均以此种结构形式为主。

（2）可动翼轨辙叉中心轨固定、翼轨可动，又可分为单侧翼轨可动、双侧翼轨可动，其优点是道岔长度较短，可设计成与固定辙叉道岔相同的道岔尺寸，其缺点是翼轨横向稳定性较差、转换锁闭机构复杂。

（3）活动叉心辙叉是翼轨及心轨后端固定，心轨尖端部分可动，其优点是道岔长度较短，但心轨前端稳定性较差。

可动翼轨辙叉和活动叉心辙叉两种结构形式因结构稳定性较差，在高速道岔中一般不采用。

3. 根据侧向通过速度选择弹性肢

为满足长大尖轨、心轨的转换要求，减小转换力和转换不足位移，通常在尖轨及心轨跟端前一段范围（1.2 m 左右）内将轨底部分刨切，以减小该处的横向抗弯刚度，形成弹性可弯中心，因此尖轨及长心轨均为弹性可弯结构。

在可动心轨辙叉中，因侧股短心轨也需随着长心轨转动，在侧向容许通过速度不高的小号码道岔中，侧股一般采用斜接头结构，短心轨可沿着斜接头的叉跟轨转动，这种结构转换阻力较小，称为单肢弹性可弯心轨，如图 2-4 所示。而侧向容许通过速度大于 160 km/h 的高速道岔中，因侧向高速行车要求轨面具有高平顺性，宜取消钢轨不连续的斜接头，短心轨也宜采用弹性可弯结构，同时侧向高速道岔长短心轨较长，所形成的框架在转辙机允许牵引力情况下，从理论上看是可以实现转换的，因此可采用双肢弹性可弯心轨结构，如图 2-5 所示。

图 2-4 单肢弹性可弯心轨

图 2-5 双肢弹性可弯心轨

4. 采用长翼轨结构

可动心轨辙叉有两种翼轨结构形式：长翼轨、短翼轨。长翼轨结构其末端延伸至心轨跟端，如图 2-6 所示，长心轨前端与翼轨轨头密贴，长短心轨后端与翼轨间设置顶铁，末端采用间隔铁将长短心轨及其与翼轨连接起来，其优点是横向稳定性好，岔后无缝线路温度力通过翼轨末端传递至道岔里轨，心轨伸缩位移较小；其缺点是翼轨结构复杂，用材较多。短翼轨结构其末端在心轨前端密贴段附近结束，翼轨较短，如图 2-7 所示，心轨末端设置叉跟座以保持两心轨相对位置及将岔后温度力传递至岔枕上，其优点是结构简单，用材省；其缺点是由辙叉全部承受岔后无缝线路的温度力，心轨伸缩位移较大。除日本采用短翼轨结构外，德、法高速道岔及我国提速道岔均采用长翼轨结构，我国高速道岔也宜采用长翼轨结构。

图 2-6 长翼轨结构

图 2-7 短翼轨结构

5. 采用拼接式心轨

心轨有拼接式、整体叉心式两种结构。拼接式心轨采用矮型特种断面钢轨（简称 AT 轨）或其他断面钢轨制作长心轨或短心轨，如图 2-8 所示。在长心轨整断面（或靠前）处开始将长、短心轨采用高强度螺栓拼接在一起，末端热锻成普通钢轨断面，其优点是制造简单，其缺点是心轨整体性不如整体叉心式，在法国高速道岔及我国提速道岔中均采用该结构。整体叉心式心轨采用与翼轨相同材质的钢坯锻压而成，顶宽 250 mm 断面附近加工成两个普通钢轨断面并与长、短心轨焊接，德国、英国、日本高速道岔均采用了这种结构，其优点是结构稳定性好，其缺点是制造工艺复杂。从技术成熟角度考虑，我国高速道岔宜采用拼接式心轨。

图 2-8　拼接式心轨

6. 采用轧制特种断面翼轨

我国可动心轨道岔技术的发展过程，经历了从普通钢轨刨切、高锰钢铸造翼轨、AT 轨模锻成型翼轨到轧制特种断面翼轨的历程。普通钢轨刨切而成的翼轨在我国提速道岔初期中使用过，制造简单，但因轨底刨切量较大，强度储备不足，需在外轨轨腰上安装补强板，且转换设备安装空间小，横向稳定性较差，德国高速道岔中采用的是这种翼轨结构，虽然其心轨稳定性较好，但实车动测试验表明其翼轨横向位移仍较大（参见表 1-6）。日本、法国高速道岔及我国早期的可动心轨辙叉中采用的是高锰钢铸造翼轨，其优点是可根据电务转换设备的要求预留较大的安装空间，结构稳定性好，特别是法国的高锰钢整体式翼轨结构具有较强的整体性；其缺点是在货运条件下翼轨顶面初期磨耗快，现场与普通钢轨的焊接困难，因不适应我国的运营条件而未继续研制。

AT 轨模锻成特种断面翼轨是我国特有的技术,曾在近十年的提速道岔中广泛使用,如图 2-9 所示,其优点是结构稳定性好,可预留较大的电务设备安装空间;其缺点是热处理后的翼轨强度、硬度有所降低,易造成翼轨顶面垂直磨耗,甚至折断。

图 2-9　模锻特种断面翼轨

上述三种翼轨结构的可动心轨第一牵引点转换杆件可从轨腰或轨底穿出,我国提速道岔早期是在轨腰开孔,转换杆从孔中穿出,但若道岔状态不良时因振动较大,转换杆件与翼轨孔会上下碰撞,同时在无缝道岔中若因心轨伸缩位移较大,转换杆件还会与轨腰孔壁碰卡,导致轨腰孔开裂,随后摒弃了这种技术。德国侧向高速道岔中也采用的是这种安装方式,虽然其状态良好,振动较小,且辙叉末端采用了强有力的连接结构,减小了心轨的伸缩位移,但仍存在着轨腰孔裂的隐患,因此我国高速道岔不宜采用这种安装方式。

为配合模锻成型翼轨,我国提速道岔开发了转换凸缘式心轨,心轨轨底热锻出一凸缘板,如图 2-10 所示,转换杆件从轨底穿出与凸缘板相连,牵引心轨转换。这种结构锁闭能力强,结构稳定,制造较为简单。但是在我国大轴重、高速度、大运量、高密度的运营条件下,也曾出现了个别类型(主要是 SC325 道岔)道岔心轨沿转换凸缘折断的现象,如图 2-11 所示。分析其原因,主要是牵引点位置设置不合理,造成该处承受了较大的竖向及横向荷载,同时通过金相分析,发现凸缘部位的轨头硬化层深度较浅(踏面中部的硬化层深度约为 5 mm),硬化层处的硬度为 HRC32~40,如图 2-12 所示。心轨锻压段的抗拉强度低于母材 AT 钢轨抗拉强度的技术要求,晶粒粗大,使锻压段部位的冲击韧性下降,裂纹敏感性提高,疲劳强度降低,如表 2-1 所示。同时因转换杆件与凸缘的连接位置较低，转换过程中易导致心轨发生扭转变形（俗称"翻背"），电务表示杆无法正确检测心轨轨头与翼轨的密贴状况，密贴检查失效，道岔使用的安全性降低。

为了解决提速道岔中心轨第一牵引点处的结构可靠性问题，需研制如图2-13所示的轧制特种断面翼轨（简称 TY 轨），其材质与道岔其他钢轨相同。它一方面可提高翼轨的强度与稳定性；另一方面可为电务锁闭铁及锁钩的安装预留足够的空间，取消转换凸缘，使锁钩与心轨的连接点上移，解决检查失效的问题；第三方面是取消热处理工艺，只有机加工工艺，制造简单。综合来看，采用轧制特种断面翼轨是最为合理的结构方案。

图 2-10 心轨转换凸缘

图 2-11 折断心轨

图 2-12 心轨轨头硬度

图 2-13 轧制特种断面翼轨

表 2-1　心轨各部位力学性能

编　号		抗拉强度 R_m（N/mm²）	屈服强度 $R_{p0.2}$（N/mm²）	伸长率 A（%）	断面收缩率 Z（%）
心轨尖端处轨腰	1	880	405	17.0	32.0
	2	875	405	17.0	32.0
	3	865	395	17.5	31.0
断口处轨底	1	820	360	17.0	19.0
	2	830	405	13.0	18.5
心轨整断面处轨底	1	1070	625	12.0	22.5
	2	1030	580	12.5	15.0
	3	1040	590	11.5	17.5
TB/T3109-2005 技术要求		≥980		≥9	

7. 采用 AT 轨热锻成型尖轨及心轨跟端

在 AT 轨出现之前，道岔尖轨主要采用高锰钢铸造尖轨或普通钢轨刨切而成。高锰钢尖轨稳定性优于普通尖轨，但受铸造工艺的限制，尖轨长度一般在 5 m 左右，曾在工矿企业小号码道岔中使用。普通断面钢轨制作而成的尖轨有切轨底式、尖轨爬坡式、镶尖式尖轨；切轨底式尖轨与基本轨两轨底置于同一水平，并将两轨底相抵触的部分都有切去，这种结构形式的基本轨强度降低较多，时常会发生折断，已不再采用。为避免切去基本轨的轨底，爬坡式尖轨的底面切去一部分，叠盖在基本轨轨底之上，尖轨轨底稍高于基本轨轨底（通常为 6 mm）以减少尖轨底面刨切，这种结构形式的尖轨因取材容易，曾在我国各型号道岔中广泛采用，但尖轨强度储备仍显不足，常常需要在尖轨轨腰两侧安装补强板。镶尖式尖轨在其尖端部分镶一段耐磨合金，以增加耐磨性，延长尖轨的使用寿命，但这种方法使尖轨的加工变得很复杂，所以采用不广泛。

专用轧制的特种断面钢轨，断面粗壮，稳定性比普通断面钢轨好，又分为高型（比基本轨高）与矮型（比基本轨矮）、对称与不对称、设轨顶坡与不设轨顶坡等类型。矮型特种断面钢轨制作的尖轨置于滑床台板上，可使其与基本轨顶面平齐，而基本轨轨底不需作刨切，尖轨及基本轨强度均可保证。不对称的矮型特种断面钢轨有利于提高尖轨的横向稳定性，因此此种矮型特种断面钢轨在我国各型道岔中已广泛使用，如图 2-14 所示，因这种 AT 轨既用于普速道岔又用于提速道岔中，所以未设置轨顶坡。高速道岔尖轨要求设置有轨顶坡，可采用带轨底坡的 AT 轨，以减少加工量。

第二章 道岔平面线形设计理论

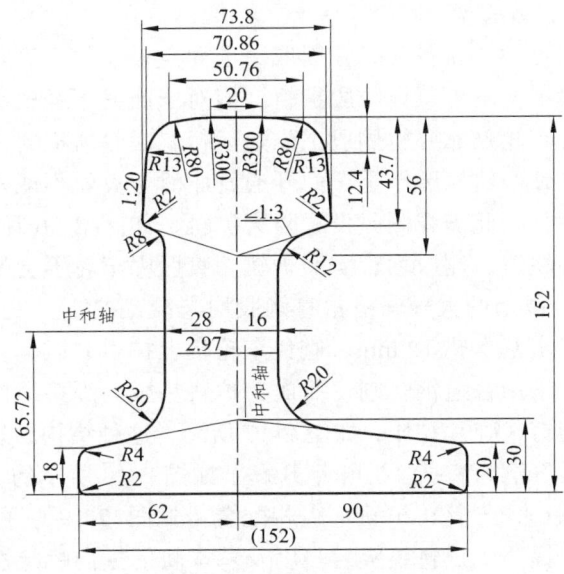

图 2-14 我国 AT 轨断面

为了便于尖轨跟端与导曲线钢轨的连接(接头夹板连接或焊接),尖轨跟端需热锻成如图 2-15 所示的形状,标准 60 kg/m 钢轨成型段长度不小于 450 mm,过渡段长度不小于 150 mm,成型段长度若能达到 600 mm,还可确保尖轨跟端焊接接头损坏后锯掉重焊一次。若尖轨设有轨顶坡,其段压成型段应按 1∶40 扭转(如道岔轨底坡采用 1∶20 时,扭转角也为 1∶20),扭转角度允许偏差为 ±1∶320;德国高速道岔尖轨跟端未扭转,与导曲线钢轨按 1∶40 的偏角按轨头对齐焊接。心轨采用 AT 轨拼接而成时,其跟端与尖轨跟端处理方法相同。

图 2-15 热锻成型的尖轨跟端

8. 其他部件结构选型

高速道岔采用可动心轨辙叉时，因取消了固定辙叉的有害空间，心轨轨距线是连续的，一般情况下可不设防脱护轨。但对于曲线半径较小的道岔，当列车侧股过岔时，若车轮贴靠心轨侧股工作边运行，因轮轨横向作用力较大，长期作用下可能会导致心轨侧磨严重，而开通直股时与翼轨不能密贴，影响直向高速行车的平稳性，因此需在侧股设置防磨护轨，如图 2-16 所示。我国在 18 号及以下的可动心轨道岔侧股均有防磨护轨，直股因车轮不会贴靠心轨运行而未设置护轨，18 号以上的大号码道岔直侧股均未设置护轨。

护轨顶面应高出基本轨 12 mm，避免车轮爬上护轨，以起到应有的防护效果。护轨在过去常采用普通钢轨刨切而成，护轨垫板为焊接结构，基本轨采用与滑床台类似的销钉式弹片扣压，如图 2-17 所示。这种结构易发生脱焊、垫板折断、基本轨扣压不稳等病害。近几年开发了如图 2-18 所示的 33 kg/m 槽型轧制钢轨，占用空间小，与整铸护轨垫板相配合（见图 2-19），可在基本轨内侧安装弹条扣压件，提高了护轨垫板的强度及基本轨的横向稳定性，但在日常养护维修中，基本轨内侧的弹条螺栓检查及复拧也是较困难的，需采用防松机构或改用与滑床台板相同的"几"形弹性夹。

道岔中的铁垫板类型较多，在导曲线部分有普通垫板，在转辙器部分有滑床台板，在辙叉部分有通长垫板，在护轨部分有护轨垫板等。根据制造工艺可分为铸造垫板、焊接垫板、锻造垫板、轧制垫板等，其中以轧制垫板、锻造垫板强度最高，但因这类垫板结构复杂，一般只能用于普通垫板的制造；球墨铸铁或铸钢虽然也用于制造道岔垫板，但对于尖轨及心轨滑床台板，因列车的振动冲击，垫板上易出现压痕，影响尖轨及心轨的转换，且空腔结构的滑床台板铸造工艺也较复杂，一般采用高强钢板作台板，与滑床台板底部焊接而成，虽然目前也有厂家研制了先进精铸工艺制造的高强度滑床台板，但尚处于试验阶段。道岔垫板设计与制造中还应注意防腐防锈处理及便于更换。

图 2-16 防磨护轨

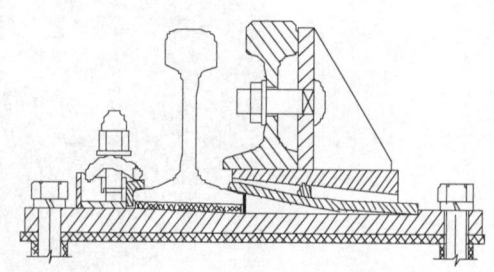

图 2-17 组合式护轨

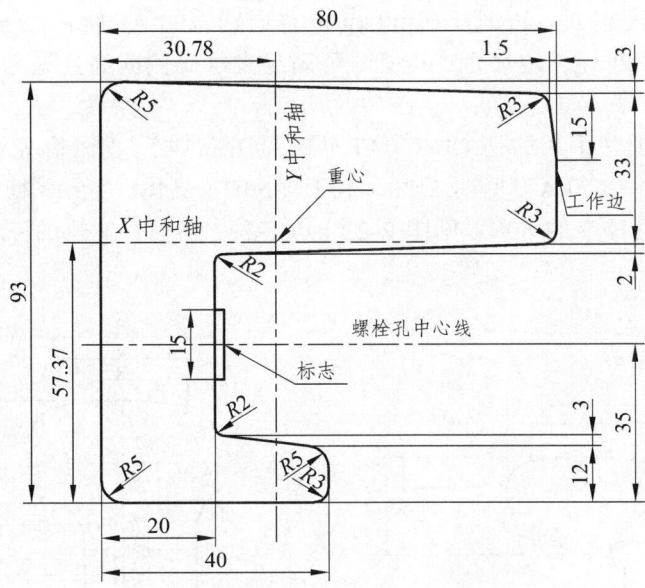

图 2-18 33 kg/m 槽型钢轨

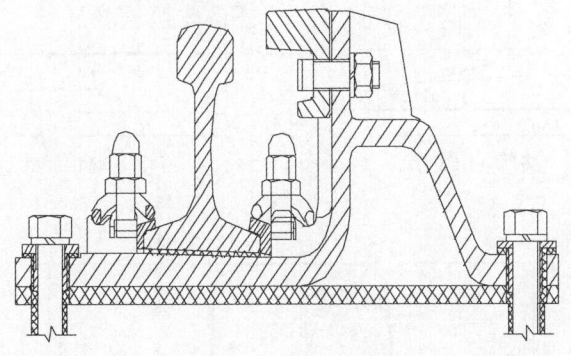

图 2-19 整铸式护轨

（三）AT 轨选型

高速道岔 AT 轨的选型应满足以下要求：应具有足够的强度和竖向抗弯刚度，在尖轨顶宽较小断面完全承载时能满足强度要求，使用中不易出现拱腰臌肚现象，养护维修工作量少；应具有合适的横向抗弯刚度，既能满足强度要求，减少侧拱变形，又能降低转换阻力和转换不足位移；与基本轨应有足够的高差，可实现尖端的藏尖设计及基本轨内侧的弹性扣压设计，可满足辊轮等减磨结构的安装及加厚型滑床台板的使用，两者高差值宜大于 30 mm；应具有足够的断面面积，确保其跟端能锻压成普通断面钢轨，两者断面积差越小,加工难度越大,可锻压成 60 kg/m 普通钢轨的 AT 轨称为 60AT 轨;应具有 50 m 或 100 m 长定尺生产能力,可满足大号码侧向高速道岔尖轨不焊接的设计要求等。

我国提速道岔采用的是 CHN60AT 轨(见图 2-14),国外高速铁路用 60AT 轨的有法国的 UIC60A(见图 2-20)和 UIC60D(见图 1-65),德国的 Zul-60(见图 2-21)及日本的 80S(见图 2-22)等多种。各种 AT 轨的断面参数如图中所示。

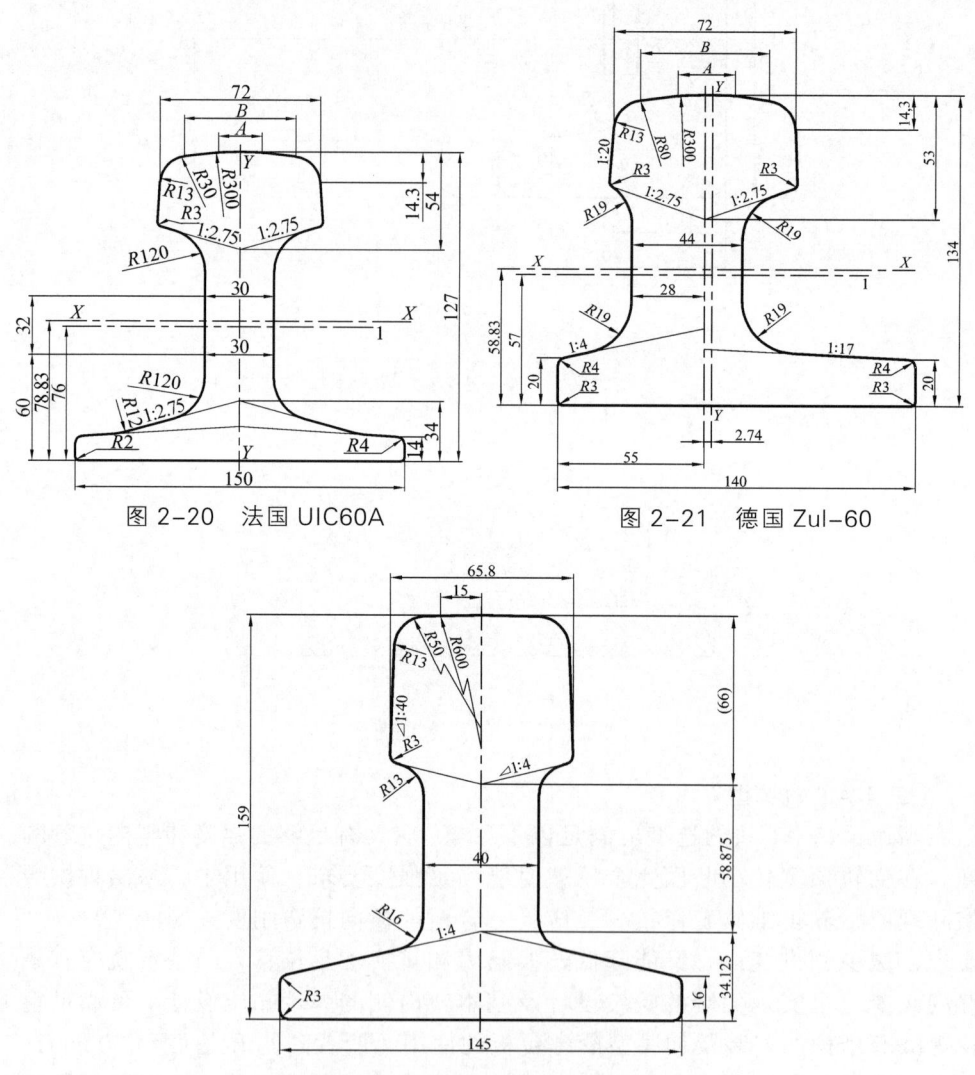

图 2-20 法国 UIC60A

图 2-21 德国 Zul-60

图 2-22 日本 80S

法国第一条高速铁路（东南线）道岔用 UIC60A 对称截面钢轨（EN 标准称为 60E1T2，与基本轨等高，选型中不予考虑），后改用 UIC60D20AT 轨（EN 标准称为 60E1A4，带有 1∶20 轨顶坡）。德国铁路（含高速线）道岔采用 Zul-60 轨（EN 标准称为 60E1A1，不带轨顶坡）。日本东海道新干线道岔最初采用适于 50 kg/m 轨型的 70S 轨，后改用适于 60 kg/m 轨的 80S 轨，两者与相应基本轨的高差均为 15 mm，不能适应基本轨弹性扣压件的安装。综合来看，我国高速道岔 AT 轨选型只能在中国 CHN60AT、法国 UIC60D（带 1∶20 或 1∶40 两种）、德国 Zul-60 三种 AT 轨中选择，其截面参数对比如表 2-2 所示。

表 2-2　三种 AT 轨截面参数比较

轨　　型	中国 CHN60AT	法国 UIC60D	德国 Zul-60
截面积（m²）	104	89	93
单位重量（kg/m）	82	70	73
与基本轨之高差（mm）	24	30	38
I_x（cm⁴）	2 539	2 040	1 728
I_y（cm⁴）	901	764	744

我国的 60AT 轨无论截面积、单位重量、高度、沿 x 及 y 轴的惯性矩较 UIC60D 和 Zul-60 都大，UIC60D 虽较 Zul-60 的截面积、单位重量小，但沿 x 及 y 轴的惯性矩大。我国的 CHN60AT 轨主要为既有线客货混运并适用重载要求研制的，在提速道岔和秦沈（秦皇岛—沈阳）客运专线道岔中也获得广泛应用。实践证明，尖轨强度大，抗变形能力强，能适应重载铁路（60 kg/m 及 75 kg/m 轨线路）和客货混运的提速线路的运营要求，但也存在一些问题，主要是：

（1）与基本轨的高差不足，限制了滑床板扣压基本轨内侧的结构形式，采用弹片扣压的设计不尽合理，使用中弹片产生塑性变形、失效、折断的情况时有发生。除与弹片热处理等工艺原因外，销钉和弹片受空间限制，难以实现更合理的设计，国外 AT 轨与基本轨之高差一般都在 30 mm 以上（俄罗斯达到了 40 mm），便于选择更有效的扣压形式。瑞士 Schwihag 公司的弹性扣压件要求最小高差为 26 mm。

（2）尖轨和心轨转换不足位移大，转换阻力大。秦沈客运专线尖轨跟端不足位移造成轨距的减小量曾达到 12 mm。

（3）钢轨因截面积大、不对称，导致残余应力大，且因抗弯刚度大，使用中出现的变形难以整治。

目前，法国大量使用 UIC60D 轨制造道岔尖轨和心轨，带有 1∶20 轨顶坡，与 UIC60 轨的高差为 30 mm（若采用 CHN60 基本轨时为 34 mm），同时解决了长尖轨可动心轨转换的不足位移问题（配合滑床台减磨、采用滚轮等措施）。

德国 Zul-60 轨不仅用于高速道岔的尖轨和可动心轨，还大量应用于适应货车轴重 225 kN 的既有线道岔。在我国京津线万庄站从奥地利引进的 16 组 60-12 道岔中也应用了 Zul-60 轨制造的尖轨，迄今运量已逾 6 亿吨，未发生强度不足、残变等问题。

此外，客运专线的两种大号码道岔侧向通过速度分别为 160 km/h 及 220 km/h，其长、短心轨必须采用双弹性肢结构，旨在消除短心轨跟端斜接头在高速条件下的不稳定和不安全因素，要求用 AT 轨制作心轨时其横向抗弯刚度要小一些，以便实现双肢弹性可弯心轨的平稳转换。

三种 AT 轨的强度及对转换力、转换不足位移的影响对比如表 2-3 所示。强度计算采用准静态模型，设有砟道岔滑床台支承刚度为 60 MN/m，列车运行速度为 350 km/h，速度系数取为 2.0，动车组静轮重取为 90 kN，横向水平力系数取为 1.25，二轴转向架。转换计算以 18 号道岔为例，尖轨设三个牵引点，间距分别为 4.2 m、4.2 m，滑床台摩擦系数取为 0.25。

表 2-3 三种 AT 轨强度及转换影响对比

轨 型	中国 CHN60AT	法国 UIC60D	德国 Zul-60
轨头动应力（MPa）	180.3	199.6	211.1
轨底动应力（MPa）	136.5	151.5	165.2
枕上压力（kN）	124.7	132.5	138.8
钢轨动位移（mm）	1.56	1.66	1.73
转换阻力汇总（N）	7 452	6 260	6 334
不足位移（mm）	2.4	2.1	2.3

由表中可见，CHN60AT、UIC60D、Zul-60 三种轨型的尖轨在最不利荷载组合情况下均在强度容许范围内，三种钢轨均可满足 250 km/h 客货混运、350 km/h 客运专线的要求。在相同情况下，Zul-60 尖轨应力最大，UIC60D 次之，CHN60AT 轨最小。UIC60D 与 Zul-60 尖轨的转换阻力差异不大，但均较 CHN60AT 尖轨小 15% 以上。三种类型尖轨转换不足位移均超过 2 mm，彼此无明显差异。

综合来看：

（1）高速铁路道岔有有砟和无砟轨下基础两种，合理增大竖向抗弯刚度值有利于降低对有砟道床的破坏，减少养护维修工作量，也有利于降低两种轨下基础情况下的应力及变形，可优选 CHN60AT 及 UIC60D。

（2）高速铁路运行速度高，要求高平顺性，有效控制道岔尖轨转换变形和不足位移是确保道岔技术状态良好的主要内容之一，可优选 UIC60D 及 Zu1-60。

（3）降低尖轨和心轨转换阻力，有利于侧向速度 160 km/h 及以上道岔可动心轨实现双弹性肢设计，可优选 UIC60D 及 Zu1-60。

（4）为合理设置基本轨内侧扣压件留出足够的空间，可优选 Zu1-60 及 UIC60D。

基于上述分析，建议我国高速铁路道岔采用 UIC60D 断面钢轨制造尖轨和可动心轨。为适应道岔区 1∶40 轨底坡的设置需要，宜选用 UIC60D40 断面钢轨。通过改进钢厂的生产设备与工艺，可轧制出 25 m、50 m 两种定尺的钢轨，可采用与客运专线钢轨相同的 U75V 或 U71Mnk 材质。

（四）岔枕结构及布置

1. 岔枕结构

有砟道岔轨下基础可分为木岔枕、混凝土岔枕、钢岔枕三种类型。

法国第一代高速道岔及我国早期的道岔即采用的是木岔枕，其结构及扣件系统简单，但因强度、纵横向阻力不足，道岔几何形位不易保持，后期已被混凝土岔枕代替了。

各国混凝土岔枕基本上采用的是预应力钢筋混凝土长枕，无挡肩结构，以适应岔区多根钢轨的扣件系统安装，且制造简单、整体美观。我国提速道岔的岔枕结构及配筋如图 2-23 所示，2.6 m 长岔枕的纵横向阻力与区间Ⅲ型混凝土轨枕相当，混凝土截面上下宽度及高度分别为：260 mm、300 mm 和 220 mm，主钢筋为 14 根 $\phi7.0$ mm 的二级松弛螺旋筋高强度钢丝，抗拉极限强度为 1 570 MPa，预应力中心高度为 102 mm，换算截面形心高度为 107.17 mm，偏心为 5.17 mm，岔枕端头设双箍筋，中部按 200 mm 间隔沿纵向布置箍筋，岔枕端头到第一个套管孔中心距离按 ≮360 mm 控制（该值与预应力生成距离及防止套管周边出现纵裂所需最短距离有关），28 天混凝土强度等级为 C60，岔枕正弯矩设计值为 23.6 kN·m，负弯矩设计值为 17.7 kN·m，可满足货物列车 21 t 轴重的运营要求。但是由于岔枕预应力钢筋换算截面形心低于岔枕截面形心，易造成混凝土长岔枕徐变长拱，最大值曾达到了 7~12 mm，造成长岔枕区域出现较大的轨道水平不平顺。在货运较少或无货运客运专线道岔中，为防止岔枕的徐变上拱，可采用 16 根 $\phi7.0$ mm 的高强度钢丝对称岔枕形心布置，如图 2-24 所示，正弯矩承载能力略有降低，负弯矩承载能力则有所增大。

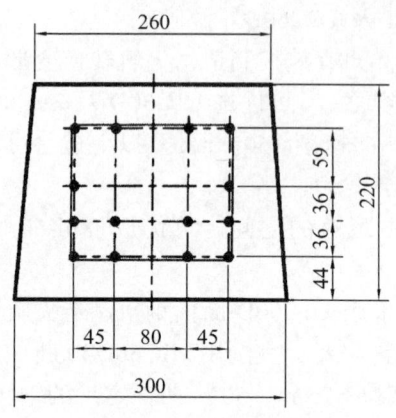

图 2-23 提速道岔岔枕

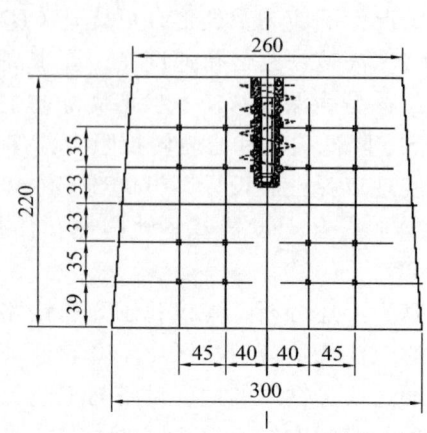

图 2-24 高速道岔岔枕

国外区间线路上有采用如图 2-25 所示钢枕的情况，但在道岔中较少使用。道岔中所使用的钢岔枕结构如图 2-26 所示，主要用于安装电务转换杆件，代替普通岔枕，不占用枕木空挡，方便大机捣固作业，在国外有砟道岔中得到了普遍应用。

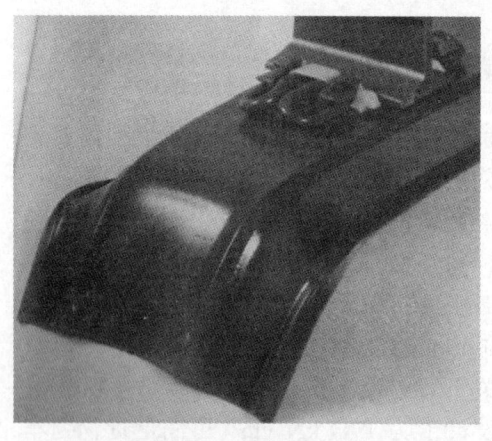

图 2-25 区间用钢枕

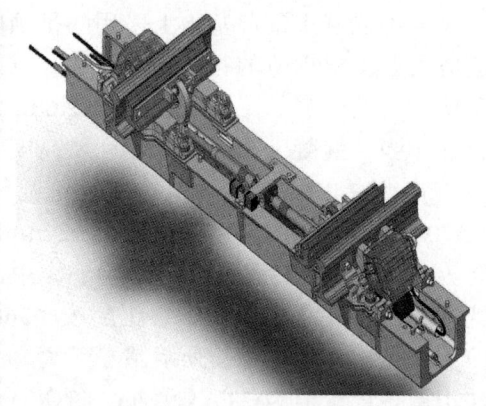

图 2-26 钢岔枕

无砟道岔轨下基础主要有支承块、长岔枕、道岔板、合成枕等四种类型。

城市轨道交通中无砟道岔轨下基础常采用支承块式结构，结构简单，运输及施工方便，但是当施工方法不当时道岔轨距不易保持，且易造成支承块倾斜，影响道岔的轨底坡或轨顶坡，在高速道岔中一般不采用。

长枕埋入式无砟岔枕采用带钢筋桁架的低预应力结构（见图 2-27、图 1-49），可与混凝土道床牢固连接，保持道岔的几何形位。我国高速道岔无砟岔枕的混凝土截面上下宽度及高度分别为：260 mm、290 mm 和 130 mm，主钢筋分别为 4 根 $\phi7.0$ mm 的预应力钢丝和 8 根 $\phi14$ mm 的螺纹钢筋，其中 4 根 $\phi14$ mm 的螺纹钢筋与 4 根 $\phi8$ mm 的螺纹钢筋组成钢筋桁架（截面见图 2-28），露出在混凝土截面的下方，这样使岔枕能够与道床很好地结合成为一体。换算截面的预应力中心高度为 104 mm，换算截面形心高度为 105 mm，偏心很小，预应力总张拉值为 100 kN，张拉系数为 0.414，与现行轨枕的张拉系数 0.7 相比，预应力度较低，结构产生的徐变上拱将会很小。28 天混凝土强度等级为 C50，正弯矩承载能力计算值为 7.73 kN·m，负弯矩承载能力计算值为 5.64 kN·m。对于最长的岔枕（长度为 4.63 m）将其换算为支距为 4.53 m 简支状态下跨中正向所能承受的最大荷载，在这种最不利的支承条件下，可在这根岔枕的中部站上 11 位体重为 60 kg 的人员，实际施工中岔枕的中部还有一个支点，安全可靠。

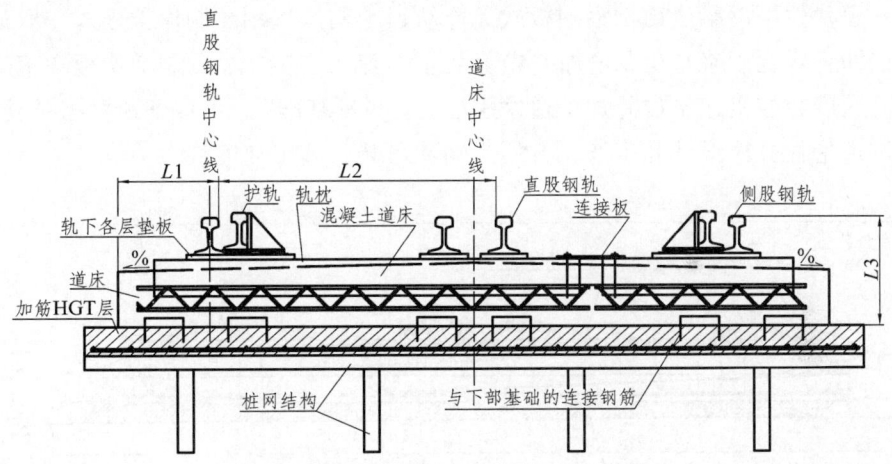

道岔区长枕埋入式无碴轨道

图 2-27 路基上无砟道岔基础结构

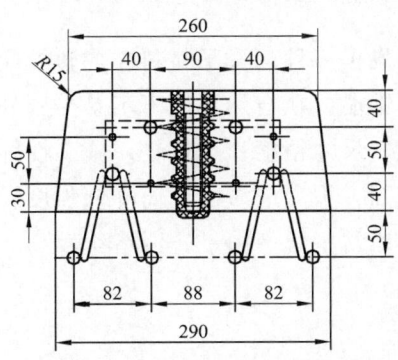

图 2-28 无砟岔枕截面

钉孔距误差限为：钉孔距 < 1 550mm 时误差限为 ± 0.5 mm；钉孔距 > 15 650 mm 时误差限为 ± 1.0 mm。岔枕端角在竖向为圆弧结构，其半径为 15 mm，可缓解道床表面裂纹的产生。道床板的单元长度大约为 18 m，中间每隔 6 m 设一个假缝，直缝采用 12 mm 厚的沥青木板。HGT 层与道床采用门形筋连接，道床中采用上下两排直径为 18 mm 的螺纹钢筋，水平网格间距为 190 mm；HGT 基础采用上下两排 $\phi 14$ mm 的螺纹钢筋，水平网格间距为 200 mm。

板式无砟道岔结构自下而上依次为：10 ~ 13 cm 厚 C20 混凝土找平层、18 cm 厚 C40 钢筋混凝土底座、24 cm 厚 C55 钢筋混凝土预制道床板、道岔系统和钢轨，如图 2-29 所示。与长枕埋入式无砟道岔相比，板式无砟道岔主要有以下特点：道岔轨下混凝土结构沿用板式无砟轨道结构，采用预制道岔板式，取消高性能沥青水泥砂浆垫层，增加 C40 高性能自流平混凝土；预制道岔板在工厂通过高精度数控机床定位并加工道岔螺栓孔、测量基准孔，可保证道岔组装精度；预制道岔板分块设计和生产，方便运输和吊装，施工速度快。

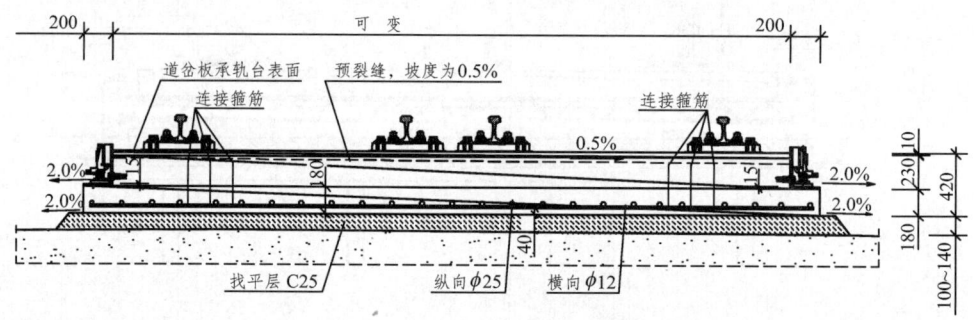

图 2-29 无砟道岔板基础结构

日本高速铁路还开发了一种高分子材料合成轨枕应用于道岔中，如图 2-30 所示，具有优异的耐久性能，在自然环境下不易受紫外线影响、吸水性小，可长期保持施工时的强度、尺寸精度；重量轻，施工性好；螺栓抗拔强度高，反复拧入时的保持率也较高，不受油渍污染而降低强度；电绝缘性能及加工性能好；环保。在我国地铁道岔中曾使用过，但造价较高。我国无砟高速道岔仍以长岔枕或道岔板为主。

图 2-30　日本高速道岔合成岔枕

2. 钢岔枕

空心钢岔枕在有砟轨道中有其优势，牵引杆件安装在其内部，在人工捣固困难的道岔区段，大机捣固得以实现，我国在提速道岔初期曾使用钢岔枕，如图 2-31 所示，解决了工电结合的矛盾，但钢岔枕在使用过程中出现捣固不实、容易串动、绝缘不良等病害，现场的养护维修工作量较大，在随后的提速道岔改造及秦沈客运专线道岔研制中取消了钢岔枕。广深线时速 200 km 提速道岔对钢岔枕进行了结构改进，如在枕底设置混凝土或橡胶垫以增大钢枕与道砟间的摩擦系数，使用效果有明显好转，但仍未达到与混凝土岔枕相同的使用性能。德国高速道岔中一直采用了钢岔枕，应用效果很好，分析其原因可能是由于采用了弹性基板，降低了钢岔枕在道床中的振动，同时又增大了钢岔枕的重量来保持其在道砟中的稳定性。

图 2-31　提速道岔钢岔枕

钢岔枕的优缺点均十分明显，能否在高速道岔中使用，目前引起了争议，为了弄清钢岔枕的振动特性及其影响因素，从结构设计及参数优化方面减缓钢岔枕的振动，使之在有砟道床中能与混凝土岔枕具有相同的动力稳定性，可采用如下的轮轨系统动力仿真分析理论予以研究。[13,19]

1）钢岔枕动力仿真分析理论

为了突出钢岔枕的受力特性，不考虑道岔结构的一些特殊受力特点，建立钢岔枕在道岔结构中的受力分析模型如图 2-32 所示。

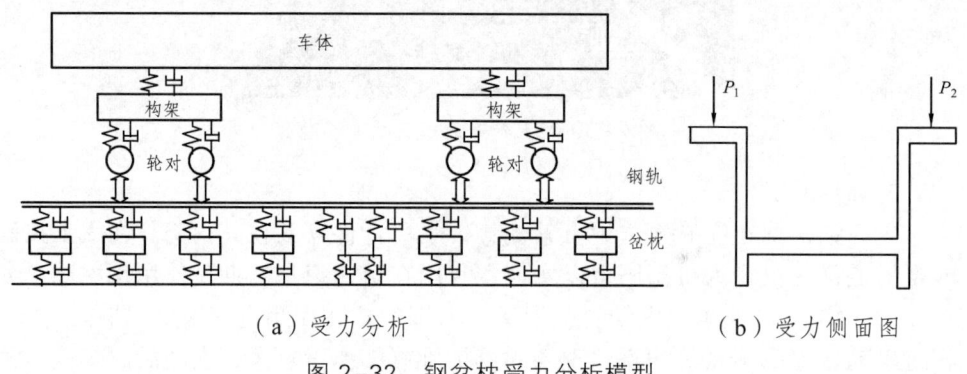

图 2-32 钢岔枕受力分析模型

模型中所采用的基本假定有：基于左右两钢轨状态相同这一假定，列车仅考虑半车模型，忽略列车的横向振动，仅考虑竖向振动。钢轨视为竖向平面内弹性可弯的欧拉梁，岔枕与钢轨间均简化为弹簧阻尼连接。为简化计算，把钢轨视为基本轨，忽略尖轨及滑床台对列车振动特性的影响。岔枕视为竖向平面内弹性可弯的欧拉梁，岔枕与道床的连接简化为弹簧阻尼装置。岔枕长度假设伸出钢轨两端相等，均为 0.5 m。

钢岔枕与普通岔枕相比较，在模型中考虑以下几个不同点：钢岔枕考虑扭转，而普通岔枕不考虑；钢岔枕考虑偏心受载，而普通岔枕不考虑；钢岔枕与钢轨由两组弹簧阻尼装置连接，普通岔枕仅有一组；钢岔枕底宽与普通岔枕不同，因而道岔的支承弹性也不同；钢岔枕下道床支承简化成两点偏心支承，普通岔枕下简化为一点不偏心支承；钢岔枕下道床支承考虑摩擦系数的影响。

将钢轨按轨下支承点离散为有限单元，岔枕按两端点及钢轨支承点划分为两个单元。同前面一样，采用变分形式的最小势能原理来建立道岔区轮轨系统的振动微分方程。以大地为坐标参照系，以轨道车辆均不受外力状态为零点状态，在推导出系统中惯性力位势、应变能、阻尼势能、重力势能及接触力势能的变分表达式后，经计算机对号入座即可形成系统的振动方程组

$$[M]\{\ddot{u}(t)\}+[C]\{\dot{u}(t)\}+\{F(t,u)\}=\{P(t,u,\dot{u})\} \quad (2-1)$$

采用 Park 数值积分方法求解该振动方程组。

计算参数选取如下：普通岔枕在竖向平面内的抗弯刚度 EI = $9.05×10^3$ kN·m²，钢岔枕在竖向平面内的抗弯刚度 EI_S = $9.64×10^3$ kN·m²，钢岔枕的抗扭刚度 GI_S = $6.92×10^4$ kN·m²（钢岔枕具有通长斜腿撑时的参数）。普通岔枕单位长度质量 m = 170 kg/m，钢岔枕单位长度质量 m_s = 50kg/m，钢岔枕扭转惯量 Js = 6.84 kg·m²。扣件及垫层竖向刚度为 $5.0×10^4$ kN/m，普通岔枕每根钢轨下道床点支承刚度为 $1.0×10^5$ kN/m，钢岔枕下道床捣固不实时，支承刚度为 $0.2×10^5$ kN/m。钢岔枕上部支点距中心轴 0.2 m，下部支点距中心轴 0.18 m。枕间距均为 0.6 m。旅客列车采用 CRH3 动车组，运行速度为 350 km/h。

2）高速列车作用下的动力分析

高速客车经过钢岔枕时，轮载、钢轨及岔枕的位移、加速度等动力参数的变化如图 2-33 至图 2-40 所示。作对比用的普通枕距离钢枕为 10 跨。

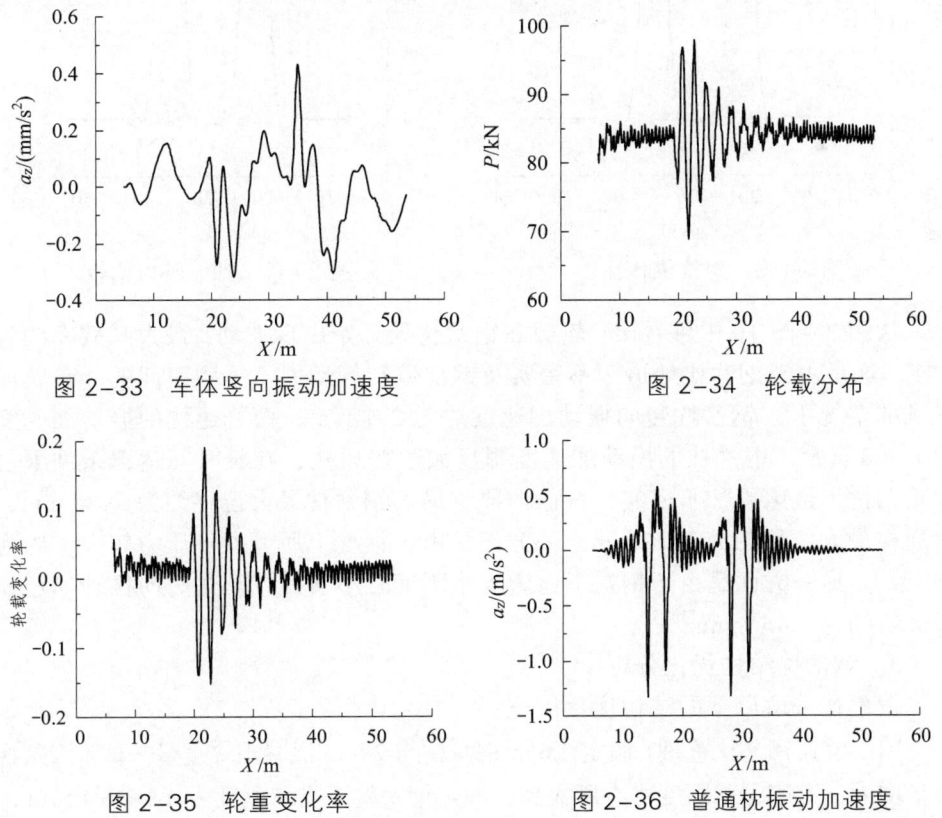

图 2-33 车体竖向振动加速度　　　图 2-34 轮载分布

图 2-35 轮重变化率　　　图 2-36 普通枕振动加速度

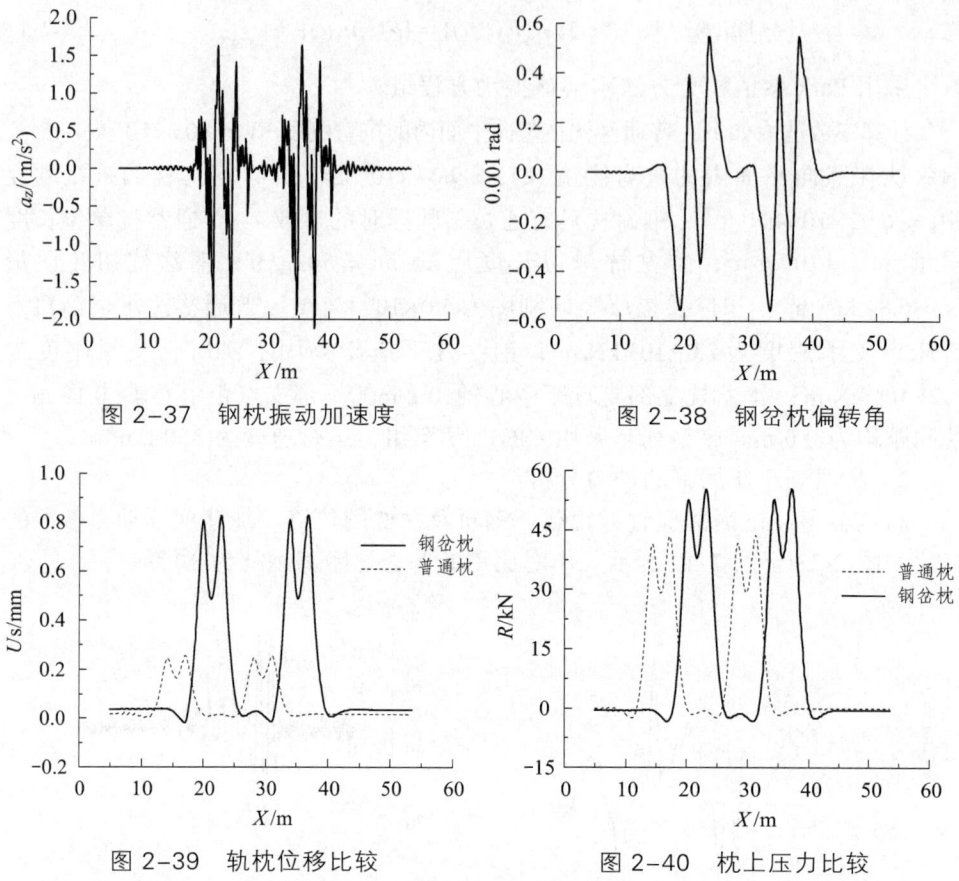

图 2-37 钢枕振动加速度

图 2-38 钢岔枕偏转角

图 2-39 轨枕位移比较

图 2-40 枕上压力比较

从图 3~图 10 中可看出：轮载在钢岔枕处开始出现波动，最大减载率约为 0.18，这是由于钢岔枕处道床不密实及钢枕偏转等动力不平顺引起的。在轨面平顺的情况下，钢岔枕竖向振动加速度约为 2.0 m/s²，而普通枕的振动加速度约为 1.3 m/s²，钢岔枕的振动加速度明显大于普通枕，在长时间运营条件下将导致钢枕下道床更加不密实，继而形成空吊。钢岔枕最大位移约为 0.84 mm，普通枕最大位移约为 0.27 mm，一方面是由于钢枕上所受枕上压力较大（约为 55 kN），另一方面是由于钢枕下道床支承刚度较小所致。车体竖向振动加速度最大值约为 0.45 mm/s²。

3）钢岔枕结构优化分析

钢岔枕采取以下的结构优化措施：

（1）增大钢岔枕重量。假定 2.6 m 钢岔枕与 2.6 m 混凝土枕重量一样。因岔枕重量增大，道床支承刚度将有所提高，假定钢岔枕下支承刚度为 0.4×10^5 kN/m，则高速客车以 350 km/h 速度直向过岔时，车体竖向振动加速度最大值由 0.45 mm/s² 降低为 0.29 mm/s²，最大动轮载由 98 kN 降低为 88 kN，钢岔枕的最大振动加速度与普通枕相当。可见增大钢岔枕重量可大大降低该处的动态不平顺。

（2）增加轨下支点弹性。当钢轨支点刚度由 80 kN/mm 降低至 50 kN/mm、30 kN/mm 时，高速客车以 350 km/h 速度直向过岔时，钢岔枕的振动加速度由 2.1 m/s² 下降为 1.5 m/s² 和 1.2 m/s²；最大动轮载由 98 kN 下降为 92 kN 和 87 kN。可见增加轨下支点弹性对减缓钢岔枕的振动十分明显。

（3）增加钢岔枕下道床支承刚度。广深（广州—深圳）线及上海铁路局为减缓钢岔枕的振动，在枕下铺设了中等粒径级配的道砟，使钢岔枕下道床支承刚度提高；此外增加钢枕高度，使之与道砟接触面积增加也可提高道床支承刚度；在钢枕底下设置橡胶或混凝土垫层，增加与道砟颗粒间的摩擦系数，也可提高枕下支承刚度。假定枕下支承刚度提高至 0.5×10^5 kN/m，则高速客车以 350 km/h 速度直向过岔时，最大动轮载约为 87 kN，钢岔枕振动加速度为 1.4 m/s²，已大为减缓。

（4）综合减振。增大钢岔枕重量与普通混凝土枕相同，增加轨下支点弹性至 30 kN/mm，增加枕下道床支承刚度至 0.8×10^5 kN/m，则高速客车以 350 km/h 速度直向过岔时，普通枕竖向加速度为 0.77 m/s²，钢岔枕的竖向加速度为 0.73 m/s²；普通枕竖向位移为 0.30 mm，而钢岔枕的竖向位移仅为 0.27 mm。钢岔枕的振动已低于普通枕，说明与普通枕已无差异，消除了钢岔枕处的动不平顺。

（5）缩小钢枕两支点间距。前述计算中枕底宽取为 0.36 m，其上两钢轨支点间距为 0.4 m，若缩小两支点间距至 0.2 m，高速客车以 350 km/h 速度直向过岔时，因钢枕偏转角大幅度降低，钢岔枕振动加速度约为 1.5 m/s²，最大动轮载约为 87.6 kN，也起到了减缓钢枕振动的效果。

（6）增大钢枕抗扭刚度。钢岔枕的抗扭转刚度增大，在列车作用下的偏转振动将减小，因而钢岔枕在道床中的稳定性较好，相应减小了动不平顺。随着钢岔枕的扭转刚度增大，钢岔枕偏转角有所减小，但变化幅度不明显。提高抗扭转刚度可在轨底采用通长垫板，减小偏心受载的程度；加宽斜腿支撑，增加立板抗弯能力。这些措施对减缓钢岔枕处动不平顺有利，但不能从根本上消除动不平顺产生的根源。

4）结　论

钢岔枕的动力学分析表明，增加钢岔枕重量、增加轨下支点弹性、增加钢岔枕下支承刚度（如采用中粒砟）、缩短钢岔枕上两支点间距，均是减缓钢岔枕振动的有力措施，从理论上看，可将钢岔枕的振动水平降低至与普通岔枕相当。

但钢岔枕的研制，需在既有线进行试铺、试验和测试，研发周期较长，同时也需要电务、轨下基础和现场相互配合，因前期工作储备不足，我国第一代高速道岔中暂未使用，在大机捣固时需拆除转换杆件，但钢岔枕技术的研究尚在继续中。

3. 铰接岔枕

铰接岔枕的主要功能是减缓一股行车时，长岔枕在另一股翘起拍打道床，致使道床松落，进一步造成岔枕的上下错位，不利保持一股轨道两侧钢轨的水平。同时也便于道岔的组装运输，解决长岔枕的制造、运输、铺设困难问题。德国有砟道岔普遍采用了铰接岔枕，普速道岔采用如图 2-41 所示的刚性铰接岔枕，高速道岔采用如图 2-42 所示的弹性铰接岔枕。英国在交叉渡线中采用了如图 2-43 所示的铰接岔枕。

图 2-41 德国普速道岔铰接枕　　图 2-42 德国高速道岔铰接枕

我国在交叉渡线中也开发了如图 2-44 所示的弹性铰接岔枕接头，采用 $\phi 30$ mm 的岔枕螺栓把 12 mm 厚的弹簧钢连接板和短岔枕连接起来，两根短岔枕之间用连接板相连。在混凝土岔枕和岔枕螺栓之间设一刚性套管，以使岔枕螺栓可以保持一定的扭矩，达到防松的目的，同时可以选择合理的套管长度以使岔枕螺栓可进行上下调节。在弹性板上下设橡胶垫板，以减小剪力和弯矩的传递。这种接头方式结构简单、便于安装、成本较低。不足之处是不能较好地保持两侧岔枕的上下相对位置。

该接头装置具有以下特点：通过调节岔枕螺栓在刚性套管里的上下位置，可调节接头两侧岔枕的相对高低，接头更加灵活，适用范围更加广泛。接头连接机构在垂直方向几乎不限位，使得结构不传递或很少传递剪力和弯矩。同时不限制水平方向的扭转错位。接头仅限制岔枕纵向的位移，传递纵向力以保持道岔的平面几何尺寸。铰接接头采用交叉布置的方式分布于整个道岔中，这样减少了岔枕的上下错位和摆动，并有利于保持轨距。

图 2-43　英国交叉渡线铰接接头

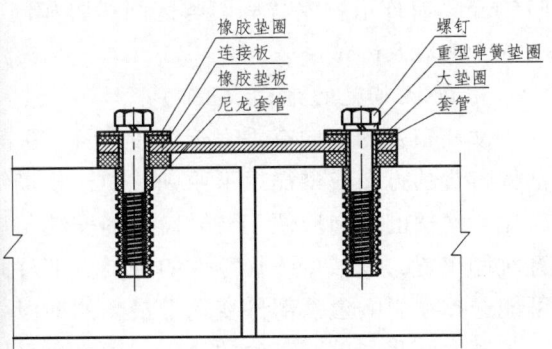
图 2-44　我国交叉渡线铰接接头

目前国内尚无有砟道岔内长岔枕采用铰接接头的应用经验，仅在遂渝线无砟道岔试验中尝试了这种结构，因未配合采用分块运输技术，其优越性未能体现，反而造成道岔轨排的稳定性较难保持，考虑到铰接岔枕前期技术储备不足，第一代高速道岔中也暂未使用。

4. 岔枕间距

岔枕间距应根据下述原则并配合转辙器、辙叉的主要尺寸和配轨长度等项进行计算确定。

为了使道岔的轨道基础能够具有均匀的刚度，岔枕的间距应尽可能保持一致。转辙器及辙叉范围内的岔枕间距，可较区间线路轨枕平均间距减少 5%～10%，其他部位的岔枕间距可减少 0～5%。

道岔钢轨接头（普通、焊接、绝缘接头）处的岔枕间距，应与区间线路同类型钢轨接头处的轨枕间距保持一致，并使钢轨的接缝位于间距的中心。

转辙器、可动心轨辙叉需要安装转换杆件的部位，其间距可根据转辙机械的安装要求适当扩大。

辙叉心轨断面宽 20 mm 处为开始承受车轮荷载的部位，可在该断面下布置岔枕以加强轨下基础。尖轨及可动心轨尖端宜伸出岔枕中心 100～200 mm，避免无缝道岔中尖轨及心轨伸缩后，尖端受到较大的冲击作用力。

岔枕间距过大易产生线路病害，一般要求不大于 650 mm。岔枕间距过小将影响捣固作业，大机捣固所需要的岔枕净距不小于 120 mm，对于图 2-23 的混凝土岔枕，岔枕间距为不得小于 420 mm。最大及最小的岔枕间距，只有在特殊必要时才予采用，不允许连续布置。

根据以上原则及我国提速道岔的应用经验，我国高速道岔岔枕间距按 600 mm 布置，在转辙机牵引点处岔枕间距为 650 mm，左右两侧岔枕间距为 575 mm。有砟道岔岔枕间距与区间线路相同，无砟道岔岔枕间距小于区间线路的 625 或 629 mm。

5. 岔枕布置的方向

岔枕布置的方向有垂直于直股布置、垂直于辙叉角平分线布置、扇形布置。岔枕布置的方向应遵循以下原则：便于现场铺设及养护，并能使设计计算工作简化。岔枕的方向应便于转辙设备的安装与运转。对称形式的部件与部位岔枕宜对称布置，以减少垫板零件的种类。部件间不同方向的岔枕扭转过渡，应尽可能选择在影响道岔部件变动量最少的地段。

过去，我国单开道岔的岔枕布置主要采用垂直于辙叉角平分线的方法：转辙器及连接部分的岔枕垂直于直股方向；辙叉部分岔枕均垂直于辙叉角平分线；在辙叉趾端前第二根岔枕开始设扭转过渡段使岔枕由垂直于辙叉角平分线方向逐渐过渡到垂直于直股方向。岔枕间距的丈量，应沿与该岔枕相垂直的方向进行，并使丈量点通过岔枕中心线，转辙器部分按直线上股钢轨量计，连接部分及扭转过渡段，按直线下股钢轨量计，辙叉及叉后部分，按角平分线方向量计。

提速道岔的岔枕布置采用的是垂直于直股布置方式，其优点是岔枕排列规则，易于丈量和间距易于控制，有利于保持直股行车方向的道床稳定性及轨道的平顺性，其缺点是辙叉直侧股的垫板不对称，零件种类较多。

国外如法国、德国道岔的岔枕多采用扇形布置方式：转辙器部分垂直于直股方向；连接部分垂直于直侧股交角的角平分线呈扇形布置；辙叉部分垂直于辙叉角平分线。其优点是连接部分与辙叉部分各岔枕上的垫板均是对称的，直侧股轨下基础的稳定性与轨道平顺性相同，其缺点是岔枕间距丈量不方便，枕间距不易控制。

综合比较，我国高速道岔选用了岔枕垂直于直股的布置方式，虽然垫板设计与制造较复杂，但岔枕布置及道岔施工方便，道岔几何形位易于保持。

6. 岔枕的长度

岔枕长度在道岔各个部位差别很大，岔枕端部伸出钢轨工作边的距离 M 应与区间线路基本保持一致，即

$$M = \frac{2\,600 - 1\,435}{2} = 582.5 \text{ mm}$$

按 M 值要求计算出的岔枕长度各不相等,为减少道岔上出现过多的岔枕长度级别,需要集中若干长度相近者为一组,相邻两组间的级差可取为 100 mm、150 mm、200 mm,其长度与理论计算长度之差不应超过岔枕标准级差的二分之一,岔枕长度的计算可采用"图解法"或"数解法"。

高速道岔岔枕长度的确定还考虑了岔枕钉孔到枕端的距离。为最大限度地减少枕端钉孔纵裂,我国提速道岔规定轨枕端部到第一个套管(钉孔)的距离不得低于 364 mm,高速道岔仍遵循这一规定。

对于转辙机牵引点处的岔枕,其外侧需安装转辙机设备,由于增加了 3 个安装孔,比其前后相邻岔枕的长度要增加 120~280 mm,是一种特殊长度的岔枕。

我国高速道岔的岔枕长度最终确定按 100 mm(转辙器部分)、150 mm(连接部分与辙叉部分)进级。18 号有砟道岔最短岔枕长 2.65 m,最长 4.72 m;18 号无砟道岔最短岔枕长 2.34 m,最长 4.63 m。

第二节 道岔平面线形与基本参数法

道岔平面线形设计的主要内容包括根据侧向容许通过速度确定连接部分的平面线形、根据尖轨的耐磨性及侧向行车平稳性确定尖轨的平面线形、根据连接部分的平面线形确定辙叉的平面线形。

一、道岔连接部分的平面线形

连接部分是转辙器和辙叉之间的连接线路,包括直连接线和曲连接线(亦称导曲线)两部分。直连接线与区间直线线路的构造基本一致,而曲连接线与区间曲线线路在平面形式和构造上都有所差别。

导曲线的平面形式可分为:圆曲线、缓和曲线和复曲线三种。

1. 圆曲线形

圆曲线形导曲线能与直线形尖轨和各型曲线尖轨配合设置,设计及制造简单,铺设养护方便,在各类道岔中普遍采用。

圆曲线与直线尖轨配合时，导曲线切点可选择在尖轨跟端或跟端后的适当位置，如图 2-45 所示，这种线形一般在侧向速度较低的小号码道岔中使用，如地铁线 9 号道岔，辙叉一般也为直线形。

圆曲线与曲线尖轨配合时，导曲线与曲线尖轨半径可相等或不相等，尖轨曲线与基本轨工作边可成为相切式、相割式或相离式，辙叉可为直线或曲线形，如图 2-46、图 2-47 所示，一般在侧向速度较高的道岔中使用，如 12 号、18 号道岔，采用曲线尖轨及曲线辙叉的导曲线可设置较大的半径。若导曲线终点位于辙叉跟端附近，而辙叉为直线形，导曲线后部割于直线辙叉前适当位置，称为后割式圆曲线，如图 2-48 所示，常与割线形曲线尖轨配合，以求增大曲线半径，但导曲线存在折角，一般也只在小号码道岔中使用。

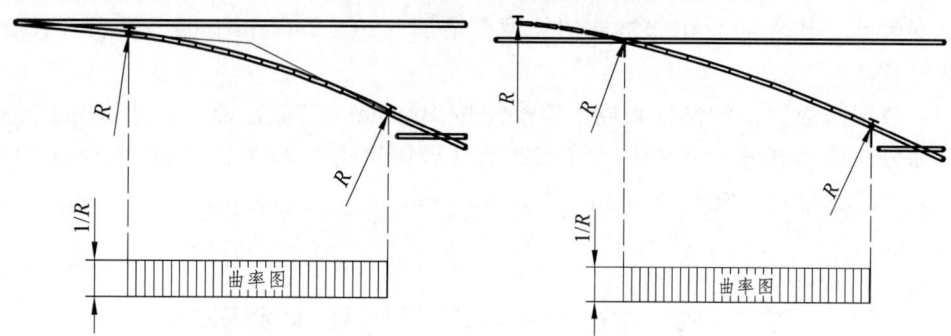

图 2-45　圆曲线形（直线尖轨）　　图 2-46　圆曲线形（曲线尖轨、直线辙叉）

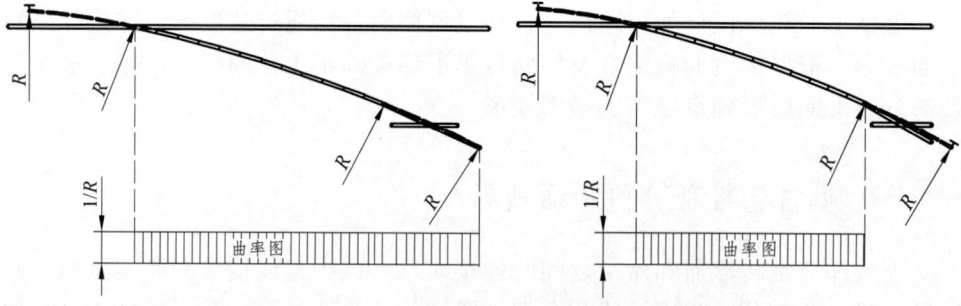

图 2-47　圆曲线形（曲线尖轨、曲线辙叉）　图 2-48　圆曲线形（曲线尖轨、后割）

2. 缓和曲线形

缓和曲线平面线形形式较多，如二、三次抛物线、螺旋线及正弦曲线等，设计及制造较为复杂，铺设养护较为困难，适用于侧向通过高速列车的大号码道岔，具有使离心加速度及其增量逐渐变化，改善旅客舒适度等优点。三次抛物线线形最为简单，是常用的缓和曲线线形。

缓和曲线线形有单支及双支两种，双支缓和曲线为复曲线形。单支抛物线又有起点在尖轨前端（见图 2-49）及终点在尖轨前端两种（见图 2-50）。前一种缓和曲线形可采用直线形辙叉，尖轨为缓和曲线形，列车逆向进岔时冲击角小，但因尖轨薄弱断面较长，侧磨掉块严重，较少采用。后一种缓和曲线形可采用直线或曲线形辙叉，两道岔对接形成渡线道岔时，两缓和曲线起点相连或插入一直线段，有利于提高行车平稳性，尖轨的耐磨性相对前一种缓曲线形要好一些，因尖轨设计、制造较为困难，这种单支缓和曲线形在我国应用的也较少。

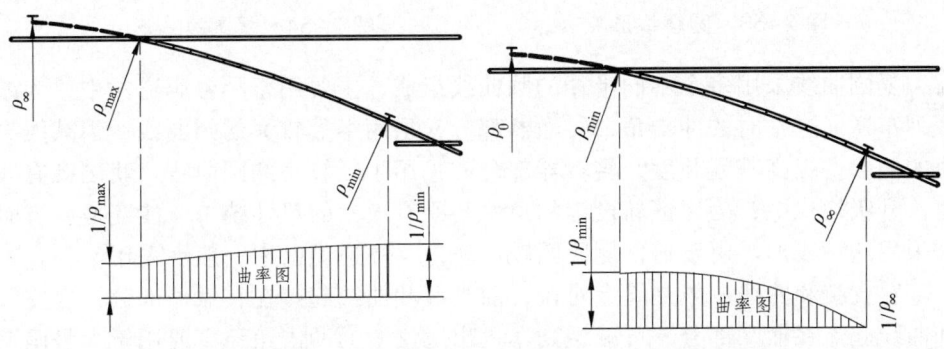

图 2-49　单支缓和曲线形（起点在岔前）　　图 2-50　单支缓和曲线形（起点在岔后）

3. 复曲线形

复曲线是由不同曲率的曲线所组成，常用的有复圆曲线（见图 2-51）、双支缓和曲线形（见图 2-52）、圆缓线形（见图 2-53）、缓圆缓线形（见图 2-54）。复曲线能与直线形尖轨及各形曲线尖轨配合。若复曲线公切点选择在尖轨跟端或以后部分时，可使不同号数的道岔采用同一种转辙器结构，德国高速道岔常采用这种线形设计。

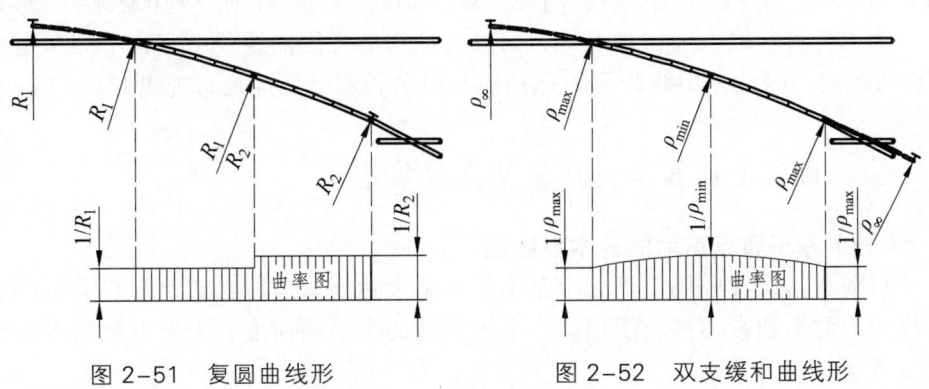

图 2-51　复圆曲线形　　　　　　　　图 2-52　双支缓和曲线形

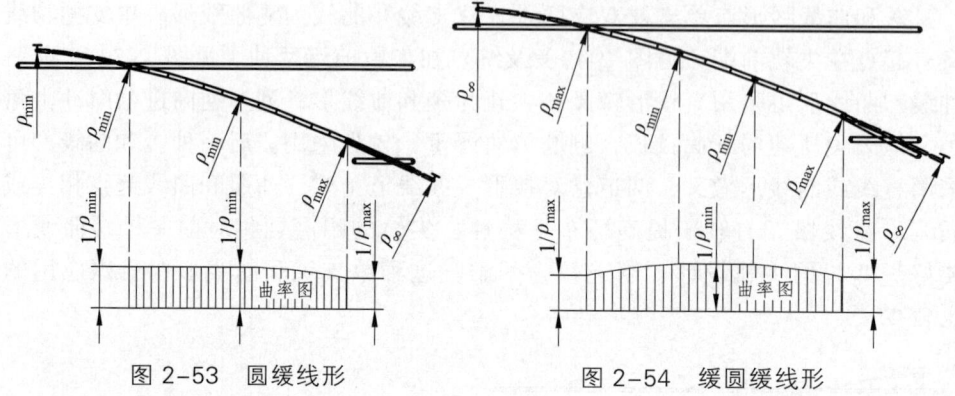

图 2-53 圆缓线形　　　　　图 2-54 缓圆缓线形

复圆曲线采用多个不同半径的圆曲线组成，主要用于小号码道岔中，为减缓列车逆向进岔时的冲击角，转辙器部分常采用半径较大的圆曲线；为减缓尖轨的侧磨，提高其粗壮度，转辙器部分常采用半径较小的圆曲线。我国既有线道岔升级换代中，为保证新设计的道岔与既有道岔的尺寸统一、能互换，有时需采用这种线形。由于道岔侧股圆顺性较差，高速道岔中一般不采用。

双支缓和曲线一般是终点对接，前支缓和曲线起点在转辙器部分，后支缓和曲线起点在辙叉部分，可减缓列车进出道岔时的冲击角，主要用于大号码道岔中。受道岔长度的限制，一般不采用两支缓和曲线起点对接的方式。同样因尖轨设计、制造困难，前端薄弱断面较长，在我国较少使用。

圆曲线与缓和曲线复合的圆缓线形，转辙器部分采用圆曲线，尖轨设计、制造简单，前端薄弱断面较短，耐磨性较高；导曲线及辙叉部分采用缓和曲线，可提高侧向过岔时的平稳性，我国及法国大号码高速道岔主要采用这种线形。

缓和曲线+圆曲线+缓和曲线的缓圆缓线形，转辙器及辙叉部分为缓和曲线，导曲线为圆曲线，德国大号码高速道岔主要采用这种线形，与基本轨弯折后轨距加宽设计技术相配合，可提高尖轨的粗壮度及耐磨性，在其他国家较少应用。

为避免各曲线上的振动叠加，组成复曲线的各段曲线长度宜大于列车走行1秒的距离，因此复曲线线形的选择应与道岔长度及侧向通过速度相适应。

二、道岔平面线形设计的基本参数法

（一）基于质点运动的基本参数法

目前道岔设计中用以下三个基本参数来表达列车运行在道岔侧线上所产生的横向力的不利影响：动能损失、未被平衡的离心加速度、未被平衡的离心加速度增量。

1. 动能损失 ω

假定撞击前后车体质量为常量，并近似地把车体视为一个作用于冲击部位的质点，同时略去道岔被冲击后的弹性变形，那么车辆与钢轨撞击时的动能损失，将正比于车体运行速度损失的平方。由图 2-55 可见，车轮在 C 点与直线尖轨撞击后，运行方向被迫由 $\overrightarrow{AC}$ 变成 $\overrightarrow{CB}$，运行方向上的速度由 V 变成 $V\cos\beta'$（式中 β' 为冲击角），速度的损失为 $V\sin\beta'$，因此撞击时的动能损失为

$$\Delta\omega = \frac{1}{2}V^2\sin^2\beta' \tag{2-1}$$

车辆逆向进入直线尖轨转辙器时，由于冲击角 β' 与尖轨平面转辙角 β 相等，故动能损失为

$$\omega = V^2\sin^2\beta \tag{2-2}$$

车辆自直线撞击切线形圆曲线尖轨时，轮缘与钢轨之间的游间 δ 与曲线半径 R、冲击角 β' 之间的关系由图 2-56 可知

$$\delta = R(1-\cos\beta') = 2R\sin^2\frac{\beta'}{2} \tag{2-3}$$

一般 β' 很小，可近似认为

$$\sin^2\frac{\beta'}{2} \approx \left(\frac{\beta'}{2}\right)^2 \approx \frac{1}{4}\sin^2\beta'$$

代入上式可得到冲击角为

$$\beta = \sin^{-1}\sqrt{\frac{2\delta}{R}} \tag{2-4}$$

用此代入动能损失计算公式得

$$\omega = \frac{2\delta}{R}V^2 \tag{2-5}$$

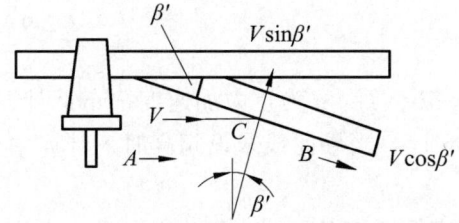

图 2-55 直线尖轨冲击角

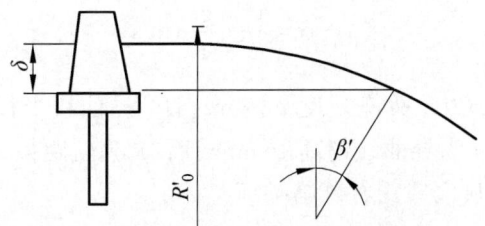

图 2-56 曲线尖轨冲击角

对于相割和相离式切线形圆曲线尖轨,在计算冲击角时,应考虑相割值及相离值 f 的修正(相割为正,相离为负),冲击角计算公式见(2-6)。对于半切线尖轨,若轮轨游间小于半切起点处尖轨顶宽,则应按直线尖轨计算。

$$\beta = \sin^{-1}\sqrt{\frac{2\delta \pm f}{R}} \tag{2-6}$$

对于起点在岔前的三次抛物线缓和曲线形尖轨,由轮轨游间 δ、缓和曲线终点半径 R、缓和曲线长 l_0 可得冲击角为

$$\beta = \sqrt[3]{\frac{9\delta^2}{2Rl_0}} \tag{2-7}$$

对于终点在岔前的三次抛物线缓和曲线形尖轨,其冲击角为

$$\beta = \frac{l_0}{2R} - \sqrt[3]{\frac{9\delta^2}{2Rl_0}} \tag{2-8}$$

若缓和曲线尖轨为相割或相离型,同圆曲线形尖轨一样,还需考虑相割值与相离值的修正。

为防止列车侧向过岔时,轮轨撞击的动能损失过大,ω 必须限制在一个容许值 ω_0 之内。我国目前的道岔设计中规定动能损失的容许值 $\omega_0 = 0.65 \text{ km}^2/\text{h}^2$。

由于动能损失的大小测定,其游间的大小也因列车的蛇行运动是随机的,所以测量的数值也是随机的,尤其是随着曲线尖轨道岔的大量应用,其计算不像直线尖轨道岔那样简单、直观。虽然我国道岔设计中还应用了这一参数,但意义已不大,一般不作为控制参数,德国、法国及日本高速道岔设计中也基本上不采用该参数。

2. 未被平衡的离心加速度 α

列车在导曲线上运行时,将产生未被平衡的离心加速度 α,其计算式为

$$\alpha = \frac{v^2}{R} - \frac{gh}{S} \text{(m/s}^2\text{)} \tag{2-9}$$

式中,列车速度 v 按 m/s 计,导曲线半径 R 按 m 计,g 为重力加速度按 m/s² 计,h 为导曲线超高以 mm 计,S 为轨距以 mm 计。当导曲线未设超高时,计算中只取等式右侧第一项。

为保证列车平稳通过道岔,并满足旅客舒适度的要求,α 必须小于容许值 α_0。我国建议 α 的容许限度值 α_0 取为 0.5~0.65 m/s²。这一指标建立了速度与道

岔导曲线半径的直接联系，可以反映列车通过圆曲线时的舒适度，国内外道岔平面设计中均采用了该指标。为提高旅客列车舒适度，大号码道岔中未被平衡的离心加速度限值可采用 0.5 m/s^2。由于未被平衡的离加速度与欠超高间存在对应关系，国外也有采用欠超高 Δh 作为设计参数的情况，标准轨距道岔中欠超高与未被平衡离心加速度的关系约为 $\Delta h = 153\alpha$，欠超高容许值为 $75 \sim 100 \text{ mm}$，我国高速道岔中规定欠超高容许值为 75 mm。

3. 未被平衡的离心加速度时变率 ψ

车辆从直线进入圆曲线时，未被平衡的离心加速度是渐变的。其单位时间内的增量等于 $\psi = \text{d}\alpha/\text{d}t$。同样，$\psi$ 也必须控制在一个容许值 ψ_0 之内，我国规定 $\psi_0 = 0.5 \text{ m/s}^3$。未被平衡的离心加速度变化，可以近似地假定为在车辆全轴距范围内完成，当导曲线不设超高时，ψ 可采用下式计算

$$\psi = \frac{\text{d}\alpha}{\text{d}t} = \frac{v^2/R - gh/s}{l/v} = \frac{v^3}{Rl} - \frac{ghv}{ls} \quad (\text{m/s}^3) \qquad (2\text{-}10)$$

式中，l 为车辆全轴距，各国取值不同，如法国取值为 17 m，德国取值为 19 m，我国则取为全金属客车的值，即 $l = 18 \text{ m}$，列车速度 v 按 m/s 计。对于大号码道岔，因尖轨长度较长，未被平衡的离心加速度变化可能不会在一个车辆全轴距内完成，未被平衡的离心加速度时变率允许限值可放宽至 1.0 m/s^3。

对于缓和曲线形大号码道岔，式（2-10）中 l 即为缓和曲线长度，此时可采用较严格的标准，未被平衡的离心加速度时变率允许限值我国规定为 0.4 m/s^3。

奥地利道岔设计中还引入了道岔尖轨导向力指标，用于控制尖轨冲击角，降低尖轨磨耗。因尖轨冲击力不易准确计算，我国道岔设计中还未采用该参数。

（二）基于车体刚体运动的修正参数法

列车侧向通过道岔时，车轮由直线进入曲线，或由一段曲线进入复曲线的另一段曲线，由于车辆长度的影响，在进出一个这些变化点时 α、ψ 是一个渐变的过程，考虑车长影响时的计算结果将更加符合实际情况。

以 18 号为例，导曲线半径为 1 100 m 的圆曲线，车辆长度为 25.5 m，侧向过岔速度为 80 km/h。当两道岔间夹直线长度小于、等于、大于车辆长度时，考虑车辆长度后的未被平衡离心加速度、未被平衡离心加速度时变率分布如图 2-57 至图 2-59 所示。

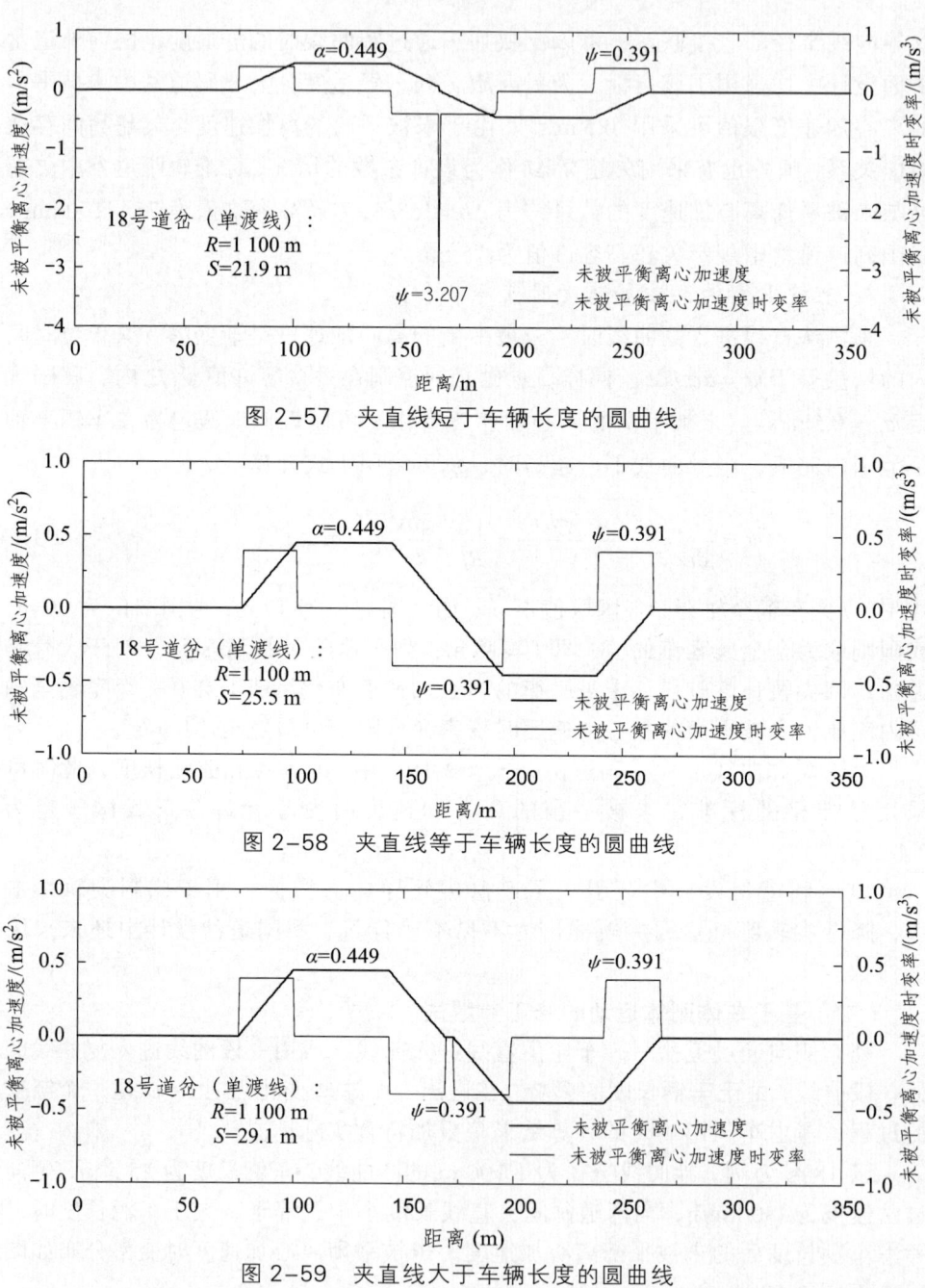

图 2-57 夹直线短于车辆长度的圆曲线

图 2-58 夹直线等于车辆长度的圆曲线

图 2-59 夹直线大于车辆长度的圆曲线

考虑车辆长度后，虽然未被平衡离心加速度最大值与基于质点运动基本参数法计算结果相同，但进出圆曲线时是渐变的，导致在圆曲线上未被平衡的加速度时变率不为零，在夹直线长度短于车辆长度时，若车辆位于两反向圆曲线上，计算所得的未被平衡的加速度时变率已超过容许限值。

同样，以半径 4 550 m 圆曲线加三次抛物线形缓和曲线的大号码道岔为例，缓和曲线长度按车辆运行时间 1 秒考虑，车辆长度 25.5 m，运行速度为 160 km/h。在考虑车辆长度后的未被平衡离心加速度、未被平衡离心加速度时变率分布如图 2-60 所示。即使在夹直线为零时，计算所得的未被平衡的加速度时变率未超过容许限值。

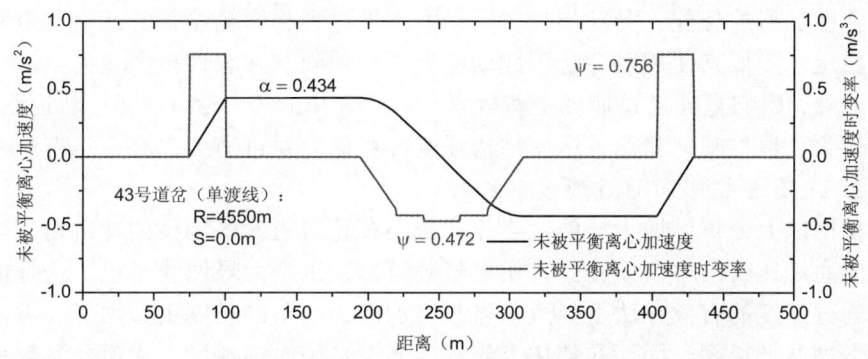

图 2-60　夹直线为零时的圆缓线形

因此，两道岔对接成单渡线道岔时，为确保列车的运行平稳性，两圆曲线间的夹直线长度要求不小于 0.4 V（与区间线路设计规范相同），困难条件下可不小于 20 m（以车辆全轴距计）；大号码道岔两反向缓和曲线可直接相连（或插入任意一定长度的直线）。

三、提高道岔直侧向通过速度的技术措施[14-15]

道岔通过速度包括直向通过速度和侧向通过速度，一般情况下直向通过速度大于侧向通过速度。道岔的通过速度、曲线半径、钢轨接头等是控制线路行车速度的主要因素。道岔容许通过速度取决于道岔构件的强度、平顺性及平面形式等方面，这些是保证列车安全平稳运行和旅行舒适度所必不可少的条件。

（一）道岔侧向通过速度

就一组单开道岔而言，侧向通过速度包括转辙器、导曲线、辙叉及岔后连接线路这四部分的通过速度，每一部分都影响道岔侧向的通过速度。然而，辙叉部分无论从目前的结构形式、强度条件和平面设计来看，都不是控制侧向过岔速度的关键。岔后的连接线路不属于道岔的设计范围，且一般规定，岔后连接线路的通过速度不低于道岔导曲线的容许通过速度。因此侧向通过速度主要由转辙器和导曲线这两个部位的通过速度来决定。

1. 影响道岔侧向通过速度的因素

影响侧向过岔速度的因素很多，主要限制因素是由于导曲线一般不设超高，且半径较小，列车未被平衡的离心加速度较大。同时，机车车辆由直线进入道岔侧线时，在开始迫使车辆改变运行方向的瞬间，将必然发生车辆与钢轨的撞击，此时，车体中的一部分动能，将转变为对钢轨的挤压和机车车辆走行部分横向弹性变形的位能，即动能损失。动能损失过大将影响旅行舒适度和道岔结构的稳定，降低其使用寿命，因此动能损失必须限制在容许范围之内。

此外，影响直向通过速度一些因素，如护轨冲击角、轮轨关系、轨道刚度、钢轨接头、道岔几何状态、道岔结构强度等对侧向通过速度也有一定有影响。

2. 提高道岔侧向通过速度的途径

根据以上分析，增大导曲线半径，减小车轮对道岔各部位的冲击角，是提高侧向通过速度的主要途径。采用大号码道岔，以增大导曲线半径，这是提高侧向通过速度的有效办法。但道岔号数增加后，道岔的长度也增加了。需要相应地增加站坪长度，因而在使用上受到限制。采用对称道岔，在道岔号数相同时，导曲线半径约为单开道岔的一倍左右，可提高侧向通过速度 30%~40%。但对称道岔两股均为曲线，使原来为直股的运行条件变坏，因而仅适用于两个方向上的列车通过速度或行车密度相接近的地段。在道岔号数固定的条件下，改进平面设计，例如采用曲线尖轨、曲线辙叉，也可以达到加大导曲线半径的目的。采用变曲率的导曲线，可以降低轮轨撞击时的动能损失和减缓未被平衡离心加速度及其变化率，但仅在大号码道岔中才有实际意义。

导曲线设置超高，可以减缓未被平衡离心加速度及其增量，但实际上受道岔空间的限制，超高值很小，只能起到改善运营条件（如防止出现反向超高）的作用，而不能显著提高侧向通过速度。

减小车轮对侧线各部位钢轨的冲击角，如防止轨距不必要的加宽，采用切线形曲线尖轨，尖轨、翼轨与护轨缓冲段选用尽可能相同的冲击角，并且使与导曲线容许通过速度相配合。

此外，加强道岔结构，如取消尖轨跟端活接头及岔内普通接头，采用外锁闭转换机构，优化转辙器及辙叉部分轮轨关系，设置合理的道岔轨道刚度，减缓尖轨及可动心轨转换不足位移，采用双肢弹性可弯心轨以取消短心轨斜接头，提高钢轨抗横向外翻及轨排抗横移能力（设弹性夹、轨撑、拉杆、地锚桩等），也可以起到提高侧向通过速度的作用。

（二）道岔直向通过速度

道岔直向过岔速度受平面线形的影响较小，主要由转辙器及辙叉部分的轮轨关系所确定，运营实践表明，转辙器部分主要影响着行车的平稳性，辙叉部分主要影响着行车的安全性。直向容许通过速度的确定主要有工程类比、理论仿真评估、逐级提速试验及轨道综合检查车检查等方法，不如侧向容许通过速度所采用的基本参数法明确、直观，有待于设计理论的突破与建立。

1. 影响道岔直向通过速度的因素

1）道岔平面冲击角的影响

若道岔设有直向护轨，当列车逆岔（从岔前方向入岔）直向过岔时，车轮轮缘将与辙叉上护轨缓冲段作用边碰撞，而当顺岔（从岔后方向）直向过岔时，则将与护轨另一缓冲段作用边碰撞，如图 2-61 所示。同护轨一样，翼轨缓冲段上也存在冲击角，这样在道岔直向过岔速度问题上，就会产生与护轨相类似的问题，如图 2-62 所示。一般在辙叉设计中，直向和侧向翼轨多作成对称的形式，冲击角采用与护轨相同的数值，即 $\beta_w = \beta_g$。

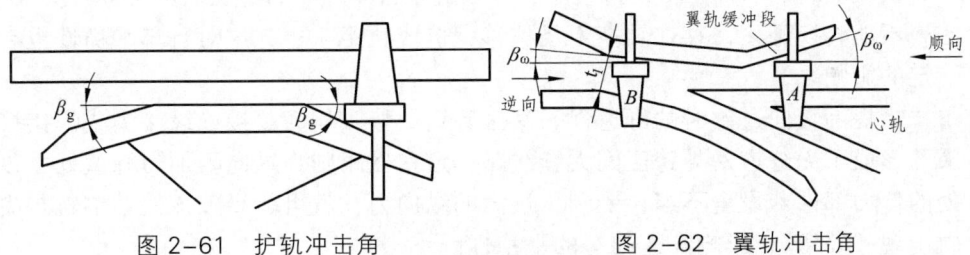

图 2-61　护轨冲击角　　　　图 2-62　翼轨冲击角

2）道岔转辙器及辙叉部分轮轨关系的影响

车轮通过辙叉由翼轨滚向心轨时，车轮逐渐离开翼轨，锥形和磨耗形踏面车轮随接触点的外移而逐渐下降，当车轮滚上心轨后，车轮又逐渐恢复到原水平面。反向运行也相同，车轮通过辙叉必须克服这种垂直和横向上的结构不平顺，将引起车体的振动和摇摆。

车轮由基本轨过渡到尖轨时，车轮也会出现会重心先降低随后升高、轮轨接触点先外移后内移的现象，使直尖轨一侧的车轮犹如在存有高低和方向不平顺的钢轨上行驶，而直基本轨一侧的车轮则在平直轨道上行驶，产生附加动力作用，限制着过岔速度的提高。

道岔动力学仿真分析及现场运营实践表明道岔转辙器及辙叉部分的轮轨关系不良：轮廓匹配不良、降低值设计不合理或存在偏差、轨底坡不合适、钢轨顶面磨耗超限等，是列车过岔时的主要激振源，是影响列车安全性与舒适性的主要因素。

3）道岔轨道竖向刚度的影响

在区间线路上，当扣件系统结构及刚度相同时，沿线路方向各处的轨道整体刚度基本上是相同的，但在道岔内，因存在多根钢轨共同一块铁垫层、共用同一根岔枕、两钢轨相对位置由间隔铁连接等因素作用，沿线路方向各处的轨道整体刚度是不相同的，这就导致列车过岔时行驶在刚度不均匀的基础上，造成列车振动加剧，继而影响行车的平稳性与舒适性。

4）道岔几何形位的影响

与区间线路一样，道岔轨道的轨距、方向、高低、水平等几何不平顺也会影响行车的平稳性与安全性，因此一般情况道岔轨道采用了区间线路更为严格的维护标准。由于道岔结构的特殊性，道岔中还可能存在以下一些引起行车平稳性的几何、状态不平顺：由于道岔制造及组装精度不良，可能导致尖轨、心轨与滑床台板间存在间隙，与基本轨、翼轨密贴段存在间隙，与顶铁间存在间隙，这均是影响行车平稳性的因素。

长大尖轨、心轨在转换过程中，若因滑床台摩擦系数过大，将会导致尖轨、心轨不能转换到位，存在转换不足位移，造成轨距减小，这对行车平稳性也有一定的影响。

为提高直向过岔时的舒适性，岔区各钢轨接头均为胶接绝缘接头或焊接接头，形成了无缝道岔与跨区间无缝线路，道岔辙跟则为纵向附加力峰值处，该处的传力部件若设置不当，受到了过大的纵向力，就可能导致该处基本轨与尖轨出现"碎弯"，影响高速列车的平稳性。

2. 直向过岔速度的确定

目前虽没有简便而成熟的直向通过速度计算方法，不过根据我国的运营实践并结合一定理论分析，依据道岔的结构状况，将直向通过速度限制为同等级区间线路容许速度的 80%~90%。

近几年在新型道岔的研制中，采用了道岔动力学理论来确定允许直向过岔速度。根据道岔结构设计，列车以直向设计速度增加 10%、侧向设计速度增加 10 km/h 通过该道岔，仿真分析列车的脱轨系数、减载率、钢轨应力、尖轨开口量等安全性指标、列车竖向及横向振动加速度等平稳性指标，评估该道岔能否满足设计要求，同时还可指导道岔结构设计优化。

3. 提高直向过岔速度的途径

提高直向过岔速度的根本途径是道岔部件采用新型结构和新材料、结构不断强化、制造与组装精度不断提高。其次，道岔的平面及构要采用合理的形式及尺寸，以消除或减少影响直向过岔速度的因素。最后，道岔的轨道刚度要进行均匀化处理，以消除影响直向过岔速度的动态不平顺。

转辙器部分可采用特种断面尖轨代替普通断面钢轨，采用弹性可弯式固定型尖轨跟部结构，增强尖轨跟部的稳定性。避免道岔直线方向上不必要的轨距加宽。将尖轨及基本轨进行淬火，增强耐磨性。采用轨距对称加宽结构设计或优化轮轨关系，缩短轮载过渡段长度，以减缓横向不平顺。

采用活动心轨型辙叉代替固定辙叉，保证列车过岔时线路连续，从根本上消灭有害空间，并使道岔强度大大提高。适当加长翼轨、护轨缓冲段长度，减小冲击角，或采用不等长护轨，以满足直向高速度的要求。采用水平藏尖式结构设计或优化轮轨关系，以减缓竖向及横向不平顺。

为减少车辆直向过岔时车轮对护轨的冲击，可以使用弹性护轨或曲线形护轨。

设置轨底坡，改善轮轨接触关系；采用混凝土岔枕代替木枕，增加道岔的稳定性；采用弹性扣件，钢轨及铁垫板下均设橡胶垫层，基本轨采用双侧弹性扣压结构，增加道岔弹性；消除道岔中钢轨接头，采用无缝线路技术。

合理设置扣件系统刚度，采用刚度均匀化技术，使岔区内与区间线路相连接地段轨道整体刚度尽可能一致或均匀过渡，以减缓动力不平顺。

优化尖轨及辙叉顶面降低值、固定辙叉顶面横坡，改变固定辙叉中翼轨平直段的防护范围，减小翼轨冲击角。

优化大号码道岔中牵引点数量及位置，尽可能消除尖轨及可动心轨中的不足位移；采用减磨滑床台及滚轮结构，确保长大尖轨转换到位；优化外锁闭机构，使之能适应无缝道岔尖轨的伸缩。

加强道岔结构，可动心轨道岔中采用特种断面翼轨；尖轨采用一根钢轨制造，避免出现焊接接头；加强限位器结构，避免引起尖轨跟端变形；尖轨及可动心轨跟端轨底不作削弱，不设柔性点。

提高道岔各部件的加工精度，严格控制组装误差，避免混凝土长岔枕的收缩徐变引起道岔水平不平顺，预埋件的定位误差引起轨距和方向不平顺；加强道岔的维修保养，及时修换磨耗超限的道岔零部件，保持道岔经常处于良好的技术状态。这些均有助于提高直向过岔速度。

四、道岔尖轨平面线形

尖轨是转辙器中的重要部件，依靠尖轨的扳动，将列车引入正线或侧线方向。尖轨在平面上可分为直线形和曲线形。

过去我国铁路上的大部分 12 号及以下的道岔，均采用直线形尖轨，如图 2-63 所示。直线形尖轨制造简单，便于更换，尖轨前端的刨切较少，横向刚度大，尖轨的摆度和跟端轮缘槽较小，可用于左开或右开，尖轨断面较粗壮，比较耐磨，但这种尖轨工作边成一直线，尖端角、转辙角和冲击角要大，因此列车对尖轨的冲击力大，不利于侧向高速行车。

新设计的 12 号及以上道岔直向尖轨为直线形，侧向尖轨为曲线形。这种尖轨冲击角较小，导曲线半径大，列车进出侧线比较平稳，有利于机车车辆的高速通过。但曲线形尖轨制造比较复杂，前端刨切较多，并且左右开不能通用。曲线形尖轨又分为切线形、半切线形、割线形、半割线形、相离半切线形五种，分别如图 2-64 至图 2-68 所示。

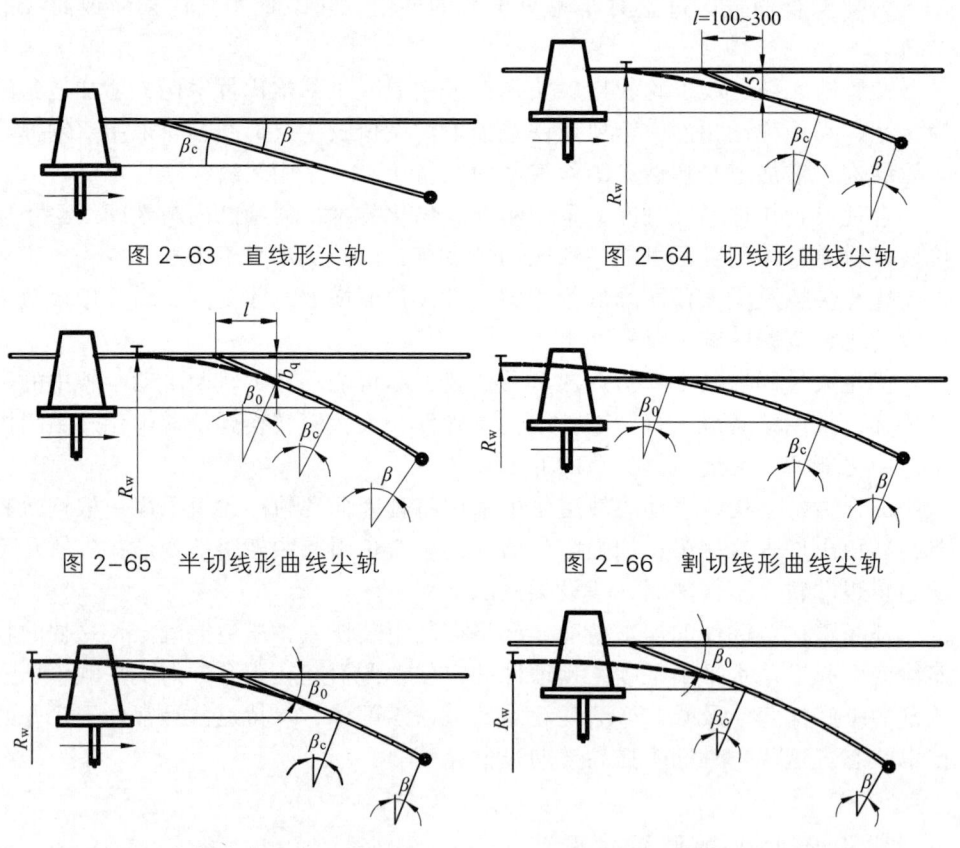

图 2-63　直线形尖轨　　　　　　图 2-64　切线形曲线尖轨

图 2-65　半切线形曲线尖轨　　　图 2-66　割切线形曲线尖轨

图 2-67　半割线形曲线尖轨　　　图 2-68　相离半切线形曲线尖轨

切线形尖轨工作边的理论起点与基本轨相切，在实际应用中，为加强尖轨尖端和缩短尖轨长度，在尖轨断面宽 5 mm 前取一段长 100~300 mm 的直线段（直线段与尖轨曲线不相切）。与同号码直线尖轨单开道岔相比较，导曲线半径可显著增大，道岔全长可显著缩短；在正常轮轨游间（标准的轨距、车轮轮缘厚及轮背距）下曲尖轨冲击角较小，列车进出岔的平稳性较好；尖轨尖端的轨距加宽量小，可以改善列车的运行条件；但要求的尖轨长度和尖轨削弱部分较长，左右开道岔的尖轨不能互换。在我国提速道岔初期曾使用过这种线形，但在列车顺侧向出岔较多的情况下，因外侧车轮始终贴靠曲尖轨运行，因尖轨薄弱断面较长，侧磨及掉块较为严重，使用寿命较短，在后期道岔的设计中已较少使用。

半切线尖轨的理论起点也与基本轨相切，但在尖轨某断面（一般小于 40 mm）处作切线，将尖轨前端部分取直。与切线形曲线尖轨一样，可以增大导曲线半径和缩短道岔全长；尖轨的长度和尖轨削弱部分长度较切线形曲线尖轨短，但较直线尖轨长；尖轨尖端轨距较直线尖轨小，但较切线形曲线尖轨长；在左右开道岔中，尖轨不能互换；正常情况下，尖轨的冲击角与半切处的冲击角相等，大于切线形尖轨，因此列车进出岔时的平稳性差一些，但因尖轨粗壮度较大，耐磨性较好。综合比较来看，其性能还优于切线形道岔，因而在我国道岔中应用较多。

割线形曲线尖轨理论起点与距离基本轨外侧某一直线相切（负割）。与同号码切线或半切线形曲线尖轨相比较，导曲线半径稍大，道岔全长稍短；尖轨尖端轨距较直线尖轨和半切线形曲线尖轨小，但较切线形曲线尖轨大；尖轨尖端角小，而冲击角大，尖轨尖端容易磨耗，且列车逆向进出道岔侧线时，容易产生摇晃；在左右开道岔中，尖轨不能互换。这种曲线形尖轨在我国早期的普速道岔中有所应用，但综合比较来看，其优点不够突出，在后期已较少使用。

半割线曲线尖轨与基本轨相割，同半切线形尖轨一样，在尖轨某断面作切线，将尖轨前端部分取直。尖轨长度和削弱部分长度较切线形、半切线形和割线形曲线尖轨短；道岔理论全长较其他尖轨线形的道岔都短；与割线形尖轨相比，增大了冲击角，但也增大了粗壮度。这种线形常应用在侧向通过速度不高的小号码道岔中，以尽可能地增大导曲线半径以改善大型机车内接条件或尽可能地缩短道岔全长。

相离半切线形曲线尖轨理论起点与距离基本轨内侧某一直线相切，并在尖轨某断面作切线，将尖轨前端取直。与其他线形的曲线尖轨相比较，虽然导曲线半径较小、冲击角较大，但尖轨粗壮度最大，耐磨性最好，在我国客货共线铁路上运行时，尖轨使用寿命较长，是我国干线铁路上应用最多的一种线形。

尖轨平面线形的选择主要从道岔尺寸控制、列车运行平稳性、尖轨的耐磨性、加工制造简单、维修养护方便、原材料供应便利等多方面综合考虑予以确定。在道岔尺寸、导曲线半径选择不受限制，列车运行平稳性可保证的条件下，相离半切线形曲线尖轨能更好地适应我国客货共线的运营条件，因此可作为我国高速道岔曲线尖轨的合理线形。经综合比较，我国高速道岔平面线形选择如表 1-1 所示。

第三节　高速道岔总布置图设计

道岔总布置图设计大致可分为五步：根据运营条件确定设计技术要求与设计原则（见本章第一节）；由侧向容许通过速度确定道岔平面线形（见本章第二节）；由轮轨关系确定道岔各部间隔；计算道岔主要尺寸、各部轨距、配轨、导曲线支距、岔枕布置等；绘制道岔总布置图，计算材料数量。

一、道岔各部间隔

道岔中各部位钢轨的正确间隔是保证机车车辆轮对能顺利通过的必要条件，如果这些间隔选择得不合理，就可能产生车轮撞击钢轨或使钢轨磨耗加剧的后果，甚至发生脱轨事故。

（一）间隔计算的方法与参数

道岔间隔目前仍采用最不利因素组合法，即在计算道岔某一部位的间隔时，将影响计算值的诸因素均按其出现的最不利情况来考虑，这种计算方法虽然可以保证在任何最不利情况下机车车辆轮对均能顺利通过该部位，但是有可能会导致间隔规定得过宽或过窄而加剧列车过岔时的晃车现象，因此有人尝试采用概率统计方法来确定道岔的各部间隔，但因无法准确确定所能容许的脱轨事故率，而未能被广泛接纳。

在计算道岔各部间隔时，轨距和轮尺寸除了选用容许的最大或最小值外，还要考虑在动荷载作用下，轨距或轮对发生弹性变形的影响。

对于标准轨距的铁路道岔，计算各部间隔时所采用的计算参数如表 2-4 所示。

表 2-4 各部间隔计算参数

序号	名 称		符号	计算值 mm
1	轨距最大值		S_{max}	1 456
2	轨距最小值		S_{min}	1 433
3	轮对内侧距最大值		T_{max}	1 356
4	轮对内侧距最小值		T_{min}	1 350
5	轮缘最大厚度	蒸汽机车	d_{max}	33
		其他机车及车辆		32
6	轮缘最小厚度	机车及车辆	d_{min}	23
		电动车组动轮		22
7	轮对因荷载作用弯曲后内侧距动态增大值	蒸汽机车	ε_1	2
		其他机车及车辆		0
8	轮对因荷载作用弯曲后内侧距动态减少值	蒸汽机车	ε_2	0
		其他机车及车辆		2
9	轨距动态扩大值		ε_3	2~4
10	轨距正公差		ε_4	3
11	轨距负公差		ε_5	2
12	护轨侧面磨耗值		δ_h	2

表中这些参数对于高速铁路而言并非是科学合理的,因为动车组轮对的制造精度较普通轮对高得多,维修周期也仅有三十多万公里,极难出现表中所示的极不利值;同时高速道岔的结构稳定性也较普速道岔高得多,维修标准也严得多,轨距的动静态偏差也要小于表中取值。但是由于我国高速铁路的建设周期较快,前期研究累积不足,还未总结出计算高速道岔各部间隔的参数取值,在现阶段只能参考上表取值。

(二)转辙器部分间隔

转辙器各部间隔包括正、侧线辙跟轮缘槽、曲线尖轨最小轮缘槽、尖轨拉杆中心动程等。

1. 辙跟轮缘槽

直向线路辙跟轮缘槽应保证在最不利条件下,即轮对一侧车轮轮缘紧贴直股尖轨时,另一侧车轮轮缘能够顺利通过而不冲击侧线尖轨的跟端,即

$$t_g \geq (S_g + \varepsilon_3 + \varepsilon_4) - (T_{min} - \varepsilon_2) - d_{min} \quad (2\text{-}11)$$

式中,S_g 为直股辙跟轨距,采用标准轨距时,计算得 $t_g = 70$ mm。

曲线尖轨辙跟轮缘槽取值一般不小于直尖轨辙跟轮缘槽。辙跟轮缘槽的宽度是决定尖轨长度的控制因素之一，因此在满足轮对顺利通过的条件下，其值不应规定的过宽，以免不必要地增加尖轨的长度。

2. 尖轨拉杆中心动程

尖轨拉杆中心处动程应保证在尖轨反开后，车轮对尖轨非工作边不发生侧向挤压，即

$$d_0 \geqslant t_g + b_0 + (S_0 - S_g) \tag{2-12}$$

式中　b_0——拉杆中心处尖轨轨头宽；

　　　S_0——拉杆中心处轨距。

尖轨拉杆处的实际动程，还要取决于转辙机的动程，过去一般规定为 152 mm，现在随着转辙机动程的增大而在第一牵引点处取为 160 mm。由尖轨第一根拉杆动程及尖轨长度可按比例求得其他牵引点动程及尖轨尖端开口值。

3. 曲线尖轨最小轮缘槽

曲线尖轨最小轮缘槽应保证在最不利条件下，即轮对一侧的车轮轮缘紧贴直股尖轨时，另一侧车轮轮缘能够顺利通过而不冲击尖轨的非工作边，即

$$t_{\min} = (S + \varepsilon_3 + \varepsilon_4) - (T_{\min} - \varepsilon_2) - d_{\min} \tag{2-13}$$

式中　S——最小轮缘槽处轨距。

最小轮缘槽是控制曲尖轨长度的因素之一，与辙跟轮缘槽一样，不应规定得过宽，过去一般规定不得小于 68 mm，但为了缩短尖轨长度，根据实际经验也可按 65 mm 控制。

若尖轨前端内侧或外侧还设有迎轮防磨护轨，其各部间隔应保证在最不利条件下，逆向进岔的车轮轮缘不与设计冲击断面前的尖轨接触。高速道岔尖轨前一般不设迎轮防磨护轨。

（三）辙叉及护轨部分间隔

辙叉及护轨各部间隔包括辙叉查照间隔、辙叉咽喉轮缘槽、辙叉轮缘槽、护轨平直段轮缘槽及翼轨护轨缓冲段轮缘槽等。

1. 辙叉查照间隔

辙叉查照间隔应保证辙叉心轨工作边至护轨工作边的距离，在车轮轮对最不利条件下，借护轨制约一侧车轮时，而不使另一侧车轮冲击辙叉心；同时应保证辙叉翼轨工作边至护轨工作边的距离，在车轮轮对最不利条件下，不被卡在翼轨和护轨之间，即

$$D_x \geqslant (T_{\max} + \varepsilon_1) + d_{\max}$$

$$D_y \leqslant T_{\min} - \varepsilon_2 \tag{2-14}$$

计算得 $D_x \geqslant 1\,391$ mm，$D_y \leqslant 1\,348$ mm，这是道岔维修上的最小和最大，不像其他数据可以有正负公差。当辙叉有轨距加宽时，护轨平直段也应做相应加宽，以保证查照间隔及辙叉轮缘槽宽度要求不变。

2. 护轨平直段轮缘槽

护轨平直段轮缘槽应满足辙叉查照间隔 $D_x \geqslant 1\,391$ mm 的要求，即

$$t_h \leqslant S - D_x - \delta_h \tag{2-15}$$

计算得护轨平直段轮缘槽为 42 mm。当辙叉部分轨距加宽时，护轨平直段轮缘槽也应作同样的加宽。

3. 辙叉轮缘槽

在护轨平直段轮缘槽已确定的条件下，辙叉轮缘槽应能使具有最小内侧距的轮对自由地通过辙叉，满足辙叉查照间隔 $D_y \leqslant 1\,348$ mm 的要求，即

$$t_2 \geqslant S - (D_y + t_h) \tag{2-16}$$

计算得辙叉轮缘槽应大于 45 mm，设计中采用 46 mm。为了防止心轨及翼轨的迅速磨损，辙叉轮缘槽应采用最小的宽度。

4. 辙叉咽喉轮缘槽

辙叉咽喉轮缘槽应保证在最不利条件下，即轮对一侧车轮紧贴基本轨时，另一侧车轮能够顺利通过，而不冲击翼轨咽喉弯折点，即

$$t_1 \geqslant (S + \varepsilon_3 + \varepsilon_4) - (T_{\min} - \varepsilon_2) - d_{\min} \tag{2-17}$$

与尖轨辙跟轮缘槽计算结果一样，在实际应用中，取为 68 mm。当辙叉部分有轨距加宽时，辙叉咽喉轮缘槽应作同样的加宽。在可动心轨辙叉中，为保证心轨第一牵引点动程，辙叉咽喉取值较固定辙叉大得多。

5. 翼轨及护轨缓冲段末端轮缘槽

翼轨及护轨缓冲段末端轮缘槽应保证和辙叉咽喉轮缘槽有同样的轮对通过条件，即

$$t_3 = t_1 \tag{2-18}$$

实际采用值也为 68 mm，当辙叉部分有轨距加宽时，翼轨及护轨缓冲段末端也应作同样的加宽。

6. 翼轨及护轨开口段末端轮缘槽

翼轨及护轨开口段末端轮缘槽应保证在最大允许的轨距宽度时，考虑到所

有的公差，仍使轮对能够顺利通过，而不冲击翼轨及护轨末端开口，即

$$t_4 \geqslant (S_{\max} + \varepsilon_3) - (T_{\min} - \varepsilon_2) - d_{\min} \qquad (2\text{-}19)$$

计算得翼轨及护轨开口段末端轮缘槽为 88 mm，实际应用取值为 90 mm。当辙叉部分有轨距加宽时，应作同样的加宽。

7. 可动心轨拉杆中心动程

可动心轨拉杆中心动程应保证心轨扳开后，心轨各处有足够的轮缘槽宽度，不使车轮撞击心轨工作边，同时实际的心轨动程还需与转换设备的动程相适应，心轨第一牵引点动程常采用 90 mm，目前为保证外锁闭机构的安装，该动程已逐渐增大至 120 mm。

二、转辙器主要尺寸

曲线尖轨转辙器主要尺寸包括：曲线尖轨长度、直向尖轨长度、基本轨前端长、基本轨后端长、尖轨曲线半径等。

1. 曲线尖轨的半径

曲线尖轨是整个侧线的一部分，尖轨的半径与导曲线半径可能有三种组合：尖轨与导曲线半径相同，以保持转辙器与导曲线的容许通过速度一致，并且可使道岔全长较短；尖轨与导曲线半径不同，一般前者较大，可减小尖轨冲击角，增加列车逆向进岔的平稳性；尖轨最大可能冲击断面之前为一个半径，之后的尖轨与导曲线为另一个半径，一般前者较大，既可减小冲击角，又可缩短道岔长度。我国道岔主要采用第一种形式。

曲线尖轨半径的选择应与导曲线半径、辙叉号数、辙叉平面形式一起考虑。首先根据要求的侧向容许通过速度及机车车辆的内接要求确定所需要的曲线半径，取整；然后求得一定辙叉平面形式（直线辙叉或曲线辙叉）的道岔号数，我国道岔的使用习惯也是取整，国外道岔的表示方法有采用比例或辙叉角的正切值等，也有不取整的情况；最后检算半径的合理性，对于直线形辙叉，辙叉前直线段长应满足

$$K = \frac{S - R_w(1 - \cos\alpha) + f_1}{\sin\alpha} \geqslant K_{\min} \qquad (2\text{-}20)$$

式中　R_w——圆曲线半径；

　　　α——辙叉角；

　　　f_1——尖轨割距（切线取为 0，相离取为负值）；

$K_{\min}$——叉前所需的最小直线段（确定原则为：满足有缝道岔辙叉趾端鱼尾板的安装，不致使导曲线终点进入护轨范围，保证最大固定轴距的机车车辆能平顺地通过辙叉，调整曲线半径使叉前直线段能满足要求又不致于过大）。

对于曲线形辙叉，跟端开口距应满足

$$P_m = R_w(1-\cos\alpha) - f_1 - S \geqslant P_{m\min} \tag{2-21}$$

式中 $P_{m\min}$——曲线辙叉跟端开口距（确定原则：满足有缝道岔跟端鱼尾板的安装，满足无缝道岔间隔铁的安装，调整曲线半径或辙叉角使辙叉跟端开口距满足要求）。

若道岔平面线形不为单圆曲线，同样可按照上述两式推导出相应的检算公式。

2. 尖轨尖端角的确定

为了防止尖轨尖端过于细薄和保持一定的刚度，曲线尖轨均选择在曲线理论起点之后的一段距离作为尖轨的实际起点，这段距离越长，尖轨的尖端角越大，刚度也就越大，但是过大的尖端角会使逆向进岔的列车摇晃严重，而且尖轨尖端轨距和线路方向也不易保持，因此选择曲线尖轨尖端角满足：使有最大轮轨游间的逆向进岔车轮，撞击尖轨部位所成平面角不大于容许的冲击角；使尖轨尖端的构造轨距加宽不致超限。为满足这两项要求，应控制尖轨最大割距 f_1 和尖轨曲线实际起点的轨头宽度 b_q。

3. 曲线尖轨长度

曲线尖轨摆开后与基本轨之间所形成的最小轮缘槽位置不在尖轨跟部，而是在尖轨中部的某个位置上。曲线尖轨的长度计算应以最小轮缘槽为控制条件，一般有两种计算方法：一种是由最小轮缘槽 $t_{\min}$ 直接求得曲线尖轨的最短长度；另一种是假定尖轨辙跟支距，计算尖轨长，然后得到最小轮缘槽的位置，并检算其最小轮缘槽是否满足要求。两种计算方法均需采用近似三角形比例关系，也适用于其他线形曲线尖轨长度计算。

下面以半切型圆曲线尖轨为例，说明曲线尖轨长度的计算方法，计算图示见图 2-69。

（1）算法一：

第一种算法中，已知圆曲线半径 R_w、尖轨第一牵引点动程 d_0、第一

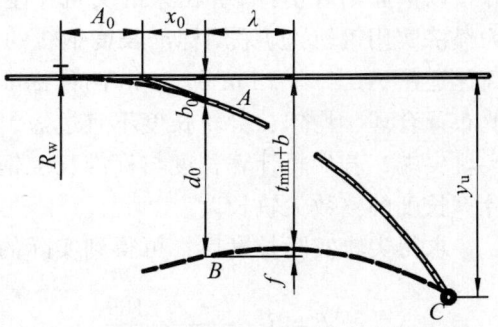

图 2-69　半切线形圆曲线尖轨长度计算图示

牵引点处尖轨实际顶宽 b_0、第一牵引点至尖轨实际尖端之距 x_0、尖轨半切顶宽 b_q、容许的最小轮缘槽 $t_{\min}$，计算过程如下：

尖轨尖端转辙角为

$$\beta_0 = \cos^{-1}\left(\frac{R_w - b_q}{R_w}\right) \quad (2\text{-}22)$$

曲线尖轨的理论起点至实际尖端之距为

$$A_0 = R_w \tan \beta_0 / 2 \quad (2\text{-}23)$$

曲线尖轨扳开后，设最小轮缘槽处尖轨顶宽为 b，该处的曲线矢度为

$$f = (d_0 + b_0) - (t_{\min} + b) \quad (2\text{-}24)$$

最小轮缘槽处至第一牵引点的距离近似为

$$\lambda \approx \sqrt{2R_w f} \quad (2\text{-}25)$$

在近似 $\triangle ABC$ 中，设曲线尖轨长度为 l_0 存在以下比例关系

$$(l_0 - x_0) : d_0 = (l_0 - \lambda - x_0) : [t_{\min} + b - \frac{(A_0 + x_0 + \lambda)^2}{2R_w}]$$

令 $M = t_{\min} + b - \dfrac{(A_0 + x_0 + \lambda)^2}{2R_w}$，对应不同的 b 值，具有不同的 l_0 值，可求出最短曲线尖轨长为

$$l_{0\min} = \frac{x_0 M - d_0(\lambda + x_0)}{M - d_0} \quad (2\text{-}26)$$

若尖轨采用弹性可弯式跟端结构时，尖轨长度计算值还应加长 1.5~2.5 m，并按以下原则取整：计算出来的尖轨长度，若接近于标准长度钢轨的整分数时，为经济实用钢轨，应采用标准长度钢轨的整分数，为避免大号码道岔尖轨焊接，高速道岔 AT 轨有 25 m 和 50 m 两种标准长度；尖轨长度应能使其范围内的岔枕布置合理、均匀；尖轨长度不宜过短，避免在无防跳装置时车轮撞击跳起的尖轨尖端；若尖轨计算长度与标准长度钢轨的整分数相差较远，可采用接近于计算长度的整数尖轨长度。

求得尖轨实际长度后，可得到实际的尖轨转辙角为

$$\beta = \beta_0 + \frac{l_0 - A_0}{R_w} \cdot \frac{180}{\pi} \quad (2\text{-}27)$$

计算得到实际的辙跟支距 y_u，并检算是否满足要求

$$y_u = R_w(1-\cos\beta) \quad (2\text{-}28)$$

曲线尖轨转辙器中，可以以曲线尖轨实际尖端与跟端在水平方向的投影长作为直向尖轨的长度，这样可保持两尖轨的尖端与跟端对齐。直向尖轨长度为

$$l'_0 = \frac{b_q}{\tan\beta_0} + R_w(\sin\beta - \sin\beta_0) \quad (2\text{-}29)$$

（2）算法二：

第二种算法中，已知 R_w、d_0、b_0、x_0、b_q、A_0、β_0 及假定的跟端支距 y_u，计算过程如下：

尖轨转辙角为

$$\beta = \cos^{-1}\left(\frac{R_w - y_u}{R_w}\right) \quad (2\text{-}30)$$

曲线尖轨长度为

$$l_0 = R_w(\beta - \beta_0)\frac{\pi}{180} \quad (2\text{-}31)$$

曲线尖轨摆开后，由近似三角形的比例关系，可得到任意一处的轮缘槽宽度为

$$t = \frac{x^2}{2R_w} + \frac{(l_0 + A_0 - x)d_0}{l_0 - x_0} - b \quad (2\text{-}32)$$

式中　b——尖轨顶宽，令 $dt/dx = 0$，可求得轮缘槽最小处距曲线尖轨理论起点的水平距为

$$x_{\min} = \frac{d_0 R_w}{l_0 - x_0} \quad (2\text{-}33)$$

求得最小轮缘槽后，检算是否满足要求，否则再次假定辙跟支距，重新计算。

4. 尖轨动程对曲线尖轨长度的影响

曲线尖轨长度随曲线半径的增大而增大，并与拉杆中心动程成反比。在大号码道岔中，因转辙器部分设有多个牵引点，各牵引点动程是按近似三角形成比例设计的，可以进行调整，以保证曲线尖轨轮缘槽宽度满足要求。德国大号

码高速道岔尖轨前面几个牵引点动程均相等,既可保证转换同步,又可满足最小轮缘槽的要求。

5. 尖轨弹性可弯中心

弹性可弯尖轨借助于尖轨的弹性变形实现尖轨的摆动,区别于其他类型的结构,它能使尖轨跟端与导曲线的钢轨形成刚性连接,因而增强了跟端接头的稳定性,并简化了尖轨跟端的连接设备。为了减小尖轨的扳动力,要求在尖轨轨底或轨腰(指特种断面钢轨)的可弯部分进行适当刨切,以削弱断面,降低刚度。削弱部分的几何中心即为尖轨扳动时的弹性弯折中心。

设弹性弯折中心至尖轨跟端的长度为 x'',削弱部分长度之半为 T,尖轨内外侧削弱部分的深度为 h_i,削弱部分内外侧边缘至断面竖直形心轴的水平距为 x_i,削弱断面对钢轨竖轴的抗弯截面模量为 W_z、惯性矩为 J_z,尖轨扳开后的变形如图 2-70 所示,则绕弹性弯折中心的旋转角为

$$\theta = \frac{d_0}{l_0 - x_0 - x''} \times \frac{180}{\pi} \tag{2-34}$$

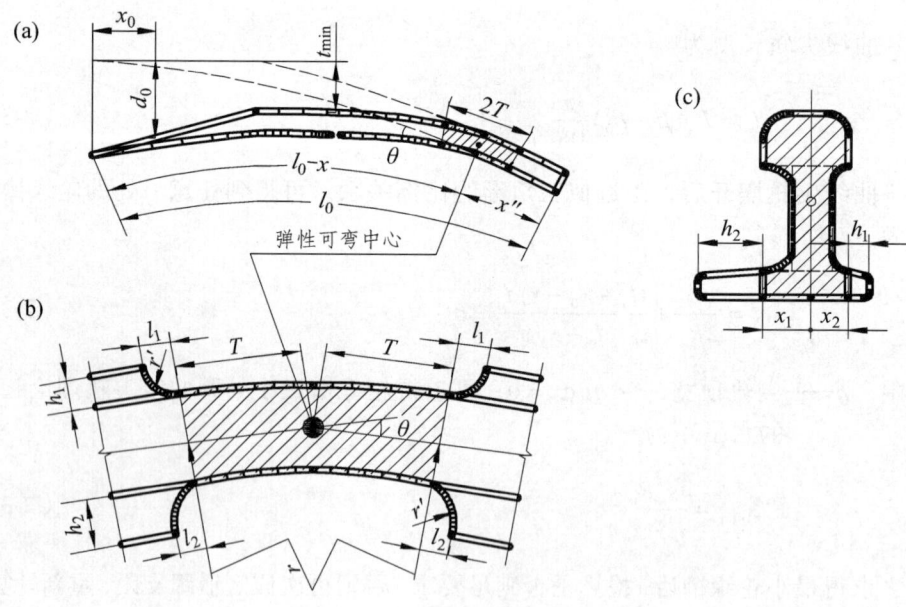

图 2-70 尖轨弹性弯折变形图

由变形曲线可得削弱部分的弯折半径为

$$r = \frac{T}{\tan\theta/2} \tag{2-35}$$

当尖轨反动时的弯曲力为 M，弯曲曲率与削弱部分钢轨抗弯刚度 EJ_z 间存在以下关系

$$\frac{1}{r} = \frac{M}{EJ_z} \qquad (2-36)$$

当钢轨钢的容许弯曲应力为 $[\sigma]$ 时，由强度条件可得尖轨削弱部分的加工尺寸

$$T \geqslant \frac{MJ_z}{[\sigma]W_z}\tan\theta/2 \quad \text{或} \quad T \geqslant \frac{Ex_i}{[\sigma]} \qquad (2-37)$$

设削弱部分前后过渡连接半径 $r_i \geqslant 1\,000\text{ mm}$，则可得到削弱部分前后过渡段长为

$$l_i = \sqrt{2r_r h_i} \qquad (2-38)$$

6. 基本轨前端长

基本轨前端长 q 应从互换要求、机车内接条件、岔枕布置和养护维修等方面综合考虑：

当新设计的道岔需与同号码的既有道岔互换时，需要保持道岔全长相等，基本轨前端长若与既有道岔相等，则比较理想；若过长，可酌情减小尖轨尖端角或增大导曲线半径以适当减小 q 值，这对改善行车条件是有利的；若过短，对有缝道岔而言不能短于鱼尾板长度之半及 10~15 mm 尖轨伸缩预留量，对无缝道岔而言不能短于焊接接头热影响区及 20~25 mm 尖轨伸缩预留量。

为使基本轨前端接头处的轨距不作加宽，便于和区间线路轨距的过渡，基本轨前端长应能满足尖轨尖端轨距加宽变化率的要求；当两道岔对接时，为了在两道岔间不插入短轨，仍能保证机车车辆顺利地由一组道岔的侧线驶入另一组道岔，可将道岔侧线圆曲线的理论起点设置在道岔前端接头的中心轨，两道岔对接后，道岔侧线犹如一圆曲线，此时基本轨前端长为

$$q = A_0 - \frac{\delta}{2} \qquad (2-39)$$

式中 δ——基本轨前端接头轨缝值。

基本轨前端的长度，还需要考虑岔枕的合理布置，避免出现基本轨前端范围内的岔枕间距发生突变，影响捣固维修。从线路稳定性的角度考虑，q 值较长时，有利于岔前接头的稳定、道岔轨距及方向的保持、尖轨与基本轨的密贴。

由于高速道岔适用于跨区间无缝线路，道岔与区间线路钢轨焊接，因此道岔

前端的基本轨长度可以缩短，国外高速道岔尖轨前端基本轨的长度一般在 600~1 500 mm 左右。同时考虑尖轨尖端至其后一根岔枕的距离，应满足尖轨伸缩和安装滚轮滑床板的需要，可取为 120 mm。综合比较后，我国高速道岔基本轨前端长均取为 1 955 mm。

7. 基本轨后端长

基本轨后端长 q' 的确定应满足尖轨跟端结构、岔枕布置、道岔配轨等要求，对于无缝道岔，因基本轨伸缩附加力最大值也正好出现尖轨跟端对应处，为避免该处基本轨焊接接头的折断，可适当延长基本轨后端长。

我国 18 号、42 号、62 号道岔的转辙器长度分别为 23.392 m、46.19 m、56.391 m，其他尺寸见表 1-1。

三、可动心轨辙叉主要尺寸

固定型辙叉的主要尺寸包括辙叉的趾距 n 与跟距 m，而可动心轨辙叉的主要尺寸包括咽喉宽度、长心轨长度、短心轨长度及翼轨轮缘槽宽等，因高速道岔主要为可动心轨结构，下面简要介绍其主要尺寸的计算。

1. 辙叉轮缘槽

可动心轨锐角辙叉咽喉宽度即是可动心轨理论尖端处的动程，因此咽喉宽度应选择在转辙机动程容许的范围内（最小不小于 90 mm，最大不大于 165 mm）。咽喉不宜过宽，不然会不必要地增加辙叉长度。高速道岔心轨理论尖端的位置，与电务的开口动程和岔枕布置有关，一般情况下，心轨理论尖端的开口值取 100~120 mm 左右比较合适。对于我国 62 号道岔，为减小牵引点处的轨头宽度，避免心轨过早受力，辙叉理论咽喉宽度取 117 mm，位于后一根岔枕中心 100 mm 处，同时采用水平藏尖结构，可以保证在牵引点处有 10 mm 左右的轨头宽，便于电务检查和减少翼轨轨底的刨切量。短翼轨末端轮缘槽宽度 t_3（即该处长心轨的摆度）应不小于 68 mm，末端开口宽度 t_4 应不小于 90 mm。为适应无缝道岔温度力的传递，目前主要采用长翼轨结构，翼轨从咽喉处开始弯折直至心轨末端多孔间隔铁处，其末端轮缘槽宽受间隔铁尺寸限制，约为 150 mm。

2. 长心轨长度

长心轨的长度选择应满足以下要求：为防止心轨伸缩爬行后尖端伸出咽喉之外，应将心轨实际尖端设在其断面 5~10 mm 处或设在距离咽喉 100 mm 之外；为防止扳动过大或出现反弹现象，从拉杆中心至心轨弹性可弯中心之距不宜短于 6 m；从弹性可弯中心至心轨跟端的长度应满足有缝道岔设置跟端接头配件及无缝道岔多孔传力间隔铁的安装要求；使岔枕布置合理。长心轨弹性可弯部分的削弱计算可参考尖轨弹性可弯中心进行计算。

3. 短心轨长度

对于单肢弹性可弯心轨，若短心轨前端起始于长心轨轨头刨切起点，末端与长心轨可弯中心对齐，若斜接头为叉跟基本轨，则短心轨末端尖角可与心轨工作边夹角相等，若斜接头为叉跟尖轨，则短心轨末端弯折角可与心轨工作边夹角相等。短心轨末端滑动量为

$$\Delta l \approx \frac{p'_m t_1}{x_m} \tag{2-40}$$

式中 p'_m——长心轨可弯中心处支距；

x_m——长心轨可弯中心至辙叉咽喉的距离。

我国 18 号、42 号、62 号道岔的辙叉长度分别为 18.592 m、30.59 m、38.992 m，其他尺寸见表 1-1。

4. 护轨长度

直线形辙叉的护轨平直部分长为辙叉咽喉起至叉心顶宽 50 mm 处止，外加两侧各 100～300 mm。缓冲段长按两端轮缘槽宽计算确定，开口段长约为 100～150 mm，护轨缓冲段冲击角 β_c 通常与尖轨冲击角一致。

曲线形辙叉的护轨长度计算如图 2-71 所示，其辙叉号数是以其两心轨工作边在辙叉跟端处的切线交角的余切来表示。护轨平直段长度的作用范围仍为辙叉咽喉至叉心顶宽 50 mm 处止，外加两侧各 100～300 mm，可由下式计算

$$l_1 = (R_w - S_R + t'_h)(\alpha_3 - \alpha_2)\frac{\pi}{180} + 100 \sim 300 \text{ mm} \tag{2-41}$$

式中 S_R——曲线轨距，可能相对标准轨距 S 有加宽；

$t'_h = t_h + (S_R - S)$，护轨轮缘槽相应作轨距加宽；

$\alpha_2 = \cos^{-1}\left(1 - \dfrac{f_1 + S - t_1}{R_w}\right)$，辙叉咽喉处曲线转角；

$\alpha_3 = \cos^{-1}\left(1 - \dfrac{f_1 + S + b_x}{R_w}\right)$，叉心顶宽 $b_x = 50$ mm 处曲线转角。

护轨两侧缓冲段长度为

$$l_2 = \frac{t'_3 - t'_h}{\sin \beta_c} \tag{2-42}$$

式中，护轨缓冲段末端作相应轨距加宽后的轮缘槽宽 $t'_3 = t_3 + (S_R - S)$。护轨开口段长约为 100~150 mm。

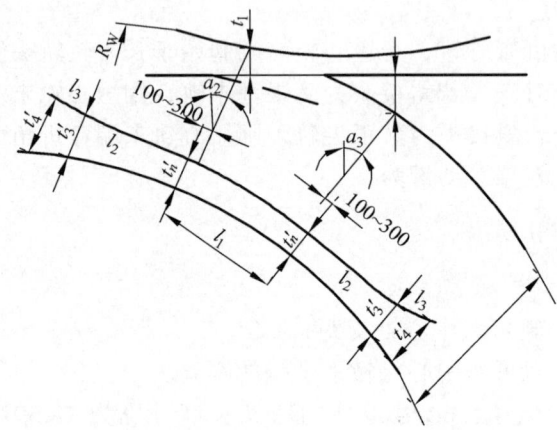

图 2-71　曲线辙叉护轨长度计算图示

列车直向通过速度远较侧线高的道岔，直侧股可设不等长护轨，以缓减直线护轨冲击角。护轨平直段两端的弯折点应尽可能不设在岔枕面上，以便轨撑的设置。护轨两端部，应尽可能搭接在岔枕上，而不悬空。若不能满足要求，可调整平直段的修正量或适当修改缓冲段冲击角或调整开口段长度。

四、道岔总图主要尺寸

道岔总图主要尺寸及配轨计算，是在转辙器、辙叉、连接部分的平面线形及其主要尺寸确定后进行的。

1. 道岔总图主要尺寸计算

道岔总图主要尺寸包括道岔前长 a（道岔前轨缝中心到道岔中心的距离），道岔后长 b（道岔中心到道岔后轨缝中心的距离）、道岔理论全长 L_t（尖轨理论尖端至辙叉理论尖端的距离）；道岔实际全长 L_Q（道岔前后轨缝中心之间的距离）。切线、半切线形曲线尖轨、直线辙叉的计算图示如图 2-72 所示。

为求得道岔的有关数据，把导曲线外股作用边投影到直股中线上，得

$$L_t = R_w \sin\alpha + K\cos\alpha - A_0 \tag{2-43}$$

再把它投影到直股中线的垂直线上，得

$$S = R_w(1 - \cos\alpha) + K\sin\alpha \tag{2-44}$$

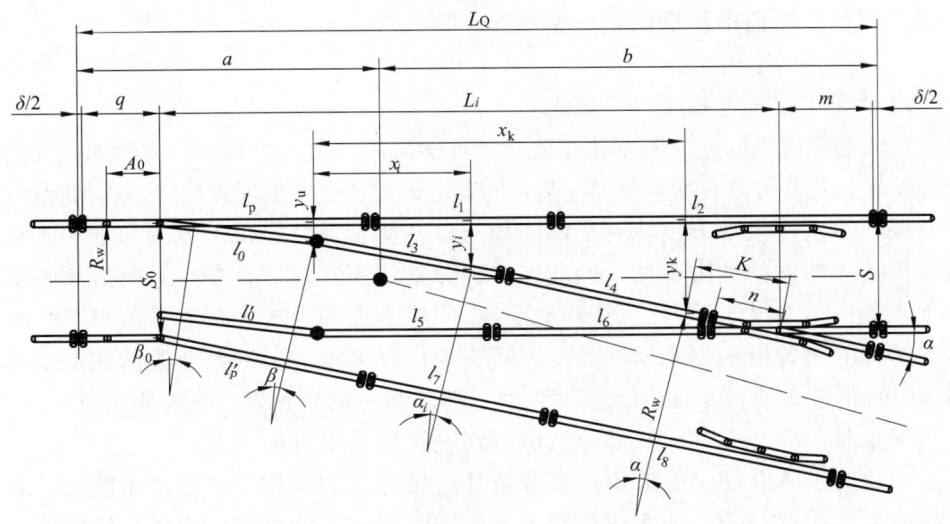

图 2-72 道岔总图尺寸计算图示

由此得道岔各主要尺寸的计算公式为

$$K = \frac{S - R_w(1 - \cos\alpha)}{\sin\alpha} \geqslant K_{\min} \quad (2\text{-}45)$$

$$R_w = \frac{S - K\sin\alpha}{1 - \cos\alpha} \quad (2\text{-}46)$$

$$L_Q = q + L_t + m + \delta \quad (2\text{-}47)$$

$$b = \frac{S}{2\tan\dfrac{\alpha}{2}} + m + \frac{\delta}{2} \quad (2\text{-}48)$$

$$a = L_Q - b \quad (2\text{-}49)$$

各公式可根据已知条件选用。其他平面线形的总图尺寸、计算过程类似。我国三种高速道岔的总图尺寸见表 1-1。

2. 导曲线支距计算

导曲线支距是为导曲线钢轨铺设及养护维修时检查丈量之用。支距间隔过大不能控制曲线的圆顺，支距过密又会增添现场的麻烦。支距间隔与道岔号数及导曲线半径大小有关，小号码道岔导曲线短、半径小、曲率大，支距间隔应小些，一般采用 1.0~1.5 m；在大号码道岔中导曲线长、半径大、曲率小、支距间隔应大些，一般采用 1.5~2.0 m。支距的计算范围一般是从辙跟至侧股曲线终点，在高速道岔中，为保持道岔的高平顺性，要求支距的计算间隔缩短至每根岔枕，计算范围从辙跟至道岔尾部。

3. 道岔配轨原则

道岔配轨计算可采用以下原则：

转辙器及辙叉的左右基本轨长度应尽可能采用一致，以减少基本轨的备件数量，以及无缝道岔左右基本轨焊接接头的对称设置，避免出现直侧股不均匀爬行。

保证道岔连接部分钢轨有足够的稳定以及便于保持轨距、方向和水平，避免焊接接头的振动冲击叠加，因此连接部分钢轨不宜过短，在小号码道岔中不小于 4.5 m，在较大号码中不小于 6.25 m，厂焊与现场焊接头距离不短于 2.4 m。

岔枕的布置应根据钢轨的长度、接头的位置而定，但遇到布置岔枕发生困难，如间距过大或过小而又无法调整时，则需调换钢轨位置，或改变钢轨长度。

配轨时，应考虑导曲线部分轨道电路绝缘接头安设的可能。

配轨应经济合理。一般应使基本轨及连接部分的钢轨尽可能采用整轨、缩短轨或整轨的整分数，如无法做到上列要求时配轨长度可采用零数，但应考虑锯剩下的钢轨有留作他用的可能。

大号码道岔的基本轨应采用较长的钢轨（25 m、50 m 甚至 100 m 级）配制，以尽可能减少钢轨接头，否则因尖轨较长，有可能使基本轨接头布置在尖轨范围内，对制造及养护均不利。

五、道岔平面线形设计软件简介

西南交通大学开发的道岔平面线形计算软件（TPLCS）可用于计算道岔直、侧股各部分线形参数，并提供相应的岔枕排布，以达到指导各种形式道岔设计及优化，如图 2-73 所示；道岔平面线形绘图软件（TPLDS）针对以上计算出的参数，进行道岔平面线形图及相应的未被平衡加速度及其时变率图的绘制，同时可以绘制出对应的岔枕排布图。

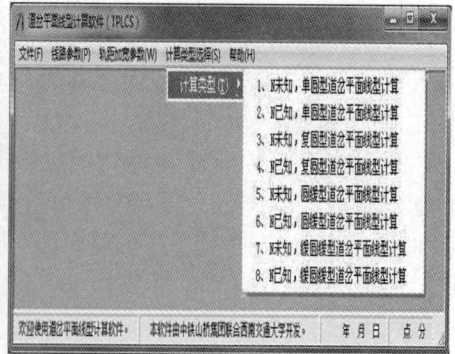

图 2-73 道岔平面线形设计软件

根据给定基本参数不同，本软件可在道岔号码 N 已知或者未知的情况下，依照列车侧向过岔速度、线间距、圆曲线半径和部分曲线预定长度等条件，来计算单圆、复圆、圆缓或缓圆缓形式的道岔平面线形，同时还要满足未被平衡离心加速度、未被平衡离心加速度时变率不超限的要求，以及曲线长度大于列车振动周期内走行距离的要求。本软件针对圆曲线尖轨及缓和曲线尖轨，各提供五种尖轨切削形式，即半切线形、切线形、半割线形、割线形和相离半切线形。岔枕排布样式分为三种，包括垂直于直股方向排布岔枕、扇形排布岔枕，以及辙叉前后垂直于其角平分线排布岔枕。

第四节 轮轨系统动力学在道岔平面线形设计中的应用

轮轨系统动力学是研究列车与线路的动态相互作用问题的动力学理论，是铁路基础科学技术的核心之一，是关系到列车运行安全与平稳、固定设备与移动设备维修量减少及使用寿命提高、建筑物振动与环境噪声降低的工程振动理论基础。

轮轨系统动力学以轮轨关系为纽带，研究列车系统与线路系统的竖向、横向及纵向耦合振动问题。根据所研究的振动方向可分为列车线路系统竖向动力学、列车线路系统横向动力学、列车线路系统纵向动力学、列车线路系统竖向及横向耦合动力学、列车线路系统空间三向耦合动力学；根据线路结构类型可分为列车轨道（道岔）系统动力学、列车（轨道）路基系统动力学、列车（轨道、道岔）桥梁系统动力学等；扩展至环境振动作用下可分为列车空气动力学、风载作用下的轮轨系统动力学、地震荷载作用下的轮轨系统动力学、大地震动传播的轮轨系统动力学等。[16-18]

经过上百年的发展，伴随着计算技术的进步，轮轨系统动力学的计算理论由浅入深、计算模型由简至繁、应用范围由点到面，在铁路领域中得到了广泛深入的应用，在分析和评估列车运行安全性与平稳性、设计和优化列车与线路结构、指导线路几何状态的设计与维护中发挥了重要作用，无疑可用于指导道岔平面线形的设计。

一、轮轨系统动力学基本理论及商用计算软件

根据研究对象及研究目的不同，轮轨系统动力学可以采用不同的计算模型，在研究道岔平面线形问题时，道岔导曲线及尖轨的线形是影响行车安全性与平稳性的最主要的因素，而道岔的轨道刚度、轮轨关系、几何不平顺与状态不平顺

等则是次要的影响因素，在计算模型中可以适当简化。一般而言，轮轨系统的振动主要表现在竖向及横向两个方向，纵向耦合振动效应较弱，可视为准静态作用。

（一）轮轨系统动力学计算模型

为突出道岔平面线形对机车车辆运行安全性、平稳性的影响，可建立如图2-74所示的计算模型。机车车辆为弹簧—阻尼联起来的多刚体体系，其主要自

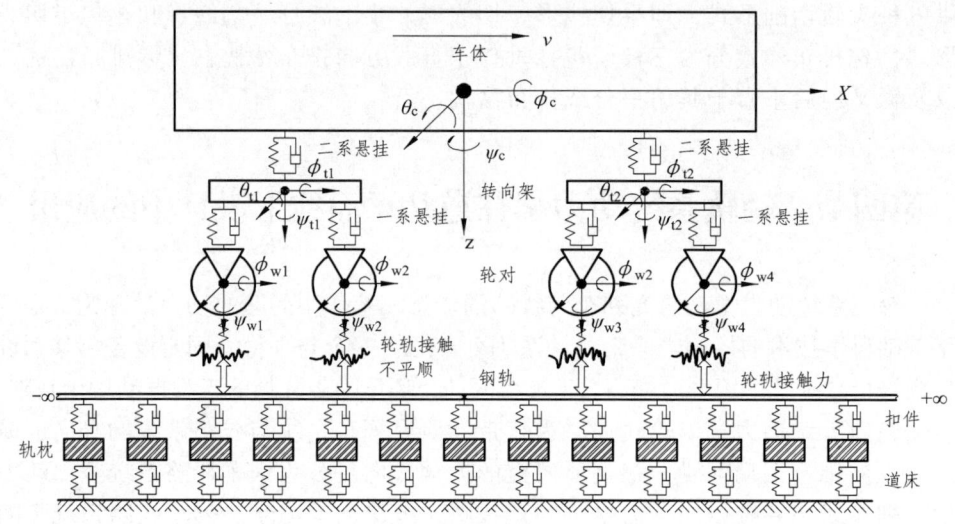

（a）纵剖面示意图

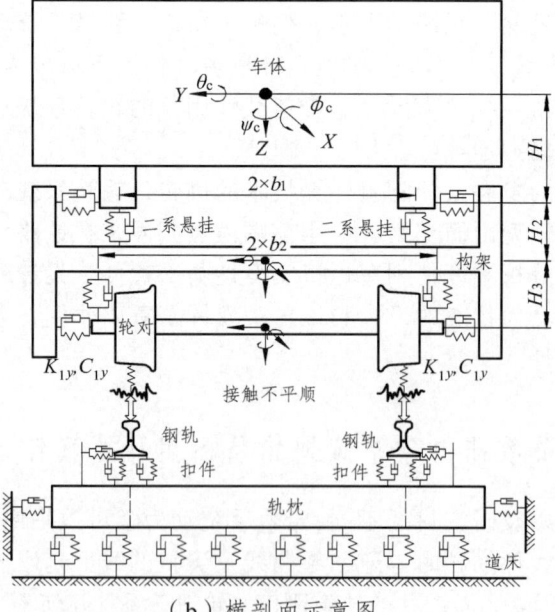

（b）横剖面示意图

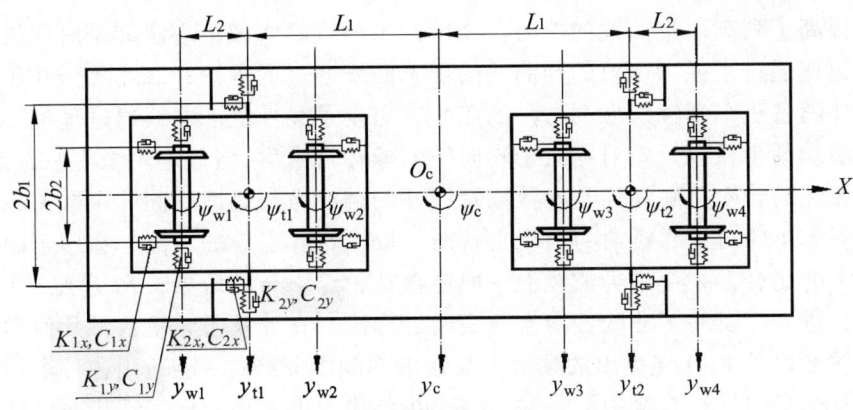

（c）车辆俯视示意图

图 2-74 轮轨系统动力学模型

由度见表 2-5。一系、二系悬挂均可考虑三个方向的刚度和阻尼特性，必要时可按需要进行参数的调整和取舍，忽略前、后转向架及各轮对的物理力学性能差异，忽略各部件加工制造的差异，忽略结构本身的刚度。

表 2-5 机车车辆自由度表

自由度	横向	垂向	侧滚	点头	摇头
车体	Y_c	Z_c	ϕ_c	θ_c	ψ_c
前构架	Y_{t1}	Z_{t1}	ϕ_{t1}	θ_{t1}	ψ_{t1}
后构架	Y_{t2}	Z_{t2}	ϕ_{t2}	θ_{t2}	ψ_{t2}
第一轮对	Y_{w1}	Z_{w1}	ϕ_{w1}	—	ψ_{w1}
第二轮对	Y_{w2}	Z_{w2}	ϕ_{w2}	—	ψ_{w2}
第三轮对	Y_{w3}	Z_{w3}	ϕ_{w3}	—	ψ_{w3}
第四轮对	Y_{w4}	Z_{w4}	ϕ_{w4}	—	ψ_{w4}

轨道模型中，将钢轨考虑成弹性点支承异型截面空间梁，其具有垂向位移、横向位移、垂向弯曲、横向弯曲及扭转等五个自由度。轨枕简化为连续弹性支承上的弹性地基梁模型。道床的支承弹性和阻尼特性反映在对轨枕的弹性支承和阻尼系数上，忽略道床本身的参振质量。

（二）轮轨耦合作用及曲线通过理论

轮轨系统的一个基本特征即是机车车辆的运动得到轨道的引导，车轮轮缘即起着引导和防脱轨的作用，转向架的使用及一节节机车车辆的活动连接，大幅度提高了列车通过曲线的能力。19世纪末出现的摩擦中心法即是研究机车车辆以恒速通过半径为定值的圆曲线的稳态曲线通过的理论；20世纪60年代中期，伴随着机车车辆线性动力学的诞生，出现了线性稳态曲线通过理论，它计及了滚动圆半径以及轮对相对于转向架的偏转自由度,但假定轮缘不贴靠钢轨，采用线性的轮轨接触几何学参数以及线性的蠕滑力与蠕滑率间的函数关系，该方法揭示了轮对依靠蠕滑力实现自转向、取代轮缘引导的可能，适用于曲线半径较大的场合，在小半径曲线上一般还存在轮缘引导的现象；20世纪70年代中期，进一步发展了非线性稳态曲线通过理论，它计及了轮轨接触几何学参数的非线性以及Kalker提出的蠕滑力与蠕滑率间的非线性，能适用各种半径的圆曲线及蠕滑引导、轮缘引导；20世纪90年代，进一步发展了现代非线性稳态曲线通过理论，它主要研究机车车辆在圆曲线（含直线）和缓和曲线上运行时的动态过程，计及轮轨接触几何学参数的非线性以及曲线上轮轨间的两种接触情况，即一点接触和两点接触、蠕滑力与蠕滑率间的非线性、悬挂参数的非线性、牵引力的影响、钢轨横向刚度的影响、缓和曲线上超高的变化、轨道的不平顺等，适用于道岔平面线形的动力分析，更为复杂的列车道岔系统动力学理论还要考虑轮载在多根钢轨上的分配、多点接触情况、轨道刚度的非线性等，将在下一章中详细介绍。

（三）多刚体系统动力学商用软件

计算机软硬件技术的迅速发展及与应用数学、多刚体力学、计算机图形学的不断融合交叉，推动着现代产品结构设计理论与方法的不断创新和进步。

复杂机械系统可以由多刚体和柔性体（也称为弹性体）组成的系统模型进行有效描述，这些系统和模型简称为"多体系统"。多体系统动力学就是研究由刚体及柔性体所组成的系统经历大范围空间运动时的动力学行为，如机车车辆多体系统的多体动力学建模和仿真过程，就是通过对车体、构架、轮对等刚柔体、约束、力元以及轮轨接触等元素的定义来确定机车车辆各部分组件特性及其连接关系，从而形成一系列的车辆多体系统动力学方程并进行求解其形成的微分方程。

从20世纪60年代中期开始，多刚体系统动力学在经典力学基础上已经发展成为新的力学分支，国外多刚体系统动力学软件在车辆运动学和动力学等方面的研究和应用已经相当广泛，如SIMPACK、MSC.ADAMS、DADS和NUCARS等。

我国20世纪80年代后期也已经将多刚体系统动力学应用到机车车辆运动学和动力学响应的研究分析中。通常，机械动力学仿真由分析者建立机械系统各个刚体的位移、速度、加速度与其所受力或者力矩的关系，而多刚体动力学仿真则将机械系统建成一系列的刚体和柔性体，通过数学方法描述它们相互之间的各种拓扑关系，由程序自动建立完整的动力学系统，还开发出了有影响力的商用软件。

1. SIMPACK 软件

SIMPACK 软件是德国 INTEC Gmbh 公司（于 2009 年正式更名为 SIMPACK AG）开发的针对机械、机电系统运动学与动力学仿真分析的多体动力学分析软件包。它以多体系统计算动力学为基础，包含多个专业模块和专业领域的虚拟样机开发系统软件。主要应用领域包括：汽车工业、铁路、航空/航天、国防工业、船舶、通用机械、发动机、生物运动与仿生等。利用 SIMPACK 软件，工程师可以像构筑 CAD 模型一样，快速建立机械系统和机电系统的的动力学模型，包含关节、约束、各种外力或相互作用力，并自动形成其动力学方程，然后利用各种求解方式，如时域积分，得到系统的动态特性，或频域分析，得到系统的固有模态及频率以及快速预测复杂机械系统整机的运动学、动力学性能和系统中各零部件所受载荷。曾在道岔平面线形设计中得到了较好的应用，如图 2-75 所示。

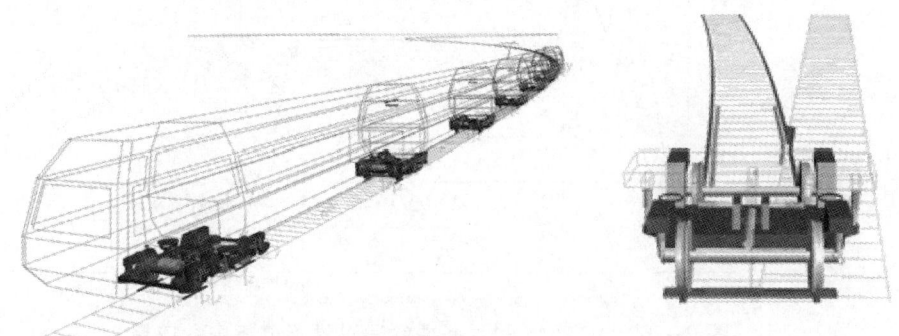

图 2-75　SIMPACK 软件在道岔平面线形设计中的应用

2. ADAMS 软件

ADAMS 是机械系统动力学自动分析（Automatic Dynamic Analysis of Mechanical Systems）软件，同美国 MDI 公司（现已并入 MSC 公司）开发的虚拟样机分析软件，使用交互式图形环境和零件库、约束库、力库，创建完全参数化的机械系统几何模型，求解器采用多刚体系统动力学理论中的拉格朗日方程方法，建立系统动力学方程，对虚拟机械系统进行静力学、运动学和动力学分析，输出位移、速度、加速度和反作用力曲线。可用于预测机械系统的性能、运动范围、碰撞检测、峰值载荷以及计算有限元的输入载荷等。ADAMS 是集建模、求解、可视化技术于一体的虚拟样机软件，是世界上目前使用范围最广、最负盛名的机械系统仿真分析软件。使用这套软件可以产生复杂机械系统的虚拟样机，真实地仿真其运动过程，并且可以迅速地分析和比较多种参数方案，直至获得优化的工作性能。Adams/Rail（铁路）模块主要用于轮轨系统动力学分析中，曾在曲线通过性能、道岔通过性能中得到了成功应用，如图 2-76 所示。

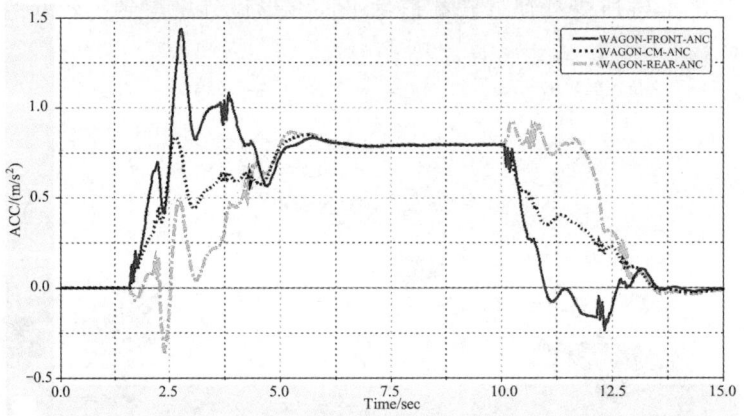

图 2-76　ADAMS 软件在曲线通过性能分析中的应用

3. DADS 软件

DADS（Dynamic Analysis and Design System）也是世界范围内广泛使用的多体动力学仿真类软件，用于机械系统动力学、运动学分析，能对机械系统整体的机械特性进行仿真。其实际应用领域已包括航空、铁道、特种车辆、轮船的系统仿真。提供的分析技术能够满足真实系统并行工程设计要求，通过建立机械系统的模拟样机，使得在物理样机建造前便可分析出它们的工作性能。采用了广义坐标分离技术和预估-校正数值积分方法求解振动方程组，且使用欧拉参数作广义坐标，避免了欧拉角数值奇异问题，提高了计算效率。除可进行运动学、静力学、动力学分析外，还可进行逆动力学分析，兼顾运动学分析和动力学分析二者的信息，但所提供的模块少于 ADAMS。

4. NUCARS 软件

NUCARS（New and Untried Car Analytic Regime Simulation）是一个对铁道车辆模型的瞬态或稳态响应进行模拟的多体动力学仿真计算程序，1984 年北美铁道学会（AAR）下属的研究试验部为了加强对新造货车的动力学性能验证技术，专门成立了一个技术委员会，利用计算机仿真技术，对各种新设计货车的动力学特性进行研究，由此产生的车辆动力学仿真计算程序即被命名为 NUCARS，主要面向广大个人微型计算机用户开发的，其灵活的结构和完备的功能使铁道车辆动力学仿真计算变得更加方便快捷，经过多年的发展，目前计算精度和计算速度已大大提高，其应用范围也更加广泛，由早期的仅用于铁路货车方面扩展到可适用于各种客、货车辆以及机车的动力学仿真计算，在我国铁路运用得最为广泛。

二、轮轨系统动力学在道岔导曲线线形设计中的应用

轮轨系统动力学应用于道岔导曲线线形设计中，可评价列车进出道岔时的安全性和平稳性，可较基本参数法更为准确地描述列车过岔时的运行状态，便于线形设计方案的选择。下面以我国侧向 160 km/h 高速道岔平面线形设计为例，简要介绍该理论在道岔平面线形设计中的应用。

设计中考虑了六种方案，如表 2-6 所示，线间距为 4.6 m。当高速列车以 170 km/h 的速度侧向通过渡线道岔时（检算速度增加 10 km/h），采用以图 2-74 为分析模型的自编程序，计算得车体横向加速度、脱轨系数、轮重减载率比较如图 2-77 至图 2-79 所示。由计算结果可见：由于在直线与圆曲线之间增加了一段缓和曲线，使得缓圆缓线形在尖轨处的车体横向加速度、脱轨系数、轮重减载率小于圆缓线形；在 6 种道岔平面设计方案中，方案 6 的车体横向加速度、脱轨系数、轮重减载率等动力学指标最小，从动力学角度来看，该平面线形设计方案最优。

表 2-6 侧向 160 km/h 高速道岔设计方案

方案	道岔号码	导曲线线形	圆曲线半径（m）	道岔前长（m）	道岔后长（m）
1	44	圆缓	4 550	56.447	101.226
2	45	圆缓	4 550	56.220	103.526
3	41	圆缓	4 000	53.010	94.328
4	37	缓圆缓	4 000	68.052	85.134
5	36.3	缓圆缓	4 000	68.819	83.521
6	39	缓圆缓	4 550	71.336	89.732

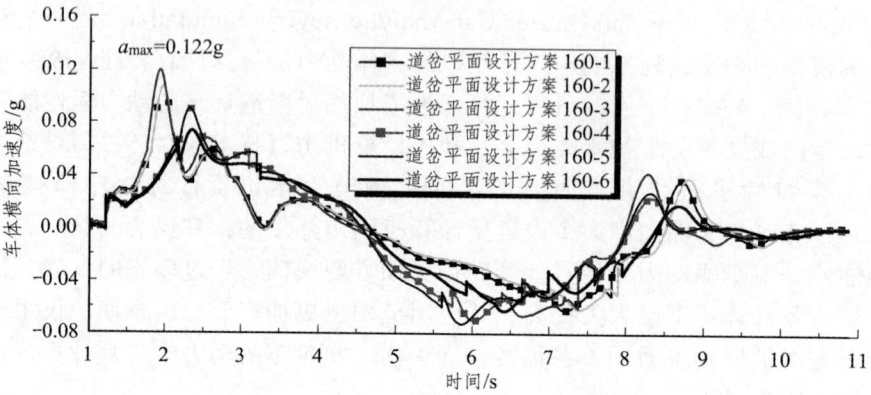

图 2-77　道岔平面设计方案对车体横向加速度的影响

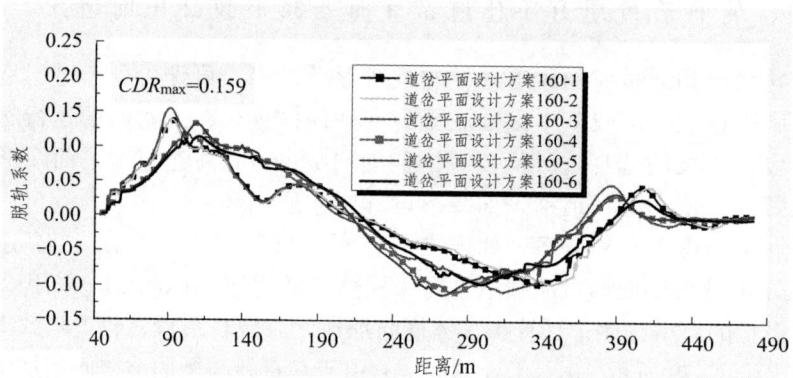

图 2-78　道岔平面设计方案对脱轨系数的影响

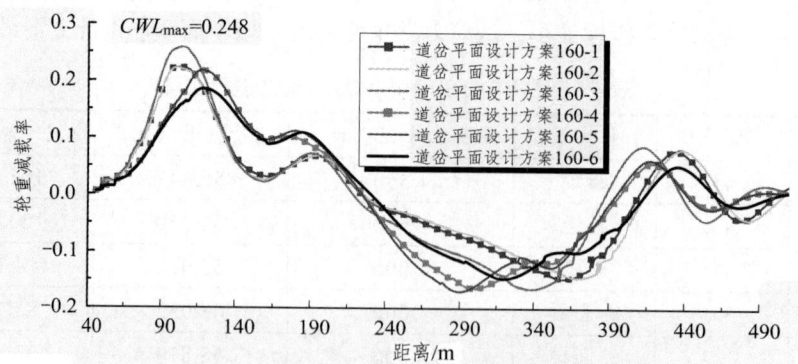

图 2-79　道岔平面设计方案对轮重减载率的影响

三、轮轨系统动力学在尖轨线形设计中的应用[20-21]

尖轨平面线形也可有多种方案，如全切、半切、全割、半割、相离半切等，且半切的位置、相割及相离值的大小等均可改变，采用轮轨系统动力学可评估各种设计方案对列车过岔安全性和平稳性的影响。下面以 18 号道岔为例，说明轮轨系统动力学在尖轨线形设计中的应用。该道岔尖轨考虑两种线形，一种是圆曲线半径为 1 100 m 的全切线形尖轨，另一种相离 11.95 mm、半切位置为尖轨顶宽 26.8 mm 的、圆曲线半径为 1 100 m 的半切线形曲线尖轨。

采用 NUCARS 软件，建立了列车-轨道系统非线性耦合动力学仿真模型。列车模型共有 93 个自由度，分别为车体的横移、沉浮、侧滚点头与摇头 5 个自由度，前后构架、前后心盘以及 8 个轴箱的纵移、横移、沉浮、侧滚、点头与摇头 72 个自由度，4 个轮对的横移、沉浮、侧滚与摇头等 16 个自由度。轨道模型中钢轨为中国 60 kg/m 标准断面新轨，钢轨作为弹性连续梁处理，梁与下部基础在垂向及横向上考虑为并联线性弹簧/阻尼连接，计算时输入轨道整体刚度与阻尼值。轮轨接触方面，采用了经典的 Hertz 接触理论以及 Kalker 非线性滚动接触理论。

由于道岔区几何尺寸与钢轨踏面变化比较大，轮轨接触比较复杂，可能发生的接触状况如图 2-80 所示，包括发生在基本轨踏面上的一点接触，发生在车轮踏面与轮缘上的两点接触，发生在转辙器部位钢轨踏面上的两点接触以及发生在转辙器部位车轮踏面与轮缘上的 3 点接触等。这 4 类接触在道岔区的发生是随机的，不可能用一种接触关系来处理。为了精确描述轮轨间变化的接触关系，当车辆侧向通过 18 号道岔时，可将道岔区离散为 12 个点（其中转辙器 6 个点，辙叉 6 个点），然后利用 AutoCAD 软件，画出车轮和各个离散点的断面图，通过 AAR 提供的 CFIT 与 WRC 程序就可以得到这些离散点上的轮轨接触关系，离散点间的接触状况通过内插法求得。

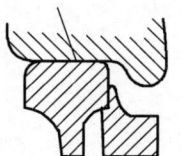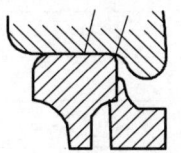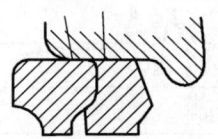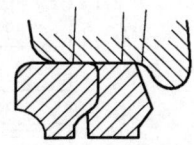

图 2-80 道岔区轮轨接触关系

当动车组以 80 km/h 的速度逆侧向通过 18 号道岔时，两种尖轨线形的车体横向加速度、减载率、轮轨横向力、磨耗指数分别如图 2-81 至图 2-84 所示，从图中可见：两种方案的轮轨横向力相当，而反映旅行舒适度的车体横向加速度和减载率最大值有显著差异，反映尖轨耐磨性的磨耗指数也有显著差异，半切线尖轨方案明显优于全切线方案，且在我国既有线 12 号道岔中有长期的运营实践经验，可作为我国 18 号高速道岔的尖轨线形方案。

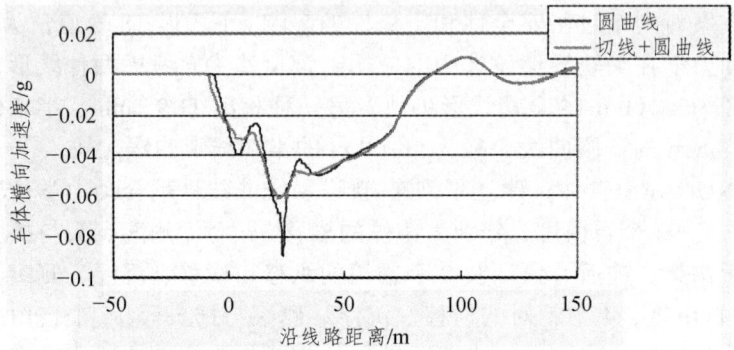

图 2-81　尖轨线形方案对车体横向加速度的影响

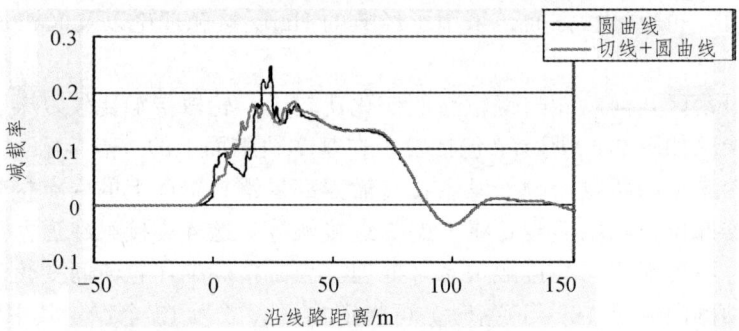

图 2-82　尖轨线形方案对减载率的影响

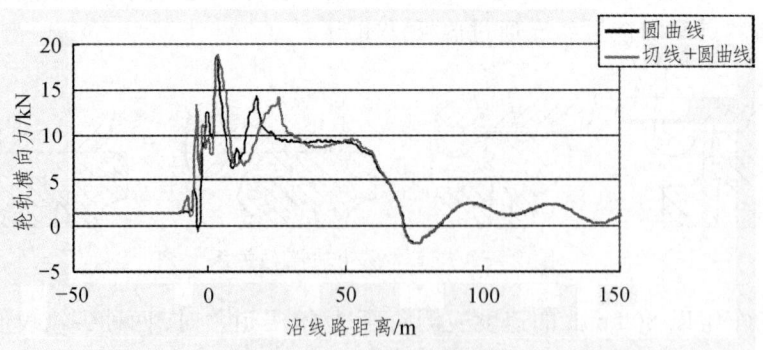

图 2-83　尖轨线形方案对轮轨横向力的影响

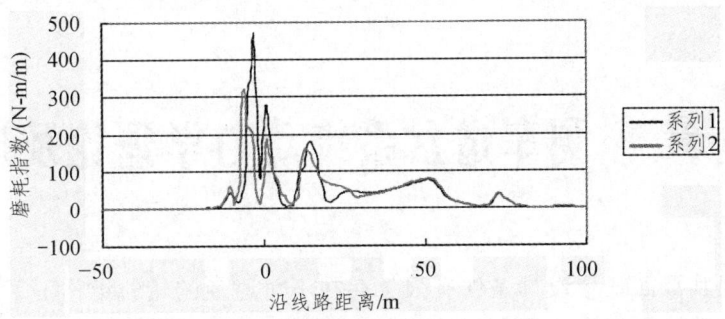

图 2-84　尖轨线形方案对磨耗指数的影响

四、轮轨系统动力学在道岔夹直线设计中的应用

轮轨系统动力学同样可在渡线道岔夹直线长度设计中起到指导设计的作用，以 18 号渡线道岔为例，当两道岔间夹直线长度分别为 21.9 m、25.5 m 及 29.1 m 时，采用 NUCARS 软件计算得动车组以 80 km/h 速度侧向通过两道岔时的车体横向加速度分布如图 2-85 所示。

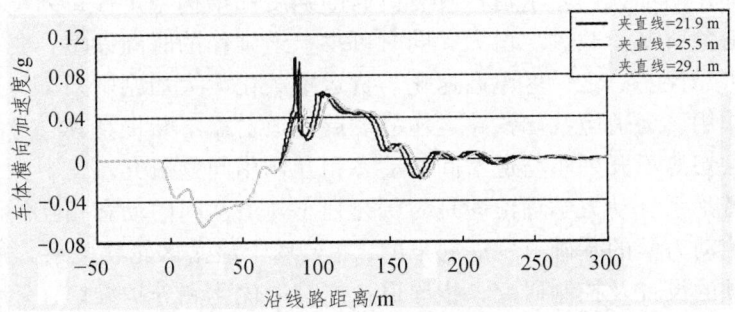

图 2-85　夹直线长度对车体横向加速度的影响

由图 2-85 中可明显看出，夹直线长度越短，车体横向加速度越大；当夹直线长度大于车辆长度（26 m）时，夹直线对列车运行平稳性的影响已很小，主要由道岔平面线形所决定。

第三章　列车道岔系统动力学理论及应用

道岔因其平面线形设计条件有限、存在不可避免的轮轨结构不平顺和横向冲击、轨道整体刚度沿线路方向的分布不均匀、长大活动轨件易变形而形成离缝、无缝道岔伸缩及振动过大致使有砟道床稳定性不易保持等原因导致列车过岔时的轮轨动力作用和养护维修工作量远大于区间线路，因而一直是轨道结构中的限速设备。

随着列车运行速度、运载重量和运输密度的大幅度提高，使得列车与道岔系统的动力学问题更加突出，也更趋复杂。列车运行速度的提高，列车与道岔间的动态相互作用增强，使得行车安全性与乘坐舒适性降低，要求道岔具有更高的平顺性；列车运载重量的提高，轮轨之间的动力作用增强，使列车对道岔结构的破坏作用加大，要求道岔具有更高的强度和结构稳定性；列车运输密度的提高，道岔所受荷载频次增大，同时可供上道维修的时间缩短，要求道岔具有更高的可靠性。总之，客车高速化、货运重载化大大加剧了列车与道岔间的动态相互作用。为适应我国铁路运输的发展，道岔需不断提高其自身的技术性能，而这一切离不开列车与道岔间的动态相互作用问题研究。

列车道岔系统动力学理论即是为研究列车与道岔间的动态相互作用问题而在轮轨系统动力学的基础上发展起来的，主要用于道岔区轮轨关系、轨道刚度、各种不平顺的设计及控制研究，指导道岔结构的优化和养护维修，评估列车过岔时的安全性与平稳性。[49]

第一节　道岔区轮轨接触几何与轮轨蠕滑

列车在线路上运行时，它与轨道之间的联系通过轮轨接触来实现，因此轮轨关系在轮轨系统中起一种纽带作用，它将车辆和轨道连接起来，使二者具有相互作用、相互影响的关系。轮轨关系在一定程度上决定了列车的运行特性，广义的轮轨关系包括轮轨接触几何关系和轮轨蠕滑关系。

一、轮轨接触几何关系

不同的轮轨外形配合具有不同的轮轨接触几何关系和接触几何参数，而这些参数在研究轮轨系统动态相互作用时是必不可少的。轮轨接触几何关系的研究从车轮具有等斜度的锥形踏面开始，过渡到把踏面近似成单一圆弧、多段圆弧，再到现阶段的任意形状的踏面，使得模拟化的踏面形状越来越接近于真实车轮踏面外形。圆弧形车轮踏面与圆弧形钢轨截面的轮轨接触几何关系可采用解析方法，比较直观，可用数学表达式确定其几何关系；任意形状的车轮踏面与钢轨截面外形的接触几何关系可采用迹线法求解，是一种数值方法。

（一）轮对外形尺寸

轮对由一根车轴和两个相同的车轮组成，在轮轴结合部位采用过盈配合，使两者牢固地结合在一起，并在运行过程中不允许有任何松动现象发生。

1. 轮　缘

轮缘是保持车辆沿钢轨运行，防止车轮脱轨的重要部分。其尺寸主要有轮缘厚度与轮缘高度。轮缘厚度影响轮轨游间的大小，轮缘高度影响车轮脱轨安全限度及道岔尖轨及心轨尖端降低值、轮缘槽深度等。

2. 车轮名义直径

由于车轮踏面有斜度，各处直径不相同，按规定，车轮在轮缘内侧 70 mm 处测量所得的直径为名义直径，该圆称为滚动圆。车轮直径小，可以降低车辆重心，增大车体容积，减小车辆簧下质量，缩小转向架固定轴距；但阻力增加，轮轨接触应力增大，踏面磨耗较快，通过轨道凹陷和接缝处对车辆振动的影响较大；轮径大的优缺点则与之相反。我国货车标准轮径为 840 mm，客车标准轮径为 915 mm。

3. 轮对内侧距

轮对内侧距和车轮踏面几何形状是影响行车安全性与运行平稳性的重要因素。

轮对内侧距应保证轮缘与钢轨之间有一定的游间，以减少轮缘与钢轨的磨耗，并实现轮对的自动调中作用，同时避免轮对两侧车轮直径的允许公差要求过高，避免轮轨之间的过分滑动及偏磨现象。但是，从列车运行品质角度考虑，则要求有尽可能小的游间，以限制轮对蛇行运动的振幅，防止间隙过大恶化车辆乘坐舒适度。我国铁路系统中，标准轨距为 1 435 mm，轮缘厚度为 32 mm、轮对内侧距为 1 353 mm 时，如果轮对中心与轨道中心在同一垂直平面内，则计算得单侧轮轨游间为（1 435 - 1 353 - 32 × 2）÷ 2 = 9 mm；在日本及欧洲铁路系统中，轨距和轮缘厚度与国内一致，但轮对内侧距为 1 360 mm，单侧轮轨游间为 5.5 mm。

轮对内侧距应能保证轮对安全通过曲线。我国《铁路技术管理规程》规定，最小轨距为 1 433 mm，最大轮对内侧距为 1 359 mm，轮缘最大厚度为 32 mm，则每侧轮缘与钢轨之间的平均最小游间为 5 mm，故能保证正常状态下轮缘与钢轨不致发生严重磨耗。小半径曲线半径区段最大轨距为 1 456 mm，最小轮对内侧距为 1 350 mm，轮缘最小厚度为 22 mm，当轮辋厚为 130 mm 时（旧型车轮），假定一侧轮缘紧贴钢轨，则另一侧车轮踏面的安全搭载量为 1 350 + 22 + 130 – 1 456 = 46 mm，再考虑以下最不利条件：钢轨头部圆弧半径最大为 13mm，钢轨负载后造成的弹性外挤开为 8 mm、车轮踏面外侧圆弧半径为 6 mm、轮对负载后内侧距减小量为 2 mm，则车轮踏面安全搭载量为 17 mm，不会因搭载量不足而导致车辆脱轨。

轮对内侧距应能保证轮对安全通过道岔辙叉。我国《铁路技术管理规程》规定，辙叉心作用边至护轨工作边的距离不小于 1 391 mm，而辙叉翼轨作用边至护轨工作边的距离不大于 1 348 mm，因此轮对最大内侧距加上一个轮缘厚应小于或等于 1 391 mm，否则车轮对冲击辙叉心；轮对最小内侧距应大于 1 348 mm，否则，轮缘内侧将被护轨挤压，不能安全通过道岔。

可见，轮对内侧距要有严格的规定。

4. 车轮踏面

车轮外轮廓部分称为踏面，其主要作用是适应曲线内外轨行走路程的不同以便于曲线通过、偏离线路中心线时可自动对中、使踏面磨耗沿宽度方向比较均匀以避免出现凹槽磨损。车轮踏面的技术要求为：应具有良好的抗蛇行运动稳定性；应具有良好的防脱轨安全性；轮轨之间的磨耗少，发生磨耗后，不仅磨耗要均匀，而且外形变化也要小；易于曲线通过；轮轨之间的接触应力要小；旋修车轮时无益的磨耗少，切削去掉部分的质量要小等。

目前各国使用的车轮踏面按外形分为：圆柱形踏面、锥形踏面和凹形踏面（包括圆弧形踏面、磨耗型踏面）。

圆柱形踏面的外轮廓部分没有斜度，这种踏面在旅客和货物运输列车上不采用，目前只在日本少数轨检车上使用，其目的是在进行轨道几何状态检测时，消除轮对踏面斜度对轨道高低和水平不平顺测试结果的影响。

锥形踏面是我国铁路较早普遍采用的踏面外形，如图 3-1 所示，称为 TB 踏面（符合 TB449-76 之规定），该踏面有 1：20 和 1：40 两个斜度，前者们于轮缘内侧 48 ~ 100 mm 范围内，是轮轨的主要接触部分，后者为距离内侧 100 mm 以外部分，踏面的最外侧做成半径为 6 mm 的圆弧，其作用是便于通过小半径曲线，也便于通过辙叉。

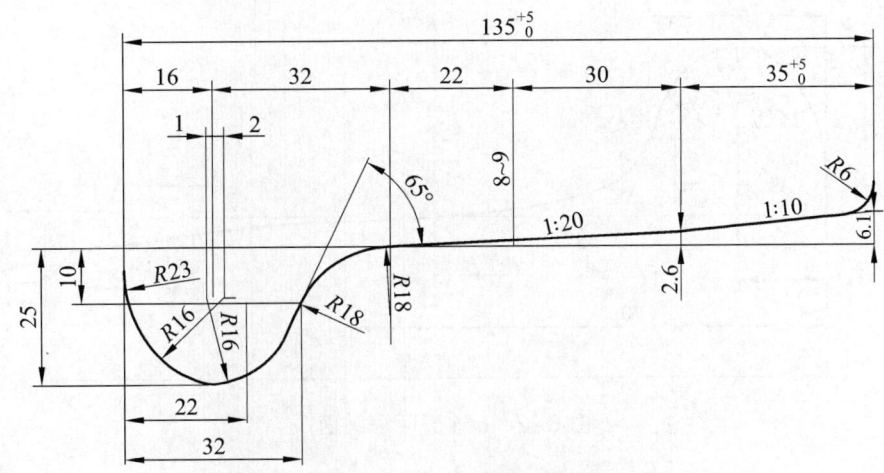

图 3-1 TB 锥形踏面

磨耗型踏面是在研究、改进锥形踏面的基础上发展起来的。各国车辆运行情况证明，锥形踏面车轮的初始形状，运行中将很快磨耗，但当磨耗成一定形状后（与钢轨匹配），轮轨表面外形逐渐磨合并且冷压硬化，车轮与钢轨的磨耗都有变得缓慢，其磨耗后的轨头相对稳定。实践证明，把车轮踏面一开始就做成类似磨耗后的稳定形状，即磨耗型踏面，可明显减少轮与轨的磨耗、减少车轮磨耗过限后修复成原形时旋切的材料、延长使用寿命，减少了换轮、旋轮的检修工作量。磨耗型踏面可减小轮轨接触应力，既能保证车辆直线运行的稳定，又有利于曲线通过。

我国研制的 LM 磨耗型踏面，如图 3-2 所示，由两段曲线半径为 100 mm、500 mm 的正圆弧（圆心在车轮外侧）、一段半径为 220 mm 反圆弧（圆心在车轮内侧）和一段斜度为 1∶8 的直线相切而成，设计较为合理，当轮对无摇头角位移时，轮对在不同横移情况下不致出现轮轨之间的两点接触。

我国为高速列车开发设计的 LMA 磨耗型踏面，如图 2-1 所示，已成功应用于 CRH1、CRH2 和 CRH3 高速动车组。CRH5 上采用的车轮踏面为 XP55 型，由法国国铁提出，并已应用于法国高速列车 TGVA 和韩国高速列车 KTX 上。欧洲铁路联盟提出的 S1002 磨耗型车轮也在国外高速列车上广泛使用，如图 3-3 所示。

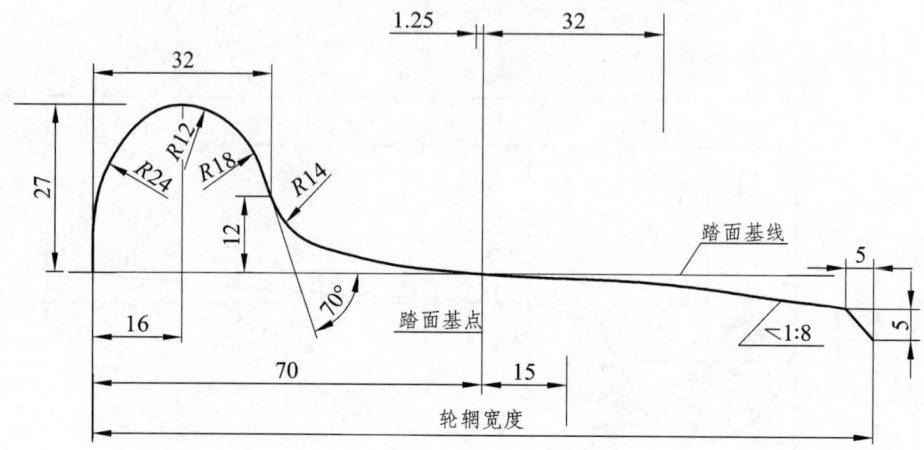

图 3-2 LM 磨耗型踏面

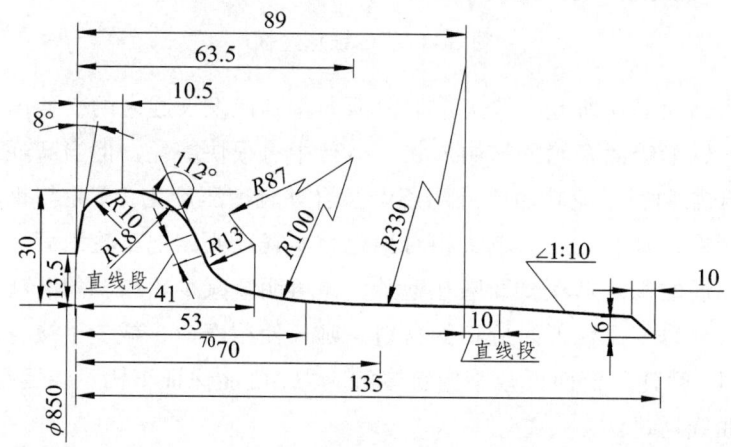

图 3-3 S1002 磨耗形踏面

5. 车轮踏面斜度

轮对径向通过曲线时，可减小运行阻力，减轻轮轨间的磨耗，避免脱轨现象发生。由于在同一轨道转角下，外侧钢轨长度 s_{out} 大于内侧钢轨长度 s_{in}，为实现轮对径向通过曲线，由于轮对转速 ω 一定，同一车轴上外侧车轮的滚动圆半径 r_{out} 必须大于内侧车轮的滚动圆半径 r_{in}，并尽可能满足

$$\left.\begin{array}{l} s_{out} = \omega \cdot r_{out} \\ s_{in} = \omega \cdot r_{in} \end{array}\right\} \tag{3-1}$$

为满足这一要求，车轮踏面必须有斜度 λ，当车轮向曲线中心移动时，可

使外侧车轮滚动圆半径增大,内侧车轮滚动圆半径减小,增大踏面斜度有利于通过半径较小的曲线。

(二)轮对接触几何系数

1. 轮对接触几何参数

当车辆沿轨道运行时,为了避免车轮轮缘与钢轨侧面经常接触和便于机车车辆通过曲线,左右车轮的轮缘外侧距离小于轨距,因此轮对可以相对轨道作横向和摇头角位移。在不同的横向位移和摇头角的条件下,左右轮轨之间的接触点有不同位置,于是轮轨之间的接触参数也相应出现变化,对轮轨系统动力学性能影响较大的轮轨接触几何参数见图3-4所示。

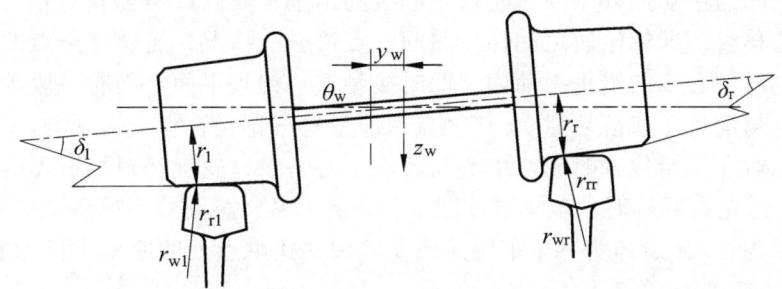

图 3-4 轮轨接触几何参数

左轮和右轮的实际滚动半径 r_L 和 r_R。由于轮对是一个刚体,轮对绕其中心线转动时,各部分的转速是一致的,车轮滚动半径大,在同样的转角下走行距离长。同一轮对左右车轮滚动半径差越大,左右车轮滚动时的走行距离差就越大。此外车轮滚动半径大小也影响轮轨接触应力。

左轮和右轮在轮轨接触点处的踏面曲率半径 r_{wL} 和 r_{wR}。

左轨和右轨在轮轨接触点处的轨头截面曲率半径 r_{RL} 和 r_{RR}。轮轨接触点处的曲率半径大小将会影响轮轨实际接触斑的大小、形状和轮轨的接触应力。

左右接触点距离车轮中心线的垂直距离 l_L 和 l_R,两接触点间距离为 $2l = l_L + l_R$。

左轮和右轮与左轨和右轨在接触点处的接触角 δ_L 和 δ_R,即轮轨接触点处的轮轨公切面与轮对中心线之间的夹角。轮轨接触角的大小影响轮轨之间法向力和切向力在垂向和水平方向分量的大小。

轮对侧滚角 θ_W,轮对侧滚角会引起转向架和车体的侧滚。

轮对中心上下位移 z_W,该量的变化会引起转向架和车体的垂向位移。

轮对横移量 y_W,该量的变化会引起转向架和车体的横向位移,同时还会引起转向架及车体的侧滚角、垂向位移的变化。

轮对摇头角 ψ_W，车轮中心线与线路中心线间的水平夹角。一般情况下，车轮与钢轨之间的接触状态可能有两种，即一点接触和两点接触。轮对相对轨道的移动量不大时，一般出现车轮踏面与钢轨顶面相接触，一般称为"一点接触"；当轮对相对轨道的横移和摇头角位置量超过一定范围，根据不同轮轨的特点可能引起车轮踏面和轮缘同时与钢轨顶面和侧面接触，即所谓"两点接触"。当轮对相对轨道有足够横移量时，轮对摇头角越大，轮轨间出现两点接触的可能性越大，这是因为此时轮缘根部当量半径小，且轮轨发生两点接触时所需要的轮对横移量将比没有摇头角时小。当轮对相对轨道只有横移而无摇头角位移时，轮轨间的接触点处于通过轮对中心线的铅垂平面内；但当轮对相对轨道有摇头角位移时，即使轮轨之间保持踏面一点接触的情况，轮轨接触点即不再位于通过轮对中心线的铅垂平面内，此时接触点与铅垂平面之间有一段距离，称为接触点超前量（或落后量），接触点超前量对车轮爬轨有较大影响。

当轮对在初始位置时轮对中心与轨道中心一致，轮对相对轨道无摇头角，轮对、轨道左右对称时，车轮滚动圆半径为 r_0（名义滚动圆半径），左右接触点距离之半为 l_0，接触角为 δ_0，车轮踏面及轨头在接触点处的曲率半径为 R、R'。

2. 踏面等效锥度

当轮对中心离开对中位置向右移动时，左右车轮的实际滚动圆半径分别为

$$\left.\begin{array}{l} r_L = r_0 - \lambda y_W \\ r_R = r_0 + \lambda y_W \end{array}\right\} \quad (3\text{-}2)$$

由上式可导出车轮踏面斜度与车轮滚动圆半径及轮对横移量之间关系为

$$\lambda = \frac{r_R - r_L}{2y_W} \quad (3\text{-}3)$$

当轮对横移量 y_W 保持轮轨接触点在踏面的直线段范围内时，λ 为常数。如果轮轨接触点范围超出直线段范围时，λ 不再为常数，而是随着 y_W 的变化而变化，这时计算车轮踏面斜度要取其等效值，称为踏面等效斜度。当车轮磨耗后或车轮踏面作成磨耗型时，车轮踏面外形不再存在直线段，也可根据轮轨接触几何关系，求出轮轨横移时左右车轮实际滚动半径之差，然后确定其踏面等效斜度为

$$\lambda_e = \frac{r_R - r_L}{2y_W} \quad (3\text{-}4)$$

磨耗型踏面车轮不一定存在直线段，因此 λ_e 不一定是常数，而是随着轮对横移量 y_w 变化而变化的函数。图 3-5 给出了我国 TB、LM、LMA 踏面在不同轮对横移量时的等效斜度。在正常条件下，轮对横移量在 0~9 mm 范围内，TB 踏面的等效斜率基本上是一常数，对于 LM、LMA 踏面，其等效斜率在该范围内却有较大变化，只有轮对横移量低于 5 mm 时，其等效斜度才基本上维持一固定值。

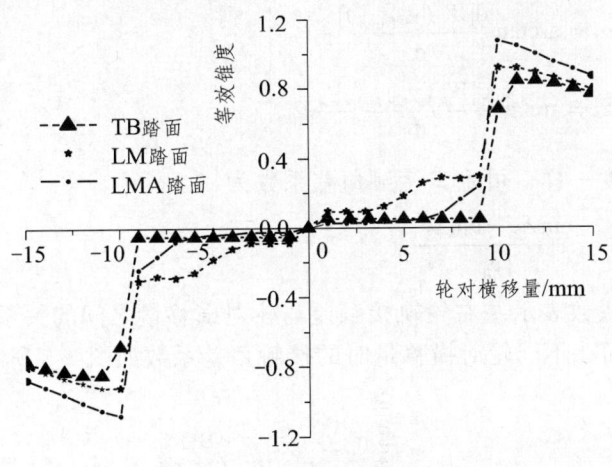

图 3-5　踏面等效锥度

图 3-6、图 3-7 表示三种踏面与设 1∶40 轨底坡的 60 kg/m 钢轨匹配时的轮轨接触情况。由图中可见，随着轮对横移量的变化，TB 踏面车轮与钢轨顶面接触位置变化不大，只有在轮缘贴靠后才急剧移至钢轨轨距角范围内，这种型形状对钢轨均匀磨耗不利；LM 踏面与钢轨接触点位置变化范围较大，这对钢轨顶面均匀磨耗较为有利；LMA 踏面在轮对横移量较小时，轮轨接触点位置变

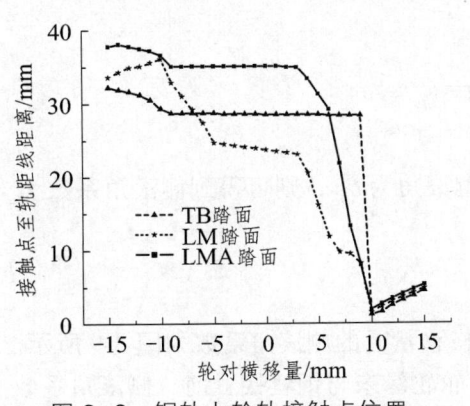

图 3-6　钢轨上轮轨接触点位置

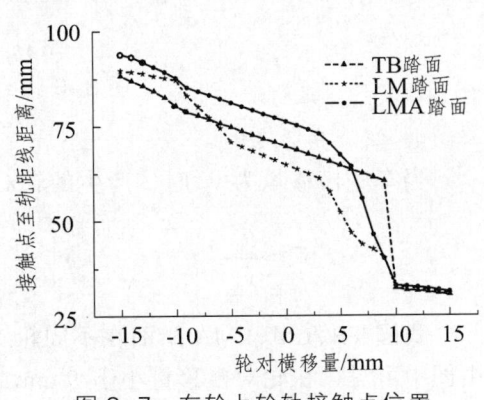

图 3-7　车轮上轮轨接触点位置

化不大，而轮对横移量增大时，接触点位置的变化范围将增大。三种踏面的车轮上接触点位置变化范围均较大，有利于车轮的均匀磨耗。

3. 接触角差系数

设左右车轮踏面的轮廓曲线为 $W_L(y)$ 和 $W_R(y)$，当车轮横移量为 y_W 时，产生的轮对侧滚角为 θ_W，在轮轨接触点 $y_{WL\min}$ 和 $y_{WR\min}$ 的轮轨接触角分别为

$$\left.\begin{aligned}\delta_L &= \arctan\frac{d[W_L(y_{WL\min})]}{dy} + \theta_W \\ \delta_R &= \arctan\frac{d[W_R(y_{WR\min})]}{dy} - \theta_W\end{aligned}\right\} \quad (3\text{-}5)$$

同等效锥度一样，可定义接触角差系数为

$$\gamma = \frac{\tan\delta_R - \tan\delta_L}{2y_W} \quad (3\text{-}6)$$

接触角差系数表示左右轮轨接触差与轮对横移量之间的关系，我国 TB、LM、LMA 踏面在不同轮对横移量时的接触角差系数如图 3-8 所示。

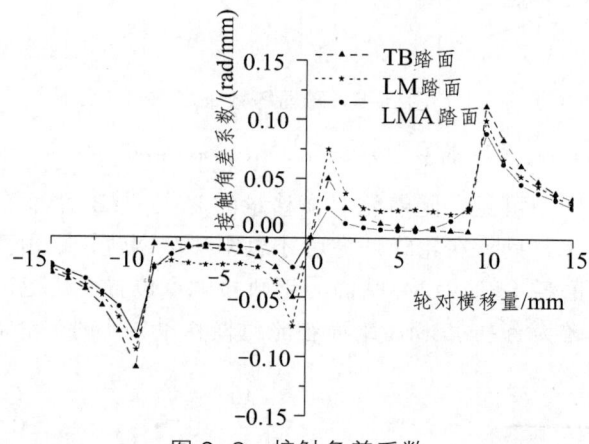

图 3-8 接触角差系数

4. 侧滚角系数

当车轮横移量为 y_W 时，产生的轮对侧滚角为 θ_W，则可得到侧滚角系数为

$$\Gamma = \frac{\theta_W}{y_W} \quad (3\text{-}7)$$

我国 TB、LM、LMA 踏面在不同轮对横移量时的侧滚角系数如图 3-9 所示。由图中可见，在轮对横移量小于 9 mm 车轮轮缘未与钢轨接触前，侧滚角系数近似为一量值较小的常数，当轮缘与钢轨接触后，侧滚角系数将急剧增大，而

车轮将与钢轨脱离接触，形成轮缘贴靠的悬浮状态，如图 3-10 所示。

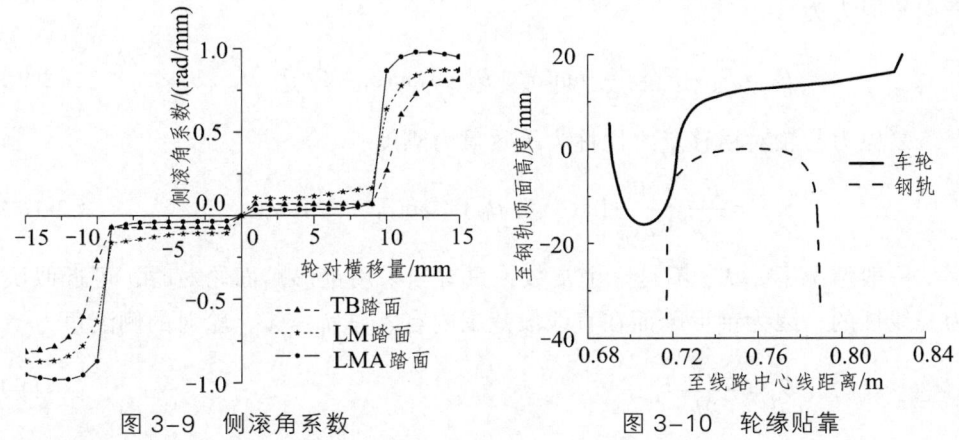

图 3-9　侧滚角系数　　　　　图 3-10　轮缘贴靠

5. 轮对重力刚度

当轮对自其对中位置向右（或向左）移动时，左右钢轨给予左右车轮的法向反力就不相同，法向力的横向分力在左右车轮上也不相同，作用于左右车轮上的合成横向力有使轮对恢复到原来对中位置的作用，见图 3-11。横向复原力

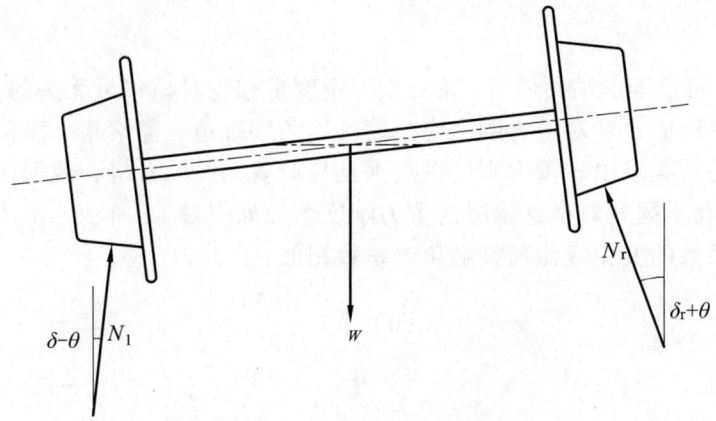

图 3-11　重力刚度计算图示

的大小与轮对横移量及所受的荷载有关，如果不计轮对上的动荷载、悬挂变形力和蠕滑力并略去高阶微量，则作用于左轮和右轮上的横向反力分别为

$$\left.\begin{array}{l} F_L = \dfrac{W}{2}\tan(\delta_L - \theta_W) \\ F_R = \dfrac{W}{2}\tan(\delta_R + \theta_W) \end{array}\right\} \tag{3-8}$$

式中，W 为分配在每一轮对上的重量。轮对横移量为 y_W 时由于重力作用产生的横向复原力为

$$F_Y = F_R - F_L = \frac{W}{2}[\tan(\delta_R + \theta_W) - \tan(\delta_L - \theta_W)] \quad (3-9)$$

复原力与轮对横移量之比称为等效重力刚度

$$K_{gy} = \frac{F_Y}{y_W} = \frac{W}{2y_W}[\tan(\delta_R + \theta_W) - \tan(\delta_L - \theta_W)] \quad (3-10)$$

一般情况下，K_{gy} 不是一个常数，只有当采用锥形踏面轮对时，可近似认为是线性的，因为锥形踏面在直线段范围内有 $\delta_L = \delta_R = \lambda$，轮对的侧滚角为

$$\theta_w = \frac{2\lambda y_W}{2l} \quad (3-11)$$

当 $\delta_R + \theta_W$ 和 $\delta_R - \theta_W$ 角不大时，可近似认为

$$\left.\begin{array}{l}\tan(\delta_R + \theta_W) \approx \delta_R + \theta_W \\ \tan(\delta_R - \theta_W) \approx \delta_R - \theta_W\end{array}\right\} \quad (3-12)$$

于是轮对重力刚度可写成

$$K_{gy} \approx \frac{W\lambda}{l} \quad (3-13)$$

可见，对于锥形踏面而言，轮对重力刚度是和轮对横移量无关的一个参数。至于非锥形踏面，轮对重力刚度应根据具体的接触角、侧滚角、横移量和作用于轮对上的荷载求出。重力刚度系数则是与荷载无关的参量，我国 TB、LM、LMA 踏面在不同轮对横移量时的重力刚度系数如图 3-12 所示，由图中可见，重力刚度系数的变化规律与接触角差系数相似。

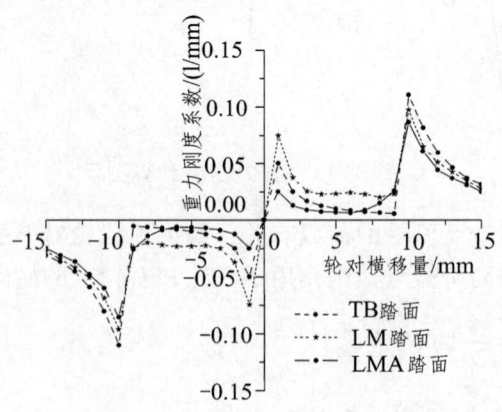

图 3-12　重力刚度系数

6. 轮对重力角刚度

当轮对横移量为 y_W 而且有摇头角 ψ_W 时,作用地左右车轮上的轨道横向力将轮对产生一个力矩 M_g。轮对的摇头角越大,由于重力分力引起的力矩越大,这个摇头力矩与摇头角之比称为轮对的重力角刚度。由于重力作用引起的摇头力矩其方向与轮对摇头角的方向是一致的,见图3-13,故轮对重力角刚度为负刚度。如不计高阶微量,作用在轮对上的摇头力矩为

$$M_g = -F_R l_R \sin\psi_W - F_L l_L \sin\psi_W \tag{3-14}$$

则轮对重力角刚度为

$$K_{g\psi} = \frac{M_g}{\psi_W} = -\frac{W}{2\psi_W}\sin\psi_W[l_R \tan(\delta_R + \theta_W) + l_L \tan(\delta_L - \theta_W)] \tag{3-15}$$

在一般情况下 $K_{g\psi}$ 是 y_W 和 ψ_W 的函数,只有在锥形踏面的直线区段,当 ψ_W、$\delta_R + \theta_W$ 和 $\delta_R - \theta_W$ 角很小时,并取 $\sin\psi_W \approx \psi_W$、$\tan(\delta_R + \theta_W) \approx \delta_R + \theta_W$、$\tan(\delta_R - \theta_W) \approx \delta_R - \theta_W$ 且 $\delta_L = \delta_R = \lambda$ 时,可近似认为

$$K_{g\psi} \approx -Wl\lambda \tag{3-16}$$

锥形踏面的轮对重力角刚度也是与轮对横移量无关的常数,我国 TB、LM、LMA 踏面在摇头角接近于 0°时在不同轮对横移量情况下的重力角刚度系数如图3-14所示。从图中可见,轮缘与钢轨贴靠前,重力角刚度系数变化较小,轮缘贴靠后变化较剧烈。

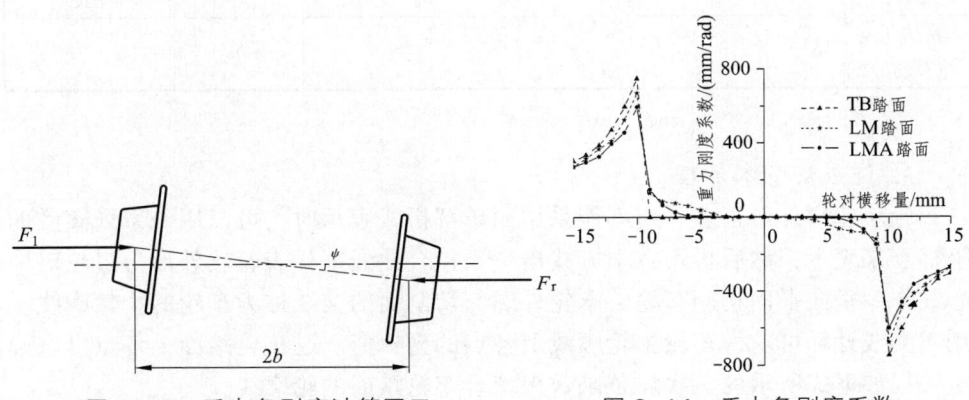

图3-13　重力角刚度计算图示　　图3-14　重力角刚度系数

(三) 轮轨接触几何关系计算

1. 影响因素

影响轮轨接触几何关系的影响因素有轨头外形、轨道高度、轨底坡、轨距、

钢轨横向位移、钢轨垂向位移、钢轨扭转角、车轮踏面形状、车轮内侧距、车轮滚动圆半径、车轴中心到名义滚动圆横向距离、轮对横移、轮对摇头、轮对纵向超前量,计算中常以轮对横移量和轮对摇头角作为输入参数,输出参数有轮对重心垂向位移、左右车轮接触点踏面曲率半径、左右车轮接触点处滚动圆半径及其差值、左右车轮接触角及其差值、轮对侧滚角、左右轨道接触点处的曲率半径等。即轮轨接触几何各项参数是轮对横移及摇头的函数。

2. 锥形截面及圆弧形截面的接触几何解析解

对于锥形截面及圆弧形截面,轮轨接触几何可应用四连杆模型及解析方法求解,计算结果汇总于表 3-1 中。

表 3-1 锥形截面及圆弧形截面的接触几何系数汇总

名称	符号	一般公式		近似公式	
		δ_0 任意	δ_0 任意	锥形截面	双圆弧截面
等效锥度	λ	$\dfrac{R\sin\delta_0}{\Delta R}\left(\dfrac{l_0 + R'\sin\delta_0}{c_1}\right)$	$\dfrac{R\delta_0}{\Delta R}\left(\dfrac{l_0 + R'\delta_0}{l_0 - r_0\delta_0}\right)$	δ_0	$\dfrac{R\delta_0}{\Delta R}$
接触角差系数	γ	$\dfrac{1}{\Delta R}\left(\dfrac{l_0 + R\sin\delta_0}{c_1}\right)$	$\dfrac{1}{\Delta R}\left(\dfrac{l_0 + R\delta_0}{l_0 - r_0\delta_0}\right)$	$\dfrac{\delta_0}{l_0}$	$\dfrac{1}{\Delta R}$
侧滚角系数	Γ	$\dfrac{\sin\delta_0}{c_1}$	$\dfrac{\delta_0}{l_0 - r_0\delta_0}$	$\dfrac{\delta_0}{l_0}$	$\dfrac{\delta_0}{l_0}$
重力刚度系数	K_{gy}	$2\Gamma + \dfrac{l_0 + R'\delta_0}{c_1}\gamma$	$2\Gamma + \dfrac{l_0 + R'\delta_0}{l_0 - r_0\delta_0}\gamma$	$\dfrac{2\delta_0}{l_0}$	$\dfrac{1}{\Delta R}$
重力角刚度系数	$K_{g\psi}$			$-\delta_0 l_0$	$-(R + 2r_0)\delta_0^2$

注:表中 $c_1 = l_0\cos\delta_0 - r_0\sin\delta_0$,$\Delta R = R - R'$。

3. 迹线法基本原理

轮轨轮廓外形很多,当不能采用简单解析式表示时,可以用一系列离散的坐标点来表示,然后再用数学方法找出一条拟合曲线来代表轮轨外形。过轮对中心线作一垂向平面切割车轮,车轮外廓与切割面的交线称为车轮的主轮廓线。用实测或计算可求得车轮主轮廓线上各点的坐标值。过车轮踏面上各点可以确定一根如下式所示的三次样条函数来拟合车轮踏面的轮廓线

$$S(x) = \frac{M_{k-1}(x_k - x)^3}{6l_k} + \frac{M_k(x - x_{k-1})^3}{6l_k} + \left(\frac{y_k}{l_k} - \frac{M_k l_k}{6}\right)(x - x_{k-1}) +$$

$$\left(\frac{y_{k-1}}{l_k} - \frac{M_{k-1} l_k}{6}\right)(x_k - x) \tag{3-17}$$

式中，$S(x)$ 为通过所有坐标点（x_k，y_k）（$k=0,1,2,\cdots n$）的一条光滑曲线；$M_k = S''(x_k)$；x 为区间 $[x_{k-1}, x_k]$ 上的任意点；$l_k = x_k - x_{k-1}$。

如果同一轮对左右车轮的直径和形状不同，也可分别用不同的样条函数来拟合左右车轮踏面。作一垂直轨道中心线的平面切割钢轨，钢轨轮廓与切割面的交线为钢轨轮廓线。同理可以用两条不同的样条函数来拟合左右钢轨轨头的形状。只要把代表轮轨外形的离散坐标点安排得足够密集，样条函数中所给的边界条件足够接近实际情况，则由样条函数拟合的轮轨外形就越精确。已知各轮各轨的拟合曲线后，则不难用样条插值的方法求得轮轨上任意点的坐标位置。

已知轮轨上任意点的坐标之后，便可采用迹线法求出轮轨接触点的位置，其基本假定为：轮和轨均接近刚体，车轮表面上任意点均不能嵌入钢轨内部；同一轮对的左轮与左轨、右轮与右轨同时接触，不存在一侧轮轨脱离现象；车轮上的接触点与钢轨上的接触点应具有相同的空间位置；轮轨接触点处，车轮与钢轨具有公切面；车轮与钢轨的接触区域为一个点或斑，即车轮踏面与钢轨之间不存在共面或共线接触情况。

在一般情况下，既考虑轮对的摇头和横移时，轮轨接触几何关系是一个空间问题，如果不考虑轮对的摇头角，则轮轨接触几何关系在平面内变化，所以是平面问题，轮轨接触几何各项参数是轮对横移的函数，接触点的位置可以利用以下几何条件求出：

① 轮轨接触点处轮和轨的垂向距离为零，非接触点处轮轨表面的垂向距离大于零；

② 轮轨接触点处轮轨的轮廓线具有相同的斜率，即具有公切线。

第一和第二两个条件是等效的，可根据第一个条件确定轮轨的接触点，再用第二个条件加以验证。

4. 仅有横移时任意截面的轮轨接触几何关系计算

在平面问题中，为了说明方便，将轮对相对轨道向上平移一段距离 z_0。由于人为地把轮对向上平移后，上述求轮轨接触点的条件应变更为：左右轮轨在接触点处的垂向距离为最小且两者的垂向距离相等。如果找到这两点的位置，则轮对向下平移直至与轨面接触，则所找到的两点就一定是左右轮轨的接触点。

设车轮处于某一横移后的位置，分别对左右轮轨每隔一段微小水平距离，计算轮轨之间的垂向距离，找出左右轮轨之间的最小垂向距离分别为 $\Delta z_{L\min}$、$\Delta z_{R\min}$，并记录这两处所在的位置为 $y_{L\min}$、$y_{R\min}$，作为可能的轮轨接触点位置，这个过程为扫描过程。

如果 $\Delta z_{L\min} = \Delta z_{R\min}$，则轮对向下平移后，左右车轮同时与左右钢轨相接触，因此 $y_{L\min}$、$y_{R\min}$ 即为左右轮轨真正的接触点。

如果 $\Delta z_{L\min} \neq \Delta z_{R\min}$，则轮对向下平移时两点不同时与钢轨相接触，其中一点接触后轮对还要绕纵向轴旋转一个角度后才能与另一根钢轨接触，因此 $y_{L\min}$、$y_{R\min}$ 不是真正的接触点位置，因此必须调整轮对的侧滚角，使之满足轮轨间的接触条件。

如果 $\Delta z_{L\min} > \Delta z_{R\min}$，可预先把轮对逆时针旋转一个角度 φ

$$\varphi = \frac{\Delta z_{L\min} - \Delta z_{R\min}}{y_{R\min} - y_{L\min}} \tag{3-18}$$

轮对旋转 φ 角后再重复上述扫描过程，经过多次迭代，当左右轮轨垂向最小距离小于某一误差限时，即可认为已找到左右轮轨接触点，各次迭代时侧滚角的代数和即为轮对的侧滚角

$$\theta_W = \theta_{W0} + \sum_i^k \varphi_i \quad (i = 1, 2, \cdots k) \tag{3-19}$$

5. 轮轨空间接触几何关系计算

考虑了轮对的摇头角后，轮轨之间的接触关系不再是车轮主轮廓线与钢轨轮廓线之间的关系而是车轮的踏面轮廓面与钢轨轨头轮廓面之间的关系，需将平面问题处理方法适应扩充后才能用于解决空间问题。

由于钢轨是等截面柱形体，所有垂直于线路中心的平面，切割钢轨所得的轮廓线都是一样的，因此钢轨轨头形状与竖坐标 z 和横坐标 y 有关而与纵坐标 x 无关。而车轮是一个回旋体，车轮踏面是一个回旋面，它的形状与 x、y、z 的坐标位置都有关。当轮对处于中心位置时，过轮对中心线作铅垂平面切割车轮（$x = 0$），铅垂平面与车轮周边的交线为主轮廓线，平行于 $x = 0$ 的铅垂面，在 $x = x_i$（$i = 1, 2, \cdots n$）处可分别作出 n 个铅垂平面切割车轮，便得 n 个轮廓线，为了与主轮廓线有所区别，距主轮廓线纵向距离为 x_i 的轮廓线称为 x_i 轮廓线。逐点求出 x_i 轮廓线上各点的坐标，从而构成 x_i 轮廓线，由主轮廓线及所有 x_i 轮廓线构成车轮踏面的轮廓面。

当轮对既有横移又有摇头时，寻找轮轨接触点时可以扫描左右轮轨之间各轮廓线上的各点，找出左右轮轨之间垂向距离最小点并比较左右轮轨之间最小距离的大小，然后调整轮对的侧滚角，使之符合轮轨接触条件，其方法与处理平面问题相似。找出左右轮轨接触点后，就不难找出各种接触参数了。

二、道岔区轮轨静态接触几何特点

为了实现道岔引导列车从一股线路转入或跨越另一股线路的功能,需要采用宽度及高度渐变的尖轨与心轨这两根特殊断面的钢轨,同时为保证正常的轨距,基本轨与翼轨需随尖轨、心轨顶宽变化而弯折,导致轮轨接触几何关系与区间线路具有不同的特点。

(一)道岔钢轨廓形

1. 尖轨轮廓

为使尖轨前端呈尖形,能引导车轮从基本轨过渡至尖轨,或从尖轨过渡至基本轨,并保证尖轨和基本轨密贴,尖轨应进行轨头水平刨切和轨底的水平与垂直刨切。为保证尖轨尖端部分不被轧伤和不过多地承受车轮垂直荷载,还要进行尖轨轨顶的垂直刨切,使轨顶面相对于基本轨降低一些。

为防止尖轨实际尖端受逆向进岔车轮的撞击,高速道岔应采用藏尖式结构,尖轨尖端一般较基本轨顶面降低 23 mm 左右,并藏入基本轨轨头下腭以内 3 mm 左右,使车轮及基本轨顶面最大垂直磨耗情况下,车轮仍不会撞击尖轨尖端,如图 3-15(a) 所示。但尖轨尖端也不应低于基本轨顶面 25 mm 以上,即不得使尖轨不位于轮缘下部,以免尖轨与基本轨偶有不密贴时,发生车轮缘(逆向进岔)爬上尖轨的危险。

尖轨轨头工作边刨切坡一般为 1:4,刨切深度至基本轨顶面以下 50 mm,底部连接圆弧采用小于等于车轮轮缘内侧圆弧的半径。轨头非工作边的水平刨切,应该与基本轨轨头工作边侧面的坡度一致,以保持尖轨与基本轨的密贴,一般也为 1:4。刨切深至基本轨轨头侧面下边缘以下 2~3 mm 处,改变成平行于基本轨轨头下腭的坡度。轨头水平刨切长度,随尖轨平面形式和钢轨类型不同而不同。

尖轨轨底水平刨切宽度应使留下的尖轨轨底侧面不与基本轨轨腰下部连接圆弧相抵触。轨底水平刨切起点处尖轨与基本轨轨底间的空隙,应保证在尖轨和基本轨的轨底宽度的轧制正公差和尖轨轨底水平刨切有容许正公差,以及基本轨工作边轨头侧面有容许磨耗时,尖轨与基本轨仍能密贴,轨底水平刨切一般按直线进行。

尖轨轨顶垂直刨切的刀具应有与基本轨轨顶相同的轮廓线,并且刨切应按各控制断面的理论中心线降低值所构成的纵坡进行。尖轨轨顶垂直刨切直接关系到列车运行条件和尖轨使用寿命。对于尖轨顶面降低值,常用道岔的设计中有以下两项规定：尖轨顶宽 20 mm 为车轮转移滚动的开始断面，即该断面开始与基本轨共同承受车轮的垂直荷载，在该断面之前，尖轨不承受荷载；尖轨顶宽 50 mm 为轨顶降低始点（与基本轨同一水平），在该断面之后，基本轨不承受荷载，同时可保证具有最小轮背距和轮缘极限磨耗的轮对紧贴一侧车轮，另一侧轮箍外侧圆弧在该断面处能与基本轨轨头侧面连接圆弧相重叠，以免轮箍挤宽轨距或挤翻基本轨。在高速道岔设计中，为提高列车过岔时的平稳性，同时考虑到车轮轮廓尺寸偏差较小，突破了这两项"规定"，车轮转移滚动的范围设计为 15～40 mm。

为使刨切后的尖轨在尖端部分的轨头能得到轨腰的支撑，以及在曲线尖轨中能使其工作边成曲线形，尖轨刨切加工还需配合顶弯工序。曲基本轨也应作必要的弯折，以保持转辙器的轨距、方向的正确以及直尖轨和曲基本轨的密贴。

图 3-15 为我国时速 350 km 18 号高速道岔直线尖轨各控制断面的轮廓图。曲线尖轨因降低值与直线尖轨不同，轮廓线略有不同。

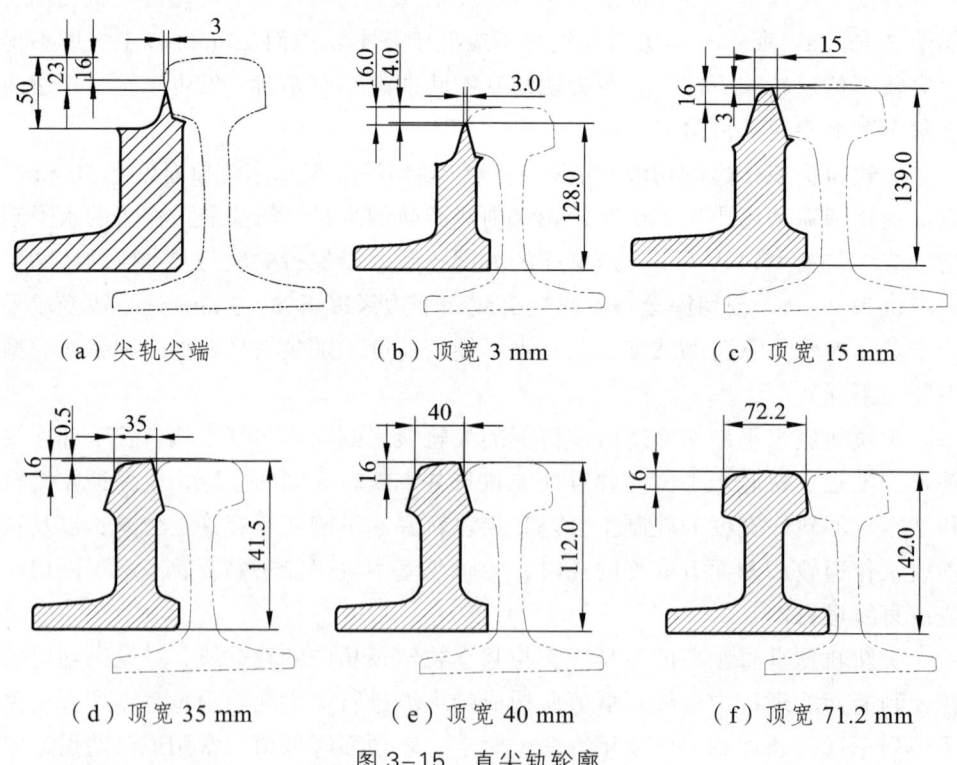

图 3-15 直尖轨轮廓

2. 心轨轮廓

我国可动心轨采用长心轨与短心轨拼接的形式，长、短心轨均采用矮型特种断面制成。为使长心轨、短心轨能紧密结合，并使工作边成尖形，轨头及轨底均需进行刨切。加工时，一般先进行短心轨非工作边的轨头水平刨切及轨底的水平与垂直刨切（有时包括长心轨非工作边的轨头水平刨切及轨底面的刨切），在与长心轨组装成"人字尖"后，再一起进行工作边的轨头及轨底的水平刨切。

钢轨横断面刨切坡度选择的原则为：轨头平面是尖状的钢轨件（如尖轨、心轨），轨头工作边水平刨切应采用斜刨，以便尽可能地增加轨头断面积；轮缘工作边水平刨切坡度必须陡于车轮轮缘内侧的坡度，不然车轮就有爬上钢轨的危险；轮背工作边水平刨切可根据具体情况采用 1∶10～1∶20 的斜坡或直坡。轨头平面非尖状的钢轨件（如翼轨），轨头工作边水平刨切（包括轮缘和轮背工作边）可采用 1∶20 的斜度或直坡。钢轨间相互结合面，刨切坡度应按结合面具体情况而定。为保持一定间隔的刨切面，坡度可为垂直。

钢轨横断面刨切圆弧选择原则为：与轮缘接触的工作边，刨切圆弧半径应与原有钢轨轨头侧面的连接圆弧半径相同；在断面较窄（不承受车轮垂直荷载）的轨头两侧面，圆弧可采用较小的半径。与轮缘顶部接触的部位，刨切圆弧半径应与轮缘顶部圆弧相近。与轮背接触的工作边，刨切圆弧半径一般采用 3～5 mm，以使钢轨侧面与轮背有较大的接触面。其他钢轨间相互配合的圆弧可由钢轨断面、配合间隙及工艺要求确定。

钢轨件各部间隙选择原则为：两钢轨件应相互贴合或保持一定的间隔；轨头垂直贴合面之间不应有间隙；在主要贴合面或间隔面以外的轨头、轨底间应保持一定的间隙，以便在有刨切正公差或轨头工作边有磨耗时，仍能保持两钢轨件间的正确贴合或有正确的间隔。

与尖轨顶面降低值的规定一样，在心轨断面 20 mm 及以后的心轨顶面与车轮踏面接触，在断面 50 mm 附近车轮完全离开翼轨。

长心轨尖端可与尖轨一样采用竖直藏尖式结构；在采用特种断面翼轨，翼轨轨头宽度足够的条件下，也可采用水平藏尖式结构，将翼轨轨头刨切一部分，使心轨贴靠翼轨时水平藏在翼轨轨头轮廓线以内（而不是轨头下腭），这样尖端降低值可适当减小至轨距线处。图 3-16、图 3-17 为我国时速 350 km 18 号高速道岔长心轨、翼轨各控制断面的轮廓图，心轨前端藏尖量为 9 mm。

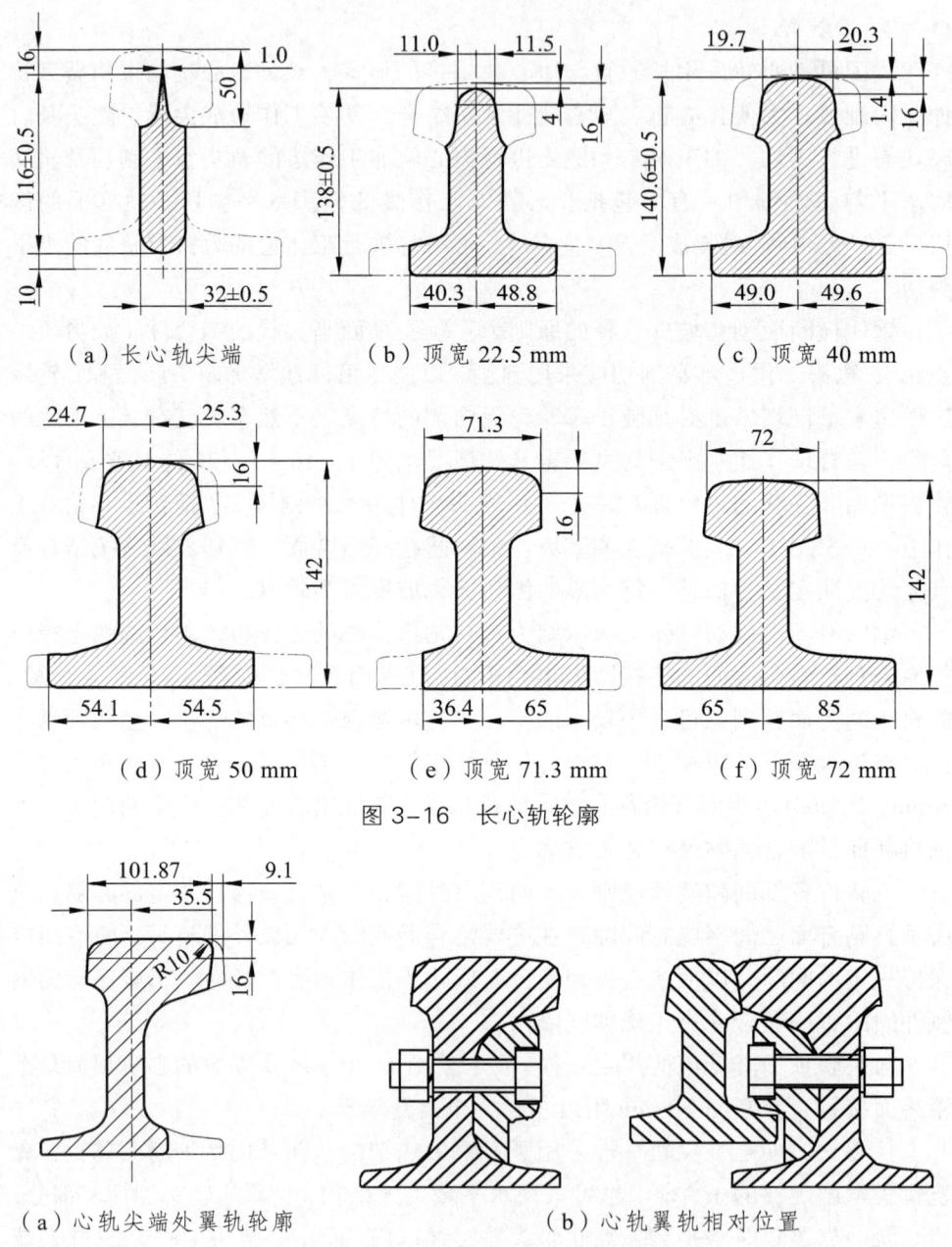

图 3-16 长心轨轮廓

图 3-17 翼轨轮廓

短心轨与长心轨的拼接可采用镶尖式或贴尖式结构。镶尖式结构是在拼接处将长心轨轨头切成缺口，同时短心轨轨头前部也削成相应的形状，这种结构的优点是可保持叉心侧股工作边为一连续的直线,但长心轨轨削弱过多,易在折口处折断,且加工较复杂。贴尖式结构是将短心轨前端削成尖形,贴于长心轨轨头侧面,这种方式可使长心轨轨头以后不作削弱,且加工简单,但会形成与尖轨、长心轨前端类似的结构不平顺,图3-18为我国时速350 km 18号高速道岔短心轨各控制断面的轮廓图。

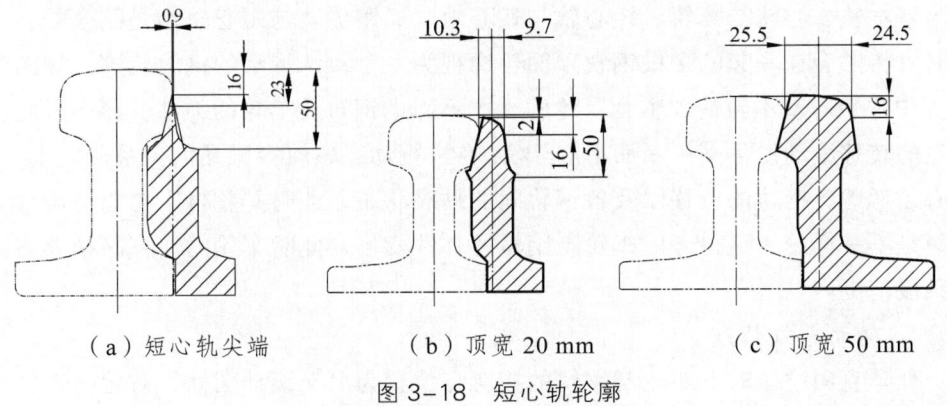

图3-18 短心轨轮廓

单肢弹性可弯心轨若采用叉跟尖轨式斜接头,叉跟尖轨前端也应刨切成尖形,开通侧股时与短心轨跟端贴合,叉跟尖轨一般采用普通钢轨制作。图3-19为我国时速350 km 18号高速道岔叉跟尖轨轨各控制断面的轮廓图。

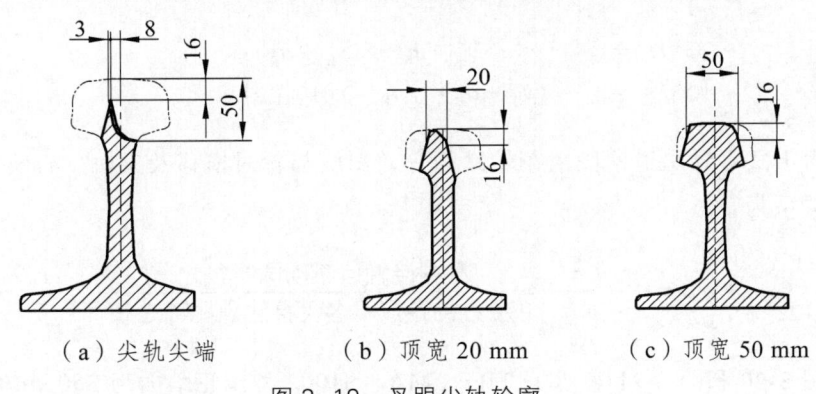

图3-19 叉跟尖轨轮廓

(二)轮对无横移时轮轨接触几何关系

由于道岔尖轨、心轨的特殊轮廓形状,在车轮发生转移滚动之前,尖轨及心轨是不承载的,此时车轮仍与基本轨或翼轨接触,同时基本轨与翼轨是随着尖轨与心轨顶宽而弯折的，因此即使轮对无横移，道岔区内的轮轨接触几何关系也会发生变化，而且这种变化是沿着道岔纵向而不断变化的。在车轮发生转移滚动之后，尖轨、心轨完全承载，由于其轮廓与基本轨不同，轮轨接触几何关系也会发生变化。

在道岔区轮轨静态接触几何关系的研究中，不考虑各钢轨的位移，假定尖轨与基本轨、心轨与翼轨、短心轨与长心轨、叉跟尖轨与短心轨均是贴合的，此时可将贴合在一起的多根钢轨顶面轮廓视为一个特殊形状的钢轨轮廓，如图3-15中尖轨与基本轨的"整合"轮廓，也不考虑钢轨及车轮的弹性变形，因此车轮的转移滚动发生某一断面上。当然，在进行动态轮轨接触几何关系研究中，就必须考虑各钢轨的位移以及各钢轨间的贴靠状态，此时"整合"轮廓与设计轮廓是不一样的，还得考虑车轮与钢轨的弹性变形，此时车轮的转移滚动发生在某段范围内。[54]

1. 踏面等效锥度

列车直向过岔时，左轮与钢轨的接触点位置为名义滚动圆处，右轮与钢轨的接触点位置则随着尖轨、心轨顶宽而变化，设接触点至名义滚动圆的距离为 d_R，在车轮发生转移滚动之前，该值即为尖轨、心轨的顶宽，相当于右侧车轮向左移动了 d_R，在车轮发生转移滚动之后，接触点从轨距角附近逐渐移动至名义滚动圆处。直侧股过岔时左右车轮的实际滚动圆半径分别为

$$\left.\begin{array}{l}直股 r_L = r_0 - \lambda y_W \quad r_R = r_0 + \lambda(y_W - d_R) \\ 侧股 r_L = r_0 - \lambda(y_W + d_R) \quad r_R = r_0 + \lambda y_W\end{array}\right\} \quad (3\text{-}20)$$

由上式可导出道岔区内车轮踏面等效斜度与轮对横移及尖轨、心轨顶宽之间的关系为

$$\lambda_W = \frac{r_R - r_L}{2y_W \mp d_R} = \frac{\text{左右接触点滚动圆半径之差}}{\text{左右接触点至名义接触点距离之和}} \quad (3\text{-}21)$$

图3-20和图3-21表示了TB、LMA、S1002型车轮踏面与350 km/h 18号道岔（轨底坡1∶40，CHN60 kg/m钢轨，直向无护轨）匹配时，列车直向过岔时等效锥度随尖轨、心轨顶宽的变化情况。

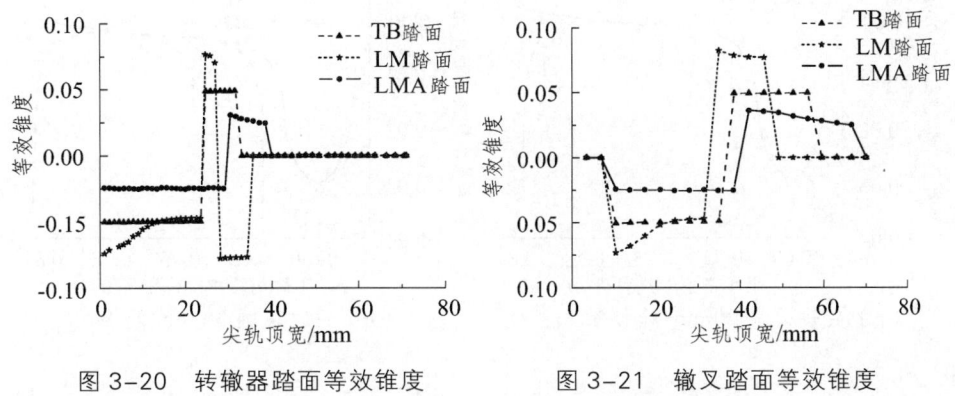

图 3-20　转辙器踏面等效锥度　　　　图 3-21　辙叉踏面等效锥度

从图 3-20、图 3-21 中可见，车轮沿道岔直股方向前进时，在不考虑轮对横移的情况下，随着尖轨及心轨顶面加宽，踏面等效锥度也会随之波动；在轮载从基本轨向尖轨或从翼轨向心轨转移之前，轮轨接触点位于名义接触点（名义滚动圆处）外侧，随顶宽变化的等效锥度为负；当轮载发生转移之后，若接触点位于名义接触点内侧（如辙叉部分、转辙器部分的 LM 及 LMA 踏面），随顶宽变化的等效锥度为正，转辙器部分的 LM 型踏面，因名义接触点靠近轨距角处，在尖轨顶面存在降低值时，轮轨接触点位于顶面最高点处，在名义接触点外侧，故等效锥度也为负值；当尖轨、心轨顶宽达到一定程度后，轮轨接触点与名义接触点重合，等效锥度不再随顶宽而变化，视为零。

比较三种形式的车轮踏面的等效锥度，LM 型踏面最大值约为 0.08，TB 型踏面最大值约为 0.05，LMA 型踏面在转辙器部分的最大值约为 0.025、在辙叉部分的最大值约为 0.035，可见，LMA 型踏面车轮通过道岔时的不平顺最小，是适合于高速列车的车轮踏面形状。

由于尖轨及心轨顶面轮廓形状不同，顶面降低值也不同，转辙器及辙叉部分等效锥度随顶宽而变化的规律也不尽相同：辙叉部分因翼轨轨头有水平刨切，在心轨顶宽 9 mm 断面以前，轮轨接触点位于名义接触点处。以 LMA 型踏面为例，在尖轨顶宽 30 mm 附近发生轮载转移，在尖轨顶宽 40 mm 处轮轨接触点位于名义接触点处，而在心轨顶宽 40 mm 附近才发生轮载转移，在心轨顶宽 71 mm 处轮轨接触点才能位于名义接触点处。尖轨顶宽 20 mm、30 mm、40 mm 处 LMA 踏面车轮的接触情况如图 3-22 所示；心轨顶宽 30 mm、40 mm、50 mm 处 LMA 踏面车轮的接触情况如图 3-23 所示。

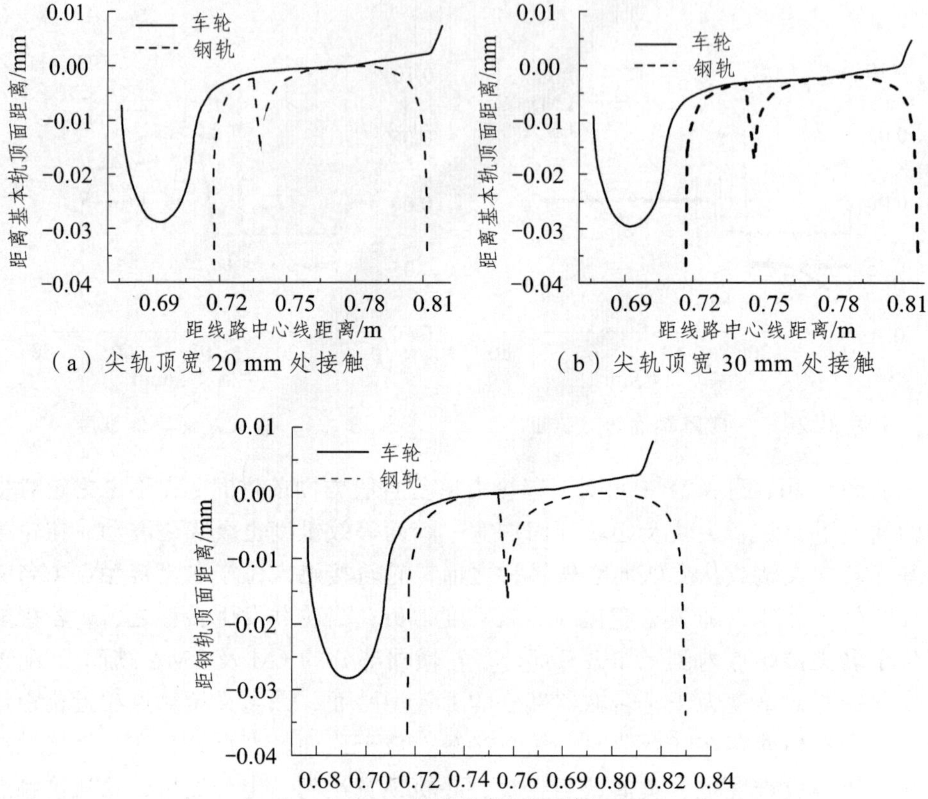

(a) 尖轨顶宽 20 mm 处接触

(b) 尖轨顶宽 30 mm 处接触

(c) 尖轨顶宽 40 mm 处接触

图 3-22 尖轨顶宽 20 mm、30 mm、40 mm 处 LMA 踏面车轮的接触情况

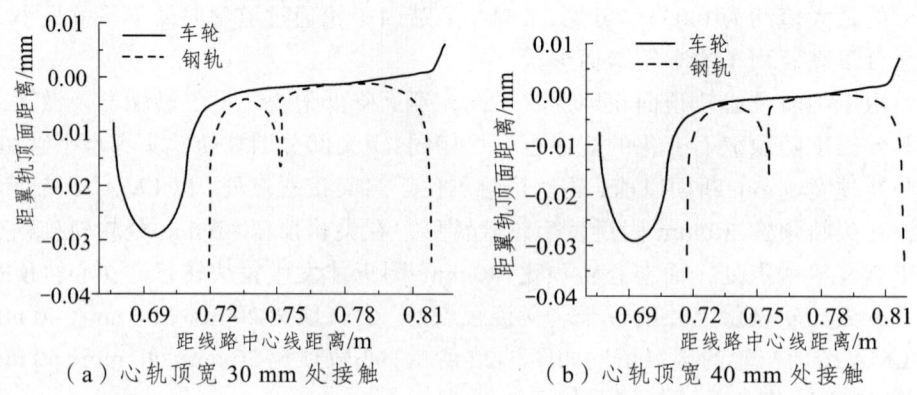

(a) 心轨顶宽 30 mm 处接触

(b) 心轨顶宽 40 mm 处接触

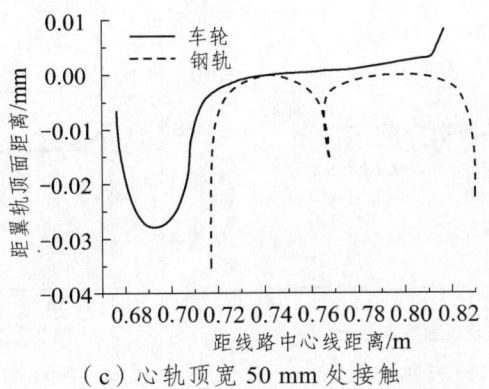

（c）心轨顶宽 50 mm 处接触

图 3-23 心轨顶宽 30 mm、40 mm、50 mm 处 LMA 踏面车轮的接触情况

轮载转移临界点处尖轨及基本轨、心轨与翼轨顶面同时与车轮踏面接触，这种两点接触与区间线路上钢轨顶面与轨距角同时与车轮踏面接触不同，不会有引起车轮轮缘沿轨距角爬轨的危险，但是轮载将由两钢轨共同承担，若考虑车轮与钢轨的刚体位移及接触点处的弹性压缩变形，轮载转移将不再是一个临界点，而是一段范围，每根钢轨上分配的轮载可由位移协调条件求得。

不同踏面形式的车轮，在尖轨、心轨上的轮载转移点断面不同，LM 型踏面最靠前，LMA 型踏面最靠后；同一种踏面形式的车轮，在尖轨与心轨上的轮载转移点不同，这是由于尖轨与心轨顶面轮廓形状不同、顶面降低值不同、翼轨轨头切削等多种原因造成。

2. 接触角差系数

同等效锥度一样，可定义道岔区内考虑轮对横移及尖轨、心轨顶面宽度之后的接触角差系数为

$$\gamma = \frac{\tan\delta_R - \tan\delta_L}{2y_W \mp d_R} = \frac{左右接触角正弦值之差}{左右接触点至名义接触点距离之和} \quad (3-22)$$

直向过岔时，不同踏面形式车轮的接触角差系数随国产 350 km/h 18 号道岔尖轨、心轨顶宽的变化如图 3-24 所示。从图中可见，LM 型踏面车轮在转辙器部分的接触角差系数在轮载转移断面附近及转移后量值较大，而 TB、LMA 踏面车轮则较小；TB、LM 型踏面车轮在辙叉部分的接触角差系数远大于 LMA 型踏面车轮。这说明 LMA 型踏面车轮可较好适应地道岔区复杂的轮轨接触关系及轮轨接触点位置的突变。

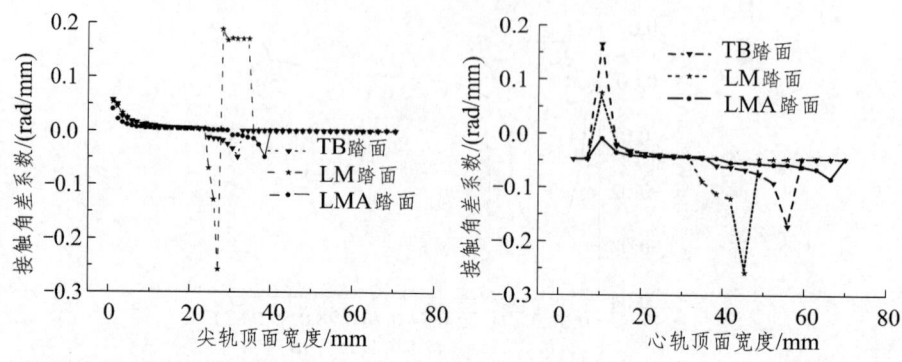

(a) 接触角差系数随尖轨顶宽变化　　(b) 接触角差系数随心轨顶宽变化

图 3-24　不同踏面形式车轮的接触角差系数随道岔尖轨、心轨顶宽的变化

3. 侧滚角系数

同等效锥度一样,可定义道岔区内考虑轮对横移及尖轨、心轨顶面宽度之后的侧滚角系数为

$$\Gamma = \frac{\theta_W}{2y_W \mp d_R} = \frac{\text{轮对侧滚角}}{\text{左右接触点至名义接触点距离之和}} \quad (3-23)$$

直向过岔时,我国 TB、LM、LMA 型踏面在 350 km/h 18 号道岔转辙器、辙叉部分的侧滚角、侧滚角系数随尖轨和心轨顶面宽度的变化如图 3-25 及图 3-26 所示。由于轮轨接触点的变化,即使在轮对无横移的情况下,轮对在转辙器、辙叉部分均会发生侧滚。侧滚角越大,表示列车过岔时的平稳性越差,不同踏面形式车轮过岔时侧滚角以 TB 型踏面最大,LM 型踏面次之,LMA 型踏面最小。侧滚角系数反映了轮对侧滚角随轮轨接触点变化而变化的速率,因尖轨及心轨顶面轮廓不同,转辙器以 LM 型踏面最大、心轨部分以 TB 型踏面最大,两部分均以 LMA 型踏面的侧滚角系数最小。

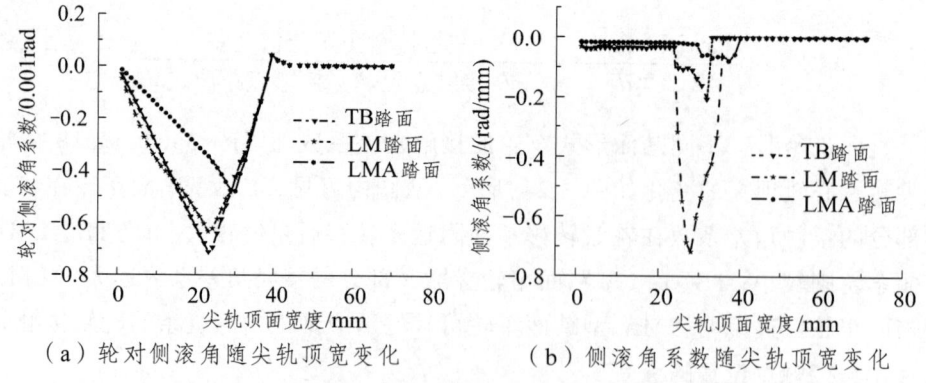

(a) 轮对侧滚角随尖轨顶宽变化　　(b) 侧滚角系数随尖轨顶宽变化

图 3-25　侧滚角、侧滚角系数随尖轨顶面宽度的变化

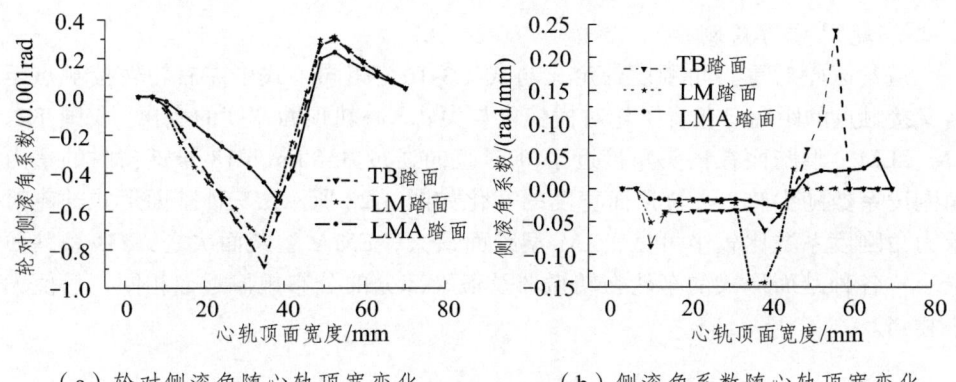

(a) 轮对侧滚角随心轨顶宽变化　　(b) 侧滚角系数随心轨顶宽变化

图 3-26　侧滚角、侧滚角系数随心轨顶面宽度的变化

4. 轮对重力刚度

同等效锥度一样，可定义道岔区内考虑轮对横移及尖轨、心轨顶面宽度之后的轮对重力刚度为

$$K_{gy} = \frac{W}{2y_W \mp d_R}[\tan(\delta_R + \theta_W) - \tan(\delta_L - \theta_W)]$$
$$= \frac{\text{轮对复原力}}{\text{左右接触点至名义接触点距离之和}} \quad (3\text{-}24)$$

直向过岔时，我国 TB、LM、LMA 型踏面在 350 km/h 18 号道岔转辙器、辙叉部分的轮对重力刚度系数随尖轨、心轨顶面宽度的变化如图 3-27 所示。由图中可见，重力刚度系数的变化规律与接触角差系数相似，在相同的尖轨、心轨顶面宽度情况下，轮对重力刚度越小，所需要的复原力越小，轮对运行越平稳。

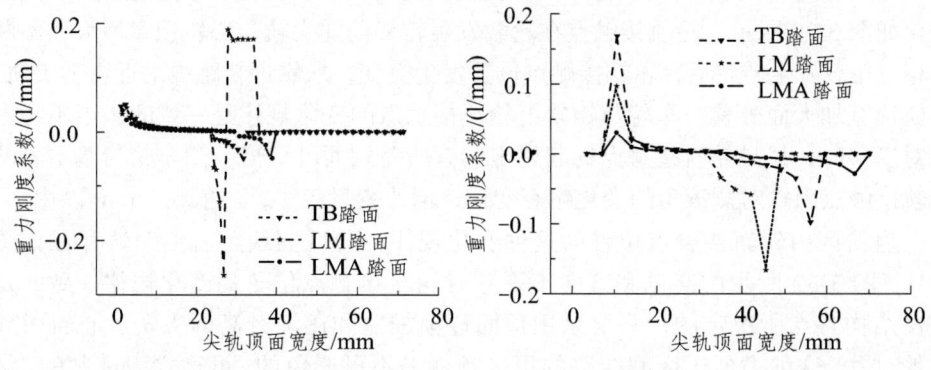

(a) 重力刚度系数随尖轨顶宽变化　　(b) 重力刚度系数随心轨顶宽变化

图 3-27　轮对重力刚度系数随尖轨、心轨顶面宽度的变化

5. 轮对重力角刚度

道岔区轮对重力角刚度的定义与式（3-16）相同，式中左右轮轨接触点至名义接触点的距离已包含了轮对横移量与尖轨、心轨顶面宽度的变化。我国 TB、LM、LMA 型踏面在摇头角接近于 0°时直向通过 350 km/h 18 号道岔时的重力角刚度系数随尖轨、心轨顶面宽度的变化如图 3-28 所示。三种踏面形式的轮对重力角刚度系数比较中可见，LM 型踏面最大，LMA 型踏面次之，TB 型踏面最小；各种踏面形式的车轮在转辙器及辙叉部分的分布规律近似相同，量值大小相当。

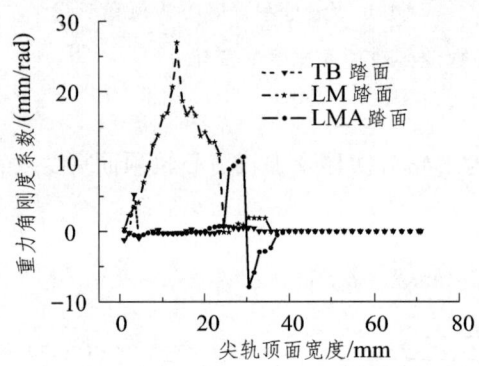 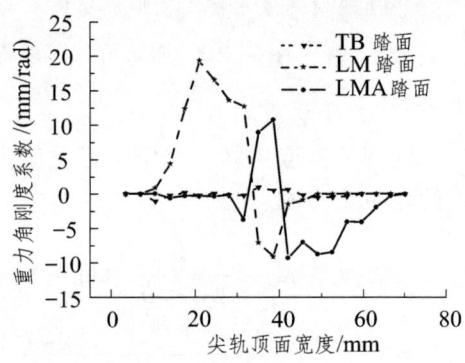

（a）重力角刚度系数随尖轨顶宽变化　　（b）重力角刚度系数随心轨顶宽变化

图 3-28　重力角刚度系数随尖轨、心轨顶面宽度的变化

6. 道岔结构不平顺

转辙器部分车轮与直尖轨或基本轨踏面上的轮轨接触点随尖轨顶宽的变化如图 3-29 所示，辙叉部分车轮与长心轨或翼轨踏面上的轮轨接触点随心轨顶宽的变化如图 3-30 所示。轮轨接触点在轮载发生转移前随尖轨、心轨顶宽增大而不断外移，轮载发生转移后，轮轨接触点位置发生突变，从靠近轨距线附近再随尖轨、心轨顶宽加大而外移。车轮与钢轨上轮轨接触点的变化规律是一致的，当不考虑轮对横移时，只是轮轨接触点的起始坐标有所差别而已。另一侧车轮与基本轨的轮轨接触点因轮对侧滚角的变化略有变化，但改变量较小，一般在 1 mm 以内。

道岔区内轮轨接触点位置的这种变化规律，与区间线路右侧钢轨存在如图 3-31、图 3-32 所示的高低和方向不平顺时轮轨接触点位置的变化规律一致，是道岔结构特点所决定的，只要采用顶面逐渐加宽和逐渐升高的尖轨、心轨引导车轮过岔，这种类似于区间线路的不平顺就是不可避免的，可称之为道岔的"结构不平顺"，它是引起列车与道岔振动的激振源之一。

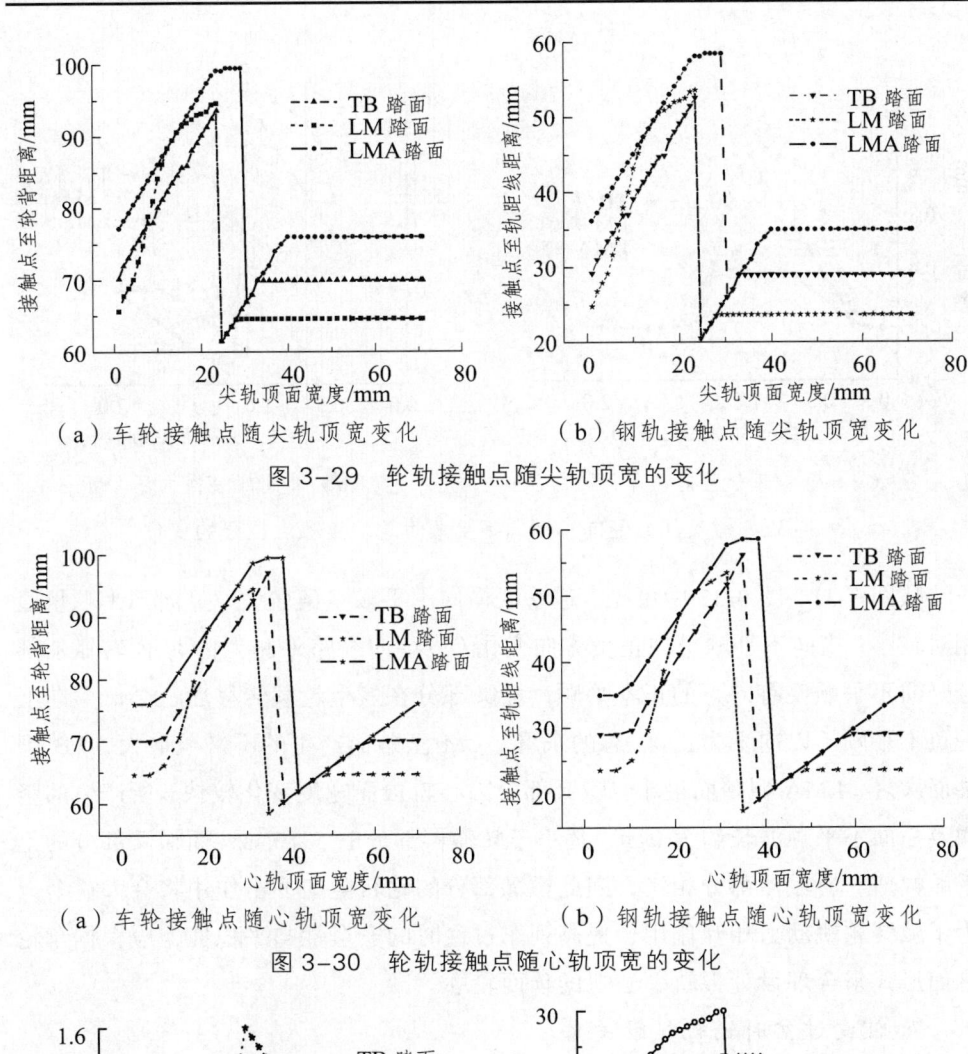

(a) 车轮接触点随尖轨顶宽变化　　(b) 钢轨接触点随尖轨顶宽变化

图 3-29　轮轨接触点随尖轨顶宽的变化

(a) 车轮接触点随心轨顶宽变化　　(b) 钢轨接触点随心轨顶宽变化

图 3-30　轮轨接触点随心轨顶宽的变化

(a) 转辙器部分竖向不平顺　　(b) 转辙器部分横向不平顺

图 3-31　转辙器部分竖向、横向不平顺时轮轨接触点位置的变化

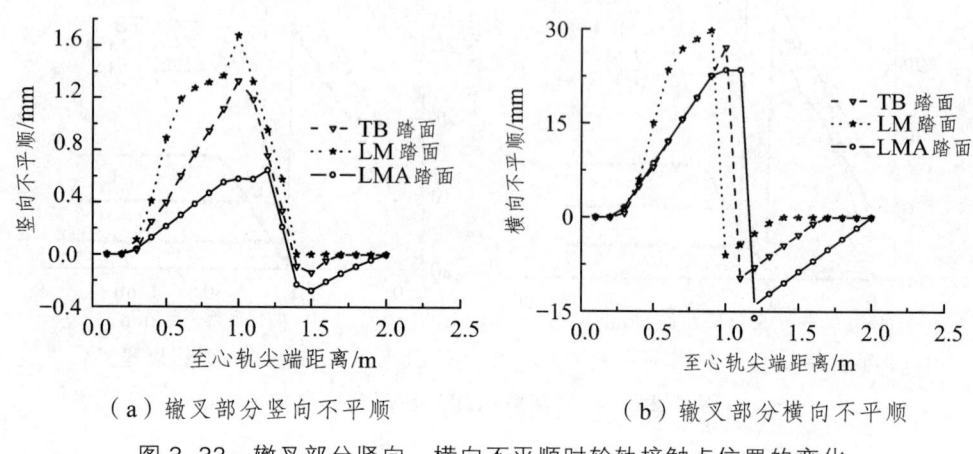

(a) 辙叉部分竖向不平顺　　　　(b) 辙叉部分横向不平顺

图 3-32　辙叉部分竖向、横向不平顺时轮轨接触点位置的变化

从图 3-31、图 3-32 中可见，道岔区横向不平顺量值较大，竖向不平顺量值相对较小；横向不平顺呈现正负方向变化（以朝向线路外侧为正），而转辙器部分竖向不平顺仅有向下的正不平顺，辙叉部分在发生轮载转移后还会产生向上的负不平顺（以向下为正）。总的来看，LM 型踏面产生的不平顺最大，TB 型踏面次之，LMA 型踏面最小。辙叉部分因心轨顶面宽度变化较快，所产生的竖向及横向不平顺波长约为 2 m，远小于转辙器部分的 5～7 m，而辙叉部分的不平顺幅值与转辙器部分相当，因此辙叉部分的轮轨竖向冲击作用将会大得多。为了减缓轮轨动力相互作用，提高列车过岔时的安全性与平稳性，应根据车轮踏面形式来合理设计尖轨、心轨的顶面轮廓。

7. 侧向过岔时轮轨接触关系

前面分析了三种踏面形式的车轮直向通过时速 350 km 18 号道岔的轮轨接触几何关系，侧向通过道岔转辙器部分时，曲尖轨顶面轮廓形状与直尖轨相似，只是顶面降低值略有不同，轮轨接触几何关系的变化规律是一致；而侧向通过辙叉时，若为长短心轨拼接式结构，短心轨尖端藏在长心轨轨头下腭，在该处还会因轮载的转移（从长心轨向短心轨过渡）而形成新的结构不平顺。以 LMA 型踏面为例，轮对侧向通过辙叉部分时的轮轨接触几何关系与直向过岔时的比较如图 3-33 所示。

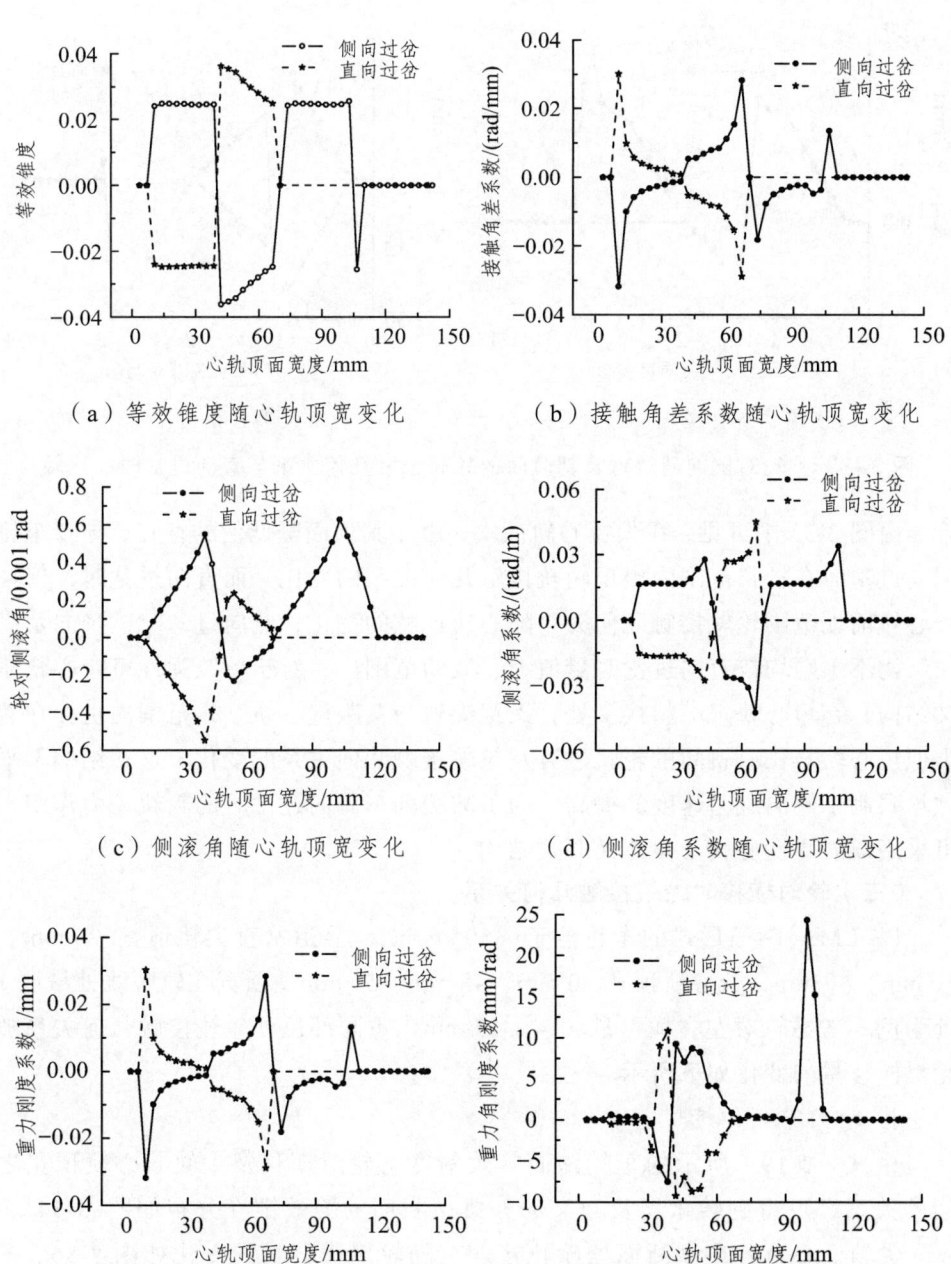

(a) 等效锥度随心轨顶宽变化

(b) 接触角差系数随心轨顶宽变化

(c) 侧滚角随心轨顶宽变化

(d) 侧滚角系数随心轨顶宽变化

(e) 重力刚度系数随心轨顶宽变化

(f) 重力角刚度系数随心轨顶宽变化

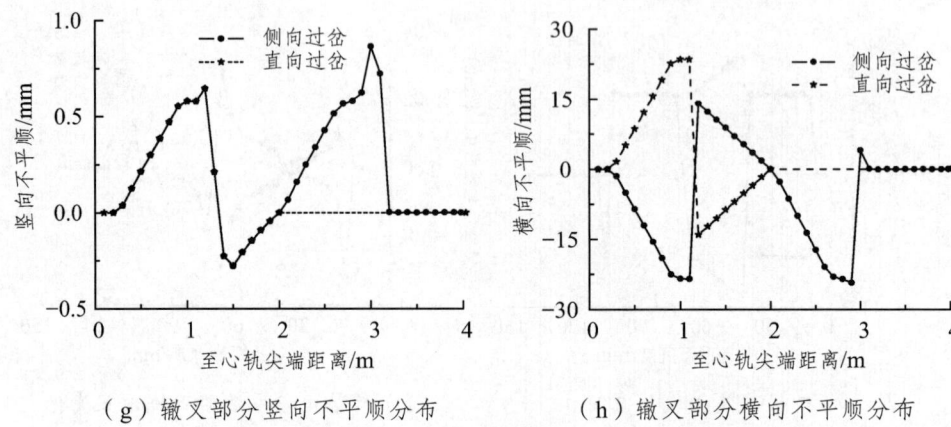

(g) 辙叉部分竖向不平顺分布　　　（h) 辙叉部分横向不平顺分布

图3-33　轮对侧向通过辙叉部分时的轮轨接触几何关系与直向过岔时的比较

由图3-33中可见，在长短心轨前端，由于其顶面降低值的存在，导致车轮侧向过岔时在较长范围内出现轮轨接触几何关系的变化，而直向过岔时，仅在长心轨前端范围轮轨接触几何关系随心轨顶宽的变化；侧向过岔时，竖向及横向结构不平顺均较直向过岔时量值大、波动范围广；对于单肢弹性可弯心轨辙叉结构，在短心轨跟端斜接头处，叉跟尖轨与叉跟基本轨贴靠范围内也存在着类似短心轨与长心轨间的轮轨过渡及轮轨接触几何关系的变化。这些结构不平顺均限制了侧向过岔速度的提高，为了减缓列车侧向过岔时的轮轨动力作用，可采用双肢弹性心轨及整体叉心式结构。

（三）轮对横移时轮轨接触几何关系

以 LMA 踏面形式的车轮位于 350 km/h 18 号道岔直尖轨顶宽 20 mm、30 mm、40 mm，长心轨顶宽 30 mm、40 mm、50 mm（顶宽在轨距线处量测）处为例，考虑轮对左右横移量 0～±12 mm，不同部位处轮轨接触几何关系随轮对横移量的变化如下所示。

1. 踏面等效锥度

由式（3-19）所示的车轮踏面等效斜度与轮对横移及尖轨、心轨顶宽之间的关系，可得到转辙器及辙叉部分典型断面的等效锥度分布如图 3-34 所示。尖轨、心轨各典型断面处轮轨接触点随轮对横移量的变化如图 3-35、图 3-36 所示。

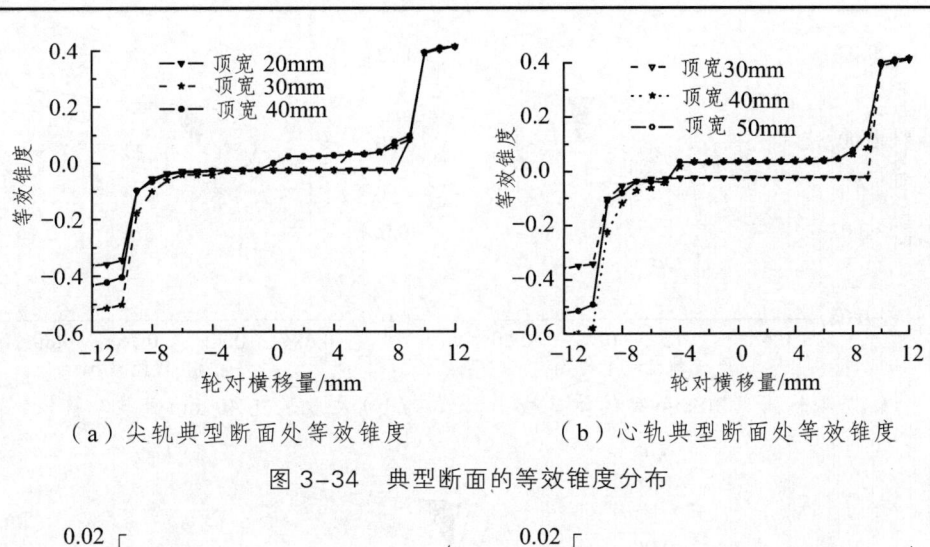

(a) 尖轨典型断面处等效锥度　　　　(b) 心轨典型断面处等效锥度

图 3-34　典型断面的等效锥度分布

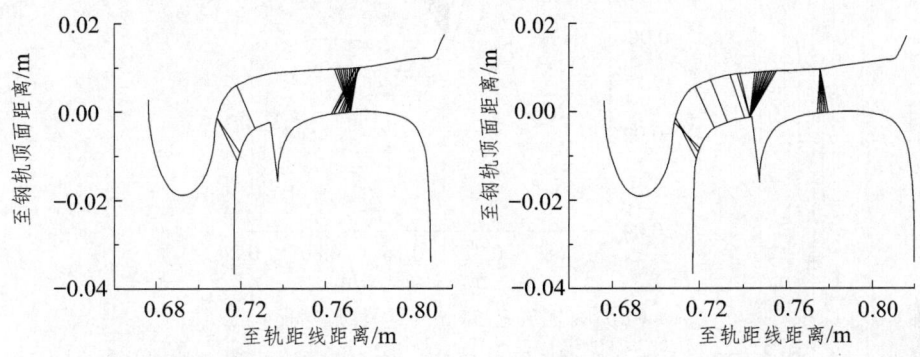

(a) 尖轨顶宽 20 mm 处轮轨接触　　　(b) 尖轨顶宽 30 mm 处轮轨接触

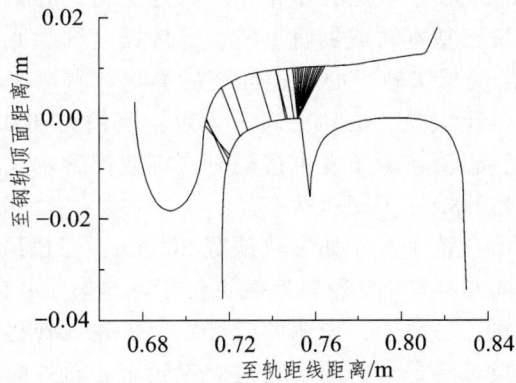

(c) 尖轨顶宽 40 mm 处轮轨接触

图 3-35　尖轨各典型断面处轮轨接触点随轮对横移量的变化

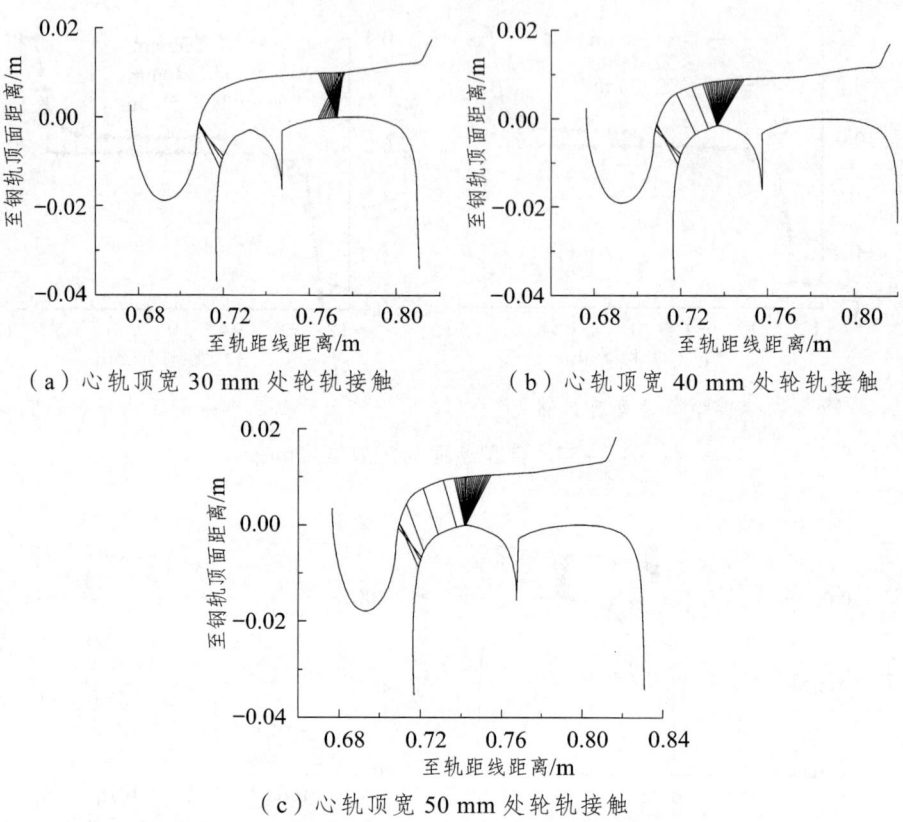

图 3-36 心轨各典型断面处轮轨接触点随轮对横移量的变化

由图 3-34 至图 3-36 中可见，车轮轮缘未与尖轨、心轨贴靠时，等效锥度较小，轮轨接触点位于基本轨或翼轨上时，等效锥度约为 0.04，略大于区间线路的 0.025，主要是受了尖轨、心轨顶面宽的影响，右侧车轮轮轨接触点外移所致；轮轨接触点位于尖轨、心轨上时，等效锥度约为 0.022，与区间线路相当。当车轮与尖轨、心轨轨距角发生接触时，等效锥度较大；当轮对横移量超过轮轨游间后，车轮开始处于爬轨状态。

当尖轨、心轨顶宽较小时（如尖轨顶宽 20 mm、心轨顶宽 30 mm 处），轮对无横移量或轮对向左移动时，轮轨接触点位于基本轨上；当轮对向右移动时，轮轨接触点位于尖轨、心轨上，说明此时已发生了轮载转移。可见，当考虑轮对横移后，轮载转换点将是动态的，轮对向尖轨、心轨方向的横移量越大，轮轨接触点越靠近尖轨、心轨前端，否则越靠近后端。当尖轨、心轨顶宽较大时（如尖轨顶宽 40 mm、心轨顶宽 50 mm 处），无论车轮横移方向及横移量如何变化，轮轨接触点均位于尖轨和心轨上。

2. 接触角差系数

由式（3-20）所示的接触角差系数与轮对横移及尖轨、心轨顶面宽度之间的关系，可得到转辙器及辙叉部分典型断面的接触角差系数分布如图 3-37 所示。由图中可见，轮缘与钢轨接触前，接触角差系数随轮对横移量的变化较小；而轮缘与钢轨接触后，接触角差系数急剧增大。尖轨、心轨顶宽较小时；接触角差系数变化较小，顶宽较大时，因轮轨接触点的变化范围较大，接触角差系数变化较大。

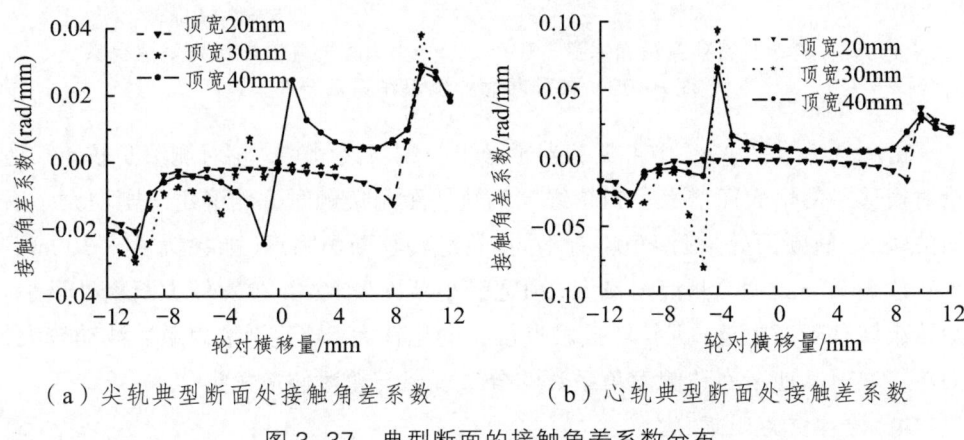

（a）尖轨典型断面处接触角差系数　　（b）心轨典型断面处接触差系数

图 3-37　典型断面的接触角差系数分布

3. 侧滚角系数

由式（3-23）所示的侧滚角系数与轮对横移及尖轨、心轨顶面宽度之间的关系，可得到转辙器及辙叉部分典型断面的侧滚角、侧滚角系数分布如图 3-38、图 3-39 所示。

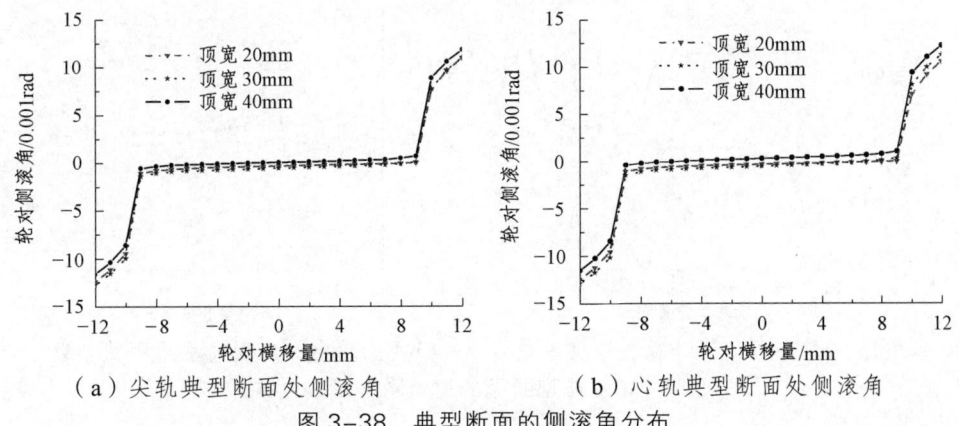

（a）尖轨典型断面处侧滚角　　（b）心轨典型断面处侧滚角

图 3-38　典型断面的侧滚角分布

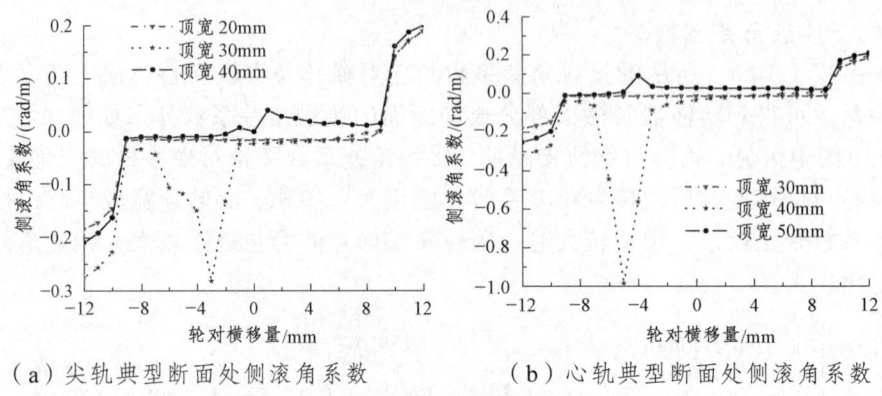

(a) 尖轨典型断面处侧滚角系数　　(b) 心轨典型断面处侧滚角系数

图 3-39　典型断面的侧滚角系数分布

由图 3-38、图 3-39 中可见，当轮缘未与钢轨接触时，轮对侧滚角较小，随轮对横移量的增大而增大；当轮缘与钢轨轨距角接触时，侧滚角急剧增大。不同尖轨、心轨断面处，侧滚角略有不同，轮载转移断面附近（如尖轨顶宽 30 mm、心轨顶宽 40 mm 处）侧滚角最大，顶宽较小断面处次之，顶宽较大断面处最小。除轮载转移断面附近，因轮轨接触点位置变化较大，导致侧滚角系数波动较大，尖轨、心轨其他断面的侧滚角系数的分布规律与轮对侧滚角类似。

4. 轮对重力刚度

由式（3-24）所示的轮对重力刚度系数与轮对横移及尖轨、心轨顶面宽度之间的关系，可得到转辙器及辙叉部分典型断面的重力刚度系数分布如图 3-40 所示。由图中可见，重力刚度系数的分布规律与接触角差系数的分布规律相同，量值大小也较接近，这主要是由于轮对侧滚角较小所致。

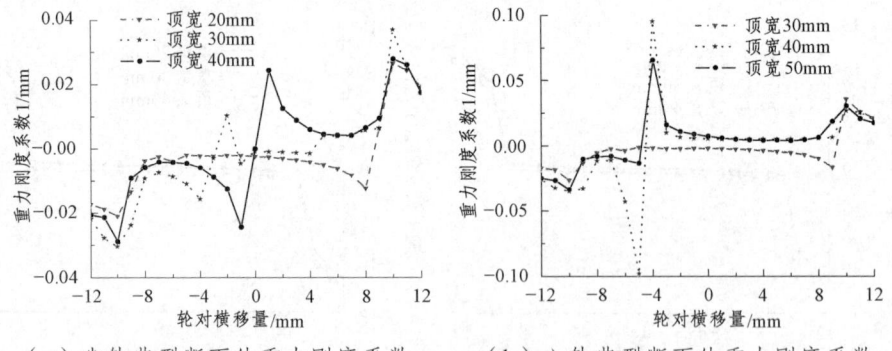

(a) 尖轨典型断面处重力刚度系数　　(b) 心轨典型断面处重力刚度系数

图 3-40　典型断面的重力刚度系数分布

5. 轮对重力角刚度

由式（3-16）所示的轮对重力刚度系数与轮对横移量之间的关系，可得到转辙器及辙叉部分典型断面的重力角刚度系数分布如图 3-41 所示。由图中可见，轮对重力角刚度系数与区间线路上的重力角刚度系数的分布规律相当（见图 3-14），当轮缘未与钢轨贴靠时，重力角刚度系数较小；当轮缘与钢轨轨距角贴靠时，重力角刚度系数急剧增大。尖轨、心轨不同断面处的重力角刚度系数分布规律相同，只是在轮对横移量较大（7 mm 以上）时有所差别，尖轨、心轨顶宽越大，重力角刚度系数越大。

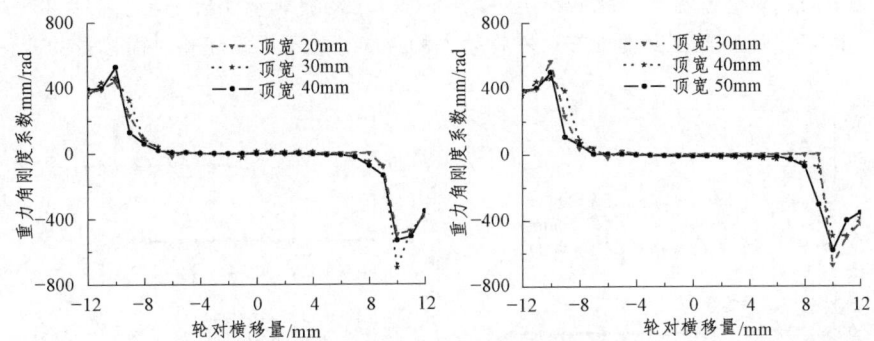

（a）尖轨典型断面处重力角刚度系数　（b）心轨典型断面处重力角刚度系数

图 3-41　典型断面的重力角刚度系数分布

6. 道岔结构不平顺

转辙器、辙叉部分典型断面处左、右钢轨上的竖向和横向结构不平顺随轮对横移量的变化如图 3-42 至图 3-45 所示。

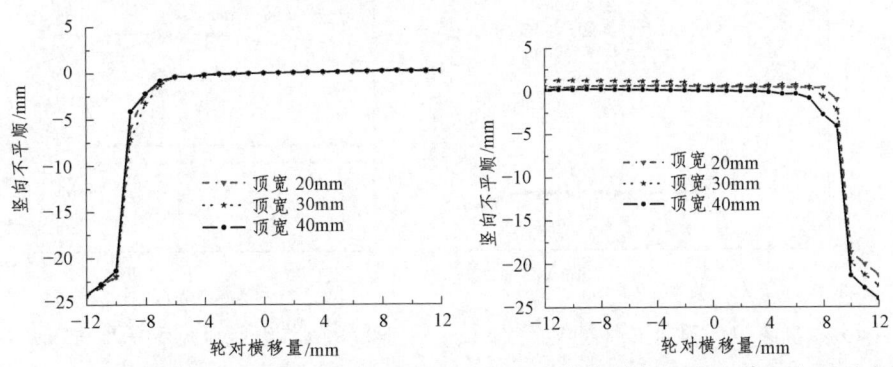

（a）尖轨典型断面处左轨竖向不平顺　（b）尖轨典型断面处右轨竖向不平顺

图 3-42　尖轨典型断面处左、右钢轨上的竖向结构不平顺随轮对横移量的变化

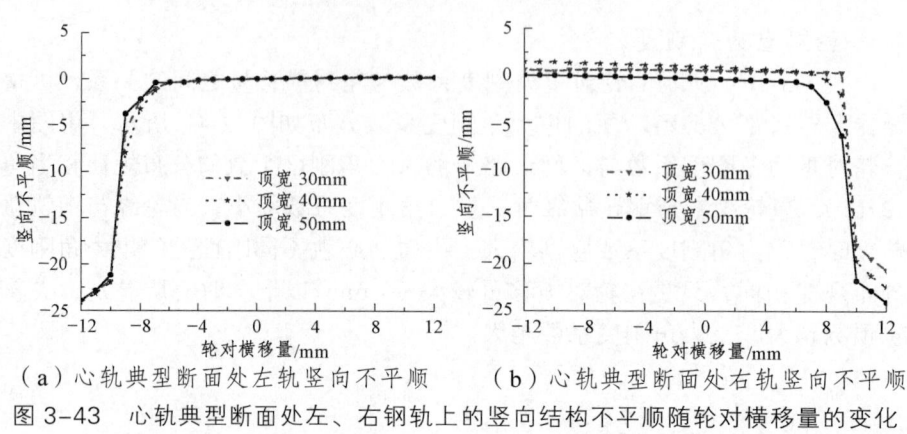

（a）心轨典型断面处左轨竖向不平顺　　（b）心轨典型断面处右轨竖向不平顺

图 3-43　心轨典型断面处左、右钢轨上的竖向结构不平顺随轮对横移量的变化

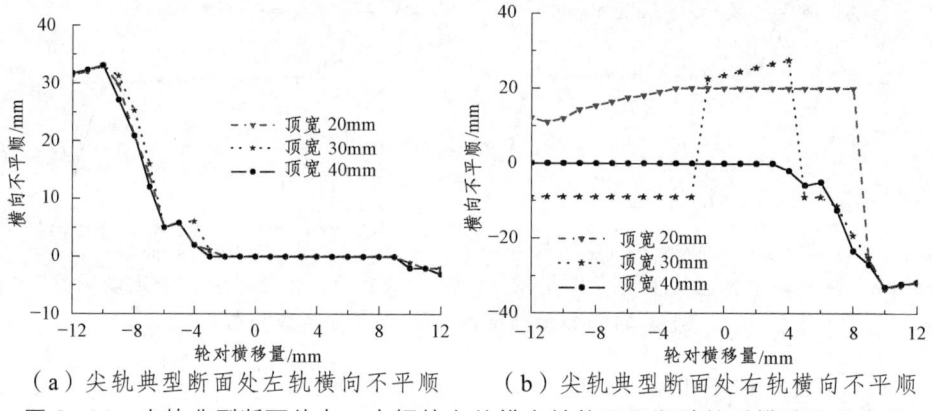

（a）尖轨典型断面处左轨横向不平顺　　（b）尖轨典型断面处右轨横向不平顺

图 3-44　尖轨典型断面处左、右钢轨上的横向结构不平顺随轮对横移量的变化

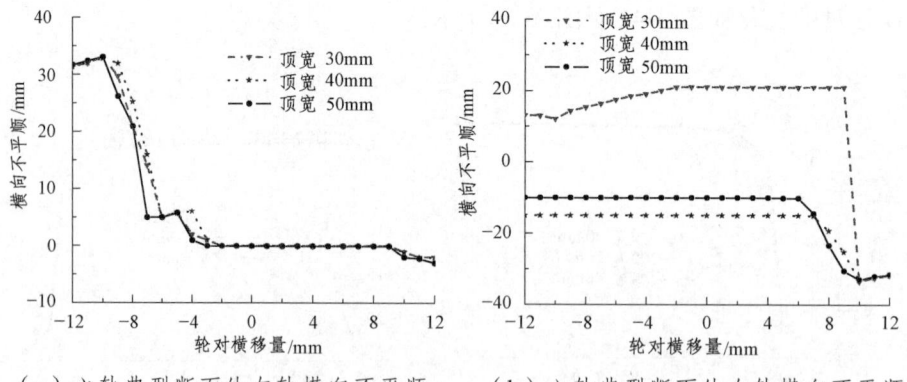

（a）心轨典型断面处左轨横向不平顺　　（b）心轨典型断面处右轨横向不平顺

图 3-45　心轨典型断面处左、右钢轨上的横向结构不平顺随轮对横移量的变化

由图 3-42 至图 3-45 中可见，当轮缘与钢轨贴靠处于爬轨状态时，竖向结

构不平顺较大，且为负值，表明钢轨顶面与车轮踏面间脱离接触；当轮缘与钢轨不贴靠时，竖向结构不平顺较小，左侧基本轨上竖向不平顺随轮对横移量变化较小，由于轮对侧滚角的变化，左轨上的竖向不平顺约为 0.2 mm 左右，右轨上的竖向不平顺还受尖轨、心轨顶面降低值及轮轨接触点变化的影响，量值较大，可达 1.3 mm 以上；尖轨、心轨不同顶宽处，右轨竖向不平顺幅值不同，轮载转移断面附近不平顺量值最大，顶宽较小断面次之，顶宽较大断面最小；当轮对横移量较大（7 mm 及以上）时，虽然轮缘未与钢轨侧面接触，但轮对踏面与轮缘交界圆弧与钢轨轨距角接触，也会导致较大的竖向不平顺，并抬高车轮，使车轮踏面与钢轨顶面产生 1~4 mm 的脱离。

结合图 3-35、图 3-36 分析，在轮对横移量为正或量值较小轮缘未与钢轨接触时，转辙器及辙叉部分左轨上的横向结构不平顺较小；轮缘与钢轨接触后，轮轨接触点位于轨距角附近，所产生的横向不平顺较大。尖轨、心轨顶宽较小断面处，轮缘未贴靠钢轨前，因轮载未发生转移，轮轨接触点位于基本轨或翼轨上，右轨上的横向结构不平顺为正值，其量值基本上不随轮对向右侧横移而变化，但随轮对向左侧横移量的增大而减小，轮缘贴靠钢轨后，轮轨接触点突变至轨距角处，横向不平顺为负值。尖轨、心轨顶宽较大断面处，轮缘未贴靠钢轨前，因轮载已发生转移，轮轨接触点位于尖轨或心轨上，右轨上的横向结构不平顺为负值或零，其量值基本上不随轮对向横移而变化，轮缘或轮缘与踏面的过渡圆弧与钢轨轨距角贴靠后，轮轨接触点逐渐移至轨距角处，横向不平顺急剧变化。在尖轨、心轨轮载转移断面附近（如尖轨顶宽 30mm 处），轮对横移量较大时，轮轨接触点位于尖轨、心轨上，横向结构不平顺为负值，轮对横移量较小时（如 -1~4 mm），轮轨接触点位于基本轨、翼轨上，横向结构不平顺为正值，该处不平顺随轮对横移量波动较剧烈，该断面处轮轨接触点随轮对横移量的变化如图 3-46 所示。

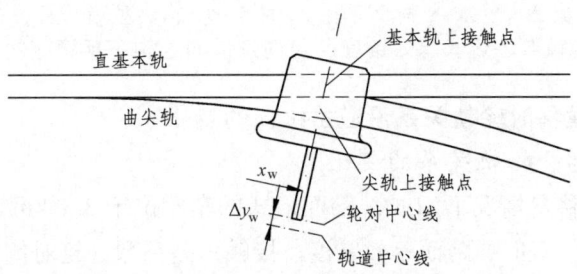

图 3-46 轮轨接触点随轮对横移量的变化

(四) 侧向防磨护轨对轮轨关系的影响

当辙叉侧股设有防磨护轨（护轨轮缘槽平直段间隔为42 mm）时，LMA踏面形式的车轮位于350 km/h 18号道岔侧股心轨顶宽30 mm、40 mm、50 mm处时，轮轨接触点位置、等效锥度、竖向及横向结构不平顺随轮对横移量的变化如图3-47所示。由图中可见，当轮对向左侧心轨方向横移时，由于护轨对轮背的限制作用，向左的最大横移量仅为1 mm，而向右侧护轨方向移动时，轮对横移量不受限制。因此，心轨处不会出现轮缘与钢轨轨距角接触的情况，其轮轨接触几何关系与列车直向过岔、轮对横移量 −12 ~ 1 mm时心轨侧的轮轨接触几何关系相同。

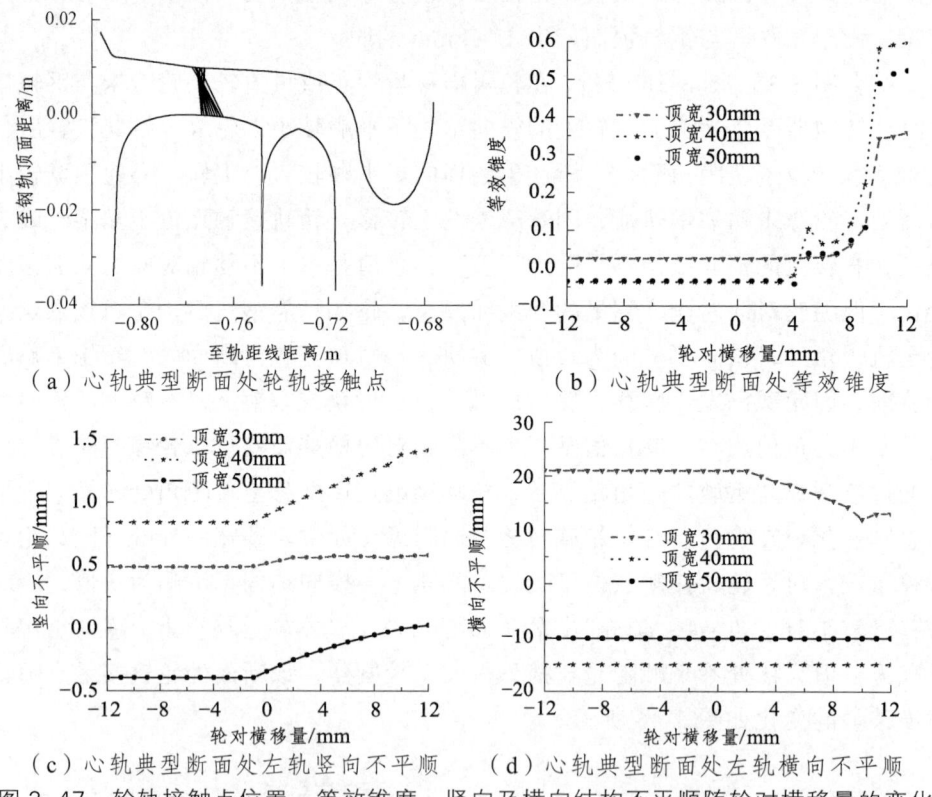

(a) 心轨典型断面处轮轨接触点　　(b) 心轨典型断面处等效锥度

(c) 心轨典型断面处左轨竖向不平顺　(d) 心轨典型断面处左轨横向不平顺

图3-47　轮轨接触点位置、等效锥度、竖向及横向结构不平顺随轮对横移量的变化

(五) 轮对横移时轮轨关系沿道岔纵向的变化

1. 转辙器部分轮轨关系的变化

不同轮对横移量情况下，LMA踏面形式的车轮位于350 km/h 18号道岔直股转辙器部分不同位置时，踏面等效锥度、接触角差系数、轮对侧滚角、重力角刚度系数、竖向结构不平顺、横向结构不平顺沿道岔纵向的变化如图3-48所示。

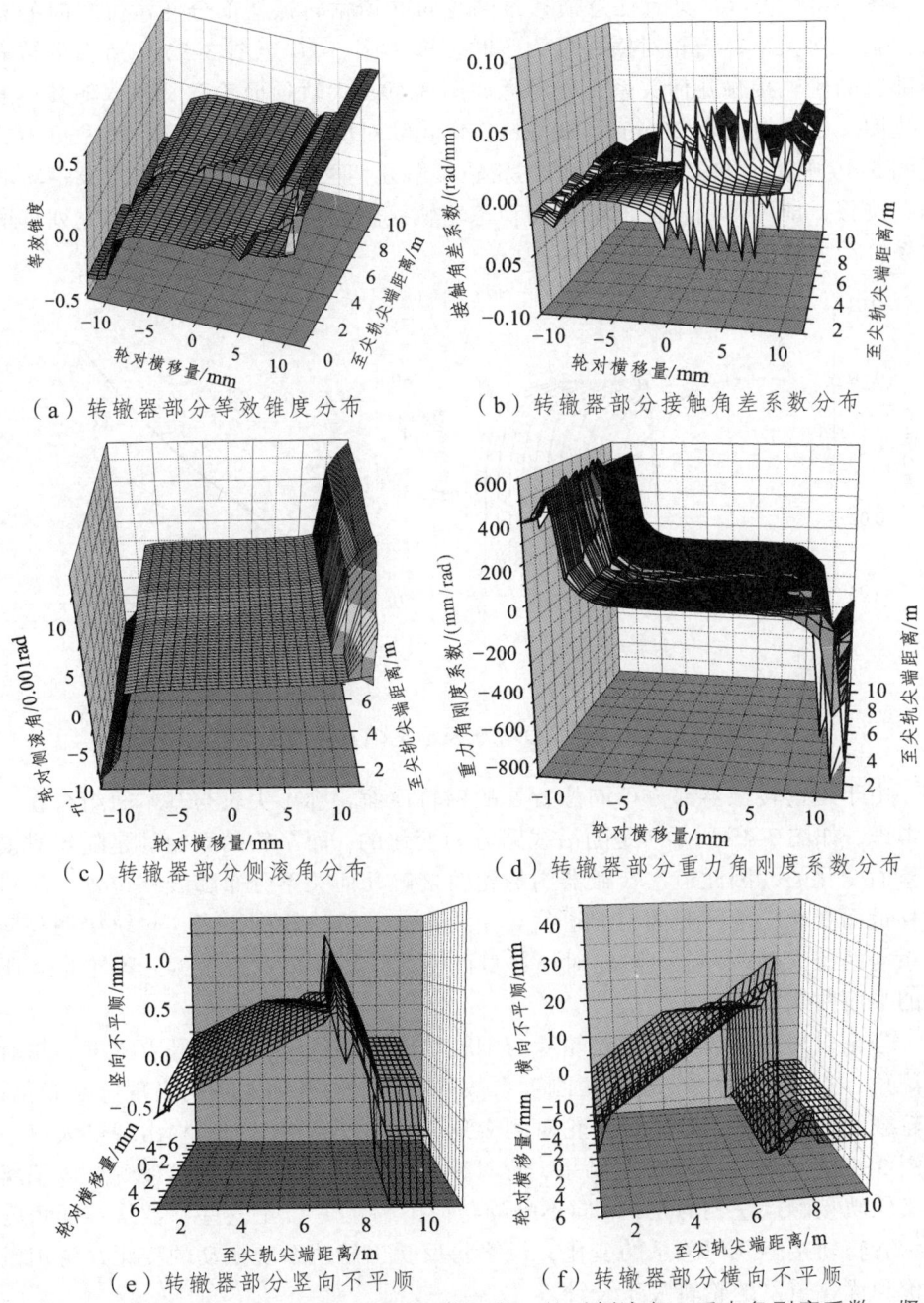

图 3-48 转辙器部分等效锥度、接触角差系数、轮对侧滚角、重力角刚度系数、竖向结构不平顺、横向结构不平顺沿道岔纵向的变化

图 3-48 表示了具有任意横移量的轮对在道岔转辙器部分任意位置时的轮轨接触几何关系；当轮对横移量为零时，即为图 3-20 至图 3-32 中所示的转辙器部分的轮轨接触几何关系；当考虑如图 3-49（尖轨顶面轮廓及顶宽随其长度变化图）中尖轨顶宽 20 mm、30 mm、40 mm 对应的道岔位置时，即为图 3-34 至图 3-46 中所示的尖轨典型断面的轮轨接触几何关系；若再考虑车轮及钢轨的动态位移，即可得到转辙器部分的动态轮轨接触几何关系，这将是研究列车道岔系统动力学的基础。

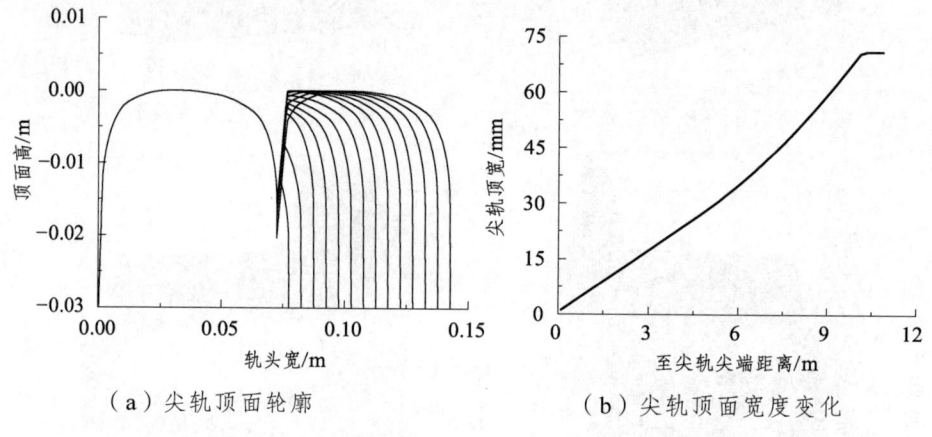

（a）尖轨顶面轮廓　　　　　　　（b）尖轨顶面宽度变化

图 3-49　尖轨顶面轮廓及顶宽随其长度变化图

由于道岔转辙器部分不同位置处的钢轨顶面轮廓（尖轨与基本轨组合在一起考虑，如图 3-49 所示）是随沿线路方向变化的，而车轮踏面轮廓是随轮对横移量而变化的，因此道岔转辙器内的轮轨接触几何关系分布随线路位置、轮对横移量而变化的空间曲面；而道岔导曲线部分因钢轨轮廓不变，轮轨接触几何关系与区间线路一样，只随轮对横移量而变化，其分布为如图 3-5 至图 3-14 所示的平面曲线。

当轮对横移量较大、车轮轮缘与钢轨轨距角贴靠时，踏面等效锥度、轮对侧滚角、接触角差系数、重力角刚度系数等轮轨接触几何关系均出现急剧变化；在轮载发生转移的位置附近，轮对侧滚角、竖向及横移不平顺均出现最大值，如图 3-50 所示（为直观显示结果，轮对横移量以向右为正，轮轨接触点以偏离名义轮轨接触点左侧为正，竖向不平顺与向下为正）。以上这些参数从不同角度表示着轮轨接触几何关系的变化，最终将反映出轮轨系统振动的变化，可用以评价和优化道岔的轮轨关系设计。

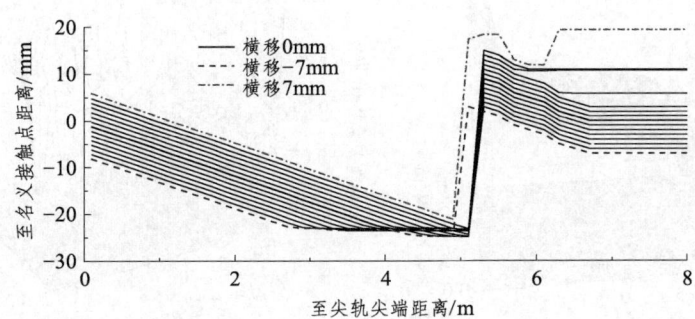

(a) 转辙器部分轮轨接触点随轮对横移量、线路位置的变化

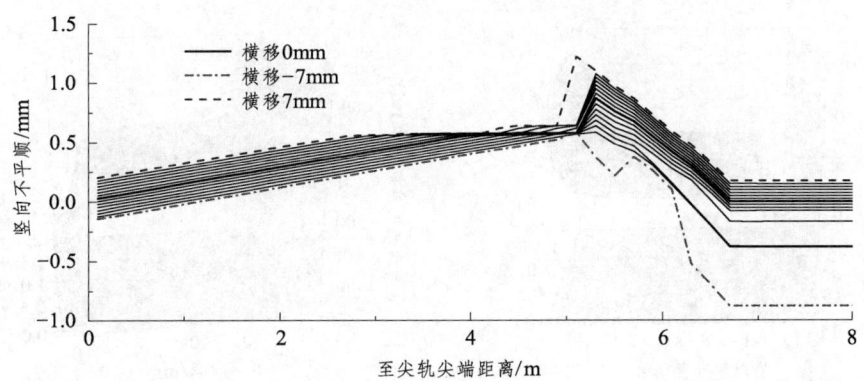

(b) 转辙器部分竖向结构不平顺随轮对横移量、线路位置的变化

图 3-50 转辙器部分轮轨接触点及竖向结构不平顺随轮对横移量、线路位置的变化

从图 3-50 中还可看出，轮对横移量越大，所产生的竖向及横向结构不平顺越大，反过来又会加大轮轨系统的振动，因此尽可能控制列车进岔时的平稳性、减少轮对横移量对确保列车过岔时的安全性与平稳性是十分有利的，需要在养护维修中严格控制道岔前后区间线路的几何不平顺。

2. 辙叉部分轮轨关系的变化[28]

不同轮对横移量情况下，LMA 踏面形式的车轮位于 350 km/h 18 号道岔直股辙叉部分不同位置时，踏面等效锥度、接触角差系数、轮对侧滚角、重力角刚度系数、竖向结构不平顺、横向结构不平顺沿道岔纵向的变化如图 3-51 所示。

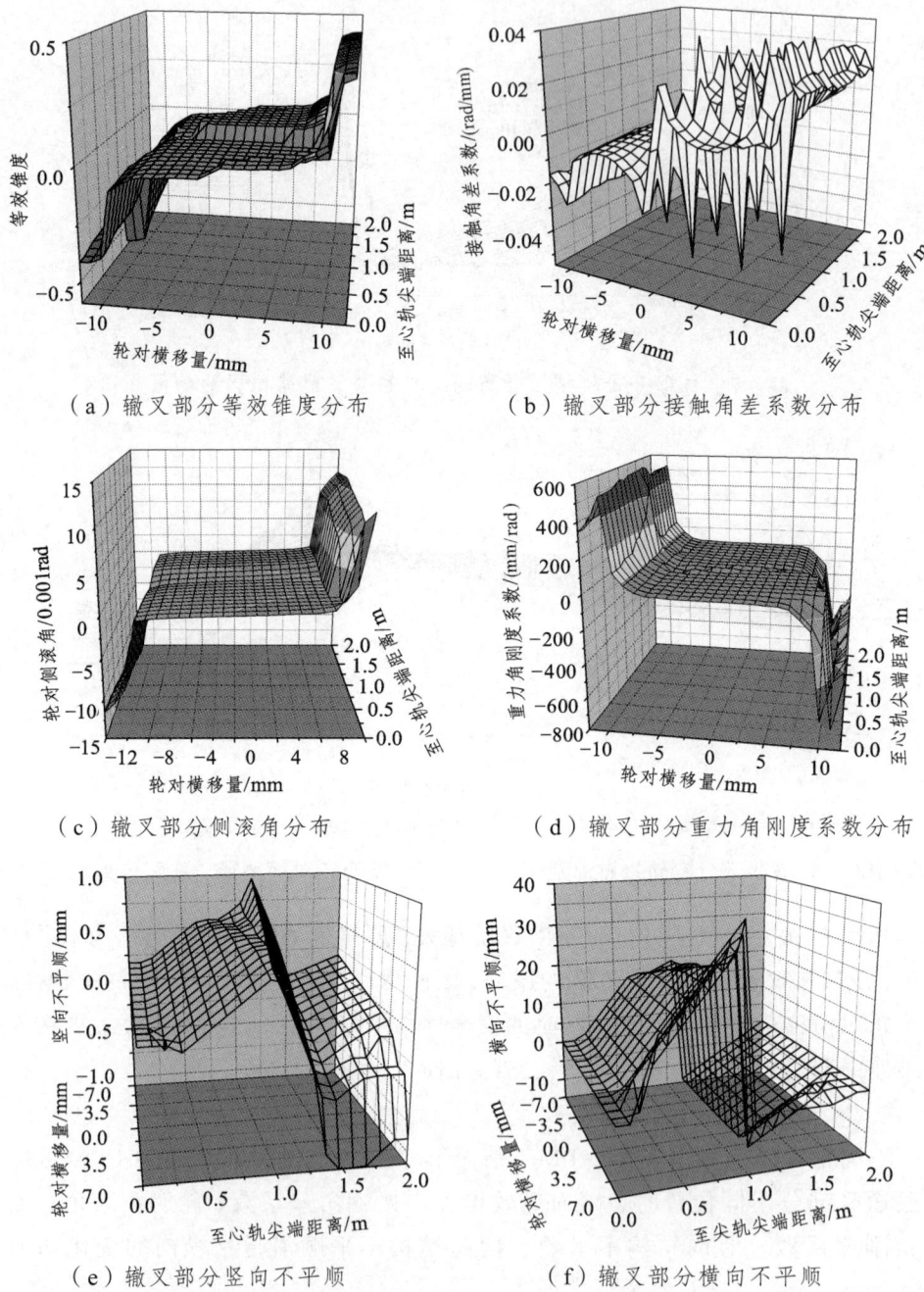

图 3-51 辙叉部分等效锥度、接触角差系数、轮对侧滚角、重力角刚度系数、竖向结构不平顺、横向结构不平顺沿道岔纵向的变化

图 3-51 表示了具有任意横移量的轮对在道岔辙叉部分任意位置时的轮轨接触几何关系；当轮对横移量为零时，即为图 3-20 至图 3-32 中所示的辙叉部分的轮轨接触几何关系；当考虑如图 3-50（心轨顶面轮廓及顶宽随其长度变化图）中尖轨顶宽 30 mm、40 mm、50 mm 对应的道岔位置时，即为图 3-34 至图 3-46 中所示的心轨典型断面的轮轨接触几何关系；同样，考虑车轮及钢轨的动态位移，即可得到辙叉部分的动态轮轨接触几何关系。

辙叉部分轮轨接触几何关系的变化规律与转辙器部分类似，只是因心轨顶面轮廓形状与尖轨不同（心轨为近似对称型）、心轨顶宽沿线路方向的变化速率较快（见图 3-52），导致各项接触几何参数的量值与转辙器部分有所不同，均是在轮缘与钢轨轨距角接触后、轮载转移附近出现较急剧的变化。

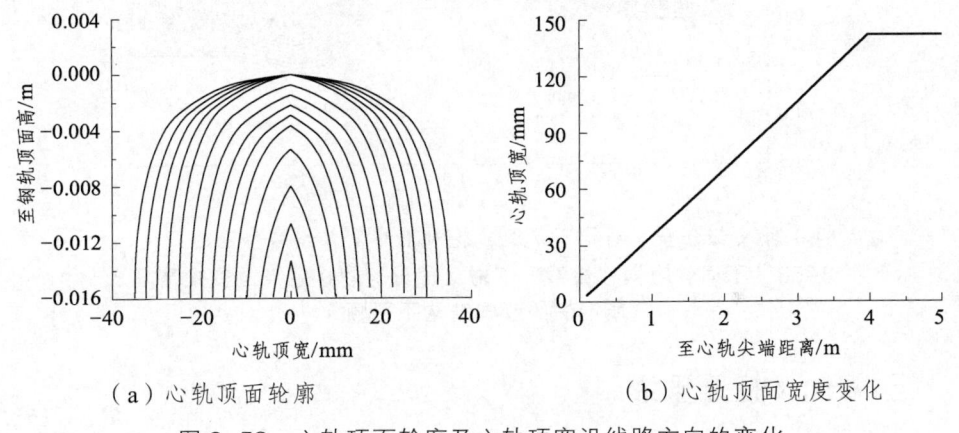

（a）心轨顶面轮廓　　　　　　　　（b）心轨顶面宽度变化

图 3-52　心轨顶面轮廓及心轨顶宽沿线路方向的变化

图 3-53 为不同轮对横移量情况下，辙叉部分轮轨接触点的变化情况及所产生的竖向结构不平顺（各量值方向规定与图 3-50 相同）。由图中可见，不同轮对横移量情况下，轮轨接触点及竖向不平顺的变化规律相同；轮载转移点附近竖向及横向不平顺达到最大值；轮对向心轨方向的横移量较大出现钢轨轨距角接触时，轮载转移点将提前，且不平顺的量值较大；由于心轨顶面轮廓为直侧股方向近似对称形式，从心轨尖端至心轨整断面（顶宽 71 mm）处为轮轨接触关系的变化范围，而转辙器部分的轮轨接触关系变化范围为尖轨尖端至顶面降低值起点处（350 km/h 18 号道岔为尖轨顶宽 40 mm）；因辙叉部分结构不平顺的波长较短，而不平顺幅值大小却与转辙器部分相当，更需要严格控制该处的几何形位不平顺及心轨与滑床台板、翼轨、顶铁的贴靠状态，以及轨下基础的稳定性，避免出现多种静动力不平顺的叠加，加剧列车与道岔的耦合振动，影响高速列车过岔时的平稳性与安全性。

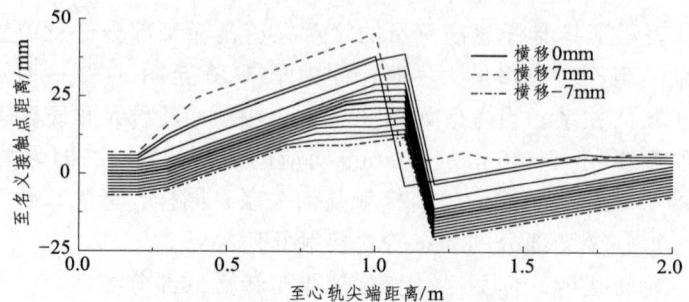

（a）辙叉部分轮轨接触点随轮对横移量、线路位置的变化

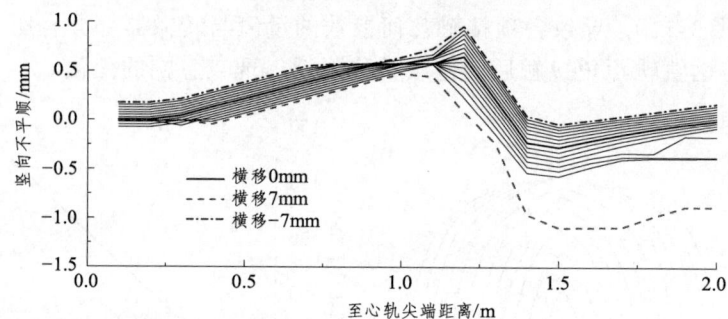

（b）辙叉部分竖向结构不平顺随轮对横移量、线路位置的变化

图 3-53　不同轮对横移量情况下辙叉部分轮轨接触点的变化情况及所产生的竖向结构不平顺

三、Hertz 接触理论

1. Hertz 接触理论

早在 19 世纪，Hertz 就曾用弹性力学理论研究了两弹性体的接触问题，并认为两弹性体间的接触面积形状是一个椭圆，其半轴 a 和 b 可根据 Hertz 所发展的弹性体接触理论而得到。

定义两个常数 A 和 B，用于表示主曲率平面间夹角的函数。设 ρ_1、ρ_2 为其中一个弹性体在其接触点上的主曲率半径，ρ_{t1}、ρ_{t2} 为与其接触的另一个弹性体在同一接触点上的主曲率半径，η 为包含 $1/\rho_1$ 的平面和包含 $1/\rho_2$ 的平面之间的夹角，则常数 A 和 B 可由下列方程确定

$$\left. \begin{array}{l} A+B = \dfrac{1}{2}\left(\dfrac{1}{\rho_1} + \dfrac{1}{\rho_2} + \dfrac{1}{\rho_{t1}} + \dfrac{1}{\rho_{t2}} \right) \\[2ex] B-A = \dfrac{1}{2}\left[\left(\dfrac{1}{\rho_1} - \dfrac{1}{\rho_2} \right)^2 + \left(\dfrac{1}{\rho_{t1}} - \dfrac{1}{\rho_{t2}} \right)^2 + 2\left(\dfrac{1}{\rho_1} - \dfrac{1}{\rho_2} \right)\left(\dfrac{1}{\rho_{t1}} - \dfrac{1}{\rho_{t2}} \right)\cos 2\eta \right]^{\frac{1}{2}} \end{array} \right\} \quad (3\text{-}25)$$

考虑到铁路车辆和钢轨接触时的具体情况,其主曲率半径分别为沿线路方向(x 轴)和垂直于线路方向(y 轴),且 η 角等于零,于是各主曲率半径按其定义可分别表示为:

$\rho_1 = R_W$ ——车轮滚动圆半径;

$\rho_2 = r_W$ ——车轮踏面横断面外形半径;

$\rho_{t1} = \infty$ ——认为沿轨道长度方向轨头是平直的,因此其曲率半径为无限大;

$\rho_{t2} = r_r$ ——轨头横断面外形半径。

对于曲线半径的符号,若曲率中心位于弹性体内部时取正,反之取负号。于是式(3-25)可简化为

$$\left. \begin{array}{l} A + B = \dfrac{1}{2}\left(\dfrac{1}{R_W} + \dfrac{1}{r_r} + \dfrac{1}{r_W}\right) \\[2mm] B - A = \dfrac{1}{2}\left(\dfrac{1}{R_W} - \dfrac{1}{r_r} - \dfrac{1}{r_W}\right) \end{array} \right\} \quad (3\text{-}26)$$

定义两个常数 k_1 和 k_2

$$k_1 = \frac{1 - \sigma_1^2}{\pi E_1}, \quad k_2 = \frac{1 - \sigma_2^2}{\pi E_2} \quad (3\text{-}27)$$

式中,E_1、E_2 和 σ_1、σ_2 分别为两接触体的弹性模量和泊松比,对于车轮和钢轨,可认为两者的弹性模量和泊松比相同。

假定轮轨在滚动接触过程中,其接触区符合 Hertz 的两弹性体接触接触形状与尺寸,那么接触椭圆的长、短轴半径为

$$\left. \begin{array}{l} a = m\sqrt[3]{\dfrac{3\pi N(k_1 + k_2)}{4(A + B)}} \\[2mm] b = n\sqrt[3]{\dfrac{3\pi N(k_1 + k_2)}{4(A + B)}} \end{array} \right\} \quad (3\text{-}28)$$

式中 N ——轮轨接触斑法向力;

m 和 n 是与 A 和 B 有关的系数,可通过计算 β 并查表 3-2 求得。

$$\beta = \arccos\left|\left(\frac{1}{R_W} - \frac{1}{r_r} - \frac{1}{r_W}\right) \middle/ \left(\frac{1}{R_W} + \frac{1}{r_r} + \frac{1}{r_w}\right)\right| \quad (3\text{-}29)$$

最大接触压应力 q_0 发生在椭圆形中心,其值为

$$q_0 = \frac{3N}{2\pi ab} \quad (3\text{-}30)$$

表 3-2　β 与 m、n 的关系表

β (°)	m	n
0	∞	0
10	6.612	0.319
20	3.778	0.408
30	2.731	0.493
35	2.397	0.530
40	2.130	0.567
45	1.926	0.604
50	1.754	0.641
55	1.611	0.678
60	1.486	0.717
65	1.378	0.759
70	1.284	0.802
75	1.202	0.846
80	1.128	0.893
85	1.061	0.944
90	1.000	1.000

2. 轮轨法向力

当轮轨间的弹性变形量已知时，可由赫兹非线性弹性接触理论确定出轮轨法向力

$$N(t) = \left[\frac{1}{G}\delta Z_N(t)\right]^{3/2} \quad (3\text{-}31)$$

式中　G——轮轨接触常数（$m/N^{2/3}$），对于 TB 型踏面车轮 $G = 4.57R^{-0.149} \times 10^{-8}$，对于 LM 型踏面车轮 $G = 3.86R^{-0.115} \times 10^{-8}$，$R$ 为车轮半径（m）；

$\delta Z_N(t)$——轮轨接触处的法向弹性压缩量（m），若弹性压缩量为零，则表示轮轨脱离接触。

四、轮轨蠕滑理论

轮轨蠕滑是指具有弹性的钢质车轮在弹性的钢轨上以一定速度滚动时，在

车轮与钢轨的接触面间产生相对微小滑动，这里所说的滑动应理解为微滑，并且是指两滚动体间接触斑给定点上的局部相对速度。实质上车轮和钢轨是弹性体，当一个弹性体在另一个弹性上滚动时，发生面接触，当车轮相对于钢轨有相对运动或相对运动趋势时，由于摩擦力的存在，在轮轨接触斑上产生切向力，该切向力使得车轮接触面介质发生运动，并使得车轮和钢轨间产生速度差，进而形成了轮轨蠕滑现象。

当车轮滚动时，以轮轨接触斑为分界面，车轮前面介质发生压缩变形，后面介质发生拉伸变形，而钢轨前面介质则发生拉伸变形，后面发生压缩变形。由于轮轨间产生相对位移后，车轮滚动时所走过的距离，将比纯滚动小，这一现象称为蠕滑或弹性滑动，其物理意义是介于纯滑动与滚动之间，它既不是纯滑动，也不是纯滚动。如果外力增大，则滑动区面积增大，黏着区面积减小，直到黏着区为零，车轮产生滑动。

除了车轮在轨道上边滚动边滑行时接触椭圆部位产生滑动外，当车轮向左右方向（横向）移动时，将产生左右方向的滑动，而且一侧车轮的滚动圆半径增大，另一侧车轮的滚动圆半径将变小，半径大的车轮试图向前多走一些距离，但是由于左右车轮连接在同一根车轴上，只能以平均速度前进，结果使得半径较大的车轮向被拉回的方向滑动，半径较小的车轮向行进方向滑动，同时车轮也绕垂直轴作回转运动，该回转运动使得接触面上产生回转滑动（也称自旋）现象。蠕滑的大小以蠕滑率表示。

荷兰学者 Kalker 发展了滚动接触线性理论，假定接触区全部为黏着区，且切向力的分布为对称，所以纵向蠕滑力与横向蠕滑率无关，而横向蠕滑力也与纵向蠕滑率无关。轮轨间纵、横向蠕滑力及回旋蠕滑力矩与蠕滑系数、蠕滑率的关系为

$$\left.\begin{array}{l} F_x = -f_{11}\gamma_1 \\ F_y = -f_{22}\gamma_1 - f_{23}\gamma_3 \\ M_z = f_{23}\gamma_2 - f_{33}\gamma_3 \end{array}\right\} \quad (3\text{-}32)$$

蠕滑系数 f_{ij} 与法向荷载、接触椭圆度和材料的弹性模量等有关，依 Kalker 线性蠕滑系数的计算公式

$$\left.\begin{array}{l} f_{11} = G(ab)C_{11} \\ f_{22} = G(ab)C_{22} \\ f_{23} = G(ab)^{3/2}C_{23} \\ f_{33} = G(ab)^2 C_{33} \end{array}\right\} \quad (3\text{-}33)$$

式中　a、b——接触椭圆的长、短半轴；

　　　G——轮轨用钢材的剪切弹模（近似地取钢的剪切弹模），$G = \dfrac{E}{2(1+\mu)}$，

　　　其中，E 为钢材弹性模量，μ 为钢材泊松比；

　　　C_{ij}——与接触椭圆长、短半轴之比 a/b 有关的系数，查表 3-3 获得。

表 3-3 为常用数值摘录。

表 3-3　泊松比 0.25 时蠕滑系数计算中常用常数表

a/b	C_{11}	C_{22}	C_{32}	C_{33}	b/a	C_{11}	C_{22}	C_{32}	C_{33}
0.1	3.31	2.52	0.473	8.82	1.0	4.12	3.67	1.47	1.19
0.2	3.37	2.63	0.603	4.27	0.9	4.22	3.81	1.59	1.11
0.3	3.44	2.75	0.715	2.96	0.8	4.36	3.99	1.75	1.04
0.4	3.53	2.88	0.823	2.32	0.7	4.54	4.21	1.95	0.965
0.5	3.62	3.01	0.929	1.93	0.6	4.78	4.50	2.23	0.892
0.6	3.72	3.14	1.03	1.68	0.5	5.10	4.90	2.62	0.819
0.7	3.81	3.28	1.14	1.50	0.4	5.57	5.48	3.24	0.747
0.8	3.91	3.41	1.25	1.37	0.3	6.34	6.40	4.23	0.674
0.9	4.01	3.54	1.36	1.27	0.2	7.78	8.14	6.63	0.601
					0.1	11.7	12.8	14.6	0.526

轮轨间的纵向、横向及回旋蠕滑率定义为

$$\left. \begin{aligned} \gamma_{1i} &= \frac{V'_{xi} - V_{xi}}{V} \\ \gamma_{2i} &= \frac{V'_{yi} - V_{yi}}{V} \\ \omega_{3i} &= \frac{\Omega'_{3i} - \Omega_{3i}}{V} \end{aligned} \right\} \quad (3\text{-}34)$$

式中，V'_x、V'_y、Ω'_3 分别为钢轨在轮轨接触点处的纵向、横向线速度及旋转角速度分量；V_x、V_y、Ω_3 分别为车轮在轮轨接触点处的纵向、横向线速度及旋转角速度分量；V 为列车前进速度。它们可由下列公式求得

$$\left.\begin{aligned}&V'_{xi} = V + (-1)^{i+1}\frac{bV}{R'} + (-1)^{i+1}b\psi_{wj}\\&V'_{yi} = \dot{y}_{ri},\quad \Omega'_{3i} = 0\\&V_{xi} = \frac{r_i}{r_0}V + \dot{\theta}_j r_i,\quad V_{yi} = V\psi_{wj} - \dot{y}_{wj}\\&\Omega_{3i} = (-1)^{i+1}\theta_0 \sin[\delta_i + (-1)^{i+1}\varepsilon_i] - \dot{\alpha} - \dot{\psi}_{wj}\end{aligned}\right\} \quad (3\text{-}35)$$

式中 δ_i——各车轮与钢轨踏面间的接触角；

   ε_i——因轮对横移、侧滚及摇头造成的轮轨踏面接触角的变化量；

   $\dot{\alpha}$——转向架在曲线轨道上整体转动的角速度，$\dot{\alpha} = V/R'$，R' 为曲线半径；

   $\dot{\theta}_0$——轮对的平均转动角速度，$\dot{\theta}_0 = V/r_0$；

   $\dot{\theta}_j$——轮对转速增量，可由蠕滑力作用于轮对之上使之转动的力矩平衡条件（牵引及制动时除外）而求得

$$F_{xi}r_i + F_{x(i+1)}r_{i+1} = 0 \quad (3\text{-}36)$$

在其他物理量确定的条件下，轮对转速增量需要通过迭代求得。r_i 为各车轮的滚动圆半径，r_0 为名义滚动圆半径；b 为两滚动圆距离之半；ψ_{wj} 为轮对摇头角；i 为车轮编号（从第一轮对右侧车轮、左侧车轮顺序编号），j 为轮对编号（从列车头部向尾部顺序编号）。

由式（3-34）、式（3-35）可得轮轨间的纵横向及回旋蠕滑率为

$$\left.\begin{aligned}&\gamma_{1i} = 1 + (-1)^{i+1}\frac{b}{R'} + (-1)^{i+1}\frac{b}{V}\dot{\psi}_{wj} - \frac{r_i}{r_0} - \frac{r_i}{V}\dot{\theta}_j\\&\gamma_{2i} = \frac{\dot{y}_{wj}}{V} - \frac{\dot{y}_{ri}}{V} - \psi_{wj}\\&\omega_{3i} = (-1)^i\frac{1}{r_0}\sin[\delta_i + (-1)^{i+1}\varepsilon_i] + \frac{1}{R'} + \frac{\dot{\psi}_{wj}}{V}\end{aligned}\right\} \quad (3\text{-}37)$$

由于 Kalker 线性蠕滑理论的局限性（只适于小蠕滑率和小自旋的情形），在滑动区趋于饱和的情况下，蠕滑力将呈线性持续增加。实际上，此时的轮轨作用由蠕滑转入滑动状态，界面之间的摩擦力应趋于 Coulomb 滑动摩擦力，需要对 Kalker 线性计算的结果进行修正。

当合成蠕滑力未超过库仑静摩擦力时，轮轨间没有相对滑动；当合成蠕滑力等于或大于库仑摩擦力时，蠕滑力达到饱和，轮轨粘着被破坏而出现滑动，

蠕滑力即为摩擦力。因而在大蠕滑率情况下，蠕滑力应受到库仑极限摩擦力的限制，Johnson 提出了下列的限制公式

$$修正系数\ \eta_F = \begin{cases} 1 - \dfrac{1}{3}\left(\dfrac{F'_R}{\mu N}\right) + 27\left(\dfrac{F'_R}{\mu N}\right)^2 & F_R \leqslant 3\mu N \\ \dfrac{\mu N}{F'_R} & F_R > 3\mu N \end{cases} \quad (3\text{-}38)$$

式中　μ——轮轨间的静摩擦系数；

　　　F'_R——蠕滑力合力，$F'_R = \sqrt{F_x^2 + F_y^2}$；

则修正后的蠕滑力为

$$\left.\begin{aligned} F'_x &= \eta_F F_x \\ F'_y &= \eta_F F_y \\ M'_z &= \eta_F M_z \end{aligned}\right\} \quad (3\text{-}39)$$

五、道岔区单轮簧下质量的振动

前述道岔区轮轨静态接触几何关系分析表明，由于转辙器及辙叉部分尖轨顶面宽度及高度的变化，会导致轮轨接触点位置随沿线路方向变化，从而形成竖向及横向的结构不平顺，这是列车与道岔系统振动的激振源之一。道岔轮轨关系的优化设计的核心工作内容，即是控制该结构不平顺，减缓其列车振动的影响。

为控制轨道的几何不平顺，养护维修中常以不平顺的幅值及变化率作为控制依据，但轨道不平顺对列车的动力影响还与不平顺的形状、波长等多种因素有关，需建立较完整的列车道岔系统动力学理论，才能较真实地反映出该不平顺对列车、道岔系统的动力影响。但是这种研究方法虽然准确，但耗时较长，不能很直观、快速地反映出道岔轮轨关系设计的优劣，不易为道岔设计人员所掌握。

下面将以独立车轮通过道岔竖向不平顺时的单自由度简单模型来研究机车车辆通过轨道不平顺时的动力附加荷载，以自由轮对通过道岔横向不平顺的双自由度模型来研究其蛇行运动规律。

1. 簧下质量振动方程

当列车通过一段完全平顺的轨道时，钢轨有一个均匀下沉量 y_0，此时钢轨

既无附加沉陷，车轮也无附加动压力。但当列车通过轨道竖向不平顺时，出现了新的动力平衡条件。车轮进入不平顺前，车轮重心保持与原轨面平行，而在进入不平顺后，车轮重心猝然下降相当于不平顺的深度 η_r，使车轮簧下部分连同部分轨道产生强迫振动，结果使钢轨产生附加沉陷 y_d，车轮产生附加动压力 P_d，这个强劲振动，一直延续到不平顺终点止。当车轮驶出不平顺时，因还有一定的竖直振动加速度及位移，因此将在不平顺范围外继续产生自由振动，在阻尼的作用下，直到不平顺外的某一点，不平顺的影响方始完全消失，钢轨的沉陷恢复到原来的 y_0，车轮上也不再有任何的附加动压力。根据达伦贝尔原理，车轮平衡条件为

$$R + I - T = 0 \tag{3-40}$$

式中 R——附加沉陷产生的反作用力，等于附加动压力 P_d（$P_d = \dfrac{2k}{\beta} \cdot y_d$，$k$ 为钢轨基础弹性系数，为钢轨支点弹性系数 D 与枕间距 a 之比，$k = D/a$；β 为钢轨基础与钢轨的刚比系数，$\beta = \left(\dfrac{k}{4EI}\right)^{\frac{1}{4}}$，$EI$ 为钢轨的竖向抗弯刚度）；

I——车轮簧下部分边同部分轨道振动而产生的惯性力（$I = m_0 \cdot \dfrac{d^2(y_d + \eta_r)}{dt^2}$，$m_0$ 为参与振动的质量，可近似地取为车轮簧下部分的质量 q）；

T——整个振动系统的阻尼力（$T = c \cdot \dfrac{dy_d}{dt}$，$c$ 为阻尼系数，为简化计算过程中，可将阻尼项略去）。

式（3-40）可转化为

$$\frac{2k}{\beta} \cdot y_d + q \cdot \frac{d^2(y_d + \eta_r)}{dt^2} = 0 \tag{3-41}$$

令 $K_r = \dfrac{2k}{\beta}$，则上式可转化为

$$q \cdot \frac{d^2 y_d}{dt^2} + k_r y_d = -q \cdot \frac{d^2 \eta_r}{dt^2} = f(t) \tag{3-42}$$

再令 $\omega_0 = \sqrt{\dfrac{K_r}{q}}$，通过求解式（3-42），可得到瞬态振动为

$$y_d(t) = \frac{1}{q\omega_0} \int_0^t f(t)\sin\omega_0(t-\tau)\mathrm{d}\tau \qquad (3\text{-}43)$$

2. 计算参数

轮轨动力学研究表明，低动力作用的高速转向架必须尽可能降低簧下质量，以减缓低频轮轨力随车速的提高而增大，部分国家高速列车的簧下质量如表3-4所示。

表3-4　部分国家高速列车的簧下质量

机车动车名称	最大速度（km/h）	轴重（t）	每轴簧下质量（kg）
德国 E111 型机车	160	20.75	2 676
德国 E120 型机车	160（200）	21	2 600
德国 ICE 高速动车	350	19.5	1 877
英国 87 型机车	176	20	2 600
英国 IC125 高速动车	200	20.4	2 300
英国 91 型高速机车	240（300）	20.375	1 700
日本 100 系列高速动车	230	15	2 315
日本 300 系列高速动车	300	14	1 650
法国 TGV-A 高速动车	270	17	2 128

牵引电动机全悬挂能大幅度地降低机车的簧下质量，是高速及准高速机车降低簧下质量、改善轮轨动力作用最有效的措施。采用轻合金轴箱、整体车轮和空心车轴，都能比较显著地进一步降低高速机车车辆的簧下质量。我国高速动车组采用整体轧制车轮、空心车轴、车轮滚动圆直径为 860 mm，轮对簧下质量约为 2 400 kg。计算中单轮簧下质量取为 1 200 kg。

高速道岔扣件支点刚度设计为 25 kN/mm，枕间距为 600 mm。

3. 轮轨动力附加力

CRH 动车组以 350 km/h 的速度直向过岔时，在不考虑轮对横移量的情况下，LMA 踏面车轮在转辙器、辙叉部分形成的竖向不平顺如图 3-31、图 3-32 所示。采用单自由度模型计算转辙器、辙叉部分的钢轨动位移、车轮附加动力、车轮振动加速度如图 3-54、图 3-55 所示。

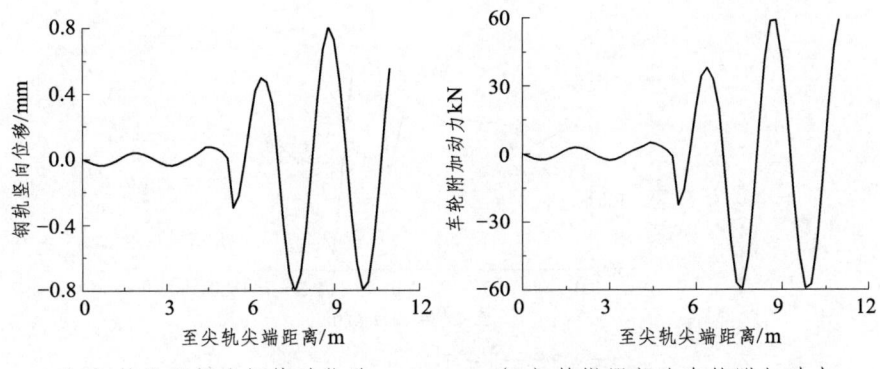

(a)转辙器部分钢轨动位移　　　　(b)转辙器部分车轮附加动力

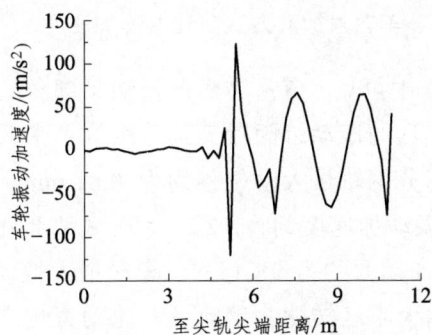

(c)转辙器部分车轮振动加速度

图 3-54　单自由度模型计算转辙器部分的钢轨动位移、
车轮附加动力、车轮振动加速度

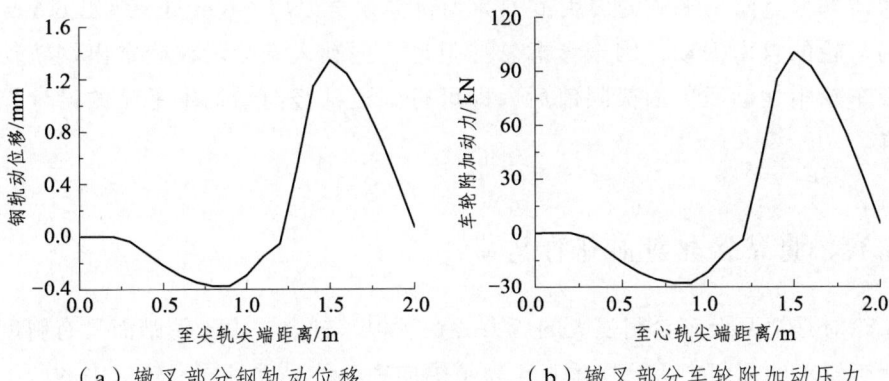

(a)辙叉部分钢轨动位移　　　　(b)辙叉部分车轮附加动压力

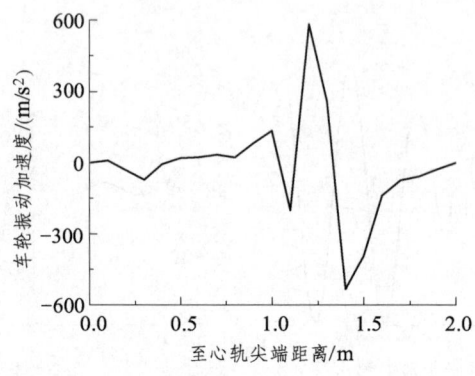

(c) 辙叉部分车轮振动加速度

图 3-55 单自由度模型计算转辙叉部分的钢轨动位移、
车轮附加动力、车轮振动加速度

从图 3-54、图 3-55 中可见，道岔转辙器及辙叉部分的竖向结构不平顺引起车轮和钢轨产生了较剧烈的振动，因辙叉部分结构不平顺的波长较短，所导致的振动更大，转辙器部分钢轨最大动位移约为 0.81 mm、车轮最大附加动力约为 60.0 kN、车轮最大振动加速度约为 12.2 g；而辙叉部分钢轨最大动位移约为 1.32 mm、车轮最大附加动力约为 98.4 kN、车轮最大振动加速度约为 59.2 g，可见道岔结构不平顺的大小已转化为钢轨及车轮动力响应的大小，可用这些动力响应来评价道岔轮轨关系的设计。因车轮附加动力与钢轨动位移成正比关系，因此两者的变化规律是一致的。因轮载转移后的不平顺变化率大于转移前的变化率，因此轮载转移后的轮轨动力响应要大于轮载转移前的动力响应。转辙器部分竖向不平顺的作用范围为尖轨尖端至以后 6.6 m 处，超出 6.6 m 范围为车轮的自由振动，因未考虑悬挂阻尼，振动未衰减。在确定出钢轨动位移及车轮附加动压力的极限值后，即可得到道岔竖向结构不平顺的设计控制标准。

六、道岔区轮对的蛇行运动

轮对是把两上车轮用强大的压力装在一根车轴上，由于轮踏面具有斜度，只有当轮对的几何中心严格垂直于轨道纵向中心线，并且同一轮对中的两上车轮又是以相同的滚动圆半径支持在钢轨上，轮对几何中心沿轨道的运行轨迹才有可能呈直线。然而，实际上在运行中，由于轮对受到各种力的作用，将引起横向偏移，如道岔转辙器及辙叉部分，由于尖轨及心轨的顶面降低，造成轮轨接触点位于基本轨或翼轨上，并随尖轨、心轨顶面的加宽而逐渐外移，在蠕滑力的作用下造成轮对向尖轨、心轨方向横移。当轮对中心位置偏离轨道中心线，并且两个车轮将以不同的滚动圆半径支持在钢轨上，因此轮对几何中心的运动轨迹呈现波形曲线，轮对的这种运动称为蛇行运动。

蛇行运动是车体本身绕其垂直轴旋转的一种摇动，车辆是边摇摆边行驶的，由于周期性的横向力作用，它给轨道以很大的影响，并且成为降低车辆运行稳定性的一个因素。由于轮对的蛇行运动而引起转向架和车体在横向平面内的振动，称为转向架蛇行（又称二次蛇行）和车体蛇行（又称一次蛇行）。轮对在道岔区内的蛇行运动规律可用于研究道岔横向结构不平顺的影响。

1. 轮对上的蠕滑力

为了如实地分析车辆系统在道岔中的运动形式，需采用严密的非线性运动方程。但是为了更好地理解道岔横向结构不平顺对轮对振动激励的影响，可以采用简单的线性运动方程来描述，在简化模型中，这种线性化处理所带来的误差是可以接受的。要使轮对运动方程线性化成立，需采用如下的假定：

（1）自由轮对沿着轨距不变、刚性路基上的平直钢轨作等速运动；

（2）轮对为一刚体，其两个车轮连续不断与钢轨相接触；

（3）轮对的运动属微幅振动，线性蠕滑力理论成立，忽略自旋的影响，只考虑纵向和横向蠕滑力，且纵向和横向蠕滑系数相等；

（4）由于车轮踏面等效锥度较小，且变化不大，可认为自由轮对为圆锥形踏面，车轮半径与接触点横移量成比例，忽略重力刚度产生的力及重力角刚度产生的力矩；

（5）左右两侧车轮重量相等。

设轮对具有横移 y_w（向右为正）和摇头 ψ_w（顺时针为正）两个自由度，名义滚动半径为 r_0，车轮转动角速度 ω 为定值，轮对前进速度为 v，且 $v = \omega r_0$，踏面等效锥度为 λ，左右滚动圆距离之半为 b，直向过岔时右侧车轮下的横向不平顺为 ξ_r，蠕滑系数为 f。由于轮对横移 y_w、$\dot{y}_w$ 和摇头 ψ_w、$\dot{\psi}_w$ 引起的轮轨蠕滑率和蠕滑力可分别用表 3-5、表 3-6 中相应的表达式来表示。

表 3-5 轮轨蠕滑率影响因素计算

因素	方向	变量	左 轮	右 轮
横移	纵向	滚动圆半径	$r_0 - \lambda y_w$	$r_0 + \lambda(y_w - \xi_r)$
		理论速度	$\omega(r_0 - \lambda y_w)$	$\omega(r_0 + \lambda y_w - \lambda \xi_r)$
		滑动速度	$v - \omega(r_0 - \lambda y_w) = \omega \lambda y_w$	$\omega \lambda(\xi_r - y_w)$
		蠕滑率	$\omega \lambda y_w / \varpi r_0 = \lambda y_w / r_0$	$\lambda(\xi_r - y_w)/r_0$
	横向	滑动速度	$\dot{y}_w$	$\dot{y}_w - \dot{\xi}_r$
		蠕滑率	$\dot{y}_w / v$	$(\dot{y}_w - \dot{\xi}_r)/v$
摇头	纵向	滑动速度	$b\dot{\psi}_w$	$-b\dot{\psi}_w$
		蠕滑率	$b\dot{\psi}_w / v$	$-b\dot{\psi}_w / v$
	横向	滑动速度	$-v \tan \psi_w = -v\psi_w$	$-v\psi_w$
		蠕滑率	$-\psi_w$	$-\psi_w$

表 3-6 轮轨蠕滑率与蠕滑力

车轮	蠕滑率		蠕滑力	
	纵 向	横 向	纵 向	横 向
左轮	$\lambda y_w / r_0 + b\dot{\psi}_w / v$	$\dot{y}_w / v - \psi_w$	$-f(\lambda y_w / r_0 + b\dot{\psi}_w / v)$	$f\psi_w - f\dot{y}_w / v$
右轮	$\lambda(\xi_r - y_w)/r_0 - b\dot{\psi}_w / v$	$(\dot{y}_w - \dot{\xi}_r)/v - \psi_w$	$f\lambda(y_w - \xi_r)/r_0 + fb\dot{\psi}_w / v$	$f(\dot{\xi}_r - \dot{y}_w)/v + f\psi_w$

2. 轮对振动方程及求解

设轮对质量为 M_w，轮对转动惯量为 J_w。由牛顿定理，可列出轮对的运动微分方程为

$$\left. \begin{array}{l} M_w \ddot{y}_w = -2f\dot{y}_w / v + 2f\psi_w + f\dot{\xi}_r / v \\ J_w \ddot{\psi}_w = -2fb^2 \dot{\psi}_w / v - 2fb\lambda y_w / r_0 + fb\lambda \xi_r / r_0 \end{array} \right\} \quad (3-44)$$

采用矩阵可表示为

$$M\ddot{y} + C\dot{y} + Ky = P \quad (3-45)$$

其中，质量矩阵 $M = \begin{bmatrix} M_w & 0 \\ 0 & J_w \end{bmatrix}$，阻尼矩阵 $C = \dfrac{1}{v}\begin{bmatrix} 2f & 0 \\ 0 & 2fb^2 \end{bmatrix}$，刚度矩阵

$$K = \begin{bmatrix} 0 & -2f \\ 2f\lambda b/r_0 & 0 \end{bmatrix}, 荷载列阵\ P = \begin{bmatrix} f\dot{\xi}_r/v \\ fb\lambda\xi_r/r_0 \end{bmatrix}, 加速度列阵\ \ddot{y} = \begin{bmatrix} \ddot{y}_w \\ \ddot{\psi}_w \end{bmatrix}, 速度$$

列阵 $\dot{y} = \begin{bmatrix} \dot{y}_w \\ \dot{\psi}_w \end{bmatrix}$，位移列阵 $y = \begin{bmatrix} y_w \\ \psi_w \end{bmatrix}$。

式（3-45）为二阶常系数非齐次线性微分方程组，由于道岔横向不平顺为该系统的激振源，却又难于以数学公式表达，因此不易得到该方程的解析解。若采用 Newmark-β 等数值积分方法，可较容易得到其近似解。

若道岔不存在横向的结构不平顺，轮对将处于自由振动状态，当轮对速度不同时，略去式（3-45）中的惯性力项后，其通解为

$$\left.\begin{aligned} y_w &= y_{w0}\sin(\omega_w t + \beta) \\ \psi_w &= \psi_{w0}\sin(\omega_w t + \beta) \end{aligned}\right\} \tag{3-46}$$

式中，y_{w0}、ψ_{w0}、β 由初始条件给出。

轮对蛇行运动的频率为 $\omega_w = \sqrt{\dfrac{\lambda}{br_0}}v$，轮对蛇行运动的波长为 $L_W = 2\pi\sqrt{\dfrac{br_0}{\lambda}}$。

3. 轮对在道岔区的蛇行运动

动车组轮对质量为 2 400 kg，摇头惯量为 1 350 kg·m；$r_0 = 0.43$ m、$b = S/2 = 0.75$ m；蠕滑系数取为 $f = 9.57 \times 10^6$ N；等效锥度取为 0.1；道岔横向不平顺按图 3-31、图 3-32 中 LMA 型踏面取值。计算得轮对在转辙器及辙叉部分的蛇行运动及摇头运动分布如图 3-56、图 3-57 所示。

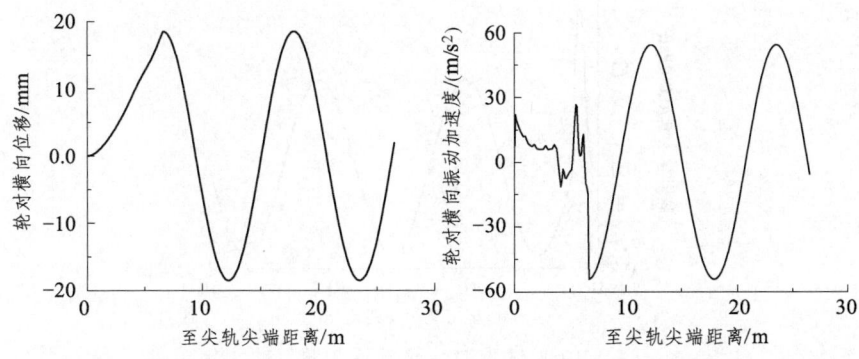

（a）转辙器部分轮对横向位移　　（b）转辙器部分轮对横向振动加速度

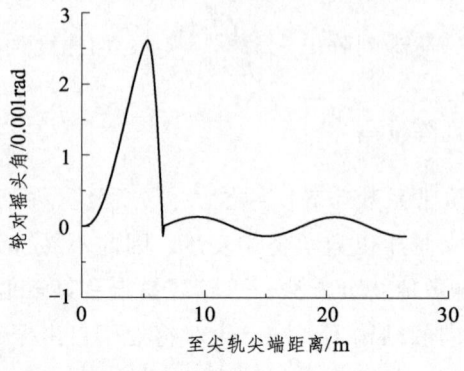

（c）转辙器部分轮对摇头角

图 3-56　轮对在转辙器部分的蛇行运动及摇头运动分布

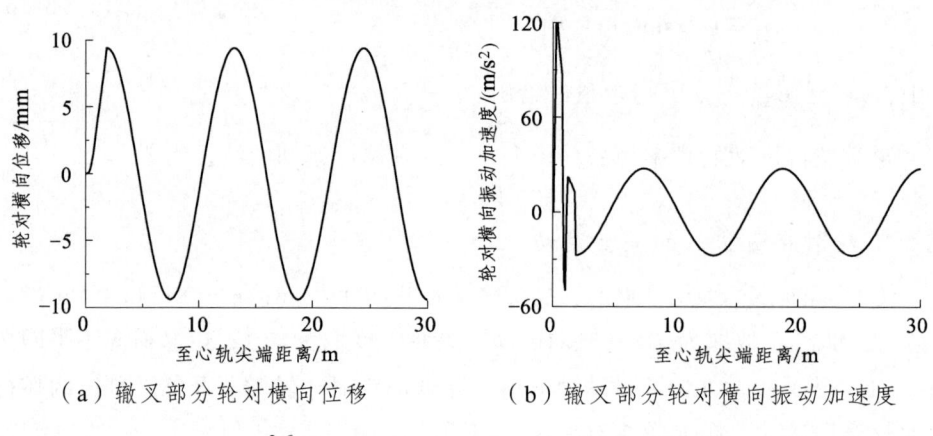

（a）辙叉部分轮对横向位移　　　　（b）辙叉部分轮对横向振动加速度

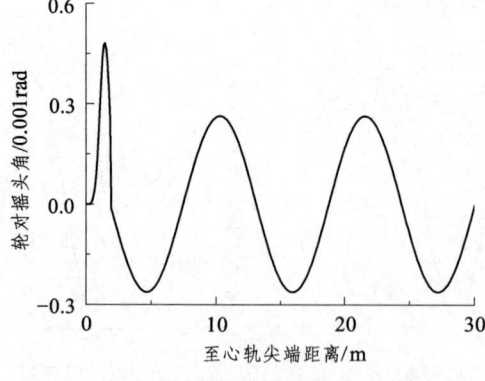

（c）辙叉部分轮对摇头角

图 3-57　轮对在辙叉部分的蛇行运动及摇头运动分布

从图 3-56、图 3-57 中可见，由于道岔转辙器及辙叉部分存在横向的结构不平顺，这将激起轮对过岔时产生明显的蛇行运动和摇摆运动，在横向不平顺范围内，轮对为强迫振动，驶出不平顺范围后，轮对为自由振动。转辙器部分因横向不平顺作用时间较长，导致轮对的横向最大位移为 18.6 mm（因未考虑轮缘与钢轨的贴靠作用，横向位移已超过轮轨游间），最大摇头角约为 0.002 6 rad，轮对横向振动加速度最大值约为 5.5 g；辙叉部分虽然横向不平顺幅与转辙器部分相当，但作用时间较短，轮对横向最大位移为 9.5 mm，最大摇头角约为 0.000 4rad，轮对横向振动加速度在不平顺范围内最大值约约为 12.1 g，自由振动时最大值约为 2.8 g。可见，轮对在转辙器部分的横向平稳性较辙叉部分差得多，车轮轮缘必将与钢轨贴靠，轮对横向位移越大，对钢轨的横向冲击作用越厉害，因此在道岔轮轨关系的设计中，应尽可能降低轮对过岔时的蛇行运动幅值。

第二节 列车道岔系统动力学理论

道岔区轮轨接触几何关系及独立车轮、轮对过岔时的运动分析表明，因道岔中起引导车轮转向、过岔的尖轨、心轨的特殊结构的存在，导致轮轨接触几何关系在道岔区内与区间线路有较大的差别，会因轮轨接触点位置的变化形成竖向及横向结构不平顺，导致车轮产生较大的竖向及横向振动，进而会影响列车过岔时的平稳性，严重时甚至还会影响行车的安全性，为了更真实地反映出列车道岔系统的振动规律，需要在静态的轮轨接触几何关系之上，进一步发展道岔区动态的轮轨接触几何关系，建立起较为详尽的列车道岔系统动力学模型和相应的计算理论。[29-32]

一、道岔区轮轨系统动力学模型

为了合理地反映出道岔的主要结构特点，正确描述道岔各部件的振动特性，解决道岔设计中所关心的问题，道岔结构模型不可能像区间线路一样简化为单边轨道结构，而必须是一个空间的双层叠合梁系结构。这就决定了道岔区轮轨系统分析模型必须是空间耦合振动模型。

（一）车辆模型

道岔区内车辆模型与区间线路上相比，没有特殊的要求，可以采用现有的分析模型。常用的车辆模型有整车模型和转向架模型，为了更为理想地模拟列车经过道岔时的动力特性，应采用整车模型。车辆模型如图 3-58 所示。

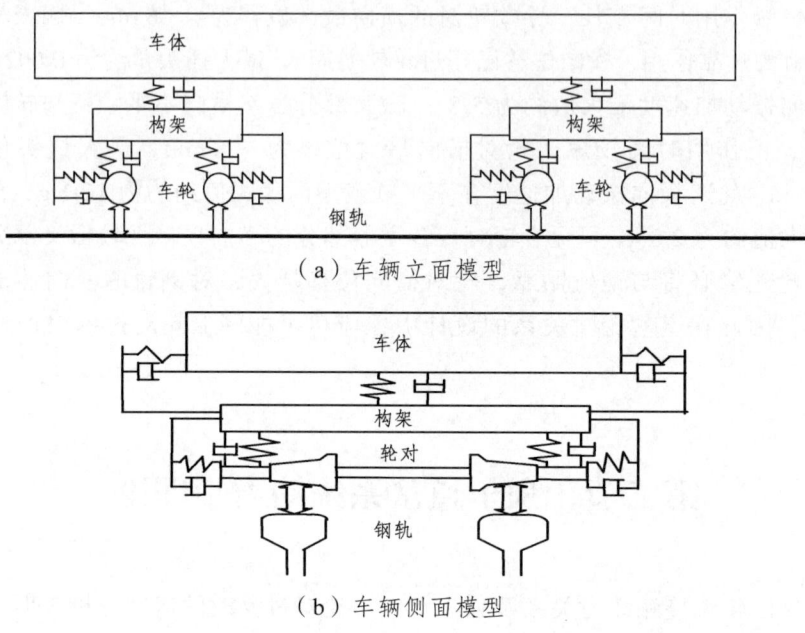

图 3-58 车辆模型

车体主要考虑横摆、浮沉、侧滚、点头和摇头振动；转向架主要考虑横摆、浮沉、侧滚、点头和摇头振动；轮对主要考虑横摆、浮沉、侧滚和摇头振动，共 31 个自由度。车轮为锥形或磨耗形踏面。轮轨竖向由非线性赫兹接触力连接，轮轨横向由踏面蠕滑力、轮缘力等作用力连接。

（二）可动心轨单开道岔的整体模型

建立可动心轨道岔的整体模型如图 3-59 所示。

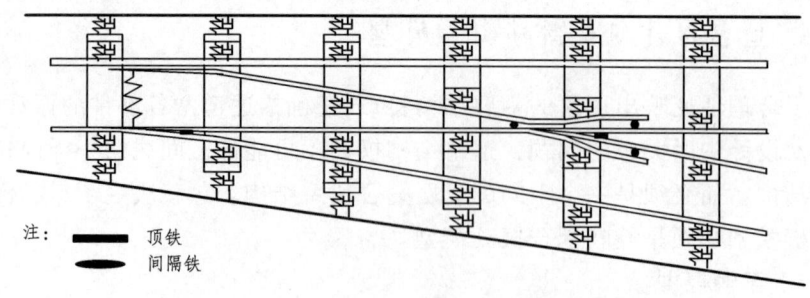

（a）可动心轨道岔平面图

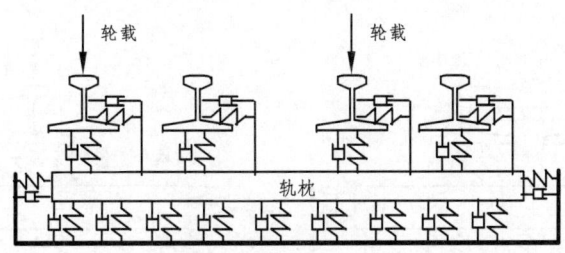

（b）可动心轨道岔立面图

图 3-59　可动心轨道岔的整体模型

模型中所采用的基本假定及所考虑的道岔结构的主要特点为：

（1）模型中考虑了每一根钢轨的参振。以岔枕支承点为节点，将钢轨结构离散化，钢轨视为在竖向和横向平面内双向可弯的欧拉梁，尖轨、可动心轨及翼轨视为变截面梁，其他钢轨视为等截面梁。每一钢轨节点有四个自由度，即竖向位移、竖向偏角、横向位移、横向偏角。

（2）有砟轨道考虑岔枕的偏心受载和弯曲变形，无砟轨道考虑整体道床的参振。以钢轨作用点为节点，将岔枕结构离散化，岔枕在竖向平面内视为单向可弯的欧拉梁，在横向平面内视为刚体质量块。每一岔枕节点有三个自由度，即竖向位移、竖向偏角及横向位移。考虑钢岔枕的参振。

（3）钢轨与岔枕的连接视为弹簧阻尼装置，其弹性和阻尼视支承情况不同而变化。岔枕与道床的连接也视为弹簧阻尼装置，在岔枕纵向上道床的支承弹性和阻尼视为均匀分布。

可动心轨道岔在转辙器部分的详细模型如图 3-60 所示。

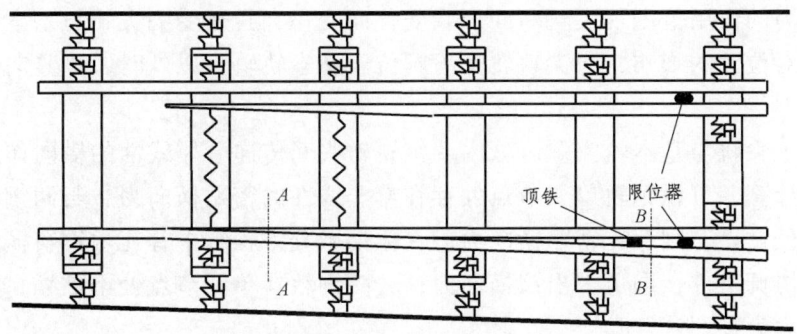

（a）道岔转辙器部分分析模型平面图

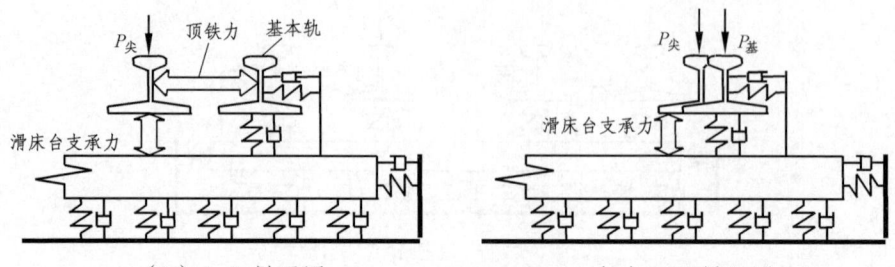

(b) A-A 剖面图　　　　　　(c) B-B 剖面图

图 3-60　可动心轨道岔在转辙器部分的详细模型

模型中所采用的基本假定及所考虑的道岔结构的主要特点为：

（1）模型中考虑了每一根钢轨及岔枕的参振。以轨枕支承块的支承点为节点，将钢轨结构离散化，钢轨视为在竖向和横向平面内双向可弯的欧拉梁，尖轨视为变截面梁，其他钢轨视为等截面梁。每一钢轨节点有四个自由度，即竖向位移、竖向转角、横向位移、横向转角。

（2）钢轨与支承块的连接视为弹簧阻尼装置，其弹性和阻尼视支承情况不同而变化。支承块与整体道床的连接也视为弹簧阻尼装置。

（3）尖轨与基本轨间非线性竖向力限制着尖轨的跳动。在尖轨尖端，尖轨轨头下腭位于基本轨轨头以内，且与基本轨轨头下腭间存在着一定的间隙（一般为 3 mm），当尖轨跳动与基本轨轨头下腭贴靠时，基本轨将限制尖轨的竖向位移。设这种非线性竖向力作用于钢轨单元节点处，若两钢轨在单元节点处贴靠，则存在密贴竖向力，在振动微分方程组中补充两钢轨竖向位移相等的协调条件，即可求出该竖向力；若两钢轨在单元节点处不贴靠，则该竖向力为零。该竖向力的作用范围视尖轨断面形状变化而变化，且还受到尖轨与基本轨轨头横向相对位置的影响，当尖轨轨头下腭位于基本轨轨头以外时，该竖向力即不存在。

（4）尖轨与基本轨密贴区域内两钢轨轨头间传递着非线性的横向作用力，为简化计算，可设钢轨单元节点处存在着非线性的密贴横向力。若两钢轨在单元节点处贴靠，则存在密贴横向力，在振动微分方程组中补充两钢轨横向位移相等的协调条件，即可求出该横向力；若两钢轨在单元节点处不贴靠，则该横向作用力为零。

（5）尖轨轨腰上设置有顶铁，它们限制着尖轨与基本轨非密贴区域内的横向相对位移。若基本轨与顶铁贴靠，则存在横向顶铁力，在振动微分方程组中补充该顶铁处两钢轨横向位移相等的协调条件，即可求出横向顶铁力；若基本轨与顶铁不贴靠，则该处横向顶铁力为零。

（6）考虑转辙器连杆对非工作尖轨横向振动的限制作用，将连杆视为弹簧装置，在两尖轨间传递着横向作用力，其刚度可由连杆的直径与长度等尺寸求得。

可动心轨道岔在连接部分的详细模型如图 3-61 所示。

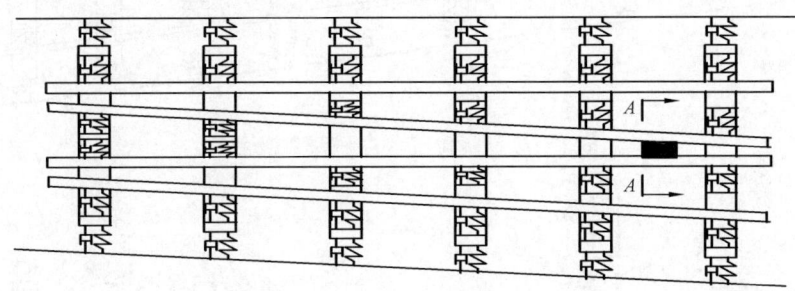

（a）道岔连接部分分析模型平面图

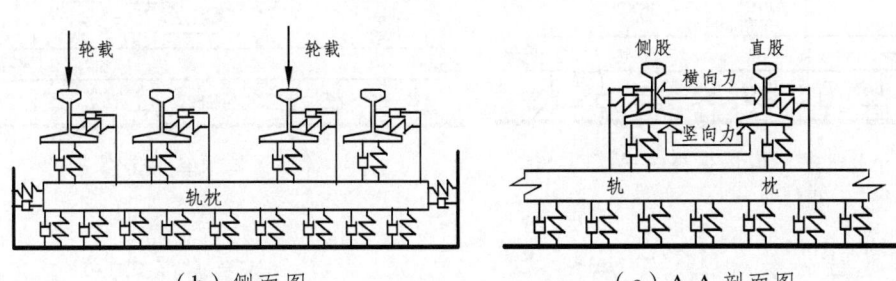

（b）侧面图　　　　　　　　（c）A-A 剖面图

图 3-61　可动心轨道岔在连接部分的详细模型

模型中所考虑的道岔主要结构特点和部分处理要点如下：

（1）考虑列车直向与侧向过岔两种工况。

（2）考虑间隔铁在两股钢轨间的传力作用。将间隔铁视为刚性质量块，它在两股钢轨间传递着非线性的竖向与横向作用力，将这两个作用力视为未知变量，并在振动微分方程中补充该间隔铁处两钢轨竖向位移相等及横向位移相等的协调条件，即可求出竖向及横向间隔铁力。考虑同时支承两股钢轨的大垫板的抗弯刚度的影响。

可动心轨道岔在辙叉部分的详细模型如图 3-62 所示。

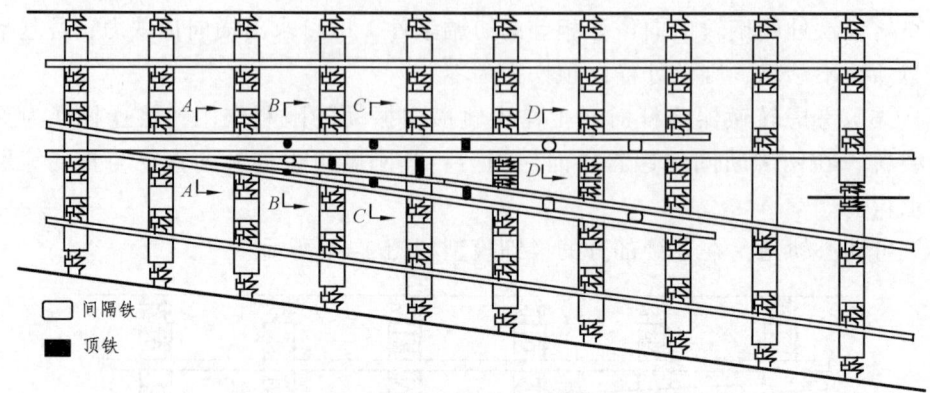

(a)可动心轨辙叉区分析模型俯视图

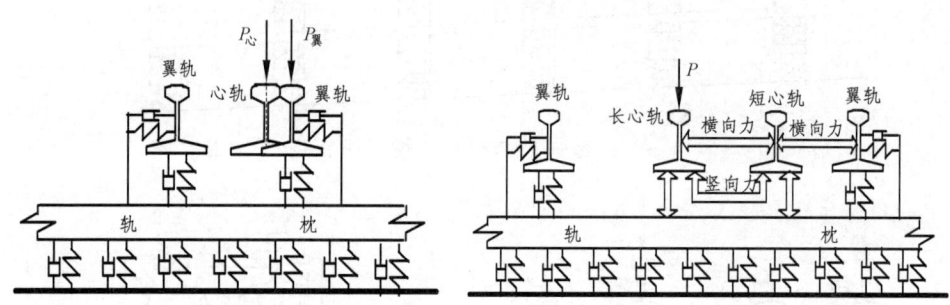

(b)道岔转辙区模型 A-A 侧面图　　(c)道岔转辙区模型 B-B 侧面图

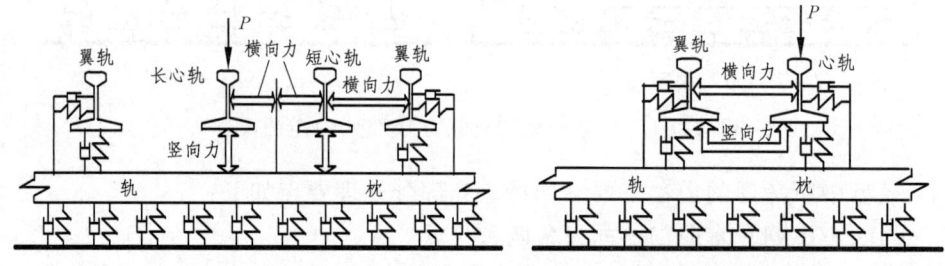

(d)道岔转辙区模型 C-C 侧面图　　(e)道岔转辙区模型 D-D 侧面图

图 3-62　可动心轨道岔在辙叉部分的详细模型

模型中所考虑的道岔转辙器部分主要结构特点和部分处理要点如下：

（1）轮载在心轨与翼轨密贴区域内存在过渡区段。翼轨与心轨上所承受的轮载之和为总轮载，心轨与翼轨上轮载分布可采用与转辙器部分相同的处理办法。

（2）心轨与翼轨间的竖向耦合关系由外锁闭铁装置、心轨与翼轨轨头间非线性竖向作用力、长翼轨末端的竖向间隔铁力连接。

（3）心轨与翼轨间的横向耦合关系有三种：第一种是心轨与翼轨密贴区域内两钢轨轨头间传递着非线性的横向作用力；第二种是短心轨上的顶铁（直向过岔时）或长心轨上的顶铁（侧向过岔时）在心轨与翼轨间传递着非线性的横向顶铁力；第三种是长翼轨末端的横向间隔铁力。顶铁力、间隔铁力及心轨翼轨轨头横向力均可假设为未知变量，通过在振动微分方程组中补充相应的位移协调条件而确定。

（4）长心轨及短心轨间的竖向耦合关系通过竖向间隔铁力连接，如图 3-62（c）；长短心轨的横向耦合关系通过横向间隔铁力（图 3-62（c））及固定于岔枕上的顶铁力（图 3-62（d））来连接。

（5）心轨与岔枕间的横向耦合关系由外锁闭装置来连接。

（6）辙叉部分设置为刚性滑床台，它对心轨提供非线性竖向支承力。当心轨与滑床台贴靠时，滑床台提供竖向支承力，可由滑床台及心轨的竖向位移协调条件确定；当心轨跳离滑床台时，滑床台对心轨不起任何作用。

（7）考虑钢岔枕及部分转辙机械的参振。考虑列车直向与侧向过岔两种工况。考虑同时支承多股钢轨的大垫板的抗弯刚度的影响。

（三）轮轨关系

1. 车轮与钢轨踏面接触关系

道岔区内特殊的轮轨接触情况，决定列车—道岔系统动力学问题必须考虑动态的轮轨接触关系。

车轮与钢轨踏面的接触关系，采用的是几何关系的动态计算。以空间某一点为原点坐标，将钢轨、车轮的平面轮廓线用一系列的离散点来表示，考虑钢轨的竖向及横向位移，轮对的竖向、横向、侧滚和摇头位移后，给出钢轨、车轮动态情况下的空间轮廓线，然后计算车轮轮廓线上的各离散点距钢轨踏面的距离。若两离散点间的距离为负值，表示两点间发生接触，该数值即为压缩量。压缩量最大的一点视为轮轨踏面接触点，假定接触斑为赫兹接触椭圆，则可采用式（3-47）求出法向力。同时，根据接触点处的法向角，即可求得该法向力在横向、竖向平面内的分力。

$$P = \left(\frac{\delta}{G}\right)^{\frac{3}{2}} \tag{3-47}$$

式中 P——所求的法向力；

δ——轮轨接触点处的压缩位移，当 $\delta>0$ 时，法向力存在；

G——弹性弹数，可根据赫兹接触理论由式（3-48）确定。

$$G = \frac{3(1-\sigma)}{\pi E a} \int_0^{\frac{\pi}{2}} \frac{\mathrm{d}\phi}{\sqrt{1-(1-\lambda^2)\sin^2\phi}} \quad (3\text{-}48)$$

式中　E——弹性模量；

　　　σ——泊松比；

　　　a、b——轮轨接触椭圆长、短轴之半；

　　　$\lambda = a/b$。

根据车轮、钢轨接触点处的纵、横截面轮廓半径，即可由赫兹接触理论求出椭圆半径，并可进一步计算出蠕滑系数。

2. 车轮轮缘与钢轨接触关系

车轮轮缘与钢轨的接触关系，同样可由动态几何关系求得。只是此时轮缘接触与钢轨的接触位置位于钢轨顶角小圆弧内，法向力在水平面内的分力更大。

3. 车轮轮背与护轨、翼轨接触关系

车轮轮背与护轨、翼轨的接触可采用动态几何关系计算。为简化计算，将护轨、翼轨工作边视为垂直平面，车轮轮背也视为圆形平面，因车轮摇头角、侧滚角的存在，两平面间存在夹角，用一系列与钢轨工作面垂直的平面切割车轮轮背平面，并将相交的轮廓线离散化，求得各离散点与钢轨间的距离。各离散点处的最大压缩量即为车轮轮背与护轨、翼轨间的压缩位移。设接触刚度为一常值，与接触位移的乘积即为接触力，且假设接触方向为横向，不存在竖向分力。车轮与钢轨的接触点可能会有图3-63所示的几种情况。

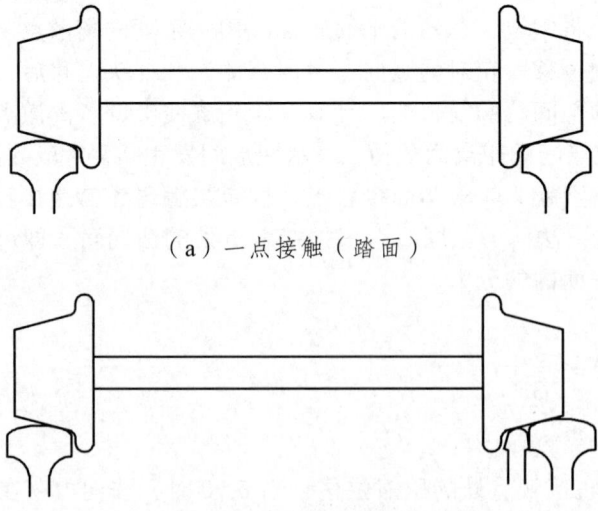

（a）一点接触（踏面）

（b）二点接触（踏面）

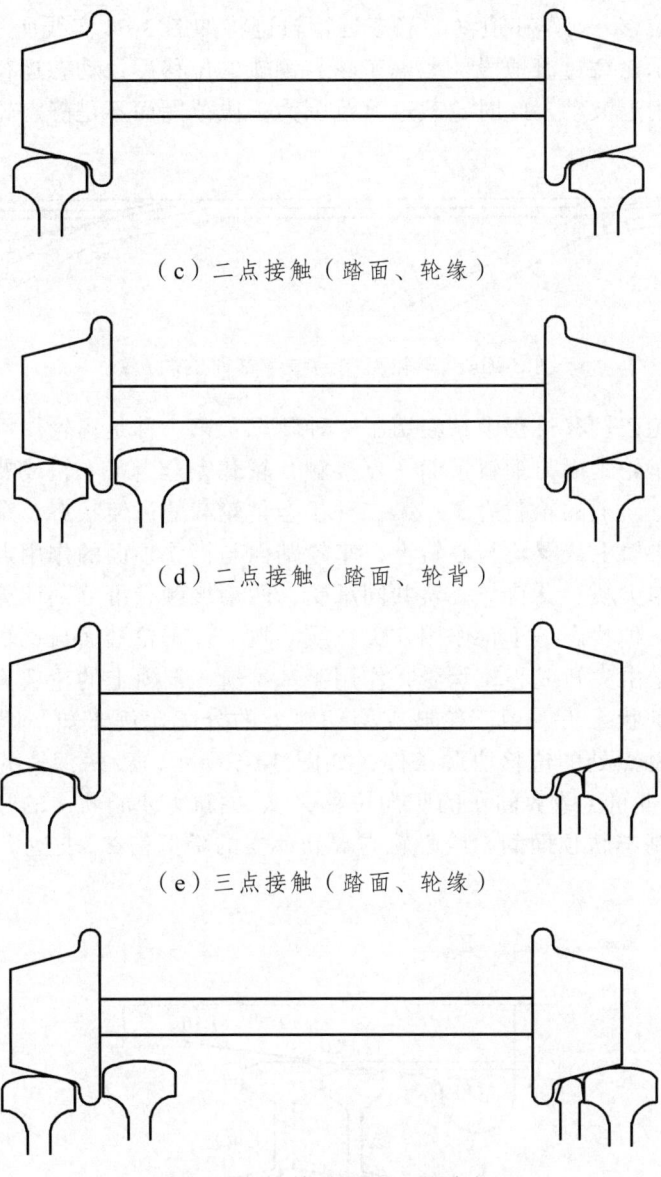

(c)二点接触(踏面、轮缘)

(d)二点接触(踏面、轮背)

(e)三点接触(踏面、轮缘)

(f)三点接触(踏面、轮背)

图 3-63 车轮与钢轨的接触点

4. 车轮运行轨迹

列车运行至道岔中的不同位置时,因尖轨、心轨有降低值,致使车轮在钢轨踏面上的接触位置不断变化,若不考虑钢轨与车轮的竖横向位移,只考虑轮重下的压缩位移,列车在道岔的静态运行轨迹将如图 3-64 实线所示,并列两条实线部分表示轮载过渡地段。考虑车轮与钢轨的位移后,动态运行轨迹将在静态运行轨迹附近波动。此时轮载过渡范围为一段范围而不是静态轮轨接触分析中的一个点。

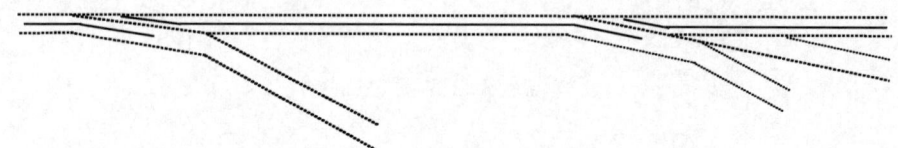

图 3-64 车轮直向通过道岔时的轨迹线

车轮在轮载转移过程中,经历了三种状态:第一种是车轮作用在基本轨上或翼轨上,车轮踏面与钢轨顶面一点接触,轮载完全由基本轨或翼轨承受,作用于尖轨、心轨上的轮载为零;第二种状态是轮载的过渡状态,车轮同时作用在基本轨与尖轨上或翼轨与心轨上,车轮踏面与钢轨顶面的作用点有两个,轮载由基本轨与尖轨、翼轨与心轨共同承受,两个接触点可分别计算其法向力与蠕滑力;第三种状态是车轮作用在尖轨或心轨上,车轮踏面与钢轨顶面一点接触,轮载完全由尖轨或心轨承受,作用于基本轨、翼轨上的轮载为零。

在第二种状态下,由于轮载在两钢轨上的分配比例未知,因而需补充两钢轨轮轨接触点处的位移协调条件,如图 3-65 所示。设两钢轨的顶面高差为 Z,Z 可由基本轨(或翼轨)的竖向位移 Z_{2r}、尖轨(或心轨)的竖向位移 Z_{1r}、尖轨前端与基本轨顶面间(或心轨与翼轨间)的降低值 Z_{12} 表达,如式(3-49)所示。

$$Z = Z_{12} + Z_{1r} - Z_{2r} \qquad (3-49)$$

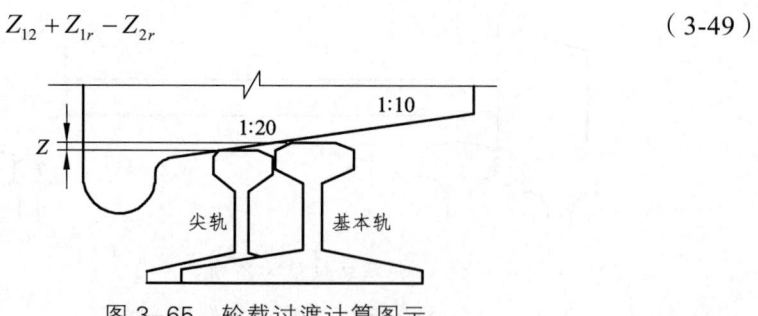

图 3-65 轮载过渡计算图示

设车轮与尖轨(或心轨)接触点处滚动圆半径为 r_1,车轮与基本轨(或翼轨)接触点处滚动圆半径为 r_2,当 $Z \leqslant r_1 - r_2$ 时,尖轨(或心轨)上将承受轮载。此时,车轮与尖轨(或心轨)间的弹性压缩位移为 $\Delta Z_1 = Z_w + r_1 - r_0 - Z_{12} - Z_{1r}$,

车轮与基本轨（或翼轨）间的弹性压缩位移为 $\Delta Z_2 = Z_w + r_2 - r_0 - Z_{2r}$。式中，$Z_w$ 为车轮竖向位移，r_0 为名义滚动圆半径。由此可分别得到两接触点处的轮载分布。

当基本轨（或翼轨）上的轮载为 0 时，完成轮载过渡。

5. 结构不平顺

由于车轮直向通过道岔时轨迹线并不是一条直线，因此随着踏面接触点外移，车轮重心将会下降，形成竖向及横向结构不平顺。以 LMA 型踏面车轮直逆向通过 18 号可动心轨道岔为例，车轮在基本轨、尖轨或翼轨、心轨上的接触点变化所引起的竖向及横向结构不平顺如图 3-66、图 3-67（竖向不平顺以向下为正，横向不平顺以指向直尖轨为正）所示。这些不平顺是引起列车过岔时振动的激励源。

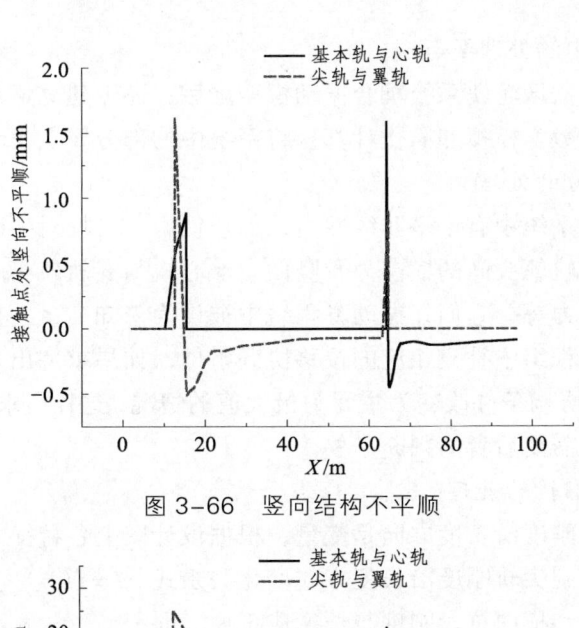

图 3-66 竖向结构不平顺

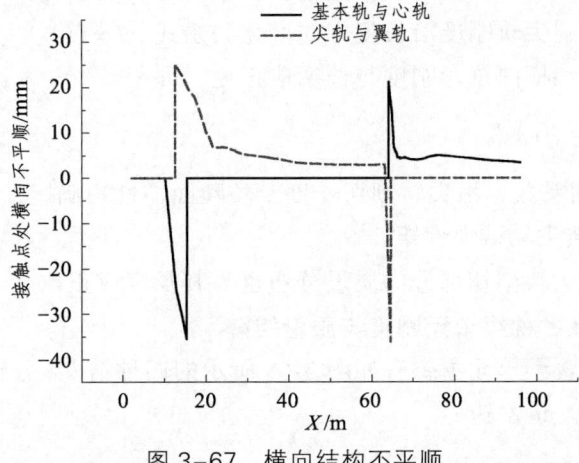

图 3-67 横向结构不平顺

6. 状态不平顺

根据道岔在现场的应用用状态，可考虑尖轨及心轨转换不足位移、尖轨及心轨与滑床台离缝、转辙连杆处轨枕空吊、尖轨及心轨顶面高差等不平顺状态，这是道岔这种组合结构中经常存在的一种不平顺。

7. 几何不平顺

同区间轨道一样，道岔区内同样也会存在轨距、方向、高低、水平等几何不平顺，这些也是列车道岔系统的激振源。

二、振动方程的建立与求解

（一）模型中的处理要点

在建立起道岔区轮轨系统耦合振动模型之后，还需建立该系统的耦合振动方程组，为便于数学模拟和简化计算，将系统中的部分要点作如下处理：

1. 非线性力的处理

道岔区轮轨系统中有许多非线性力，如顶铁力、岔枕对尖轨或心轨的支承力、尖轨与基本轨轨头间的横向力及竖向力、心轨与翼轨轨头间的横向力、轮缘力、护轨冲击力等，它们在振动方程组中被设为未知变量，首先假定该非线性力存在，在方程组中补充相应的位移协调条件，如果求解出来的非线性力为负，则将该位移协调条件改变为主元为极大值的情况，这样所求非线性力为零。对间隔铁力则不需要后者的判断条件。

2. 变截面钢轨的处理

尖轨的抗弯刚度沿长度方向是变量，根据设计图上各特征断面的尺寸，由最小二乘法可得到尖轨刚度沿长度方向变化关系式 $EI = f(x)$。为简化计算，可设道岔尖轨竖向和横向抗弯刚度与长度成正比，即

$$I = Ax + I_0 \tag{3-50}$$

式中　A——比例系数，由尖轨刨切长度及整断面惯性矩确定；

　　　I_0——尖轨尖端截惯性矩。

同样也假定尖轨刨切部分的质量分布也与其长度成正比。

（二）钢轨及岔枕梁单元刚度与质量矩阵

模型中的钢轨梁单元主要有如图 3-68 所示的四种情况，分别用于模拟基本轨、岔枕、尖轨、道岔边界。

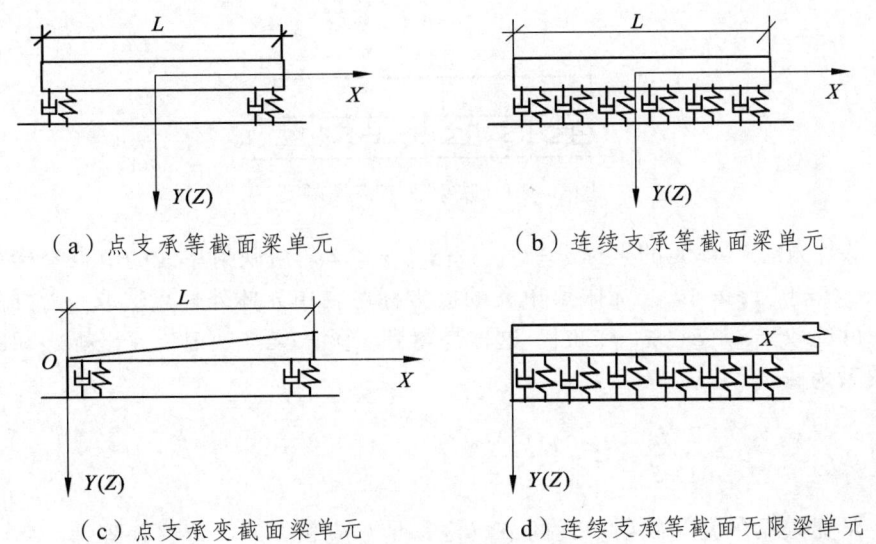

(a)点支承等截面梁单元　　　　　(b)连续支承等截面梁单元

(c)点支承变截面梁单元　　　　　(d)连续支承等截面无限梁单元

图 3-68　钢轨梁单元的四种情况

所有的梁单元均采用欧拉梁假定，不计轴力和剪切影响。钢轨梁单元均为双向可弯的弹性梁，岔枕梁单元为单向可弯的弹性梁。由于双向可弯梁单元的垂向和横向位移相互不耦合，因而单元刚度和质量矩阵可按单向可弯梁推导，并按节点位移顺序组建。单向可弯的有限梁单元的形函数为

$$\left. \begin{array}{l} N_1 = 1 - 3\left(\dfrac{x}{L}\right)^2 + 2\left(\dfrac{x}{L}\right)^3 \\ N_2 = x\left[1 - 2\left(\dfrac{x}{L}\right) + \left(\dfrac{x}{L}\right)^2\right] \\ N_3 = \left(\dfrac{x}{L}\right)^2\left[3 - 2\left(\dfrac{x}{L}\right)\right] \\ N_4 = x\left[\left(\dfrac{x}{L}\right)^2 - \left(\dfrac{x}{L}\right)\right] \end{array} \right\} \quad (3\text{-}51)$$

根据虚功原理和梁材料的应力应变关系，可导出各种有限梁单元的刚度和质量矩阵。

道岔前后与区间轨道连接的钢轨梁单元，轨道被简化为图 3-67（d）所示的单层连续弹性支承半无限长梁。选取适当的映射函数，可将这种半无限梁单元映射成如图 3-69 所示的三节点弹性地基梁单元。

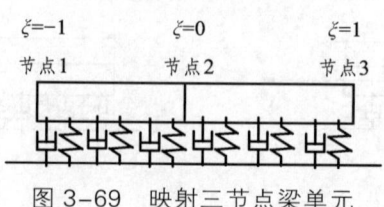

图 3-69 映射三节点梁单元

设半无限梁单元的坐标 $x=x_1$、$x=x_2$、$x=\infty$ 对应映射单元的节点坐标 $\xi=-1$、$\xi=0$、$\xi=1$。半无限梁单元的极坐标可在单元体外任意选取，为方便起见，可选取 $x_1=XL_0$、$x_2=2XL_0$，这样易得到半无限梁与映射单元坐标之间的变换关系为

$$x=\frac{2XL_0}{1-\xi},\quad \xi=1-\frac{2XL_0}{x} \tag{3-52}$$

半无限梁单元与映射单元的节点位移是对应相等的，位移列阵为

$$\{u\}^e=[w_1,\theta_1,w_2,\theta_2,w_3,\theta_3]^{\mathrm{T}} \tag{3-53}$$

在无限梁单元的无穷远处，即映射单元的节点 3 处，钢轨的位移和转角均为零。同有限梁单元一样，可推导出三节点梁单元的形函数为

$$\left.\begin{aligned}
N_1(\xi)&=\frac{1}{4}(4+3\xi)\xi^2(\xi-1)^2\\
N_2(\xi)&=\frac{1}{4}(1+\xi)\xi^2(\xi-1)^2\\
N_3(\xi)&=(1-4\xi)(\xi+1)^2(\xi-1)^2\\
N_4(\xi)&=\xi(\xi+1)^2(\xi-1)^2\\
N_5(\xi)&=\frac{1}{4}(4-3\xi)\xi^2(\xi+1)^2\\
N_6(\xi)&=\frac{1}{4}(\xi-1)\xi^2(\xi+1)^2
\end{aligned}\right\} \tag{3-54}$$

由无限梁单元的振动动能、弯曲应变能、弹性地基变形能以及阻尼位势可得到无限梁单元的刚度、阻尼与质量矩阵。

在组建系统总质量矩阵、总刚度矩阵和总阻尼矩阵时，可将道岔最外侧的 6 个半无限钢轨梁单元视作长为 XL_0 的两节点有限梁单元，只是单元刚度矩阵、单元质量矩阵和单元阻尼矩阵与其他有限梁单元有所不同。这样钢轨单元总数将增加 6 个，节点数也增加 6 个，自由度增加 24 个。在道岔前端的钢轨无限梁单元，由于其钢轨向无穷远处延伸的方向与岔后的钢轨无限梁单元正好相反，因而在组建系统振动方程时，应注意其映射单元的节点位置的变化。

（三）系统的振动微分方程

采用变分形式的最小势能原理来建立道岔区轮轨系统的振动微分方程。由最小势能原理可知，在所有满足边界条件的协调位移中，满足平衡条件的位移将使系统的总势能成为极值，即

$$\delta \pi = \delta(U+v) = 0 \tag{3-55}$$

式中　δU、δv——系统的总应变能及总外力势能。

以大地为坐标参照系，以轨道车辆均不受外力状态为零点状态，在推导出系统中各种能量的变分表达式及变分形式的位移协调条件后，经计算机对号入座即可形成系统的质量矩阵、刚度矩阵和阻尼矩阵。

1. 惯性力位势的一阶变分

$$\begin{aligned}\delta v_1 = & \sum_{i=1}^{N_r} \{\delta u\}^{eT}([m_{r1}]^e + [m_{r2}]^e)\{\ddot{u}\}^e + \sum_{i=1}^{N_s} \{\delta u\}^{eT}[m_{s1}]^e\{\ddot{u}\}^e \\ & + \sum_{i=1}^{N} \delta Y_{si} m_s L_s \ddot{Y}_{si} + \delta Z_c M_c \ddot{Z}_c + \delta Y_c M_c \ddot{Y}_c + \delta \phi_c J_{c\phi} \ddot{\phi}_c + \delta \psi_c J_{c\psi} \ddot{\psi}_c + \delta \zeta_c J_{c\zeta} \ddot{\zeta}_c \\ & + \sum_{i=1}^{4} [\delta Z_{wi} M_w \ddot{Z}_{wi} + \delta Y_{wi} M_w \ddot{Y}_{wi} + \delta \phi_{wi} J_{w\phi} \ddot{\phi}_{wi} + \delta \psi_{wi} J_{w\psi} \ddot{\psi}_{wi}] \\ & + \sum_{i=1}^{2} (\delta Z_{bi} M_{bi} \ddot{Z}_{bi} + \delta Y_{bi} M_{bi} \ddot{Y}_{bi} + \delta \phi_{bi} J_{bi\phi} \ddot{\phi}_{bi} + \delta \psi_{bi} J_{bi\psi} \ddot{\psi}_{bi} + \delta \zeta_{bi} J_{bi\zeta} \ddot{\zeta}_{bi}) \end{aligned} \tag{3-56}$$

式中　N_r、N_s——钢轨与岔枕的梁单元总数；

　　　N——支承块总数；

　　　$[m_{r1}]^e$、$[m_{r2}]^e$——钢轨梁单元在竖向和横向平面内的质量矩阵；

　　　$[m_{s1}]^e$——岔枕梁单元在竖向平面内的质量矩阵；

　　　m_s——轨枕质量块在横向平面内的质量密度；

　　　L_s——岔枕长度；

　　　M_w、M_b、M_c——车轮、转向架及车体的质量；

　　　$J_{w\phi}$、$J_{w\psi}$——轮对的侧滚及摇头惯量；

　　　$J_{b\phi}$、$J_{b\psi}$、$J_{b\zeta}$——转向架的侧滚、摇头及点头惯量；

　　　$J_{c\phi}$、$J_{c\psi}$、$J_{c\zeta}$——车体的侧滚、摇头及点头惯量。

2. 应变能的一阶变分

系统中的总应变能包括钢轨、支承块、弹性支承及转向架各悬挂的变形位

能（未包括轮轨间的接触变形能），其一阶变分表达式为

$$\delta U = \sum_{i=1}^{N_r} \{\delta u\}^{eT} ([k_{r1}]^e + [k_{r2}]^e) \{u\}^e + \sum_{i=1}^{N_s} \{\delta u\}^{eT} [k_{s1}]^e \{u\}^e$$

$$+ \sum_{i=1}^{N_{sr}} (\delta Z_{si} - \delta Z_{ri}) K_{1r} (Z_{si} - Z_{ri}) + \sum_{i=1}^{N_{sr}} (\delta Y_{si} - \delta Y_{ri}) K_{2r} (Y_{si} - Y_{ri})$$

$$+ \sum_{i=1}^{N} \delta Y_{si} K_{2s} Y_{si} + (\delta Z_c - \delta Z_b) 2 K_{2z} (Z_c - Z_b)$$

$$+ \sum_{k=1}^{2} \sum_{i=1}^{2} \sum_{j=1}^{2} K_{1z} [\delta Z_{bk} + (-1)^{i+1} L_1 \delta \zeta_{bk} + (-1)^j b_1 \delta \phi_b - \delta Z_{w[2(k-1)+i]} - (-1)^j b_1 \delta \phi_{wi}]$$

$$\times [Z_{bk} + (-1)^{i+1} L_1 \zeta_{bk} + (-1)^j b_1 \phi_{bk} - Z_{wi} - (-1)^j b_1 \phi_{wi}]$$

$$+ \sum_{k=1}^{2} \sum_{i=1}^{2} \sum_{j=1}^{2} K_{1y} [\delta Y_{bk} - H_4 \delta \phi_{bk} + (-1)^i L_1 \delta \psi_{bk} - \delta Y_{wi}]$$

$$\times [Y_{bk} - H_4 \phi_{bk} + (-1)^i L_1 \psi_{bk} - \frac{L_1^2}{2R'} - Y_{wi}]$$

$$+ \sum_{k=1}^{2} \sum_{i=1}^{2} \sum_{j=1}^{2} K_{1x} [(-1)^{j+1} b_1 \delta \psi_{bk} - (-1)^{j+1} b_1 \delta \psi_{wi}]$$

$$\times [(-1)^{j+1} b_1 \psi_{bk} + (-1)^{j+i} \frac{b_1 L_1}{R'} - (-1)^{j+1} b_1 \psi_{wki}]$$

$$+ \sum_{i=1}^{2} (\delta y_c + H_2 \delta \phi_c - \delta y_{bi} - H_3 \delta \phi_{bi}) 2 K_{2y} (y_c + H_2 \phi_c - y_{bi} - H_3 \phi_{bi})$$

$$+ \sum_{i=1}^{2} b_2^2 k_{2x} (\delta \psi_c - \delta \psi_{bi}) (\psi_c - \psi_{bi})$$

$$+ \sum_{i=1}^{2} k_{2z} [\delta Z_c - (-1)^i L_c \delta \xi_c - Z_{bi}] [Z_c - (-1)^i L_c \xi_c - Z_{bi}]$$

$$+ \sum_{i=1}^{n} (\delta Z_{r1} - \delta Z_{r2}) K_{cz} (Z_{r1} - Z_{r2}) + \sum_{i=1}^{n} (\delta Y_{r1} - \delta Y_{r2}) K_{cy} (Y_{r1} - Y_{r2})$$

$$+ \sum_{i=1}^{n_1} (\delta Y_{r1} - \delta Y_{r2}) K_{ly} (Y_{r1} - Y_{r2}) \tag{3-57}$$

式中　N_{sr}——有扣件连接的钢轨与支承块梁单元节点总数；

　　　$[k_{s1}]^e$、$[k_{r2}]^e$——钢轨梁单元在竖向和横向平面内的刚度矩阵；

　　　$[k_{s1}]^e$——岔枕梁单元在竖向平面内的刚度矩阵；

　　　k_{1r}、k_{2r}——扣件的竖向及横向刚度；

　　　k_{2s}——道床的横向刚度；

K_{1z}、K_{2z}——一系及二系竖向悬挂刚度;

K_{1y}、K_{2y}——一系及二系横向悬挂刚度;

L_1——固定轴距之半;

L_c——车辆定距之半;

b_1——轮对上轮轨接触点距离之半;

R'——车轮处轨道的曲线半径,列车直向通过道岔时,R' 取为极大值;

K_{cz}、K_{cy}——锁闭铁所提供的竖向及横向刚度;

K_{ly}——转辙连杆所提供的横向刚度。

3. 阻尼力位势的一阶变分

$$\delta V_2 = \sum_{i=1}^{6} \{\delta u\}^{eT}[c_{r1}]^e + [c_{r2}]^e\}\{\dot{u}\}^e + \sum_{i=1}^{N_s} \{\delta u\}^{eT}[c_{s1}]^e \{\dot{u}\}^e$$

$$+ \sum_{i=1}^{N_{sr}} (\delta Z_{si} - \delta Z_{ri})C_{1r}(\dot{Z}_{si} - \dot{Z}_{ri}) + \sum_{i=1}^{N_{sr}} (\delta Y_{si} - \delta Y_{ri})C_{2r}(\dot{Y}_{si} - \dot{Y}_{ri})$$

$$+ \sum_{i=1}^{N} \delta Y_{si}C_{2s}\dot{Y}_{si} + (\delta Z_c - \delta Z_b)2C_{2z}(\dot{Z}_c - \dot{Z}_b)$$

$$+ \sum_{k=1}^{2}\sum_{i=1}^{2}\sum_{j=1}^{2} C_{1z}[\delta Z_{bk} + (-1)^{i+1}L_1\delta\zeta_{bk} + (-1)^j b_1\delta\phi_{bk} - \delta Z_{wi} - (-1)^j b_1\delta\psi_{wi}]$$

$$\times [\dot{Z}_{bk} + (-1)^{i+1}L_1\dot{\zeta}_{bk} + (-1)^j b_1\dot{\phi}_{bk} - \dot{Z}_{wi} - (-1)^j b_1\dot{\phi}_{wi}]$$

$$+ \sum_{k=1}^{2}\sum_{i=1}^{2}\sum_{j=1}^{2} C_{1y}[\delta Y_{bk} - H_4\delta\phi_{bk} + (-1)^i L_1\delta\psi_{bk} - \delta Y_{wi}]$$

$$\times [\dot{Y}_{bk} - H_4\dot{\phi}_{bk} + (-1)^i L_1\dot{\psi}_{bk} - \dot{Y}_{wi}]$$

$$+ \sum_{i=1}^{2}\sum_{j=1}^{2} C_{1x}[(-1)^{j+1}b_1\delta\psi_b - (-1)^{j+1}b_1\delta\psi_{wi}]$$

$$\times [(-1)^{j+1}b_1\dot{\psi}_b - (-1)^{j+1}b_1\dot{\psi}_{wi}]$$

$$+ \sum_{i=1}^{2} (\delta y_c + H_2\delta\phi_c - \delta y_{bi} - H_3\delta\phi_{bi})2C_{2y}(\dot{y}_c + H_2\dot{\phi}_c - \dot{y}_{bi} - H_3\dot{\phi}_{bi})$$

$$+ \sum_{i=1}^{2} b_2^2 C_{2x}(\delta\psi_c - \delta\psi_{bi})(\dot{\psi}_c - \dot{\psi}_{bi})$$

$$+ \sum_{i=1}^{2} C_{2z}[\delta Z_c - (-1)^i L_c\delta\xi_c - Z_{bi}][\dot{Z}_c - (-1)L_C\dot{\xi}_c - \dot{Z}_{bi}] \qquad (3\text{-}58)$$

式中 $[C_{s1}]^e$、$[C_{r2}]^e$——钢轨梁单元在竖向和横向平面内的阻尼矩阵;

$[C_{s1}]^e$——岔枕梁单元在竖向平面内的阻尼矩阵;

C_{1r}、C_{2r}——扣件的竖向及横向阻尼；

C_{2s}——道床的横向阻尼；

C_{1z}、C_{2z}——一系及二系竖向悬挂阻尼；

C_{1y}、C_{2y}——一系及二系横向悬挂阻尼。

4. 未被平衡的离心力位势的一阶变分

道岔导曲线通常不设超高或超高值很小，列车通过导曲线时便产生很大的未被平衡离心力，该力分别作用于车体、转向架构架和轮对质心处。车体、构架和轮对上分别所受的离心力为

$$\left.\begin{array}{l} F_{yc} = M_c \left(\dfrac{gH}{S} - \dfrac{V^2}{R'} \right) \\[6pt] F_{yb} = M_b \left(\dfrac{gH}{S} - \dfrac{V^2}{R'} \right) \\[6pt] F_{yw} = M_w \left(\dfrac{gH}{S} - \dfrac{V^2}{R'} \right) \end{array}\right\} \qquad (3\text{-}59)$$

式中　H——列车重心高度；

　　　S——轨距；

　　　V——列车速度。离心力位势的一阶变分为

$$\delta v_3 = \sum_{i=1}^{4} F_{yw} \delta Y_{wi} + \sum_{i=1}^{2} F_{yb} \delta Y_b + F_{yc} \delta Y_c + (F_{yb} H_4 - F_{yb} H_3 - F_{yc} H_1) \delta \psi_b \qquad (3\text{-}60)$$

5. 轮轨接触力位势的一阶变分

由赫兹接触理论，轮轨接触力与接触压缩变形量之间的关系为

$$TN_i = G^{-\frac{3}{2}} \Delta_i^{\frac{3}{2}} \qquad (3\text{-}61)$$

式中，Δ_i 为轮轨间的相对接触压缩量

$$\Delta_i = Z_{w\frac{i+1}{2}} + (-1)^i b \psi_{w\frac{i+1}{2}} - Z_{ri} - \eta_{zi} \qquad (3\text{-}62)$$

式中，$\dfrac{i+1}{2}$ 表示取整，当 $i = 1 \sim 8$ 时，$\dfrac{i+1}{2} = 1, \sim, 2$。当 Δ_i 小于零时，轮轨脱离接触，轮轨接触力为零。

轨底坡及踏面锥度的存在，使轮轨接触力可分解为法向反力及横向水平力，作用于车轮上的水平分力为

$$TN_{yi} = (-1)^{i+1} TN_i \lambda \qquad (3\text{-}63)$$

式中，λ 为踏面等效锥度。轮轨接触力位势的一阶变分为

$$\delta v_4 = \sum_{i=1}^{8} TN_i [\delta Z_{w\frac{i+1}{2}} + (-1)^i b \delta \phi_{w\frac{i+1}{2}} - \delta Z_{ri}]$$

$$+ \sum_{i=1}^{8} TN_{yi} [\delta Y_{ri} - \delta Y_{w\frac{i+1}{2}} - b\psi \delta \psi_{w\frac{i+1}{2}} + r_0 \delta \phi_{w\frac{i+1}{2}}] \quad (3-64)$$

6. 重力位势的一阶变分

$$\delta v_5 = M_c g \delta Z_c + M_b g \delta Z_b + \sum_{i=1}^{4} M_w g \delta Z_w \quad (3-65)$$

7. 蠕滑力位势的一阶变分

轮轨间的横向作用主要是靠蠕滑力耦合起来的，计算中首先用 Kalker 蠕滑公式计算线性蠕滑力，然后采用 Jonshon 公式修正。蠕滑力位势的一阶变分为

$$\delta v_6 = \sum_{i=1}^{8} \left[(-1)^i F_{xi} b \delta \psi_{w\frac{i+1}{2}} + F_{yi} \delta Y_{ri} - F_{yi} \delta Y_{w\frac{i+1}{2}} \right.$$

$$\left. + F_{yi} r_0 \delta \phi_{w\frac{i+1}{2}} - M_{3i} \delta \psi_{w\frac{i+1}{2}} \right] \quad (3-66)$$

式中　F_x、F_y、M_3——纵向、横向及旋转蠕滑力。

8. 护轨力与轮缘力位势的一阶变分

当轮背贴靠护轨运行时，轮轨间存在着护轨力，规定护轨压力为正，护轨力不能小于 0；当轮轨不贴靠时，护轨力为 0。护轨力位势的一阶变分为

$$\delta v_7 = \sum_{i=1}^{8} (-1)^i F_i \left[\delta Y_{w\frac{i+1}{2}} - \delta Y_{ri} + \mu_1 b \delta \psi_{w\frac{i+1}{2}} - r_0 \delta \phi_{w\frac{i+1}{2}} \right] \quad (3-67)$$

式中　F——护轨力或轮缘力；
　　　μ_1——轮轨摩擦系数。

轮缘与钢轨及护轨与轮背是否贴靠，可由车轮与钢轨间的相对横向位移来判断

$$\Delta y_i = (-1)^i Y_{w\frac{i+1}{2}} + (-1)^{i+1} Y_{ri} - \delta_0 + (-1)^i \eta_{yi} \quad (3-68)$$

式中　δ_0——轮轨游间；
　　　η_y——轨道横向不平顺。

当 $\Delta y_i > 0$ 时，轮轨贴靠；当 $\Delta y_i < 0$ 时，轮轨不贴靠。在列车运行的每一时间步长内，首先假设各轮缘及轮背与钢轨不贴靠，计算初步结果后，再调整轮缘及轮背与钢轨的贴靠状态。

9. 支承力位势的一阶变分

当尖轨（或心轨）与岔枕接触时，岔枕对尖轨（或心轨）提供支承力，支承力总是大于或等于 0；当尖轨（或心轨）跳起，与岔枕脱离接触时，支承力为零。支承力位势的一阶变分为

$$\delta v_9 = \sum_{i=1}^{N3-N2-1} P_{jzi}[\delta Z_{si} - \delta Z_{ri}] \tag{3-69}$$

在列车运行的每一时间步长内，首先假定尖轨（或心轨）与岔枕贴靠，在系统振动方程中补充下列变分形式的位移协调条件

$$\delta P_{jzi}[Z_{si} - Z_{ri}] = 0 \tag{3-70}$$

在求解出岔枕及钢轨位移后，然后判断尖轨（或心轨）与岔枕的接触状态

$$\Delta Z_i = Z_{ri} - Z_{si} \tag{3-71}$$

当 $\Delta Z_i < 0$ 时，尖轨（或心轨）与岔枕脱离接触，式（3-71）的位移协调条件变为

$$\delta P_{jzi} P_{jzi} = 0, \quad \delta P_{xzi} P_{xzi} = 0 \tag{3-72}$$

10. 顶铁力位势的一阶变分

道岔结构中的顶铁安装在基本轨和翼轨轨腰上，以阻止尖轨和心轨过大的横向位移，当尖轨（或心轨）与顶铁接触时，产生顶铁压力，设尖轨（或心轨）所受的顶铁压力为正值；当尖轨（或心轨）与顶铁脱离接触时，顶铁压力为零。顶铁力位势的一阶变分为

$$\delta v_{10} = \sum_{i=1}^{NGC} (-1)^{ND} P_{jdi}[\delta Y_{rji} - \delta Y_{rsi}] \tag{3-73}$$

式中 Y_{rsi}、Y_{rji}——基本轨、尖轨（或翼轨、心轨）的位移。

同样，系统振动方程中应补充与岔枕支承力类似的位移协调条件。

11. 尖轨与基本轨（或心轨与翼轨）轨头横向力、竖向力位势的一阶变分

尖轨与基本轨（或心轨与翼轨）密贴区域内，轨头间横向力传递着非线性横向力。当两钢轨密贴时，设岔枕支承点处两轨头间存在非线性的横向力，否则该横向力为 0。轨头横向力位势及位移协调条件与顶铁力类似。同样可得到尖轨与基本轨间竖向力位势的一阶变分。

由以上 11 项变分及协调方程，可经计算机对号入座便可得到道岔区轮轨系统空间耦合振动模型的振动微分方程组为

$$[M]\{\ddot{u}(t)\} + [C]\{\dot{u}(t)\} + \{F(t,u)\} = \{P(t,u,\dot{u})\} \tag{3-74}$$

在不同时刻,列车处于道岔结构中的不同位置,而且在每一积分时间步长内,轮缘、顶铁的接触状态以及岔枕对尖轨的支承状态都可能与上一个积分步长不同,因此,刚度矩阵、荷载列阵是随时间变化的。

(四)振动方程的求解途径

道岔区轮轨系统振动微分方程的求解采用下列方法。

1. 选择积分方法

由于方程组(3-74)具有非线性时变特性,方程阶数很高,经比较宜采用直接积分方法。直接积分法是将运行时间离散化,假定系统的振动位移、速度、加速度在一定时间内符合某种变化规律,某一时刻系统的响应可由该时刻以前各时间离散点上的响应值依假定的变化规律组合而成。依次类推,可由初始条件求得所有时间离散点上振动方程的解。

不同的变化规律假定便形成不同的积分方法。经比较,Park 方法有较好的低频精度、无超调现象、在非线性问题中无条件稳定,故采用该方法求解振动方程。

由于 Park 方法在求 $n+1$ 点处系统的响应时要用到前三个时间点处的位移和速度,因此再选用 Newmark-β 方法来求出系统在最初三个时刻的位移、速度和加速度。

2. 缩减自由度

动力分析的计算工作量很大,发展提高效率、节省计算工作量的数值方案和方法是动力分析研究工作中的重要组成部分。减缩系统自由度数目是目前广泛采用的一种方法,这种方法中应用最普遍的又是主从自由度和模态综合法。主从自由度法的基本思想是将系统的自由度(位移向量)分为两部分,一部分称主自由度,另一部分称从自由度,后者按一定关系依赖于前者,从而使求解系统运动方程的工作量有所减少,但对系统的较低阶频率和振型的精度影响很小。该法概念简单、明确,本阶段报告将采用此方法来减缩系统的自由度。

将式(3-74)中的位移向量 u 分为 u_m、u_s 两部分,假定 u_s 按一种确定的方法依赖于 u_m。因此,u_m 称为主自由度,而 u_s 为从自由度,两者的关系为

$$u_s = Tu_m \tag{3-75}$$

通常可以假定将 u_m 按静力方式施加于同一结构而不受其他荷载,由在结构内引起的变形模式确定 u_s 与 u_m 之间的关系。这种假定实质上是将对应于 u_s 自由度上的惯性力项按静力等效原则转移到 u_m 上。计算结果的精度与主自由度的数目和主自由度的选取有关,主自由度数越接近于系统的总自由度数,计算结果的误差愈小。主自由度的选择方法有许多种,为提高计算精度,可选择如图 3-70 中虚线所示范围内道岔及车辆系统中所有自由度为主自由度。

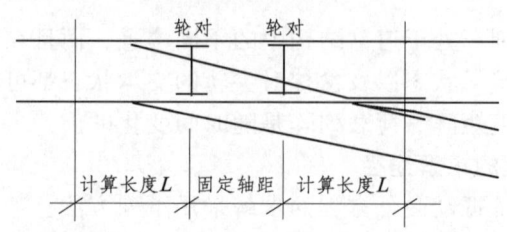

图 3-70 主自由度的选取范围

很显然，计算长度 L 越大，主自由度数越多，计算精度越高，可计算量也越大。根据连续弹性基础梁理论，计算长度取为 7~12 m，计算结果的误差为 5%~1%。在满足精度要求的条件下，选取适当的计算长度，认为计算长度以外的从自由度的位移 $u_s = 0$，也即从自由度与主自由度是不相关的，$K_{ms} = 0$，$T = 0$，则在方程求解过程中可不进行大量的矩阵求逆和矩阵乘积运算，计算量将大为减少。响应区的长度可通过数值试验确定。

选择合适的响应区长度，有限单元法将不再受轨道长度的限制，列车每前进一步，将有可能抛弃列车后面轨道响应区以外的节点的参振，而吸纳列车前面刚进入轨道响应区以内的节点参振。这种方法的采用，使采用有限单元法求解长大高速道岔的动力特性得以实现。

3. 迭代循环

振动方程的求解中除了要进行非线性接触力、非线性蠕滑力的迭代循环外，还要进行积分时间步长循环及轮缘贴靠判断、顶铁贴靠判断、尖轨和心轨与岔枕的接触判断、尖轨与基本轨在横向平面内的接触判断，为减少计算量并保证迭代的稳定性和收敛性，如何合理地组成多重循环结构也是一个极为重要的问题。

直接积分法中，积分时间步长循环无疑应是最外层的循环结构。在轮轨空间耦合振动系统中，竖向振动对横向振动的影响很大，而横向振动对竖向振动的影响相对比较微弱，因此应首先进行轮轨接触力的迭代循环，这个循环应是最里层的循环结构。轮轨接触力迭代收敛后，蠕滑力是比较容易收敛的，而且受轮缘是否贴靠、顶铁是否贴靠等影响不大，因此非线性蠕滑力的迭代循环应是次里层的循环结构。由曲线动态通过理论可知，在大半径曲线上可完全由蠕滑力导向，只有在小半径曲线上才要求轮缘力导向，在蠕滑力大小确定后，就比较容易判断是否还需要轮缘力导向，也就较容易判断轮缘是否贴靠钢轨，因此轮缘贴靠判断应是蠕滑力迭代循环的外一层循环。最后可将每一个顶铁的贴靠判断、尖轨下每一支承点的接触判断、尖轨与基本轨的接触判断在同一循环结构中实现，这是次外层的循环结构。数值试验证明这种循环结构是合理的，通常在求解方程组 6 次左右，所有的迭代循环都已收敛。

4. 程序的编制

采用 FORTRAN 语言编制了道岔区轮轨系统空间耦合振动模型求解程序 SICT（Spatial Interactions between Cars and Turnout），可在微机上运算。程序编制中为节省计算机内存采用了一维变带宽压缩存储，并采用了改进后的波前法求解大型稀疏矩阵。

第三节　道岔区轮轨关系研究设计

轮轨关系设计是高速道岔结构设计中的核心工作内容，直接关系到能否保证高速列车过岔时的安全性与平稳性，如何降低转辙器部分的横向不平顺以提高列车直向过岔时的平稳性，如何降低辙叉部分的结构不平顺以降低列车与道岔间的竖向动力相互作用，是本节的研究重点。[36-40]

一、轮轨关系设计方法与控制指标

道岔区轮轨关系远较区间线路复杂得多，区间线路上只有车轮踏面与钢轨顶面接触、车轮轮缘与钢轨侧面接触两种情况，而岔区则有可能会出现车轮踏面与基本轨顶面接触、同时与尖轨顶面接触，车轮轮缘与尖轨侧面接触，尖轨与基本轨贴靠、尖轨与滑床台板接触等多种情况，且尖轨顶面轮廓还随着车轮的移动而变化（逐渐加宽和升高）。首先应抓住主要矛盾，忽略次要影响因素，仅考虑岔区轮轨接触几何关系，建立静态的轮轨接触理论，研究岔区轮轨关系设计对所形成的结构不平顺、轮对等效锥度、车轮倾角等接触参数的影响，辅于独立轮对的垂直振动、单轮对的蛇形运动分析，分析岔区轮轨关系对行车平稳性的影响，可以将成熟的研究成果纳入并形成道岔动力学设计方法；其次应考虑较为全面的列车/道岔耦合系统动力影响因素，建立起岔区多根钢轨的动态轮轨接触理论和仿真分析模型，研究动态作用下的轮轨关系对行车安全性、平稳性的影响规律，评估轮轨关系的设计的合理性；再次应通过大量的室内和现场试验，验证动静态轮轨接触理论的正确性；最后应通过仿真分析研究，开拓思路，研究提出各种新型的岔区轮轨关系设计，评估其高速列车行车安全性、平稳性的影响，为我国新一代高速道岔的创新研究提供理论与技术支撑。道岔轮轨关系设计的主要思路如图 3-71 所示。

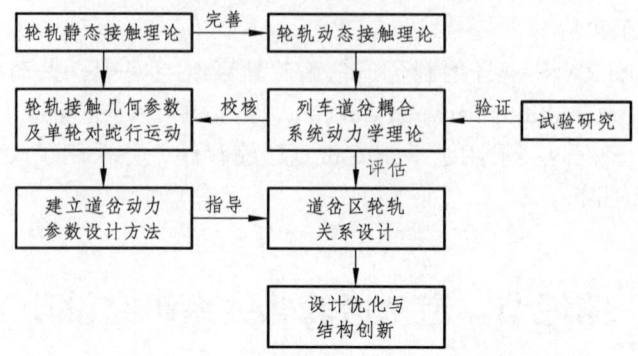

图 3-71　道岔轮轨关系设计思路图

（一）道岔动力学参数设计方法

以道岔区轮轨接触理论为基础，编制了岔区轮轨静态接触几何关系计算软件 IWRT（Interaction of Wheel/Rail on Turnou），可用于分析研究各种踏面的车轮在道岔转辙器及辙叉部分的等效锥度、接触角差系数、轮对倾角、轮对倾角系数、轮对重力刚度、轮对重力角刚度、道岔竖向结构不平顺、道岔横向不平顺等。

以道岔竖向结构不平顺为激励，建立了独立车轮过岔时的竖向振动研究方法；以道岔横向不平顺为激励，建立了轮对过岔时的蛇行运动研究方法；以轮对的振动响应作为道岔轮轨关系的设计控制指标。

所建立的道岔动力学参数设计方法概念明确、计算简单，易于为道岔设计者和现场工作者掌握，可与道岔平面线形设计中的基本参数法一起作为道岔设计方法。

（二）列车道岔系统动力学评估方法

为了较为准确地反映出岔区轮轨关系对行车安全性、平稳性的影响，还需要采用基于道岔区动态接触理论的列车道岔耦合系统动力学方法，评估分析轨底坡、尖轨及心轨顶面加工轮廓、尖轨及心轨顶面降低值、尖轨及心轨竖直藏尖和水平藏尖、基本轨水平弯折和垂直弯折、特种断面基本轨与翼轨等轮轨关系设计对不同速度高速列车过岔时的行车安全性、平稳性的定量影响。这种方法需要有较深的专业理论，不易为工程人员所掌握，现阶段可用作为道岔轮轨关系研究和评估，待进一步完善成商业化的通用设计软件后，方可作为道岔轮轨关系的设计手段。

（三）道岔轮轨关系设计指标

1. 踏面等效锥度

欧洲铁路联盟规定时速 280 km/h 以上的高速列车轮对踏面与高速道岔匹配时，其轮对踏面等效锥度不得超过 0.1，时速 160～280 km/h 的快速列车轮对踏面与道岔匹配时，其轮对踏面等效锥度不得超过 0.2，时速不超过 160 km/h

时，对等效锥度不作要求。计算等效锥度时轮对横移量取值：当轮轨游间不小于 7 mm 时，取为 3 mm；当轮轨间游间小于 5 mm 时，取为 2 mm；居于两者间时取轮轨游间减去 1 mm 再除以 2。

我国过去从未将该项指标纳入道岔结构设计中，致使出口的高速道岔需提供大量的评估分析报告，而且该项指标是轮轨接触几何关系中最为重要的一个参数，它的量值大小也影响着其他的接触几何参数，因此可将踏面等效锥度作为道岔动力学参数的设计指标，根据我国道岔的速度系列，规定时速 250 km 及以上的高速道岔等效锥度不得大于 0.1，时速 250 km 以下的提道岔等效锥度不得大于 0.2，时速 120 km 及以下的普通道岔不作要求。

2. 轮对倾角

轮对倾角反映了列车过岔时车体的横向稳定性，法国高速道岔规定新轮及磨耗到限的车轮通过道岔，轮对倾角在时速 280 km/h 以上的高速道岔中不得大于 4/1 000 rad，在时速 280 km 及以下的道岔中不得大于是 8/1 000 rad。我国道岔结构设计中也未将这设计参数纳入控制指标内。轮对倾角与道岔轮轨关系的设计密切相关，轮载转移越缓慢，轮对倾角越大，轮对蛇行运动越剧烈，因此将该参数纳入道岔动力学设计参数中也是非常有必要的，可规定时速 250 km 及以上的高速道岔轮对倾角不得大于是 4/1 000 rad，其他道岔不得大于是 8/1 000 rad。

（四）道岔结构不平顺设计指标

1. 车轮动力附加力

独立车轮过岔时，其动力附加力会发生增减变化，其变化量随着道岔竖向结构不平顺的大小、变化率、波长、波形等而变化，可用于表征道岔竖向不平顺的特征。该指标可作为比较指标，其值越小，代表道岔竖向不平顺越小，轮轨关系设计越优。

2. 轮对蛇行运动幅值

单轮对过岔时，由于道岔横向结构不平顺的激励，会发生蛇行运动，由于其自由振动的波长是由轮对固有频率所决定的，强迫振动的波长即为横向不平顺的范围，不能表征道岔横向不平顺的特征，但是蛇行运动的幅值（不考虑轮缘与钢轨贴靠时）却随横向结构不平顺的幅值、波长、波形等而变化，也可作为对比指标，来表征道岔横向不平顺的特征，其值越小，代表道岔横向不平顺越小，轮轨关系设计越优。

（五）列车道岔系统动力学评估指标

1. 安全性标准

在机车车辆动力学中，国内外一般都以脱轨系数、轮重减载率、倾覆系数等指标来评定车辆运行的安全性。

脱轨系数为某一时刻作用在车轮上的横向力 Q 和垂向力 P 的比值。我国《铁道车辆动力学性能评定和试验鉴定规范》（GB 5599-85）规定车辆爬轨侧车轮的脱轨系数应符合以下条件

$$\left.\begin{array}{ll} Q/P \leqslant 1.2 & （第一限度，合格标准） \\ Q/P \leqslant 1.0 & （第二限度，增大了安全裕量的标准） \end{array}\right\} \quad (3-76)$$

上式适用于横向力作用时间大于 0.05 秒的爬轨情况。

我国《铁道机车动力学性能试验鉴定方法及评定标准》（TB/T 2360-93）规定机车的脱轨系数界限值如表 3-7 所示。

表 3–7　我国 TB/T 2360–93 规定的机车脱轨系数界限值

评定等级	优 良	良 好	合 格
最大值 $(Q/P)_{\max}$	0.6	0.8	0.9
常见最大值 $(Q/P)_{m.M}$	0.4	0.6	0.7

当机车脱轨系数的最大值大于 0.9 时，持续时间不得超过 0.07 秒，在此期间的最大值应满足

$$(Q/P)_{\max} \leqslant 0.065 \frac{1}{t_1} \quad (3-77)$$

此外，我国《高速试验列车动力车强度及动力学性能规范》（95J01-L）和《高速试验列车客车强度及动力学规范》（95J01-M）中有如下规定：

动力车

$$\left.\begin{array}{l} (Q/P)_{\max} \leqslant 0.8 \\ (Q/P)_{\max} \leqslant 0.056 \frac{1}{t_1} \quad （脱轨系数大于0.8的时间不超过0.07秒） \end{array}\right\} \quad (3-78)$$

客车

$$\left.\begin{array}{ll} Q/P \leqslant 0.8 & （横向力作用时间 $t \geqslant 0.05$ s） \\ Q/P \leqslant 0.04 \frac{1}{t} & （横向力作用时间 $t < 0.05$ s） \end{array}\right\} \quad (3-79)$$

列车高速通过转辙器及辙叉部分时，轮缘冲击力作用时间均较小，因此可结合采用式（3-76）、式（3-78）的评价标准，规定一般情况下脱轨系数不宜超过 0.8；当脱轨系数大于 0.8 的时间不超过 0.01 秒时，脱轨系数不超过 1.2。

轮重减载率为评定车辆在轮对横向力为零或接近于零的条件下，因一侧车轮严重减载而脱轨的安全性指标。设

$$\overline{P} = (P_1 + P_2)/2, \quad \Delta P = (P_2 - P_1)/2 \quad (3\text{-}80)$$

则有

$$P_1 = \overline{P} - \Delta P, \quad P_2 = \overline{P} + \Delta P \quad (P_2 \gg P_1) \quad (3\text{-}81)$$

式中 $\overline{P}$——左右侧车轮的轮重；

ΔP——轮重的减载量。

定义 $\Delta P/\overline{P}$ 为爬轨侧车轮的轮重减载率。

我国《铁道车辆动力学性能评定和试验鉴定规范》（GB 5599-85）规定车辆的轮重减载率应符合以下条件

$$\left.\begin{array}{l}\Delta P/\overline{P} \leqslant 0.65 \quad (\text{第一限度,合格标准}) \\ \Delta P/\overline{P} \leqslant 0.60 \quad (\text{第二限度,增大了安全裕量的标准})\end{array}\right\} \quad (3\text{-}82)$$

我国《高速试验列车动力车强度及动力学性能规范》（95J01-L）和《高速试验列车客车强度及动力学规范》（95J01-M）中规定

$$\Delta/\overline{P} \leqslant 0.60 \quad (3\text{-}83)$$

需要指出的是，脱轨系数和轮重减载率分别是在轮对横向力 $H>0$ 和 $H=0$ 两种不同情况下评价车轮脱轨的指标，都是根据车轮的受力平衡条件得出的。一般情况下，应以脱轨系数作为行车安全性的评价指标，轮重减载率可视为静态或准静态条件下的评价指标。在高速行车条件下，速度大于 30 km/h 时可采用减载率不超过 0.8 作为安全性限值。

倾覆系数用于评价车辆在侧向风力、离心力、横向振动惯性力同时作用下是否会导致车辆倾覆。设车辆外轨侧的轮轨压力为 P_2，内轨侧的轮轨压力为 P_1，定义倾覆系数 D 为

$$D = \frac{P_2 - P_1}{P_2 + P_1} \quad (3\text{-}84)$$

当一侧车轮轮重减载至零（$P_1 = 0$）时，车辆将达到倾覆的临界状态。此时，$D=1$。因此，为确保车辆不发生倾覆，必须满足 $D<1$ 的条件。

我国《铁道车辆动力学性能评定和试验鉴定规范》（GB 5599-85）及《高速试验列车客车强度及动力学规范》（95J01-M）均规定

$$D<0.8 \quad (3\text{-}85)$$

当车辆或一台转向架的同一侧各车轮的倾覆系数同时达到或超过 0.8 时，就认为有倾覆危险。

经综合分析，本文将结合式（3-82）、式（3-85），采用减载率评价标准：一般情况下减载率不得大于 0.8，当减载率超过 0.8 的持续作用时间不超过 0.01 秒时，减载率须小于 1，即不得发生车轮悬浮或发生倾覆。

2. 平稳性标准

评定舒适度实际上就是评定运行平稳性，而评价铁道车辆舒适性最直接的标准就是车体振动加速度，为了更准确地对舒适度进行评价，不仅要考虑加速度的大小，还要考虑振动频率的影响。当采用考虑频率的车体加速度来评定舒适度时，世界各国有着不同的评价指标，如欧洲的 Sperling 指标、日本的舒适度系数、美国的 Janeway 指标、英国铁路的乘坐指数、法国的疲劳时间等。一般来说，对于短时间内的舒适度分析，车体振动加速度是一个最主要的指标，而对于长时间的舒适度的分析则需要考虑加速度的幅值、频率以及持续时间等指标。我国铁路对机车车辆运行的平稳性（旅客乘坐的舒适性）分别按车体振动加速度和平稳性指标来评定。

我国《铁道机车动力学性能试验鉴定方法及评定标准》（TB/T 2360-93）及《高速试验列车动力车强度及动力学性能规范》（95J01-L）均采用最大振动加速度 A_{max} 和司机室振动加权加速度有效值 A_w 来评定，标准如表 3-8 所示。

表 3-8 我国机车振动加速度平稳性评定等级

评定等级	A_{max} (m/s²)		A_w (m/s²)	
	垂 向	横 向	垂 向	横 向
优 良	2.45	1.47	0.393	0.273
良 好	2.95	1.96	0.586	0.407
合 格	3.63	2.45	0.840	0.580

表中，$A_{max} = \overline{A} + 3\sigma_a$，$\overline{A}$ 和 σ_a 分别为加速度所有峰值绝对值的平均值和均方差；$A_w = \sqrt{2\int_1^{80} G(f) \times B^2(f) df}$；$f$ 为频率；$G(f)$ 为加速度平均功率谱密度

$$G(f) = \begin{cases} 0.5\sqrt{f} & (f = 1 \sim 4Hz) \\ 1 & (f = 4 \sim 8Hz) \\ 8/f & (f = 8 \sim 80Hz) \end{cases} \text{垂向加速度的频率加权函数}$$

$$B(f) = \begin{cases} 1 & (f = 1 \sim 2Hz) \\ 2/f & (f = 2 \sim 80Hz) \end{cases} \text{横向加速度的频率加权函数}$$

我国机车车辆运行平稳性指标采用 Sperling 指标，计算公式如下

$$W = 7.08\left[\frac{A^3}{f}F(f)\right]^{0.1} \tag{3-86}$$

式中　W——平稳性指标；

　　　A——车体振动加速度（g）；

　　　f——振动频率（Hz）；

　　　$F(f)$——频率修正系数（见表 3-9）。

表 3-9　我国车辆平稳性指标计算公式的频率修正系数

垂向振动		横向振动	
0.5～5.9Hz	$F(f)=0.325f^2$	0.5～5.4Hz	$F(f)=0.8f^2$
5.9～20Hz	$F(f)=400/f^2$	5.4～26Hz	$F(f)=650/f^2$
>20Hz	$F(f)=1$	>26Hz	$F(f)=1$

《铁道机车动力学性能试验鉴定方法及评定标准》（TB/T 2360—93）及《铁道车辆动力学性能评定和试验鉴定规范》（GB 5599—85）中关于机车车辆的平稳性等级见表 3-10，其中垂向和横向平稳性采用相同的评定等级。

表 3-10　我国机车车辆平稳性评定等级

平稳性等级	评定	机车	客车	货车
1 级	优	<2.75	<2.5	<3.5
2 级	良好	2.75～3.10	2.5～2.75	3.5～4.0
3 级	合格	3.10～3.45	2.75～3.0	4.0～4.25

综合起来，本文确定：

横向平稳性指标≤2.5（列车直向和侧向通过道岔及邻近线路）。

垂向平稳性指标≤2.5（列车直向和侧向通过道岔及邻近线路）。

车体垂向加速度≤2.0（m/s²）（列车直向和侧向通过道岔）。

车体横向加速度≤1.5（m/s²）（列车直向和侧向通过道岔）。

3. 轮轨垂向力

日本在既有线铁路提速试验规范中对轮重最大值有明确规定，要求其小于轨道部件的设计载荷。所谓设计载荷，是考虑了因车轮扁疤引起的轮轨动力冲击作用而采用的荷载。经过调查分析，车轮扁疤引起的轮载动静比约为 1.7，考虑一定的安全系数后取为 2.0，最大扁疤轮重可取为静轮重的 3 倍，并将其作为设计荷载。新干线采用轴重 170 kN 的 P 标准活载，设计载荷为 270 kN，而既有线采用轴重 160 kN 的 K 活载，设计载荷为 255 kN。我国在无砟轨道结构设计中采用的设计荷载为 300 kN，本文以此作为道岔内的最大允许动荷载

$$P_{\max} = 300 \text{ kN} \tag{3-87}$$

4. 轮轨横向力

铁路轨道结构在垂直方向有相当的强度储备，而在横向基本上是在保证线形圆滑的前提下凭经验来保证轨道有一个适当的强度。但是，当线路状态恶化时，过大的轮轨横向力可能导致扣件的破损、轨道不平顺的出现，甚至出现钢轨转动引发列车脱轨。轮轨横向力的限值主要根据钢轨弹性扣件的横向设计荷载来确定。

日本新干线采用的扣件横向设计荷载极限值为轴重的 0.4 倍。根据曲线半径的不同，既有线采用的系数分别为 0.4（$R \geq 800$）、0.6（$800 > R \geq 600$）、0.8（$R < 600$）。

欧美铁路根据试验结果，一般也取 0.4 倍轴重作为轮轨横向力的限值，即要求

$$Q \leq 0.4(P_{st1} + P_{st2}) \quad (P_{st1}, P_{st2} \text{ 为车轮静荷载}) \tag{3-88}$$

因道岔导曲线未设超高，存在未被平衡的超高，18 号道岔侧向过岔时（导曲线半径 1 100 m，速度 80 km/h）与线路上 600 m 半径相当，本文取轮轨横向力限值为 120 kN，轮缘力及护轨冲击力均以此作为容许限值。

5. 轮轴横向力

对于无缝线路稳定性问题的研究表明，过大的轮轴横向力是导致轨排横移、无缝线路动态失稳产生胀轨跑道现象的最主要原因。因此，除了保证线路的纵横向阻力外，限制轮对作用于线路的最大横向力也是很重要的一个方面。

线路横向力限值最初由法国国营铁路公司（SNCF）通过货车脱轨试验结果获得。对于一个轮对横向力限值的研究工作由 Prud'homme 完成，他给出了一个轮对横向力限值的计算公式，为欧美国家及 UIC 所采用。

$$\left. \begin{array}{l} Q \leq 10 + \dfrac{P}{3} \quad \text{（限度值）} \\ Q \leq 0.85\left(10 + \dfrac{P}{3}\right) \quad \text{（推荐值）} \end{array} \right\} \tag{3-89}$$

关于轮轴横向力的限度，日本采用了如下的计算公式

$$\left. \begin{array}{l} Q \leq 10 + 0.35(P_{st1} + P_{st2}) \quad \text{kN（第一限度）} \\ Q \leq 0.85[10 + 0.35(P_{st1} + P_{st2})] \quad \text{kN（第二限度）} \end{array} \right\} \tag{3-90}$$

我国《铁道车辆动力学性能评定和试验鉴定规范》（GB 5599-85）中，对于可能导致线路产生严重变形的轮轴横向力限度规定如下

$$\left.\begin{array}{l}Q \leqslant 0.85\left(10+\dfrac{P_{st1}+P_{st2}}{2}\right) \text{ kN} \quad (\text{木枕线路}) \\ Q \leqslant 0.85\left(15+\dfrac{P_{st1}+P_{st2}}{2}\right) \text{ kN} \quad (\text{混凝土轨枕线路})\end{array}\right\} \quad (3\text{-}91)$$

UIC 标准中以 $10+P/3$ 作为轮轴横向力容许限度,本文即以此作为控制标准。

6. 尖轨、心轨开口量

为避免列车逆向过岔时,车轮撞击尖轨及心轨尖端,我国规定尖轨心轨的动态开口量应小于 4 mm。

7. 尖轨及心轨动应力

尖轨及心轨是道岔中的薄弱环节,因其直接支承于滑床台板上,无扣件与岔枕相连接,一旦发生折断,就有可能引进行车安全事故,因而应控制其动应力,一般不得超过其疲劳强度极限 374 MPa。

8. 轨道变形

轨道竖向位移 ≤ ±3 mm(列车直向和侧向通过道岔)。

钢轨件横向弹性位移 ≤ ±1.5 mm(指通过道岔直向)。

二、道岔轮轨关系创新设计

为降低道岔区的竖向及横向结构不平顺,中、德、法等国在进行高速道岔设计时,采用了以下一些轮轨关系的创新设计。

1. 中国缩短转辙器部分轮载过渡范围

单轮对直向过岔时的蛇行运动分析表明,道岔横向结构不平顺作用范围越长,轮对蛇行运动的幅值也大,列车横向稳定性越差,为此中国高速道岔采用了缩短转辙器部分轮载过渡范围的创新设计:结合平面设计采用相离式半切线尖轨,以缩短尖轨长度;将尖轨开始降低断面由提速道岔的顶宽 50 mm 提前至 40 mm,将尖轨开始受力断面设计由顶宽 20 mm 提前至 15 mm;将尖轨顶宽 15 mm 断面降低值由 5 mm 减小至 3 mm。

2. 德国转辙器部分动态轨距优化设计

德国高速道岔在转辙器部分轮轨关系设计中采用了一种动态轨距优化设计技术,将基本轨向外弯折并加宽尖轨,使动车组直向过岔时左右车轮的轮轨接触点能同时外移,可减缓轮对所受的横向作用力。

18 号道岔基本轨前端为弯折半径 210 m 的一段反向曲线,在顶宽 30 mm 附近达到最大弯折量 15 mm,后端为一直线段,尾端采用半径 1 000 m 的曲线在 0.98 m 范围内过渡至原基本轨线上，整个基本轨的弯折范围为 21.743 m，直曲基本轨的弯折情况相同。采用轨距加宽技术后，18 号道岔在弯折范围内的轨距如表 3-11 所示。

表 3-11 德国 18 号道岔基本轨弯折范围内轨距加宽值

枕号	轨距（mm）	枕号	轨距（mm）	枕号	轨距（mm）	枕号	轨距（mm）
1	1 435	11	1 448.3	21	1 445.1	31	1 439.3
2	1 435	12	1 449.8	22	1 444.5	32	1 438.7
3	1 435.1	13	1 449.8	23	1 444	33	1 438.1
4	1 437.9	14	1 449.2	24	1 443.4	34	1 437.5
5	1 442.5	15	1 448.6	25	1 443	35	1 436.9
6	1 439.8	16	1 448.1	26	1 442.2	36	1 436.3
7	1 441.4	17	1 447.4	27	1 441.6	37	1 435.7
8	1 443.2	18	1 446.9	28	1 441	38	1 435.2
9	1 444.9	19	1 446.3	29	1 440.4	39	1 435.1
10	1 446.6	20	1 445.7	30	1 439.8		

39.1 13 号道岔基本轨前端为弯折半径 1 500 m 的一段反向曲线，在顶宽 30 mm 附近达到最大弯折量 15 mm，后端为一直线段，尾端采用半径 1 800 m 的曲线在 1.0 m 范围内过渡至原基本轨线上，整个基本轨的弯折范围为 42.842 m，直曲基本轨的弯折情况相同。德国道岔的这种动态轨距优化设计（德文简称 FAKOP）是一种带有优化行车动力学的尖轨和基本轨的特殊设计，能够减少尖轨磨损面积。车轴的两个车轮的滚动圆直径近似相等，起到了减缓车轮蛇行运动的作用。同时车轮从基本轨到尖轨的过渡部分由于尖轨厚度的快速增加而缩短，也起到了提高行车舒适性的目的。

3. 法国辙叉部分心轨水平藏尖

为减缓辙叉部分的横向不平顺，同时也减小竖向不平顺，法国高速道岔将翼轨轨头内侧切削了一部分，这样心轨的部分轨头轮廓位于翼轨轨距线以内（称为水平藏尖），如图 1-9 所示，轮轨接触点位置的变化将减少与翼轨轨头刨切宽度相等的量值；同时因心轨尖端藏在翼轨轮廓线内，不必为避免车撞击其尖端而采用竖直藏轨翼轨下腭的结构设计（称为竖直藏尖），心轨尖端的降低值可由 23 mm 减少至 15 mm 以下，减缓了心轨顶面纵坡，也有利于减缓轮轨竖向冲击作用。

4. 德国辙叉部分翼轨加高设计

固定辙叉因存在有害空间,所产生横向及竖向结构不平顺较大,为减缓这些不平顺,翼轨顶面采用了加高设计。德国高速道岔也借鉴这一设计,翼轨顶面进行了适当的加高。

5. 英国转辙器部分尖轨水平藏尖设计

英国在客货共线道岔设计中,除了心轨采用水平藏尖设计,为降低尖轨的侧面磨耗,在转辙器部分采用了类似于高速道岔翼轨部分心轨水平藏尖设计,如图 3-72 所示,将基本轨轨头内侧刨切一部分,尖轨尖端位于基本轨轨头轮廓线以内。但在大号道岔中,因尖轨伸缩量较大,尖轨与基本轨刨切起点处需预留较长一段切口,顺向出岔的列车在转辙器部分因无类似辙叉护轨的牵制作用,车轮将会撞击该切口,导致钢轨伤损,不宜在高速道岔中使用。

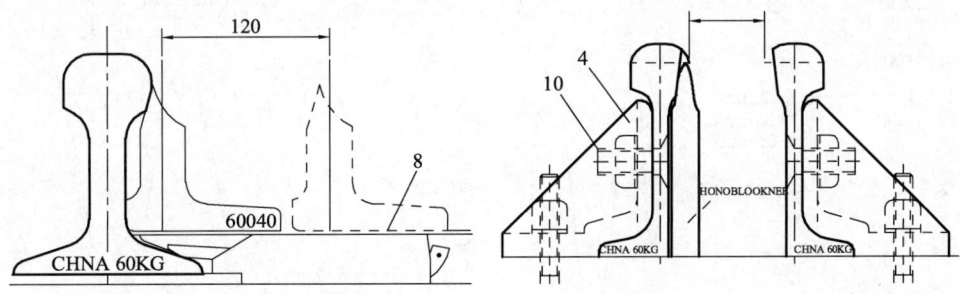

(a) 英国道岔尖轨水平藏尖　　(b) 英国道岔心轨水平藏尖

图 3-72　英国高速道岔尖轨、心轨水平藏尖设计

下面将以 LMA 型踏面动车组直向通过 350 km/h 18 号道岔为例,针对这几种主要的轮轨关系创新设计进行研究,分析其减缓道岔结构不平顺的机理,评估其对列车道岔系统振动的减缓作用,以指导道岔结构优化设计及养护维修。

三、缩短转辙器部分轮载过渡范围设计

为加工方便,尖轨顶面降低值一般设计为折线,在顶宽 50 mm 时与基本轨平齐(完全承载断面),在顶宽 20 mm 时尖轨可以开始承载(开始承载断面),两间之间降低值线性变化,为轮载过渡范围。可通过改变开始承载断面降低值、位置、开始降低断面位置等来优化转辙器部分的轮轨关系。

1. 开始承载断面降低值

考虑尖轨顶宽 20 mm 处顶面降低 3 mm、4 mm、5 mm,顶宽 50 mm 断面

为完全承载处，三种方案的踏面等效锥度、轮对倾角、动力附加力、蛇行运动振动四项动力学参数的比较如图 3-73 所示，计算结果对比如表 3-12 所示。

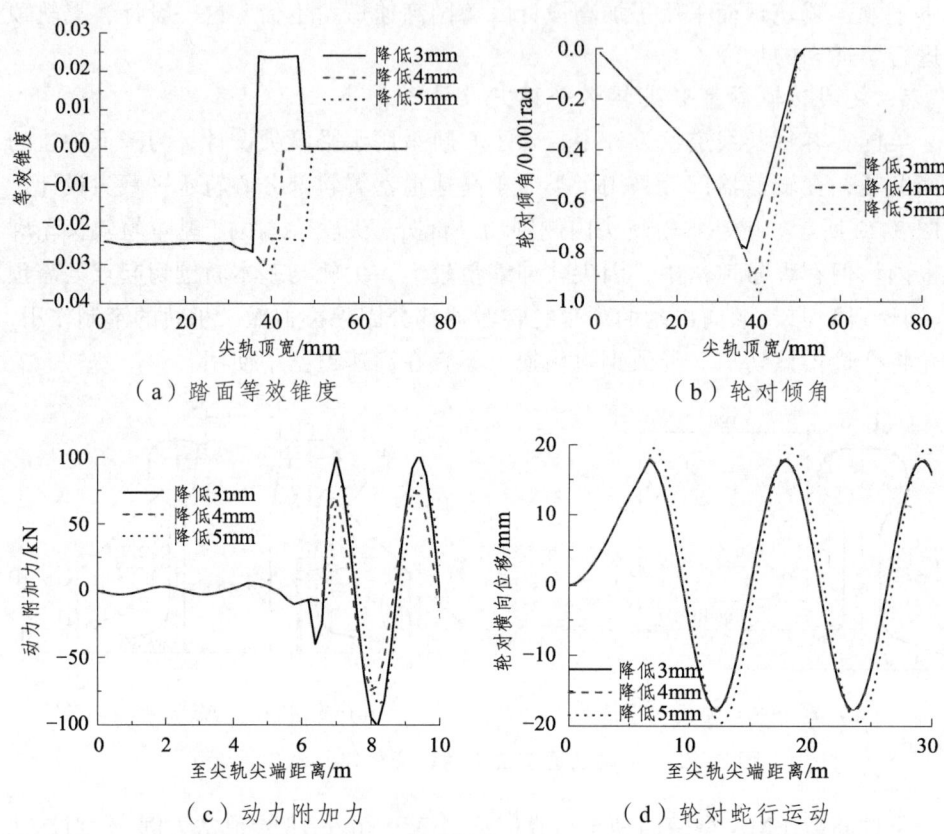

图 3-73　尖轨顶宽 20 mm 处顶面降低后（顶宽 50 mm 断面为完全承载处）的四项动力学参数比较

表 3-12　尖轨顶面降低值对道岔动力参数的影响

开始承载断面降低值 mm	3	4	5
轮载转移点处尖轨顶宽（mm）	35.6	38.2	39.7
等效锥度	0.027	0.031	0.032
轮对倾角（0.001 rad）	−0.79	−0.90	−0.97
动力附加力（kN）	100.8	74.6	83.9
轮对横向位移（mm）	17.7	18.0	19.6

从图 3-73 及表 3-12 中可见，随着开始承载断面降低值的增大，轮载转移点断面逐渐后移，等效锥度、轮对倾角、轮对横向位移逐渐增大，轮对的横向稳定性逐渐降低，但是该降低值也不是越小越好，当降低值为 3 mm 时，因轮载转移点前移较多，轮载转移至尖轨上后，因轮轨横向接触点从轨距侧逐渐向尖轨顶面中心处移动，导致此时出现向上的高低不平顺，反而导致车轮的动力附加力增大，当尖轨顶面降低值从 4 mm 增加至 5 mm 时，动力附加力又是随尖轨顶面降低的增大而增大的。总的来看，降低尖轨顶面降低值对提高车体的横向稳定性是有利的。

2. 开始承载断面位置

考虑尖轨顶宽 15 mm、20 mm、25 mm 处开始承载，顶面降低值为 4 mm，顶宽 50 mm 断面为完全承载处，三种方案的踏面等效锥度、轮对倾角、动力附加力、蛇行运动振动四项动力学参数的比较如图 3-74 所示，计算结果对比如表 3-13 所示。

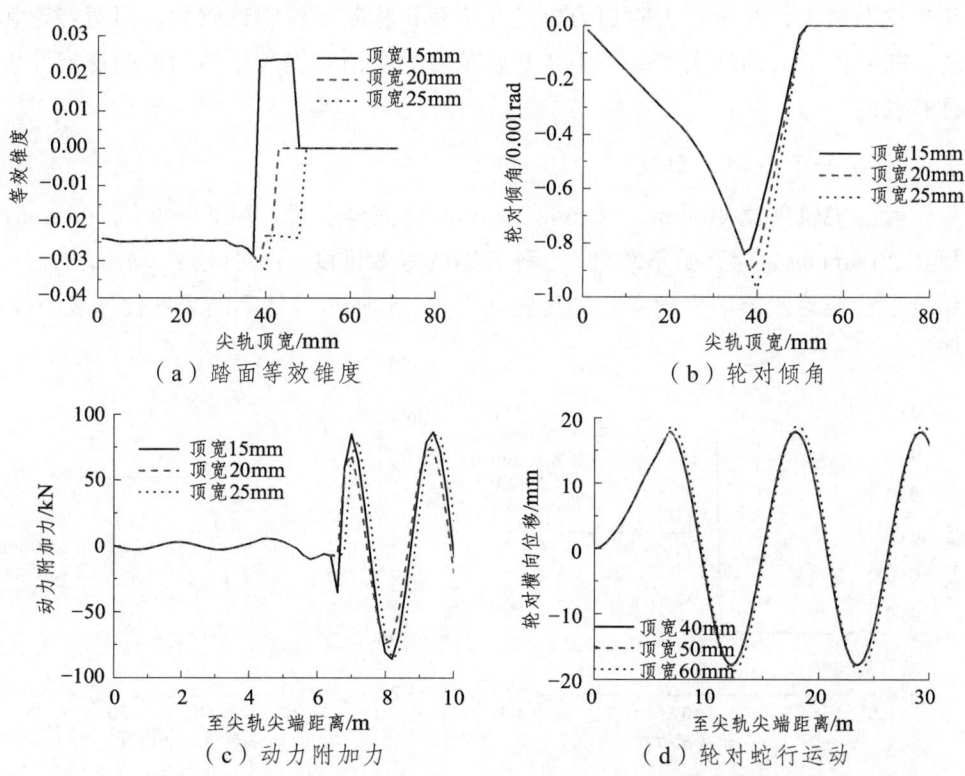

图 3-74 尖轨顶宽 15 mm、20 mm、25 mm 处顶面降低值为 4 mm
（顶宽 50 mm 断面为完全承载处）的四项动力学参数比较

表 3-13　开始承载断面对道岔动力参数的影响

开始承载断面顶宽（mm）	15	20	25
轮载转移点处尖轨顶宽（mm）	37.0	38.2	39.9
等效锥度	0.029	0.031	0.033
轮对倾角（0.001 rad）	-0.84	-0.90	-0.97
动力附加力（kN）	84.7	74.6	82.3
轮对横向位移（mm）	17.9	18.0	18.9

从图 3-74 及表 3-13 中可见，与顶面降低值的影响规律一样，随着开始承载断面后移，轮载转移点断面也逐渐后移，等效锥度、轮对倾角、轮对横向位移均逐渐增大，车轮动力附加力也是在轮载转移断面较小处较大，而随着轮载转移断面的增大而增大。减小尖轨开始承载的断面对提高车体的横向稳定性也是有利的。

3. 完全承载断面位置

考虑尖轨顶宽 40 mm、50 mm、60 mm 处完全承载，顶面降低值为 4 mm，顶宽 20 mm 断面为开始承载处，三种方案的等效锥度、轮对倾角、动力附加力、蛇行运动振动四项动力学参数的比较如图 3-75 所示，计算结果对比如表 3-14 所示。

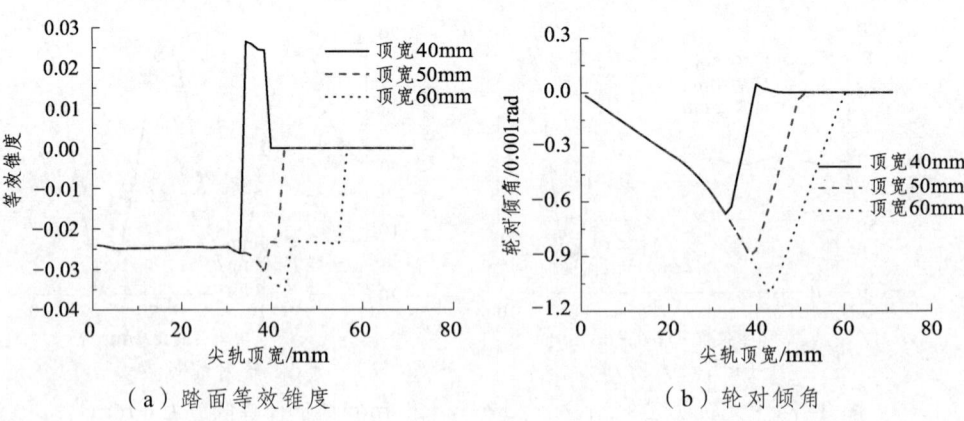

（a）踏面等效锥度　　　（b）轮对倾角

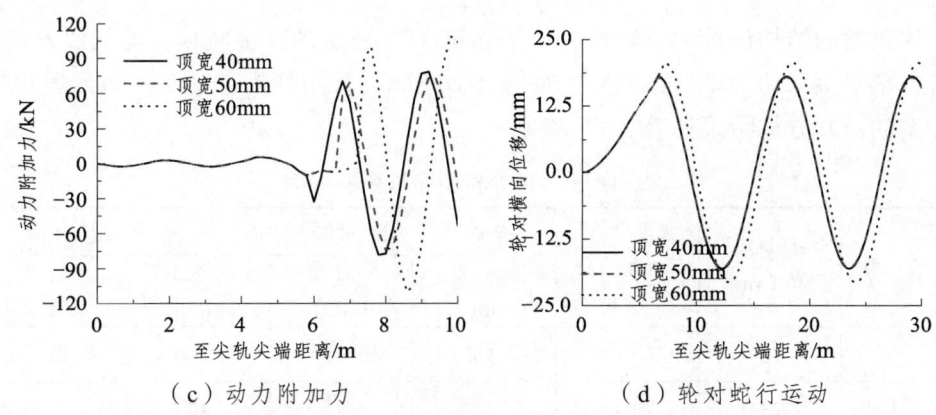

(c) 动力附加力 (d) 轮对蛇行运动

图 3-75 尖轨顶宽 40 mm、50 mm、60 mm 处顶面降低值为 4 mm
（顶宽 20 mm 断面为开始承载处）的四项动力学参数比较

表 3-14 完全承载断面对道岔动力参数的影响

完全承载断面顶宽（mm）	40	50	60
轮载转移点处尖轨顶宽（mm）	32.9	38.2	43.1
等效锥度	0.027	0.031	0.035
轮对倾角（0.001 rad）	-0.68	-0.90	-1.16
动力附加力（kN）	78.5	74.6	110.8
轮对横向位移（mm）	17.9	18.0	20.8

从图 3-75 及表 3-14 中可见，随着完全承载断面后移，轮载转移点断面也逐渐后移，等效锥度、轮对倾角、轮对横向位移均逐渐增大，虽然等效锥度、轮对倾角未超过设计控制值，但增加幅度较明显，完全承载断面顶宽增加 10 mm 较减少 10 mm 增加幅大得多，说明轮载转移点越靠后，道岔的横向及竖向不平顺均有明显增加，虽然完全承载断面顶宽增加 10 mm 后，尖轨顶面纵坡有所减小，但对车体的横向平稳性极为不利。

4. 尖轨轮轨关系方案评估

前述分析表明，转辙器部分轮轨接触点前移可提高列车过岔时的平稳性，虽然有可能会增大轮轨竖向动力作用，使尖轨应力增大，但只要在其强度容许范围内，转辙器部分的轮轨关系设计应尽可能提高行车的平稳性，因此在我国高速道岔的结构设计中,对比分析了如表 3-15 所示的直尖轨顶面降低值方案,各方案对道岔动力学参数的影响如表 3-16 所示,采用列车道岔系统动力学对各方案的仿真分析结果如表 3-17 所示。

表 3-15 直尖轨顶面降低值方案

方案	尖轨尖端降低值(mm)	尖轨顶宽 5 mm 处降低值(mm)	尖轨开始承载断面		尖轨完全承载断面	
			断面宽(mm)	降低值(mm)	断面宽(mm)	降低值(mm)
1	23	14	15	3	35	0
2	23	14	15	3	40	0
3	23	14	15	3	45	0
4	23	14	15	4	35	0
5	23	14	15	4	40	0
6	23	14	18	3	35	0
7	23	14	18	3	40	0
8	23	14	18	3	45	0
9	23	14	18	4	35	0
10	23	14	18	4	40	0

表 3-16 直尖轨降低值方案动力学参数比较

动力学参数	方 案									
	1	2	3	4	5	6	7	8	9	10
轮载转移点处尖轨顶宽(mm)	26.6	29.4	31.4	28.0	31.2	28.0	30.9	32.6	29.2	32.9
等效锥度	0.033	0.031	0.028	0.032	0.028	0.032	0.030	0.027	0.031	0.027
轮对倾角(0.001 rad)	0.46	0.54	0.65	0.51	0.62	0.50	0.58	0.66	0.54	0.67
动力附加力(kN)	48.3	60.1	87.6	62.9	74.0	52.5	66.5	90.0	57.6	71.6
轮对横向位移(mm)	18.9	18.5	18.3	19.3	18.1	18.9	18.5	18.3	18.7	18.5

表 3-17 直尖轨降低值方案动力响应比较

动力响应	方案									
	1	2	3	4	5	6	7	8	9	10
转辙器部分最大动轮载（kN）	97.5	90.1	87.5	98.0	93.7	102.9	95.3	94.2	100.2	95.3
尖轨开始受力截面（mm）	13.3	15.1	17.0	15.2	18.1	14.4	16.3	18.1	16.3	18.9
转辙器部分最大轮缘力（kN）	33.1	25.9	23.8	24.8	25.6	29.9	27.2	23.4	29.8	24.8
尖轨最大动应力（MPa）	125.0	114.8	119.9	121.0	116.7	126.3	112.2	119.2	116.7	112.3
转辙器部分车体最大横向振动加速度（m/s²）	0.42	0.50	0.57	0.48	0.56	0.45	0.53	0.59	0.50	0.57
转辙器部分最大减载率	0.13	0.12	0.13	0.12	0.12	0.14	0.12	0.13	0.13	0.13
转辙器部分最大脱轨系数	0.31	0.28	0.24	0.26	0.27	0.30	0.27	0.23	0.31	0.27
尖轨最大开口量（mm）	1.21	0.53	0.61	0.64	0.40	0.87	0.66	0.93	0.44	0.40

分析表 3-16 中各项动力学参数随不同方案的变化，可以看出：

（1）因轮对横向位移是表征列车过岔横向平稳性最为重要的动力学参数，对比其大小来看，方案 2、方案 3、方案 5、方案 7、方案 8、方案 10 较优。

（2）轮对倾角也是表征车体横向稳定性的动力学参数，在上述 5 个方案中，又以方案 2、方案 7 较优。

（3）动车附加力反映了列车与道岔系统竖向振动的大小，在方案 2、方案 7 中，又以方案 2 最优。

（4）各方案的踏面等效锥度均远小于设计控制值 0.1，且相差不大，对方案选择可不起控制作用。

分析表 3-17 中各项动力响应指标限值及其储备量，可以看出：

（1）对于动轮载，按照日本新干线标准不得超过 300 kN，各方案中最大动轮载为 102.9 kN，最小动轮载为 87.5 kN，均有较大的安全储备量，且各方案差别较小，可以作为次一级的评价指标。

（2）对于尖轨开始受力断面，从尖轨受力及耐磨性考虑，开始受载断面越大越好，是一项定性评价指标。

（3）对于轮缘力，按照轨道强度指标不宜超过 50 kN，各方案中最大轮缘力为 33.1 kN，最小值为 23.4 kN，均有一定的安全储备量，且各方案差别不大，也可作为次一级评价指标。

（4）对于尖轨动应力，按照 U75V 钢轨疲劳强度指标不宜超过 374 MPa，各方案中最大动应力为 125.0 MPa，最小动应力为 112.2 MPa，均有较大的安全

（5）对于车体横向振动加速度，平稳性要求不宜超过 0.13 g，各方案中最大加速度为 0.059 g，最小值为 0.042 g，均在容许限度内，但高速铁路对列车过岔时的平稳性要求较高，应作为最重要的评价指标。

（6）对于减载率，安全限度为 0.8，各方案中最大值为 0.14，最小值为 0.12，均远小于安全限度，且变化不大，可不作为选择方案的评价依据。

（7）对于脱轨系数，安全限度为 1.0，各方案中最大值为 0.31，最小值为 0.23，均远小于安全限度，也可不作为选择方案的评价依据。

（8）对于尖轨开口量，安全限度为 4 mm，各方案中最大值为 1.21 mm，最小值为 0.40，均小于安全限度，开口量越小，尖轨与基本轨密贴状态越好，越有利于行车平稳性与安全性，可作为一项重要的评价指标。

比较表 3-15 中各方案可以看出：

（1）尖轨开始受载顶面宽度越小，尖轨受载顶面降低值越小，尖轨完全承载顶宽越小，车体横向振动加速度越小，所以以方案 1 为最优，其次是方案 6、方案 4，再次是方案 2、方案 9。

（2）在上述方案中进一步筛选，以尖轨开始受载顶面宽度大于 15 mm 进行评价，以方案 4 最优，方案 9、方案 2 次之。

（3）在方案 2、方案 4、方案 9 中，以转辙器部分最大动轮载进行评价，以方案 2 最优。

综合比较，动力参数设计法及列车道岔系统动力学评估均以方案 2 为最优，一方面证明了动力学参数设计法在方案比选中的合理性，另一方面也证明了方案 2 是综合性能最优的方案，即在直尖轨顶宽 15 mm 处降低 3 mm，在顶宽 40 mm 处降低值为 0 mm。我国 350 km/h 18 号道岔直尖轨即采用该设计方案，武广、沪杭（上海—杭州）高速铁路速度试验及运营实践表明，列车过岔时平稳性与区间线路相当，其轮轨关系设计是合理的。

四、转辙器部分轨距加宽设计

下面采用动力学参数设计法和列车道岔系统动力学评估法对道岔转辙器部分不同轨距加宽方案进行分析，研究对象仍为中国 350 km/h 18 号道岔，LMA 型踏面动车组，主要考虑轨距加宽值、加宽范围、加宽位置、不对称加宽及单侧加宽等设计方案对列车过岔平稳性的影响。在轮对蛇行运动分析中考虑直基本轨弯后的横向不平顺及对轮轨蠕滑力的影响。[26, 33]

1. 轨距加宽值的影响

轨距加宽位置及加宽范围与表 3-11 相同，顶面降低值沿用德国高速道岔设计：顶宽 20 mm 处降低 5.8 mm，顶宽 34 mm 处降低 0.3 mm，顶宽 50 mm 处，降低 0 mm；轨距加宽量为 0、5 mm、10 mm、15 mm 时，等效锥度、轮对倾角、动力附加力、蛇行运动振幅四项动力学参数的比较如图 3-76 所示，计算结果对比如表 3-18 所示。列车道岔系统动力学评估结果如表 3-19 所示。

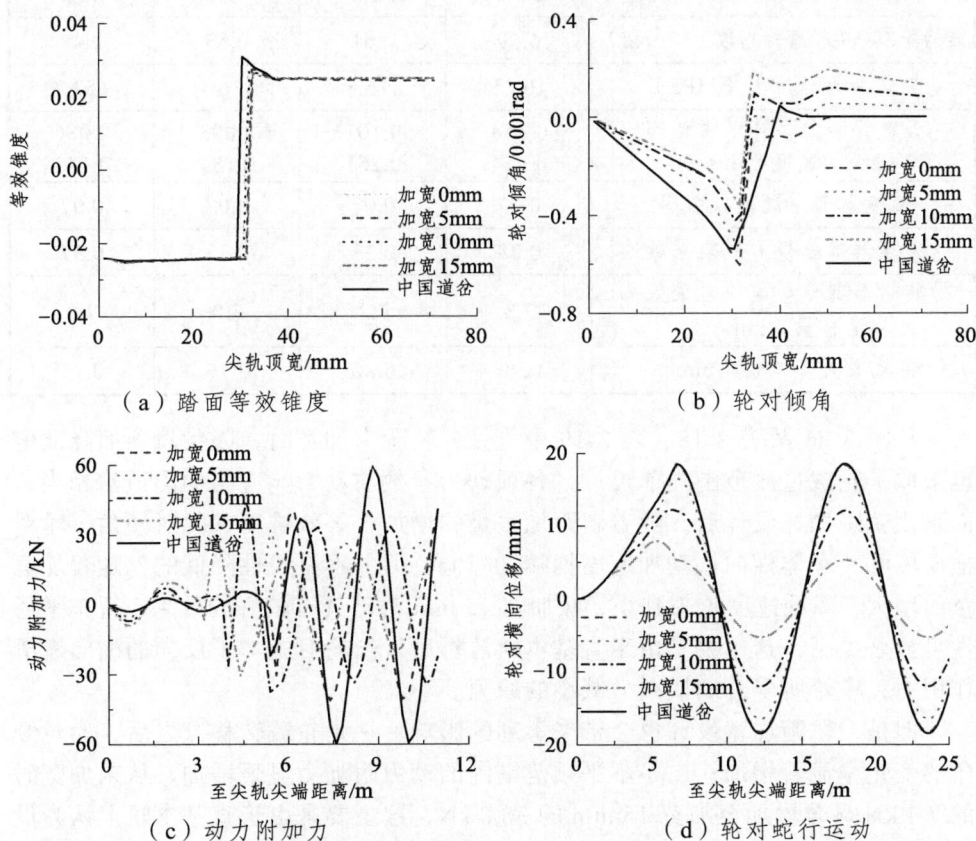

（a）踏面等效锥度　　　　　（b）轮对倾角

（c）动力附加力　　　　　（d）轮对蛇行运动

图 3-76　轨距加宽量为 0、5 mm、10 mm、15 mm 时的四项动力学参数比较

表 3-18　轨距加宽量对道岔动力参数的影响

轨距加宽量（mm）	0	5	10	15	中国道岔
轮载转移点处尖轨顶宽（mm）	30.4	31.2	30.8	31.4	29.4
等效锥度	0.030	0.028	0.027	0.026	0.031
轮对倾角（0.001 rad）	0.60	0.50	0.42	0.36	0.54
动力附加力（kN）	42.0	32.3	42.9	30.8	60.1
轮对横向位移（mm）	18.3	16.5	12.2	7.9	18.5

表 3-19 轨距加宽量对列车道岔系统动力响应的影响

轨距加宽值（mm）	0	5	10	15
转辙器部分最大动轮载（kN）	88.7	91.5	95.9	98.1
转辙器部分最大轮缘力（kN）	26.2	32.8	39.9	39.2
转辙器部分尖轨磨耗指数（N·rad）	0.69	0.61	0.53	0.49
尖轨最大动应力（MPa）	108.5	115.8	136.4	152.7
转辙器部分车体最大横向振动加速度（m/s^2）	−0.158~0.354	−0.101~0.251	−0.093~0.181	−0.086~0.143
转辙器部分最大减载率	0.07	0.07	0.07	0.07
转辙器部分最大脱轨系数	0.28	0.33	0.33	0.37
转辙器部分导向轮对最大横移量（mm）	7.3	7.2	7.0	7.0
尖轨最大开口量（mm）	0.70	0.86	0.70	0.75

从图 3-76 及表 3-18、表 3-19 中可见，轨距未加宽时，因尖轨顶面降低值也采取了轮载过渡范围提前设计，各项动力参数与动力响应与中国道岔相当；而采用轨距加宽设计后，随着轨距加宽量的增加，等效锥度、轮对倾角、轮对横向位移、车体横向振动加速度均随之降低，但并不是线性降低的，随着加宽量的增大，降低速度越来越小，在加宽 15 mm 时已具有较好的效果，行车平稳性可显著提高，这主要是由于直基本轨弯折后，给轮对施加了反向的横向蠕滑作用力，车轮所受总的横向力减小的原因。

但是，轨距加宽设计也会带来不利的影响：一是轮载转移点之后，轮对倾角的变化率显著增加；二是不平顺范围内的动力附加力显著增加，从未加宽时的 7.4 kN 显著增加至加宽 15 mm 的 38.8 kN，这主要是由于直基本轨上认为设置的横向不平顺改变了轮轨接触点位置，形成了相应的竖向不平顺，动力学仿真分析也表明转辙器部分的动轮载及尖轨动应力则是随之增大的。虽然轮缘力随着加宽量的增大而呈增加趋势，但由于轮对摇头角的减小，尖轨侧面磨耗指数反而是随之降低的，可见该技术还有利于提高直尖轨的耐磨性。

2. 轨距加宽范围的影响

当最大轨距加宽量保持 15 mm 不变且最大加宽位置也不变的情况下，基本轨弯折范围从 21.743 m 缩减至 16.894 m 和 13.136 m，分别对应尖轨顶宽 116 mm、90 mm、70 mm（包含了基本轨与尖轨轨头间隙），等效锥度、轮对倾角、动力附加力、蛇行运动振幅四项动力学参数的比较如图 3-77 所示，计算结果对比如表 3-20 所示。列车道岔系统动力学评估结果如表 3-21 所示。

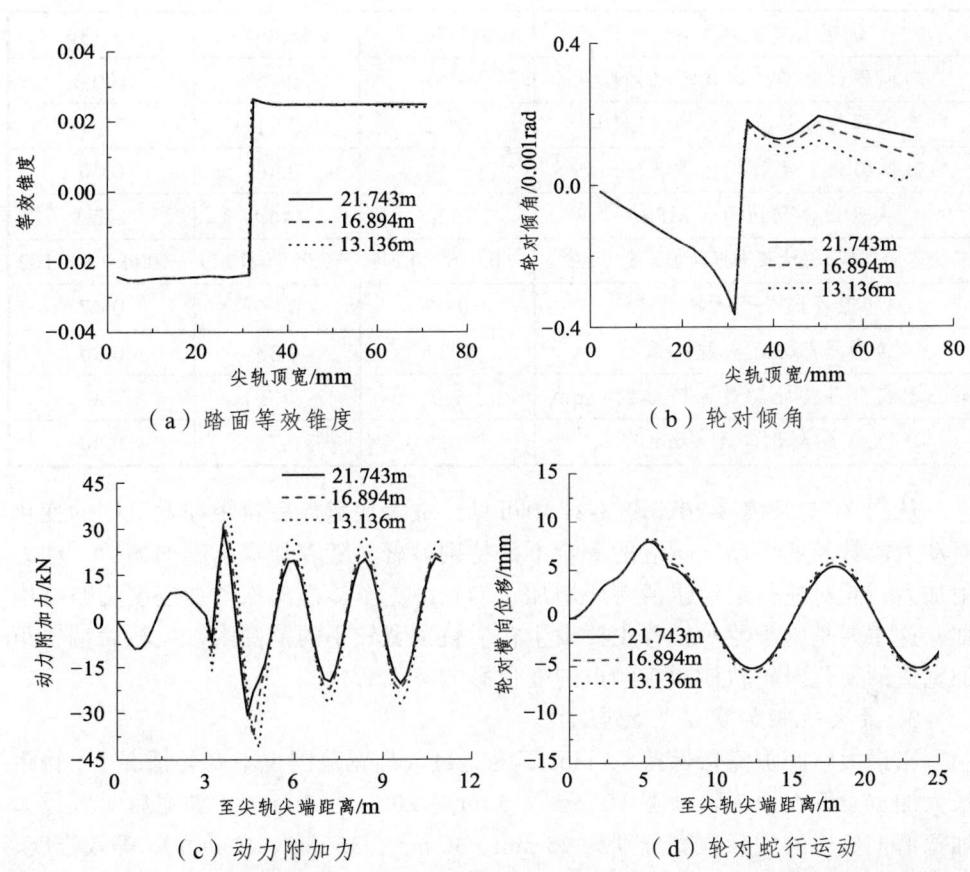

图 3-77 基本轨弯折范围从 21.743 m 缩减至 16.894 m 和 13.136 m 时分别对应尖轨顶宽 116 mm、90 mm、70 mm 的四项动力学参数比较

表 3-20 轨距加宽范围对道岔动力参数的影响

轨距加宽范围（m）	21.743	16.894	13.136
轮载转移点处尖轨顶宽（mm）	31.4	31.5	31.5
等效锥度	0.027	0.027	0.026
轮对倾角（0.001 rad）	0.36	0.36	0.36
动力附加力（kN）	30.8	35.7	38.8
轮对横向位移（mm）	7.9	8.1	8.4

表 3-21　轨距加宽范围对列车道岔系统动力响应的影响

轨距加宽范围（m）	21.743	16.894	13.136
转辙器部分最大动轮载（kN）	98.1	98.6	100.3
转辙器部分最大轮缘力（kN）	39.2	32.1	33.7
转辙器部分尖轨磨耗指数（N·rad）	0.49	0.46	0.40
尖轨最大动应力（MPa）	152.7	146.8	142.1
转辙器部分车体最大横向振动加速度（m/s^2）	-0.086~0.143	-0.085~0.149	-0.090~0.162
转辙器部分最大减载率	0.07	0.06	0.07
转辙器部分最大脱轨系数	0.37	0.33	0.30
转辙器部分导向轮对最大横移量（mm）	7.0	7.0	7.0
尖轨最大开口量（mm）	0.75	0.75	0.40

从图 3-77 及表 3-20、表 3-21 中可见，最大加宽点后轨距加宽范围的变化对动力能数及各项动力响应的影响不是特别显著，随着加宽范围的缩短，动力附加力、轮对蛇行运动幅值有所增加，动轮载、车体横向振动加速度均略有增加，这主要是由于轮对横移主要发生在尖轨顶宽较小的范围内，尖轨后端轨距加宽值的变化对轮轨横向接触点的变化影响不大所致。

3. 最大轨距加宽位置的影响

当最大轨距加宽量保持 15 mm 不变且最大加宽范围也不变的情况下，轨距最大加宽设置在原尖轨顶宽 10 mm、15 mm、20 mm、25 mm（加宽后对应最大加宽值上尖轨的实际顶宽分别为 25 mm、30 mm、35 mm、40 mm），等效锥度、轮对倾角、动力附加力、蛇行运动振幅四项动力学参数的比较如图 3-78 所示，计算结果对比如表 3-22 所示。列车道岔系统动力学评估结果如表 3-23 所示。

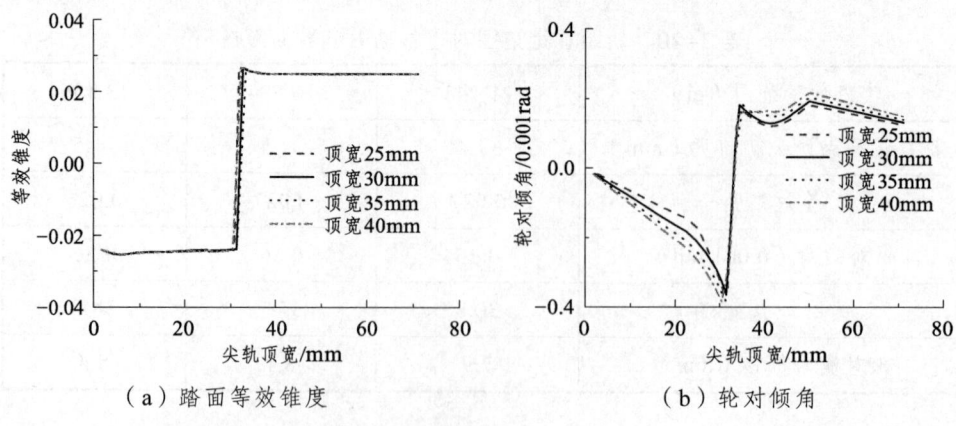

（a）踏面等效锥度　　　　　　　（b）轮对倾角

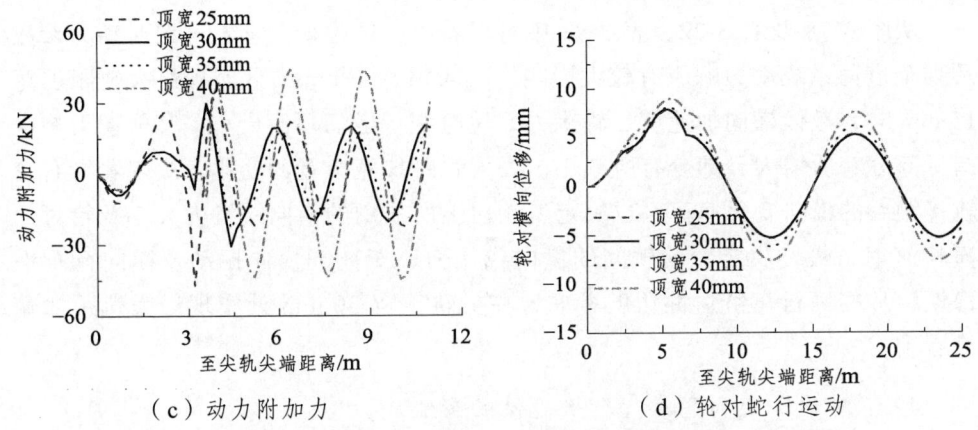

(c) 动力附加力　　　　　　　(d) 轮对蛇行运动

图 3-78　对应最大加宽值上尖轨的实际顶宽分别为 25 mm、30 mm、35 mm、40 mm 时的四项动力学参数比较

表 3-22　轨距加宽位置对道岔动力参数的影响

轨距加宽处尖轨顶宽（mm）	25	30	35	40
轮载转移点处尖轨顶宽（mm）	30.9	31.4	31.4	30.5
等效锥度	0.027	0.027	0.027	0.027
轮对倾角（0.001rad）	0.36	0.36	0.38	0.39
动力附加力（kN）	47.1	30.8	24.0	42.5
轮对横向位移（mm）	7.9	7.9	8.1	8.9

表 3-23　轨距加宽位置对列车道岔系统动力响应的影响

轨距最大加宽处尖轨顶宽（mm）	25	30	35	40
转辙器部分最大动轮载（kN）	99.4	98.1	101.2	104.8
转辙器部分最大轮缘力（kN）	42.6	39.2	47.2	52.7
转辙器部分尖轨磨耗指数（N·rad）	0.55	0.49	0.38	0.44
尖轨最大动应力（MPa）	142.1	152.7	161.6	153.7
转辙器部分车体最大横向振动加速度（m/s^2）	-0.093~0.197	-0.086~0.143	-0.090~0.165	-0.088~0.154
转辙器部分最大减载率	0.09	0.07	0.07	0.09
转辙器部分最大脱轨系数	0.38	0.37	0.40	0.40
转辙器部分导向轮对最大横移量（mm）	6.9	7.0	6.9	7.0
尖轨最大开口量（mm）	0.61	0.75	0.81	1.01

从图 3-78 及表 3-22、表 3-23 中可以看出，轨距最大加宽位置对动力参数及列车道岔系统动力响应有较大影响，尖轨顶宽 30 mm 处实现最大轨距加宽 15 mm 时，车体横向加速度、轮缘力、轮对蛇行运动幅值最小，其他动力响应指标部分有所增大，部分有所减小。最大轨距加宽位置的变化，决定着左右轮轨接触点的横向变化速率，也决定着轮对上所作用的横向蠕滑力大小及轮对的横移速率，最终决定着轮轨间的横向作用力、车体的横向振动及横向行车平稳性，从提高行车舒适性角度考虑，在尖轨顶宽 30 mm 处实现最大轨距加宽最有利。

4. 不对称轨距加宽对行车平稳性的影响

因尖轨本身是不断加宽的，若采用直曲基本轨对称弯折，列车过岔时，仍然是一侧的横向不平顺大于另一侧的横向不平顺，若采用不对称加宽，则可减缓左右钢轨上的横向不平顺差异，如图 3-79 所示。设直基本轨在对应尖轨顶宽 30 mm 处加宽 15 mm，则曲基本轨在同一断面处分别加宽 0、5 mm、10 mm、15 mm（前三种工况为不对称加宽，后一种工况为对称加宽），等效锥度、轮对倾角、动力附加力、蛇行运动振幅四项动力学参数的比较如图 3-80 所示，计算结果对比如表 3-24 所示。列车道岔系统动力学评估结果如表 3-25 所示。

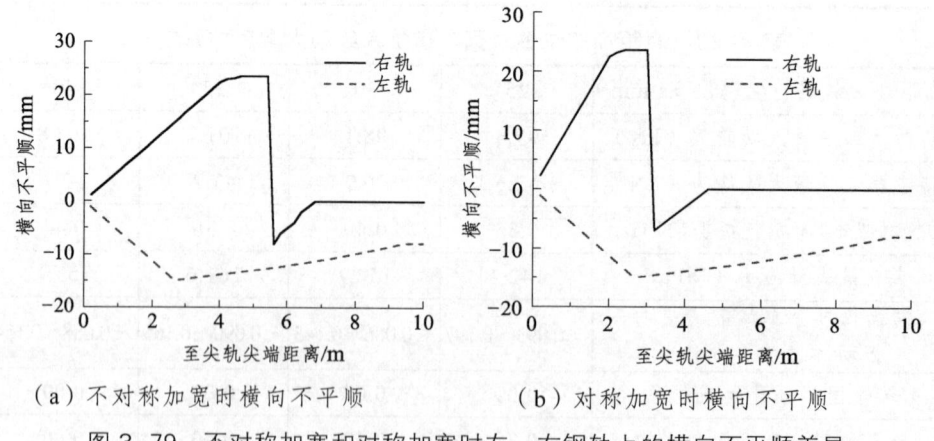

（a）不对称加宽时横向不平顺　　　（b）对称加宽时横向不平顺

图 3-79　不对称加宽和对称加宽时左、右钢轨上的横向不平顺差异

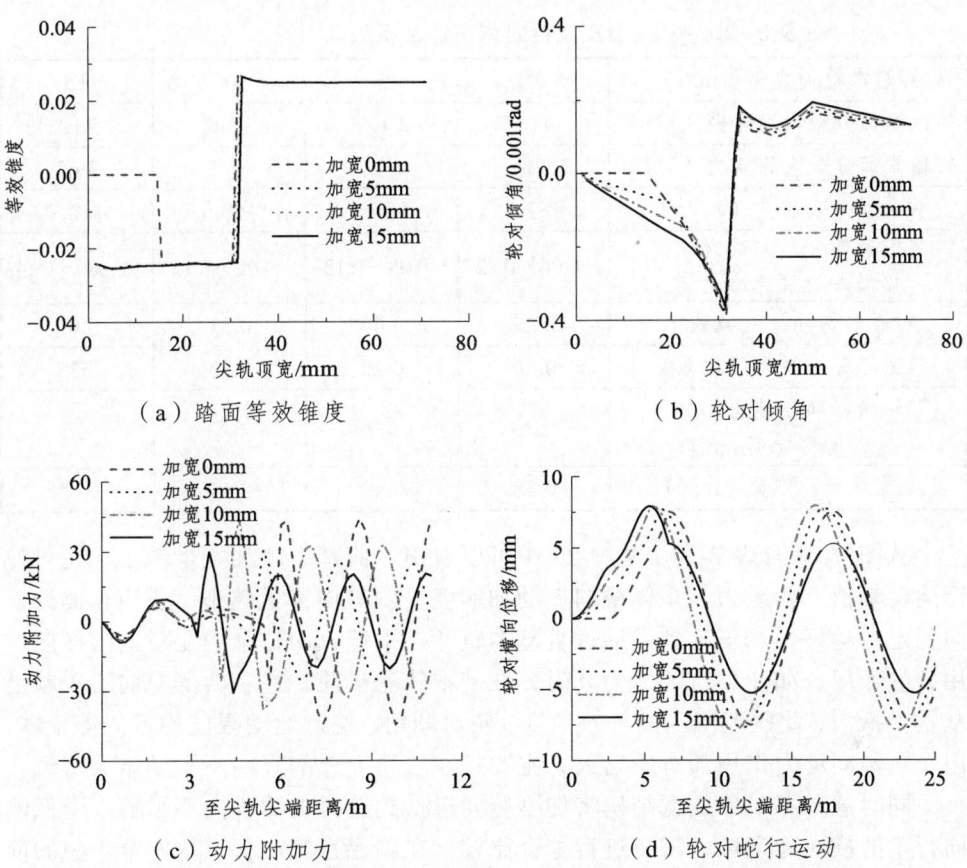

(a) 踏面等效锥度　　　　　(b) 轮对倾角

(c) 动力附加力　　　　　　(d) 轮对蛇行运动

图 3-80　直基本轨在对应尖轨顶宽 30 mm 处加宽 15 mm，曲基本轨在同一断面处分别加宽 0、5 mm、10 mm、15 mm 后的四项动力学参数比较

表 3-24　不对称加宽对道岔动力参数的影响

曲基本轨加宽量（mm）	0	5	10	15
轮载转移点处尖轨顶宽（mm）	30.5	30.6	31.3	31.4
等效锥度	0.027	0.027	0.027	0.027
轮对倾角（0.001 rad）	0.39	0.38	0.37	0.36
动力附加力（kN）	49.7	39.7	31.4	30.8
轮对横向位移（mm）	7.5	7.6	7.9	7.9

表 3-25　轨距加宽位置对列车道岔系统动力响应的影响

曲基本轨加宽量（mm）	0	5	10	15
转辙器部分最大动轮载（kN）	94.4	91.7	92.0	98.1
转辙器部分最大轮缘力（kN）	0	0	31.5	39.2
尖轨最大动应力（MPa）	162.0	161.0	163.9	152.7
转辙器部分车体最大横向振动加速度（m/s^2）	−0.06～0.127	−0.08～0.131	−0.08～0.137	−0.086～0.143
转辙器部分最大减载率	0.27	0.64	0.31	0.07
转辙器部分最大脱轨系数	0.20	0.20	0.33	0.37
转辙器部分导向轮对最大横移量（mm）	5.0	5.9	6.8	7.0
尖轨最大开口量（mm）	0.38	0.40	0.41	0.75

从图 3-80 及表 3-24、表 3-25 中可以看出，曲基本轨加宽量越小，轮对蛇行运动幅值、轮缘力、车体横向振动加速度、轮对横移量越小，说明车体的横向稳定性越好，真正起到了通过直基本轨弯折平衡直向过岔的轮对上的横向作用力的作用，如曲尖轨加宽为 0 时，在基本轨弯折前，左右轨的横向不平顺已基本上抵消，此段范围内的等效锥度、轮对倾角、蛇行运动幅值均近似等于零。但轮轨竖向动力作用却有所增大，主要是左右轨上总的竖向不平顺增大所致。

同时这种不对称加宽结构将加剧侧向过岔的轮对上的横向不平顺，降低侧向行车的横向稳定性，需要进行综合比较，在确保直侧向行车均安全平稳的前提下，择优选取不对称加宽的量值。

如果需要进一步提高直向过岔时的平稳性，可以根据图 3-79（a）中右轨的横向不平顺，反方向对直基本轨进行弯折，弯折线形为曲线而不是现在的折线，从理论上看，可以使左右轨上的横向不平顺大小相等、方向相反，轮轨横向蠕滑力完全相互抵消，轮对不激发蛇行运动，但这种设计基本轨加工很复杂，现场维护管理也较困难。

五、辙叉部分心轨水平藏尖设计

心轨水平藏尖结构设计主要是为了减缓辙叉处的横向结构不平顺，同时还可适当减缓竖向结构不平顺，图 3-81 对比显示了 10 mm 水平藏尖与无水平藏尖时道岔结构不平顺，从图中可明显看到，水平藏尖结构可明显减缓横向不平顺，其减缓量即为水平藏尖量。设辙叉采用心轨水平藏尖结构，心轨顶宽 5 mm 处降低 16 mm，顶宽 20 mm 处降低 4 mm，顶宽 50 mm 处降低为 0 mm。水平藏尖量分别为 0 mm、5 mm、7.5 mm、10 mm，等效锥度、轮对倾角、动力附加力、蛇行运动振幅四项动力学参数的比较如图 3-82 所示，计算结果对比如表 3-26 所示。列车道岔系统动力学评估结果如表 3-27 所示。

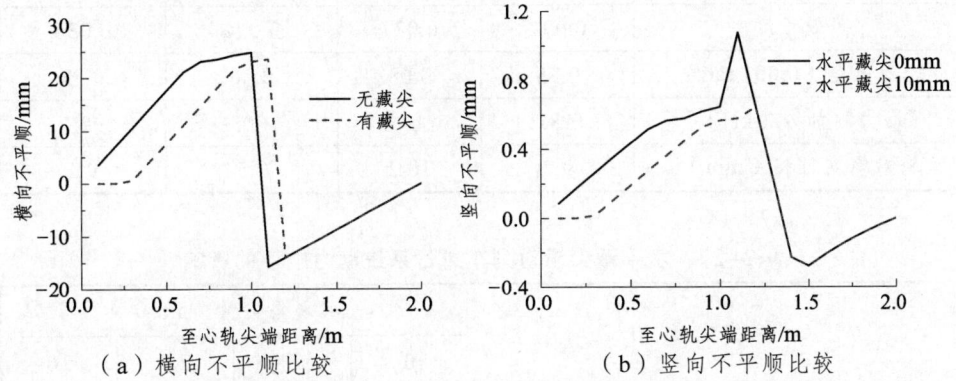

（a）横向不平顺比较　　　　　（b）竖向不平顺比较

图 3-81　有、无藏尖时道岔结构的横向不平顺比较及水平藏尖时的竖向不平顺比较

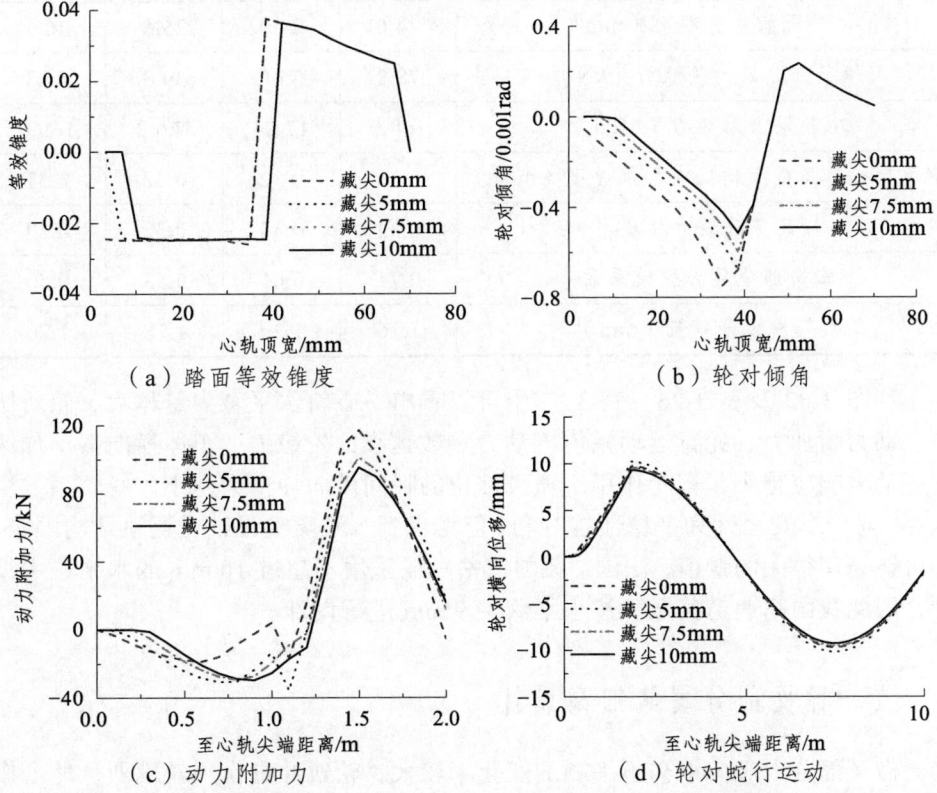

（a）踏面等效锥度　　　　　（b）轮对倾角

（c）动力附加力　　　　　（d）轮对蛇行运动

图 3-82　水平藏尖量分别为 0、5 mm、7.5 mm、10 mm 时的四项动力学参数比较

表 3-26 水平藏尖量对道岔动力参数的影响

水平藏尖量（mm）	0	5	7.5	10
轮载转移点处尖轨顶宽（mm）	35.1	35.1	38.7	38.7
等效锥度	0.037	0.037	0.036	0.036
轮对倾角（0.001 rad）	0.75	0.68	0.60	0.52
动力附加力（kN）	118.2	116.7	100.3	95.1
轮对横向位移（mm）	9.7	10.2	9.5	9.2

表 3-27 水平藏尖量对列车道岔系统动力响应的影响

动力响应	水平藏尖量（mm）			
	0	5	7.5	10
辙叉部分最大动轮载（kN）	210.2	201.9	200.0	203.5
心轨开始受力截面（mm）	24.0	24.9	25.6	26.3
辙叉部分最大轮缘力（kN）	78.2	65.6	39.3	34.3
心轨最大动应力（MPa）	168.0	171.4	166.2	169.0
辙叉部分车体最大横向振动加速度（m/s²）	0.36	0.32	0.32	0.31
辙叉部分最大减载率	0.34	0.34	0.32	0.32
辙叉部分最大脱轨系数	0.71	0.61	0.53	0.50
心轨最大开口量（mm）	1.16	1.20	1.18	1.20

从图 3-82 及表 3-26、表 3.27 中可以看出，心轨水平藏尖量越大，轮对倾角、动力附加力、蛇行运动幅值等动力参数越小；轮缘力、车体横向振动加速度等动力响应越小，车轮作用于辙叉部位的瞬间横向冲击力越小，脱轨系数也越小，对行车安全性和平稳性越有利。但考虑到水平藏尖设计受翼轨结构限制，不可能采用很大的量值，法国、英国道岔一般采用不超过 10 mm 的水平藏尖设计，因此我国高速道岔辙叉按水平藏尖 9 mm 进行设计。

六、辙叉部分翼轨加高设计

辙叉部分因竖向结构不平顺的变化率较大，轮轨冲击作用较剧烈，冲击作用下的减载率及脱轨系数均较转辙器部分大得多，因此在辙叉部分的轮轨关系设计中应以消除竖向结构不平顺为重点，心轨水平藏尖设计因受结构限制，对竖向不平顺的减缓作用较为有限，若能将翼轨抬高，抵消因心轨降低和加宽所引起的竖向不平顺，将大为缓解辙叉部分的轮轨动力作用。

因辙叉部分轮载转移点在心轨顶宽 35 mm 左右，设翼轨加高范围为心轨尖端至心轨顶宽 50 mm 范围，在顶宽 30 mm 处为最大加高值，其他断面加高值呈线性变化，对辙叉处竖向不平顺的缓解作用如图 3-83 所示（翼轨加高 1.0 mm），横向不平顺略有增加。在心轨水平藏尖量为 0 mm、心轨顶宽 20 mm 降低 4 mm、顶宽 50 mm 降低 0 的情况下，翼轨加高 0 mm、0.5 mm、1.0 mm、1.5 mm、2.0mm 时，等效锥度、轮对倾角、动力附加力、蛇行运动振幅四项动力学参数的比较如图 3-84 所示，计算结果对比如表 3-28 所示。列车道岔系统动力学评估结果如表 3-29 所示。

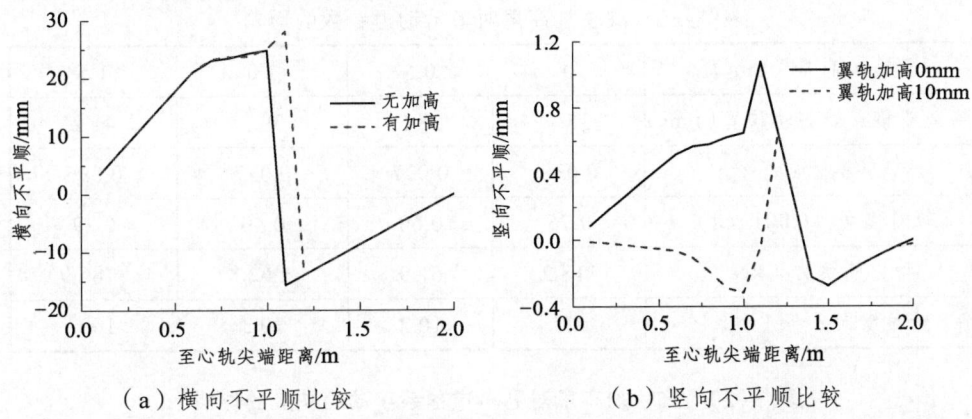

(a) 横向不平顺比较　　(b) 竖向不平顺比较

图 3-83　有、无加高时辙叉处的横向不平顺比较及翼轨加高时的竖向不平顺比较

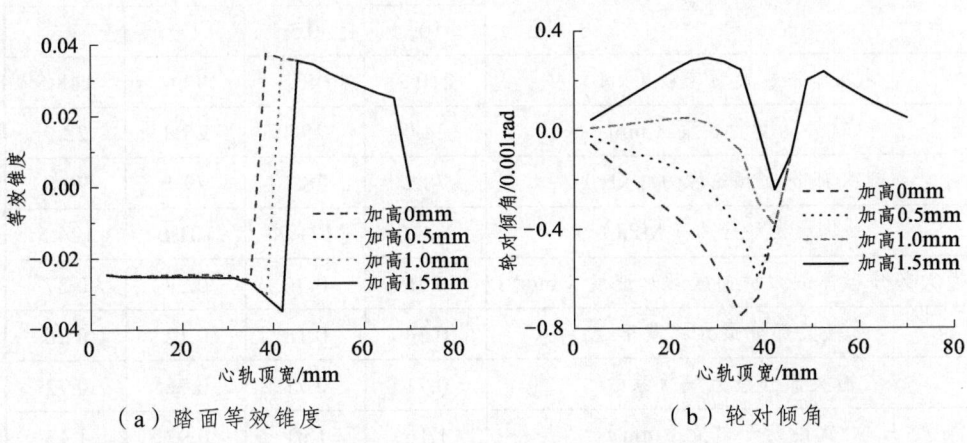

(a) 踏面等效锥度　　(b) 轮对倾角

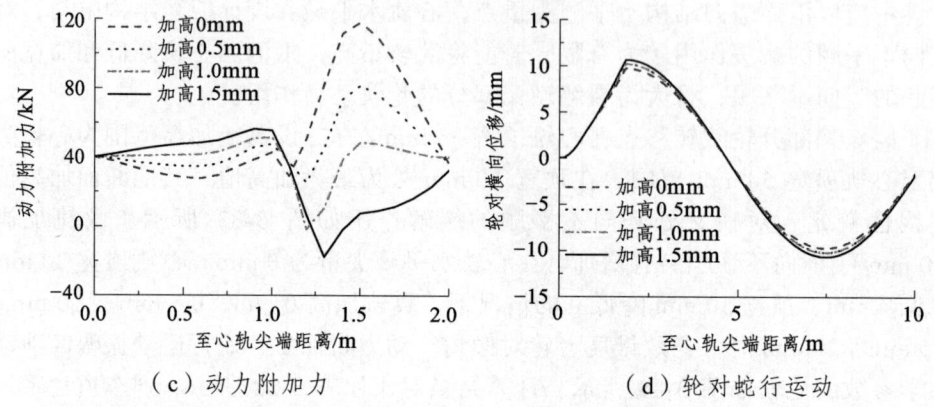

(c) 动力附加力　　　　　　　　　(d) 轮对蛇行运动

图 3-84　翼轨加高 0、0.5 mm、1.0 mm、1.5 mm 时的四项动力学参数比较

表 3-28　翼轨加高量对道岔动力参数的影响

翼轨加高量（mm）	0	0.5	1.0	1.5
轮载转移点处尖轨顶宽（mm）	35.1	38.5	39.5	41.2
等效锥度	0.038	0.037	0.037	0.036
轮对倾角（0.001 rad）	0.75	0.60	0.40	0.29
动力附加力（kN）	118.2	61.9	-62.8	-85.9
轮对横向位移（mm）	9.7	10.2	10.3	10.6

表 3-29　翼轨加高量对列车道岔系统动力响应的影响

动力响应	翼轨加高量（mm）			
	0	0.5	1.0	1.5
辙叉部分最大动轮载（kN）	210.2	140.3	90.4	148.5
心轨开始受力截面（mm）	24.0	25.4	26.8	28.9
辙叉部分最大轮缘力（kN）	78.2	78.7	79.1	79.8
心轨最大动应力（MPa）	168.0	121.2	101.0	124.5
辙叉部分车体最大横向振动加速度（m/s²）	0.36	0.36	0.37	0.37
辙叉部分最大减载率	0.34	0.18	0.12	0.26
辙叉部分最大脱轨系数	0.71	0.71	0.72	0.72
心轨最大开口量（mm）	1.16	1.01	0.97	1.13

从图 3-84 及表 3-28、表 3-29 中可以看出，随着翼轨加高量的增大，轮对倾角、动力附加力等动力参数随之降低，动轮载、减载率、心轨动应力等动力响应也随之降低，说明翼轨加高确实起到了缓冲竖向结构不平顺的作用。但是，当翼轨加高量过大超过竖向结构不平顺时，将形成向上的较大结构不平顺，反而对轮轨竖向动力作用又不利，因此翼轨加高量值不宜过大。

同时，随着翼轨加高量的增大，轮载转移点后移，心轨开始受力断面也后移，导致轮对蛇行运动幅值增大、轮缘力、脱轨系数及车体横向振动加速度增大，与转辙器部分采用轨距加宽技术降低横向动力作用的同时会增大竖向动力作用，辙叉部分采用翼轨顶面加高技术在降低竖向动力作用的同时会增大横向动力作用，考虑到列车在辙叉部分的晃车现象不是很严重，而轮轨竖向冲击作用较大，轨道部件伤损过快、减载率偏大等是主要矛盾，采取翼轨加高技术还是可行的。

从理论上看，若翼轨加高不采用直线形方式，而是根据辙叉处的竖向结构不平顺反向加高翼轨，形成曲线形加高，可以完全抵消轮载转点之前的竖向不平顺，但是翼轨加工将很复杂，而且也不能完全消除轮载转移点之后的竖向不平顺，如图 3-83（b）所示。考虑到翼轨磨耗后，该项技术的优势就逐渐丧失了，因此目前尚未在中国高速道岔中使用。

第四节　道岔区轨道刚度研究设计

轨道刚度是影响轨道结构荷载、轮轨相互作用和结构振动的重要因素。轨道刚度过大，会造成轮轨动作用力增大，轨道结构振动加剧，加速轨道及其部件的变形、失效和破损；轨道刚度过小，又会导致轨道结构薄弱，造成轨道变形过大，几何形位不易保持，养护维修工作量增加。轨道各部件刚度匹配不佳，难以使轨道各部件物尽其用，也难以使轨道结构在承受列车动载时表现良好的工作特性，同样会缩短轨道结构的使用寿命。

轨道刚度分为轨道整体刚度和轨道部件刚度。轨道整体刚度是以作用在轨面上的力与相应点的位移之比来衡量的，又分为轨道竖向刚度和轨道横向刚度。轨道部件刚度则是组成轨道的钢轨、轨枕、扣件、道床及路基的刚度。

轨道刚度又有静刚度与动刚度之分。通常所说的轨道刚度是指轨道静刚度，在以一定频率激振下的轨道刚度为动刚度，动刚度定义为：作用在钢轨上某点的激振力幅值与该点钢轨的动位移幅值之比。很明显，在不考虑非线性因素的影响时，轨道静刚度为一常量，而动刚度则随激振频率变化。

轨道刚度具有以下特性。

1. 轨道刚度的方向性

轨道竖向是列车—轨道—路基动力耦合的主要方向，轨道竖向刚度及其合理匹配是关系到轨道能否完成其自身功能、与上部车辆和下部建筑物能否协调工作的主要问题。轨道横向刚度对保持轨道几何形位及横向稳定性至关重要，尤其在轨道上，列车与轨道振动存在较强的耦合关系。轨道纵向刚度对轨道爬行及纵向不均匀变形有明显影响，但与上部列车和下部建筑物的动力耦合性较弱。

2. 轨道刚度的离散性

在不同区域、不同线路地段、不同材质及生产工艺、不同安装及维护条件下，轨道整体刚度及各部件刚度存在着较大离散性，给参数测试及理论研究都带来很多困难。

3. 轨道刚度沿轨道纵向的变化性

在某些路段，由于轨道不均匀沉降及桥梁、道口、道岔等因素，引起轨道垂向刚度和横向刚度均沿纵向呈现出较大的变化，将引发高速列车较大振动，影响行车平稳和舒适性。

4. 轨道刚度的时变性

运营过程中，因道床板结、胶垫老化、扣件松动等原因，使轨道部件及整体刚度出现较大变化，包括量值和分布规律的变化，这就是轨道刚度的时变性。

5. 轨道刚度的非线性特性

轨道三个方向上均存在一定的刚度非线性问题。在轨道竖向，通常非线性的影响较小，进行线性化处理被认为是可行的。但在横向和纵向，因道床、垫层刚度非线性特性十分明显，且轮轨间的相互作用力也呈现较强的非线性。

道岔区轨道刚度与区间线路具有以下一些不同点：

① 扣件系统通常采用双层弹性分开式结构，存在着两层弹性的合理匹配问题；

② 岔枕长度沿道岔方向上是逐渐增加的，因此道床支承刚度也是渐变的；

③ 尖轨及心轨断面是逐渐变化的，因而其抗弯刚度也是变化的；

④ 由于道岔区内存在多根钢轨，通过共用长垫板、间隔铁等部件的连接，"帮轨"作用较为明显，导致轨道整体刚度沿线路方向是变化的（包括道岔内及道岔前后）。图 3-85 为采用轨道弹性检测车对郑武（郑州—武汉）线道岔区轨道弹性变形连续测试的结果，图中纵坐标表示在弹性检测车作用下的钢轨位移幅值，位移越小表示轨道刚度越大。可见，道岔区轨道刚度大于两侧区间轨道

刚度,在道岔范围内,转辙器和辙叉部分的轨道刚度大于连接部分,道岔区的轨道刚度纵向分布不均匀。因此,轨道刚度的合理设置及均匀化是高速道岔结构设计中的一项重要研究内容。

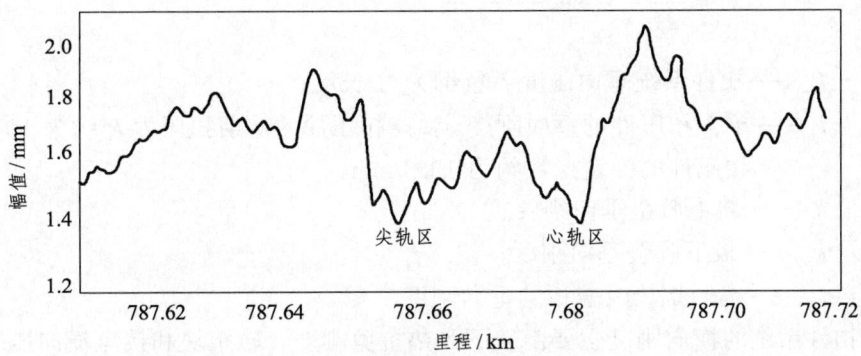

图 3-85　郑武线临颍站道岔区轨道弹性变形测试曲线

一、道岔区轨道刚度的组成

道岔区轨道整体刚度主要由钢轨抗弯刚度、扣件系统刚度、道床及路基刚度所组成,因受道岔结构的限制,岔区内轨道整体刚度与区间线路不同,不是由以上各部件的刚度线性叠加而成的,而是要受到钢轨断面、垫板长度、岔枕长度、间隔铁连接等多种因素的影响随道岔结构而变化。[23]

(一)扣件系统刚度

由于道岔结构与区间线路不同,岔区一般采用带铁垫板(或滑床板)的分开式扣件,设置双重弹性,轨下有一弹性垫层,板下有一弹性垫层,扣压件连接钢轨与铁垫板,螺栓连接岔枕与铁垫板,如图 3-86 所示。

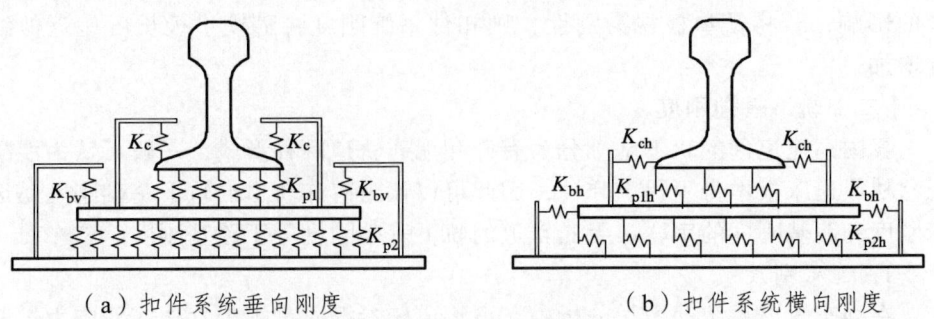

(a)扣件系统垂向刚度　　　　　　(b)扣件系统横向刚度

图 3-86　扣件系统刚度

扣件系统的垂向刚度主要由扣压件垂向刚度、轨下胶垫垂向刚度、板下胶垫垂向刚度、锚固螺栓和盖板垂向刚度四个部分组成，其计算表达式为

$$k_f = \frac{(2k_{bv}+k_{p2})(2k_c+k_{p1})}{2k_c+k_{p1}+2k_{bv}+k_{p2}} \tag{3-92}$$

式中　k_f——扣件系统垂向刚度，量纲为力/长度；
　　　k_c——单个扣压件的垂向刚度，弹条扣压件的初期扣压力 P_c 约为 10 kN，扣压件的弹簧系数约为 1 kN/mm；
　　　k_{p1}——轨下胶垫垂向刚度；
　　　k_{p2}——板下胶垫垂向刚度；
　　　k_{bv}——锚固螺栓及盖板的垂向刚度。

扣件系统的横向刚度主要由轨下胶垫抗剪刚度、轨距块和挡座横向压缩刚度、板下胶垫抗剪刚度和锚固螺栓横向抗推刚度 4 部分组成，其计算表达式为

$$k_{fh} = \frac{(k_{p1h}+2k_{ch})(k_{p2h}+2k_{bh})}{k_{p1h}+k_{p2h}+2k_{ch}+2k_{bh}} \tag{3-93}$$

式中　k_{fh}——扣件系统横向刚度；
　　　k_{p1h}——轨下胶垫横向抗剪刚度；
　　　k_{p2h}——板下胶垫横向抗剪刚度；
　　　k_{ch}——轨距块和挡座横向压缩刚度；
　　　k_{bh}——锚固螺栓横向抗推刚度，可采用悬臂梁公式近似计算而得，$k_{bh}=3E_bI_b/l_b^3$，式中 E_bI_b 为螺栓横向抗弯刚度，l_b 为螺栓作用点悬臂距离。

当多根钢轨共用一块铁垫板时，还需考虑铁垫板弯曲刚度对扣件系统刚度的影响；若将铁垫板视为刚性，则扣件系统刚度将随铁垫板长度呈近似线性增加。

（二）轨下基础刚度

我国高速道岔的轨下基础分为有砟和无砟轨道两种形式，一般可认为混凝土岔枕或道床板本身不提供弹性，因此可以认为有砟轨道的轨下基础刚度是道床刚度和路基刚度的串联，无砟轨道的轨下基础刚度等于路基刚度。

1. 道床刚度

在列车轨道系统动力学分析中，可将道床参振质量视为岔枕底部应力扩散线所形成的台体总质量（见图 3-87），这样道床的刚度就等于参振台体对轨枕的支承刚度。计算时将道床台体划分成上下两个部分，道床刚度等于这两部分

的串联刚度,其中台体上部分为图 3-86 中 BCDE 部分,台体下部分为图 3-87 中的 ABEF 部分。依据图 3-87 所示的道床台体内的应力应变关系,可以推得道床垂向刚度(或垂向支承刚度)。

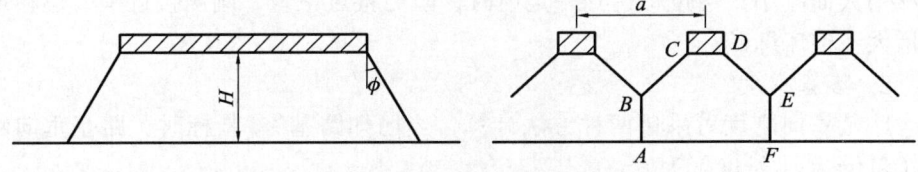

图 3-87 有砟道床参振台体

台体上部垂向刚度为

$$k_{s1} = \frac{2(l-b)E_s \tan\phi}{In\dfrac{la}{b(l+2h_1\tan\phi)}} \quad (3\text{-}94)$$

式中 l ——岔枕长度,沿道岔方向是逐渐加长的;
a ——相邻扣件支点间距;
b ——岔枕底部宽度;
h_1 ——道床应力扩散线交点至岔枕底部距离;
E_s ——道床弹性模量,一般取为 150 MPa;
ϕ ——道床应力扩散角,一般取为 35°。

台体下部垂向刚度为

$$k_{s2} = \frac{2aE_s \tan\phi}{In\dfrac{l+2H\tan\phi}{l+2h_1\tan\phi}} \quad (3\text{-}95)$$

式中 H ——道床厚度(一般设计为 35 cm),若有底砟,还应考虑底砟厚度的一半。

这样,一根长轨枕下的道床垂向刚度(量纲为力/长度)为

$$k_s = \frac{k_{s1}k_{s2}}{k_{s1}+k_{s2}} \quad (3\text{-}96)$$

道床横向刚度可由道床横向阻力来确定,$Q = k_{sh}y = qa$,式中 Q 为单根轨枕的横向阻力,由轨枕两侧及底部与道砟接触面之间的摩阻力和枕端的砟肩阻止横移的抗力组成,其中,道床肩部占 30%,轨枕两侧占 20% ~ 30%,轨枕底部占 50%;k_{sh} 为道床横向刚度;y 为轨枕横向位移;a 为枕间距;q 为道床单

位横向阻力,通常可表示为 $q = q_0 - By^z + cy^{1/N}$,$q_0$ 为初始道床横向阻力,B、c、z、N 为阻力系数。因道床横向阻力与轨枕横向位移成非线性关系,因此道床横向刚度也与轨枕横向位移成非线性关系;阻力随位移增加而增大,横向刚度随位移增大而减小,当位移达到一定值时,阻力接近常量,刚度接近零,位移继续增大,道床即破坏。

2. 路基刚度

路基垂向刚度可采用两种方法计算,当已知路基 K_{30} 指标时,路基垂向刚度(量纲为力/长度)为

$$k_b = a(l + 2H\tan\phi)K_{30} \tag{3-97}$$

当已知路基的弹性模量 E_b 时,路基垂向刚度(量纲为力/长度)为

$$k_b = \frac{2(l - a + 2H\tan\phi)\tan\phi_1}{\ln\frac{l + 2H\tan\phi}{a}}E_b \tag{3-98}$$

式中 ϕ_1——路基土的内摩角,一般取为 45°。

路基的横向刚度在轨道力学计算中一般不予考虑。

有砟道床及路基的垂向弹性特征还可由道床系数 C 来表示,它定义为使道床顶面产生单位下沉时所需要施加于道床顶面单位面积上的压力,量纲为力/长度^3。设钢轨支座处轨枕的垂向位移为 y_s;轨枕的平均下沉量为 αy_s,α 是轨枕挠曲系数,对于混凝土枕取为 1,对于木枕取为 0.81 ~ 0.92;钢轨支座处的垂向力为 R,则对于区间线路,道床系数与轨下基础刚度的关系为

$$2R = Clb\alpha y_s = \frac{k_s k_b}{k_s + k_b} y_s \tag{3-99}$$

对于重型轨道,道床系数 C 常取为 0.6 ~ 0.8 MPa/cm;单根钢轨下的轨下基础刚度(取轨枕长度的一半计算)常取为 100 ~ 140 kN/mm。当道床板结后,轨下基础刚度将大幅度增加,可达到 400 kN/mm 以上,甚至增大一个数量级。

(三)轨道整体刚度

轨道整体刚度除了与扣件系统刚度、轨下基础刚度有关外,还与钢轨的抗弯刚度有关,对于横向整体刚度还与钢轨抗横倾刚度有关。为了表征钢轨的抗弯刚度与轨下基础刚度间的关系,可采用钢轨支座刚度、钢轨基础弹性模量、刚比系数等概念。

1. 钢轨支座垂向刚度

钢轨支座（或支点）垂直向刚度表示支座的垂向弹性特征，定义为使钢轨支座表面产生单位下沉时，所需要施加于支座顶面的力，其量纲为力/长度，常在轨道力学中弹性点支承梁模型中应用，对于区间线路，可视为扣件系统竖向刚度与轨下基础竖向刚度的串联作用，其计算表达式为

$$\frac{1}{k_D} = \frac{1}{k_f} + \frac{1}{k_s/2} + \frac{1}{k_b/2} \qquad (3-100)$$

式中，k_D 为钢轨支座刚度；对于无砟轨道，k_s 可视为无穷大。对于道岔而言，因铁垫板长度的变化导致 k_f 在变化，因岔枕长度的变化导致 k_s、k_b 在变化，因此 k_D 沿道岔长度方向是变化的。

2. 钢轨基础垂向弹性模量

钢轨基础垂向弹性模量 k 表示钢轨基础的竖向弹性特征，定义为使单位长度的钢轨基础产生单位下沉时所需要施加在其上的分布力，量纲为力/长度^2，常在轨道力学中连续基础梁模型中应用，与钢轨支座垂向刚度间的关系为

$$k = \frac{k_D}{a} \qquad (3-101)$$

3. 刚比系数

轨道系统特性系数可采用钢轨基础与钢轨的刚比系数 β 来表示，其取值一般在 $0.009 \sim 0.020 \text{ cm}^{-1}$ 之间，定义为

$$\beta = \sqrt[4]{\frac{k}{4EI}} = \sqrt[4]{\frac{k_D}{4EIa}} \qquad (3-102)$$

式中　EI——钢轨的竖向抗弯刚度。

轨道所有的力学参数及相互之间的关系均反映在 β 中，任何轨道参数的改变都会影响 β，而 β 的改变又将影响整个轨道的内力分布和部件的受力分配。钢轨的弯矩和支座压力均不是由 k 和 EI 单独决定的，而是决定于比值 k/EI；当 k 值较大，基础相对较硬时，则支座压力较大，钢轨弯矩较小，且向两侧衰减较快，荷载影响的范围较小；当 EI 较大，基础相对较软时，则荷载的影响将与上述情况相反。

若钢轨视为连续弹性基础上的无限长梁，作用于钢轨上的竖向荷载为 P，则作用于钢轨支座或轨枕上的竖向力为 $R = Pa\beta/2 = \gamma P$，γ 被称为荷载分配系数，一般为 $0.3 \sim 0.6$，刚比系数越大，荷载分配系数越大。

4. 钢轨等效抗横倾刚度

设钢轨连续扭转支承弹性系数为 k_R，钢轨的倾斜角为 θ_R，钢轨的扭转刚度

为 C_R（对于 60 kg/m 钢轨可取为 $16.1\times10^7\,\text{kN}\cdot\text{mm}^2$），则在倾斜扭矩 T（由钢轨竖向偏心荷载 P 及横向水平荷载 H 共同产生）的作用下钢轨的倾斜角为

$$\theta_R = \frac{T}{2\sqrt{k_R C_R / a}} \tag{3-103}$$

则钢轨的等效抗横倾刚度为

$$k_\theta = \frac{H_R}{h_R \theta_R} \tag{3-104}$$

式中　h_R——钢轨高度；

　　　H_R——扣件支点处钢轨所受横向力。

单层弹性的钢轨连续扭转支承弹性系数可由钢轨支座垂向刚度求得

$$k_R = 2\int_0^{b_R/2} \frac{k_D}{b_R} y^2 \mathrm{d}y = \frac{b_R^2 k_D}{12} \tag{3-105}$$

式中　b_R——钢轨底宽。

5. 轨道垂向整体刚度

轨道的垂向整体刚度 K_t 定义为使钢轨产生单位下沉所需要的竖直荷载，量纲为力/长度，对于区间线路，其计算表达式为

$$K_t = \frac{P}{y_R} = \frac{2k}{\beta} = 2\sqrt[4]{4EIk^3} \tag{3-106}$$

式中　y_R——荷载作用点下钢轨的垂向位移。

对于道岔区，因钢轨基础垂向弹性模量沿道岔长度方向是变化的，同时因间隔铁连接的两钢轨等效垂向抗弯刚度 EI 也是变化的，因此整体垂向刚度沿道岔长度方向也是变化的，不能像区间线路一样可采用简单的计算公式来表达，需建立起复杂的道岔整体计算模型来求解。

6. 轨道横向整体刚度

通常轨道中两钢轨上作用的竖向力近似相等，而横向力差别较大，特别是在轮缘贴靠一根钢轨运行时，差别相当大，因此在轨道横向受力与变形计算中，重点关注的是轨距扩大（单根钢轨轨头横移）、轨排的横移。在计算轨距扩大量时，应分别计算两根钢轨的倾角及横移，可不考虑轨排的横移，因此钢轨支座横向刚度为

$$k_{Dh} = \frac{k_\theta k_{fh}}{k_\theta + k_{fh}} \tag{3-107}$$

假定轮轴横向力为 H_w（两钢轨上横向力之和），两钢轨中心线处的横向位移为 y_{Rh}，则区间线路上等效的轨道横向整体刚度为

$$K_{th} = \frac{H_w}{y_{Rh}} = \frac{(k_{Dh1} + k_{Dh2})k_{sh}}{k_{Dh1} + k_{dh2} + k_{sh}} \qquad (3-108)$$

式中 k_{Dh1}、k_{dh2}——左右两根钢轨的支座横向刚度。

在道岔区内，因有多根钢轨的共同作用及间隔铁的连接作用，轨道横向整体刚度较大，而且沿道岔长度方向上也是变化的。

二、道岔区轨道刚度的合理设置

高速道岔轨道刚度设置合理能有效减缓轮轨动力作用，从而使高速列车过岔舒适性提高、道岔振动强度降低、部件使用寿命延长和养护维修工作量减少。轨道刚度的合理设置包括轨道竖向及横向整体刚度设计、扣件系统刚度与轨下基础刚度的合理匹配、轨下垫层刚度及板下垫层刚度的合理匹配等内容。

扣件系统中因轨距块和挡座横向压缩刚度、锚固螺栓横向抗推刚度较大，轨下及板下垫层的横向抗剪刚度变化对扣件系统横向刚度的影响较小，同时道床及路基刚度的可变化范围较小，因此道岔区轨道刚度的合理设置主要是研究扣件系统垂向刚度的合理设置，同时考虑扣件系统垂向刚度对轨距扩大的影响。[42,45]

（一）扣件系统工作性能

1. 道岔扣件系统形式

由于道岔结构与区间线路不同，岔区一般采用带铁垫板（或滑床板）的分开式扣件，设置双重弹性，轨下有一弹性垫层，板下有一弹性垫层，扣压件连接钢轨与铁垫板，螺栓连接岔枕与铁垫板。

2. 弹性垫层材料

扣件系统弹性垫板用材料，我国以天然橡胶或合成橡胶为主要原材料，近年来又相继研制了以天然橡胶或合成橡胶为基材的纤维增强复合垫板、橡胶碟簧复合垫板及氧化锌晶须（ZnOw）改性橡胶垫板。日本最初是以天然橡胶为主，经改进后目前使用的几乎全是以丁苯橡胶（苯乙烯-丁二烯合成橡胶）为原料的轨下胶垫，近年来又在研发聚氨酯合成橡胶轨下胶垫。法国多以软木橡胶系材料为主。德国早期用压制白杨材料，近年改用塑胶或合成橡胶材料。英国早期用软木橡胶，后改用塑料系材料，例如，Pandrol 扣件和 HM 型扣件用轨下胶垫均为乙烯-乙酸乙烯酯聚合材料（即塑料）。

由于天然橡胶有成熟的应用经验，并可通过设置辊轮及减摩涂层取消滑床台板涂油，因此我国高速道岔扣件系统弹性垫层选用天然橡胶制作。

3. 橡胶垫层的静刚度[35]

各种橡胶垫层的压缩变形曲线都具有黏弹性的滞后非线性特征。当橡胶弹性应变较小时，大致是符合虎克定律的，但当应变大到一定限度时，应力与应变就不再是线性相关了。因此，荷载和位移的关系也是这样，当荷载在某一范围内时大致呈线性增加，一旦超过某一限度，位移量就变小，变形曲线就出现拐点而徒增。

由于橡胶变形的大小与其形状尺寸，以及加载范围、加载速度、加载频率和温度条件等密切相关，故有静刚度与动刚度之分。当缓慢加载时属于静态变形；反之则为动态变形。

橡胶垫层静刚度通常是根据对实物胶垫在万能试验机上的静载试验，加载速度要保证加载时间不小于胶垫变形的滞后时间（一般以 80~100kN/min 为宜），并由试验所得的压缩变形曲线求得的。而动刚度则是在脉冲伺服疲劳试验机上通过动载试验变形曲线求得的。

图 3-88 为橡胶垫层静载试验的荷载—变形曲线图示，由于它的非线性，胶垫刚度是指在荷载—变形曲线上被指定的某段曲线割线的斜率，胶垫静刚度 K_p（kN/mm）为

$$K_p = \tan\alpha = (P_2 - P_1)/(y_2 - y_1) \tag{3-109}$$

式中　P_1——在扣件初始扣压力作用下胶垫的初始压力（kN）；

P_2——在列车荷载作用下胶垫承受的压力（kN）；

y_1、y_2——相应于作用荷载 P_1、P_2 时胶垫的压缩变形量（mm）。

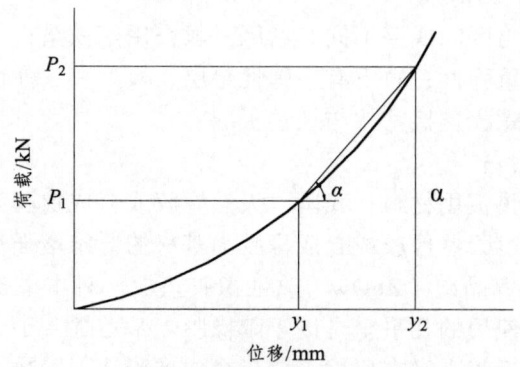

图 3-88　胶垫的荷载-变形曲线

由上式可见，胶垫加载范围不同，刚度亦不同。加载范围我国为 20 kN~80 kN，日本为 10 kN~50 kN，英国为 20 kN~70 kN，俄罗斯为 20 kN~60 kN。此外，胶垫材质不同，刚度度亦不同；形状尺寸不同，刚度亦有差异；温度条件不同，刚度亦会变化。

轨下胶垫的静刚度 K_p 及压应力 σ，当其变形微小时，可用下式近似计算

$$K_p = E_a \frac{A_c}{h} = E_0 F \frac{A_c}{h} \tag{3-110}$$

$$\sigma = \frac{K_p \delta}{A_c} = E_0 F \varepsilon \tag{3-111}$$

式中　E_a——表观弹性模量（N/mm²），$E_a = E_0 F$；
　　　E_0——杨氏弹性模量（N/mm²），$E_0 = 2(1+\nu)G = 2(1+0.5)G = 3G$；
　　　G——剪切弹性模量（N/mm²），$G = \dfrac{0.755 H_s + 5.50}{100 - H_s}$；
　　　H_s——邵尔硬度；
　　　F——形状影响因数，$F = f(S)$，根据日本服部、武井公式

$$\begin{cases} 圆柱形 & F = 1 + 1.65 S^2 \\ 矩形 & F = 1 + 2.19 S^2 \\ 无限长柱形 & F = 1.33 + 1.10 S^2 \end{cases}$$

　　　S——外形系数，$S = \dfrac{A_c}{A_f}$；
　　　A_c——受压面积（mm²）；
　　　A_f——自由侧面积（mm²）；
　　　ε——应变，$\varepsilon = \dfrac{\delta}{h}$；
　　　h——有效高度（mm）；
　　　δ——压缩变形（mm）。

当胶垫相对压缩变形微小时，即 ε 为 h 的 5%时，可直接利用式（3-110）计算胶垫刚度，但当 ε 较大和 h 较小时，则式（3-110）应按修正式（3-112）计算。

$$K_p(\varepsilon) = E_0 F \frac{A_c}{h} K(\varepsilon) \tag{3-112}$$

$$K(\varepsilon) = \frac{1}{3\varepsilon}[(1+\varepsilon) - (1+\varepsilon)^{-2}] \tag{3-113}$$

由式（3-112）可知，就同一胶垫材质（即 G 一定）而言，若受压面积 A_c 变大，则胶垫刚度 K_p 亦变大，若增大有效高度 h，刚度 K_p 就会减小；若形状尺寸一定，刚度则随自由侧面积 A_f 的增减而增减。另外，就同一胶垫刚度而言，若

受压面积 A_c 和有效高度 h 越大，自由侧面积 A_f 就越大，胶垫压应力就越缓和。

可见，胶垫的压缩变形主要是通过其形状的变化，而压缩变形主要又是由于其横向变形的结果。因此，在不改变胶垫原有材质的条件下，通过对这些影响因素的不同组合，改变胶垫的形状尺寸，例如增加沟槽数量及其深度或增加厚度或采用分块式结构，可以获得降低板下胶垫刚度的效果。

4. 扣件系统刚度的动刚度

由于轨下胶垫是在列车动荷载作用下工作的，所以胶垫的动刚度比静刚度更具有实际意义。动刚度大小与加载范围、温度条件和加载频率直接相关。动刚度与静刚度的算法一样，区别仅在于加载频率，我国加载频率为 4.2 Hz。

根据国内外对轨下胶垫刚度的静载、动载试验结果，它的刚度特性、劣化倾向具有以下基本规律：静刚度越大，动刚度亦越大；加载振幅的中心荷载越大，刚度越大；加载振幅越小，刚度越大；加载频率越高，刚度越大；温度越低，刚度越大；使用年限越长，刚度越大。之所以如此，前三项主要是受到胶垫黏弹性特征的压缩变形滞后曲线的非线性的影响，它主要与胶垫的形状尺寸有关；中间两项主要是受胶垫材质的影响；最后一项主要是受荷载作用次数的影响。

轨下胶垫在使用过程中刚度的增长率是一项十分重要的技术指标，国外铁路有的专门为此规定了其增长限值，如俄罗斯规定轨下胶垫刚度增长到130kN/mm 时即被淘汰。我国一般要求胶垫老化刚度增长率不宜大于 30%。

此外，轨下胶垫的动静刚度之比也是一项重要技术指标。当加载频率为 5 Hz 左右时，动静刚度之比，我国为 1.5~1.7 倍，德国为 1.5 倍，日本为 1.2~1.5 倍。随着加载频率的增大，动静刚度之比亦随之变大，例如 200 Hz 时为 2.0 倍，1 000 Hz 时为 2.5 倍。为确保高速道岔扣件系统的动力性能，时速 250 km 高速道岔轨下胶垫的动静刚度之比不宜大于 1.5，时速 350 km 高速道岔不宜大于 1.35。

总之，轨下胶垫的工作性能是钢轨扣件中不可忽视的重要工作内容。应尽可能使压缩变形曲线的线性特性延伸至高荷载域;尽可能使滞后曲线的面积小；因温度变化而引起的刚度变化率尽可能地小；因加载频率变化而引起的刚度变化率尽可能地小；具有耐久性，并且老化后刚度变化小。

（二）轨下垫层垂向刚度的合理设置

1. 设计原则

道岔结构设计中，尖轨与基本轨、心轨与翼轨共同置于滑床板上，滑床板下设弹性垫层，基本轨和翼轨与滑床板间设置弹性垫层，并采用扣压件扣压，尖轨及心轨则自由置于滑床板台上(滑床台与滑床板焊接或整体铸造)。为实现车轮过渡，尖轨与基本轨、心轨与翼轨存在顶面高差，该高差的设置原则应保证尖轨及心轨顶宽 20 mm 以下基本不受载，50 mm 以上可完全承受列车荷载，同时应尽可能缩短轮载过渡范围。

为使尖轨及心轨顶宽 20 mm 及以下断面尽可能少承受列车荷载，确保薄弱断面钢轨的强度，一方面可以增大尖轨及心轨顶面降低值，另一方面可以提高基本轨、翼轨轨下胶垫刚度，减少基本轨与尖轨、翼轨与心轨的垂向动态相对位移，为使轨下胶垫能在钢轨与滑床台板间起到动力缓冲作用，轨下垫层刚度也不宜过大，一般不宜超过 500 kN/mm，否则将失去缓冲作用；为尽可能缩短轮载过渡范围，使轮载转移点提前，提高动车组直向过岔时的平稳性，应减小尖轨及心轨的顶面降低值，而这又与为降低尖轨及心轨应力而增大尖轨、心轨顶面降低值的要求是相矛盾的。因此轨下垫层刚度应与尖轨、心轨顶面降低值协调设计，采取"上硬下软"的设计原则，轨下垫层采用高刚度设计以保证尖轨与基本轨、心轨与基本轨的动态高差；板下垫层采用低刚度设计以保证扣件系统的弹性。

2. 无货运高速道岔轨下垫层刚度设计

从本章第一节道岔轮轨接触几何关系的分析中可以看出，LMA 型踏面动车组直向过岔时，若基本轨与尖轨顶面高差大于 1.25 mm 时，轮载将全部转移至尖轨上，因此尖轨顶宽 20 mm 处降低值及轨下胶垫刚度设计应保证基本轨与尖轨的动态相对位移不大于降低值与 1.25 mm 之差。

设无砟道岔滑床板下垫层刚度为 30 kN/mm，在 75 kN 动车组静轮重作用下，采用式（3-106）可计算出不同顶面降低值、不同垫层刚度所对应的基本轨与尖轨受力分配如表 3-30 所示。

表 3-30 基本轨与尖轨顶面荷载分配

轨下垫层刚度（kN/mm）	顶宽 20 mm 处降低值 2.0 mm		顶宽 20 mm 处降低值 2.25 mm		顶宽 20 mm 处降低值 2.5 mm	
	基本轨与尖轨位移差（mm）	尖轨分配荷载比例（%）	基本轨与尖轨位移差（mm）	尖轨分配荷载比例（%）	基本轨与尖轨位移差（mm）	尖轨分配荷载比例（%）
150	0.75	15.1	1.0	3.3	1.27	0.0
175	0.75	14.3	1.0	2.0	1.27	0.0
200	0.75	13.7	1.0	1.3	1.28	0.0
225	0.75	13.3	1.0	0.8	1.28	0.0
250	0.75	12.8	1.0	0.7	1.29	0.0
275	0.75	12.5	1.0	0.4	1.29	0.0
300	0.75	12.3	1.0	0.1	1.30	0.0

从表 3-30 中可见，当尖轨顶宽 20 mm 处降低值一定时，轨下垫层刚度越大，分配至尖轨的荷载越小；在轨下胶垫刚度的取值范围内，为保证尖轨顶宽 20 mm 处不承受列车荷载，该处降低值宜大于 2.25 mm，我国 350 km/h 高速道岔尖轨顶面降低值设计为顶宽 15 mm 处降低 3 mm，顶宽 40 mm 处降低 0，既可满足轮载转移点提前的要求，又可满足顶宽 20 mm 处大于 2.25 mm 的要求（该处降低值为 2.4 mm）。考虑到道岔制造与组装误差，同时根据胶济线对 60D40 尖轨的动应力测试及强度储备分析，尖轨顶宽 20 mm 处荷载分配比例不宜超过 13%，则轨下垫层刚度不宜小于 250 kN/mm。

同时计算表明，板下垫层刚度越小，所需要的轨下垫层刚度越大，如表 3-31 所示，此处尖轨顶宽 20 mm 处降低值 2.4 mm，承受的荷载为 13%，基本轨与尖轨顶面动态高差为 1.25 mm。

表 3-31 轨下垫层所需最小刚度随板下垫层刚度的变化

板下垫层刚度（kN/mm）	20	25	30	35
所需轨下垫层刚度（kN/mm）	294	242	211	196

考虑轨下胶垫的制造误差，轨下垫层刚度建议按 275（1±10%）kN/mm 设计。当轨下垫层厚度为 5 mm 时，只在单面开沟槽，式（3-110）的计算结果表明，该刚度是可实现的。同时也可满足板下垫层最低刚度为 20 kN/mm 时的设计匹配要求。

3. 有货运高速道岔轨下垫层刚度设计

同样，LM 型踏面货车直向过岔时，若基本轨与尖轨顶面高差大于 2.1 mm 时，轮载将全部转移至尖轨上，因此尖轨顶宽 20 mm 处降低值不宜小于 3 mm，基本轨与尖轨的垂向动态位移间不宜大于 0.9 mm。为确保货车作用下尖轨的强度要求，并适当兼顾动车组直向过岔时的平稳性要求，我国时速 250 km 客货共线高速道岔尖轨顶面降低值设计为：顶宽 20 mm 处降低 3 mm，顶宽 50 mm 处降低 0。

计算确定在 125 kN 货车静轮重作用下，有砟道岔板下垫层刚度为 50 kN/mm 时，轨下垫层刚度不宜小于 162 kN/mm。考虑到橡胶垫层刚度在制造过程中的变化，建议按 180（1±10%）kN/mm 设计，当轨下垫层厚度为 5 mm 时，在双面开沟槽，式（3-110）的计算结果表明该刚度是可实现的，同时也可满足板下垫层最低刚度为 50 kN/mm 时的设计匹配要求。

4. 其他运营条件下高速道岔轨下垫层刚度设计

对于有货运无砟道岔，轨下垫层刚度建议仍按 275（1±10%）kN/mm 设计，可满足板下垫层最低刚度为 30 kN/mm 时的设计匹配要求;对于无货运有砟道岔,轨下垫层刚度建议仍按 180 ± 10% kN/mm 设计,可满足板下垫层最低刚度为 40 kN/mm 时的设计匹配要求。

(三)板下垫层垂向刚度的合理设置

1. 扣件系统垂向刚度与道床垂向支承刚度的合理匹配

因路基刚度较大,为轨道系统所提供的弹性较小,扣件系统及道床则是轨道系统弹性的主要提供者。当道床刚度 k_s 趋于无穷大时,就是整体道床,轨道支座刚度基本上全由扣件系统提供。在有砟轨道上,k_s 与道床的密实度,轨枕的支承面积等有关,道床越密实,轨枕支承面积越大,k_s 越大,道床弹性越差。我国既有线大量的道床支承刚度试验表明,在正常情况下 k_s 为 100 ~ 140 kN/mm,是扣件系统刚度 2 倍左右;而法国双块式轨枕及高速铁路特级道砟级配下的支承刚度 k_s 一般为 60 kN/mm,是扣件系统刚度的 1/2 左右;因此两国有砟轨道整体刚度是近似相等的。

但是扣件系统垂向刚度 k_f 与道床支承刚度 k_s 应具有合理的匹配关系,k_f 小,弹性好,此时车辆动力作用降低,但钢轨应力提升,轨道线形不稳定,舒适度反而下降;但 k_f 提高,k_f 下降,在有砟道床情况下,可能产生较严重的基础道床变形,增加养护维修工作量。对于无挡肩扣件系统,k_f 的设置还有可能影响钢轨倾覆角增大,轨距动态扩大超限。列车线路系统动力学研究表明:随着扣件系统刚度的降低,轮轨动力作用力、道床加速度和混凝土轨枕加速度均呈减小趋势,但钢轨动位移却随之逐渐增大。它说明,降低扣件系统刚度对减小轮轨动力和轨下基础振动都是十分有利的,并且由于是单调对应关系,即扣件系统刚度愈小,轮轨动力和基础振动愈小。另一方面,随着扣件系统刚度的减小,钢轨动位移则逐渐增大。当扣件系统刚度低到一定程度以后,继续减小将会引起钢轨动位移的迅速增大。钢轨动位移增大过多,又会引起扣压件弹程达不到相应要求,扣压力损失过大,导致钢轨小返和钢轨爬行,同时还会引起轨头横向位移过大和钢轨挠曲波动剧烈,以及胶垫使用寿命缩短等问题。一般认为,扣件系统低刚度的目标值以 20 kN/mm 为限。

2. 锚固螺栓及盖板的竖向刚度

图 3-86(a)中锚固螺栓及盖板的竖向刚度 k_{bv} 所起作用与弹条扣压件类似,一方面对板下胶垫施加一定的预紧力,避免在向上的荷载作用下板下脱空,但施加于胶垫层上的预紧力不能过大,以免影响胶垫弹性的发挥,因此螺栓预紧力应大部分作用于定位套筒上而不是铁垫板上;另一方面盖板应与胶垫竖向变

形具有良好的跟随性，在胶垫发生最大竖向压缩变形时，锚固螺栓仍能对板下垫层施加一定的预紧力。

板下胶垫在预紧力作用下会产生一定的预压缩；在经常性荷载范围内，胶垫受力不能超过其强度，沟槽不发生严重变形，按照日本 JRS 的规定，板下垫层应能满足以下三个使用条件：经常性荷载作用下的平均压缩应力应小于 2 MPa、经常性荷载作用下的最大压缩应力（板下垫层端部）应在 4 MPa 以下、平均压缩变形应在 10% 以下；当荷载过大时，胶垫沟槽将发生严重变化，刚度急剧增大。板下胶垫的工作特性如图 3-89 所示。

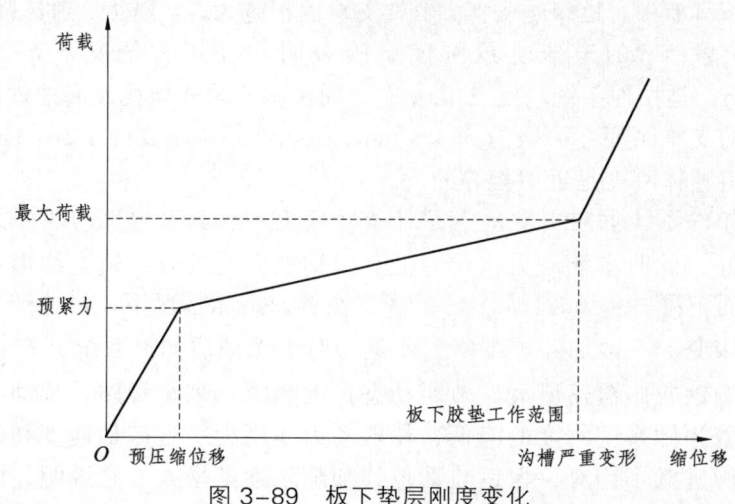

图 3-89　板下垫层刚度变化

螺栓及盖板的竖向刚度 k_{bv} 由螺栓的抗拉伸刚度 k_l 及盖板下缓冲垫层刚度 k_g 所组成，如下式所式

$$\frac{1}{k_{bv}} = \frac{1}{k_l} + \frac{1}{k_g} \quad (3\text{-}114)$$

螺栓的抗拉弹簧系数与螺栓长度有关，$k_l = E_l A_l / l$，E_l 为螺栓弹性模量，A_l 为螺栓截面积，常采用 ϕ30 螺栓，当其抗拉伸有效长度为 50 mm 时，k_l 约为 2914 kN/mm。

对于弹簧垫圈式的缓冲垫层，其刚度约为

$$k_g = \frac{G_t D_t}{8 C_t^4 n_t} \quad (3\text{-}115)$$

式中　G_t——弹簧垫圈剪切弹性模量；

D_t——弹簧中径,可取 35 mm;
C_t——旋绕比,当弹簧丝直径 d_t 取 5 mm 时,$C_t = D_t / d_t = 6$;
n_t——压缩弹簧有效圈数,若有效圈数为 2 圈,可计算得 $k_g = 1.11$ kN/mm。

对于橡胶垫层式缓冲垫,将其设置在螺栓两侧,单块尺寸为 60 mm×60 mm,高度为 6 mm,埋置于定位槽中 1 mm,两块缓冲垫层的刚度为

$$\frac{1}{k_g} = \frac{h_1}{2E_r A_r} + \frac{h_2}{2E_r A_r (1-v_r^2)} \quad (3-116)$$

式中 h_1——自由变形高度 5 mm;
h_2——约束变形高度 1 mm,即埋置于定位槽中的深度;
v_r——橡胶材料的泊松比,可取 0.5;
E_r——橡胶材料弹性模量,可取 1 MPa。

计算得缓冲垫层刚度 $k_g = 1.12$ kN/mm,与弹簧垫圈刚度相当。

我国高速道岔所采用的扣件缓冲垫层为圆形,两块缓冲垫层的刚度测试值约为 1.2 kN/mm。

动车组轴重一般为 15~19 吨,作用于道岔单根钢轨上的正常荷载(不考虑动力系数)为 75~95 kN,当板下垫层刚度为 20 kN/mm、枕间距为 600 mm 时,60 kg/m 钢轨支点分配系数约为 0.32,扣件系统所受竖向力为 24~30.4 kN,板下胶垫层最大压缩量约为 1.5 mm。

货物列车轴重一般为 21~25 吨,作用于道岔单根钢轨上的正常荷载(不考虑动力系数)为 105~125 kN,当板下垫层刚度为 50 kN/mm、枕间距为 600 mm 时,60 kg/m 钢轨支点分配系数约为 0.40,扣件系统所受竖向力为 42~50 kN,板下胶垫层最大压缩量约为 1.0 mm。

缓冲垫层的预压缩量应大于板下垫层的最大可能压缩量,以保证螺栓对铁垫板的紧固作用,不至于发生脱空现象,同时也可减缓螺母的松动现象。设计中可考虑缓冲垫层的预压缩量为 2~3 mm。

当铁垫板紧固螺栓扭矩 T_t 为 300~350 N·m 时,作用于螺栓上预加拉力则为 $P_t = T_t / K_t / D_t$,螺栓直径 D_t 取为 30 mm,系数 K_t 取为 0.15~0.2,螺栓拉力约为 50~77.8 kN。该预紧力开始由缓冲垫层承受,当缓冲垫层的压缩量达到 3~4 mm 时,缓冲垫层所承受的作用力约为 2.4~3.6 kN,该作用力将直接传递至板下垫层上,板下垫层所承受总的预压力约为 4.8~7.2 kN,即图 3-89 中的预紧力。若胶垫静刚度为 20 kN/mm,厚度为 20 mm,则其预压缩量约为 0.24~0.36 mm,最大压缩变形为 1.8%,叠加上荷载作用下 1.5 mm 的压缩量,经常性荷载作用下板下垫层的总压缩变形为 9.3%,在容许限度 10%以内;缓冲垫层的

压缩量在经常性荷载作用下仍可达到 1.14~2.26 mm，不至于松弛。大部分的螺栓拉力则需要由定位套筒所承受。

因此道岔扣件系统结构的设计原则是：设置定位套筒以承受大部分的螺栓紧固力；缓冲垫层采用超低刚度和大变形设计，使之作用于板下垫层上的预紧力尽可能小而不影响板下垫层弹性的发挥，并在工作中不发生松弛现象；板下垫层承受的预紧力与经常性荷载共同作用下的压缩变形量不得超过容许限值。

3. 板下垫层刚度对轨距扩大的影响

在图 3-86 中，假定作用于钢轨上的竖向力为 W，作用点偏移钢轨中心为 e（根据轮轨接触关系可得约为 30 mm），作用于轨头上的横向力为 H，钢轨横压作用高度为 h（60 kg/m 钢轨值约为 160 mm），则作用于钢轨上的倾斜扭矩 $T = Hh - We$。根据连续支承梁理论所得的荷载分配系数，还可得到作用于扣件支点上的竖向荷载 $P_R = \gamma_P W$，横向荷载 $H_R = \gamma_H H$。

设钢轨倾斜角为 θ_1，铁垫板的倾斜角为 θ_2，两扣件间横向距离为 b_1，轨底宽度为 b_2，两锚固螺栓间横向距离为 b_3，铁垫板长度为 b_4。钢轨发生倾斜时，轨下垫层抵抗弯矩为

$$M_1 = 2\int_0^{\frac{b_2}{2}} \frac{b_2}{2}(\theta_1 - \theta_2)\frac{x}{b_2/2} x \frac{K_{p1}}{b_2} \mathrm{d}x = \frac{K_{p1}b_2^2}{12}(\theta_1 - \theta_2) \qquad (3-117)$$

由于钢轨倾斜，弹条扣压件的抵抗弯矩为

$$M_2 = \frac{1}{2}K_c b_1^2(\theta_1 - \theta_2) \qquad (3-118)$$

当铁垫板倾斜时，则应考虑单侧螺栓弹簧对其抗倾的影响，板下垫层及螺栓弹簧抵抗弯矩为

$$M_3 = \frac{K_{p2}b_4^2}{12}\theta_2 + \frac{1}{2}K_{bv}b_3^2\theta_2 \qquad (3-119)$$

由铁垫板的受力平衡条件

$$M_3 = M_1 + M_2 \qquad (3-120)$$

可得

$$\theta_2 = \frac{\dfrac{K_{p1}b_2^2}{12} + \dfrac{K_c b_1^2}{2}}{\dfrac{K_{p1}b_2^2}{12} + \dfrac{K_c b_1^2}{2} + \dfrac{K_{p2}b_4^2}{12} + \dfrac{K_{bv}b_3^2}{2}}\theta_1 = K_q \theta_1 \qquad (3-121)$$

则双层弹性的钢轨连续扭转支承弹性系数为

$$k_R = \left(\frac{K_{p1}b_2^2}{12} + \frac{K_c b_1^2}{2}\right)(1-K_q) \qquad (3\text{-}122)$$

利用式（3-103）求出钢轨倾斜角后，即可得到钢轨等效抗横倾刚度 k_θ，则考虑钢轨倾斜后的道岔扣件系统横向刚度为

$$\frac{1}{k_{fh}} = \frac{1}{k_\theta} + \frac{1}{k_{p1h}+k_{cp}} + \frac{1}{k_{p2h}+k_{bh}} \qquad (3\text{-}123)$$

轨下垫层压缩量为

$$\delta_1 = \frac{2P_c}{K_{p1}} + \frac{P_R}{K_{p1}+2K_c} \pm \frac{1}{2}b_2\theta_1(1-K_q) \qquad (3\text{-}124)$$

式中　P_c——单个扣件的扣压力。

轨下垫层应力为

$$\sigma_1 = \frac{K_{p1}\delta_1}{A_1} \qquad (3\text{-}125)$$

式中　A_1——轨下垫层的面积。

板下垫层压缩量为

$$\delta_2 = \frac{2P_b}{K_{p2}} + \frac{P_R}{K_{p2}+2K_{bv}} \pm \frac{1}{2}b_4 K_q \theta_1 \qquad (3\text{-}126)$$

板下垫层应力为

$$\sigma_2 = \frac{K_{p2}\delta_2}{A_2} \qquad (3\text{-}127)$$

货物列车最大竖向荷载按 125 kN、最大横向荷载按 70 kN 取值；旅客列车最大竖向荷载按 85 kN、最大横向荷载按 50 kN 取值。在计算轨距扩大时，考虑轮缘贴靠一股钢轨的最不利情况，此时另一侧轮缘与另一股钢轨将不会发生贴靠，作用于钢轨顶面上的轮轨横向力最大值即为轮载与踏面摩擦系数间的乘积，该摩擦系数取为 0.20，货车最大横向荷载按 25.0 kN 取值，客车最大横向荷载按 17.0 kN 取值，横向力作用于钢轨顶面，距离轨底 176 mm。板下垫层刚度对轨距扩大的影响如表 3-32 所示。

表 3-32 板下垫层刚度对轨距扩大的影响

板下垫层刚度（kN/mm）		10	20	30	40	50	60	70	80
承受轮缘力钢轨外翻值（mm）	客货混运	3.34	3.16	3.02	2.91	2.82	2.75	2.70	2.65
	客运专线	2.45	2.31	2.21	2.13	2.07	2.01	1.97	1.94
另一侧钢轨外翻值（mm）	客货混运	1.36	1.28	1.23	1.18	1.15	1.12	1.09	1.07
	客运专线	0.92	0.87	0.83	0.80	0.78	0.76	0.74	0.73
轨距扩大值（mm）	客货混运	4.7	4.44	4.25	4.09	3.97	3.87	3.79	3.72
	客运专线	3.37	3.18	3.04	2.93	2.85	2.77	2.71	2.67

从表 3-32 中可见，垫层刚度越小，钢轨外翻量越大，即轨距动态扩大量越大，若要求轨距扩大值不超过 4 mm，客货混运线路上板下垫层刚度不宜低于 40 kN/mm。为了控制低刚度情况下钢轨的外翻量，在板下垫层结构设计中还可采用特殊设计，垫板两侧的竖向刚度大于中间部分，当钢轨外翻量增大时，垫板两侧的高刚度设计可以起到抵抗钢轨外翻的作用。

4. 扣件系统垂向刚度对轮轨动力特性的影响

应用列车道岔系统动力学理论，分别对时速 250 km 18 号有砟道岔、时速 350 km 18 号无砟道岔的扣件系统垂向刚度进行动力分析，道岔轮轨关系按本章第三节设计。

高速列车以 350 km/h 的速度直向通过 18 号无砟道岔时，扣件系统垂向刚度对轮轨动力特性的影响如表 3-33 所示。

表 3-33 竖向刚度对高速列车直向过岔的影响

扣件系统竖向刚度（kN/mm）	15	20	25	30	35	40
最大动轮载（kN）	154.4	155.3	156.2	151.0	148.9	148.4
尖轨开始受力截面（mm）	13.5	14.5	15.2	15.7	16.2	16.4
心轨开始受力截面（mm）	20.1	21.5	23.2	23.6	24.0	24.4
转辙器部分最大轮缘力（kN）	27.2	26.4	25.5	27.2	26.8	27.1
辙叉部分最大轮缘力（kN）	41.0	56.4	46.6	73.0	80.0	75.5
尖轨最大动应力（MPa）	130.2	128.7	127.4	127.6	124.5	113.2
心轨最大动应力（MPa）	174.7	181.1	171.8	170.0	172.8	175.6
车体最大横向振动加速度（m/s^2）	0.47	0.48	0.49	0.50	0.51	0.52

续表 3-33

最大减载率	0.26	0.28	0.27	0.26	0.27	0.28
最大脱轨系数	0.65	0.58	0.42	0.49	0.53	1.07
尖轨最大开口量（mm）	1.0	0.78	0.66	0.61	0.58	0.59
心轨最大开口量（mm）	1.33	1.17	1.41	1.33	1.21	1.08
尖轨尖端处基本轨竖向位移（mm）	2.03	1.88	1.77	1.68	1.62	1.57

从表 3-33 中可见，岔区扣件系统刚度对轮轨动力响应有较大影响：

（1）扣件系统刚度越大，尖轨及心轨开始受力的断面越粗，尖轨动应力越小；在前述尖轨顶面降低值设计条件下，为保证尖轨顶宽 15 mm 以上开始受力，扣件系统竖向刚度不宜低于 20 kN/mm。

（2）扣件系统刚度越大，转辙器部分轮轨横向力变化不大，但辙叉部分轮轨横向冲击力越大，导致心轨动应力（在竖向及横向荷载共同作用下）未随扣件系统刚度增大而明显降低。

（3）扣件系统刚度越大，车体横向振动加速度越大，高速列车直向过岔时的平稳性越低，可见，为保证高速列车行车舒适性，在无砟轨道基础上宜采用较低的扣件系统刚度。

（4）扣件系统刚度越大，脱轨系数越大，为保证脱轨系数不超过安全限度 1.0，扣件系统刚度不宜大于 40 kN/mm。扣件系统刚度对脱轨系数的影响如图 3-90 所示，当扣件系统刚度为 25 kN/mm 时，脱轨系数最小；扣件系统刚度对轮重减载率的影响不大。

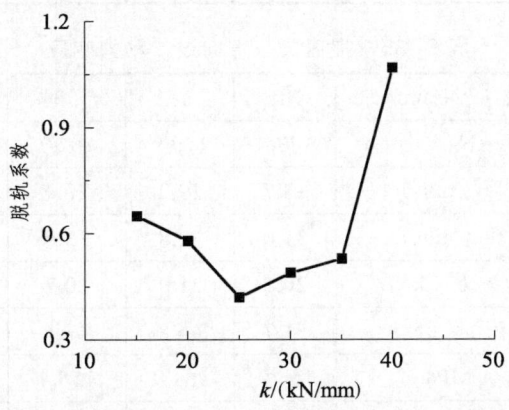

图 3-90 岔区扣件系统刚度对脱轨系数的影响

（5）扣件系统刚度越大，尖轨尖端开口量越小，心轨尖端开口量变化不大，基本轨竖向位移越小，为使钢轨竖向位移不大于 2.0 mm，扣件系统竖向刚度不宜低于 15 kN/mm。

动车组以 250 km/h 的速度、提速货车以 120 km/h 的速度直向通过 18 号有砟道岔时，扣件系统垂向刚度对轮轨动力特性的影响如表 3-34、表 3-35 所示。

表 3-34 动车组直向过岔动力响应

扣件系统竖向刚度（kN/mm）	30	40	50	60	70
最大动轮载（kN）	215.0	198.3	185.3	177.1	177.1
尖轨开始受力截面（mm）	24.5	26.3	27.2	27.7	28.0
心轨开始受力截面（mm）	33.5	34.3	35.1	35.8	35.9
转辙器部分最大轮缘力（kN）	34.2	32.0	35.0	32.6	34.3
辙叉部分最大轮缘力（kN）	74.9	76.7	75.8	74.5	74.1
尖轨最大动应力（MPa）	136.2	134.4	129.2	126.3	122.6
心轨最大动应力（MPa）	69.9	68.5	70.7	72.5	72.7
车体最大横向振动加速度（m/s²）	0.49	0.50	0.48	0.48	0.47
最大减载率	0.40	0.40	0.41	0.42	0.42
最大脱轨系数	0.46	0.37	0.33	0.35	0.34
尖轨最大开口量（mm）	0.37	0.35	0.38	0.40	0.33
心轨最大开口量（mm）	0.13	0.13	0.14	0.14	0.14
尖轨尖端处基本轨竖向位移（mm）	1.66	1.53	1.45	1.39	1.35
岔枕竖向振动加速度 g	12.2	17.8	15.8	13.7	17.6

表 3-35 提速货车直向过岔动力响应

扣件系统竖向刚度（kN/mm）	30	40	50	60	70
最大动轮载（kN）	173.3	170.9	167.7	167.3	165.0
尖轨开始受力截面（mm）	18.7	19.2	20.4	20.9	21.4
心轨开始受力截面（mm）	31.0	32.8	33.6	34.5	35.4
转辙器部分最大轮缘力（kN）	20.1	21.0	20.7	20.4	20.6
辙叉部分最大轮缘力（kN）	51.7	46.8	47.1	45.4	49.4
尖轨最大动应力（MPa）	164.2	161.9	156.4	152.6	147.3
心轨最大动应力（MPa）	107.5	96.0	90.6	85.0	78.5

续表 3-35

车体最大横向振动加速度（m/s²）	1.0	1.0	0.99	1.0	0.99
最大减载率	0.38	0.42	0.42	0.44	0.44
最大脱轨系数	0.27	0.27	0.26	0.26	0.27
尖轨最大开口量（mm）	0.42	0.42	0.42	0.42	0.43
心轨最大开口量（mm）	0.28	0.27	0.28	0.27	0.27
尖轨尖端处基本轨竖向位移（mm）	2.99	2.75	2.59	2.49	2.42
岔枕竖向振动加速度 g	22.1	23.5	22.4	30.6	29.8

从表 3-34、表 3-35 中可见：

① 从保证钢轨竖向位移小于 3 mm 角度考虑，扣件系统竖向刚度宜大于 50 kN/mm；

② 从保证尖轨在顶宽 20 mm 以上断面开始承受列车荷载，扣件系统竖向刚度宜大于 50 kN/mm；

③ 随着扣件系统刚度增大，岔枕振动加速度呈增大趋势，从保护道床稳定性角度考虑，宜采用较低的扣件系统刚度；

④ 从减小尖轨动应力角度考虑，宜增大扣件系统刚度；

综合前述分析，建议我国各种高速道岔扣件系统刚度设计取值为：无货运无砟轨道扣件系统竖向刚度为（25±5）kN/mm，有货运无砟轨道扣件系统竖向刚度为（40±10）kN/mm，无货运有砟轨道扣件系统竖向刚度为（50±10）kN/mm，有货运有砟轨道扣件系统竖向刚度为（60±10）kN/mm。18 号、42 号、62 号道岔扣件系统刚度在相同运营条件及轨下基础情况下采用相同的刚度设计值。

三、道岔区轨道整体刚度的分布规律[48, 50, 53]

1. 道岔区轨道整体刚度的影响因素

区间线路轨道由标准钢轨、轨枕、扣件、道床等部件组成，轨道刚度的计算模型和方法已比较成熟，并且由于轨枕、扣件等部件在线路纵向保持不变，使得区间线路轨道的刚度沿线路纵向呈均匀分布。岔区轨道相对区间线路轨道而言，其结构要复杂得多。在道岔范围内，钢轨有多种形式，轨枕、垫板长度是变化的，板下胶垫的刚度也是变化的，同时还有间隔铁、限位器、滑床台等多种区间线路所不具有的轨道部件。这些因素使得岔区轨道刚度沿线路纵向不再均匀分布，呈现很强的突变特性。具体来说，影响岔区轨道的刚度的主要因素有以下几点：

（1）岔枕的影响：有砟轨道岔区轨枕很长，在同一轨枕上支承着直、侧两股轨道，列车荷载作用在一股道上，可通过岔枕传递至另一股道的钢轨上，使另一股道的钢轨具有帮轨作用。若无砟道岔采用板式轨道基础，同一块轨道板上支承着多根钢轨，轨道板的竖向位移将同时影响多根钢轨的竖向变形；若采用长枕埋入式基础，则因基础变形量较小，对轨道整体刚度的影响较有砟岔枕小得多。

（2）扣压件及轨下胶垫的影响：扣压件和轨下胶垫的刚度是钢轨支点刚度的主要组成部分，其大小直接影响到钢轨支点刚度的大小。可动轨件部分未设置扣压件及轨下垫层，而其他部位的整体刚度均会受到扣压件及轨下垫层刚度的影响。

（3）铁垫板及板下胶垫的影响：在转辙器部位、导曲线尾部及辙叉部位存在两根及两根以上钢轨共用垫板情况。由于多轨共用垫板，这样作用在一股道上的轮载有效地传至另一股道钢轨上，使得另一股道钢轨起到帮轨作用。另一方面为了满足多轨共用垫板的结构需要，共用垫板的长度变化较大，其下面橡胶垫板的刚度变化也很大，从而引起轨道刚度不均匀变化。

（4）钢轨类型的影响：道岔中的钢轨有基本轨、尖轨、翼轨、心轨和护轨，这些钢轨的截面形状各不相同，抗弯刚度也不相同，并且尖轨和可动心轨的截面是变化的。

（5）滑床台的影响：尖轨、可动心轨没有安装扣件部分可在滑床台上左右摆动，即钢轨和滑床台之间没有直接联系。在这一部分，如果轮载作用在基本轨上，尖轨不能起到帮轨作用；如果轮载作用在尖轨上，基本轨则可起到帮轨作用。

（6）间隔铁的影响：为了传力和保证轨道几何形位的需要，道岔在叉心轨前两导轨间、长短心轨间及翼轨和心轨间安设了间隔铁。间隔铁将两根钢轨有效地联系起来，使得左右在一根钢轨上的轮载通过间隔铁传至另一根钢轨上，另一钢轨起到帮轨作用。

2. 道岔整体刚度计算模型

在充分考虑上述影响因素的基础上，采用有限元法建立岔区轨道刚度整体计算模型，如图 3-91 所示。模型中将基本轨、护轨用等截面梁来模拟；尖轨、心轨用变截面长梁模拟；扣压件和轨下胶垫简化成线性弹簧；垫板为等截面梁；垫板下胶垫模拟成线性弹簧；间隔铁模拟成短梁；轨枕采用弹性地基上有限长梁模拟；尖轨和滑床台的连接采用非线性弹簧来模拟，该弹簧只受压时传力，受拉时不传力。整体模型中包含以下六类子模型，如图 3-92 所示。

第三章 列车道岔系统动力学理论及应用

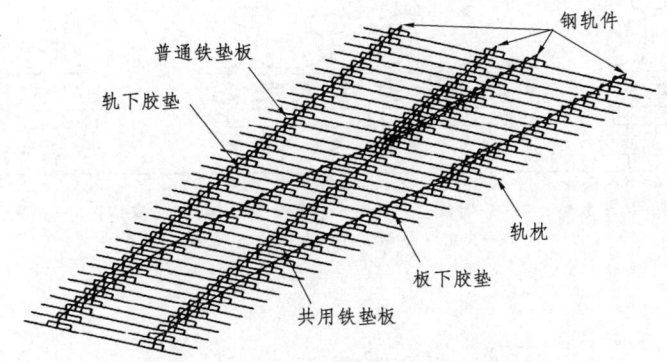

图 3-91 道岔整体刚度计算模型

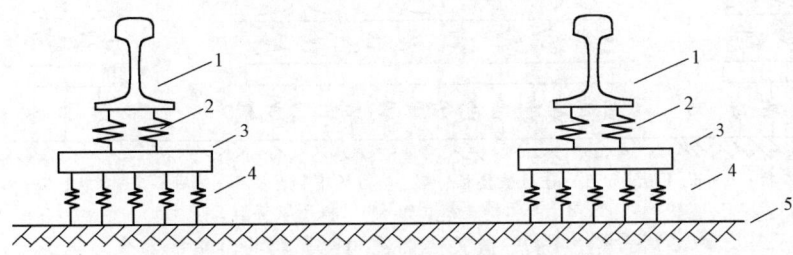

1—基本轨；2—轨下胶垫；3—铁垫板；4—板下胶垫；5—基础

（a）子模型 A——尖轨尖端前

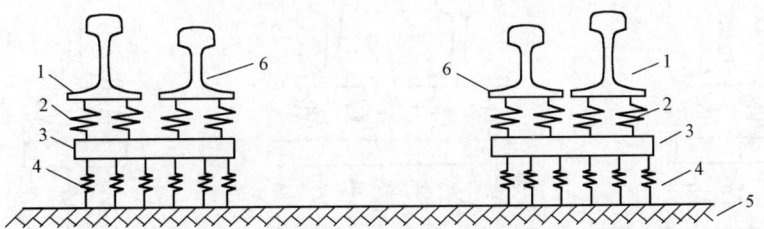

1—基本轨；2—轨下胶垫；3—铁垫板；4—板下胶垫；5—基础；6—尖轨

（b）模型 B——转辙器部分

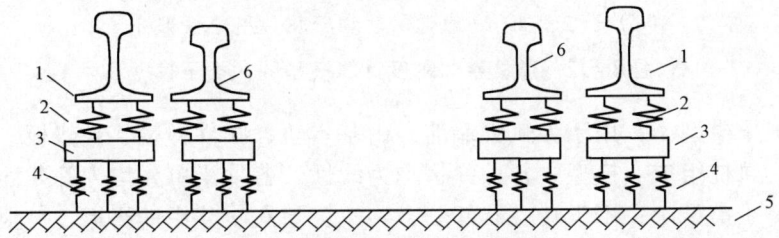

1—基本轨；2—轨下胶垫；3—铁垫板；4—板下胶垫；5—基础；6—导轨

（c）子模型 C——导曲线部分

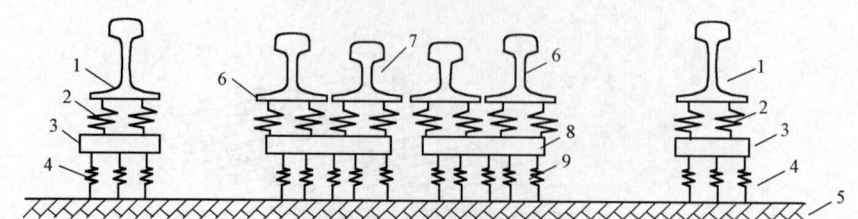

1—基本轨；2—轨下胶垫；3—普通铁垫板；4—普通板下胶垫；5—基础；6—翼轨；7—导轨；
8—共用铁垫板；9—共用板下胶垫。

(d) 子模型 D——导曲线共用垫板部分

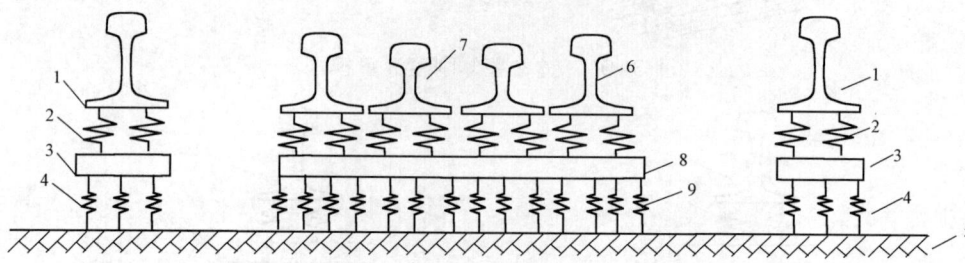

1—基本轨；2—轨下胶垫；3—普通铁垫板；4—普通板下胶垫；5—基础；6—翼轨；7—心轨；
8—共用铁垫板；9—共用板下胶垫。

(e) 子模型 E——辙叉两心轨和两翼轨共用垫板部分

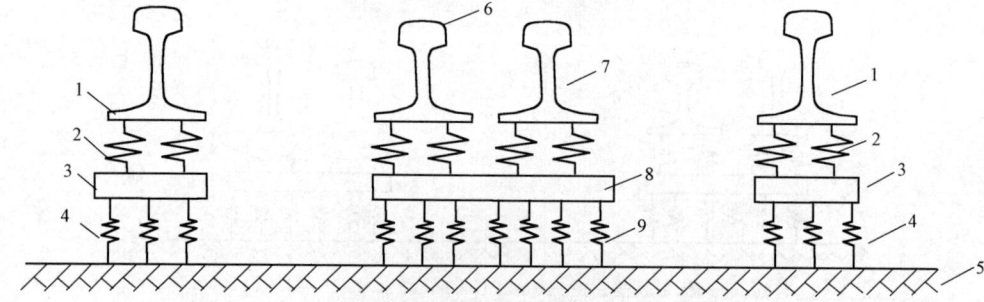

1—基本轨；2—轨下胶垫；3—普通铁垫板；4—普通板下胶垫；5—基础；
6—长心轨；7—短心轨；8—共用铁垫板；9—共用板下胶垫。

(f) 子模型 F——辙叉翼轨和心轨共用垫板部分

图 3-92　道岔整体刚度计算模型的六类子模型

(1) 子模型 A：用于尖轨尖端前，由基本轨、扣件弹簧、铁垫板、板下胶垫弹簧、轨枕组成。模型中各种弹簧均为线性，各种梁单元均为等截面。

(2) 子模型 B：用于转辙器部分，尖轨、基本轨共用铁垫板，一根轨枕上有四根钢轨，尖轨与铁垫板用非线性弹簧连接。荷载作用在尖轨上时，基本轨具有帮轨作用。

（3）子模型 C：用于导曲线部分，一根轨枕上作用有直、区基本轨及直、曲导轨共四根钢轨。每根钢轨单独设置一块铁垫板。通过岔枕传力，四根钢轨互相起着帮轨作用。

（4）子模型 D：用于导曲线靠心轨一端两导轨共用垫板部分，直、曲导轨共用一块垫板。作用在直导轨或侧导轨上的轮载通过共用垫板传至另一导轨上，另一导轨起着帮轨作用。

（5）子模型 E：用于辙叉两翼轨与两心轨共用垫板部分，这一部分的铁垫板较长，并且当轮载作用在一心轨上时，另一心轨及两根翼轨均起到帮轨作用。

（6）子模型 F：用于辙叉翼轨与心轨共用垫板部分，轮载作用在心轨上时，由于共用铁垫板传力，翼轨起到帮轨作用。

计算中还要考虑到长大铁垫板弯曲及间隔铁偏转对道岔整体刚度的影响。

高速道岔中板下胶垫刚度较低，同时辙叉区段铁垫板的长度较长，最长达 1.3 m 之多，这可能会引起以下两个问题：一是在列车荷载作用下，铁垫板容易发生偏转现象，在有荷载作用一侧下沉较多，在无荷载作用一侧向上反供，进而引起动态钢轨发生偏转，造成动态轨距扩大；二是板下胶垫刚度过小，垫板挠度过大，强度超限。如果铁垫板上只有一根钢轨作用，这两个问题不显著，因此对于支承多根钢轨的长大铁垫板，需将其视弹性地基梁，考虑其偏转及竖向弯曲变形。

间隔铁将两根钢轨件直接联系起来，可以在二者间传递弯矩和剪力，计算中用等截面梁来模拟，需要确定梁的截面积与抗弯刚度，其中，截面积决定梁传递剪力的能力，抗弯刚度决定梁弯矩传递能力。假设剪切间隔铁螺栓时，间隔铁与钢轨间的摩擦阻力已完全克服，所传能传递的最大剪力就是螺栓所能承受的最大剪力，因此，计算模型中间隔铁梁的截面积等于间隔铁上所有螺栓的截面积之和。

间隔铁安装就位后，螺栓拉力之和为

$$F = \frac{nM_n}{kD} \tag{3-128}$$

式中　n——螺栓个数；

　　　M_n——螺栓扭矩；

　　　k——扭矩系数；

　　　D——螺栓直径。

偏转前，间隔铁与钢轨接触面上均布着压力 q_1，均布压力总和等于间隔铁上螺栓拉力之和,如图 3-93 所示。发生偏转后,假定接触压力之和仍为螺栓拉力之和,间隔铁与钢轨接触压力呈三角形分布,最大接触压力

$$q_{2\max} = \frac{2F}{H} \quad (3\text{-}129)$$

式中 H——间隔铁高。

根据材料力学可知,发生偏转后,接触压力抵抗间隔铁的偏转力矩为

$$M = H^2 q_{2\max} / 6 \quad (3\text{-}130)$$

假定间隔铁等效梁的发生单位偏转时,其上弯矩为接触压力抵抗力矩 M,则等效梁的惯性矩为

$$I = \frac{M}{E} = \frac{nM_n H}{3kED} \quad (3\text{-}131)$$

式中 E——间隔铁材料弹性模量。

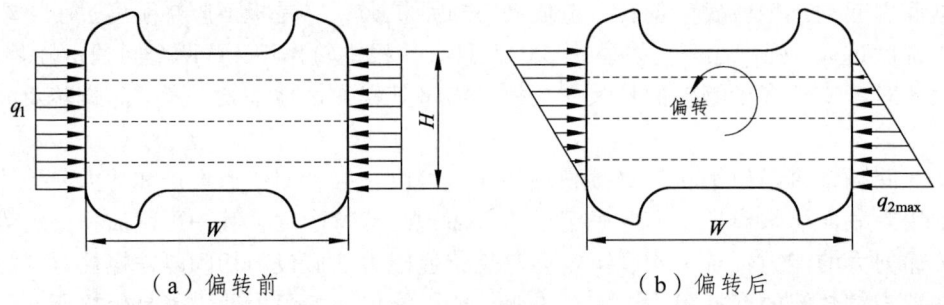

(a) 偏转前　　　　　　　　(b) 偏转后

图 3-93　间隔铁接触压力分布

岔区轨道刚度影响因素众多,计算模型较为复杂,难以采用解析法求解。目前,有限单元法是一种行之有效的数值计算方法,可以求解复杂工程问题,并保持很高的计算精度。因此,岔区轨道刚度计算模型可采用有限单元法求解。

3. 有砟道岔轨道整体刚度分布规律

以时速 250 km 18 号有砟道岔为例,计算得直股、侧股方向道岔基本轨、里轨的整体刚度分布及两轨上的整体刚度之比如图 3-94、图 3-95 所示,整体刚度、支点刚度及钢轨垂向位移的比较如表 3-36 所示。

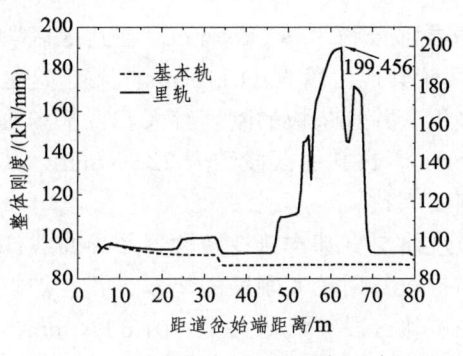
（a）直股方向整体刚度分布

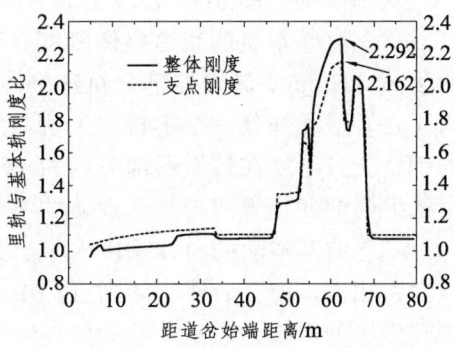
（b）直股方向里轨与基本轨刚度之比

图 3-94　直股方向道岔基本轨、里轨的整体刚度分布及两轨上的整体刚度之比

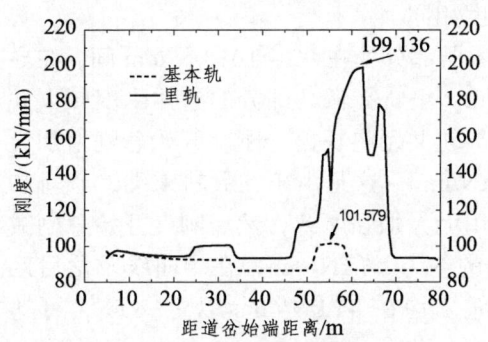
（a）侧股方向整体刚度分布

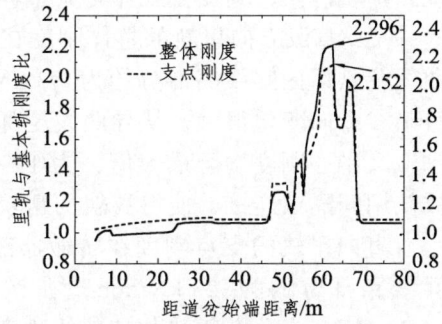
（b）侧股方向里轨与基本轨刚度之比

图 3-95　侧股方向道岔基本轨、里轨的整体刚度分布及两轨上的整体刚度之比

表 3-36　有砟道岔计算结果比较

轨型	项目	整体刚度（kN/mm）		支点刚度（kN/mm）		垂向位移（mm）	
		最大值	最小值	最大值	最小值	最大值	最小值
直向	基本轨	97.4	85.9	34.1	21.7	1.49	1.31
	里轨	199.5	92.5	66.2	23.2	1.38	0.64
侧向	基本轨	101.6	85.8	35.4	21.7	1.48	1.26
	里轨	199.1	92.5	66.2	23.3	1.37	0.64

注：表中所列垂向位移为列车静轮载作用下钢轨顶面的垂向位移。

从图 3-94、图 3-95 和表 3-36 中可见：

（1）直基本轨的轨道整体刚度在转辙器部分约为 97 kN/mm，在其他区段约为 86 kN/mm，转辙器部分轨道整体刚度较其他区段大 11 kN/mm 左右。这是由于在转辙器部分，基本轨和尖轨共用垫板，并且垫板的刚度较大。直基本轨的钢轨支点刚度在转辙器部分约为 34 kN/mm，在其他区段约为 22 kN/mm，其沿线纵向的变化规律与直基本轨的整体刚度一致。

（2）曲基本轨的整体刚度大小、分布规律与直基本轨在转辙器及导曲线部分大致相同，但在心轨尖端附近，由于和护轨共用较大刚度的垫板，并且护轨帮轨作用的影响，曲基本轨的整体刚度在护轨区段突然增大至 101.6 kN/mm，增幅在 16 kN/mm 左右。曲基本轨的钢轨支点刚度在转辙器部分约为 33 kN/mm，在护轨部分约为 35 kN/mm 左右，在其他区段约为 22 kN/mm，最大支点刚度出现在护轨区段，其变化规律与其整体刚度相同。

（3）直股方向里轨的整体刚度在转辙器部分处在 92~101 kN/mm 间，在导曲线及岔后区间线路部分约为 93 kN/mm。里轨在辙叉部分的整体刚度较大并且沿线纵向变化很大，从导曲线尾部两导轨共用垫板处，刚度开始急剧增加，到辙叉中心刚度增至最大值，为 199.5 kN/mm，这是由于在翼轨末端，心轨和翼轨用间隔铁连接，使得翼轨的帮轨作用大大加强所致，然后刚度开始急剧减小。直向里轨的支点刚度在转辙器部分的约为 36 kN/mm，在导曲线及岔后区间线路部分约为 23 kN/mm，在辙叉部分均在 41 kN/mm 以上，最大可达 66.2 kN/mm，分布规律与其整体刚度基本一致。

（4）侧股方向里轨的整体刚度分布规律与直向里轨相同，二者在数值上也仅相差 0.3 kN/mm 左右。侧向里轨的支点刚度最大为 66.21 kN/mm，对应其整体刚度最大的位置，在整体岔区内的分布规律与其整体刚度的分布规律是相同的。

（5）从导曲线尾部至翼轨末端，由于多轨共用垫板及间隔铁的作用，使该区段里轨的整体刚度和支点刚度比基本轨对应刚度大，其中整体刚度最大比达 2.29，钢轨支点刚度最大比达 2.16。其余区段，无论是整体刚度，还是支点刚度，里轨与基本轨的比值均在 1.05 左右。

（6）在侧股方向里轨与基本轨刚度比的分布规律与直股方向相同，最大整体刚度比为 2.30，最大支点刚度比为 2.15。

（7）计算中未考虑轮载的动态变化，因此钢轨垂向位移的分布规律与整体刚度相反，刚度大则位移小，刚度小则位移大。直、侧里轨的最小位移在整体刚度最大处，均为 0.64 mm，最大位移在导曲线及岔后线路部分，分别为 1.49 mm 和 1.48 mm。

可见，道岔直、侧股方向上，无论是整体刚度、支点刚度还是钢轨垂向位移，沿道岔均是不均匀分布的，存在严重的动态不平顺，导致高速列车在"软硬不均"的基础上行驶，必将影响行车舒适性与平稳性，须对轨道刚度进行均匀化处理。

4. 无砟道岔轨道整体刚度分布规律

以时速 350 km 18 号无砟道岔为例，尖轨跟端为间隔铁结构时计算得直股方向道岔基本轨、里轨的整体刚度、钢轨支点刚度分布如图 3-96 所示，直侧股方向里轨与基本轨的整体刚度之比如图 3-97 所示，尖轨跟端为限位器结构时计算得直股方向道岔基本轨、里轨的整体刚度分布如图 3-98 所示。限位器跟端直股方向整体刚度分布

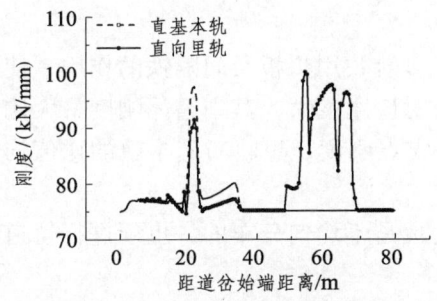
（a）间隔铁跟端直股方向整体刚度分布

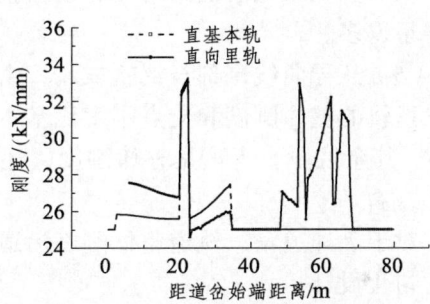
（b）间隔铁跟端直股方向支点刚度分布

图 3-96　间隔铁跟端直股方向整体刚度、钢轨支点刚度分布

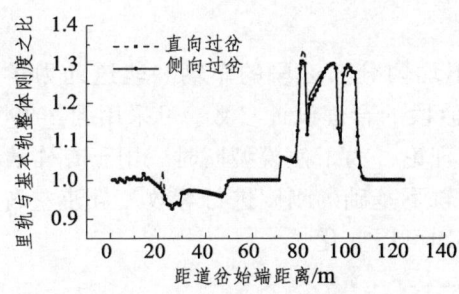
图 3-97　直股方向里轨与基本轨整体刚度之比

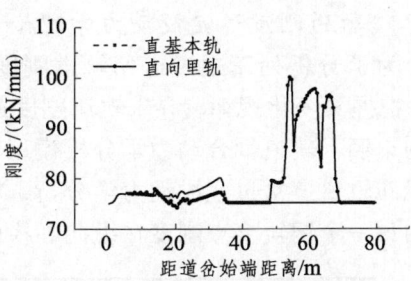
图 3-98　限位器跟端直股方向整体刚度分布

从图 3-97、图 3-98 中可见：

（1）直基本轨的轨道整体刚度在转辙器部分约为 78 kN/mm，在其他区段约为 75 kN/mm，这是由于在转辙器部分，基本轨和尖轨共用铁垫板，并且板下胶垫的刚度较大所致。直基本轨的钢轨支点刚度在转辙器部分约为

26 kN/mm，在其他区段约为 25 kN/mm，其沿线纵向的变化规律与直基本轨的整体刚度一致。

（2）曲基本轨的整体刚度大小、分布规律与直基本轨相同，只在护轨部分整体刚度略有增大。

（3）直向里轨的整体刚度在转辙器部分处在 75～91 kN/mm 间，在导曲线及岔后区间线路部分保持在 75 kN/mm 不变。里轨在辙叉部分的整体刚度较大并且沿线纵向变化很大，从导曲线尾部两导轨共用垫板处，刚度开始急剧增加，到辙叉中心刚度增至最大值，为 100.1 kN/mm，然后刚度开始急剧减小，这是由于间隔铁及共用铁垫板所致。侧向里轨的整体刚度分布规律与直向里轨相同，二者在数值上也仅相差 0.13 kN/mm 左右。

（4）尖轨跟端间隔铁对无砟道岔整体刚度的影响较大，而限位器结构的影响要小得多。

（5）从导曲线尾部至翼轨末端，由于多轨共用垫板及间隔铁的作用，使该区段里轨的整体刚度和支点刚度比基本轨对应刚度大，其中整体刚度最大比达 1.33。其余区段，无论是整体刚度，还是支点刚度，里轨与基本轨的比值均在 1.01 左右。

对于无砟道岔，轨道整体刚度沿道岔也是不均匀分布的，也须进行轨道刚度均匀化设计。

四、道岔区轨道刚度的均匀化设计

1. 轨道刚度过渡段动力学理论

为了分析列车通过道岔轨道刚度不均匀分布区段的车辆和轨道动力学效应，把握其变化规律，寻求轨道刚度过渡段的合理设计参数，可采用图 3-99 所示的车辆–轨道耦合动力学分析模型与理论，为了使模型同时适用于有砟轨道和无砟轨道道岔过渡段动力学分析，将轨下基础的刚度进行等效，且使左右轨下的每一个钢轨支点刚度在纵向和横向均可以变化。

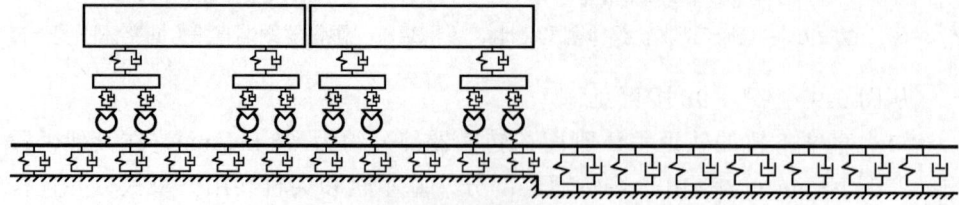

图 3-99　道岔轨道刚度过渡段动力学模型

车辆—轨道过渡段耦合动力学分析模型由车辆模型、轨道模型及轮轨耦合关系模型三部分组成。

车辆模型中,将车辆模拟成以速度 V 运行于线路上的多刚体系统。模型中考虑了车体及前、后转向架的沉浮和点头运动,以及轮对的垂向振动,车辆的一、二系悬挂特性可为线性或非线性关系。

轨道模型中,将钢轨视为连续弹性离散点支承基础上的无限长 Euler 梁模型,钢轨支承点间的距离为实际的轨枕间距;轨下基础考虑轨下胶垫、道床(道床板)和路基的刚度与阻尼的综合作用。

轮轨耦合关系模型中,由 Hertz 非线性弹性接触理论确定轮轨相互作用力。

车辆通过道岔前后轨道刚度过渡段,是一个轮轨动态相互作用过程,它应该满足三个最基本的要求:第一保证行车安全、第二保证线路结构强度的要求、第三满足行车舒适性的要求。此外,还应尽可能减轻轨道结构的振动水平,延长线路设备的使用寿命,降低养护维修费用。常用评价道岔轨道刚度过渡段的动力学性能指标:轮轨动作用力;枕上压力;钢轨动弯应力;轮重减载率;车体垂向加速度。

2. 钢轨挠度变化率与轨道刚度过渡段长度的关系

为了研究轨下基础刚度差引起的轮轨系统的动力特性,取两种不同轨下基础刚度轨道的连接问题来分析。高刚度轨道的轨下基础点支承刚度取为 60 MN/m;低刚度轨道的轨下基础点支承刚度取为 15 MN/m,分析时采用 CRH2 动车组,行车速度按 300 km/h 考虑。

图 3-100、图 3-101 为车辆通过两种轨道连接处时,由于轨下基础刚度差引起的轮轨垂向力、枕上压力、钢轨垂向位移、车体垂向振动加速度的动力响应。

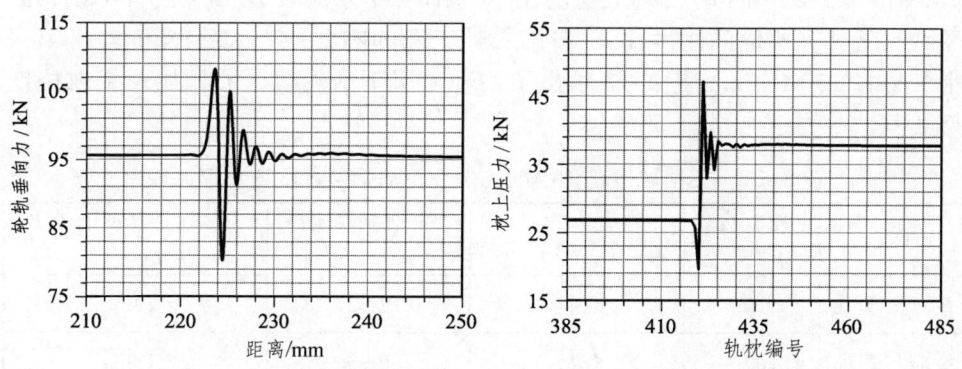

图 3-100 轨下基础刚度差引起的轮轨垂向力和枕上压力变化

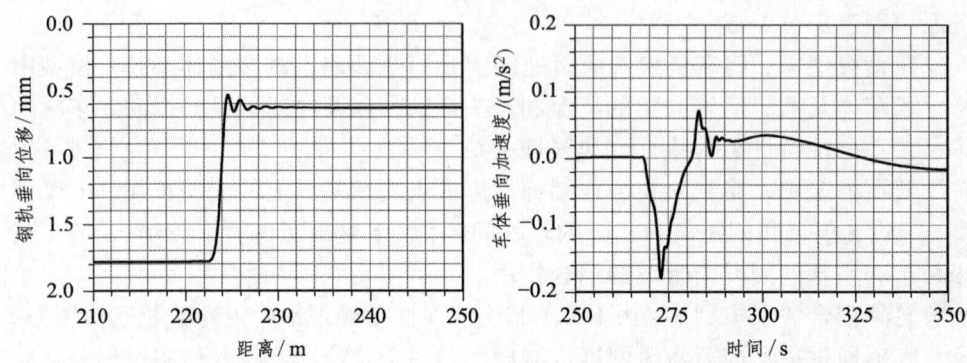

图 3-101　轨下基础刚度差引起的钢轨垂向位移和车体垂向加速度变化

从计算结果可见，由于轨下基础刚度差导致了轮载作用下的钢轨挠度差，进而引起轮轨动力冲击作用并激起车辆的振动。在两种轨道连接处，枕上压力变化非常剧烈，在长期列车荷载作用下容易产生扣件失效、轨枕空吊或破损、道床下沉等线路病害，一旦线路出现病害，轮轨动力作用又将急剧恶化，严重影响行车的安全性和舒适性。因此，在轨下基础刚度差较大的地段，必须设置轨道刚度过渡段。

设置过渡段就有一个长度的问题。为了有效评价轨下基础刚度差引起的轮轨动力作用以及过渡段长度的影响，本文提出了"钢轨挠度变化率"的概念。所谓"钢轨挠度变化率"，就是钢轨动挠度曲线的斜率。

以往在研究轨道刚度差的动力影响时，大多采用刚度差大小或"刚度比"的来进行评价，实际上这两项指标并不能准确反映刚度差引起的轮轨动力作用。下面假设两种工况加以说明。第一种工况的轨下基础刚度分别取 5 MN/m、20 MN/m；第二种工况的轨下基础刚度分别取 20 MN/m、80 MN/m。两种工况具有相同的刚度比 4，但第二种工况的刚度差为 60 MN/m 大于第一种工况的 15 MN/m。表 3-37 给出了两种工况下的轮轨动力作用及钢轨挠度变化率。

表 3-37　相同轨下基础刚度比条件下的钢轨挠度变化率比较

工况	轮轨力 （kN）	车体加速度 （m/s²）	钢轨挠度差 （mm）	钢轨挠度变化率 （mm/m）
第一种工况	112.5	0.41	2.92	2.08
第二种工况	107.4	0.15	0.93	1.08

由表 3-36 可见，第一种工况下的轮轨动力作用要比第二种工况大许多，若用刚度差的大小来衡量的话，结论应该正好相反。"钢轨挠度变化率"则能非常清楚地反映这一规律。

另外，从图 3-100、图 3-101 中可以看出，在不设置过渡段的情况下，由轨下基础刚度差导致的轮轨附加力有效衰减距离约为 8 m，而车体加速度的有效衰减时间约为 0.5 秒，这与国外的结论是一致的。

下面将用钢轨挠度变化率这一指标来衡量轨道刚度过渡段长度对轮轨动力作用的影响。图 3-102、图 3-103 为两种轨道连接处设置不同过渡段长度时的钢轨挠度曲线及钢轨挠度变化率曲线。表 3-38 给出了设置不同过渡段长度情况下，钢轨挠度变化率、车体振动加速度、轮轨动作用力、枕上压力的变化规律。

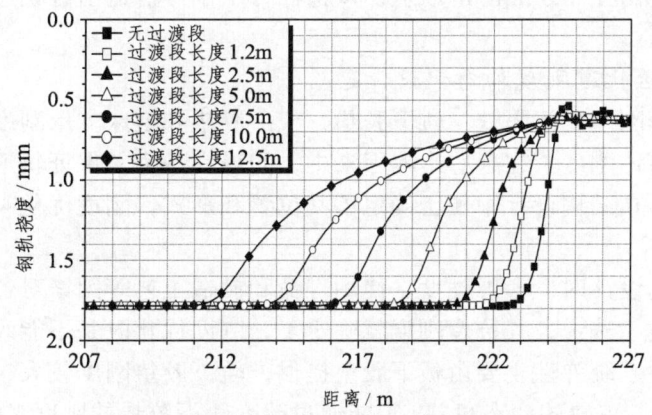

图 3-102　不同过渡段长度时钢轨挠度

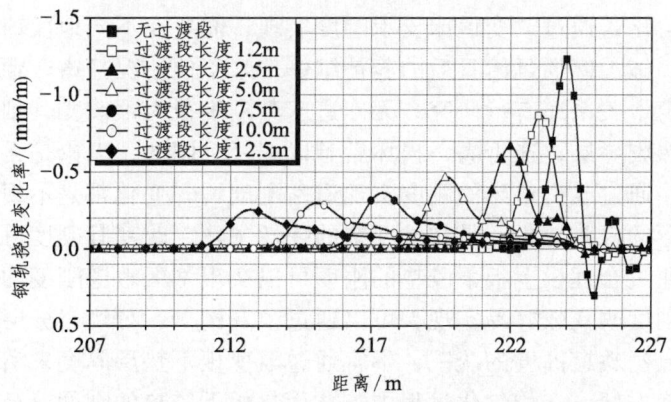

图 3-103　不同过渡段长度时钢轨挠度变化率

表 3-38 过渡段长度对轮轨动力作用的影响

过渡段长度（m）	0	1.2	2.5	5.0	7.5	10.0	12.5
钢轨挠度变化率（mm/m）	1.24	0.87	0.67	0.47	0.36	0.30	0.26
轮轨力（kN）	108.2	103.5	101.4	99.4	98.5	97.7	97.6
枕上压力（kN）	47.1	41.3	39.5	38.7	38.3	37.8	37.6
车体加速度（m/s^2）	0.18	0.16	0.14	0.12	0.10	0.09	0.08

从计算结果可见，为了保证高速铁路轨道结构的高平顺性，在轨下基础刚度差较大的地段应按较高的标准设置刚度过渡段。从减轻轮轨动力作用来看，应设置 10 m 左右的轨道刚度过渡段，也就是将轨下基础刚度差引起的钢轨挠度变化率应控制在 0.3 mm/m 以下，该指标可用于评价道岔区轨道刚度均匀化效果。

3. 道岔区轨道刚度均匀化设计思路

钢轨抗弯刚度、间隔铁、轨下胶垫、板下胶垫和道床支承刚度等均可影响到轨道结构整体刚度。在这些影响因素中，间隔铁是为了保证轨道几何形位和传力的需要，在结构设计中便已确定了其位置和形式，刚度优化时不可能进行重新设计。

道岔结构设计时，考虑强度、使用寿命和制造工艺等因素对各种钢轨进行选型，钢轨类型选定，其抗弯刚度就确定了，刚度优化时是不能改变的。

道岔扣件系统弹性主要由板下胶垫提供，轨下胶垫刚度较大，以保证可动轨件与基本轨、翼轨的动态高差，不能通过改变轨下胶垫的刚度来实现均匀化。

有砟轨道道床支承刚度的改变可以通过改变道砟颗粒级配、材质等实现。轨道刚度均匀化若通过改变道床支承刚度实现，需要在不同地段铺设不同颗粒级配的道砟，施工麻烦且给日后的养护维修带来不便，况且道砟颗粒级配与其支承刚度的定量关系还有待研究。无砟道床其刚度很大，改变其刚度需要在道床板下设置橡胶垫层，造价高，损坏后难以修复。因此，无论是无砟轨道，还是有砟轨道，通过改变道床的刚度实现道岔刚度均匀变化都是不现实的。

铁垫板下的橡胶垫板，是扣件系统的弹性主体，改变其刚度可以改变轨道刚度，这样通过合理设置板下胶垫的刚度可以实现岔区轨道刚度均匀变化，并且板下胶垫刚度改变较容易实现，可以通过改变沟槽、分块、分层等方式予以实现，为了道岔轨道高度的统一，不宜通过改变板下垫层厚度来实现，同时为了铺设和更换方便，在均匀化过程中，共用垫板下胶垫的刚度分级设置，并且尽可能少设。

4. 时速 250 km 18 号有砟道岔轨道刚度均匀化设置

对每块板下橡胶垫层的刚度进行设计,并归类,提出时速 250 km 18 号有砟道岔板下垫层刚度的设计建议值如表 3-39 所示。

表 3-39 板下胶垫刚度设计值

胶垫类型	胶垫刚度(kN/mm)	适用枕号	共用类型
ZZ-A	66	5~14	基本轨与尖轨
ZZ-B	80	15~19	基本轨与尖轨
ZZ-C	92	20~58	基本轨与尖轨
DW-A	70	80~88	两导轨
DW-B	40	89~92	两导轨
ZC-A	50	93~94,105~107,111~114	两心轨与两翼轨
ZC-B	40	95~104,108~110	两心轨与两翼轨
HG-A	60	85~98	曲基本轨与护轨

说明:① 表中胶垫类型"XX-X"含义如下:第一个"XX"表示胶垫铺设的地段,第二个"X"表示胶垫的分类。如"ZZ-A"表示该胶垫铺设在转辙器部分的 A 型共用胶垫,其刚度为 66kN/mm。
② "ZZ"表示转辙器部分,"DW"表示导曲线尾部,"ZC"表示辙叉部分,"HG"表示护轨地段。

采取均匀化措施后,直股方向上道岔基本轨、里轨的整体刚度分布规律、里轨与基本轨的整体刚度之比、里轨的挠度变化率以及列车竖向振动加速度的变化分别如图 3-104 至图 3-107 所示。

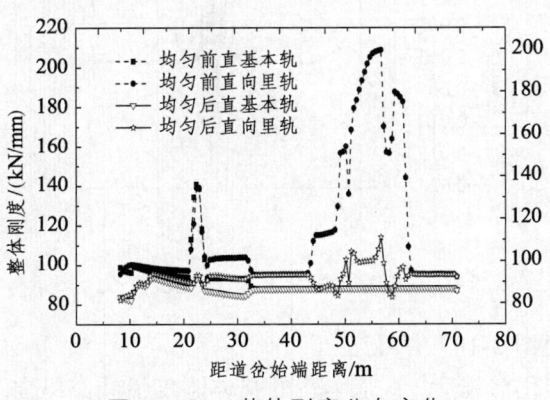

图 3-104 整体刚度分布变化

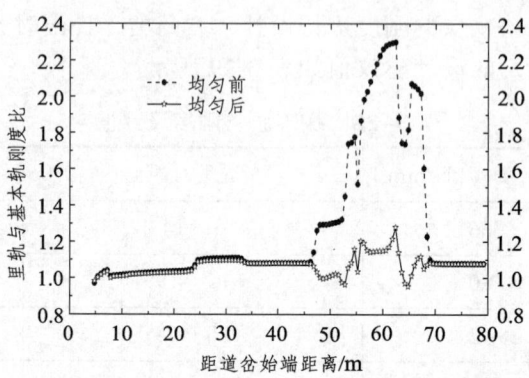

图 3-105　里轨与基本轨整体刚度之比变化

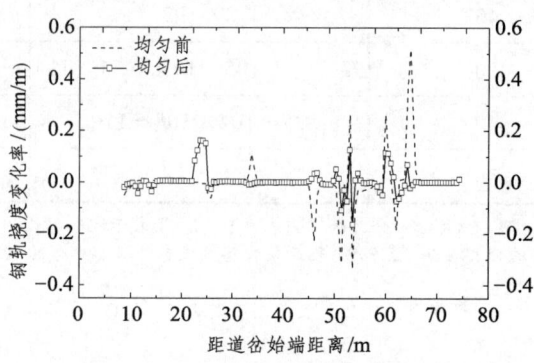

图 3-106　钢轨挠曲变化率分布

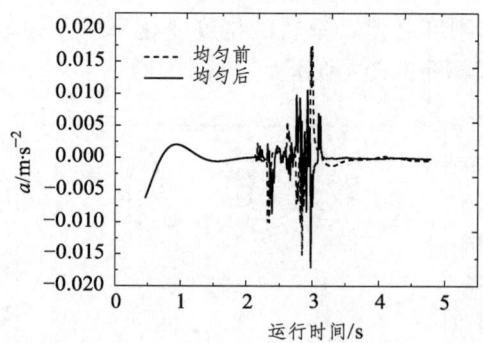

图 3-107　车体振动加速度变化

从图 3-104 至图 3-107 中可见：

（1）采取均匀化措施后，直基本轨的整体刚度沿线路纵向基本呈水平分布，各部位的整体刚度基本上保持在 93 kN/mm 左右，仅在辙叉中心区域有较小波动，最大整体刚度从均匀前的 199.5 kN/mm 降至均匀后的 111.1 kN/mm，里轨与基本轨最大整体刚度比从均匀前 2.29 降至均匀后的 1.28。

（2）均匀措施能有效降低钢轨挠度变化率，直向里轨钢轨挠度变化率从均匀前的 0.517 mm/m 降至均匀后的 0.125 mm/m，满足了 0.3 mm/m 的均匀化要求。

（3）采取刚度均匀化措施后，车体振动加速度、轮轨相互作用力及枕上压力的幅值降低，波动范围也减小；钢轨垂向位移增大，沿线路纵向变化趋于平缓。这表明，刚度均匀措施不仅提高了轨道系统的弹性，而且使刚度在纵向和横向保持均匀，能有效改善轮轨相互动力作用，提高列车运行舒适性，减小轨道结构振动强度。

5. 时速 350 km 18 号无砟道岔轨道刚度均匀化设置

同样，对时速 350 km 18 号无砟道岔每块板下橡胶垫层的刚度进行均匀化设计后，直股方向上道岔基本轨、里轨的整体刚度分布规律、里轨的挠度变化率分别如图 3-108、图 3-109 所示。

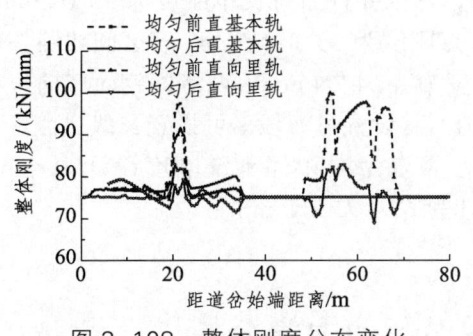

图 3-108 整体刚度分布变化

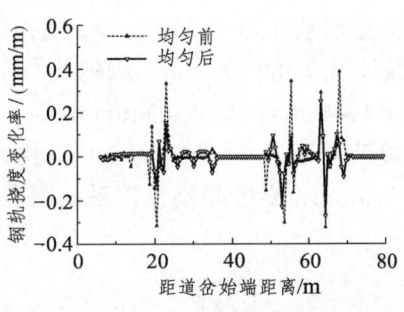

图 3-109 里轨挠度变化率分布

从图 3-108、图 3-109 中可见：

（1）采取均匀化措施后，直基本轨的整体刚度沿线路纵向基本呈水平分布，基各部位的整体刚度基本上保持在 75 kN/mm 左右，仅在辙叉中心区域有较小波动，最大整体刚度从均匀前的 100.2 kN/mm 降至均匀后的 82.9 kN/mm。

（2）均匀化处理后，轨道刚度动态不平顺大为降低，里轨与基本轨最大整体刚度比从均匀前 1.33 降至均匀后的 1.11。

（3）直向里轨钢轨挠度变化率最大值从均匀前的 0.35 mm/m 降至均匀后的 0.19 mm/m，满足了 0.3 mm/m 的均匀化要求。

侧股方向轨道刚度变化规律与直股方向相同，也在刚度均匀化处理后得到了明显改善。

五、道岔前后轨道刚度过渡段设计

道岔区扣件系统刚度及枕间距可能与区间线路不同,因此道岔前后与区间线路相连接部位也存在着轨道刚度的过渡区段,影响着列车进出道岔时的行车平稳性与舒适性。

轨道刚度过渡的动力学仿真分析表明:为减轻轮轨动力作用,道岔前后应设置轨道刚度过渡段,将轨下基础刚度差引起的钢轨挠度变化率应控制在 0.3 mm/m 以下;过渡段的设置长度应不小于 0.5 秒的走行距离,对于 250 km/h 高速道岔,应不短于 35 m,对于 350 km/h 高速道岔,应不短于 49 m;随着轨道刚度过渡级数的增加,轮轨各项动力学指标均会下降,但到 5~6 级以后下降趋势变缓,效果已不明显,因此轨道刚度过渡的级数不宜超过 5 级,道岔轨道刚度经均匀化处理后,可以只设 1~2 级轨道刚度过渡;在轨道刚度分级过渡方案中,刚度的级差可以不同,在低刚度区域,级差应取较小值,而在高刚度区域可适当加大。

以时速 250 km 18 号有砟道岔为例,岔区扣件系统支承刚度为 50 kN/mm,道床支承刚度为 100 kN/mm,则钢轨节点刚度为 33.3 kN/mm,若区间线路扣件系统刚度为 80 kN/mm,则钢轨节点刚度为 44.4 kN/mm;两者间钢轨竖向位移相差 0.44 mm,大于 0.3 mm/m 的容许值,需设置过渡段。可设置二级过渡,每级过渡段长度为 18 m(30 个枕跨),靠道岔端扣件系统刚度设计为 55~65 kN/mm,靠区间端扣件系统刚度设计为 65~75 kN/mm。

第五节 道岔不平顺动力学分析

轨道不平顺是轮轨系统的激扰源,是引起机车车辆振动和轮轨动力作用的主要原因,直接影响着行车的安全性、平稳性和舒适性。道岔是限制列车速度的关键设备,由于其本身结构的特点,轨道不平顺在岔区显得尤为复杂和突出,主要分为结构不平顺、动力不平顺、状态不平顺和几何不平顺。

在道岔转辙器和辙叉部分由于特殊的轮轨关系,导致车轮在两钢轨上过渡时,将产生不可避免的竖向及横向结构不平顺,如图 3-66、图 3-67 所示,需通过优化轮轨关系设计予以降低。

在道岔区内,因多根钢轨共同承载及帮轨作用、长岔枕及铁垫板的共同承载作用,导致岔区轨道整体刚度是不均匀分布的,如图 3-94、图 3-96 所示,这是引起岔区轮轨系统振动的动力不平顺，须通过轨道刚度的均匀化设计予以减缓。

在道岔的制造、运输、铺设过程中，由于制造公差及运输和铺设设备等原因致使道岔的实际状态与设计图纸有一定的差距，在使用过程中，常会出现各种类型的几何不平顺，如轨道高低、方向、轨距、水平、扭曲等，需要经常进行养护维修。

由于道岔中存在可动轨件，在转换过程中可能会因转换不到位而形成转换不足位移、组装误差导致尖轨与基本轨及心轨与翼轨不密贴、尖轨及心轨与滑床台有离缝、养护不及时而形成岔枕空吊、钢轨顶面异常磨损等状态不平顺，需要提高制造、组装、铺设精度及维修标准予以确保高速道岔的高平顺性。

以上这些不平顺的存在必将会影响到道岔的过岔速度、行车的平稳性和安全性，需要加以控制。

一、道岔状态不平顺现场调查

我国高速铁路建设之前，秦沈（秦皇岛—沈阳）客运专线是首条全部采用60kg/m 钢轨 18 号、38 号道岔的线路，而其他各提速干线以采用 12 号道岔为主，个别地方铺设有 18 号、30 号提速道岔，因此对秦沈客运专线道岔的使用状态进行调查，总结提速道岔的设计和养护维修经验，将有助于高速道岔的设计、制造与维护技术水平的提升。

秦沈客运专线于 2003 年 10 月 12 日正式开通运营，每天开行 19 对旅客列车，无货物列车通过，旅客列车速度为 160 km/h，运行机车为 25K、25T 两种。运营条件远不如我国主要提速干线恶劣，京沪等提速干线上旅客列车最高运行速度达 160 km/h，同时开行有重载货车，每天通过列车达 120 对以上，运行机车为 DF11、SS8 等。沈阳铁路局在接手秦沈客运专线后，工务及电务部门均对道岔进行了全面的整修，而秦沈客运专线道岔所出现的病害仍较提速干线上严重得多，养护维修工作量也大得多，这说明秦沈线道岔状态不良并不是由于列车速度高、轴重大、行车密度高、运量大等运营条件引起的，也不是由于养护维修经验不足引起的、更不是由于铺设原因直接超成的，而是由于对大号码道岔的设计经验不足和制造不精密等原因导致的。2005 年，高速道岔课题组对秦沈客运专线道岔进行全面调查，发现普遍存在着以下因素引起状态不平顺。

1. 尖轨及可动心轨存在严重的不足位移

尖轨和心轨后部（最后一牵引点与跟端间）的轨距普遍偏小），顶铁离缝严重，不密贴顶铁数量较多，最大轨距减小量为 6 mm，最后一牵引点处最大轨距减小量也达到了 5 mm，如图 3-110 所示。轨检车检查时为 II 级超限，若按 200 km/h 标准执行，则为 III 级超限，应进行紧急补修或限速运行。

图 3-110 尖轨不足位移

分析尖轨及心轨不足位移出现的机理，主要有以下几方面的原因：

（1）滑床台摩擦力较大，尖轨及心轨在转换过程中阻力大，不易转换到位。

（2）最后一个牵引点距离尖轨或心轨跟端太远，致使两点间横向弯曲曲率、弯曲矢度增大，从而导致轨距减小。

（3）牵引点处轨距减小的原因可能是刨切起始位置不对或刨切量不合适，同时又未在厂内对每组道岔的基本轨与尖轨、转辙器部分进行组装试铺，道岔出厂时即存在内部缺陷。

可采用以下措施：采用辊轮滑床台降低转换阻力、优化牵引点布置、提高轨件加工精度，在厂内对道岔进行逐组组装。

2. 滑床台离缝严重

道岔尖轨和心轨基本上处于空吊状态，如图 3-111 所示，最大缝隙达 2 mm 以上，远超过维修标准 0.5 mm 的要求。同时该部位又很难进行维修处理，通过捣固道床抬高岔枕，在保持了尖轨与滑床台的密贴后，基本轨又处于高低不平顺状态，在列车的动力冲击作用下岔枕又很快下沉，滑床台离缝又出现了。在维修中还采取了在滑床台下设置调高垫层，也无法解决这一病害。

图 3-111　滑床台离缝

滑床台离缝将增大列车对尖轨的冲击作用力，使尖轨跳动加剧，严重时会导致尖轨轧伤，同时对列车行车平稳性也极为不利。造成滑床台离缝的主要原因是长尖轨拱背，同时可能还有滑床台高度偏差较大、相邻岔枕顶面不在同一水平面上等原因。由于 AT 轨在扎制过程中不可避免地会存在残余应力，当尖轨刨切后，残余应力得到部分释放，从而导致尖轨拱弯。当尖轨淬火后，这一现象更为突出。

可采用以下措施：提高尖轨、心轨及滑床台板的加工精度、采用振动失效等措施释放尖轨及心轨中的残余应力、考虑尖轨、滑床台板、铁垫板的工差配合、在厂内进行预组装及调整，确保道岔出厂前不出现滑床台离缝现象。

3. **尖轨与基本轨不密贴，转辙器部位轨距偏大**

转辙器部位轨距普遍偏大，最大值达 4 mm，且现场难以调整，也难以保持，同时造成尖轨与基本轨不密贴。这是提速道岔中经常出现的技术问题，与转辙器部分道岔垫板与岔枕的连接方式无法调距有关，该部位的轨距只能依靠基本轨外侧的轨距块调整，调整范围十分有限，而同时该部位的轮轨横向作用力较大,轨距不易保持,现场特制了许多5号、15号轨距块仍不能满足调距要求。解决措施有:优化岔枕与铁垫板的连接方式,实现轨距块与垫板的双重调距功能,提高尖轨与基本轨的制造精度,在厂内进行预组装以消除尖轨与基本轨的不密贴现象。

4. 牵引点处岔枕空吊严重

因道岔牵引点和安装密贴检查器部位捣固困难,岔枕空吊严重,影响了行车平稳性及钢轨的受力。为解决这一问题,提速道岔初期曾采用了钢岔枕结构,但因扣件系统刚度较大,钢岔枕重量轻等原因,钢岔枕处振动剧烈,未取得预期效果。解决措施有:研制新型钢岔枕或在捣固中拆除转换杆件,将密贴检查器安装于岔枕上等。

此外,还有岔内焊接接头不平顺及矢弯、尖轨及心轨热处理跟端顶面磨耗严重、尖轨及心轨顶面肥边等问题。

二、道岔状态不平顺动力仿真分析

高速道岔制造、养护不当,也会出现类似于秦沈客运专线道岔的状态不平顺。运用列车道岔系统动力学理论,以时速350 km 18号道岔为例,动车组以350 km/h 直向过岔时,以上典型的道岔状态不平顺对岔区轮轨动力响应的影响如下所示:

1. 滑床台离缝对轮轨动力作用的影响

设尖轨第二牵引点、心轨第一牵引点处左侧滑床台板存在离缝,计算得动轮载、尖轨及心轨动应力、减载率、岔枕竖向振动加速度随滑床台离缝大小的变化如图3-112至图3-115所示。

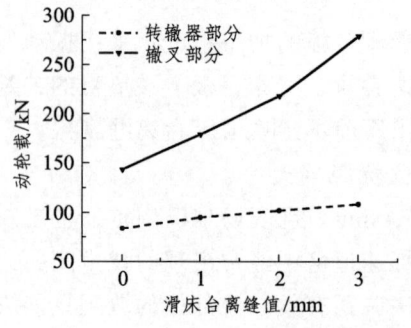 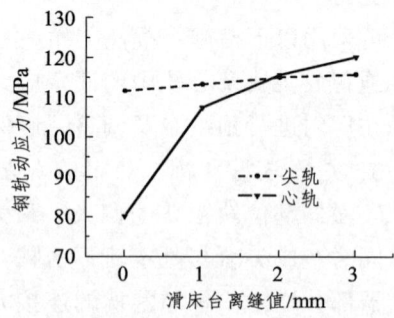

图3-112 动轮载随滑床台离缝的变化　　图3-113 钢轨动应力随滑床台离缝的变化

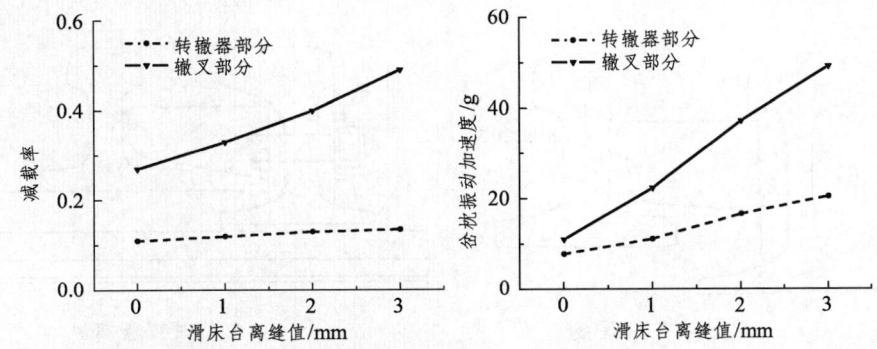

图 3-114 减载率随滑床台离缝的变化   图 3-115 岔枕振动加速度随滑床台离缝的变化

从图 3-112 至图 3-115 中可见，随着滑床台离缝的增大，转辙器及辙叉部分的动轮载、钢轨动应力、减载率、岔枕振动加速度均随之增大，且辙叉部分的动力响应的增长率远大于转辙器部分。同时，动力学仿真分析表明滑床台离缝对轮轨系统的竖向动力响应影响较大，对横向动力响应影响较小。不同部位的滑床台离缝以及多处离缝、不同离缝值的组合，对轮轨动力作用的影响是不一样的。

目前 200 km/h 道岔养护维修标准允许离缝值为 2 mm，不得连续出现，为了减缓滑床台离缝值对轮轨动力作用的影响，我国高速道岔制造技术条件中规定尖轨与滑床台、心轨与滑床台的缝隙应不大于 0.5 mm，且 0.5 mm 缝隙不应连续出现；高速道岔的铺设技术中规定尖轨与滑床台、心轨与滑床台的缝隙应不大于 1.0 mm，且 1.0 mm 缝隙不应连续出现。

2. 尖轨、心轨不密贴对轮轨动力作用的影响

尖轨和心轨的不密贴包括密贴段部分与基本轨、翼轨的不密贴，如图 3-116 所示；非密贴段部分与顶铁的不密贴，如图 3-117 所示。

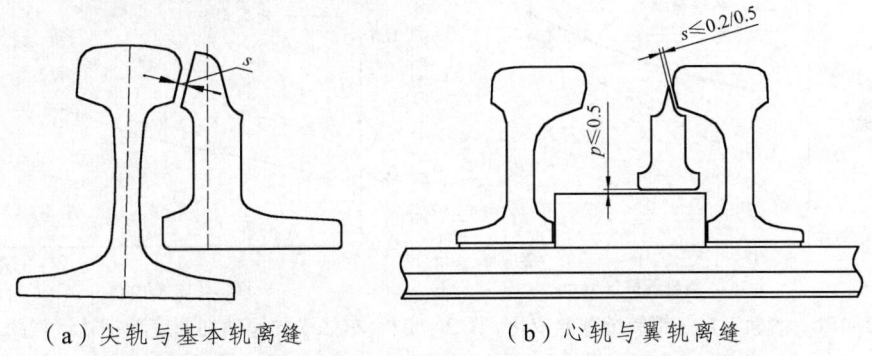

（a）尖轨与基本轨离缝　　　（b）心轨与翼轨离缝

图 3-116 尖轨与心轨的密贴段部分与基本轨、翼轨的不密贴

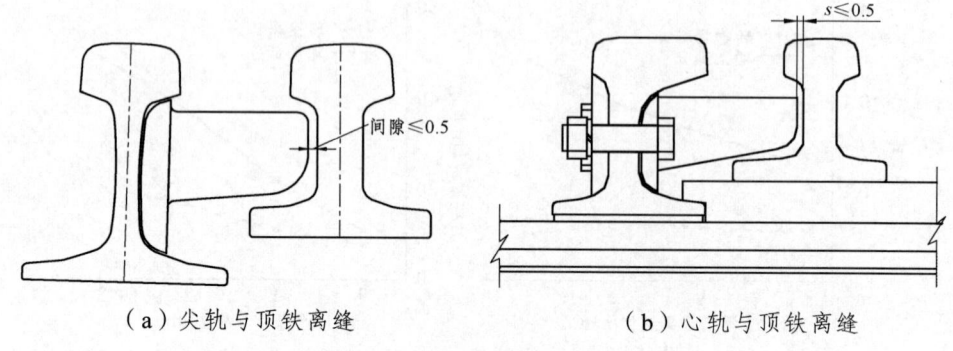

(a)尖轨与顶铁离缝　　　　　　(b)心轨与顶铁离缝

图 3-117　尖轨与心轨的密贴段部分与顶铁的不密贴

设尖轨第二牵引点处、心轨第一、二牵引点间与基本轨、翼轨存在缝隙，计算得动轮载、轮轨横向力、脱轨系数、车体横向振动加速度随钢轨缝隙大小的变化如图 3-118 至图 3-121 所示。

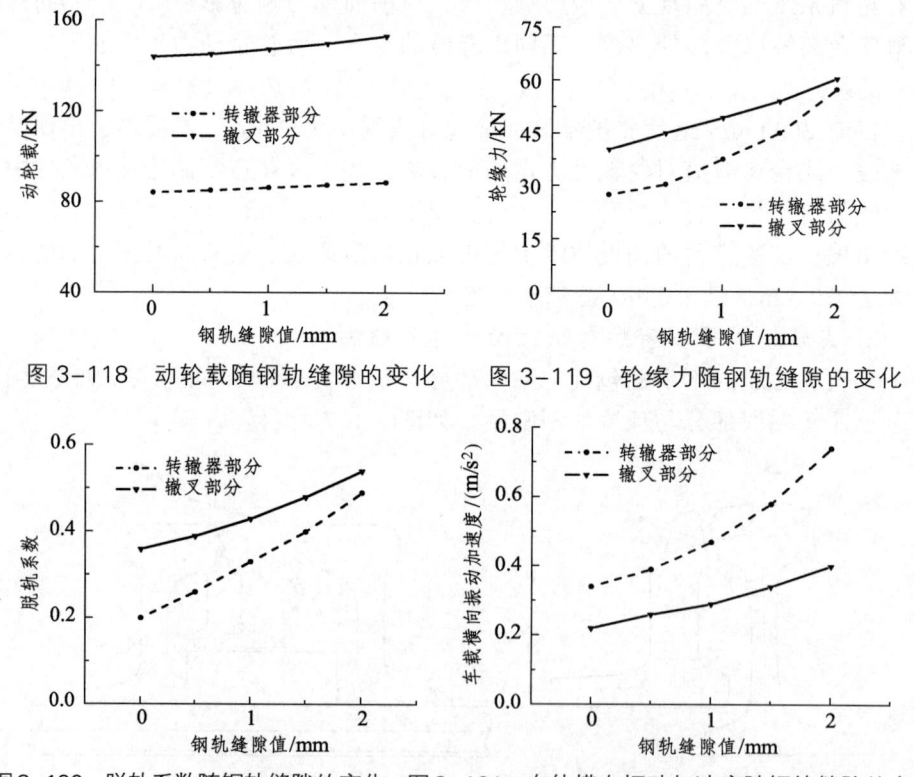

图 3-118　动轮载随钢轨缝隙的变化　　图 3-119　轮缘力随钢轨缝隙的变化

图 3-120　脱轨系数随钢轨缝隙的变化　图 3-121　车体横向振动加速度随钢轨缝隙的变化

从图 3-118 至图 3-121 中可见，随着尖轨与基本轨、心轨与翼轨间缝隙值的增大，动轮载、轮缘力、脱轨系数、车体横向振动加速度均随之增大，且转辙器部分动力响应的增加速率大于辙叉部分，同时，动力学仿真分析表明，钢轨间的离缝对轮轨系统的横向动力响应影响较大，而对竖向动力响应影响较小。

为了限制钢轨间缝隙过大影响行车安全性与平稳性，我国高速道岔制造技术中规定尖轨、心轨尖端至第一牵引点范围内不得大于 0.2 mm，其余部位不得大于 0.5 mm；铺设技术条件中规定尖轨、心轨尖端至第一牵引点范围内不得大于 0.5 mm，其余部位不得大于 1.0 mm。尖端容许值更小是为了避免尖端开口量过大而导致高速车轮与尖端相撞。

3. 转换不足位移对轮轨动力作用的影响

设尖轨最后一牵引点与跟端间、心轨最后一牵引点与跟端间存在因转换不足位移而导致的轨距减小，计算得动轮载、轮轨横向力、脱轨系数、车体横向振动加速度随转换不足位移大小的变化如图 3-122 至图 3-125 所示。

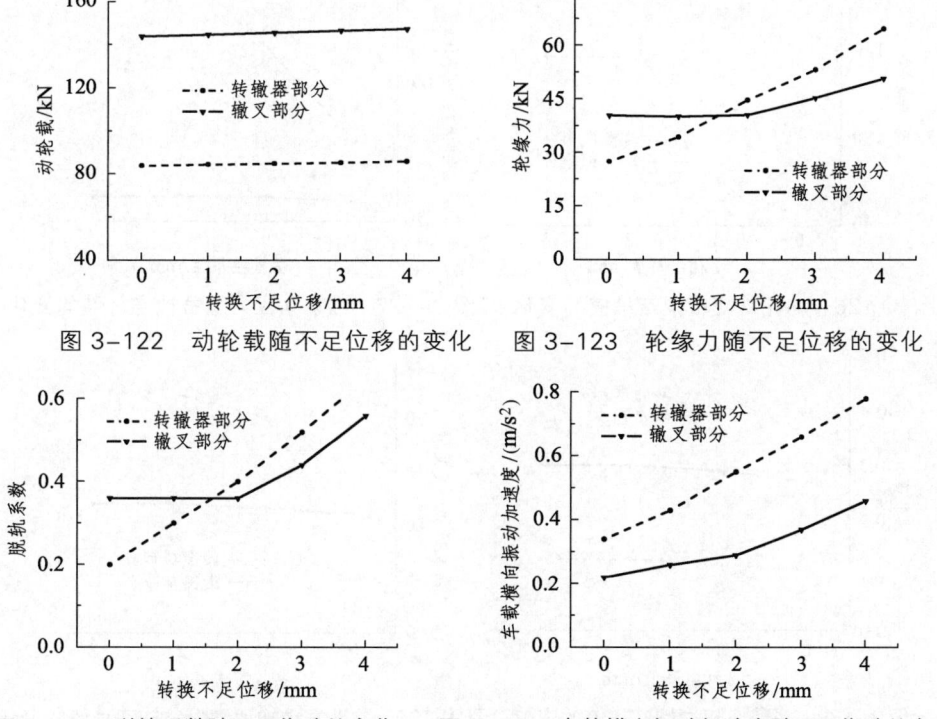

图 3-122 动轮载随不足位移的变化　　图 3-123 轮缘力随不足位移的变化

图 3-124 脱轨系数随不足位移的变化　　图 3-125 车体横向振动加速度随不足位移的变化

从图 3-122 至图图 3-125 中可见，转辙器部分动轮载、轮缘力、脱轨系数、车体横向振动加速度均随尖轨转换不足位移的增大而增大；正常情况下辙叉部分因轮缘与心轨的瞬间横向冲击发生在心轨第一、二牵引点间,当转换不足位移较小时,轮缘与牵引点后段心轨未发生轮缘贴靠,各项动力响应的最大值不随转换不足位移的变化而变化,而当转换不足位移较大时,轮缘将与不足位移区段的心轨发生贴靠,轮轨间的动力作用随心轨转换不足位移的增大而增大。动力学仿真分析表明,转换不足位移对轮轨横向动力作用影响较大。我国高速道岔铺设技术条件中规定轨距减小值不得大于 1 mm,维修技术条件中规定轨距减小值不得大于 2 mm。

4. 岔枕空吊对轮轨动力作用的影响

设尖轨第二牵引点、心轨第一牵引点处右侧岔枕空吊,计算得动轮载、尖轨及心轨动应力、减载率、岔枕竖向振动加速度随滑床台离缝大小的变化如图 3-126 至图 3-129 所示。

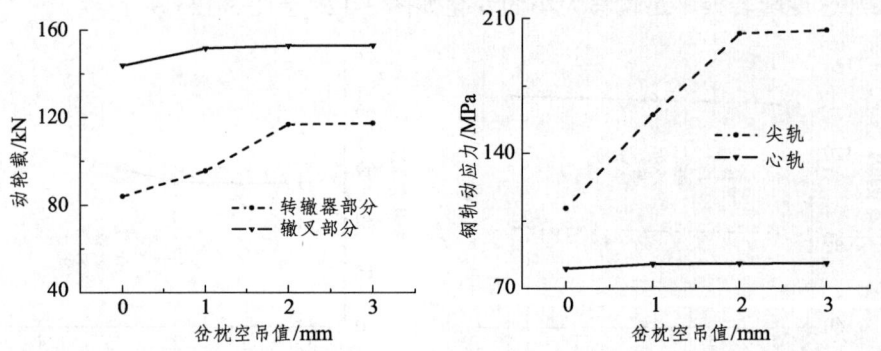

图 3-126 动轮载随岔枕空吊值的变化　　图 3-127 钢轨动应力随岔枕空吊值的变化

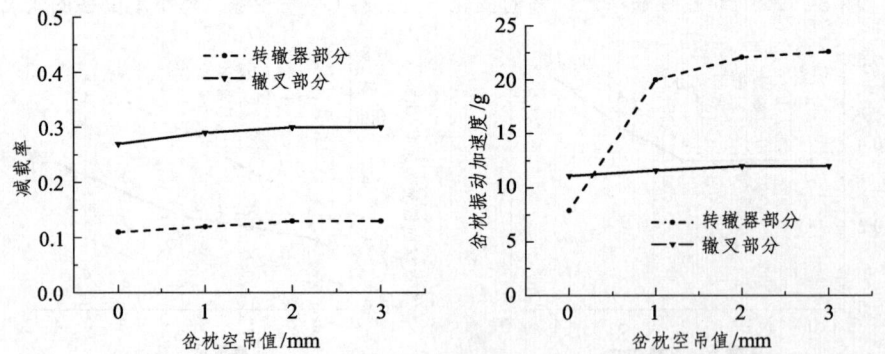

图 3-128 减载率随岔枕空吊值的变化　　图 3-129 岔枕振动加速度随岔枕空吊值的变化

从图 3-126 至图 3-129 中可见,在单根岔枕发生空吊的情况下,动轮载、钢轨动应力、减载率、岔枕振动加速度均随岔枕空吊的增大而增大,但当岔枕空吊值大于 2 mm 时，各项动力作用不再随空吊值的增大而增大，说明此时该岔枕已支承失效，列车荷载通过钢轨弯曲作用由两侧岔枕分担；因转辙器部分轨道框架刚度小于辙叉部分，岔枕空吊对转辙器部分轮轨动力作用的影响更为显著。当然，单根岔枕发生空吊的情况较少见，多数情况下是连续几根岔枕均有不同程度的空吊，此时对轮轨动力作用的影响更大。因此，对于有砟道岔，必须加强捣固，避免岔枕出现空吊现象。

由于现场道岔状态不平顺的类型、出现的位置与数量、不平顺的大小均是随机变化的，而且可能有多种状态不平顺同时存在，它们的共同作用将使岔区轮轨动力作用增大、行车平稳性与安全性降低，因此在高速道岔的养护维修中，一旦发现行车平稳性超限或钢轨损伤加剧，即使各项状态不平顺均在容许限度内，也应逐项进行整治。

三、轨道几何不平顺控制方法

（一）轨道几何不平顺的类型与描述

1. 轨道几何不平顺的类型

轨道几何不平顺的类型，可按它们对机车车辆激扰作用的方向、不平顺的波长或形状特征、显现记录时有无轮载作用等分类。

根据轨道几何不平顺对机车车辆在空间三维方向上的激扰作用，可分为垂向、横向以及垂向横向复合（简称复合）不平顺三类。垂向轨道不平顺包括：高低不平顺、水平不平顺、平面扭曲、轨面短波不平顺、新轨轨身垂向周期性不平顺等。横向轨道不平顺包括：方向不平顺、轨距偏差、轨身横向周期性不平顺。复合不平顺是指在轨道同一位置或在影响机车车辆系统性能的长度范围内，共同存在垂向和横向轨道不平顺，形成的双向不平顺或存在两个以上垂向或横向不平顺，形成的单向的叠加不平顺；对行车影响较大的主要有轨向与轨向逆相位复合不平顺、轨向与水平的逆相位复合不平顺、轨向与轨距的逆相位复合不平顺、水平与轨距的逆相位复合不平顺、高低与水平的逆相位复合不平顺、扭曲与水平的逆相位复合不平顺。

轨道几何不平顺是随机的，波长范围较广，0.01～200 m 波长的不平顺均常见。不同的波长对列车的平稳性的影响不同，按轨道不平顺波长特征可分为短波、中波和长波不平顺。波长 1 m 以下的轨面不平顺为短波不平顺，其幅值较小，多在 0.1～2 mm，主要为钢轨波纹或波浪磨耗、焊缝平顺度超标、钢轨不均匀磨耗、剥离掉块和轨枕间距不量等因素产生。波长 1～30 m 范围的轨道不平顺为中波不平顺，其幅值在 1～35 mm 不等，主要为钢轨扎制过程中形成的周期性成分和波浪形磨耗、道床路基的残余变形、道床密实度不均、各部件间隙不等、焊缝平顺度不达标、桥涵刚度变化等引起。波长 30～150 m 范围的轨道不平顺为长波不平顺，其幅值在 1～60 mm 不等，甚至更大，主要为路基工后不均沉降、路基施工高程偏差、线路纵断面不达标和桥梁动挠度等因素引起。更长的长波多为地形起伏、线路坡度变化等形成。

按轨道不平顺的波长特征，又可分为周期性和非周期性两种。周期性不平顺的特征是多波连续，基频波的波长相同，幅值具有随机性。非周期性不平顺的波长各不相同，无明显的基频波。

高速线路上应特别重视长波和短波不平顺的影响，由于列车自振频率为 1 Hz 左右，当列车以 350 km/h 运行时，波长为 80～120 m 的不平顺将引起列车的强烈谐振，因此应首先重视长波长不平顺的管理；同时当列车高速运行时，由于瞬间通过的距离长，其通过长度范围内存在的小轨面不平顺就会对车辆的簧下系统形成高频振动，相对影响就较大。目前有资料显示在工务人员添乘动车组检查时，通常会强烈感觉在列车运行中，车体出现频率振动高幅值较小的连续摇晃或车体的簧下系统发出吱吱嘎嘎的声响，这是因为轨面存在连续的短波不平顺引起的，这种短波不平顺主要表现为：小轨面不良、焊缝不平顺、轨道结构质量不均衡，存在如空吊、暗坑、轨距挡板离缝、钢轨波浪形磨耗、短距离高低、调高垫板使用量不均等病害。

按轨道不平顺形状特征可分为余弦形不平顺、正弦形不平顺、抛物线形不平顺、凸台形、三角形不平顺、S 形不平顺等。

按轨道不平顺显现时有无轮载作用，可分为动态轨道不平顺和静态轨道不平顺两类。无轮载作用时，人工或轻型测量小车测得的不平顺通常称为静态不平顺。无轮载作用时，由于具有一定的刚度，在较短的距离内钢轨、轨枕不会紧随道床的不均匀残余变形和暗坑等产生弯曲。因此，静态轨道不平顺不能反映暗坑吊板和弹性不均匀等形成的不平顺，只能部分反映道床、路基不均匀残余变形累积形成的不平顺。

用轨检车测得的在列车车轮荷载作用下才完全显现出来的轨道不平顺通常称为动态不平顺。真正对行车安全、轮轨作用力、车辆振动产生实际影响的轨道不平顺是动态不平顺。因此，各国轨道不平顺的各种控制及维修管理标准，尤其是安全管理标准，大多是控制动态不平顺值。

一般情况下，同一地段动态不平顺与静态不平顺的波形往往有较大的差异，动、静态不平顺的幅值不存在一一对应的函数关系，一个静态值可能对应一组动态值，一个动态值也可能对应一组静态值。暗坑、吊板越多，不良扣件越多，道床密实度越不均匀，差异越大。动态不平顺的幅值越大，静、动态之间的差异也越大。新线铺轨或大修、维修作业刚完工时,动态不平顺与静态不平顺的差异较小,起道捣固、拨道作业的质量越好越均匀,两者的差异较小。高平顺的高速轨道,动、静态之间的差异较一般轨道上的差异小。不同轨道结构、不同种类的轨道不平顺,动、静态幅值之间的差异和相互关系各不相同。无砟轨道动、静态之间的差异很小。在一定置信度的条件下,求出相互对应的最大可能值,可以绘制出静、动态不平顺的统计关系曲线。

2. 轨道几何不平顺的描述

轨道不平顺的形成和发展是很多带有随机性的因素共同作用的结果。这些因素包括:钢轨的初始平直性,线路施工高程偏差,路基的不均匀沉降,道床、路基的不均匀残余变形积累,机车车辆时刻变化的动力作用,以及雨雪、气温等自然环境因素。因此,各种轨道不平顺都具有随机性。

实际存在的轨道不平顺都是经常变化,很不规则的。不同位置轨道不平顺的幅值和波长都各不相同。轨道不平顺波形不是单一规则的简谐波、三角波或抛物线形波,而是由许多无法预知的不同频率、不同幅值、不同相位的简谐波叠加而成的复杂的随机波。从本质上讲,轨道不平顺是一个随机过程,是里程位置的随机函数,任一特定区段的轨道不平顺可看成随机过程的一个样本。

轨道不平顺的随机性特征决定了对轨道不平顺的描述不能用一个明确的数学表达式来表示,而只能用随机振动理论中描述随机数据的"均方差"、"方差"和"功率谱密度函数"等统计函数来表达轨道不平顺的特征,从时域、频域、幅值域等几方面对轨道不平顺的幅值特性、波长结构以及是否包含周期性波形等作全面的描述,如京津高速铁路轨道高低不平顺谱如图 3-130 所示,其中 1.4 m 及 2.8 m 为钢轨轧制过程中的原始不平顺,6.5 m 为预制轨道板长,32 m 为简支梁长。

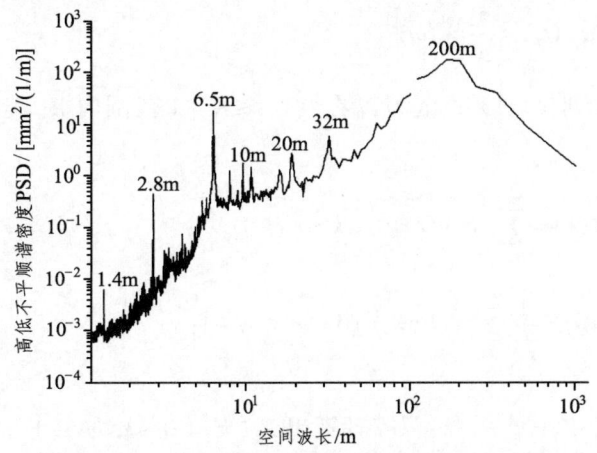

图 3-130 京津高速铁路轨道高低不平顺谱

（二）轨道几何不平顺控制方法与标准

我国轨道静态平顺性控制指标有平面偏差、高程偏差、高低、方向、水平、轨距、扭曲和轨距变化率，其中轨道高低和方向是控制轨道平顺性中最重要的两个指标，目前我国高速铁路主要是通过 10 m 弦的正矢差、30 m（48 个轨枕间距）弦长相隔为 5 m（8 个轨枕间距）的测点的实际矢高差与设计矢高差的差值、300 m（480 个轨枕间距）弦长相隔为 150 m（240 个轨枕间距）的测点的实际矢高差与设计矢高差的差值来进行控制。

1. 周期图法对轨道不平顺性控制标准的评判理论

在实际工程中，对轨道不平顺特征的统计通常采用功率谱的形式。功率谱密度函数（或称自谱密度函数）是通过均方值的谱密度来对随机数据频率结构进行描述，它是研究随机振动频率成分的统计含量、给定环境条件、描述轨道不平顺统计特征的最重要的统计函数。功率谱估计方法有多种，按照谱估计技术的发展过程及其特点，这些方法分为两类，较早出现的 BT 法和周期图法称为传统的谱估计方法，最大熵法及以后出现的多种高精度谱估计法称为现代谱估计法。下面采用周期图法对轨道不平顺性各种控制标准的优劣进行评判。

对于采样频率为 1、均值为零（$E(X)=0$）的实平稳随机信号 X 的一个样本的 N 数据点 $x(n)(n=0,1,2,\cdots N-1)$。傅里叶变换为

$$X(\omega) = \sum_{n=0}^{N-1} x(n)e^{-i\omega n} \tag{3-132}$$

周期图谱估计公式为

$$I_N(\omega) = \frac{1}{N}|X(\omega)|^2 \tag{3-133}$$

设有限长序列 $x(n)$ 长度为 N 在 $0 \leq n \leq N-1$ 范围内），其离散傅里叶正、逆变换为

$$X(k) = \sum_{n=0}^{N-1} x(n)W^{nk} \quad (0 \leq k \leq N-1) \tag{3-134a}$$

$$x(n) = \frac{1}{N}\sum_{k=0}^{N-1} X(k)W^{-nk} \quad (0 \leq n \leq N-1) \tag{3-134b}$$

式（3-134）中，$W = e^{-j\left(\frac{2\pi}{N}\right)}$，只需计算出 $X(k)$（$0 \leq k \leq N-1$），即可计算出有限长序列 $x(n)$ 的功率谱估计值。

2. 隔枕校核控制下的轨道不平顺谱分析

设轨枕间距为 0.625 m，样本数据点 $N = 1\,000$，当相隔 5 m（8 根轨枕）的两实测点的高程偏差、平面偏差的差值控制在 2 mm 及 4 mm 以内，高程和平面的绝对偏差控制在 10 mm 以内时，轨道不平顺谱密度的最大值如图 3-131 所示。

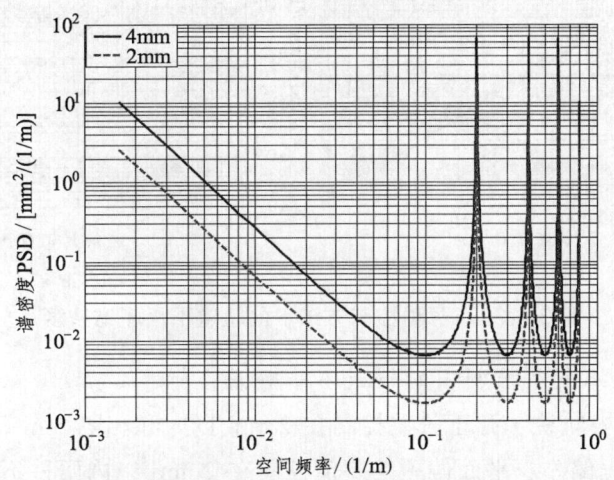

图 3-131　不同偏差下相隔 8 根轨枕校核的轨道不平顺谱密度

从图 3-131 中可知：当相隔八根轨枕校核来控制高程偏差、平面偏差的差值时，轨道不平顺谱密度都得到了一定程度的控制，特别在波长为 10 m 附近有较明显的凹形峰，这说明波长为 10 m 附近的轨道不平顺得到了较好的控制，且在波长大于 10 m 以后无明显的凸形峰，但是在波长为 5 m、2.5 m、1.7 m、1.25 m 附近出现了四个凸形峰，这说明波长为 5 m 以下的不平顺没有得到明显的控制。同时，控制的幅值越小对应的轨道不平顺谱密度越小，说明为实现轨道的高平顺性，应首先控制不平顺的幅值。随着轨道不平顺波长的增加，轨道不平顺的谱密度越来越大，说明相隔八根轨枕校核的控制效果越来越差。

缩短校核轨枕的间距，可以有效地控制短波不平顺，但此时长波长处的谱密度将增大许多，需要通过减小控制幅值的办法来控制长波不平顺，如图 3-132（a）所示。为使相隔一根轨枕校核的长波长谱密度与相隔八根轨枕校核、控制幅值 2 mm 时的长波长谱密度相当，需将相邻枕的不平顺差值幅值控制在 0.3 mm 以内才能实现，但在实际中邻枕间的不平顺差值要控制在 0.3 mm 以内是很不经济和极难实现的。为此，可采用两种间隔的校核方法相结合，如图 3-132（b）中的相隔一根轨枕、控制幅值 1 mm 与相隔八根轨枕、控制幅值 2 mm 两种方法,前一种方法控制 5 m 以下的短波长不平顺,后一种方法控制 5 m 以上的长波长不平顺。

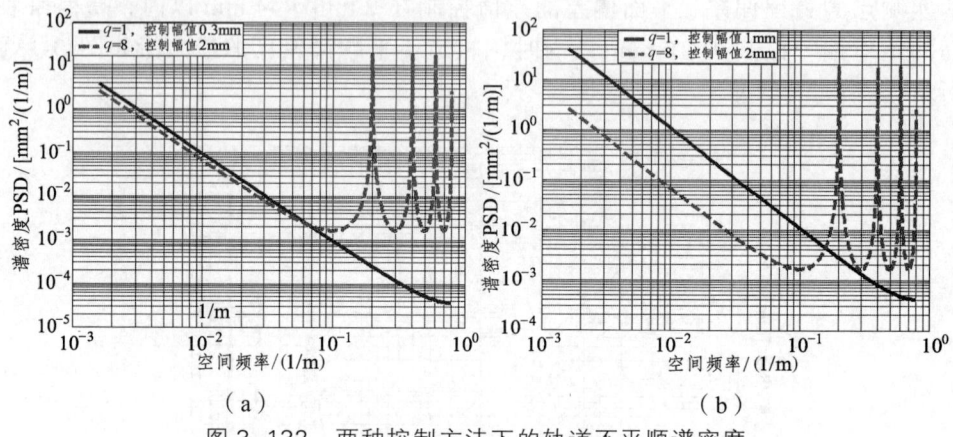

(a)　　　　　　　　　　　　(b)

图 3-132　两种控制方法下的轨道不平顺谱密度

3. 10 m 弦正矢差控制下的轨道不平顺谱分析

10 m(16 根轨枕)弦正矢差控制在 2 mm 以内和相隔 5 m(8 根轨枕)的两实测点的高程偏差、平面偏差的差值控制在 2 mm 以内两种不平顺控制方法的轨道不平顺谱密度比较如图 3-133 所示。

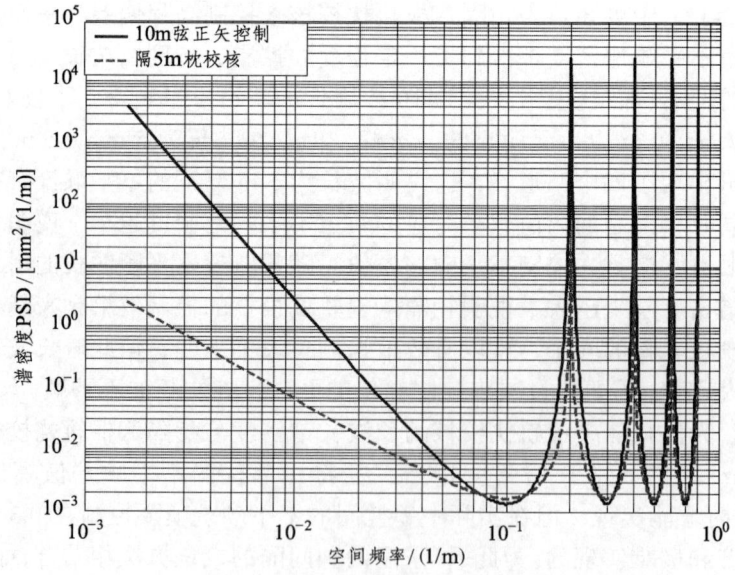

图 3-133　10 m 弦正矢差控制的轨道不平顺谱密度

从图 3-133 中可见,相隔 5 m 校核方法对于长波和短波不平顺的控制效果均要优于 10 m 弦正矢差控制,为了达到与相隔 5 m 校核相同的控制效果,10 m 弦正矢差标准应小于 2 mm。两种控制方法的最佳控制波长均为 10 m,对于 5 m、2.5 m、1.7 m、1.25 m 的短波长控制效果均较差,对于大于 10 m 的长波不平顺,随着波长增加,两种方法的控制效果均越来越差,相比较,10 弦正矢差控制方法效果更差。可见,采用弦长正矢差对轨道不平顺进行控制时,其效果没有隔枕校核控制好,且其计算比隔枕校核复杂,对于能利用轨道几何状态测量仪检测线路轨道不平顺的线路,建议采用隔枕校核的办法取代过去长期使用的通过弦长正矢差控制轨道不平顺的办法。

4. 30 m 弦相隔 5 m 校核控制下的轨道不平顺谱分析

德国高铁在建设中提出了以 30 m 弦相隔 5 m、300 m 弦相隔为 150 m 校核测点的实际矢高差与设计矢高差的差值来控制中波不平顺和长波不平顺,我国高速铁路建设中也引入了这一控制方法。30 m 弦 5 m 校核与相隔 5 m 校核值均控制在 2 mm 时的轨道不平顺谱密度比较如图 3-134 所示。

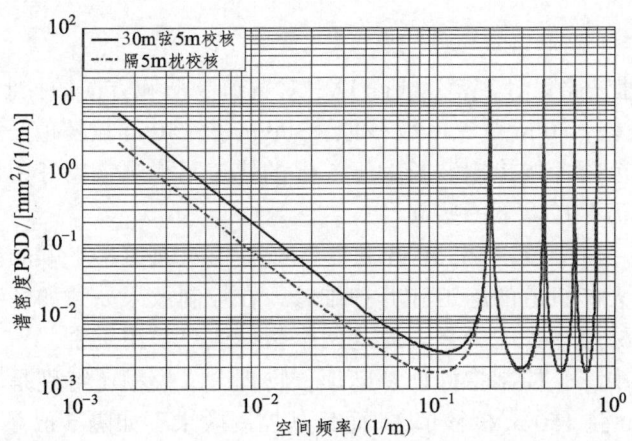

图 3-134 30 m 弦 5 m 校核控制的轨道不平顺谱密度

从图 3-134 可知,30 m 弦 5 m 校核的控制效果在长波和短波上都不及隔 5 m 枕校核的控制效果。由于 30 m 弦 5 m 校核值计算麻烦,物理含义模糊,现场很多技术人员都不能理解,而直接采用隔 5 m 枕校核计算简单,明确易懂,且其控制效果更优,因此建议以相隔 5 m 枕校核对轨道中波不平顺进行控制。

5. 300 m 弦相隔 150 m 校核控制下的轨道不平顺谱分析

同样,300 m 弦 150 m 校核与相隔 150 m 校核值均控制在 10 mm 时的轨道不平顺谱密度比较如图 3-135 所示。从图中可知，300 m 弦 150 m 校核的控制效果在 300 m 长波附近的控制效果远不及相隔 150 m 校核的控制效果；同样，应将相隔 150 m 枕校核对轨道长波不平顺进行控制，而不宜直接采用德国高铁的方法。

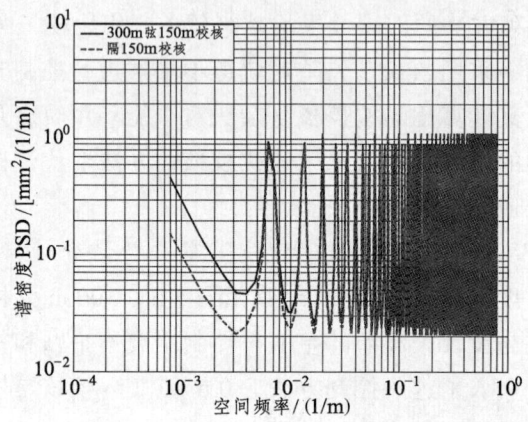

图 3-135　300 m 弦 150 m 校核控制的轨道不平顺谱密度

6. 轨道不平顺控制方法建议

我国《高速铁路设计规范（试行）》中对轨道高低和方向的控制指标有三个：10 m 弦的正矢差，30 m 弦 5 m 校核值，300 m 弦 150 m 校核值。通过上述分析可知采用这三个指标能控制波长大于 5 m 的轨道不平顺，较好地保证了轨道的平顺状态。但仍存在以下一些问题：

（1）10 m 弦的正矢差和 30 m 弦 5 m 校核值对轨道不平顺的控制效果是一致的，为方便无砟轨道的施工和养护维修，在控制效果一致的情况下，轨道不平顺的控制指标应尽可能少，因此这两个指标应只采用一个。

（2）规范中三个控制指标计算麻烦，物理含义模糊（特别是 30 m 弦 5 m 校核值、300 m 弦 150 m 校核值），而且其控制效果不如隔 5 m 校核和隔 150 m 校核好。

（3）对于波长小于 5 m 的轨道不平顺没有得到有效的控制。

因此，建议我国高速铁路轨道高低和方向的控制指标采用以下方法进行控制：相隔 1 枕校核值≤1 mm、相隔 8 枕校核值≤2 mm、相隔 240 枕校核值≤10 mm。分别用于控制轨道短波、中波、长波不平顺。建议的控制方法与规范要求的控制方法的轨道不平顺谱比较如图 3-136 所示，各种波长情况下的控制效果明显优于规范建议的方法。

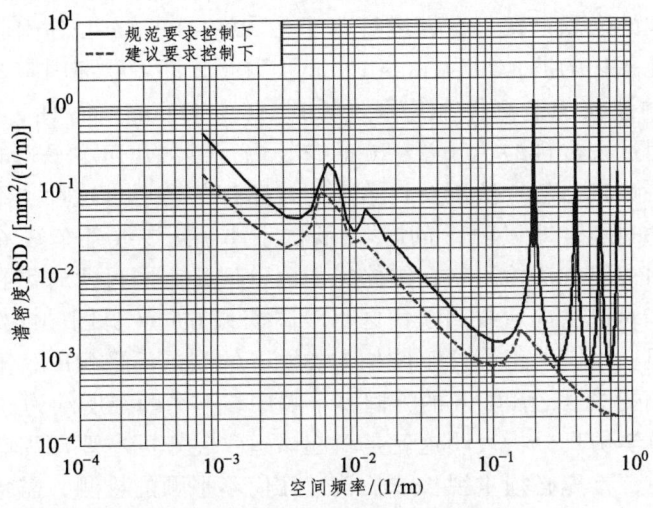

图 3-136 两种控制方法的轨道不平顺谱密度

考虑到对轨道不平顺的控制效果、实践的可行性以及我国现有道岔区几何尺寸静态验收标准,建议我国高速铁路道岔几何尺寸静态验收标准如表 3-40 所示。

表 3-40 高速道岔几何尺寸静态验收标准建议值

限 值	高低 (mm)	方向 (mm)	水平 (mm)	扭曲(三角坑) (mm)	轨距 (mm)	轨距变化率
道岔几何尺寸静态验收标准建议值	2	2	1	2 测量基线长 3 m	±1	1/1 500
	相隔 8 枕校核值					
	1	1				
	相隔 1 枕校核值					
	10	10				
	相隔 240 枕校核值					

四、高速道岔几何不平顺的控制[41]

高速道岔在养护维修过程中应重点控制以下几种轨道不平顺。

1. 长波长不平顺控制

轨道不平顺是引起机车车辆产生振动、轮轨噪声、动作用力的主要原因,对行车平稳舒适性及行车安全都有重要影响,在高速行车条件下影响更大。高速车辆车体的自振频率多在 1 Hz 左右,与车体自振频率一致或接近的不平顺,将会引起车体的强烈谐振,车辆运行速度在 300~350 km/h 易引起车体谐振,此时使舒适性恶化的波长约为 80~100 m,因此,许多欧洲国家要求把高速铁路轨道不平顺波长的监测控制范围延长到 80~100 m。而 18 号道岔全长仅 69 m,若采用过去常规的 10 m 或 20 m 弦长进行道岔几何不平顺的检测,是无法控制其不平顺状态的。法国及日本高速铁路都曾遭遇过这种"不明原因"的车辆大幅振动问题,即"1 Hz 问题"。我国京津客运专线某车站 6 号道岔各项几何尺寸采用常规方法检测均在维修标准内,但是直向过岔时仍有晃车现象,采用轨检小车对道岔前后线路及岔区直股高低和方向(见图 3-137)不平顺进行检测后发现,该道岔正好位于波长为 80 m 的高低不平顺中,不平顺幅度约为 4 mm;还位于波长为 82 m 的方向不平顺中,不平顺幅度约为 5.5 mm,列车道岔系统动力学仿真分析表明这就是引起该道岔晃车的主要原因。因此,在高速道岔维修中,首先必须重视长波长轨道几何不平顺的检测,需将道岔及其前后各 200 m 以上的区间线路视为一个检测单元,来检测长波长情况下道岔的几何状态;其次,应采用轨检小车、激光测试系统等先进的检测手段,才能得到长波长轨道几何不平顺的正确量值,才能有针对性地对道岔几何不平顺进行维修控制。

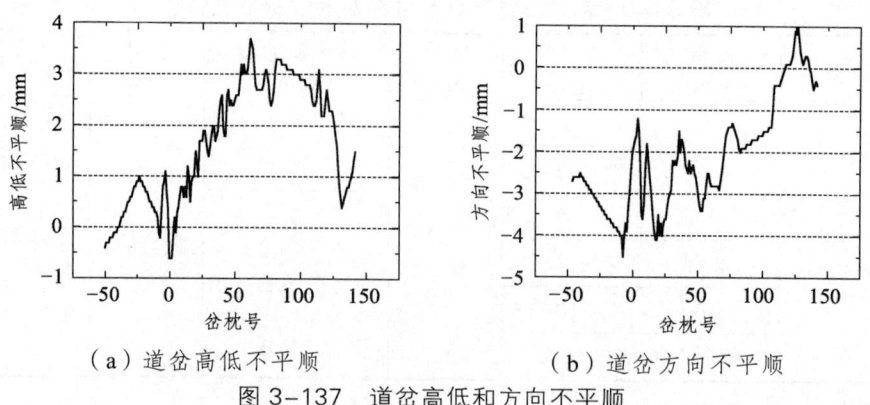

(a)道岔高低不平顺　　　　　(b)道岔方向不平顺

图 3-137　道岔高低和方向不平顺

2. 短波长不平顺控制

高速行车条件下,幅值微小的轨面不平顺也可能引起轮轨强烈的冲击振动,产生很大的轮轨作用力,以 0.1 mm 低凹焊缝为例,轮轨动力学研究表明:列车速度越高,各项动力学指数大致呈单调上升趋势,且增大速度较快,时速 160 km 的列车轮轨作用力约为 206 kN,而时速 300 km 列车轮轨作用力就已达到了 490 kN。波长短于 2 m 的焊缝不平顺、轨面剥离、擦伤、波形磨耗等各种微小的轨面短波不平顺都有发展形成更大的严重不平顺、恶化轨道几何状态的重要根源，轨面短波不平顺引起的巨大轮轨作用力，还可能引发钢轨、车轮断裂，导致轮轨减载率下降，乃至恶性脱轨事故，在高速条件下，轨面短波不平顺还将引起很大的轮轨噪声。在高速道岔研发过程中，曾进行了多次的现场实车动测试验，以胶济线客运专线道岔动测试验为例，当尖轨跟端焊接不平顺幅在 0.2 mm/m 范围内，动车组以 250 km/h 的速度直向过岔时，减载率不超过 0.3，而当尖轨跟端焊接不平顺达到 0.7 mm/m 时，在高速行车条件下，减载率已超过了 0.6 的安全限度（见图 3-138）。因此，在高速道岔的养护维修过程中，应重视钢轨焊接和接头打磨工作，严格控制钢轨焊接接头的打磨质量，同样，对其他的轨面短波不平顺也应予以充分重视。

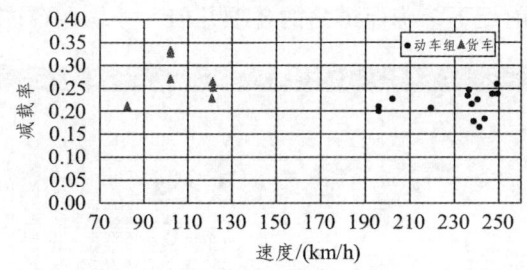

（a）焊缝不平顺为 0.2 mm/m

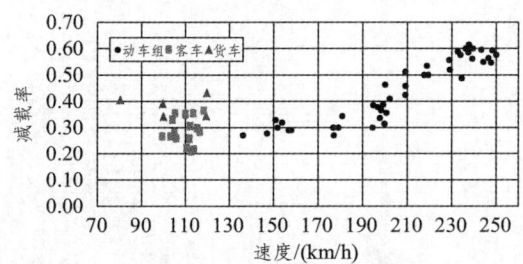

（b）焊缝不平顺为 0.7 mm/m

图 3-138 岔区焊缝不平顺处的减载率

3. 道岔几何状态精细调整

国外高速铁路（如德国）十分重视道岔几何状态的静态检测和调整，在高速无砟道岔铺设和维护中首先以带棱镜的轨检小车在 CPⅢ 网中对道岔直侧股的高低、方向、轨距、水平等几何状态进行检测，然后根据测量数据对道岔的几何状态进行调整，并不断重复直到满足一定的验收标准来保证高速道岔的平顺性。由于道岔结构决定了在转辙器区和辙叉区直、侧股钢轨是相互影响的（转辙区内直基本轨与曲尖轨连接、直尖轨与曲基本轨连接、辙叉区曲导轨与直导轨连接），若只通过专业的工程技术人员凭借自身的经验进行调整，不但效率低，而且不能快速保证整个道岔系统的几何状态达到相关技术标准的要求，因此德国道岔几何状态调整采取了直侧股分开调整的方法。以高程偏差、平面偏差、高低不平顺和方向不平顺作为控制基准轨空间绝对坐标的基本元素，并以水平、轨距、平面扭曲、轨距变化来控制同股轨道另一钢轨的几何状态，为得到道岔区内各测点的高低、方向的调整值，先调整基准轨高低、方向使基准轨高程偏差、平面偏差及高低方向不平顺变化率达到设定的检验标准，在保证基准轨精度后，通过调整本股道的另一钢轨的高低、方向使本股轨道的水平、轨距、平面扭曲和轨距变化达到检验标准要求。基于上述道岔几何状态调整方法，我国自主开发了高速道岔几何尺寸调整软件 ATGS，如图 3-139 所示，借助该软件，可在最小的调整工作量前提下，确保道岔的各项几何尺寸均在容许限度内。

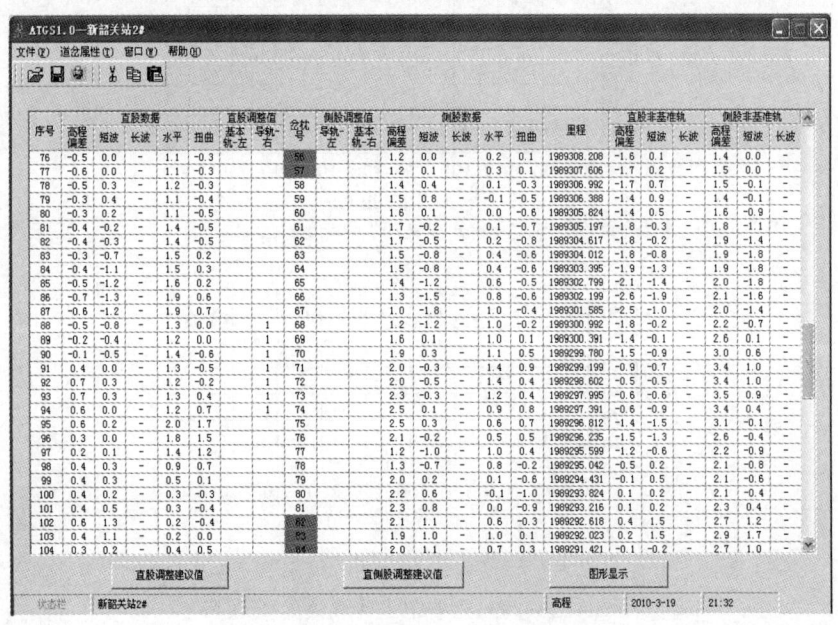

图 3-139 道岔几何尺寸调整软件

4. 转换不足位移控制

道岔转辙器部分最后一牵引点距离尖轨跟端通常有 5~8 m，在滑床台摩擦力作用下，此部分尖轨不容易转换到位，称为"转换不足位移"，造成该处轨距减小，与顶铁离缝，也将影响高速列车的运行平稳性。计算分析表明：滑床台摩擦系数越低，牵引点距离尖轨跟端越近，转换不足位移越小。因此当该不足位移超过容许限值时，应考察高速道岔中辊轮滑床台是否在尖轨转换过程中起到了由滑动摩擦转变为滚动摩擦的作用，否则就应将辊轮调高至适当的位置；

还应考察该部分尖轨是否发生了矢弯变形，若存在这种变形，就需进行顶弯矫直或更换尖轨；在转换阻力不超限的情况下，还可从设计上优化牵引点位置或尖轨跟端位置，以缩短最后一牵引点距离尖轨跟端的自由段长度，或者在两者间增加一牵引点，或设置差动杆。

5. 尖轨跟端"碎弯"控制

高速道岔均为无缝道岔，为控制尖轨的伸缩位移不超过电务锁闭机构的容许位移，避免发生转换卡阻现象，尖轨跟端均设置有一定数量的间隔铁或限位器，可将道岔里轨的部分温度力传递至基本轨上，并限制尖轨的伸缩位移。提速无缝道岔的使用表明，尖轨跟端处容易形成"碎弯"，如图 3-140 所示，从而影响列车过岔时的平稳性。造成"碎弯"的主要原因有：

图 3-140　道岔跟端"碎弯"

① 无缝道岔中温度力过大，导致传力部件受力过大；
② 道岔里轨扣件松弛或辙叉产生了较大纵向爬行，导致里轨伸缩位移过大；
③ 道岔侧股未焊连，导致尖轨跟端处直侧股钢轨伸缩位移相差太大；
④ 间隔铁尺寸偏差过大，里轨伸缩时产生楔形作用；
⑤ 限位器子母子块贴靠面不吻合，发生线接触而产生扭转等。

针对不同的原因，可采取不同的整治措施：进行道岔温度力放散；拧紧钢轨扣件，强化辙叉跟端间隔铁结构，加强道岔尾端防爬能力；侧股焊连长度不短于 75 m；打磨间隔铁使之与两钢轨轨腰空间相吻合；打磨限位器子母块贴靠面。此外，因高速道岔锁闭机构进行了结构优化设计，容许尖轨伸缩位移已提高至 25 mm，当尖轨尖端伸缩位移小于该数值时，可取消跟端间隔铁或限位器的传力作用。

第六节　道岔动力学仿真评估与试验验证

过去，道岔新产品从研发到定型一般要经历研究、设计、试制、试铺、试验、推广、改进、定型等多个环节和较长的周期，其容许通过速度也是通过逐级提速试验而确定的，不但耗时长，耗费大量的人力、物力，而且道岔病害较多，养护维修工作量大。为了改变这一局面，西南交通大学从1996年即开始致力于列车道岔系统动力学的研究，经过十多年的发展，已基于道岔区轮轨系统动力学理论建立了一套系统完善的道岔动力学仿真评估技术体系，包括仿真模型、求解方法、计算参数、评估指标等。

道岔动力学仿真评估实际上就是采用计算机数值模拟列车过岔时的动力学行为及其对道岔结构的动力作用。与其他行业一样，仿真系统是支持研究各类复杂大系统全生命周期的必要手段，预估其安全性的有效工具，目前数值模拟计算目前已经与理论分析、试验研究成为道岔领域科学技术探索研究的三个相互依存、不可缺少的手段。

道岔动力学仿真评估技术在道岔研制中可以起到以下几方面的作用：预估列车过岔安全性与平稳性，代替逐级提速试验确定容许过岔速度；发现道岔结构的薄弱环节，提供结构强化建议；指导道岔轮轨关系、轨道刚度及关键结构部件的设计；指导道岔制造、组装、铺设及养护维修技术标准的制订；指导道岔试验方案的制订及试验方法的研究；分析道岔病害及列车晃车原因，提供整治方案等。推动着我国道岔从"几何＋经验"的静态设计方法迈上了动力设计的新阶段，同时也大幅度缩短了道岔新产品的研发周期，全面提升了道岔结构的可靠性与安全性。[71-74]

一、时速350 km 18号高速道岔动力仿真评估

1. 直向过岔动力仿真

CRH2动车组以385 km/h（检算速度为设计速度加10%）直向通过时速350 km/h 18号无砟道岔时，各项动力响应如图3-141所示，道岔平面线形、轮轨关系、轨道刚度按设计图取值，按铺设技术条件考虑各种缝隙的状态不平顺及几何不平顺。图中横坐标表示车轮始端的距离。

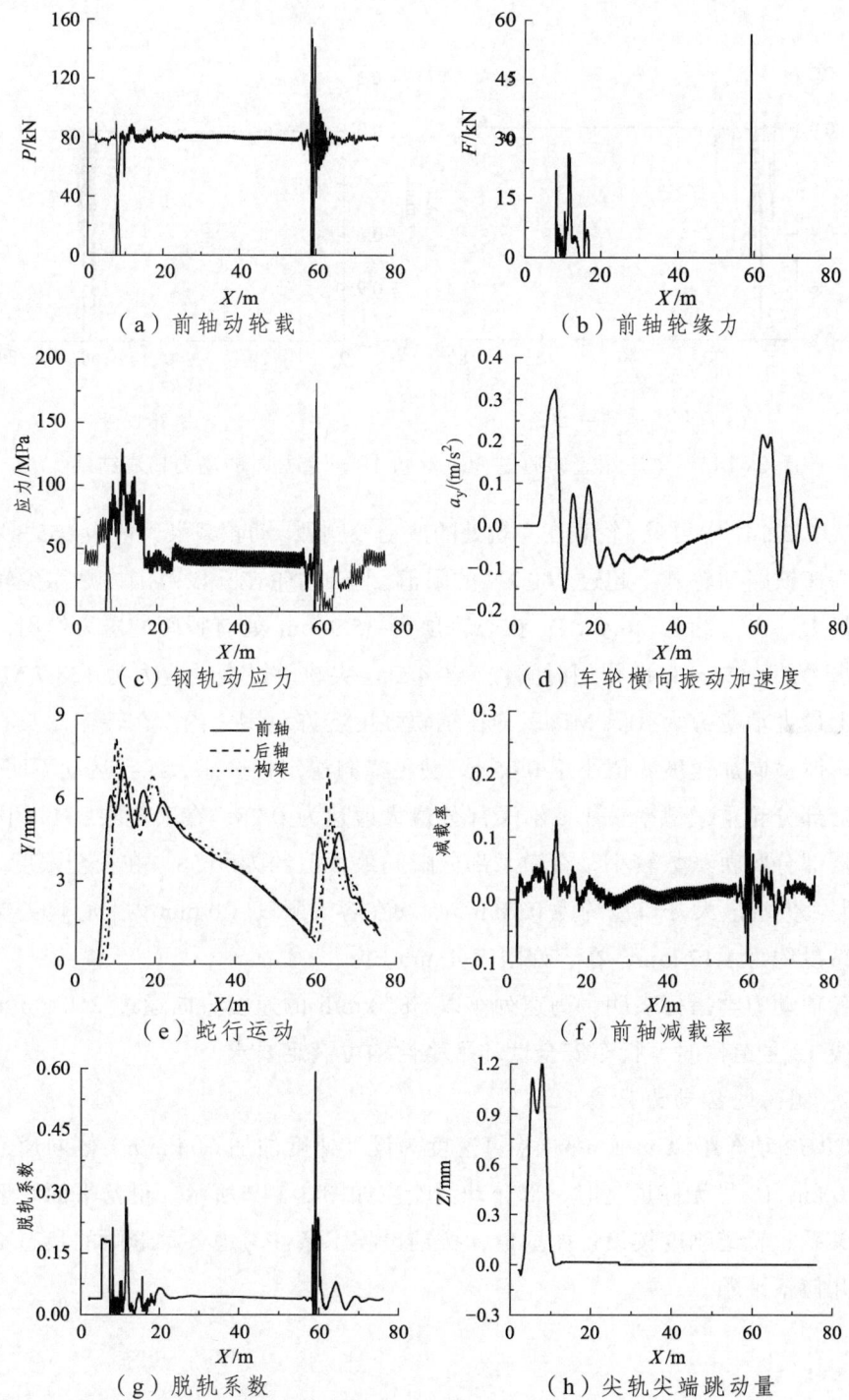

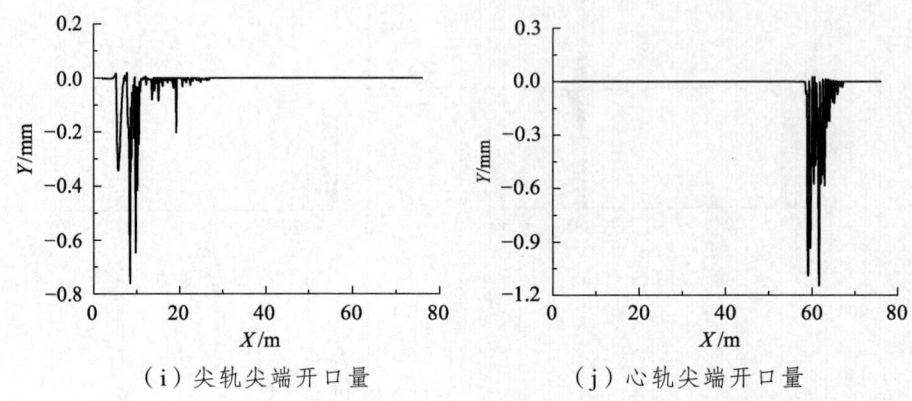

(i) 尖轨尖端开口量　　　　(j) 心轨尖端开口量

图 3-141　动车组直向通过 350 km/h18 号道岔时的动力仿真结果

从图 3-141 中可见，轮载在心轨处的波动较剧烈，动轮载最大值为 155.3 kN，满足高速铁路动轮载不超过 300 kN 的限值。前轴内轮在一段范围内贴靠尖轨运行，最大冲击力约为 26.4 kN；在心轨顶宽 35.9 mm 处有瞬间冲击力作用，最大冲击力约为 56.4 kN，作用时间仅为 0.4 ms。尖轨上最大动应力为 128.7 MPa，心轨上最大动应力为 81.1 MPa，均在钢轨强度容许范围之内。在转辙器及心轨部分车体横向加速度幅值小于 0.05 g，满足横向稳定性要求，蛇行运动不明显。转辙器部分轮重减载率较小，辙叉部分最大值达为 0.28，在安全限度 0.8 内。转辙器部分脱轨系数较小，在辙叉部分瞬间最大值约为 0.58，在安全限度 1.0 内。尖轨尖端最大开口量约为 0.78 mm，均在容许限度 4.0 mm 内。心轨尖端最大开口量约为 1.17 mm，在容许限度 4 mm 内。

各项动力学指标表明，高速列车以 385 km/h 的速度直向通过 350 km/h 客运专线 18 号道岔时，行车安全性和平稳性均可满足要求。

2. 侧向过岔动力仿真

CRH2 动车组以 90 km/h（检算速度为设计速度加加 10 km/h）侧向通过时速 350 km 18 号无砟道岔时，部分动力响应如图 3-142 所示，道岔平面线形、轮轨关系、轨道刚度按设计图取值，按铺设技术条件考虑各种缝隙的状态不平顺及几何不平顺。

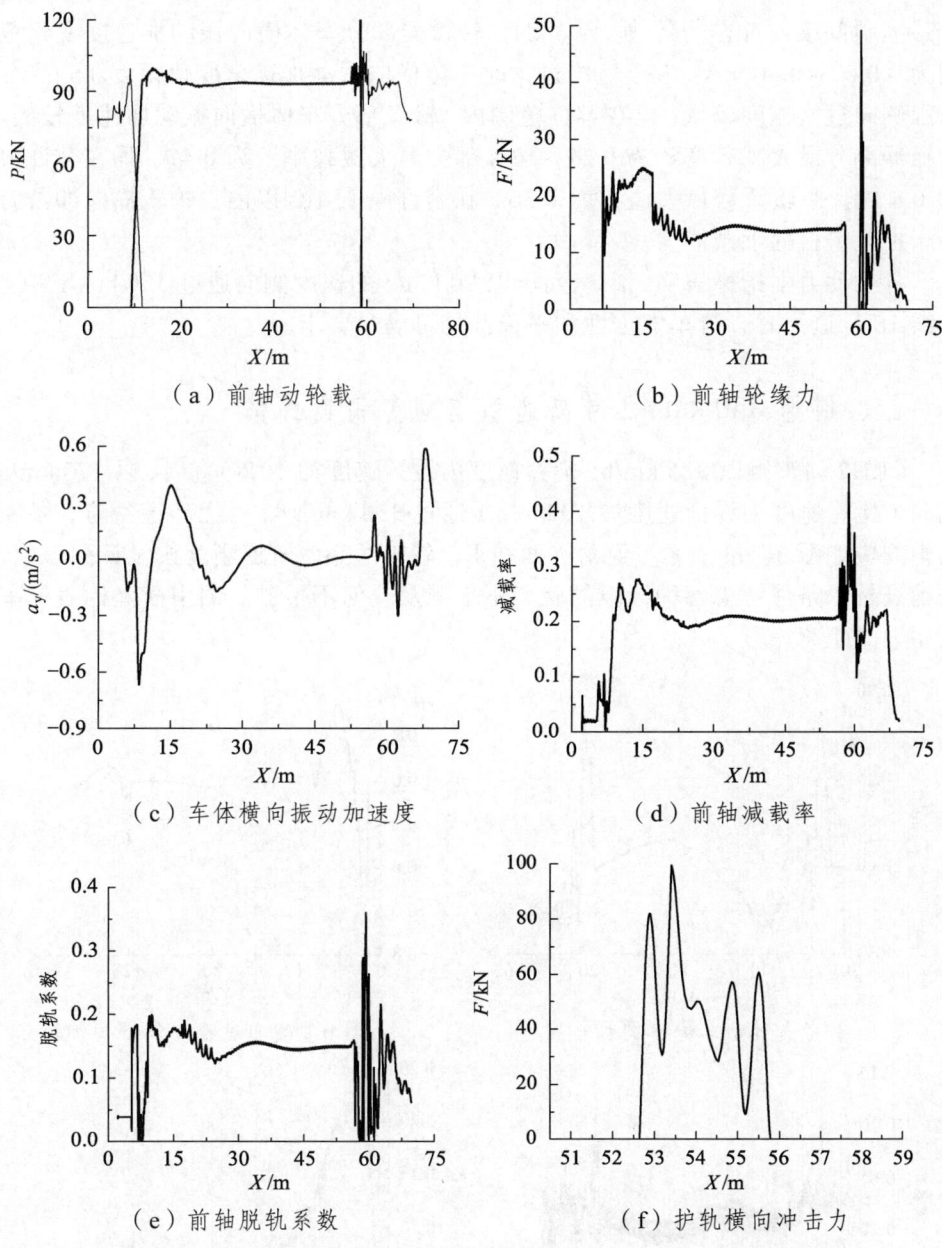

图 3-142 动车组侧向通过 350 km/h 18 号道岔时的动力仿真结果

侧向过岔时，轮载波动较小，最大值约为 121.3 kN，远小于直向过岔时轮载的波动；尖轨在顶宽 25.1 mm 处开始承载，心轨在顶宽 23.3 mm 处开始承载。转辙器部分最大轮缘力约为 26.9 kN，在道岔横向力容许限度内，辙叉部分最大瞬间横向冲击力约为 49.6 kN。转辙器部分车体横向振动加速度变化范围为 $-0.67 \sim 0.40 \text{ m/s}^2$,大于直向过岔时车体横向振动加速度变化幅度 0.5 m/s^2,但因侧向过岔速度较低,也在容许范围内。辙叉部分车体横向振动加速度较低。转辙器部分最大减载率约为 0.27,辙叉部分最大减载率约为 0.47,均在容许限度 0.8 内。脱轨系数最大值约为 0.36,在容许限值 1.0 以内。护轨横向冲击力小于护轨垫板的承载能力。

各项动力学指标表明,高速列车以 90 km/h 的速度侧向通过 350 km/h 客运专线 18 号道岔时,行车安全性和平稳性均可满足要求。

二、时速 350 km 42 号高速道岔动力仿真评估

CRH2 动车组以 385 km/h(检算速度为设计速度加 10%)直向、以 170 km/h 侧向(检算速度为设计速度加 10 km/h)通过 350 km/h 42 号无砟道岔时,各项动力响应如图 3-143 所示,道岔平面线形、轮轨关系、轨道刚度按设计图取值,按铺设技术条件考虑各种缝隙的状态不平顺及几何不平顺。图中横坐标表示车轮始端的距离。

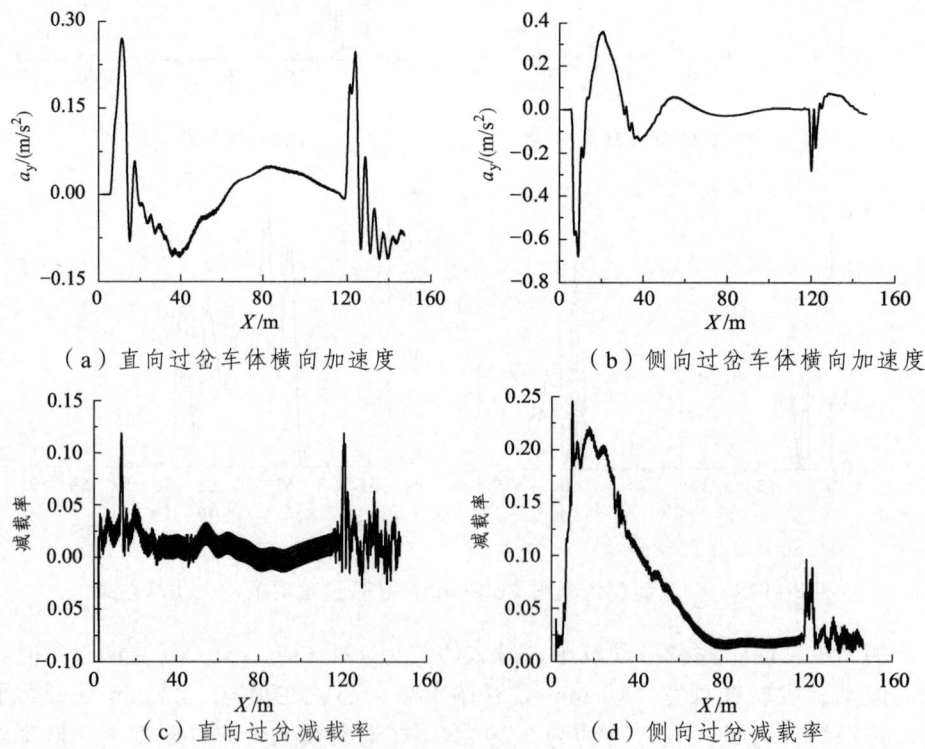

(a)直向过岔车体横向加速度　　(b)侧向过岔车体横向加速度

(c)直向过岔减载率　　(d)侧向过岔减载率

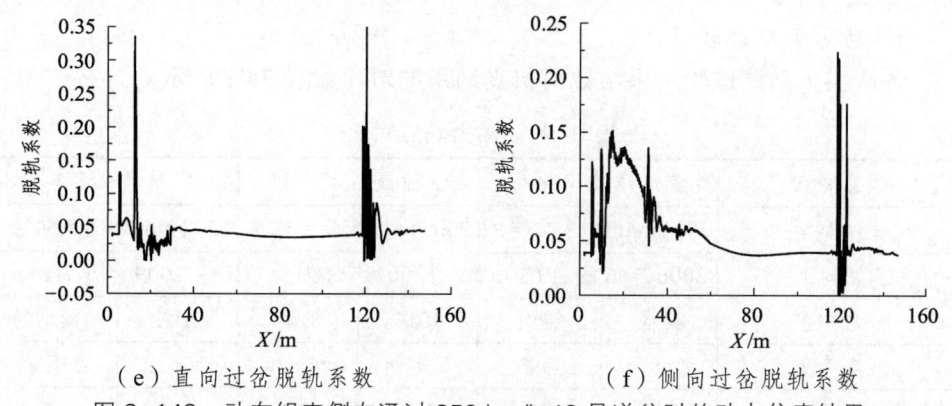

(e) 直向过岔脱轨系数　　　　（f) 侧向过岔脱轨系数
图 3-143　动车组直侧向通过 350 km/h 42 号道岔时的动力仿真结果

直向过岔时，转辙器部分车体横向振动加速度变化范围为 $-0.11 \sim 0.7$ m/s^2，车体横向振动加速度变化幅度 0.38 m/s^2；辙叉部分车体横向振动加速度变化范围为 $-0.11 \sim 0.25$ m/s^2，车体横向振动加速度变化幅度 0.36 m/s^2，均在容许范围内。转辙器部分最大减载率约为 0.12，辙叉部分最大减载率约为 0.12，均在容许限度 0.8 内。脱轨系数最大值约为 0.29，在容许限值 1.0 以内。

侧向过岔时，转辙器部分车体横向振动加速度变化范围为 $-0.67 \sim 0.35$ m/s^2，大于直向过岔时车体横向振动加速度变化幅度 0.38 m/s^2，仍在容许范围内。辙叉部分车体横向振动加速度较低。转辙器部分最大减载率约为 0.25，辙叉部分最大减载率约为 0.09，均在容许限度 0.8 内。脱轨系数最大值约为 0.22，在容许限值 1.0 以内。

各项动力学指标表明，高速列车以 385 km/h 的速度直向、以 170 km/h 的速度侧向通过 350 km/h 客运专线 42 号道岔时，行车安全性和平稳性均可满足要求。

三、道岔动力仿真分析理论的试验验证

为了验证我国自主研发的高速道岔结构的安全性，考核其动力性能并验证设计理论的正确性，铁道部在胶济（青岛—济南）、遂渝（遂宁—重庆）、武广（武汉—广州）、甬台温（宁波—台州—温州）、温福（温州—福州）、沪宁（上海—南京）、沪杭等高速铁路上曾先后组织了十多次的高速道岔实车动测试验，试验结果表明我国高速道岔设计理论正确、结构设计合理可靠、行车安全性与平稳性在容许限度内。

以下三个方面的测试结果验证了高速道岔动力学设计理论的正确性。

1. 动力响应比较

各次实车动测试验结果与数值仿真结果的对比如表 3-41 所示。

表 3-41 动力响应对比

试验地点		胶济线胶州北站		遂渝线蔡家车站		武广线乌龙泉车站	
道岔类型		250 km/h 18 号有砟岔		250 km/h 18 号无砟岔		350 km/h 18 号无砟岔	
测试时间		2006 年 6 月、11 月		2007 年 1 月		2009 年 1 月	
过岔类型		直向	侧向	直向	侧向	直向	侧向
列车类型		动车组	货车	动车组	动车组	动车组	动车组
最高速度（km/h）		250	90	200	90	350	90
脱轨系数	计算值	0.38	0.47	0.53	0.49	0.58	0.36
	测试值	0.21	0.43	0.46	0.35	0.54	0.43
减载率	计算值	0.48	0.49	0.36	0.47	0.28	0.47
	测试值	0.26	0.40	0.55	0.30	0.50	0.26
尖轨轮轴横向力（kN）	计算值	39.4	63.9	28.4	55.3	26.4	26.9
	测试值	17.9	52.8	7.0	38.3	23.0	28.3
心轨应力（MPa）	计算值	79.3	121.1	87.5	80.7	81.1	90.4
	测试值	46.0	123.0	—	53.3	76.1	—
尖轨开口量（mm）	计算值	0.76	0.47	0.77	0.46	0.78	0.47
	测试值	0.64	0.49	0.28	0.60	0.75	0.33
心轨开口量（mm）	计算值	1.04	0.93	1.28	0.84	1.17	0.79
	测试值	0.65	0.89	1.34	1.34	0.35	0.29
岔枕加速度 g	计算值	15.4	22.0	2.4	0.8	3.5	0.8
	测试值	14.5	19.4	1.3	—	8.5	0.6

从表 3-41 中可见：

（1）各项动力响应计算值与测试值大致相当，且随行车速度、直侧向过岔、道岔类型、轨下基础类型的变化规律相同，只是因道岔制造组装误差、铺设实际状态不同，计算值与实测值未完全吻合，说明应用道岔动力学理论评估道岔的安全性与动力性能是可信的。

（2）因脱轨系数、减载率、轮轴横向力、心轨动应力计算值是列车通过道岔全过程中的最大值，而测试值是地面上某一测点处的最大值，计算值均大于实测值。

（3）尖轨及心轨尖端开口量随锁闭状态而变化较大，因此过岔及道岔类型不同，计算值差别不大，而测试值差别很大。

（4）遂渝线测试中，动车组直向过岔时的减载率测试值大于计算值，是因为该处焊接不平顺较大而计算中未考虑的缘故，同时测试的另一组道岔减载率约为0.28。

（5）武广线测试中，动车组直向时无砟岔枕振动加速度测试值大于计算值，可能是由于道床板整体支承状态不良所致（岔枕与混凝土道床连接良好），同时测试的另一组道岔最大值约为2.1 g。

2. 轮载过渡对比

为了验证道岔动力学理论的正确性，还可通过轮载过渡范围的测试来实现，在尖轨上布置点，通过轨腰压缩法测试不同断面宽度的尖轨所承受的竖向荷载来确定轮载的过渡范围。胶济线250 km/h 18号有砟道岔及武广线350 km/h 18号无砟道岔中测试了动车组直向过岔时尖轨上轮载的分布规律，并与计算值进行了对比，如图3-144所示。

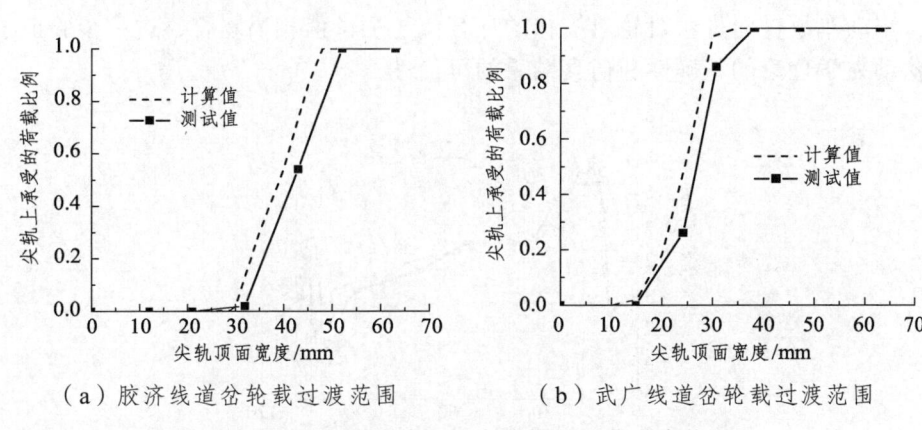

（a）胶济线道岔轮载过渡范围　　　　（b）武广线道岔轮载过渡范围

图3-144　胶济线和武广线道岔轮载过渡范围

从图3-144中可见，计算和测试的轮载过渡范围的吻合较好，由于制造及组装误差以及测试点数量较少，计算值与测试值略有偏差，胶济线上测试的尖轨轮载过渡范围为顶宽30～50 mm，计算的轮载过渡范围为29～48 mm；武广线上测试的尖轨轮载过渡范围为15～37 mm，计算的轮载过渡范围为15～34 mm。计算值与测试值的变化规律是一致的，说明道岔动力学仿真结果是可信的，计算理论是正确的。

3. 轮对横移对比

为了进一步验证道岔动力学理论的正确性，西南交通大学开发了一套道岔区轮对横移测试系统,测试系统原理如图 3-145 所示,将激光传感器布置于线路外测,通过测试动车组过岔时轮对外侧的横向位移量,即可得到轮对的过岔运行轨迹,如图 3-146 所示。

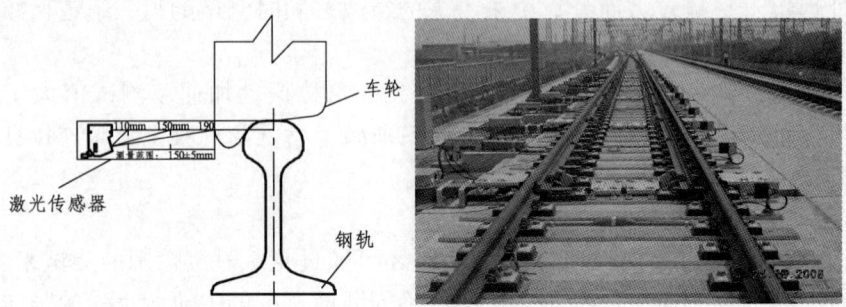

图 3-145 轮对横移测试原理　　图 3-146 轮对横移测试装置的现场布置

2007 年,西南交通大学在合宁线上对引进法国技术的 250 km/h 18 号道岔进行了岔区轮对横移测试,测试结果与计算值对比如图 3-147 所示,从图中可见,当动车组直向过岔时轮对横移的计算值与测试值相当吻合,进一步验证了道岔动力学理论的正确性和仿真结果的可信性。

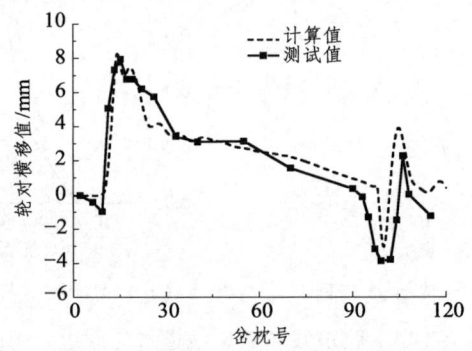

图 3-147 动车组直向过岔时轮对横移量分布

第四章　道岔转换计算理论

转换设备是道岔的重要组成部分，主要包括转换锁闭系统、密贴检查与状态监测系统、融雪系统等。道岔转换设备必须具有转换、锁闭、表示三种基本功能。道岔转换是为了引导机车车辆由一条线路进入另一条线路，需要借助转换设备扳动尖轨或活动心轨，改变道岔开向的功能。道岔锁闭是在道岔转换后，借助转换设备锁闭道岔，保证尖轨或心轨与基本轨密贴的功能。道岔表示是为了确保行车安全，在道岔转换后，转换设备显示道岔定位（直尖轨贴靠曲基本轨）或反位（曲尖轨贴靠直基本轨）的功能。

道岔转换研究设计包括转换机、锁闭机构、安装装置、密贴检查器等结构设计、牵引点布置、转换动程、转换力、转换不足位移、最小轮缘槽、伸缩位移、转换同步、夹异物设计检算与测试试验、道岔监测系统与融雪系统研制等环节。本章将主要介绍道岔转换力计算理论及在高速道岔转换设计中的应用。[55]

第一节　道岔转换结构与转换原理

伴随着我国道岔从普通道岔发展至提速道岔、高速道岔，道岔转换技术也得到了大力发展，主要表现在：

（1）尖轨由单点牵引发展到两点牵引、三点牵引、六点牵引，甚至更多点的牵引；心轨由不需要转换到需要转换，并且也由单点牵引发展为两点牵引、三点牵引，甚至更多点的牵引。牵引点的增加除了设备增加之外，还出现了多点牵引控制电路以及同步控制问题。

（2）由于尖轨跟端固定以及可动心轨采用单肢弹性可弯，甚至双肢弹性可弯结构，转换设备除了转换尖轨位置以外，还要牵引并保持尖轨和可动心轨的弹性变形。

（3）联动道岔牵引密贴尖轨到位，斥离尖轨的位置由拉杆保持。尖轨分动以后转换设备还要负责保持斥离轨的位置，因而需要单独的尖轨锁闭器。目前采用外锁闭完成此项任务。

（4）尖轨、基本轨间除牵引点以外有缝隙或夹异物时，从静态看轨距将变小，从动态看，对运行列车会产生激烈的横向振动，在高速区段使车轮承受过大冲击负荷，加大脱轨系数值。因此，随着行车速度的增加，道岔号码的增大，夹异物监督也显得越来越重要。

（5）挤岔监督是转换系统必须具备的功能。在低速区段，一般都在转换设备上完成此项功能。但是，可动心轨道岔由于外锁装置刚性大，心轨刚性很强，转换设备上不易做到挤岔监督，而且高速线路机械装置完成挤岔取样的反映速度也不够，因此国外高速铁路大号码道岔专门设计了一套挤岔监督系统。

（6）监测，一般作为一个辅助系统。但是高速区段在区间设有许多大号码道岔，平时无人值守。一旦出现故障，将对整个区段行车产生重大影响。另外道岔转换设备又有本身特定的要求，所以监测又是高速道岔的一个组成部分。

（7）目前转换道岔主要采用动力转换设备，而控制电路的方案与转换设备密切相关。不同的转换设备需要不同的控制电路，而且它还与集中控制系统，与现场运用环境及条件密切相关，而且是直接影响系统安全和效率的重要环节。

（8）北方雨雪天气可能导致道岔滑床台板上积雪、积冰，而影响道岔的正常转换，因高速铁路的全封闭运行，靠人工除雪、除冰已较为困难，因此电加热、喷淋、吹风等融雪系统也是高速道岔必不可少的组成部分。

一、道岔转换结构

1. 转辙机及安装装置

转辙机是道岔转换系统的执行机构。用于转换锁闭道岔尖轨或心轨，表示监督连锁区内道岔尖轨或心轨的位置和状态。应具有道岔转换器、锁闭器和监督表示器的功能。作为转换器，应具有足够大的牵引力以完成道岔尖轨或心轨的转换，因故转换不到其极限位置时，应能随时操纵使其返回原来的位置。作为锁闭器，当道岔尖轨或心轨转换到一个极限位置时，对尖轨或心轨实施锁闭，不应因外力辆除该锁闭；因故转换不到极限位置时，不应实施锁闭。作为监督表示器，应能实时反映道岔的定位、反位和挤岔四开状态。从动力方面可分为直流电动机、交流电动机；从传动机构方面可分为机械传动、液压传动和风压传动三种。按操纵方式可分为集中式或非集中式两类。目前用于提速道岔和高速道岔上的转辙机有三种类型，分别为 S700K 型电动转辙机、ZDJ9 型电动转辙机和 ZYJ7 型电液转辙机。

提速和 200 km/h 速度以上铁路对转辙机的要求必须具有双锁闭功能，即除了动作杆具有锁闭功能外还需有检查道岔尖轨密贴的检查杆具有锁闭功能。转辙机动作需具有下列条件：切断表示、解锁、转换、锁闭、接通表示。为了适应外锁道岔，转辙机需要根据道岔开口确定转辙机动程和转辙机表示杆适应范围。不同牵引点位置的道岔开口不同，采用的转辙机的基本参数也不同，为了备用和标准化要求，在满足道岔转换需要的前提下，尽量减少转辙机参数规格。

转换设备安装装置是把转换设备与工务设备连接起来的环节，主要有角钢基础、钢岔枕基础、弯板基础三种类型。我国早期低速道岔主要采用角钢基础，但占用枕木空挡较多，不利道床捣固，而且转换设备承受较强的振动、冲击，不适合高速道岔。在钢岔枕基础中，转辙机基础托板与钢岔枕连接，便于工务大型养路机械施工，但在我国未开发成功。弯板基础的优点在于转换设备承受列车通过产生的振动、冲击比角钢方案显著减小，转辙机安装较低，减少受列车下垂物碰坏的可能，转辙机动作杆、表示杆可用直杆，增加强度，不足之处是杆件仍要占用轨枕空挡，不利于捣固。

2. 牵引点布置分配

道岔牵引点的布置与很多因素有关，道岔的转换阻力、道岔开口、尖轨不足位移、尖轨跟端结构形式等都影响牵引点的布置与分配，单点牵引的道岔早已经不适应铁路发展的需要，无论是道岔尖轨还是心轨采用多点牵引形式是道岔必然趋势。

随着列车行驶速度的提高，不仅要求道岔直向通过速度与区间线路相同，而且对道岔的侧向通过速度要求不断提高；由此不断设计生产出大号码道岔，如 30 号、38 号、42 号、62 号道岔，这些道岔尖轨长，牵引点数量多，为满足道岔多点牵引的需要，道岔转换设备和转换形式不断进行改进与发展。综合分析国内外转换锁闭方式，主要归纳为两种形式：一种是多点多机牵引方式，另一种是一机多点牵引方式。

（1）多点多机牵引方式就是以每一个牵引点作为一个独立的转换、锁闭、控制单元，分别设置一台转辙机进行独立牵引。转辙机之间通过控制电路进行连接，通过机械和电气方式实现道岔尖轨、心轨的同步协调运动。此方式每一个牵引点是一个相对独立的单元模块，单元模块在完成本牵引点处转换、锁闭和表示的功能的同时，还能够实现与其他牵引点单元模块的协调与同步。如果道岔任何一个牵引点模块不能完成转换、锁闭、表示的功能，道岔转换系统都不能给出最终的表示，所以多点多机牵引方式更可靠更安全，便于管理。但这种方式由于采用的设备多，每一个模块都有一台转辙机，每一个模块都通过单独的电缆线路连接到控制室，造价相对较高。

（2）一机多点牵引方式是只在尖轨和心轨的第一牵引点设置一台转辙机，由它提供道岔牵引动力，在第一牵引点处直接牵引，然后通过导管等方式将牵引动力传递到其他牵引点，以满足各牵引点的转换、锁闭和表示的需要。任何一个牵引点不能满足转换要求（转换不到位、卡阻、没有表示等），道岔转换系统都不能给出本道岔的最终表示，提示使用者道岔没有按照规定的指标完成转换。此方式只在第一牵引点设置转辙机，其他牵引点靠导管等连接装置实现转换，所以造价相对较低。但是根据我国使用导管方式的经验，认为它维修工作量大，牵引点之间设置导管影响道岔养护管理。

3. 锁闭方式和尖轨的联动与分动

道岔的安全锁闭是道岔转换系统的重要环节，无论是在国内还是国外，锁闭方式都分为外锁闭方式和内锁闭方式，对于高速道岔，相对于内锁闭，外锁闭方式具有更高的安全性。

根据尖轨的动作形式不同，分为尖轨联动和分动两种方式。尖轨联动方式的特点是两根尖轨通过连杆连接为一体，形成框架结构，有利于尖轨的整体结构转换，转换过程中两尖轨同时动作，转换后一起锁闭到位，但是转换阻力较大。尖轨分动的特点是两根尖轨之间不设置连接杆件，两根尖轨通过外锁闭机构分别实现各自的解锁、转换、锁闭功能。由于尖轨分动，系统的转换阻力小，有利于实现道岔转换。

无论是内锁闭还是外锁闭、尖轨联动还是分动，都必须按照系统要求进行设计，做到转换设备与道岔结构、锁闭方式与转换方式、机械设备与电路控制协调一致，才能满足道岔转换系统的综合需求。

4. 尖轨同步转换

尖轨的转换同步是指尖轨在各个牵引点同时运动、同时到位停止。如果密贴尖轨或斥离尖轨没有同时动作、同时到位，那从宏观上表现出来的就是尖轨的动作不协调，即转换不同步。

影响尖轨同步转换的因素很多，转辙机动程、锁闭空动程及间隙、牵引点动作顺序、道岔开口、尖轨转换阻力、尖轨线形等因素如果不相互匹配，都会造成尖轨转换的不同步，所以尖轨的同步转换应该是在保证各种因素匹配后实现的宏观同步。

尖轨的转换同步是指尖轨在各个牵引点同时运动、同时到位停止。如果密贴尖轨或斥离尖轨没有同时动作、同时到位，那从宏观上表现出来的就是尖轨的动作不协调，即转换不同步。由于转换设备只是在牵引点处对尖轨进行牵引转换与锁闭，因此尖轨牵引点处的同时动作、同时到位是尖轨同步转换的前提条件。

影响尖轨同步转换的因素很多，转辙机动程、锁闭空动程及间隙、牵引点动作顺序、道岔开口、尖轨转换阻力、尖轨线形等因素如果不相互匹配，都会造成尖轨转换的不同步，所以尖轨的同步转换应该是在保证各种因素匹配后实现宏观同步。

5. 密贴检查

道岔转换系统在转换、锁闭道岔尖轨和心轨之后，还应对道岔尖轨、心轨的密贴状况进行检查与监督，当尖轨和心轨的密贴状况没有满足技术要求的指标时，应进行报警与提示。这种检查不仅在牵引点位置进行，还应该在尖轨的两个牵引点之间进行。

由于我国道岔转换系统采用多点多机形式，牵引点位置尖轨的密贴检查由此位置的转辙机完成。在尖轨两个牵引点之间的密贴检查只能通过设置在牵引点之间的密贴检查器完成。密贴检查器的检查接点串接在转换系统的表示电路之中，当任何一个牵引点位置的转辙机没有正常表示或者任何一个牵引点之间的密贴检查器没有正常表示时，道岔的转换系统都将提示道岔处在不正常状态，需要进行维护调整，可以看出：密贴检查器对于道岔的正常使用起了相当重要的作用。

6. 德国高速道岔转换设备

德国高速铁路采用多机多点牵引方式，尖轨设分动外锁闭，由道岔控制电路实现多机多点的同步转换。道岔在牵引点位置多采用钢岔枕，转换设备的杆件设置在钢岔枕中，便于工务的捣固作业。安装调整容易，维修工作量少。转辙机采用西门子公司的 S700K 型电动转辙机或劳伦兹公司的 L700H 型电液转辙机，牵引点间设置 ELP-319 密贴检查器检查尖轨（心轨）与基本轨（翼轨）的密贴状况，如图 4-1 所示。转换阻力要求小于 6 000 N。

图 4-1　德国道岔尖轨转换设备

德国道岔尖轨采用的外锁闭，由原来的燕尾式外锁闭发展为自动适应尖轨伸缩的辊轮式钩型外锁闭，即 HRS 钩型外锁闭，如图 4-2 所示，锁闭时锁钩的合力通过尖轨断面中心，尖轨及外锁闭锁钩的受力状态较好。该外锁闭机构采用滚动摩擦，可减少转换阻力，但零部件种类多、制造工艺复杂、加工精度高。外锁闭通过尖轨轨底打孔的方式与尖轨进行连接。能适应大号码道岔由于温度变化引起的尖轨大伸缩量，达 ±40 mm。

图 4-2　HRS 外锁闭结构

德国道岔心轨各牵引点均采用外锁闭装置，并设置表示杆；心轨外锁闭根据心轨结构不同有两种结构形式。当辙叉采用单肢弹性可弯心轨结构时，外锁闭采用轨底牵引方式，如图 4-3（a）所示，心轨外锁闭的锁闭结构原理与其尖轨锁闭结构方式相同，总体机构方式都是辊轮式钩型外锁闭结构，自身的摩擦阻力小，要求制造精度高。当辙叉采用双肢弹性可弯心轨结构时，外锁闭采用轨腰牵引方式，如图 4-3（b）所示。可动心轨翼轨是普通 UIC60 轨制造，心轨的牵引杆件穿过翼轨轨腰的长圆孔，翼轨轨底不用削弱，但轨腰削弱较大。外锁闭设备与心轨的连接通过翼轨轨腰出杆方式实现，使得心轨在转换及锁闭时受力点偏上，有利于 4 mm 不锁闭指标的实现；同时外锁闭占用翼轨、心轨的空间较小，便于翼轨、心轨的设计。

（a）单肢弹性可弯心轨锁闭　　　　（b）双肢弹性可弯心轨外锁闭

图 4-3　单肢、双肢弹性可弯心轨结构外锁闭的牵引方式

德国道岔外锁闭装置具有以下特点：适应道岔伸缩能力强；采用辊轮滑床

板方式，可减小转换阻力，维护工作量小；外锁闭零部件数量多，对产品工艺及材料要求高；外锁闭高度尺寸大，影响保持岔枕稳定的石砟高度，不利于道岔基础的稳定；尖轨与基本轨的密贴调整量小，对尖轨与基本轨的配合尺寸要求高；需要在尖轨底部加工安装孔，需要在翼轨轨腰加工长孔；尖轨一动动程较小为 120 mm。

德国大号码道岔，如 39.113 号，尖轨前四个点的动程相同，均为 120 mm，第六点尖轨开口考虑满足最小轮缘槽，设置为 75 mm，第五点尖轨开口作为一个过渡，设置为 114 mm，这种动程设计为实现尖轨同步转换提供了良好的基础。心轨采用了三种动程转辙机，分别为 240 mm、220 mm、150 mm，主要是为满足心轨动程和锁闭量等的要求，同时也可实现心轨转换的宏观同步。

德国无砟道岔辙叉部分采用了液压下拉夹具来保持心轨与翼轨的同步平稳下沉，以避免心轨承载过大的动态荷载。

7. 法国高速道岔转换设备

法国道岔采用一机多点牵引，尖轨联动外锁，在第一牵引点位置设置外锁闭来增加锁闭的可靠性，通过双导管方式将动力传递给其他牵引点，便于实现各牵引点的同步运动，如图 4-4 所示。由于转换系统通过拐肘实现牵引点转换动程的分配，所以容易实现多种转换动程，设备少，费用低。在法国已经上道使用多年，故障点少，维修量仅限在销轴的润滑，采用 MCEM91 转辙机，转换力 7 000 N。在牵引点位置设置密贴检查器。

法国高速道岔尖轨采用 VCC 拐肘型外锁，尖轨采用联动方式，对斥离尖轨状态保持较好，如图 4-5 所示，适应尖轨的伸缩量为 ±55 mm，外锁闭设置在特殊的混凝土岔枕上，对工务的养护作业影响较小，但是对道岔的加工和铺设精度要求高。通过导管、导轮传动方式来实现尖轨转换的同步。

图 4-4　法国道岔一机多点转换设备

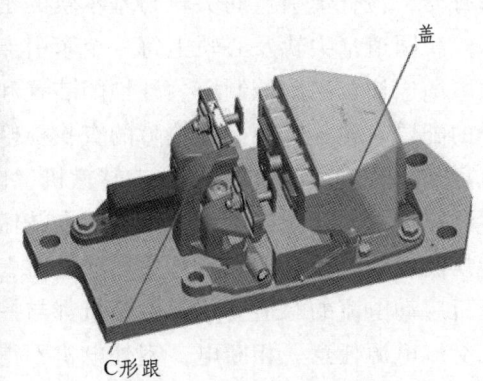

图 4-5　尖轨外锁机构

法国道岔心轨仅在第一牵引点设置外锁闭,其余牵引点通过导管牵引;在第1、2牵引点间设置密贴检查器。可动心轨采用锰钢整铸翼轨,为可动心轨的锁闭机构留出了空间,外锁闭设置在轨枕上,转换锁闭可靠。同时锰钢整铸翼轨整体性好、稳定性高,有利于心轨外锁闭机构转换锁闭功能的实现。可动心轨采用VPM外锁闭装置,如图4-6所示。外锁闭不与心轨固定连接,心轨可在外锁闭装置内自由伸缩,心轨的伸缩允许值为±10 mm。辙叉1、2牵引点间设置1对密检器,如图4-7所示。

图4-6 心轨外锁机构　　　　　图4-7 辙叉密贴检查器

8. 中国高速道岔转换设备

我国高速道岔转换设备的设计原则是:采用多点多机的牵引方式;道岔尖轨锁闭方式采用分动钩形外锁闭方式;道岔心轨锁闭方式采用钩形外锁闭方式;转换设备适用于左开、右开道岔;转换设备满足转辙机在道岔左侧及右侧的安装;转换设备设置绝缘,满足轨道绝缘要求;转辙器密贴段牵引点间设置密贴检查器,检查牵引点间尖轨与基本轨的密贴等。

我国道岔尖轨及心轨上每一个牵引点设置一台转辙机,每台转辙机均用单独电缆连接至道岔控制室。外锁闭装置和转换、表示杆件均设在岔枕之间,这样的配置有利于转换设备故障的查找检修,同时减少养护、维修工作量。转辙机可采用S700K、ZDJ9型电动转辙机,也可采用ZYJ7型电液转辙机。采用五线制交流控制电路控制每一个牵引点转辙机,实现道岔的尖轨和心轨同时协调转换。设计要求如下:设在尖轨和心轨上的转辙机顺序启动牵引道岔,以错开电机启动电流的峰值。每台转辙机都与控制室通过五根电缆芯线控制连接。三相交流电源任意一相断电,室外电机不得启动,在转换过程中任意一相断电,电机应立即停止转换。为了保证尖轨、心轨不被错误牵引,当尖轨或心轨其中一台转辙机的电机不能启动,需切断牵引该道岔尖轨或心轨的所有转辙机电机电源,停止道岔转换。牵引点之间设置 JM-A 型密贴检查器,对尖轨的密贴和斥离状况进行检查。并将密贴检查器接点串入表示接点电路中。

我国铁路道岔外锁闭最早采用联动燕尾式外锁闭,在广深线准高速道岔上使用,从提速道岔开始采用分动燕尾式外锁闭,后来结合我国道岔的结构和使用特点,设计出适合我国道岔的钩型外锁闭装置,在提速和秦沈客运专线全面使用,在高速道岔研制中对其结构进步优化,适应尖轨的伸缩能力达到了 ±40 mm。

主要优化措施有:加大了外锁闭销轴与锁钩的轴孔间隙,使锁钩能沿销轴自由伸缩;加大了锁钩尾部长度,保证锁钩在锁闭框内的导向;取消了锁闭铁的两个导向侧面,增大了锁钩在锁闭框内的活动量;减小了锁钩的宽度尺寸,增大锁钩在锁闭框内的活动量;锁钩孔增设含油衬套,减小锁钩与销轴的摩擦阻力;通过使用限位夹板,保证锁钩的方正;增长率设挡板减小了锁闭框与锁闭杆的摩擦阻力;锁闭杆上加设导向辊轮;优化调整了锁闭杆凸台与锁钩的配合角度。

尖轨钩型外锁闭主要由连接铁、销轴、锁钩、限位夹板、锁闭框、锁闭铁、锁闭杆等组成,如图 4-8 所示,其结构和使用特点有:安全性、可靠性高;结构简单,外锁闭零部件少;安装、调整方便,便于现场使用;适应能力强,特别是对于道岔工电配合尺寸适应性能高;使用数量多,地域广,使用时间长,积累的经验丰富;但占用空间较大,影响道岔捣固作业。

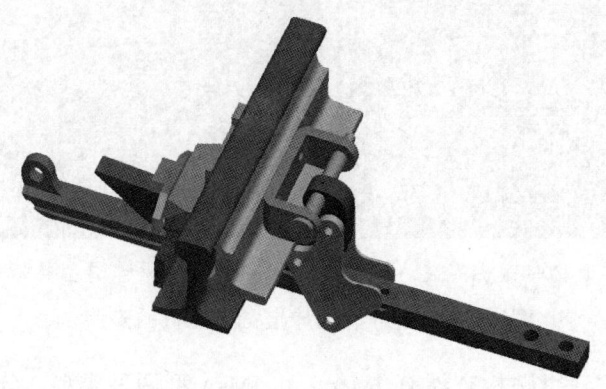

图 4-8 尖轨外锁闭

提速道岔心轨钩型外锁闭主要由锁闭杆、锁钩、锁闭框组成。外锁闭装置的锁闭框直接安装在翼轨上,心轨的凸缘插在锁钩的楔形槽内(心轨在锁钩槽内可前后自由伸缩），通过锁闭杆的横向运动牵引心轨转换并锁闭。可通过增减锁闭铁和锁闭框间的调整片来调整心轨密贴，主要特点有：结构简单、可靠，外锁闭零部件最少；安装、调整方便，对道岔配合尺寸适应性好；锁钩承受的竖向力主要靠锁闭杆承受。存在的主要问题是：心轨采用转换凸缘进行转换和锁闭，受力点比较低，造成心轨的扭曲，造成 4 mm 不锁闭检查指标不容易保持。

高速道岔中，因辙叉采用新的轧制特种断面翼轨，心轨采用水平藏尖结构，取消了心轨转换凸缘设计，提高了心轨受力点位置，如图 4-9 中上图所示，解决了心轨锁闭检查失效的难题，大号码后端牵引点处外锁闭结构如图 4-9 中所示。

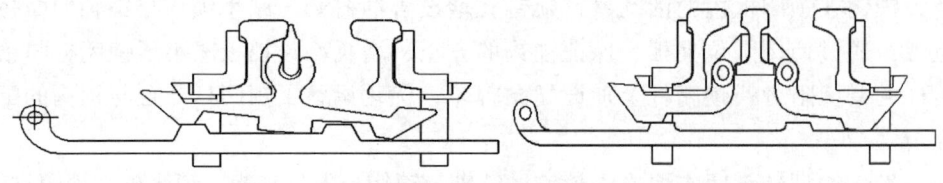

图 4-9　心轨外锁闭

转辙机采用弯板安装方式，有砟及无砟道岔中转辙机的安装装置如图 4-10 所示。

（a）有砟道岔转辙机安装　　　　（b）无砟道岔转辙机安装

图 4-10　有砟、无砟道岔转辙机的安装

我国道岔尖轨密贴检查器有 JM-A1 和 JM-A 型两种类型，分别安装在轨道中心和轨道两侧，如图 4-11 所示，设置于两牵引点间，当夹 5 mm 异物时无表示。心轨牵引点间暂无密贴检查器。

（a）JM-A1型密贴检查器　　　　　（b）JM-A型密贴检查器

图4-11　JM-A1和JM-A型密贴检查器

采用不同动程的转辙机，设置转辙机的先后启动顺序，如表4-1所示，实现了42号道岔尖轨的同步转换，满足了密贴尖轨同时动作、同时到位，斥离尖轨同时动作、同时到位的要求，62号道岔也实现了同步转换。

表4-1　42号道岔转换同步优化方案

转辙机动程（mm）	转辙机动作时间（s）	转辙机速度（mm/s）	尖轨动程（mm）	密贴轨启动时间（s）	密贴轨停止时间（s）	斥离轨启动时间（s）	斥离轨停止时间（s）
220	3.71	59.3	160	1.0	3.7	0.0	2.7
190	3.71	51.2	136	1.1	3.7	0.1	2.8
170	3.71	45.8	112	1.3	3.7	0.2	2.6
150	3.71	40.4	88	1.5	3.7	0.3	2.5
120	3.71	32.3	63	1.8	3.7	0.4	2.4
120	3.71	32.3	35	2.6	3.7	1.3	2.4

二、道岔转换原理

道岔在运营中，借助动作杆与转辙机连接，按列车规定的进路方向转换尖轨与心轨。转换过程中，转辙机动作杆在牵引点位置对尖轨与心轨施加转换力，使各牵引点位置产生给定位移即牵引动程，各牵引点转换力为该点处的集中反作用力。转换到位后，外锁闭机构把尖轨及心轨锁闭固定。正常情况下，转辙机的总功率满足扳动并有一定富余，方能扳动到位。多机多点牵引时，每台转辙机均用单独电缆连接至道岔控制室。采用交流控制电路控制每一个牵引点转辙机，精确的设计牵引动程及空动程，能够实现尖轨与心轨同时、同步、协调转换。

1. 多机多点牵引转换原理

多机多点分动尖轨动作原理如图 4-12 所示：从一侧尖轨锁闭位置经过解锁—转换—锁闭到达另一侧锁闭位置。锁闭时锁钩的合力通过尖轨断面中心，尖轨及外锁闭锁钩的受力状态较好。道岔尖轨钩型外锁闭主要由以下几部分组成：①为锁闭杆；②为锁钩；③为尖轨连接铁；④、⑤构成锁闭框。

多机多点心轨钩型外锁闭由①锁闭杆、②锁钩、③锁闭铁、④锁闭框组成，转换动作原理见图 4-13 所示。外锁闭装置的锁闭框直接安装在翼轨上，心轨凸缘插在锁钩的楔形槽内，心轨在锁钩槽内自由伸缩，通过锁闭杆的横向运动牵引心轨转换并锁闭。通过增减锁闭铁和锁闭框间的调整片来调整心轨密贴。

心轨外锁闭动作原理：在位置 1 锁闭杆①向左运动到位置 2，外锁锁钩②转动解锁；锁闭杆①继续向左移动到达位置 3，并通过锁钩②带心轨转换到另一侧；锁闭杆①继续向左移动到达位置 4，锁钩②转动锁闭完成一个动作过程；在位置 4，锁闭杆①向右运动动作过程与前述过程一致，完成另一个解锁—转换—锁闭动作。

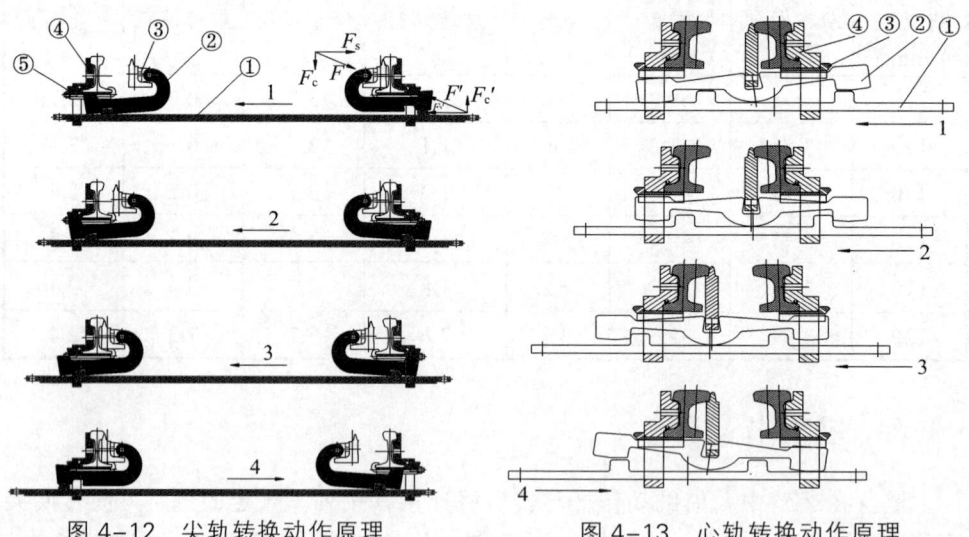

图 4-12　尖轨转换动作原理　　　　图 4-13　心轨转换动作原理

2. 一机多点牵引转换原理

一机多点牵引道岔，尖轨联动外锁，在第一牵引点位置设置外锁闭来增加锁闭的可靠性，通过导管方式将动力传递给其他牵引点，便于实现各牵引点的同步运动，转换系统通过拐肘实现牵引点动程的分配，并能够对电动力进行放大，尖轨转换锁闭原理见图 4-14 所示，主要经历"正常锁闭"、"解锁准备"、"转换"和"到位锁闭"四个步骤。

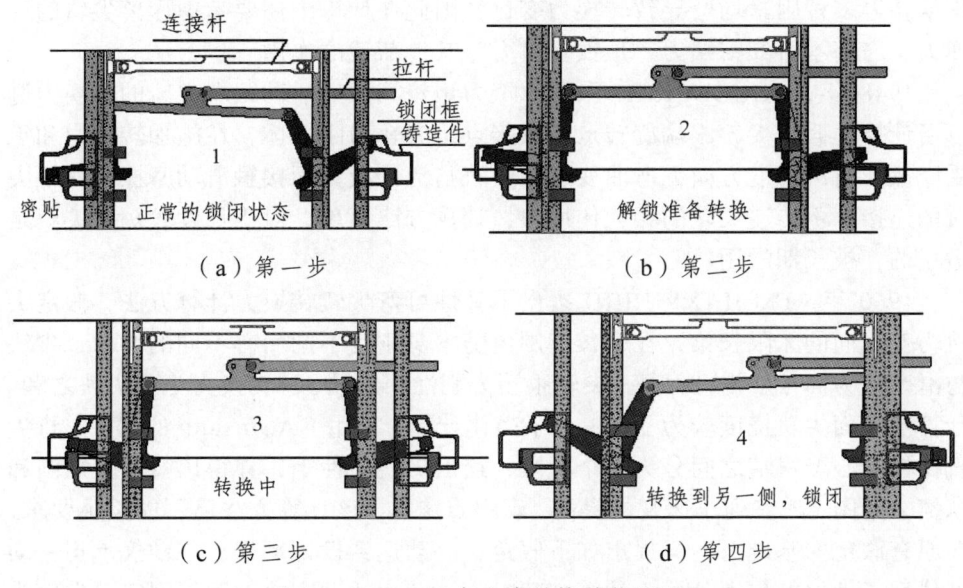

图 4-14 一机多点牵转换动作原理

第二节 道岔转换计算理论

转换力计算是进行牵引点布置及转换动程设计的理论基础，要求采用最少的牵引点实现尖轨及可动心轨的转换，各牵引点的转换力不得大于转辙机的额定功率，同时还要满足尖轨扳开后的最小轮缘槽要求，高速道岔中尖轨、心轨的高平顺要求转换不足位移应在轨距偏差容许限度内，在牵引点处或牵引点间出现夹异物的特殊情况下，若能通过转换力的异常超限来判断尖轨、心轨与基本轨的密贴状态，则可不设置或少设置密贴检查器。

一、转换计算理论的发展

最初人们认为尖轨、心轨的转换计算较为简单，把尖轨、心轨视为跟端固定的悬臂梁，考虑滑床台板的摩擦阻力即可，但是在转换力测试中发现测试值波动较大，与计算值有较大差距，而且与道岔的铺设状态关系密切，尖轨及心轨的线形、与基本轨及顶铁的密贴程度、转换设备对尖轨及心轨锁闭的松紧程度、跟端扣件形式、滑床台密贴状态及滑床台倾斜程度、转换时间差、转换动程偏差等多种因素均会导致转换力变化，因此在计算中还要考虑斥离尖轨的反弹力、与基本轨的密贴力、顶铁支撑力等其他荷载的作用。

1948 年，ЯНКОВСКИЙ 采用摩擦力矩概算法对活动跟端尖轨的转换力进行了计算，假定尖轨跟端旋转点为铰接点，尖轨为刚性体，在施加转换力和承受摩擦力时沿长度方向无弯曲变形，尖轨与滑床板为面接触滑动摩擦，两根尖轨的连接杆不传递尖轨的相互作用力，计算方法简单，对于长度较短的尖轨是适用的，被长期沿用。

1960 年，ГМЩАХУНЯНЦ 提出了弹性可弯尖轨转换力计算方法，假定尖轨为变截面的无限长梁，在全长范围内随本身刚度不同而有不同的弯曲，尖轨与滑床板为面接触滑动摩擦，尖轨跟端为刚性固定端，总转换力为两尖轨之和。计算变截面尖轨挠度较为复杂，为了简化计算，采用 Г.А.Литвин 的建议，将尖轨拉杆中心至跟端之间分为 5 个区段，绘出尖轨惯性矩，并得出弯曲力矩图和摩擦力矩图。随着列车速度的提高，牵引点增加，该计算方法已不能满足要求，在原有假定的基础上，又提出如下假定：一动达到设计动程；二动仅承担一动到位后二动处的欠扳动量；计算二动时，一动为活动支撑，跟端固定，尖轨为超静定结构。

1997 年，法国 Cedomir Ilic 等人采用有限元方法建立了可动心轨转换力计算模型，认为转换力用于克服滑床板的摩擦力，模型中将短心轨分为固定及铰接两种情形进行计算，把心轨的转换分为三个阶段：开始转换至心轨与翼轨接触阶段即转换阶段，心轨考虑为悬臂梁；密贴阶段，心轨为尖端铰接的超静定梁；锁闭阶段，心轨尖端固定的超静定梁。心轨分为 8 段截面特性变化，阶段内截面特性按线性变化。此模型可计算多点牵引的单肢及双肢心轨转换计算。1999 年，又采用有限元方法建立了弹性可弯尖轨转换力计算模型，把尖轨的转换分转换、密贴、锁闭 3 个阶段，认为道岔转换仅为摩擦力和尖轨的相互作用，滑床板摩擦力为梁体重量乘以摩擦系数。模型将尖轨分为 6 段等截面梁，阶段内截面特性按线性变化，各阶段施加不同的约束分别进行计算，可计算多点牵引的尖轨转换计算。

1981 年，铁道部专业设计院刘语冰应用 ЯНКОВСКИЙ 及 ГМЩАХУНЯНЦ 的基本假定及计算模型，结合我国道岔设计尺寸，对 43 kg/m 钢轨 6 号道岔尖轨及 50 kg/m 钢轨 18 号道岔尖轨转换力进行了计算，提出二动转换力随安装位置的变化而变化，二动转换力随一、二动间距的增加而增大，建议二动设置在尖轨轨头宽 50 mm 至整断面之间。

随着线路的提速，逐渐采用可动心轨结构。1984年，铁道科学研究院顾培雄研究员利用结构力学把转换模拟为以弹性可弯部分终点为固定端的变截面悬臂梁模型，考虑转辙杆中心部位受力，提出转换需要摩擦力及弯曲变形所需要的力，反位至定位时弯曲变形能释放，计算将心轨分为等截面的梁单元，通过计算单位转换力下的心轨位移及摩擦力作用下的心轨位移，得到心轨转换力。并提出了转换会导致心轨弯曲变形，不能达到设计位移值，两者之差为不足位移，其大小与截面位置、心轨刚度、轨型、摩擦力、心轨长度等多因素有关。

20世纪90年代，邢书珍将道岔尖轨视为若干个等截面梁单元组成的变截面梁体，跟端为刚性固定端，滑床板摩擦力作用在单元节点上，每个单元的摩擦力等于单元的重量乘以摩擦系数，采用逐次逼近的方法对多点牵引、不同摩擦系数下的转换力进行计算，迭代次数多、计算量大。

1999年，铁道部专业设计院采用有限元软件SAP90程序进行弹性可弯尖轨及心轨转换力的计算，选择考虑轴向和剪切变形的6个自由度的空间梁单元为基本单元，在变截面处、滑床板支撑处、拉杆、连接杆及间隔铁处设置节点，摩擦力直接作用于梁单元节点上，尖轨跟端固定，施加荷载及边界条件后进行计算。程序先求解滑床板的摩擦力，再进行联动或分动的转换计算，能够得到转换力、不足位移、各处应力及最小轮缘槽。通过此计算程序，对秦沈客运专线18号和38号道岔进行了转换力及不足位移的检算。

西南交通大学在高速道岔研制中，采用变分形式的最小势能原理来建立求解转换力的力学平衡方程，考虑反弹力、密贴力、摩阻力等多种因素，建立了较完善的弹性可弯尖轨、单肢及双肢弹性可弯心轨转换力及不足位移计算方法。

二、转换计算模型

基于有限元理论，建立高速道岔转换分析模型，如图4-15所示。模型中，考虑特殊结构外形和关键性细节部位，如尖轨与心轨的截面特性、牵引点位置、动程等，考虑到转换过程中的线性和非线性因素，如摩擦力、密贴反力、顶铁反力、扣件阻力等。模型中，密贴段的密贴作用、顶铁反力作用及扣件支撑采用非线性弹簧单元模拟。尖轨与心轨采用非线性变截面梁单元模拟。模型中，扣件采用非线性弹簧单元进行模拟，跟端以前长、短心轨之间的间隔铁结构采用弹簧单元进行模拟，跟端间隔铁采用等截面梁单元进行模拟。[22,34]

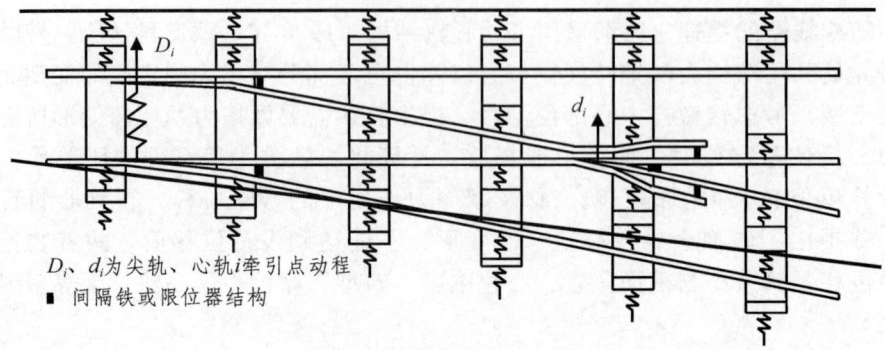

D_i、d_i 为尖轨、心轨 i 牵引点动程
■ 间隔铁或限位器结构

图 4-15 道岔转换分析模型

1. 尖轨转换计算模型

尖轨分动转换时，直、曲尖轨在转换过程的动作不一致，非密贴尖轨先动一段距离，密贴尖轨再动；联动时，两根尖轨同时动作且同时到位。根据我国道岔的牵引转换方式，主要分析分动外锁闭。直、曲尖轨牵引动程相同，假定设置 n 个牵引点，牵引点在某一时刻转换距离分为密贴尖轨的转换距离 D 和非密贴尖轨的转换距离 D'，具体如下

$$\left.\begin{array}{l} D=[D_1 \quad \cdots \quad \cdots \quad D_n] \\ D'=[D_1' \quad \cdots \quad \cdots \quad D_n'] \end{array}\right\} \quad (4-1)$$

对应的尖轨各牵引点的总转换力为

$$P_J=[P_{J1} \quad \cdots \quad \cdots \quad P_{Jn}] \quad (4-2)$$

对图 4-15 模型进行细化，尖轨转换计算模型如图 4-16 所示。尖轨尖端、岔枕、岔枕中部对应位置分别为尖轨单元节点。尖轨的牵引点间通过非线性弹簧进行连接，通过修改弹簧的参数来实现直、曲尖轨的转换时间差。对于联动尖轨计算，直、曲尖轨通过等截面梁单元进行连接，通过修改尖轨的初始参数可以计算尖轨各种初始状态下的转换。

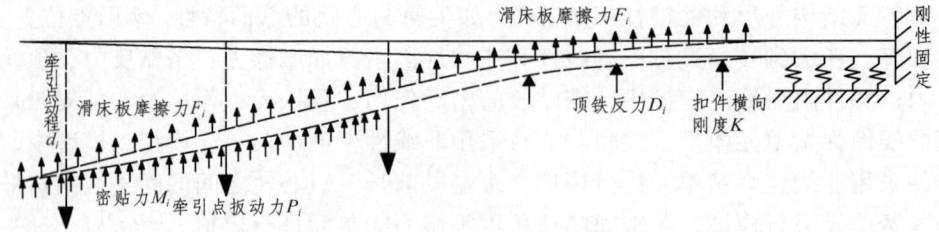

图 4-16 尖轨转换计算模型

尖轨长期转换后，反复的扳动导致固定端第 1 组扣件的轨距块与尖轨之间存在一定的间隙，尖轨位移在间隙范围内不考虑支撑作用，大于间隙值时有横向支撑作用。转换计算中，不考虑跟端扣件轨距块与尖轨之间间隙的影响。

直、曲尖轨设计初始位置与基本轨贴靠，各部分严格按照设计尺寸加工及铺设。牵引转换时，尖轨先由贴靠扳动至斥离状态，然后由斥离扳动至贴靠状态。尖轨扳动后的位置与初始设计位置位置相比较，不能够完全重合，两位置间的间隙为尖轨不足位移。

2. 心轨转换计算模型

对图 4-15 模型进行细化，单肢弹性可弯心轨及双肢弹性可弯心轨转换计算模型如图 4-17 所示。心轨尖端自由，考虑心轨间及心轨与翼轨间间隔铁的压缩、伸长。通过控制短心轨单元节点坐标来实现短心轨位于曲线状态。计算中，辙叉部分各单元节点坐标与设计相同，岔枕尺寸、间距也与设计相同。

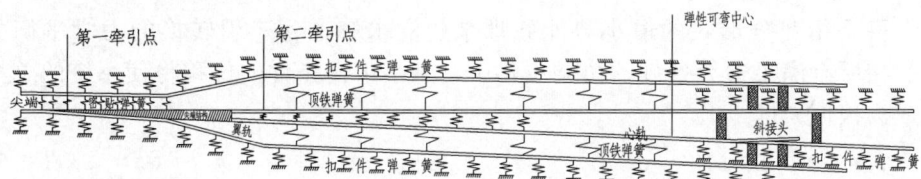

（a）单肢弹性可弯心轨转换计算模型

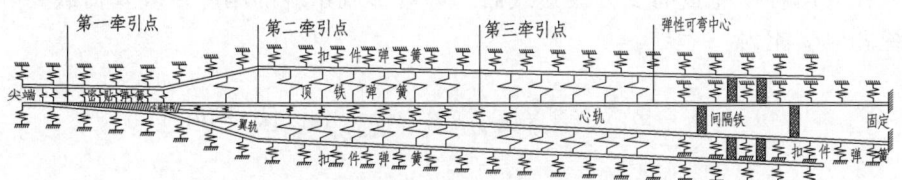

（b）双肢弹性可弯心轨转换计算模型

图 4-17 单肢及双肢弹性可弯心轨转换计算模型

单肢弹性可弯结构的短心轨跟端存在斜接头，对于侧向高速行车不利。侧向高速道岔采用双肢弹性可弯结构，为一整体的框架结构，横向刚度较大，转换线形难于控制。

列车直向过岔时，心轨处于定位状态，长心轨工作。侧向过车时，转辙设备将心轨由定位转换至反位状态，转辙机通过拉杆牵引转换心轨，牵引点转换力为心轨对转辙拉杆的反作用力。对于牵引转换，长短心轨在牵引点处的动程相同，假定设置 n 个牵引点，各牵引点动程为

$$d = [d_1 \quad \cdots \quad \cdots \quad d_n] \tag{4-3}$$

对应心轨各牵引点的转换力为

$$P_X = [P_{X1} \quad \cdots \quad \cdots \quad P_{Xn}] \tag{4-4}$$

心轨处于直向过车状态为初始位置。计算定位至反位的不足位移时，假定心轨在无摩擦力、无密贴力、跟端横向抗弯刚度为零的状态由定位向反位转换，扳动后的心轨作用边线形为理想状态 $Y(i)$。而考虑摩擦力、密贴力、顶铁力、扣件阻力等线性和非线性的因素后，由定位向反位转换，也得到一种线形 $y(i)$。两位置之间的间隙 $\Delta(i) = Y(i) - y(i)$ 为心轨不足位移。心轨由反位至定位转换后，又会得到一种线形，与初始位置之间的间隙为心轨定位时的不足位移。

三、转换计算力学方程与求解

1. 转换计算力学方程

可采用变分形式的最小势能原理来建立求解道岔牵引转换的力学平衡方程。在所有满足边界条件的协调位移中，满足平衡条件的位移将使系统的总势能成为极值，即

$$\delta U + \delta V = 0 \tag{4-5}$$

式中 U、V——系统总应变能及总势能的一阶变分。

在导出各项能量的变分表达式后，即可形成系统的刚度矩阵及荷载列阵。系统总应变能为

$$\begin{aligned}
U = & \sum_{i=1}^{N} \frac{1}{2} \{u\}^{eT} ([k_1]^e + [k_2]^e) \{u\}^e + \sum_{i=1}^{N_s} \frac{1}{2} \{u\}^{eT} [k_{s2}]^e \{u\}^e \\
& + \sum_{i=1}^{N_f} \frac{1}{2} k_{f1} (y_{ri} - y_{si})^2 + \sum_{i=1}^{N_f} \frac{1}{2} k_{f2} (z_{ri} - z_{si})^2 \\
& + \sum_{i=1}^{N_{xxj}} \frac{1}{2} k_{xxj1} (y_{ci} - y_{di})^2 + \sum_{i=1}^{N_{gj}} \frac{1}{2} \{u\}^{eT} ([k_{gj1}]^e + [k_{gj2}]^e) \{u\}^e \\
& + \sum_{i=1}^{N_p} \frac{1}{2} k_{p2} (z_{ri} - z_{si})^2 + \sum_{i=1}^{N_b} \frac{1}{2} k_{b1} y_{bi}^2 + \sum_{i=1}^{N_b} \frac{1}{2} k_{b2} z_{bi}^2
\end{aligned} \tag{4-6}$$

式中 N——钢轨梁单元数；

$\{u\}^e$——梁单元位移列阵；

$[k_1]^e$、$[k_2]^e$——钢轨梁单元在横向和竖向平面内的刚度矩阵；

N_s——岔枕节点总数；

$[k_{S2}]^e$——岔枕或整体道床在竖向平面的刚度矩阵;

N_f——扣件支点数;

k_{f1}、k_{f2}——扣件系统的横向和竖向支撑刚度;

y_{ri}、y_{si}——钢轨、岔枕节点的横向位移;

z_{ri}、z_{si}——钢轨、岔枕节点的竖向位移;

N_{xxj}——心轨前端间隔铁数;

y_{ci}、y_{di}——长短心轨的横向位移;

N_{gi}——尖轨与心轨跟端间隔铁数;

$[k_{gj1}]^e$、$[k_{gj2}]^e$——跟端间隔铁单元在横向和竖向平面内的刚度矩阵;

N_p——滑床板个数;

k_{p2}——滑床板的竖向支撑刚度;

k_{b1}、k_{b2}——路基对岔枕或道床的横竖向支撑刚度;

y_b、z_b——岔枕或道床的横、竖向位移。

系统总应变能的一阶变分为

$$\delta U = \sum_{i=1}^{N}\{\delta u\}^{eT}([k_1]^e+[k_2]^e)\{u\}^e + \sum_{i=1}^{N_s}\{\delta u\}^{eT}[k_{s2}]^e\{u\}^e$$

$$+ \sum_{i=1}^{N_f}(\delta y_{ri}-\delta y_{si})k_{f1}(y_{ri}-y_{si}) + \sum_{i=1}^{N_f}(\delta z_{ri}-\delta z_{si})k_{f2}(z_{ri}-z_{si})$$

$$+ \sum_{i=1}^{N_{xxj}}(\delta y_{ci}-\delta y_{di})k_{xxj1}(y_{ci}-y_{di}) + \sum_{i=1}^{N_{gi}}\{\delta u\}^{eT}([k_{gj1}]^e+[k_{gj2}]^e)\{u\}^e$$

$$+ \sum_{i=1}^{N_p}(\delta z_{ri}-\delta z_{si})k_{p2}(z_{ri}-z_{si}) + \sum_{i=1}^{N_b}\delta y_{bi}k_{b1}y_{bi} + \sum_{i=1}^{N_b}\delta z_{bi}k_{b2}z_{bi} \quad (4-7)$$

当尖轨与心轨由反位扳向正位时,系统中已储存的总应变能 $-\delta U_0$ 逐渐释放,按式(4-7)进行计算,梁单元的位移列阵采用由正位扳向反位时的计算值 $\{u_0\}^e$。

单元钢轨质量 M_{ri}、单元岔枕质量 M_{si}、跟端间隔铁的质量 M_{gji}、辊轮支撑力 P_{gi}、牵引点转换力 P_i、滑床台支撑力 P_{Pi}、滑床台摩擦力 F_{fi}、顶铁力 F_{di} 及密贴力 F_{mi} 的情形下,系统总势能为

$$V = \sum_{i=1}^{N}gM_{ri}z_{ri} + \sum_{i=1}^{N_s}gM_{si}z_{si} + \sum_{i=1}^{N_{gi}}gM_{gji}z_{gji} - \sum_{i=1}^{N_g}P_{gi}z_{gi}$$

$$- \sum_{i=1}^{N_Q}P_iy_{ri} + \sum_{i=1}^{N_F}F_{fi}y_{ri} + \sum_{i=1}^{N_D}F_{di}y_{ri} + \sum_{i=1}^{N_m}F_{mi}y_{ri} \quad (4-8)$$

式中 N_Q——牵引点数;

N_g 为辊轮的个数；

N_F ——滑床台摩擦力数；

F_{gi} ——滑床台摩擦力（$F_{fi} = \mu P_{Pi}$，其中 P_{Pi} 为辊轮和滑床板的支撑力，μ 为辊轮或滑床板的摩擦系数）；

N_D ——顶铁数（当钢轨与顶铁不贴靠时，顶铁力为零，当两者贴靠时，将顶铁视为刚度为 k_D 的弹簧）；

F_{di} ——顶铁力（$F_{di} = k_D \Delta y_D$，其中 Δy_D 为顶铁处钢轨压缩位移）；

N_m ——密贴区钢轨节点数；

F_{mi} ——密贴力（其计算方法与顶铁力相似）。

系统总势能的一阶变分为

$$\delta V = \sum_{i=1}^{N} gM_{ri}\delta z_{ri} + \sum_{i=1}^{N_s} gM_{si}\delta z_{si} + \sum_{i=1}^{N_{gj}} gM_{gji}\delta z_{gji} - \sum_{i=1}^{N_g} P_{gi}\delta z_{gi}$$
$$- \sum_{i=1}^{N_Q} P_i\delta y_{ri} + \sum_{i=1}^{N_F} F_{fi}\delta y_{ri} + \sum_{i=1}^{N_D} F_{di}\delta y_{ri} + \sum_{i=1}^{N_m} F_{mi}\delta y_{ri} \quad （4-9）$$

计算牵引点转换力时，将其视为未知变量，牵引转换动程为给定的位移荷载，并在系统力学平衡方程组中补充相应的位移协调条件

$$\sum_{i=1}^{N_Q} \delta Q_i(y_{ri} - d_i) = 0 \quad （4-10）$$

由式（4-7）、式（4-9）可导出系统的力学平衡方程组

$$[K]\{u\} = \{P\} \quad （4-11）$$

在求解式（4-11）时，迭代判断密贴力、顶铁力与整个系统是否能够达到平衡，并重新组建刚度矩 $[K]$、荷载列阵 $\{P\}$，直到满足要求为止。

当尖轨及心轨刨切段和基本轨及翼轨接触时，产生密贴反力，设所受的密贴压力为正值；当脱离接触时，密贴压力为零。密贴力势能为

$$v_m = \sum_{i=1}^{N_{JM}} (-1)^{ND} P_{jdi}[Y_{rji} - Y_{rsi}] + \sum_{i=1}^{N_{XM}} (-1)^{ND} P_{xdi}[Y_{rxi} - Y_{rwi}] \quad （4-12）$$

式中　N_{JM} ——尖轨与基本轨间的密贴弹簧数；

N_{XM} ——心轨与翼轨间的密贴弹簧数；

Y_{rsi}、Y_{rwi}、Y_{rji}、Y_{rxi} ——基本轨、翼轨、尖轨和心轨的位移。

密贴力势能的一阶变分为

第四章 道岔转换计算理论

$$\delta v_m = \sum_{i=1}^{N_{JM}}(-1)^{ND} F_{jmi}[\delta Y_{rji} - \delta Y_{rsi}] + \sum_{i=1}^{N_{XM}}(-1)^{ND} F_{xmi}[\delta Y_{rxi} - \delta Y_{rwi}] \quad (4\text{-}13)$$

密贴是一个面与面的接触，是一个非线性的体系结构，可通过设置非线性弹簧将面与面的接触转换为弹簧的非线性特性。转换中，在每一运行时间步长内首先假定密贴力是存在的，然后根据位移条件来判断密贴力是否起作用。密贴力大于 0 时，方程中应补充下列变分形式的位移协调条件

$$\left.\begin{array}{l}\delta F_{jmi}[Y_{rji} - Y_{rsi}] = 0 \\ \delta F_{xmi}[Y_{rxi} - Y_{rwi}] = 0\end{array}\right\} \quad (4\text{-}14)$$

否则，式（4-14）中的位移协调条件应以下列方程代替

$$\left.\begin{array}{l}\delta F_{jmi} F_{jmi} = 0 \\ \delta F_{xmi} F_{xmi} = 0\end{array}\right\} \quad (4\text{-}15)$$

道岔顶铁有两种：一种是安装在基本轨和翼轨轨腰上，以阻止尖轨和心轨过大的横向位移；另一种是安装在两心轨间的铁垫板上，也是为了防止直接承受列车荷载时心轨产生过大的横向位移。顶铁通过与轨腰的接触，限制尖轨、心轨的位移，控制转换的线形，同时抵抗列车横向力的作用。顶铁作用为一个非线性过程，本文中通过设置非线性弹簧来描述顶铁的作用。当尖轨和心轨与顶铁接触时，产生顶铁压力，设尖轨和心轨所受的顶铁压力为正值；当尖轨和心轨与顶铁脱离接触时，顶铁压力为零。顶铁力势能为

$$v_d = \sum_{i=1}^{N_{JD}}(-1)^{ND} P_{jdi}[Y_{rji} - Y_{rsi}] + \sum_{i=1}^{N_{XD}}(-1)^{ND} P_{xdi}[Y_{rxi} - Y_{rwi}]$$
$$+ \sum_{i=1}^{N_{CD}} P_{xcdi}[Y_{ri} - Y_{si}] + \sum_{i=1}^{N_{DD}} P_{xddi}[Y_{ri} - Y_{si}] \quad (4\text{-}16)$$

式中　N_{JD}——尖轨顶铁个数；

N_{XD}——心轨外侧顶铁个数；

N_{CD}——长心轨与岔枕间的顶铁数；

N_{DD}——短心轨与岔枕间的顶铁数；

Y_{rsi}、Y_{rwi}、Y_{rji}、Y_{rxi}——基本轨、翼轨、尖轨和心轨的位移；

P_{jdi}、P_{xdi}、P_{xcdi}、P_{xddi}——尖轨顶铁反力、心轨外侧顶铁反力、长心轨与岔枕间的顶铁反力、短心轨与岔枕间顶铁反力。

顶铁力位势的一阶变分为

$$\delta v_d = \sum_{i=1}^{N_{JD}}(-1)^{ND}P_{jdi}[\delta Y_{rji}-\delta Y_{rsi}] + \sum_{i=1}^{N_{XD}}(-1)^{ND}P_{xdi}[\delta Y_{rxi}-\delta Y_{rwi}]$$

$$+ \sum_{i=1}^{N_{CD}}P_{xcdi}[\delta Y_{ri}-\delta Y_{si}] + \sum_{i=1}^{N_{DD}}P_{xddi}[\delta Y_{ri}-\delta Y_{si}] \quad (4\text{-}17)$$

在每一运行时间步长内首先假定顶铁力是存在的，然后根据位移条件来判断顶铁是否起作用。顶铁力大于 0 时，补充下列变分形式的位移协调条件

$$\left.\begin{array}{l}\delta P_{jdi}[Y_{rji}-Y_{rsi}]=0\\ \delta P_{xdi}[Y_{rxi}-Y_{rwi}]=0\\ \delta P_{xcdi}[Y_{ri}-Y_{si}]=0\\ \delta P_{xddi}[Y_{ri}-Y_{si}]=0\end{array}\right\} \quad (4\text{-}18)$$

否则，式（4-18）中的位移协调条件应以下列方程代替

$$\left.\begin{array}{l}\delta P_{jdi}P_{jdi}=0\\ \delta P_{xdi}P_{xdi}=0\\ \delta P_{xcdi}P_{xcdi}=0\\ \delta P_{xddi}P_{xddi}=0\end{array}\right\} \quad (4\text{-}19)$$

道岔牵引转换的不同时刻，尖轨及心轨的扳动位置不同，系统的刚度矩阵及荷载也不同。把扳动过程细化，可以得到各阶段的转换结果。

2. 非线性方程求解

对于一般结构要获得非线性方程的直接代数解是非常困难的，故常用数值解的方法求其代数解。非线性结构行为不能直接用一系列的线性方程表示，需要一系列的带校正的线性近似来求解非线性问题，一般的方法有：增量法、直接迭代法、Newton-Raphson 方法。而混合法是把增量法和迭代法混合使用的一种求解非线性方程组的方法，一方面按增量法的要求把荷载分成增量，然后逐级加载；另一方面，在每一增量内进行迭代计算，提高计算精确性。由于道岔转换中存在多重非线性因素，引起荷载/位移的变化，选择增量法与修正的 Newton-Raphson 方法相结合求解非线性方程组，可以得到非常精确的解。

3. 密贴及顶铁位置判断

道岔转换计算中，当尖轨、心轨节点位移增量不断变小，达到预先规定的精度时，则终止迭代过程，认为牵引转换结束。迭代误差限要求越高，计算精度也越高，但计算工作量也将越大。因而还应选择合适的迭代误差限，且不同的迭代循环的迭代误差限要求也不一样。方程的求解中除了要进行材料非线性、几何非线性的迭代循环外，还要进行积分时间步长循环及密贴状态的判断、顶

铁顶紧作用的判断,为减少计算量并保证迭代的稳定性和收敛性,应合理地选择多重循环结构。

密贴、顶铁的接触状态是由两构件的相对位移来判断的,由于舍入误差等因素的存在,限制相接触的两构件的相对位移也并非为 0,因此本文规定两构件相对位移的绝对值小于 10^{-10} 时,两者即发生接触,即

$$|u_1 - u_2| \leqslant 10^{-10} \quad (4\text{-}20)$$

式中 u_1、u_2——两构件的位移。

四、一机多点牵引转换计算方法

一机多点牵引道岔在第一牵引点处设置转辙机,通过双导管方式将动力传递给其他牵引点,转换系统通过拐肘实现牵引点转换动程的分配,并能够对电动力进行放大,其计算如图 4-18 所示。

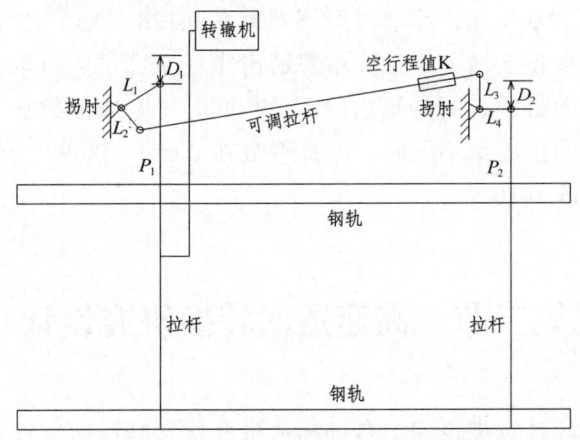

图 4-18　一机多点牵引转换计算图示

由于拐肘的尺寸能够实现各牵引点的同步运动,转换通过拐肘实现牵引点转换动程的分配。但由于可调拉杆可能会设置一定的空行程,所以牵引点动程并非完全按照拐肘尺寸比例设计。假定各牵引点的动程为

$$D = [D_1 \ \cdots \ \cdots \ D_N] \quad (4\text{-}21)$$

转转过程中,对应的牵引点转换力为

$$P = [P_1 \ \cdots \ \cdots \ P_N] \quad (4\text{-}22)$$

由于拐肘的传力特点，得到转辙机的电动力为

$$\sum P = P_1 + \frac{L_4}{L_3} \cdot \frac{L_2}{L_1} \cdot P_2 \tag{4-23}$$

转换过程中，拉杆在牵引点位置对尖轨及心轨施加转换力，使各牵引点位置产生给定位移即牵引动程，各牵引点转换力为该点处的集中反作用力。转换过程中电动力及牵引点转换力不断变化，转辙机电动力达到最大值时，各牵引点转换力并不一定达到最大。

五、滑床板摩擦系数测试

通过室内试验，测得普通滑床板表面水平情形下，不涂油时摩擦系数在 0.153~0.191 变化，涂油时，摩擦系数在 0.107~0.148 变化，可见表面涂油措施对滑床板减摩效果明显。滑床板端部抬高 10 mm 倾斜情形下，不涂油时摩擦系数在 0.196~0.210 变化，涂油时摩擦系数在 0.128~0.155 变化。由于滑床板倾斜度及表面不平整会增大，计算中普通滑床板摩擦系数可取为 0.25。

对于辊轮滑床台板，两个辊轮抬高量相同时，摩擦系数在 0.044~0.069 变化；当两个辊轮的抬高量不同时，摩擦系数在 0.054~0.094 变化计算中辊轮滑床板的摩擦系数取 0.10。

第三节 高速道岔转换研究设计

运用道岔转换计算理论，对各种高速道岔进行转换研究设计，控制指标为转换力（或扳动力）不超过 6 kN，最小轮缘槽不小于 65 mm，最大转换不足位移不超过 2 mm，密贴段尖轨或心轨与基本缝隙不超过 0.5 mm。

一、高速道岔尖轨转换研究设计

客运专线道岔尖轨活动段长、牵引点数量多，转换难于控制，同时又对平顺性要求很高。因此，分析多种因素对尖轨转换的影响，采取转换控制措施，对牵引点间距、牵引点动程、可动段长度的进行优化，有利于更好地指导高速道岔的尖轨转换控制，保持良好的平顺性。

1. 尖轨可动段长度的确定

道岔牵引转换中，应尽量的减小可动段的长度，高速道岔尖轨较长，需要对尖轨摆动部分的长度进行严加控制，尽可能地将尖轨固定端向前移动。尖轨固定端前移会减小温度荷载作用下尖轨的伸缩量，降低了卡阻现象发生的可能性；会增加尖轨结构的横向抗弯刚度，减小不足位移，保持尖轨在列车过岔时的线形。但可动段长度减小后，最后一牵引点距跟端距离缩小，可能导致牵引点的转换力有所增大、轮缘槽不能满足要求。由式（2-26）求得我国 18 号、42 号道岔曲线尖轨可动段长度取为 18 745 mm、40 345 mm。为了在尖轨长度较短的情况下仍能保证最小轮缘槽的宽度，可以采用非线性变化的牵引动程，但会导致转换力的增加。

2. 牵引点布置对转换的影响

高速道岔尖轨第一牵引点动程为 160 mm，其余牵引点动程根据其距跟端的距离呈线性变化。牵引点布置不同，转换力及不足位移也有所不同。

以 18 号道岔为例，尖轨设三个牵引点，不同牵引点布置情形下，无辊轮滑床板的尖轨转换力及不足位移计算结果见表 4-2，不足位移分布如图 4-19 所示，可见，设置三个牵引点，转换力均在容许限度内；牵引点间距增大，滑床板总摩擦力增加，尖轨与基本轨间缝隙增大，但因最后一牵引点与跟端间距离减小，转换不足位移减小明显。

表 4-2　客运专线 18 号道岔尖轨转换力及不足位移

牵引点间距（m）	一动转换力（N）	二动转换力（N）	三动转换力（N）	密贴段缝隙（mm）	转换不足位移（mm）
4.2、4.2	881.7	828.4	5 456.4	0.22	6.71
4.2、4.8	909.5	1 124.7	5 696.6	0.22	5.58
4.8、4.8	1 049.1	1 254.9	5 420.2	0.36	4.63
4.8、5.4	1 010.3	1 395.4	5 047.2	0.32	3.84
5.4、5.4	1 208.2	1 568.2	4 878.6	0.53	3.18
5.4、6.0	1 168.4	1 787.8	4 738.4	0.49	2.64

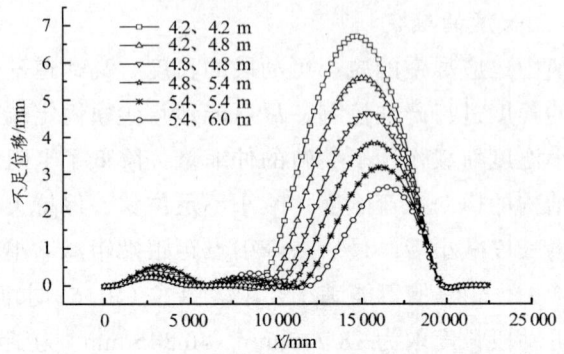

图 4-19 牵引点布置对不足位移的影响

提速道岔设计中最后一牵引点常设置在尖轨密贴段结束处（两牵引点间距均为 4.2 m），是为了便于借用表示杆监测该处的密贴状况，但在高速大号码道岔中，可能会因最后一牵引点距离跟端太远而导致不足位移超限，经综合比较，18 号道岔尖轨在采用三个牵引点情况下，三个牵引点间距设置为 4.8 m、5.4 m 较为合适，第三牵引点距离尖轨固定位置的距离为 8.04 m，并通过设置辊轮滑床板来降低转换力及不足位移。

当然，若能设置 4 个牵引点则效果更佳，牵引点间距为 3.6 m、4.2 m、4.2 m 时，转换不足位移最大值约为 2.0 mm，尖轨与基本轨间的最大缝隙约为 0.22 mm，转换力分布如图 4-20 所示，从图中可见，随着尖轨动程增大，转换力呈增大趋势，但在尖轨某部位与基本轨或顶铁发生贴靠瞬间，因尖轨线形的变化而会导致最后一牵引点转换力发生突变。

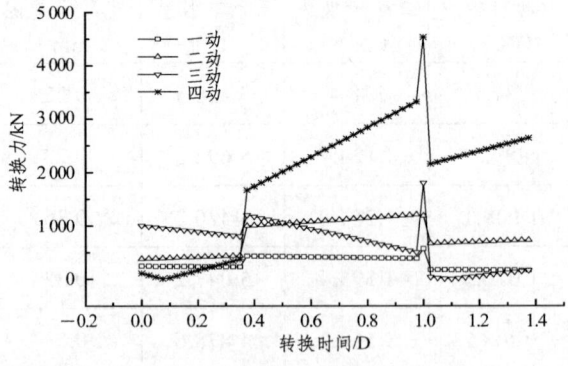

图 4-20 四个牵引点时转换力分布

3. 滑床板摩擦系数对尖轨转换的影响[25]

18 号道岔尖轨设置三个牵引点，牵引点间距为 4.8 m、5.4 m，各牵引点转换动程分别为 160 mm、118 mm、71 mm，最后一牵引点转换力及转换不足位移随滑床台板摩擦系数的变化如图 4-21 所示。

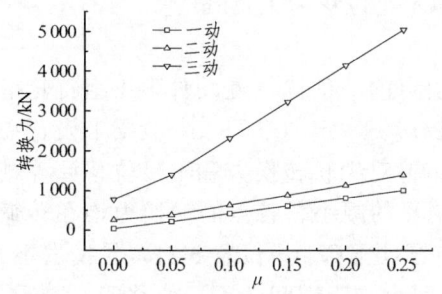
（a）转换力随滑床板摩擦系数的变化

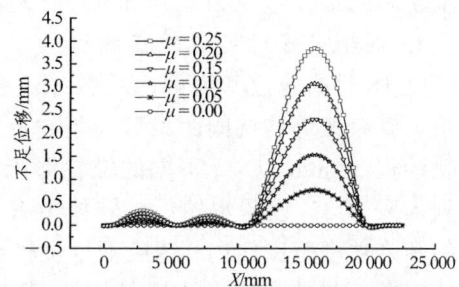
（b）不足位移随滑床板摩系数变化

图 4-21　转换力及转换不足位移随滑床台板摩擦系数的变化

由图 4-21 中可见，18 号高速道岔尖轨各牵引点转换力均随滑床板摩擦系数的增大而增大，特别是最后一牵引点增加趋势十分明显，转换不足位移、尖轨与基本轨间的缝隙也是随滑床板摩擦系数的增大而增大的，当滑床板摩擦系数为 0.1 时，转换不足位移最大值约为 2.0 mm，可以满足设计要求，因此需要采用辊轮滑床板以降低滑床板摩擦系数。

42 号道岔尖轨设置六个牵引点，第一至第五各牵引点间距为 6.0 m，第五与第六牵引点间距为 7.2 m，第六牵引点至尖轨固定位置的距离为 8.665 m，各牵引点设计动程分别为 160 mm、136 mm、111 mm、87 mm、62 mm、33 mm。最后一牵引点转换力及转换不足位移随滑床台板摩擦系数的变化如图 4-22 所示。

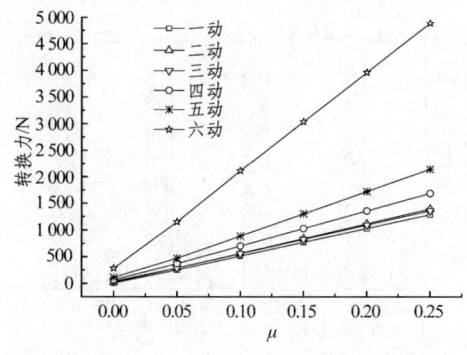
（a）转换力随滑床板摩擦系数的变化

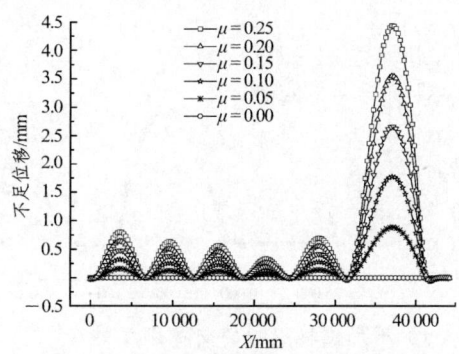
（b）不足位移随滑床板摩系数变化

图 4-22　转换力及转换不足位移随滑床台板摩擦系数的变化如图

从图 4-22 中可见，42 号道岔尖轨转换力及转换不足位移随滑床板摩擦系数的变化规律与 18 号道岔相同，当采用辊轮滑床板摩擦系数为 0.1 时，尖轨与基本轨间的最大缝隙为 0.34 mm，最大转换不足位移为 1.78 mm。

4. 辊轮布置对尖轨转换的影响

以 18 号高速道岔为例，尖轨在第一牵引点前一岔枕位置设置第 1 组辊轮滑床板，其余按等岔枕间距设置。辊轮的安装需要一定的空间，一般要求设置在尖轨动程 32 mm 以前，不同的辊轮滑床板布置对尖轨转换力和不足位移计算结果列入表 4-3。设置辊轮后，转换力有了明显的减小，各点的转换力均在转辙机的容许功率范围之内，转换不足位移也有了明显降低。设置 6 对辊轮情况下，尖轨刨切面与基本轨密贴状态良好，第三牵引点与跟端间的不足位移明显减小，且牵引点转换力最小。从经济及实用的角度考虑，建议 18 号道岔直曲尖轨上设置 6 对辊轮，同样 42 号道岔建议设置 13 对辊轮。

表 4-3 设置辊轮后尖轨转换力和不足位移

辊轮数/枕跨数	一动转换力（N）	二动转换力（N）	三动转换力（N）	密贴段缝隙（mm）	转换不足位移（mm）
0/0	1 010.3	1 395.4	5 047.2	0.32	3.84
5/6	654.9	888.3	3 600.6	0.26	2.54
6/5	548.4	893.0	3 253.6	0.23	1.98
7/4	436.2	888.8	3 371.6	0.17	2.11

5. 尖轨跟端状态对转换的影响

以 18 号高速道岔为例，当尖轨跟端扣件横向支撑刚度变化时，尖轨转换力及转换不足位移的变化如图 4-23 所示。

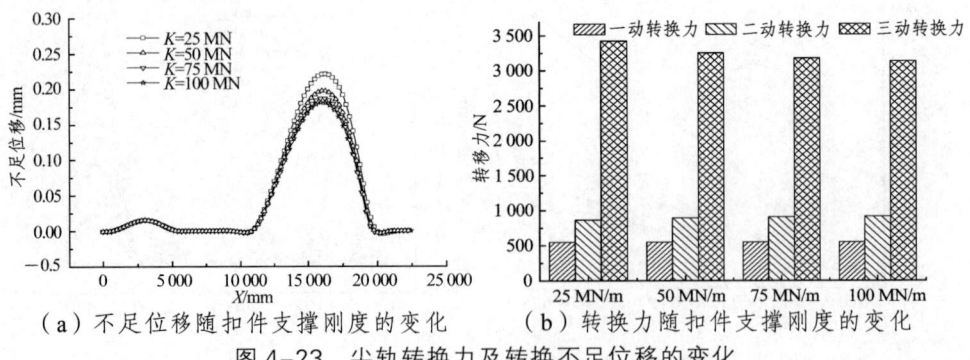

(a) 不足位移随扣件支撑刚度的变化　　(b) 转换力随扣件支撑刚度的变化

图 4-23 尖轨转换力及转换不足位移的变化

从图 4-23 中可见，尖轨转换不足位移随着跟端扣件横向支撑刚度的增加而有所减小，可见增大跟端扣件刚度有利于控制尖轨的不足位移。斥离尖轨的转换力随跟端刚度改变变化趋势不明显，密贴尖轨最后一牵引点转换力随扣件刚度的增加略有所减小，其余牵引点转换力基本不变。同样，尖轨跟端设置间隔铁结构能有效地增加跟端的横向刚度，较好地控制尖轨线形。

6. 设置反变形减小不足位移

为减小尖轨的转换不足位移，可在尖轨最后一牵引点至跟端间预设如图4-24所示的反变形，反变形矢度与不足位移大小相同，则18号、42号道岔设置不同波长、不同形状的反变形后尖轨不足位移如图4-25所示。

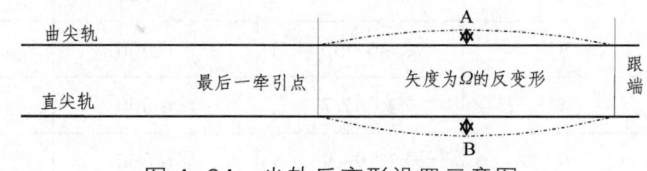

图4-24 尖轨反变形设置示意图

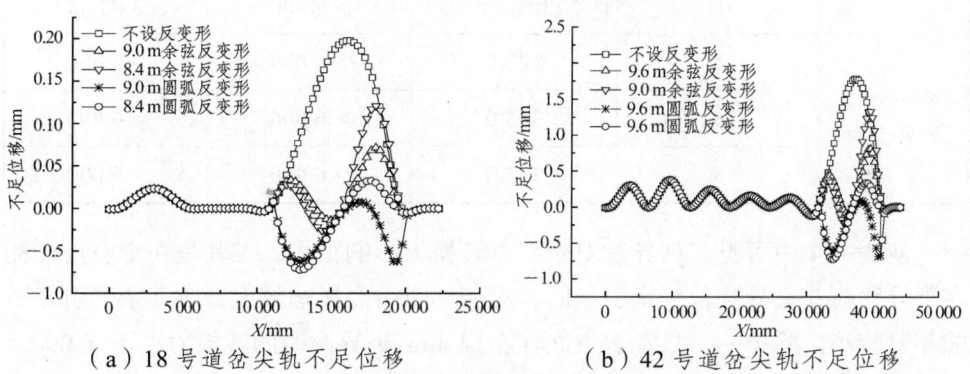

（a）18号道岔尖轨不足位移　　　　（b）42号道岔尖轨不足位移

图4-25 18号、42号道岔设置不同波长和不同形状的反变形后尖轨不足位移

由图4-25中可见，不考虑顶铁作用情形下，尖轨在设置圆弧反变形会导致不足位移出现负值现象，在顶铁的作用下，势必会产生较大的顶铁反力，导致转换力的大幅度增加，而设置余弦型反变形后，尖轨线形较好。对于18号道岔，长度9.0m的余弦反变形较优，最大转换力为3 653.6 N，略有增加，最大转换不足位移约为0.48 mm；对于42号道岔，长度9.6m的余弦反变形最优，最大转换力为3 759.4 N，增加幅度较小，最大转换不足位移约为0.83 mm。

7. 夹异物对尖轨转换的影响

以18号道岔为例，当尖轨牵引点及牵引点间有异常的坚硬物体存在时（称为夹异物），尖轨各牵引点的转换力如表4-4所示。

表 4-4 夹异物对尖轨各牵引点转换力的影响

夹异物位置	夹异物尺寸(mm)	一动转换力（N）	二动转换力（N）	三动转换力（N）
第一牵引点	4	>6 000	1 169.2	3 253.7
	6	>6 000	1 505.5	3 253.7
	8	>6 000	1 841.9	3 253.7
第一、二牵引点间	4	5 869.1	5 813.7	3 254.0
	6	>6 000	>6 000	3 254.3
	8	>6 000	>6 000	3 254.5
第二牵引点	4	2 067.7	>6 000	2 093.8
	6	2 793.9	>6 000	2 791.9
	8	3 543.6	>6 000	3 687.3
第一、二牵引点间	4	383.0	>6 000	>6 000
	6	383.0	>6 000	>6 000
	8	383.0	>6 000	>6 000

从表 4-4 中可见，夹异物对牵引点转换力影响很大，尤其是在牵引点处存在夹异物时；夹异物位于牵引点间，对相邻牵引点影响较大，对其余牵引点影响相对较小。除第一、二牵引点间存在 4 mm 夹异物时的转换力小于 6 000 N 外，其余情形下均会出现牵引点转换不到位、不锁闭的现象，为了使转辙机能够发现第一、二牵引点间 4 mm 以上的夹异物，可以在这两牵引点采用转换额定功率为 2 500 N 的转辙机，以确保在正常情况下转换力不会超限，在异常情况下能够不锁闭。

8. 动程偏差对尖轨转换的影响

尖轨转辙设备安装时，动程可能存在一定的偏差。以 18 号道岔为例，假定存在动程偏差的牵引点按照动程比例同步转换且同时到位，牵引转换力见表 4-5 所示。从表中可见，牵引点动程增加后，牵引点转换力有所增加，牵引点越靠近跟端，转换力受动程公差的影响越大，但是各牵引点转换力仍在转辙机的功率容许限度内。

表 4-5　动程偏差对尖轨转换力的影响

牵引点	动程偏差（mm）	一动转换力（N）	二动转换力（N）	三动转换力（N）
第一牵引点	-2	535.7	865.5	3 236.0
	+2	561.2	920.5	3 271.2
第二牵引点	-2	521.0	819.8	3 189.3
	+2	575.9	966.1	3 317.9
第三牵引点	-2	530.8	828.7	3 172.9
	+2	566.1	957.2	3 334.3

9. 转换时间差对尖轨转换的影响

转换时间差包括两根尖轨的转换时间差和尖轨不同牵引点的转换时间差。尖轨采用分动转换时，直、曲尖轨的动作时间可以不一致，计算表明，直、曲跟尖轨的时间间隔越长，两根尖轨的转换独立性越好，两尖轨转换力叠加后的最大值越小，但从转换控制的角度考虑，两根尖轨的间隔时间太长会导致转辙设备的设计困难，建议以 0.375 倍动程差为宜。

尖轨不同牵引点的也可能不一致，计算以 0.1D（0.1 倍动程差）为基本时间差，各牵引点的转换时间差对尖轨转换力的影响如表 4-6 所示。从表中可见，牵引点不同时到位情形下，各牵引点的转换力变化很大，其中第二牵引点晚动对各牵引点转换力的影响最大，因此建议高速道岔各牵引点到位时间差应控制在 0.1D 之内。

表 4-6　转换时间差对尖轨转换力的影响

转换时间差（mm）	一动转换力（N）	二动转换力（N）	三动转换力（N）
各牵引点同时到位	548.4	893.0	3 253.6
第一牵引点先动 0.1D	4 111.9	893.7	3 479.4
第一牵引点晚动 0.1D	405.5	3 417.8	3 107.9
第二牵引点先动 0.1D	510.7	2 185.2	2 647.0
第二牵引点晚动 0.1D	5 082.2	1 856.0	5 939.8
第三牵引点先动 0.1D	648.6	719.2	4 055.1
第三牵引点晚动 0.1D	452.5	2 625.1	2 872.9

二、高速道岔心轨转换研究设计

可动心轨辙叉结构要比转辙器部分复杂得多，有侧股为斜接头（叉跟尖轨式或叉跟基本轨）的单肢弹性可弯心轨和无斜接头的双肢弹性可弯心轨、有长短心轨拼接式和整体锻造式叉心，而且从定位至反位转换与从反位至定位转换时受力条件不同（尖轨定反位转换时转换力相当），因此需根据不同结构进行转换研究设计。

（一）单肢弹性可弯心轨转换

1. 牵引点间距的影响

以 18 号道岔为例，心轨设两个牵引点，不同的牵引点间距及可动段长度对转换力的影响如表 4-7 所示。

表 4-7 牵引点间距对心轨转换力的影响

可动段长度 （mm）	牵引点间距 （mm）	动程 （mm）	转换状态	一动转换力 （N）	二动转换力 （N）	不足位移 （mm）
6 905	3 000	119、65	至反位	1 886.6	5 827.7	1.54
			至定位	472.2	1 094.3	1.52
7 505	3 600	119、59	至反位	2 132.3	4 859.1	1.44
			至定位	1 576.8	3 194.6	1.41
8 105	3 600	119、64	至反位	1 741.8	4 032.3	2.53
			至定位	1 720.2	2 765.0	2.50

从表 4-7 中可见：心轨由定位至反位转换的转换力比由反位至定位的转换力大的多，主要是由于定位至反位转换过程中要克服大量的弯曲变形能，而在反位至定位转换中，弯曲变形能逐渐释放。心轨可动段越短，需要克服的弯曲变形能越大，定位至反位的转换力越大。不足位移在定位时由长心轨测得，反位时由短心轨测得，单肢弹性可弯心轨定位、反位状态的不足位移分布相同，最后一个牵引点距离心轨跟端间的距离越大，转换不足位移越大，转换力越小。因此，心轨可动段长度应根据转换不足位移及转换力综合确定。

心轨的转换实际上是一个克服心轨本身的刚度和滑床板等构件阻力的过程。心轨抗弯刚度越大，跟端约束越强，转换力越大，心轨线形控制的也越好，不足位移越小。综合比较来看，18 号道岔心轨尖端至弹性可弯段的距离为 7.505 m、牵引点间距 3.6 m、动程为 119 mm、59 mm 较为合理。

心轨在转换即将到位时,各牵引点转换力均有大幅度的增加,这主要是由于刨切段在贴靠的瞬间产生较大的密贴阻力,顶铁也会在顶住的瞬间产生反力。因此需要严格控制心轨线形,合理设置顶铁,以防产生过大的转换力。

2. 滑床板摩擦系数的影响

不同的滑床板摩擦系数对 18 号道岔心轨转换力及不足位移的影响如图 4-26 所示。由图中可见,心轨转换力及不足位移均随滑床板摩擦系数的增大而增大。

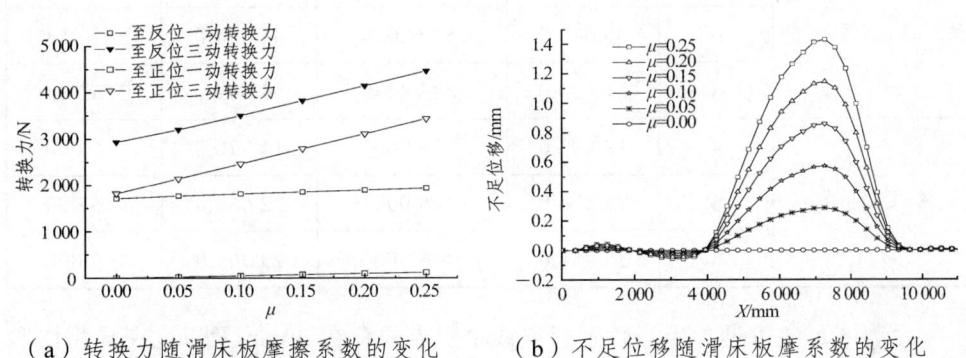

(a) 转换力随滑床板摩擦系数的变化　　(b) 不足位移随滑床板摩擦系数的变化

图 4-26　不同的滑床板摩擦系数对 18 号道岔心轨转换力及不足位移的影响

心轨质量越小,滑床台作用在心轨上的摩擦力也越小,转换力及不足位移均越小。但心轨质量的减小,往往导致截面特性减小,转换不足位移增大。设置弹性可弯中心,在较短的范围削弱心轨,可以解决这一矛盾,这就是弹性可弯心轨的由来。

滑床板涂油或采用减摩滑床台来减少钢轨和滑床台之间的摩擦系数,能够明显地减小转换力和不足位移,心轨滑床台面可喷涂减摩涂料、电化学涂镀减摩或者采用复合材料,因空间限制无法安装辊轮,因心轨需经常扳动,且在列车荷载作用下会不断地冲击滑床台板,因此要求滑床台板及减摩涂层具有较好的耐磨性、抗冲击性,避免涂层失效和滑床台板出现压痕而影响转换。

3. 夹异物对心轨转换的影响

对心轨第一、二牵引点及两牵引点间存在夹异物情形进行计算,转换力计算结果列入表 4-8。

表 4-8　不同夹异物尺寸下心轨各牵引点最大转换力

夹异物位置	夹异物尺寸（mm）	定位至反位		反位至定位	
		第一牵引点转换力（N）	第二牵引点转换力（N）	第一牵引点转换力（N）	第二牵引点转换力（N）
第一牵引点	4	>6 000	12 888.0	>6 000	7 296.6
	6	>6 000	17 178.0	>6 000	10 377.0
	8	>6 000	21 468.0	>6 000	13 457.0
第一、二牵引点间	4	31 721.0	46 448.0	30 279.0	41 164.0
	6	46 617.0	62 620.0	45 364.0	51 395.0
	8	61 499.0	88 790.0	58 449.0	71 630.0
第二牵引点	4	18 893.0	>6 000	14 720.0	>6 000
	6	27 374.0	>6 000	22 060.0	>6 000
	8	35 854.0	>6 000	29 399.0	>6 000

由表 4-8 中可见，当心轨牵引点或牵引点间存在 4 mm 及以上夹异物情形下，转换力值远远超出转辙机的功率 6 000 N，各牵引点均不能转换到位，可以不设密贴检查器。

（二）拼接式双肢弹性心轨转换

以 42 号高速道岔为例，该道岔采用拼接式双肢弹性可弯心轨结构，可动部分长度为 18.175 mm，长短心轨采用间隔铁和高强螺栓连接。心轨设置三个牵引点，第一、二牵引点间距为 4.8 m，第二、三牵引点间距为 5.965 m，第三牵引点距心轨固定位置为 6.9 m。心轨各牵引点设计动程按第一牵引点动程及距弹性可弯中心位置线性变化，分别为 110 mm、79 mm、41 mm。

1. 优化心轨可动段长度及各牵引点动程

按照以上常规的设计，第三牵引点转换力已接近转辙机的额定功率，转换不足位移也较大，可以在牵引点位置及第一牵引点动程不变的情况下，优化双肢心轨可动段长度及牵引点动程，考虑以下三种方案：方案一是缩短第三牵引点距固定端的距离为 5.1 m，三个牵引点动程分别为 110 mm、77 mm、35 mm；方案二是在第三牵引点距固定端的距离为 5.1 m 的情况下，优化牵引点动程为 113 mm、79 mm、36 mm；方案三是保持第三牵引点距固定端的距离为 6.9 m

不变的情况下，优化牵引点的动程为 113 mm、79 mm、36 mm。各设计方案的转换力及不足位移如表 4-9 所示。

表 4-9 双肢弹性可弯心轨牵引点动程优化结果

方案	转换状态	一动转换力（N）	二动转换力（N）	三动转换力（N）	不足位移（mm）
原设计	至反位	2 585.1	1 872.3	5 583.5	2.62
	至定位	872.3	2 355.0	2 772.8	1.12
优化方案一	至反位	2 769.6	1 928.9	6 313.3	1.64
	至定位	879.2	2 512.5	2 234.7	0.66
优化方案二	至反位	2 817.1	1 928.9	6 462.5	1.67
	至定位	879.2	2 551.3	2 234.7	0.66
优化方案三	至反位	2 531.6	1 943.4	4 240.2	2.12
	至定位	872.2	1 906.2	2 745.6	1.10

由表 4-9 中可见，由于双肢心轨前端为拼接式结构，与跟端的间隔铁形成一框架，横向抗弯刚度大，整体性好，因而转换力分布较均匀。心轨由反位向定位转换时，弯曲变形能释放，牵引点转换力及不足位移较定位向反位转换时减小。第三牵引点的转换力较前两个牵引点大，是转换力的控制性因素。优化方案三中牵引点转换力明显小于其他方案，但不足位移仍较大，需采取其他措施予以消除。

2. 预设反变形

在长、短心轨第三牵引点跟端间设置余弦反变形，如图 4-27 所示，反变形矢度分别为 1.0 mm、2.0 mm，考虑波长为 6.6 m 和 7.2 m 两种方案，设置反变形后心轨不足位移如图 4-28 所示。

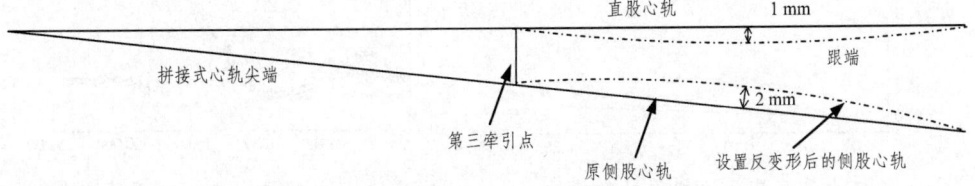

图 4-27 拼接式心轨设置反变形示意图

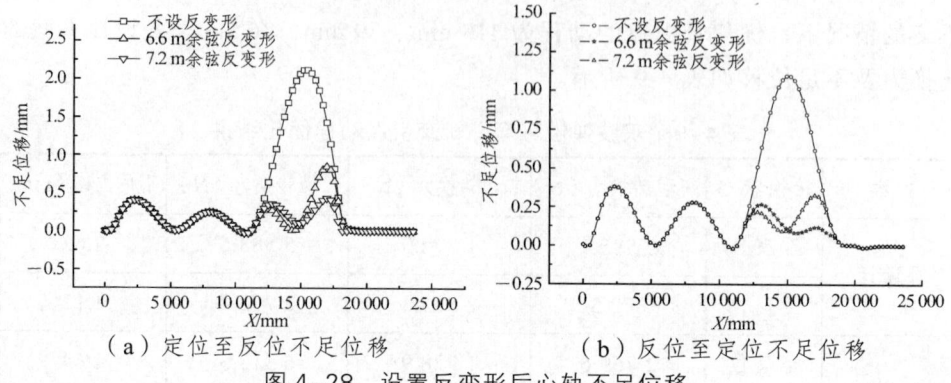

图 4-28 设置反变形后心轨不足位移

由图 4-28 中可见,设置余弦型反变形后,心轨转换后的不足位移均在 1.0 mm 之内,反变形长度 7.2 m 情形下的心轨平顺性较好,由于转换时的顶铁反力减小,第三牵引点转换力定位时由 4 240.2 N 减小为 3 973.0 N,反位时由 2 745.6 N 减小为 2 543.8 N,第一、二牵引点转换力稍有所增加。心轨设置一定的反变形对于减小转换力及不足位移是有利的。

(三)整体锻造式双肢心轨转换

整体锻造式心轨前端采用整体锻造结构,在轨顶宽 233 mm 处分为两肢即直股心轨与侧股心轨。心轨后端采用普通钢轨连接,不设轨底坡。42 号道岔整体锻造式心轨可动部分设计长度为 18.775 m,设置三个牵引点,间距为 4.8 mm、5.965 m,三动距固定位置的距离为 7.5 m。心轨弹性可弯中心位置与拼接式相同,动程根据弹性可弯中心按线性变化分别为 110 mm、79 mm 及 41 mm。

1. 滑床板摩擦力的影响

客运专线 42 号道岔锻造式心轨结构由定位至反位时,转换力、不足位移随滑床板摩擦系数的变化如图 4-29 所示。

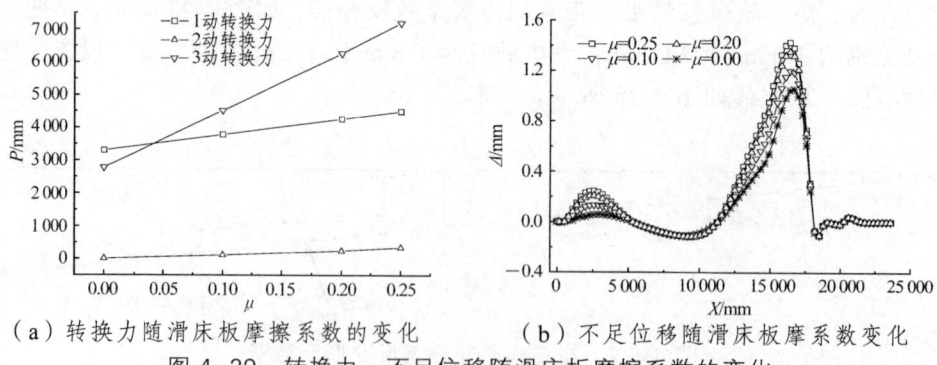

图 4-29 转换力、不足位移随滑床板摩擦系数的变化

由图 4-29 中可见，由于整体锻造心轨结构的横向抗弯刚度较拼接式心轨大，需要克服大量的弯曲变形能，当滑床板摩擦系数为 0.25 时，心轨由定位向反位转换时第三牵引点的转换力为 7 195.1 N，远大于拼接式结构转换力，甚至超出了转辙机容许转换力 6 000 N；最大不足位移为 1.43 mm。心轨的转换力及不足位移均随滑床板的摩擦系数的增加而增加，需采取措施降低摩擦系数，优化心轨可动段长度及转换动程，削弱弹性可弯中心处的横向抗弯刚度，设置反变形等满足设计要求。

2. 增加可动段长度

由于整体锻造心轨牵引点转换力较大，考虑将固定端向后移，增加可动段长度，弹性可弯中心也向后移动相同的距离，跟端间隔铁、扣件、牵引点动程相应地发生变化，滑床板摩擦系数为 0.25 时，计算结果如表 4-10 所示。

表 4-10 固定端后移下的牵引点转换力及不足位移

固定端后移距离（mm）	二、三动动程（mm）	状态	一动转换力（N）	二动转换力（N）	三动转换力（N）	不足位移（mm）
0	79、41	反位	349.5	4 500.6	7 195.1	1.43
		定位	516.8	1 230.6	5 232.3	0.42
600	80、43	反位	356.4	4 474.7	6 401.3	1.62
		定位	517.5	1 229.2	5 693.4	0.54
1 200	81、45	反位	348.3	4 410.4	5 841.8	1.79
		定位	518.0	1 228.1	6 090.8	0.68

由表 4-10 中可见，将固定端向后移动后，定位至反位的第二、三牵引点转换力不断减小，反位至定位的第三牵引点的转换力不断增大。固定端向后移动后 0.6 m、1.2 m 情形下，牵引点的转换力减小不明显，仍然不能满足转辙机额定功率的要求。随着心轨可动段长度的增加，不足位移不断增大，定位至反位由 1.43 mm 增加到 1.79 mm，反位至定位由 0.42 mm 增加到 0.68 mm，从不足位移的角度看，固定端后移对不足位移不利。经综合考虑，不宜采取增加可动段长度的方案。

3. 优化牵引点动程

道岔转换设计中，第二、三牵引点动程一般由第一牵引点动程及距弹性可弯中心距离按线性变化求得，当设置预变形、加大刨切量等措施时，可适当减小牵引点处的动程来减小转换力。当滑床板摩擦系数为 0.25 时，定位至反位情形下的转换力及不足位移随牵引点动程的变化如表 4-11 所示。

表 4-11　改变牵引点动程时的转换力及不足位移

二、三动动程(mm)	一动转换力（N）	二动转换力（N）	三动转换力（N）	不足位移（mm）
79、41	299.9	4 821.5	6 333.7	1.29
79、39	221.9	5 149.1	5 521.4	1.16
78、39	350.2	4 758.9	6 000.4	1.22
78、38.5	218.3	4 924.0	5 604.1	1.15

由表 4-11 中可见，减小第二、三牵引点动程可以减小转换力，也可适当减小心轨不足位移。第二、三牵引点动程为 79 mm、39 mm 时基本上能够满足转辙机功率的要求，建议将第三牵引点动程减小 2.0 mm。

4. 设置反变形

由于侧股心轨转换后不足位移大于 1.0 mm，需要对侧股心轨在第三牵引点距跟端间设置最大值为 1.0 mm 的反变形，如图 4-30 所示。计算表明可以适当降低转换力，转换不足位移可控制在容许限度内。同时计算表明，加大对弹性可弯段的轨底刨切量，也可适当降低转换力及不足位移，但该刨切量受心轨强度的限制也不宜过大，德国道岔采用厚轨腰的特种断面钢轨，几乎将轨底全部刨切才能满足转换力与不足位移的设计要求。

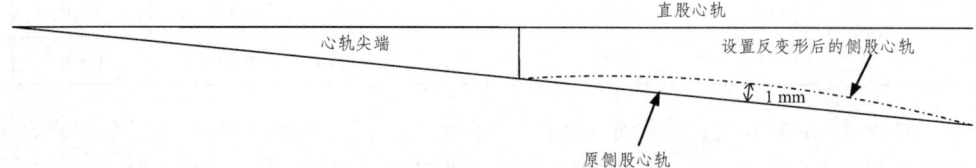

图 4-30　整体锻造心轨设置反变形示意图

三、一机多点牵引方式转换研究设计

以引进法国 Cogifer 公司技术的 18 号道岔为例，进行一机多点牵引方式转换研究设计。该道岔尖轨为弹性可弯结构，尖轨可动段长 20.040 m，设置四个牵引点，第一牵引点为 VCC 外锁闭装置，其他牵引点为内锁闭，要求转换力必须符合以下标准：动程 180 mm 时转辙机允许的最大电动力约为 5 700 N；各牵引点转换力值应均匀分布。计算结果如表 4-12 所示。转换力及不足位移分布与多机多点牵引方式的比较如图 4-31、图 4-32 所示。

表 4-12 18号高速道岔尖轨一机多点牵引时的计算结果

牵引点	VCC	第二牵引点	第三牵引点	第四牵引点
方杆规格（方案一/方案二）（mm）	300/178	300/260	300/260	300/260
牵引点距尖端距离（mm）	180	5 030	9 830	14 630
牵引点动程（mm）	120	107	83	41
最大转换力（N）	481.2/548.8	918.2/1 043.1	2 274.7/2 408.9	3 083.8/3 399.5
最大电动力（N）	2 293.0/2 608.8			
最大不足位移（mm）	1.74/1.60			

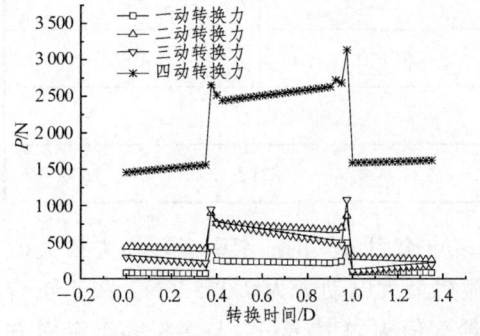

(a) 多机多点牵引方式转换力分布　　(b) 多机多点牵引方式转换力分布

图 4-31 转换力分布与多机多点牵引方式的比较

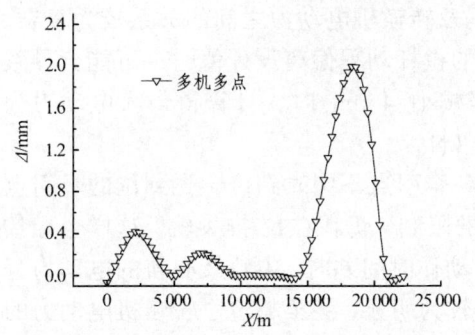
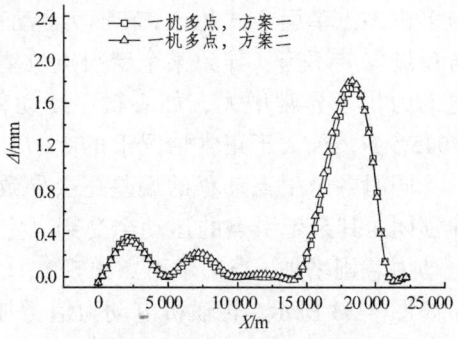

(a) 多机多点牵引方式不足位移分布　　(b) 一机多点牵引方式不足位移分布

图 4-32 不足位移分布与多机多点、一机多点牵引方式的比较

由表 4-12 及图 4-31、图 4-32 中可见，该道岔转辙器部分采用一机多点牵引方式情况下最大电动力为 2 608.8 N，在转辙机最大容许限度之内，但因尖轨为框架结构，各牵引点处的转换力较多机多点牵引方式略大；最大转换不足位移约为 1.74 mm，小于多机多点牵引方式的 2.0 mm。一机多点同样可以实现尖轨的牵引转换。

该道岔辙叉采用单肢弹性可弯结构，设置两个牵引点，可动段长 7.29 m，第一牵引点采用 VPM 外锁闭装置，转换计算结果如表 4-13 所示。

表 4-13　18 号高速道岔心轨一机多点牵引时的计算结果

牵引点	VPM	二动
方杆规格（mm）	300	300
牵引点距尖端距离（mm）	125	2 954.5
牵引点动程（mm）	115	54
最大转换力（N）	606.0	3 403.0
最大电动力（N）	2 075.7	
最大不足位移（mm）	2.12	

由表 4-13 中可见，该道岔采用一机多点牵引方式时，牵引点转换力最大值 3 403.0 N，小于多机多点牵引方式，转辙机最大电动力为 2 075.7 N，在心轨转辙机的容许功率范围内；转换不足位移最大值为 2.12 mm，与多机多点牵引方式相当，也需设置反变形以控制不足位移。

一机多点牵引方式通过连杆、可调拉杆、连杆轴等结构实现牵引力的传递。与多机多点牵引方式相比，转换力、动程及转辙机电动力之间的关系较为复杂。若现场安装不当，导致某个牵引点位置的拉杆动程偏离设计值时，可能会导致电动力出现异常增大，如心轨一动动程减小 4 mm 时，计算得最大电动力为 4 045.5 N，远大于正常情况下的 2 075.7 kN。

同时各牵引点动程的偏差还会导致各牵引点不同时到位，先到位的牵引点先锁闭，其余牵引点的运动会受到一定的限制，仍在在拉/推尖轨，这样会导致电动力急剧增加。当某牵引点出现 0.1D 动作时间差时，尖轨及心轨的电动力分布如图 4-33 所示，转辙机电动力值增加较为明显，甚至超过了转辙机电动力的容许限值，因此在安装时应注意动程偏差的控制。

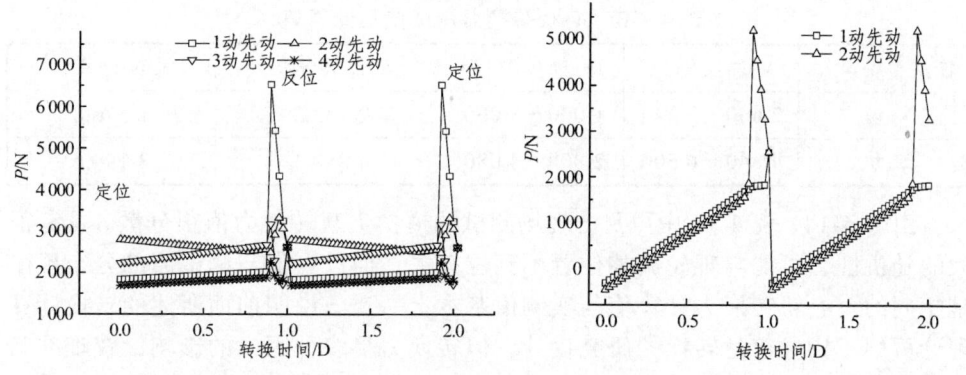

(a) 动作时间差对尖轨电动力的影响　　(b) 动作时间差对心轨电动力的影响

图 4-33　动作时间差对尖轨及心轨电动力的影响

此外，一机多点牵引方式是通过方杆对牵引力进行放大，并控制位移，方杆绕润滑轴旋转，与支撑座板连接，方杆平面倾斜可能会导致摩擦阻力的增大，甚至发生卡死现象，导致转换不到位，或转换电动力增大，因此安装及维修过程中应尽量保持拉杆的水平。

第四节　高速道岔转换试验研究

为验证高速道岔转换计算理论的正确性及设计方案的合理性，在现场及室内进行了大量的转换试验研究。

一、胶济线现场道岔转换试验

2006年，通号总公司在胶济线胶州北站对研制的时速250 km 18号道岔转换力进行了测试，与计算结果的对比如表4-14、表4-15所示。

表 4-14　尖轨转换力测试值及计算值

转换力（N）	定位实测值	反位实测值	不设辊轮计算值	设辊轮计算值
一动	1 020～1 520	700～2 100	1 010.3	548.4
二动	1 300～3 260	1 280～2 240	1 395.4	893.0
三动	3 480～5 020	3 220～3 520	5 047.2	3 253.6

表 4-15　心轨转换力测试值及计算值

转换力（N）	定位实测值	反位实测值	定位计算值	反位计算值
一动	2 000～3 340	1 000～3 060	2 132.3	1 576.8
二动	4 840～6 500	2 800～4 080	4 859.1	3 194.6

由表 4-14、表 4-15 中可见，现场测试的道岔尖轨转换力值很分散，具有很大的随机性，可能与辊轮调整位置不到位有关，但计算值与测试值的分布规律是相同的；心轨转换力计算值与实测值基本上一致。说明前面所述的转换计算理论可用于指导道岔转换的研究设计，但转换力受多种因素的影响，较难准确地计算，还需结合室内试验进行研究。

二、18 号高速道岔尖轨转换试验

18 号高速道岔尖轨转换试验中考虑了以下两种工况：

工况一：尖轨牵引点间距 4.8 m、5.4 m，动程 160 mm、118 mm、71 mm，进行转换试验；

工况二：牵引点间距及动程不变，距尖轨尖端 14.845 m 处设置差动连杆，进行转换试验。

1. 牵引点转换力

工况一中各牵引点的转换力测试结果如图 4-34 所示。与计算值相比较，各牵引点的转换力值较大，但能够满足 6 000 N 转换力限值的要求。由于曲线尖轨扣件在扳开情形下拧紧，定位至反位转换力明显大于反位至定位情形。分析转换力比计算结果大的原因，主要有：顶铁的底面与尖轨接触，产生了较大的阻力；辊轮安装位置不当，尖轨后端位置处辊轮失效；刨切点处与基本轨的密贴过紧，密贴阻力较大。

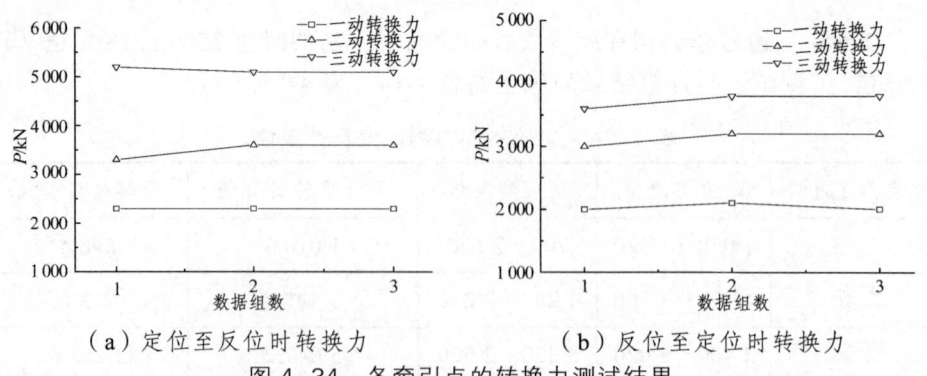

(a) 定位至反位时转换力　　(b) 反位至定位时转换力

图 4-34　各牵引点的转换力测试结果

工况二情况下测得第三牵引点转换力定位至反位时为 5 300 N,反位至定位时为 4 300 N,转换力有较大幅度的增加,同时曲尖轨最小轮缘槽减小幅度明显,约为 60 mm,不能满足最小轮缘槽要求。改动差动连杆位置,最小轮缘槽仍不能满足要求。可见,设置差动连杆不仅会使转换力有所增大,还会导致最小轮缘槽的减小,该方案不宜采用。

2. 尖轨刨切段密贴状态

直、曲尖轨在转换密贴后,都表现出较好的密贴性能,第 1 牵引点前离缝最大值约为 0.2 mm,其余部分与基本轨的离缝最大值约为 0.5 mm,与理论计算结果相当,可以满足《客运专线道岔暂行技术条件》的要求。

3. 轨距变化

转换试验中,测得轨距减小最大值约为 1.5 mm,位于第三牵引点与尖轨跟端中部位置,是由于转换不足位移所引起的,这与理论计算结果相吻合。尖轨设置反变形后转换不足位移仍大于 1 mm,可能是由于尖轨设置的反变形出现了回弹所致,应进一步探索尖轨反变形的顶弯工艺,以保证转换不足位移满足要求。

三、42 号道岔尖轨转换试验

42 号道岔转辙器部分设置 6 个牵引点,动程设计值分别为 160 mm、136 mm、112 mm、88 mm、63 mm、35 mm,试验工况有:

工况一:安装辊轮式滑床板,滑床板不涂油;

工况二:拆除辊轮式滑床板,滑床板不涂油;

工况三:拆除辊轮后滑床板涂油。

1. 牵引点转换力

工况一情况下尖轨转换阻力测试曲线如图 4-35 所示,各种工况下的转换力测试结果如表 4-16 所示。

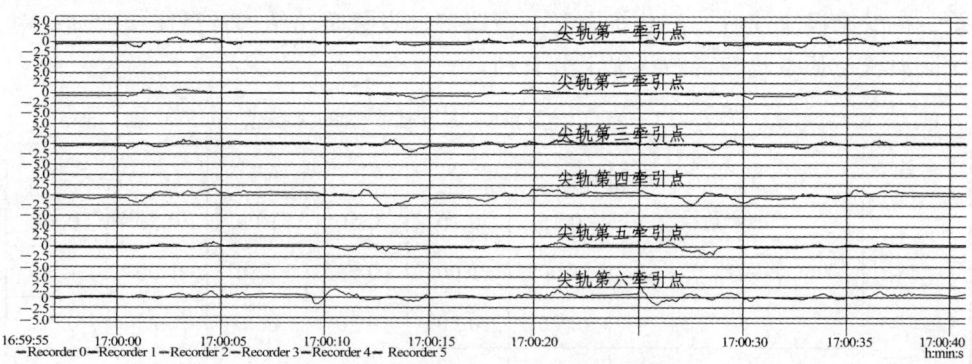

图 4-35 工况一的转换力测试曲线

表 4-16 尖轨转换转换力测试结果

牵引点转换力（N）	工况一		工况二		工况三	
	定位	反位	定位	反位	定位	反位
一动	2 660	1 640	1 760	1 640	2 640	2 220
二动	2 000	2 500	1 940	1 000	2 300	2 040
三动	2 200	3 800	3 080	3 160	1 980	3 560
四动	2 260	5 400	3 640	6 460	4 440	4 540
五动	2 200	2 220	3 460	5 040	2 680	4 520
六动	2 540	3 900	3 880	7 200	1 780	3 580

由图 4-35 中可见，尖轨转换过程中，牵引点转换力随时间而不断改变，转换力的最大值一般位于直、曲尖轨同时转换或尖轨密贴时。

从表 4-16 中可见，拆除辊轮且没有涂油的情况下，尖轨后几个牵引点的转换阻力比其他工况明显偏大。安装有辊轮的情况下，尖轨前两个牵引点的转换阻力比工况二大，但绝对值比较小，而后几个牵引点的转换阻力比工况二明显减小。在拆除辊轮后涂油的情况下，转换力与工况一类似，尖轨前两个牵引点的转换阻力比工况二大，但绝对值比较小，而后几个牵引点的转换阻力比工况二明显减小。未安装辊轮和未涂油的情况下，尖轨转换阻力偏大，第四、六牵引点转换力已经超过了转辙机输出功率。可见安装辊轮或滑床板涂油，降低滑床板摩擦系数对减小转换力是十分有利的，这一规律与计算结果是相吻合的。

2. 刨切段密贴状态

各种转换工况下尖轨与基本轨的密贴状况如表 4-17 所示，由表中可见，设置辊轮滑床板结构时，尖轨刨切段的密贴状态最好；拆除辊轮后，密贴状态变差，在滑床板涂油后，密贴状态又有所改善。设置辊轮结构及滑床板涂油还对保证尖轨与基本轨的密贴状况十分有利。

表 4-17 各工况下的尖轨与基本轨的离缝值　（单位：mm）

尖轨	状态	工况一		工况二		工况三	
直	一动前	0.15	0.20	0.50	1.00	0.20	0.30
	其余部分	1.00	1.00	0.75	1.50	1.00	1.00
曲	一动前	0.25	0.20	0.20	0.20	0.25	0.25
	其余部分	1.00	1.00	1.00	1.00	1.00	1.00

3. 转辙器轨距变化

各工况情况下尖轨各部位的轨距变化如图 4-36 所示。总的来看 42 号道岔尖轨转换后的线形良好，最大不足位移约为 1.5 mm；工况一情况下轨距偏差的波动较小，工况二及工况三的轨距偏差的波动较大。

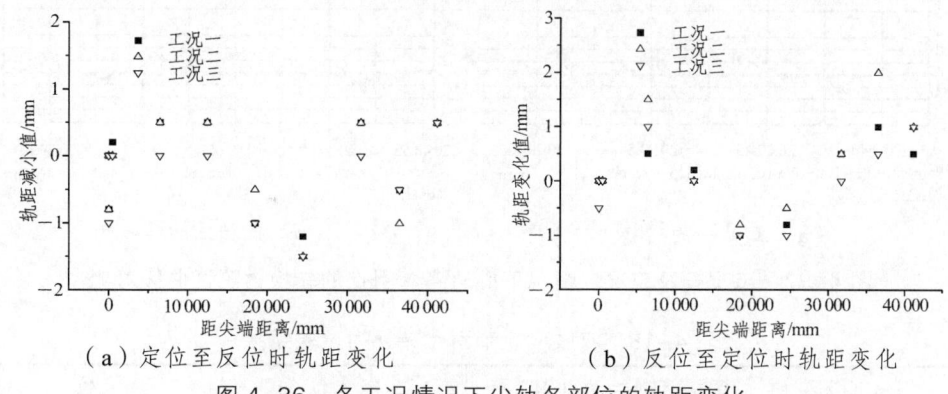

（a）定位至反位时轨距变化　　　（b）反位至定位时轨距变化

图 4-36　各工况情况下尖轨各部位的轨距变化

综合来看，42 号道岔尖轨厂内转换试验表明，理论计算结果基本能够反应转换实际状态，牵引点布置、动程设计较合理，可有效控制转换力和不足位移。

四、42 号道岔双肢弹性可弯心轨转换试验

42 号道岔为国内首次采用双肢弹性可弯结构，前端采用长、短心轨拼接式结构，跟端采用长大间隔铁连接，其横向刚度比单肢弹性可弯结构大的多，有必要对新设计的道岔进行转换试验，对牵引点转换力进行测试，进而反馈理论计算及转换设计。

转换试验工况有：

工况一：滑床板未涂油；

工况二：滑床板涂油后转换 5 次再进行测试；

工况三：滑床板涂油后，第二牵引点动程减少 2 mm，第三牵引点动程减少 4 mm；

工况四：滑床板涂油后，第二牵引点动程减少 4 mm，第三牵引点动程减少 4 mm；

工况五：第二牵引点动程减少 4 mm，滑床板涂油多次转换后再进行测试。

工况一及工况二情况下心轨各牵引点的转换力测试曲线对比如图 4-37 所示，各工况下心轨转换试验结果如表 4-18 所示。

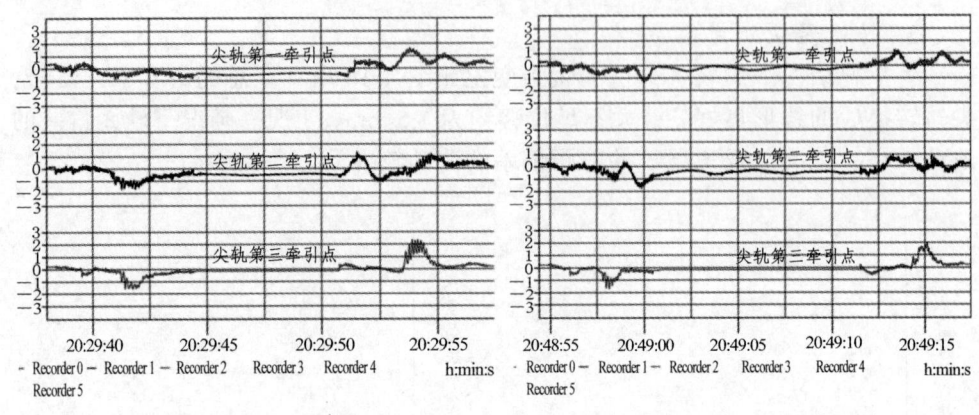

（a）工况一的转换力　　　　　　　　　　（b）工况二的转换力

图 4-37　工况一及工况二情况下心轨各牵引点的转换力测试曲线对比

表 4-18　双肢心轨牵引点转换力试验结果

测试工况	牵引点转换力（N）	定 位	反 位
一	一动	3 280	1 720
	二动	2 820	3 380
	三动	4 740	3 180
二	一动	2 620	2 740
	二动	2 040	3 580
	三动	3 920	3 360
三	一动	2 140	3 040
	二动	1 860	3 260
	三动	3 580	3 600
四	一动	2 500	2 700
	二动	2 200	2 700
	三动	3 320	3 360
五	一动	2 000	1 960
	二动	2 120	1 940
	三动	3 620	3 340

从表 4-18 中可见，工况一的牵引点转换力最大，其中第三牵引点由定位至反位的转换力达到了 4 740 N。工况二中定位至反位时，心轨转换力比涂油前分别减少了 660 N、780 N、820 N；反位至定位时，第一牵引点转换力比涂油前

增加了 1 020 N，其余牵引点与涂油前基本相同，可见降低滑床台板摩擦系数对降低转换力是十分有效的。工况三中定位至反位时，心轨转换力比工况二分别减少了 480 N、180 N、340 N；反位至定位时，第一、三牵引点转换力比工况二增加了 300 N、240 N，第二牵引点转换力减少了 320 N。工况四中定位至反位时，第一、三牵引点转换力比工况二减少了 120 N、600 N，第 2 牵引点转换力比工况二增加了 160 N；反位至定位时，第一、三牵引点转换力比工况二减少了 40 N、880 N。工况五中定位至反位时，第一、三牵引点转换力比工况二减少了 620 N、300 N，第二牵引点比工况二增加了 80 N；反位至定位的转换力比工况二减少了 1 080 N、1 320 N、260 N。说明优化牵引点动程可以降低双肢弹性可弯心轨的转换力，这与理论计算理论是相吻合的。同时心轨经过多次转换试验后，轨底和滑床板磨合，摩擦力减小，转换力会有所减小，这对把握转换力的基本规律及数值分布范围，有利于指导心轨转换优化设计。

第五节　高速道岔夹异物动力仿真研究

《客运专线道岔暂行技术条件》中规定：牵引点外锁闭中心线处尖轨与基本轨、心轨与翼轨间有 4 mm 及以上缝隙时，锁闭机构不得锁闭及接通道岔表示；尖轨、心轨的密贴段，在牵引点间有 5 mm 及以上缝隙时不得接通道岔表示。这就需要合理布置牵引点的位置，一旦牵引点处或牵引点间夹有异物时因转换力超过转辙机额定功率时不能锁闭，必要时还需在牵引点处和牵引点间设置密贴检查器实时监测尖轨、心轨密贴段的离缝情况，超限时不锁闭、不接通道岔表示。

应用第三章的道岔动力学理论，以动车组按 350 km/h 的速度直向通过 18 号高速道岔为例，当牵引点及牵引点间存在不同大小的夹异物时（假定夹异物为刚性），动力仿真分析结果如表 4-19 所示。

表 4-19　夹异物情况下的动力仿真结果

安全指标	脱轨系数			减载率			尖轨或心轨尖端开口（mm）		
夹异物（mm）	3	4	5	3	4	5	3	4	5
尖轨一动	0.33	0.46	0.69	0.18	0.26	0.40	3.34	4.57	5.90
尖轨一、二动间	0.42	0.66	0.85	0.21	0.30	0.47	2.11	2.74	3.58

续表 4-19

安全指标	脱轨系数			减载率			尖轨或心轨尖端开口（mm）		
夹异物（mm）	3	4	5	3	4	5	3	4	5
尖轨二动	0.55	0.76	1.02	0.24	0.35	0.58	1.46	1.98	2.57
尖轨二、三动间	0.40	0.59	0.76	0.19	0.32	0.44	0.84	0.91	0.95
尖轨三动	0.34	0.51	0.62	0.17	0.23	0.30	0.77	0.79	0.78
心轨一动	0.74	0.92	1.12	0.45	0.62	0.78	3.88	4.97	6.21
心轨一、二动间	0.94	1.17	1.38	0.50	0.68	0.85	3.30	4.33	5.54
心轨二动	0.91	1.04	1.22	0.46	0.66	0.79	2.86	3.80	4.91

从表 4-19 中可见：

（1）随着夹异物尺寸的增大，脱轨系数、减载率、尖轨或心轨尖端开口量均随之增大。

（2）当尖轨第二牵引点、心轨第一、二牵引点存在夹异物时，脱轨系数、减载率均出现最大值，这两处是导致行车安全性降低最危险的部位。由于轮轨间横向冲击力的作用时间较短，轮缘贴靠心轨的运行范围在 1 m 以内，因此可按跳轨安全性指标控制，为保证脱轨系数不超过 1.2，牵引点间夹异物尺寸宜控制在 5 mm 以内。

（3）若按减载率不超过 0.8 控制，牵引点间夹异物以出现在心轨一、二动间最为不利，夹异物尺寸也宜控制在 5 mm 以内。

（4）当尖轨第一牵引点、心轨第一牵引点存在夹异物时，尖轨及心轨尖端的开口量均出现最大值，若按不超过 4 mm 控制，牵引点处的夹异物尺寸宜控制在 4 mm 以内。

实际运营过程中，道岔牵引点及牵引点出现夹异物的概率是很低的，但为了确保铁路运输的安全，高速道岔宜按牵引点处"4 mm 不锁闭"、牵引点间"4 mm 有表示，5 mm 无表示"进行室内及现场检测，道岔转换设计必须满足这一安全性要求。

第五章 道岔部件研究设计与受力分析

高速道岔在完成平面线形、牵引转换等总图设计工作及轮轨关系、轨道刚度、无缝化等关键技术的设计工作后,即要基于工电一体化设计理论开展钢轨件及转换设备以及扣件系统、轨下基础、连接零件等道岔部件的研究设计,高速铁路的钢轨、扣件、轨枕、无砟轨道及道床技术均需在高速道岔中得到应用,并根据道岔的结构特点而有所发展,因此可以说高速道岔是高速铁路轨道结构技术的集成。[56-58]

第一节 道岔钢轨件强度检算

中国高速道岔采用 CHN60 kg/m 钢轨制作基本轨、选用 60D40 钢轨作为 AT 轨来制造尖轨和可动心轨、研发了特种断面 TY 轨制作翼轨、采用 UIC 断面 33 kg/m 槽型钢制作护轨,并制订了相应的技术条件。

一、高速铁路钢轨技术

(一)高速铁路对钢轨的要求

高速铁路要求钢轨具有高的安全使用性能、高的平直度和高的几何尺寸精度。高的安全使用性能具体要求钢质洁净、表面无缺陷、低的轨底残余拉应力、优良的韧塑性及焊接性能,同时要求便于生产、质量稳定和可靠性高。

1. 钢质洁净

高速铁路钢轨应严格控制钢中的有害元素,如 P、S 的含量均不得超过 0.025%;应严格控制钢中气体含量,氢、氧含量分别小于(2.5×10^{-4})% 和(20×10^{-4})%,钢轨成品氢含量小于(2.0×10^{-4})%;要求钢中残留元素如 Mo、N、Cr、Cu、Ti、Sb、Sn 的含量均不得超过一定的限值;为了有效减少钢中的氧化铝夹杂,采用无铝脱氧,要求钢中铝含量≤0.004%;应严格控制钢中夹杂物含量，要求 A 类（硫化物）夹杂物≤2~2.5 级，B 类（氧化物）、C 类（硅酸盐）、D 类（球状氧化物）夹杂物≤1.0~1.5 级。

2. 表面基本无缺陷

在热状态下形成的钢轨表面刮伤、磨痕、热刮伤、纵裂、氧化皮压入等最大允许深度规定踏面为 0.35 mm、其他部位为 0.5 mm。在冷状态下形成的钢轨纵向划痕最大允许深度规定踏面和轨底下表面为 0.3 mm、其他部位为 0.5 mm。

3. 浅的脱碳层深度

钢轨表层脱碳会造成表面硬度降低，耐磨、耐剥离性能下降，导致波状磨损等表面伤损的过早出现，因此高速铁路在开通运行前均要采用打磨列车打磨。打磨列车每次进刀量一般不得超过 0.20~0.3 mm，为此规定钢轨的脱碳层深度不应大于 0.3 mm。

4. 低的轨底残余拉应力

为了保证铁路的行车安全，对轨底残余拉应力作必要的限制是非常必要的，尤其对高速铁路钢轨更为重要，钢轨系列技术条件中规定轨底最大纵向残余拉应力应小于等于 250 MPa。

5. 高的断裂韧性和低的疲劳裂纹扩展速率

在试验温度 –20 °C 下测得的断裂韧性 K_{IC} 最小值及平均值应分别不小于 26 MPa·m$^{1/2}$ 和 29 MPa·m$^{1/2}$。疲劳裂纹扩展速率 da/dN 规定为：当 ΔK = 10 MPa·m$^{1/2}$ 时，da/dN≤17 m/Gc；当 ΔK = 13.5 MPa·m$^{1/2}$ 时，da/dN≤55 m/Gc。

6. 高的几何尺寸精度和平直度

钢轨的几何尺寸高精度、高平直度是提速线路实现平顺运行的重要保证。系列技术条件规定了客运专线及提速线路用钢轨严格的几何尺寸公差、钢轨端头和本体平直度、扭曲等指标。

（二）钢轨的类型、断面及长度

1. 钢轨的类型

按钢轨单重，可分为重轨和轻轨。目前，我国高速铁主要采用 60 kg/m 的重型钢轨。

按钢轨断面，可分为对称断面和非对称断面钢轨。非对称断面钢轨主要用于制作道岔钢轨如尖轨、叉心轨或翼轨，如 60AT、60D40、60TY 等。

按钢轨的化学成分分，可分为碳素轨钢（钢中无合金元素加入，又称普通轨钢）、微合金轨钢（钢中加入微量合金元素如 V、Nb、Ti 等）、低合金轨钢（如钢中加入 0.80%~1.20% Cr 的 EN320Cr）。

按交货状态，可分为热轧钢轨和热处理钢轨。不论钢轨强度多少，凡是以热轧状态交货，均称之为热轧钢轨。热处理钢轨依其工艺条件又可分为离线热处理钢轨（钢轨轧制冷却后再重新加热处理）及在线热处理钢轨（利用轧制余热对其进行热处理）。

按钢轨的强度，可分为 780 MPa 级（如 U74）、880 MPa 级（如 U71Mn）、980 MPa 级（如 U75V 热轧轨）、1 080 MPa 级（如 EN320Cr 合金钢轨、日本 HH340 在线热处理钢轨）、1 180 MPa 级和 1 280 MPa 级热处理钢轨。一般强度等级为 1 080 MPa 及以上的钢轨才被称为耐磨轨或高强轨。目前，我国铁路常用的钢轨有 U75V、U71Mn 和 U71Mnk 及其热处理钢轨。其中，U75V 热轧钢轨的最低抗拉强度为 980 MPa，热处理后可达到 1 230 MPa；U71Mn 和 U71Mnk 热轧钢轨的最低抗拉强度为 880 MPa，U71Mnk 为 350 km/h 高速铁路用钢轨。

我国曾从国外进口了较多的热处理钢轨，如日本的离线热处理钢轨 U78、NHH 以及在线热处理钢轨 DHH，卢森堡在线热处理钢轨 CHHR 以及部分普通钢轨。

2. 钢轨断面

高速铁路要求钢轨具有较大的刚度的耐磨性。为使钢轨具有足够的刚度，一般采用工字形，可以通过增加钢轨高度以保证足够的水平惯性矩，同时为使钢轨具有足够的稳定性，在设计轨底宽度时应尽可能选择宽一些。为使刚度与稳定性匹配最佳，各国通常在设计钢轨断面时控制其轨高与底宽之比，即 H/B，一般控制在 1.15~1.248。

各国在轨头踏面设计上遵循了一些基本原则：轨头踏面圆弧尽量符合车轮踏尺寸，即采用轨头在接近磨耗后的踏面圆弧尺寸；在轨头与轨腰过渡区为减少应力集中所造成裂缝，采用复曲线大半径设计；在轨腰与轨底过渡区为实现断面平稳过渡，也采用复曲线设计，逐步过渡与轨底斜度平滑相连；轨底底部采用平底，以使其断面具有很好的稳定性。

我国高速铁路钢轨在断面上没有改变，采用的是与提速线路相同的 60 kg/m 钢轨断面，只是在新研制的 TY 轨中考虑了这些设计原则。

3. 钢轨长度

因长定尺钢轨焊接接头少、轨端平直度高、轨端没有探伤盲区，可极大地提高轨道的平顺性，是高速铁路建设技术的重要标志之一。我国高速铁路普遍采用 100 m 长定尺钢轨，在道岔中还采用 50 m、55 m 长定尺 AT 轨。

（三）钢轨的"三精"生产设备和工艺

钢轨的传统生产设备和工艺为平炉冶炼、模铸、孔型法轧制，无论是钢质的洁净性还是几何尺寸、平直度和外观质量等均不够理想，不能满足高速铁路的需要。钢轨的现代生产设备和工艺为转炉冶炼、连铸、万能轧机轧制、平立复合矫直等，实现钢轨生产的精炼、精轧、精整、质量自动检测和长尺化，钢轨的内在和外观质量均得到大幅度的提高，是生产高速铁路钢轨所必需的。

1. 钢轨钢的精炼

钢轨钢的精炼技术包括以下工艺流程（见图 5-1）：生铁脱硫预处理——氧气顶吹转炉冶炼——LF 炉外精炼——真空脱气 VD 或 RH——大方坯连铸等。通过脱硫预处理、炉外精炼和真空脱气等先进设备和技术，使钢质洁净，提高钢轨的内在质量，延长钢轨的使用寿命；采用轻压下和电磁搅拌技术，提高铸坯的质量；连铸技术不仅提高金属收得率和成材率，更重要的是提高了钢轨钢性能的均匀一致性，不像模铸坯，头尾段性能差，中间段性能好。

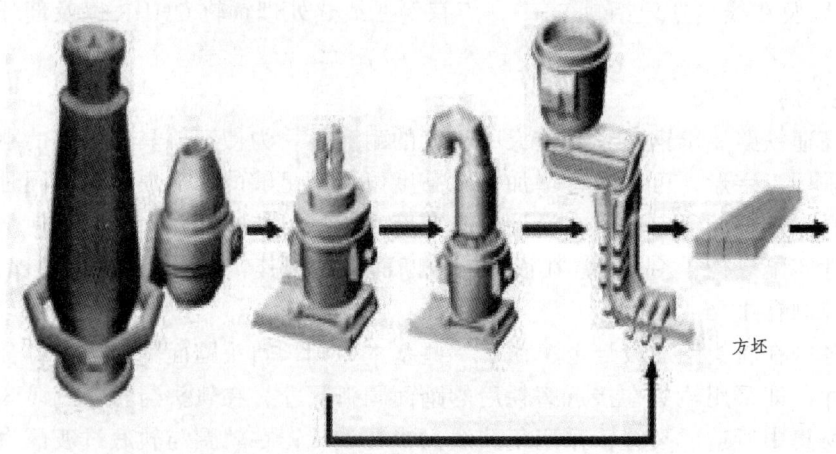

图 5-1　钢坯冶炼和连铸系统

2. 钢轨的精轧

钢轨的精轧技术包括步进式加热炉加热——多道次高压水除鳞——万能轧机轧制——钢轨热预弯等。步进式加热炉能使钢坯均匀加热，从而保证钢轨尺寸的一致性；多级高压水除鳞，可保证钢轨的表面质量；万能轧机轧制（见图 5-2），可提高钢轨几何尺寸精度，是现代钢轨生产的标志之一；采用热预弯，可减少残余应力和矫直噪声，改善作业环境。

3. 钢轨的精整

钢轨的精整技术包含平立复合矫直（见图 5-3）、四面液压补矫、联合锯钻机床定尺和钻孔等。

图 5-2 紧凑型万能轧机轧制钢轨

图 5-3 钢轨平立复合矫直

4. 钢轨集中检测

钢轨的检测技术主要包括：超声波探伤、涡流探伤、激光辅助平直度自动检测、钢轨几何尺寸自动检测等。

5. 钢轨的长尺化生产

钢轨长尺化生产采用长尺矫直冷锯定尺工艺，利用热轧头尾余量切除矫直区和过渡区，使整支钢轨尺寸高度一致，可以大大提高钢轨整体的平顺性；钢轨长尺化生产还便于对其进行热预弯，减少钢轨矫直前的弯曲度，以降低钢轨因矫直引起的残余应力和表面损伤，同时还可以提高其成材率；由于探伤后再锯切，钢轨端头的探伤盲区不复存在，可保证钢轨端头的内部质量。更为重要的是，增加定尺钢轨的长度，可以减少焊接接头的数量，提高轨道运行的平顺性及安全可靠性。因此，国外高速铁路纷纷采用长定尺钢轨，如法国为 80 m、日本为 50 m、德国和奥钢联为 120 m。

二、高速道岔钢轨强度检算分析

道岔中所用钢轨既有对称断面的普通钢轨，还有非对称断面的 AT 轨、TY 轨、护轨，为了道岔结构的需要还要刨切成不同的形状，在岔区复杂的受力环境下可能会发生折断，而直接影响行车安全，特别是活动轨件的折断可能会直接导致列车脱轨，因此道岔钢轨的强度检算是设计中应重点关注的问题。[62-64]

（一）作用于道岔钢轨上的力与计算方法

1. 钢轨竖向荷载

钢轨竖向荷载是指列车运行时作用于车轮作用在钢轨上的竖向动轮载。列车静止不动时，钢轨竖向荷载为静轮载，用 P_0 表示，它等于轴重的一半。列车运行时车辆道岔系统发生振动，加之偏载、风力作用等影响，动轮载要比静轮载大，产生比静轮载大的动轮载增量。影响动轮载的因素很多，计算也非常复杂。现有的设计方法主要考虑速度和未被平稳超高的影响，引进速度系数和偏载系数分别计算出动轮载增量，然后与静轮载迭加在一起得到动轮载。因此，钢轨竖向荷载是由静轮载、动轮载增量和偏轮载增量相加而成的动轮载 P_d。

由行车速度引起的动轮载增量与静轮载之比为速度系数，用 α 表示

$$\alpha = \frac{P_d - P_0}{P_0} \tag{5-1}$$

各国所采用的速度系数公式不尽相同，一般都是经验公式，可以通过大量试验确定。近年来，我国铁路进行了五次提速，在原来仅适用于行车速度 $V \leqslant 120$ km/h 速度系数基础上，增加了 120 km/h $< V \leqslant 160$ km/h 和 160 km/h $< V \leqslant 200$ km/h 两种情况速度修正系数，如表 5-1 所示。当列车为动车组且速度大于 200 km/h 时，根据大量的动测试验结果，其速度系数可直接取为 1.0。

表 5-1 速度系数

速度系数	速度范围	牵引种类	
		电力	内燃
α	$v \leqslant 120$	$\dfrac{0.6v}{100}$	$\dfrac{0.4v}{100}$
α_1	$120 < v \leqslant 160$	$\dfrac{0.3\Delta v_1}{100}$	
α_2	$160 < v \leqslant 200$	$\dfrac{0.45\Delta v_2}{100}$	

当列车通过道岔曲线时，由于存在未被平衡的超高，使内外轨轮载产生偏载，与静轮载相比，产生了外轨的偏轮载增加量 ΔP。其增量与静轮载的比值称为偏载系数，用 β 表示

$$\beta = \frac{\Delta P}{P_0} \tag{5-2}$$

当车辆重心高为 H 时，$\beta = \dfrac{2H\Delta h}{S^2}$，若取我国机车最大重心高度 $H = 2\,300$ mm，$S = 1\,500$ mm 代入上式，则偏载系数可简化为 $\beta = 0.002\Delta h$，式中 Δh 为未被平衡的超高。

则钢轨竖向荷载 P_d 为

$$\left.\begin{aligned}
P_d &= P_0(1+\alpha+\beta) \quad (V \leqslant 120 \text{ km/h 或动车组 } V > 120 \text{ km/h}) \\
P_d &= P_0(1+\alpha+\beta)(1+\alpha_1) \quad (120 \text{ km/h} < V \leqslant 160 \text{ km/h}) \\
P_d &= P_0(1+\alpha+\beta)(1+\alpha_1)(1+\alpha_2) \quad (160 \text{ km/h} < V \leqslant 200 \text{ km/h})
\end{aligned}\right\} \tag{5-3}$$

日本新干线轨道结构设计中考虑了三种竖向荷载，当高速列车轴重为170 kN时，其设计轮重为考虑了车轮扁疤而使动轮载增大的荷载，速度系数取为2.0时，设计轴重取为3倍静轮重即为255 kN；疲劳检算轮重是考虑了轮载波动系数后的荷载，新干线取为3倍轮载波动偏差（1倍为15%）时荷载即为124 kN；异常轮重即为实测中的最大轮重，取为静轮重的4倍即为340 kN。对应不同的荷载采用不同的检算方法和安全系数，疲劳检算时采用疲劳荷载，设计荷载的安全系数大于异常荷载的安全系数。

我国目前尚未有如日本新干线一样的轨道结构设计荷载与设计方法，主要采用容许应力法及考虑一定的安全系数进行钢轨及轨道部件强度的检算，尚未建立起疲劳荷载检算方法。钢轨竖向荷载一般按式（5-3）取值，对于固定辙叉等具有特殊结构不平顺的部件，可按异常荷载取为静轮重的4~5倍进行检算。

因道岔区存在轮载过渡范围，钢轨竖向荷载在尖轨与基本轨、心轨与翼轨上的竖向荷载分布可按尖轨、心轨顶宽20~50 mm线性分布，顶宽20 mm断面以前尖轨和心轨不受载，顶宽50 mm断面全部受载。对于350 km/h道岔，其轮轨关系优化设计中将尖轨轮载过渡断面提前，轮载过渡范围为15~40 mm，因此竖向荷载也按此设计进行线性分配。

2. 钢轨横向荷载

钢轨横向荷载目前还没有一个统一的计算方法，有些学者主张采用蠕滑中心线或列车线路系统动力学的计算结果，有些学者主张像日本新干线一样按脱轨系数容许限值0.8与静轮重的乘积即68 kN作为横向设计荷载。道岔动力学仿真分析表明，列车直向过岔时，轮轨横向动力作用大多为轮对蛇行运动导致的冲击荷载，作用时间较短，作用位置随轮对横摆而变化；侧向过岔时，轮对在未被平衡离心力的作用下，外侧车轮将贴靠曲尖轨及导曲线而运行。

结合现场的大量动测试验及仿真分析结果，建议货物列车过岔时作用于钢轨上的横向力按70 kN取值，动车组过岔时作用于钢轨上的横向力按50 kN取值。对于护轨上的横向力，23吨轴重货车及客车按100 kN取值，25吨轴重货车按120 kN取值。

3. 钢轨纵向荷载

作用于钢轨上的纵向力主要列车制动力（或启动力）、无缝线路温度力及其附加力。我国在检算钢轨强度时，一般将作用于钢轨上的制动应力按10 MPa计算，并与温度应力及钢轨动应力进行叠加，但在列车制动或启动时，因列车速度的降低,钢轨竖向动荷载也会随速度降低而降低,不宜将两者叠加计算,因此在道岔钢轨强度检算中也可不考虑制动力的影响。

无缝线路固定区将承受与温度变化幅度及钢轨断面成正比的温度压力或拉力 $F = EA\alpha\Delta t$,式中 E 为钢轨弹性模量,A 为钢轨截面积,α 为钢轨钢膨胀系数,Δt 为轨温变化幅。位于路基和桥上的无缝道岔还会因道岔里轨及桥梁伸缩,而在尖轨跟端附近造成基本轨承受温度附加力,其幅度约为固定区温度力的 30% ~ 40%。因此在道岔钢轨强度检算中,若检算部位为基本轨跟端,则应考虑固定区温度力及其附加力;对于尖轨及心轨自由伸缩段,则不考虑温度力的作用;对于其他部位,则只按固定区温度力考虑。

4. 钢轨容许应力

钢轨强度检算采用容许应力法,在竖向、横向及纵向荷载共同作用下的应力应满足 $\sigma \leq [\sigma] = \dfrac{\sigma_s}{K}$,其中 K 为安全系数,新轨 $K = 1.3$,再用轨 $K = 1.35$;σ_s 是钢轨屈服极限(MPa),U71、U74、U71Cu 等普通碳素轨 $\sigma_s = 405$ MPa,U71Mn、U70MnSi、U71MnSiCu 等低合金轨 $\sigma_s = 457$ MPa,U75V 等高强度钢轨 $\sigma_s = 550$ MPa。

5. 钢轨受力的有限元分析

道岔中需要进行强度检算的钢轨多为非对称截面,宜采用有限元分析方法进行计算。有限元分析是针对结构力学分析迅速发展起来的一种现代计算方法,有限元分析软件目前最流行的有 ANSYS、ADINA、ABAQUS、MSC 四种。ANSYS 注重应用领域的拓展和合并,目前已覆盖结构、温度、流体、电磁场和多物理场耦合等十分广泛的研究领域,ANSYS 软件在致力于线性分析的用户中具有很好的声誉。ABAQUS 则只具备结构分析功能,功能仅局限于结构力学领域,主要致力于复杂和深入的非线性工程问题。ADINA 软件和 ANSYS 软件一样都包括结构、温度、流体及流固耦合的功能,因此其应用领域也是相当广泛,ADINA 软件除了求解非线性问外,且具有较强的多物理场的流固耦合求解功能。MSC 是较早进行有限元分析和进入中国的软件公司。对于道岔钢轨及其他部件的受力分析可借助这些商业软件来进行。

(二)可动心轨第一牵引点处各部件受力分析

可动心轨第一牵引点处的工电结构设计是最为复杂的,既要保证在辙叉咽喉较狭窄的空间内实现心动的转换,又要保证心轨、翼轨及转换锁闭结构的强度,还要保证工电整体结构的锁闭、检查的可靠性。我国可动心轨一动处的工电结构经历了三个发展阶段:最初采用了类似于德国道岔轨腰开孔方案，转换杆从翼轨轨腰开孔处穿出与心轨轨腰相连，其优点是结构简单，心轨在转换过程中不会发生扭转，心轨与翼轨的密贴状况检查可靠，缺点是列车过岔时转换杆件与翼轨轨腰孔壁相碰，易造成翼轨孔裂。随后在提速道岔研制过程中，采用心轨转换凸缘与模段翼轨方案，心轨前端通过热处理将轨底扭转而形成转换杆件拉板，转换杆件从翼轨轨底穿出，翼轨采用 AT 模段成特种断面，如图 5-4 所示，其优点是翼轨受力合理，稳定性好，缺点是加工困难，翼轨顶面易出现不均匀磨耗，心轨易发生扭转，心轨与翼轨密贴检查失效，心轨转换凸缘位置不合理时易发生折断。目前在高速道岔的研制中取消了心轨转换凸缘，翼轨采用轧制特断面钢轨机加工而成，如图 5-5 所示，其优点是翼轨强度高、稳定性好，心轨不易发生扭转，密贴检查可靠，翼轨空间大，可实现心轨水平藏尖设计，加工简单，缺点是电务锁钩结构复杂，如图 5-6 所示。

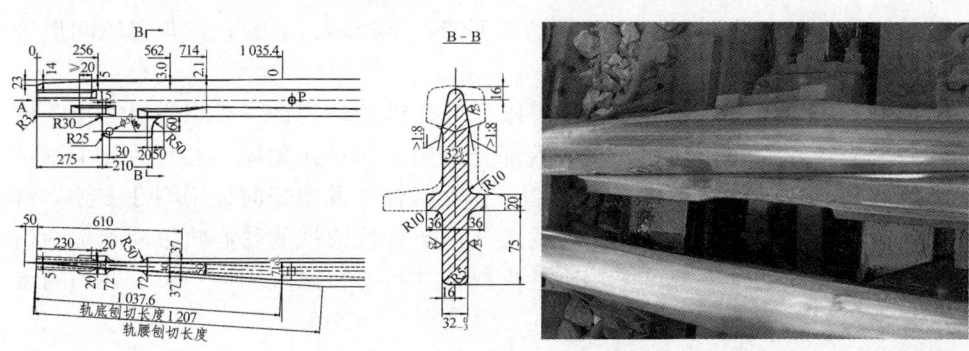

（a）提速道岔心轨结构　　　　　　（b）提速道岔翼轨结构

图 5-4　提速道岔心轨结构和翼轨结构

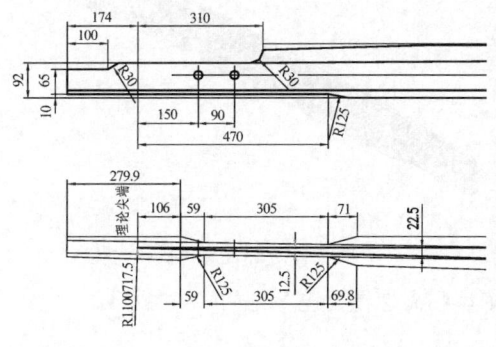 

（a）高速道岔心轨结构　　　　　　（b）高速道岔翼轨结构

图 5-5　高速道岔心轨结构和翼轨结构

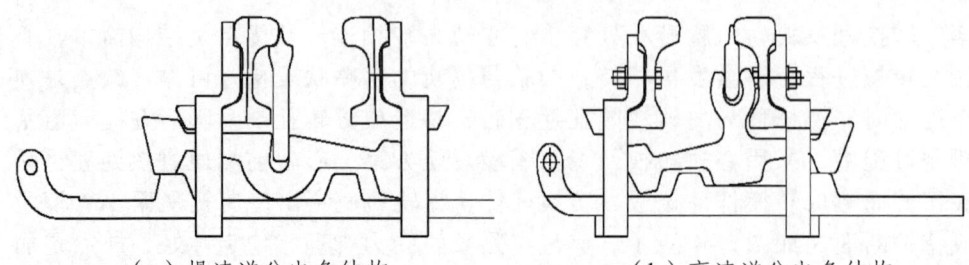

(a)提速道岔电务结构　　　　　　　(b)高速道岔电务结构

图 5-6　提速道岔电务结构和高速道岔电务结构

为了弄清高速道岔心轨、翼轨及转换结构的受力状况,评定心轨与翼轨密贴状况的检查可靠性,需对心轨扭转进行分析。在心轨转换过程中,为了使心轨尖端与翼轨紧密贴靠,一般在心轨扳动到位后转辙连杆还要运动直到锁钩与锁闭框可靠锁闭为止。在这种情况下,心轨与翼轨虽然在接触位置紧密贴靠,但若转换力为偏心作用,心轨也还是有可能发生扭转,心轨顶端与翼轨间形成间隙。

建立如图 5-7 所示的 ANSYS 有限元分析模型,为详尽模拟心轨的扭转情况,并节省计算工作量,在心轨前端部分采用实体单元建模,心轨后部采用梁单元,利用参数方程将体单元和梁单元有效结合。模型竖向采用刚性支撑,将心轨与翼轨接触部位的横向自由度约束,由于计算模拟的是心轨扳动到位的情况,因此在心轨的顶铁部位采用刚性支撑,并将心轨末端刚性约束。在锁闭点处施加最大转换力,即 6 000 N。

(a)提速道岔心轨模型　　　　　　　(b)高速道岔电务结构

图 5-7　提速道岔心轨模型和高速道岔电务结构

《客运专线道岔暂行技术条件》要求心轨第一牵引点处与翼轨的离缝不得大于 0.2 mm,提速道岔心轨锁闭点到心轨顶面的距离为 175 mm,改变高速道岔心轨锁闭点到心轨顶面的距离,计算得心轨顶面与翼轨的离缝如表 5-2 所示。

表 5-2　心轨顶面与翼轨离缝

工　况	锁闭点到心轨顶面距离（mm）	心轨顶部与翼轨离缝（mm）
提　速	175	0.72
高速一	102	0.34
高速二	92	0.29
高速三	82	0.24
高速四	75	0.20

从表 5-2 中可见，提高心轨锁闭点位置后，心轨顶部与翼轨的离缝值大为降低，锁闭点距离心轨顶面越近，心轨顶部离缝值越小，为满足 0.2 mm 的离缝要求，心轨锁闭点需较提速道岔提高 100 mm。锁闭点提高后，心轨的扭转大为减缓，这是控制心轨顶部与翼轨离缝的原因，提速道岔心轨横向位移及高速道岔心轨锁闭点提高 100 mm 后的横向位移比较如图 5-8 所示，心轨在转换过程中的应力较小，约为 5.4 MPa。

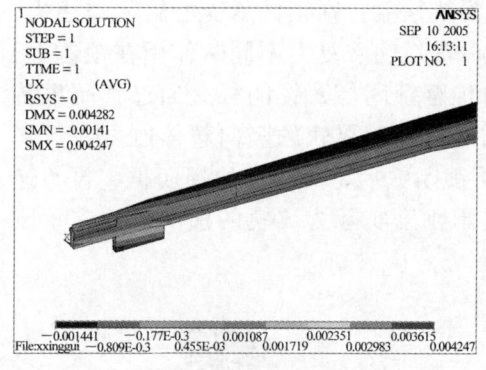 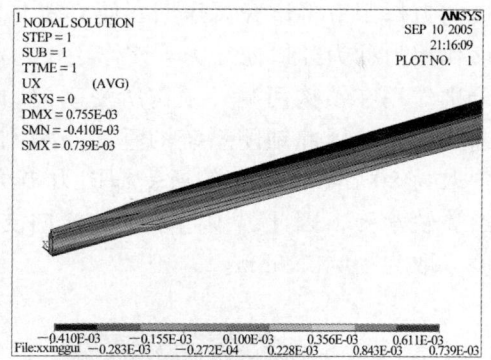

（a）提速道岔心轨横向位移　　　　　　（b）高速道岔心轨横向位移

图 5-8　提速道岔和高速道岔心轨横向位移

为了准确地分析心轨—动处各部件的受力状况，可分别建立心轨、翼轨及转换部件的有限元计算模型。心轨计算模型仍如图 5-7（b）所示，在列车竖向及横向荷载作用下的边界与约束条件与扭转分析不同，荷载作用点位置为心轨前端底部抬高削弱处，荷载分货车及动车组两种，其竖向为滑床台板的单向支撑，取为扣件支撑刚度，有砟轨道货车作用下取为 60 kN/mm，无砟轨道动车组作用下取为 25 kN/mm；横向轨腰处受顶铁约束，取为翼轨横向支撑刚度，取为 100 kN/mm，顶部受翼轨约束，取为翼轨抗外翻支撑刚度，取为 50 kN/mm，前端受锁闭机构约束，由锁钩计算模型求得，取为 20 kN/mm；后端按刚性约束。计算中可得到心轨的应力及作用于锁钩上的反弹力。

翼轨受力计算模型如图 5-9 所示，计算中不考虑心轨承受竖向及横向荷载作用，荷载作用于翼轨轨底切削处，同心轨受力分析一样考虑不同的荷载作用及扣件刚度，其约束较为简单，在扣件支点处考虑扣件系统的竖向及横向支撑作用。

锁钩受力计算模型如图 5-10 所示，锁钩在转换、锁闭过程中受的外力主要是锁闭杆的拉力和心轨的反弹力，其应力较低。在锁闭状态，除了继续承受锁闭力，还包括列车通过时，由于心轨横向受力变形导致的锁钩承受的动态力，这种状态下锁钩受力更为不利。因此对锁钩进行强度分析时采用的外力荷载主要包括三部分：锁闭力、心轨弹性恢复力、心轨开口恢复力。锁闭力主要是转换到位后，由于心轨弹性变形作用在锁钩上的力，可取为最大转换力；弹性恢复力主要是列车通过时，横向力作用在第一、二牵引点之间的心轨上，心轨由于弹性变形导致牵引点处的锁钩受力，可由心轨受力分析模型求出；若道岔条件不良，心轨与翼轨不密贴，出现开口，当列车通过时，横向力作用下将该开口压回，使心轨与翼轨贴靠，则锁钩承受心轨的作用力，该作用力称为开口恢复力，该作用于与心轨弹性恢复力不同时作用在锁钩上，分别作用在锁钩两侧。锁钩所受垂向力传至锁闭杆，锁闭杆又通过锁闭框传递至翼轨，因此锁闭系统的垂向支承刚度实际为翼轨的竖向整体刚度，计算中取为 80 kN/mm。锁钩所受横向力传给锁闭铁后，又传递给锁闭框，再传递给翼轨承受，因此，锁闭系统的横向支承刚度实际为翼轨的横向整体支承刚度，取为 100 kN/mm。

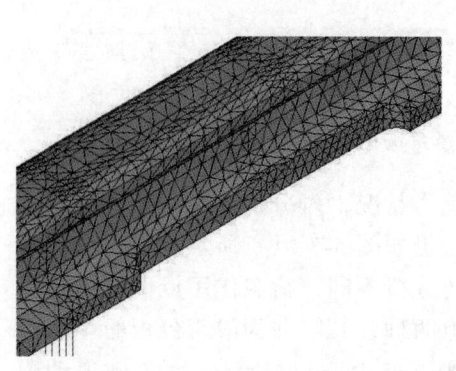

图 5-9　翼轨计算模型

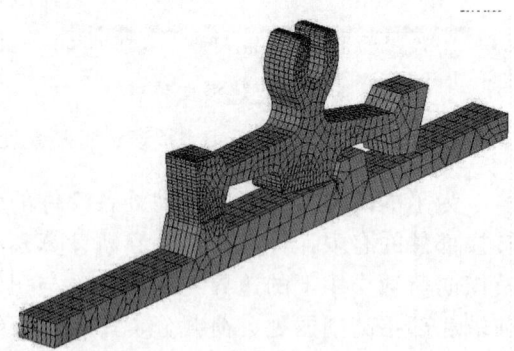

图 5-10　心轨—动锁钩计算模型

配合着心轨一动工电结构设计，考虑了多种结构设计方案，计算得各种方案下心轨、翼轨、锁钩、拉杆的受力如表 5-3 所示，翼轨及锁钩的应力图示如图 5-11 及图 5-12 所示。

表 5-3 翼轨及心轨锁钩方案比较

方案	锁钩高、壁厚、颈厚（mm）	锁闭点距心轨顶面高（mm）	翼轨刨切宽度（mm）	心轨高及厚（mm）	锁钩荷载（kN）	翼轨应力（MPa）	锁钩应力（MPa）	锁闭杆应力（MPa）	心轨应力（MPa）
原	80/25/-	175	0	142/32	14.8	202	106	46.7	133
3	175/25/53	75	20	132/28	11.6	212	138	46.2	221
4	175/25/53	75	20	132/28	11.6	212	124	55.1	221
5	175/25/44	75	20	132/28	11.6	212	147	53.2	221
6	175/25/50	75	20	132/28	11.6	212	132	58.7	221
7	175/25/44	75	15	132/32	11.6	212	159	53.1	148
8	175/23/40	75	15	132/32	11.6	212	178	59.3	148
9	175/25/50	75	30	132/32	11.6	237	132	58.7	148
10	175/25/50	75	40	132/32	11.6	248	132	58.7	148
11	185/25/38	65	15	122/32	10.3	197	153	51.1	166

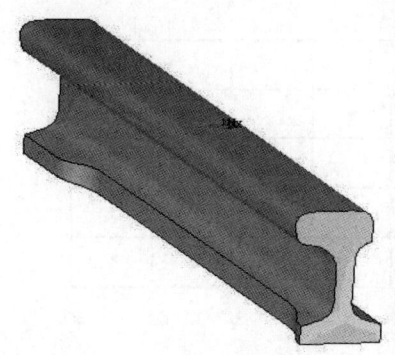

图 5-11 翼轨应力图示

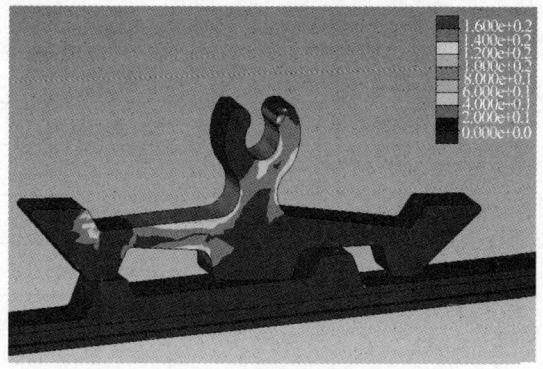

图 5-12 心轨一动锁钩应力图示

计算中最不利荷载为 25 t 轴重货车以 120 km/h 的速度过岔的工况，客货混运道岔钢轨为 U75V，翼轨在考虑轨温变化幅度 60 ℃ 的温度力后的容许应力为 308 MPa，心轨容许应力为 423 MPa，锁钩及拉杆为 A3 钢，屈服强度为 355 MPa，考虑 1.35 安全系数后容许应力为 273 MPa。这些部件中因心轨直接影响着行车安全，在提速道岔还曾发生过心轨折断事故，因此心轨应具有最高的安全储备；锁钩也是保证心轨正确位置的关键部件，一旦锁钩折断心轨尖端的开口量将无法得到保证，因此锁钩也应具有较高的安全储备；翼轨折断一般不会直接造成脱轨事故，而且在计算中未考虑心轨分担承受荷载的影响，其安全储备可低于心轨及锁钩。计算表明锁闭杆应力水平较低，具有足够的安全储备。结合上述分析，考虑到制造与组装误差，避免安装过程中锁钩与翼轨轨底相碰，可选用方案 10 作为设计方案。

在武广线上的测试结果如图 5-13 所示，动车组作用下心轨最大应力约为 83.8 MPa，翼轨最大应力约为 80.7 MPa，锁钩最大应力约为 68 MPa，锁闭杆最大应力约为 31 MPa，分别在 U71MNk 钢轨及 A3 钢强度容许限度内。

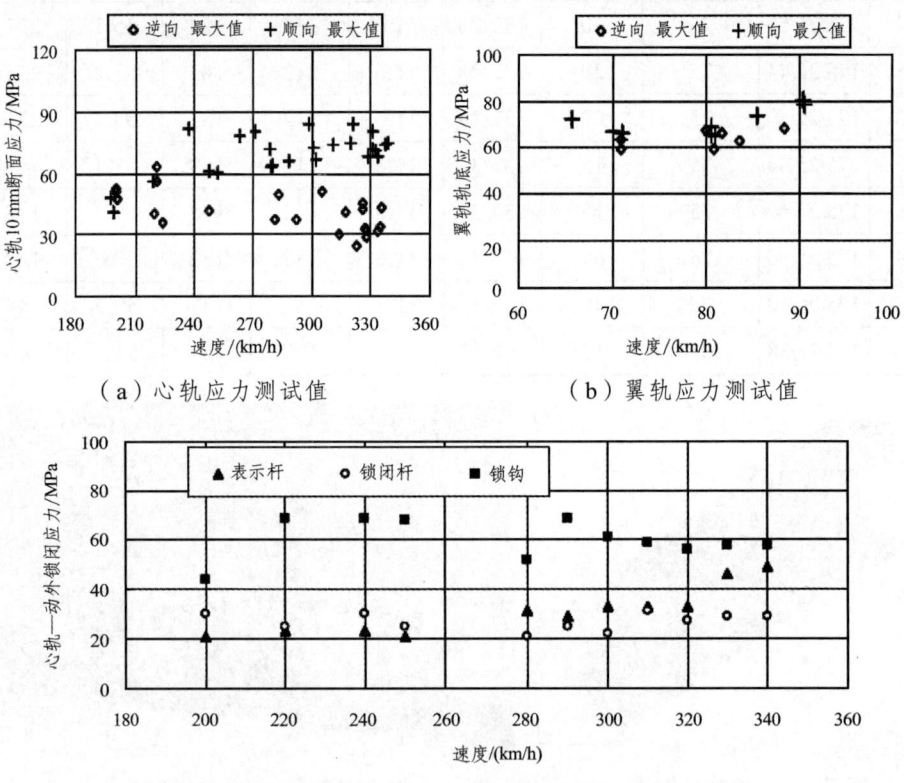

（a）心轨应力测试值

（b）翼轨应力测试值

（c）锁钩、锁闭杆及表示杆应力测试值

图 5-13 武广线上心轨应力、翼轨应力、锁钩和锁闭杆及表示杆应力测试值

（三）叉跟尖轨受力分析

由于高速道岔采用 60D40 钢轨，顶面带有 1∶40 的轨顶坡，因此只能将 AT 轨长肢向外，在短心轨后端需将 AT 轨长肢刨切 57 mm，对 AT 轨截面削弱

较大,为此需对其强度进行检算。建立计算模型如图 5-14 所示,按扣件支点设置竖向及横向支撑约束,考虑 25 吨轴重货车以 80 km/h 侧向过岔时的竖向及横向荷载,计算结果如图 5-15 所示,最大应力约为 194 MPa,在钢轨强度容许限度内。

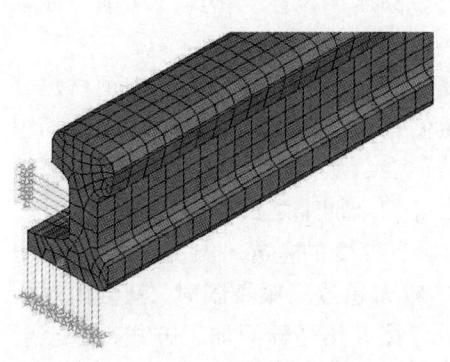

图 5-14　叉跟尖轨计算模型

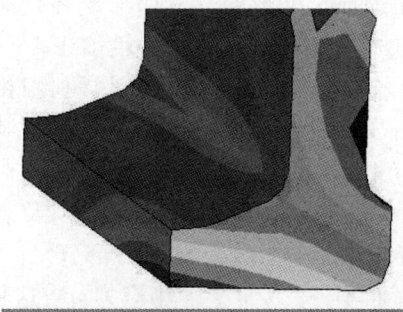

图 5-15　叉跟尖轨应力分布

三、高速道岔钢轨理论与技术的发展

钢轨是轨道结构中最为重要的部件,关于钢轨的研究较为广泛,除了研究其成分、断面、尺寸、力学物理性能、冶炼轧制、淬火技术外,在应用过程中还普遍关注其运输吊装、焊接、润滑、打磨、伤损、探伤以及轨底坡、轮轨廓形匹配等技术。道岔中的钢轨品种多、加工刨切复杂、局部还要进行热处理,因此在道岔中钢轨的使用条件更为复杂,尖轨、心轨均为易损部件,使用寿命远低于区间线路钢轨,尚需要对道岔中钢轨的各项技术进行深入研究,主要有以下几方面。[8,27,44]

(一)道岔钢轨残余应力研究

1. 残余应力及其形成机理

当物体在外力作用下变形时,内部各部分之间由于相对位移而引起的相互作用力叫内力。物体由于外力产生的应力之外,温度差也会引起应力。残余应力是指在没有外界因素(外力或外部的温度差异)作用的情况下,由于种种原因而存在于物体内部并保持平衡的应力。

根据应力范围的大小,把残余应力分为下列三类:宏观应力(第一类应力),指残余应力在全零件范围,或者其中较大的区域(线性尺度大于 0.1 mm)处于平衡状态。微观应力(第二类应力),指残余应力在金属晶粒范围内(线性尺度在 $10^{-2} \sim 0.1$ mm 之间)处于平衡状态。超微观应力(第三类应力),指存在于金属晶界、滑移面、位错附近等，以及更微小的区域内的残余应力。

残余应力的形成机理主要有以下几种：

（1）不均匀塑性变形：金属材料常由于加工的原因而引起不均匀塑性变形，也就是材料的不同部分塑性变形量大小不一。这样，势必在不同部分之间出现相对的压缩或拉伸形变，从而形成残余应力。滚压、拉拔、挤压、切削、喷丸等加工方式都能引起不均匀塑性变形。

（2）金属的相变：金属材料常利用相变来获得所需要的性能。如钢材热处理使材料发生所要求的组织转变，从而满足使用上的需要，但是，各种金相组织的比容不相同，它们之间就会出现相对的形变，从而产生残余应力。金属材料在热处理、焊接、锻造等热加工以及磨削等切削加工之后出现相变应力。

（3）温度差异：金属材料各部分之间如果有温度的差异（温度梯度），则由于它们膨胀不一致而产生热应力。当这种热应力超过屈服极限时，就会出现不均匀塑性变形，从而导致残余应力。铸造、焊接、热处理等加工方式，以至磨削加工，都能引起温度差异。

（4）化学成分差异：化学成分不同的金属材料，其比热容也不相同。如果在一个机械零件上出现成分不同的部分，则根据前面的机理，零件内将产生残余应力。

2. 残余应力的影响

残余应力显著影响机械零件、构件的性能。残余应力能影响零件的疲劳强度，当零件表面为压应力时，疲劳强度大大提高；反之，表面呈拉应力时，则又使疲劳强度明显降低。残余应力还能影响零件的加工精度。残余应力又是引起零件腐蚀破坏的一个重要因素（应力腐蚀），表面拉应力能促使零件的应力腐蚀；表面压应力则有利于提高零件抗应力腐蚀能力。

3. 钢轨残余应力的产生

钢轨在生产过程中，要经过轧制、冷却、矫直等工艺。由于钢轨断面为变截面，在冷却时轨腰和轨底边缘具有较快的冷却速度，轨头的冷却速度最慢，使钢轨产生很大的残余应力和畸变。图5-16为U74钢轨缓冷后残余应力的分布状态，图中轨头中部为压应力、轨腰中部为拉应力、轨底中部为拉应力。

辊式矫直机是目前国内外广泛采用的矫直方法，这种矫直方法使钢轨沿纵向产生均匀的残余应力分布，即钢轨不同断面内的纵向残余应力分布相同。钢轨在矫直辊巨大的弯曲应力、剪切应力和接触应力的作用下，产生非均匀的塑性变形，轨头和轨底横向伸长、纵向变短，而轨腰相对于矫直前变长，因此在轨头和轨底产生纵向拉伸应力，轨腰产生纵向压缩应力，其残余应力状态如图5-17所示。

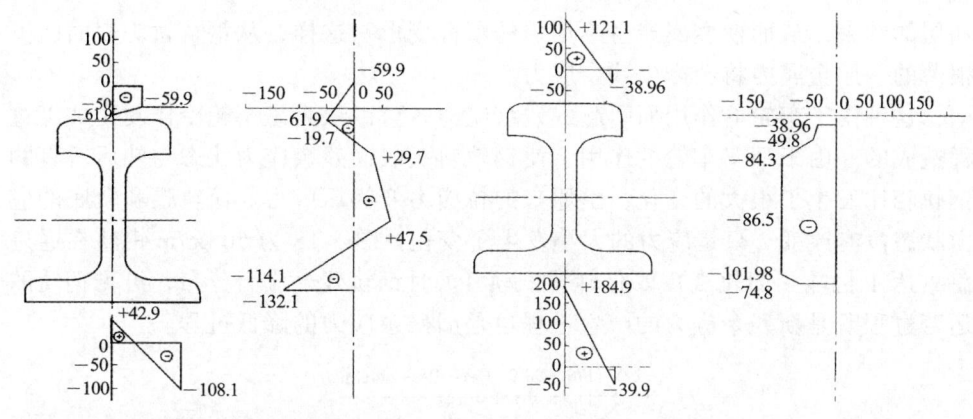

图 5-16 缓冷后钢轨残余应力分布　　图 5-17 矫直后钢轨残余应力分布

钢轨内部的残余应力指的是在生产过程中，钢轨冷却、相变产生的应力和钢轨矫直产生的应力相叠加的结果。但是钢轨内残余应力的大小除受钢轨的冷却和矫直工艺影响外，还受钢轨的材质、轨型的影响。钢轨矫直后轨底中心的残余应力的大小随着钢轨强度的增加而增加；同材质不同轨型的钢轨矫直后轨底中心的残余应力的大小随着钢轨截面尺寸的增加而增加。

尖轨、心轨在切削、矫直、顶弯及表面淬火等后续加工还将产生残余应力，和已有的残余应力叠加。金属切削时，切削力能使已加工表面层发生不均匀的塑性变形，将引起已加工表面弹性应变，而由弹性应变产生的已加工表面应力则由两方面组成：一方面是"塑性凸出"效应引起的拉应力；另一方面是加工刀面对工件表面的"挤压"效应所引起的压应力，使零件表面产生残余应力。有时也存在由切削温度产生的热应力，金属切削时，特别是磨削，切削热使工件表面温度升高，表层材料膨胀，但这是由于温度相对较低的内部材料的制约而不能自由膨胀，从而引起塑性压缩。当工件冷却时，表层材料受到内部材料制约不能自由收缩，这时就会在表层形成拉应力。若切削时拉应力达到材料的强度极限，就会产生表面裂纹。

钢轨在使用过程中要受到来自列车车轮的载荷作用，这种载荷包括轮轨之间的接触载荷、冲击载荷及轮轨之间的摩擦力。一方面，钢轨在这种载荷的作用下，轮轨之间的接触表面将会产生热量使钢轨的表面温度升高，随着表面温度的升高，钢轨的弹性强度将会降低，当强度低于车轮对钢轨所施加的正压力时，将会在距钢轨表面一定深度范围内的金属中产生不均匀的塑性变形。另一方面，当列车通过后，钢轨轨头表面及表面以下一定深度的高温金属层的温度开始下降，首先是表面温度下降，金属冷却收缩；其次是次表面层的金属冷却收缩。由于它们冷却收缩的不同时性，使得次表面层收缩时，要受到表面已冷却层的约束,从而使金属产生不均匀的塑性变形。这样,从钢轨轨头表面向下很薄的一层金属内将会产生残余应力。

这种由于车轮的作用而引起的残余应力,可以认为是车轮冷作硬化加工过程造成的。由于列车车轮的作用,使钢轨轨头表面残余应力状态与轧后矫直的钢轨相比发生了很大的变化,由原来的拉应力变为压应力。而轨腰和轨底的应力状态没有改变,只是应力的大小发生了变化。图 5-18 为 50 kg/m 钢轨在通过总重达 1 亿吨(旧轨 2)、6 亿吨(旧轨 1)时钢轨残余应力分布,可见钢轨的运营过程既是新残余应力的产生过程也是旧残余应力的降低过程。

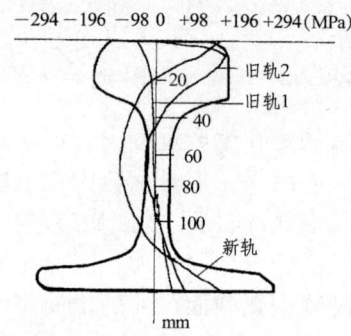

图 5-18　旧轨沿垂直轴的残余应力分布

4. 钢轨内残余应力的危害

由于钢轨的生产工艺所限,钢轨内部的残余应力是不可避免的,普遍认为合适的残余应力是在钢轨的轨头和轨底存在纵向压缩残余应力,轨腰存在纵向拉伸残余应力。但就目前国际、国内钢轨生产厂家的生产工艺而言,所生产的钢轨内部残余应力正好与其相反,即:钢轨的轨头和轨底存在纵向拉伸应力,轨腰存在纵向压缩应力。在这种残余应力状态下,若应力值较大,将严重影响钢轨的使用性能。

当轨头存在这种状态残余应力时,如果在踏面亚表层处存在非金属夹杂物等缺陷,或出现亚表层水平裂纹时,容易诱发钢轨横向疲劳断裂,造成断轨事故;当轨底存在这种状态残余应力时,它与车轮动载荷相叠加,容易在轨底的缺陷处诱发疲劳裂纹,最终使钢轨产生早期疲劳断裂失效;当轨腰存在这种状态的残余应力时,由于泊松效应,将在轨腰高度方向上形成残余拉应力,在此应力和列车动载荷的共同作用下,容易诱发沿轨腰方向的突发性脆断,使轨头和轨底分离,情况严重时,会造成整根钢轨的轨头和轨底分离,从而引发灾难性的行车事故。尖轨、心轨中的残余应力将导致钢轨侧拱及上拱,影响与基本轨、翼轨及滑床台板的密贴而承受较大的动力冲击作用。

5. 残余应力测试方法

目前具有实用价值的残余应力测定方法大体有三类：应力松弛法；X射线衍射法和应力敏感法。应力松弛法是一类对试件有破坏性的测试方法，用机械方法或其他方法除去一部分材料，就能使原有的残余应力松弛，从而产生弹性变形，然后根据弹性变形量（应变量）的大小来计算残余应力的数值。X射线衍射法是根据X射线通过金属晶体点阵结构时发生的衍射现象，以度量晶体点阵的应变为基础的一种残余应力测试方法。X射线衍射法能定量地测定金属材料表层的残余应力而没有破坏性。又由于X射线的穿透深度和照射面积都很小而能测定较小区域内的应力，从而得到应力在表层内的分布图像。X射线衍射法是一种有效的应力测试方法，在材料学和机械工艺等许多方面得到广泛的应用。应力敏感法是利用金属材料对某些对残余应力比较敏感的性能，例如磁性、声波的传播速度和硬度等，当金属材料内存在残余应力时，这些性能会有明显的变化，测量这种变化就可以推算出残余应力的数值。目前，利用磁性测定应力的方法已有较多的实际应用。

6. 钢轨残余应力的数值仿真

利用有限元软件MARC、ANSYS等能仿真钢轨热轧残余热应力，钢轨矫直残余应力，AT尖轨、心轨切削加工等。钢轨热轧残余热应力和钢轨矫直残余应力有限元仿真已进行了不少研究，但AT尖轨、心轨在这方面的研究却未见报道，深为遗憾，望能引起广大学者的关注。

7. 降低钢轨残余应力的措施

改进钢轨矫直工艺是降低钢轨残余应力的重要途径，采用卧矫工艺可以立矫减小钢轨残余应力水平约50~100 MPa，而拉伸矫直又可比卧矫减小钢轨残余应力水平。采用全长淬火可以使轨头残余应力变为压应力，有利于提高钢轨疲劳寿命。对焊接轨采用焊后回火，可以减小轨头下腭处和腰部拉应力。减小热轧钢轨矫前弯曲度，也有利于减小矫直所造成的残余应力。采用振动时效可减小尖轨、心轨机加工后的残余应力。

（二）道岔钢轨矫直应力研究

1. 普通钢轨矫直应力计算

钢轨矫直是一个复杂的弹塑性变形过程。对钢轨矫直这种应力水平大于400 MPa的塑性变形情况，可采用霍洛曼（Hollomon）公式来计算，即 $\sigma = A\varepsilon^n$（对于一定钢种，A 为强度系数，n 为硬化指数，ε 为应变），采用立矫方式时，可以只关注其垂向方向的矫直应力。

在塑性变形过程中真应力与真应变的关系为：根据 $\sigma = \dfrac{P}{F}$ 及体积不变原理

$F_0 l_0 = Fl$，则

$$\sigma = \frac{P}{F_0}(1+\delta) \tag{5-4}$$

式中　δ——负荷为 P 时的伸长率。

又根据真应公式可知

$$\varepsilon = \int_{l_0}^{l} \frac{\mathrm{d}l}{l} = \ln \frac{l}{l_0} = \ln(1+\delta) \tag{5-5}$$

对霍洛曼公式取对数，再取导数后得

$$n = \frac{\varepsilon}{\sigma} \times \frac{\mathrm{d}\sigma}{\mathrm{d}\varepsilon} \tag{5-6}$$

最大负荷点硬化指数为

$$n_{\max} = \left(\frac{\mathrm{d}\sigma}{\mathrm{d}\eta}\right) P_{\max} = \sigma_n \tag{5-7}$$

故有

$$n = \varepsilon_n = \ln(1+\delta_n) \tag{5-8}$$

根据上述公式，通过简单的拉伸试验，就可求出某钢种的强度系数 A 和硬化指数 n，就得到了这一钢种在塑性变形时的应力与应变关系式，如 U74 钢种的 60 kg/m 钢轨的塑性变形关系式为

$$\sigma = 120.93\varepsilon^{0.077\,4} \tag{5-9}$$

为了控制矫直应力，减低矫后钢轨残余应力水平，可引入过载系数的概念，定义为矫直应力与被矫钢的屈服强度之比，即

$$K = \frac{\sigma_{矫}}{\sigma_s} \tag{5-10}$$

对于一般铁路用钢轨，过载系数为 1.25 时，其轨高矫缩量为 0.5 mm，对于高速铁路用钢轨，过载系数为 1.18，其轨高矫缩量可控制在 0.3 mm 之内。

2. 尖轨矫直应力计算

国内外对钢轨矫直应力的研究较为深入，而对 AT 轨、TY 轨的矫直应力，特别是制作尖轨、心轨顶弯时的应力研究较少，而道岔厂在道岔生产过程中，尖轨及心轨的顶弯操作主要依靠人工经验，没有一套定量的控制办法和工艺流

程。下面采用有限单元法，以 18 号高速铁路道岔尖轨为例，建立 AT 尖轨的三维实体矫直有限模型，初步分析尖轨矫直、顶弯过程中加载支距、加载方式和加载量等对其应力和变形的影响，以得到 AT 尖轨矫直的变形规律，为高速道岔 AT 尖轨矫直工艺提供理论指导。

尖轨矫直过程是三点弹塑性反弯过程，卸载后发生弹性回弹，如果回弹量正好等于反弯量，则尖轨被矫直。加载点间的尖轨产生弹塑性变形，而加载点之外的部分则不发生塑性变化，因此可只取加载点之间的尖轨进行分析。矫直前尖轨曲率半径计算如下

$$R = \frac{h^2 + (l/2)^2}{2h} \qquad (5\text{-}11)$$

式中　R——尖轨曲率半径；
　　　h——尖轨最大变形量；
　　　l——尖轨长度。

计算中取尖轨最大变形量为 0.05 m，尖轨长度为 21.45 m；在加载头作用面内节点施加位移荷载，尖轨与支座接触面施加位移约束，加载模式如图 5-19 所示，双向钢轨顶弯机最大加载力为 3.15 MN，两顶头中心线调整范围为 0.3 ~ 1.2 m。尖轨材料为 U75V 钢，考虑材料的弹塑性及多线性等向强化 vonMises 屈服准则。

矫直时加载中间截面的应力最大，因此可取中间截面有代表性的 11 个点进行应力分析。由于 AT 尖轨为非对称截面，采用三点压力矫直，矫直后尖轨会发生扭曲，不是理想的直线，近似为圆曲线，可用曲率表示直线度的大小。取加载量为 5 mm 进行计算，不同加载支距下的计算结果如表 5-4 所示（表中负号表示尖轨发生反方向变形，矫直过量），尖轨应力随加载支距的变化如图 5-20 所示。

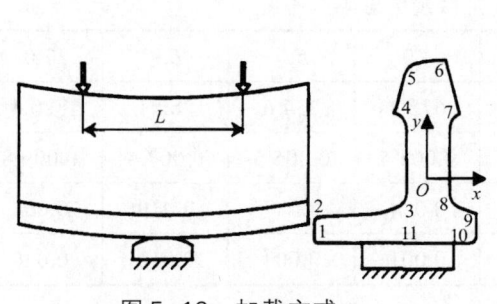

图 5-19　加载方式

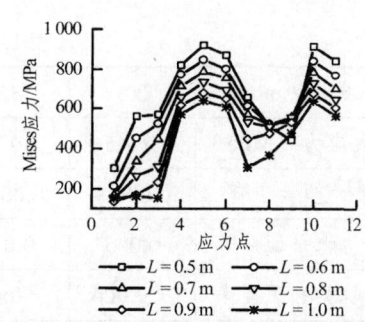

图 5-20　尖轨应力随加载支距的变化

表 5-4　加载支距的影响

加载支距（m）	0.5	0.6	0.7	0.8	0.9	1.0
最大应力（MPa）	921.4	847.5	789.7	734.6	681.9	640.9
最大塑性应变	0.015 8	0.011 4	0.008 0	0.005 5	0.003 8	0.002 5
尖轨水平面曲率	0.115	0.083	0.054	0.037	0.026	0.025
尖轨竖直面曲率	0.022	0.013	0.008	0.003	-0.002	-0.004

由表 5-4 及图 5-20 中可见，加载支距为 0.8 m 时，尖轨矫直部分基本矫直；加载支距小于 0.8 m 时，矫直过量，尖轨向反向变形；加载支距大于 0.8 m 时，矫直不足。中间断面点 5 和点 10 处应力最大，矫直时产生明显塑性变形；加载支距越大，最大应力和塑性应变越小，尖轨水平曲率越小。加载支距由 0.5 m 增大到 1.0 m 时，尖轨最大应力降低约 43.7%，尖轨工作边直线度偏差增加 3 倍，竖向矫直从矫直过量逐渐变为矫直不足，因此最佳加载支距宜为 0.8 m。

加载量是指加载顶头接触尖轨后的推进距离，计算时保持加载支距 0.8 m 不变，不同加载量的计算结果如表 5-5 所示，尖轨应力分布如图 5-21 所示。

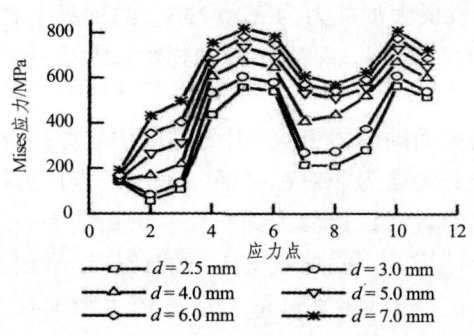

图 5-21　尖轨应力随加载量的变化

表 5-5　加载量的影响

加载量（mm）	2.5	3.0	4.0	5.0	6.0	7.0
最大应力（MPa）	564.5	607.6	672.2	734.6	782.1	820.4
最大塑性应变	0.000 9	0.001 7	0.003 5	0.005 5	0.007 6	0.009 8
尖轨水平面曲率	0.005	0.010	0.024	0.037	0.049	0.064
尖轨竖直面曲率	-0.004	-0.003	0.001	0.003	0.013	0.020

由表 5-5 及图 5-21 中可见，加载量为 4.0 mm 时，尖轨基本矫直；加载量

越大,最大应力越大,尖轨水平面曲率随加载量呈线性增大,尖轨铅垂面曲率也逐渐增大。加载量由 2.5 mm 增大到 7.0 mm 时,尖轨最大应力增大 31.0%,尖轨水平曲率增大 67.5%,竖向矫直从矫直不足逐渐变为矫直过量,最佳加载量为 4.0 mm。

尖轨矫直时会发生扭曲,影响尖轨工作边的直线度,对尖轨与基本轨的密贴不利。尖轨矫直发生扭曲主要是因为采用三点压力矫直,依靠顶头与尖轨的摩擦力约束尖轨的扭曲,但此摩擦力不能克服尖轨矫直时产生的扭曲力。利用钢轨顶弯机的水平压力缸,在轨底两边受力区施加横向约束,用竖直压力缸进行矫直加载(见图 5-22 中的优化加载方式),可以减小尖轨矫直时的扭曲变形,尖轨的水平直线度将大大改善,如加载支距为 0.8 m,加载量 5.0 mm 情况下,尖轨水平面曲率将由 0.037 降低为 0.003,而最大应力和最大塑性应变与原加载方式相当。建议尖轨矫直采用大支距、小加载量并约束轨底的加载方式。

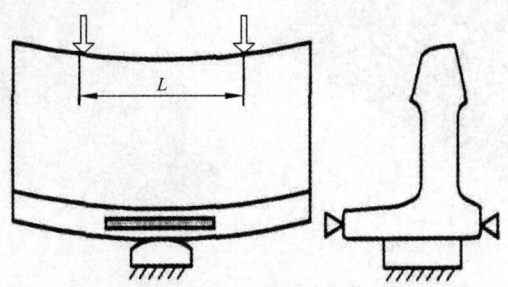

图 5-22 优化加载方式

(三)道岔钢轨接触应力研究

随着列车高速、重载的发展,在国内外铁路上,因接触应力而造成的轨头病害,如压馈、剥离、掉块、波浪磨耗以及由于这些病害的进一步发展而形成的钢轨疲劳伤损已成为钢轨破损的主要形式。钢轨的承载能力问题和工况参数对它的影响问题是越来越多的专家学者普遍关注的问题。轮轨接触应力的理论计算,过去一直是基于赫兹理论采用解析解或数值解计算,即将轮轨视为两个无限弹性半空间,可是随着铁路技术的发展,特别是磨耗型车轮踏面的推广使用,使用解析解和数值解来解决轮轨关系问题的局限性也愈加突出。这些解析解和数值解根本无法精确模拟车轮踏面与钢轨的真实几何形状,它们的共同缺点是接触荷载假设为一集中荷载,没有反映真实的轮轨接触行为。[59-61]

随着计算机的发展,有限元法已广泛地应用于各种工程接触问题,提出了各种模拟接触问题的特殊单元。ANSYS 采用接触单元来模拟接触问题特点:跟踪接触位置;保证接触协调性(防止接触表面相互穿透);在接触表面之间传递接触应力(正压力和摩擦)。接触单元就是覆盖在分析模型接触面上的一层单元。ANSYS 提供了接触分析的良好方案,分析类型包括刚体对柔体的接触和柔体对柔体的接触。从接触的实现形式又分为点对点、点对面、面对面的接触分析,并且能够考虑接触过程中的摩擦生热及电接触过程。有专门的接触向导,很方便建立接触对,并且内置的接触分析专家系统使得一般的接触分析不需要设置接触的相关参数,因此接触分析十分方便建立。

以 LMA 型动车组车轮磨耗型踏面及 18 号高速道岔为例,分析车轮轮缘贴靠尖轨运行时的尖轨顶宽 20 mm、30 mm、40 mm、50 mm 断面处的轮轨接触应力。计算模型及单元网格划分如图 5-23 所示。计算得各断面处尖轨与基本轨的接触应力分布如图 5-24 所示,计算结果汇总于表 5-6 中。

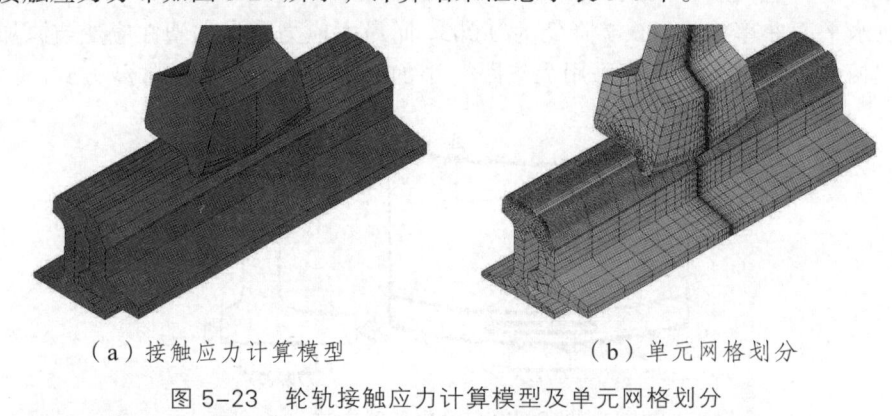

(a)接触应力计算模型　　　　　　(b)单元网格划分

图 5-23　轮轨接触应力计算模型及单元网格划分

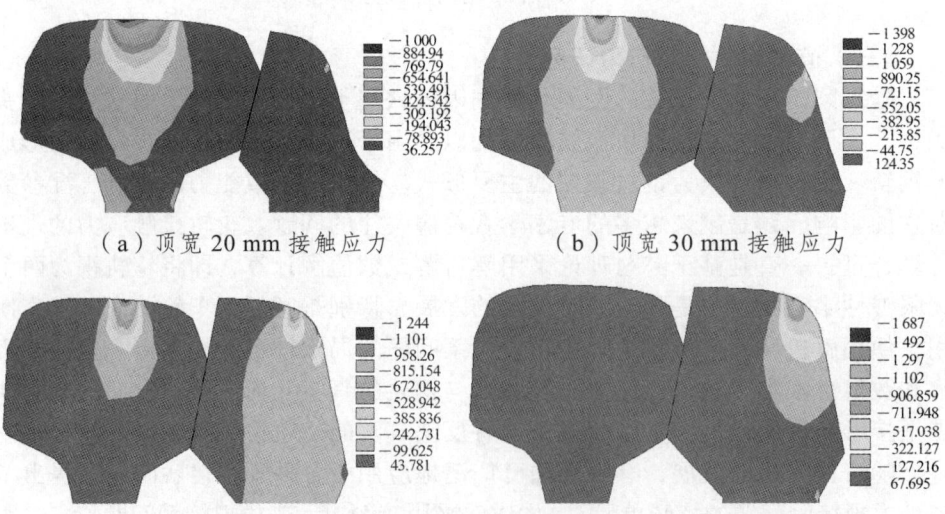

(a)顶宽 20 mm 接触应力　　　　　　(b)顶宽 30 mm 接触应力

(c)顶宽 40 mm 接触应力　　　　　　(d)顶宽 50 mm 接触应力

图 5-24　各断面处尖轨与基本轨的接触应力分布

表 5-6　各断面接触应力（表中负号表示压应力）

尖轨顶宽（mm）	基本轨接触应力（MPa）	尖轨接触应力（MPa）
20	-1 000~36	-417~30
30	-1 398~41	-916~14
40	-1 244~43	-1 034~115
50	无接触	-1 687~68

从表 5-6 及图 5-24 中可见，随着尖轨顶宽增加，轮载从基本轨逐渐过渡至尖轨上，因而基本上的接触应力呈降低趋势而尖轨上的接触应力逐渐增大，尖轨顶宽 20 mm 处基本轨接触应力较小是由于轮轨接触点偏向钢轨外侧所致；尖轨上的最大接触应力达到了 1 687 MPa，高于基本轨上的最大接触应力，这与尖轨上轮轨点位于轨距角圆弧处，圆弧半径较小及尖轨断面积较小有关，接触应力越大，尖轨发生损伤的可能性越高，因此可以进一步优化尖轨顶面轮廓，以降低接触应力。

各断面处基本轨与尖轨上的接触斑形状及面积如图 5-25 所示。根据基本轨上的接触斑面积，采用赫兹接触计算结果与有限元计算结果的比较如表 5-7 所示。

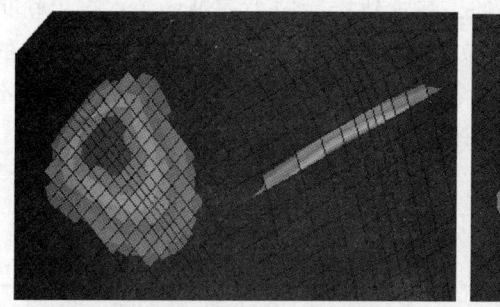
（a）顶宽 20 mm 接触斑

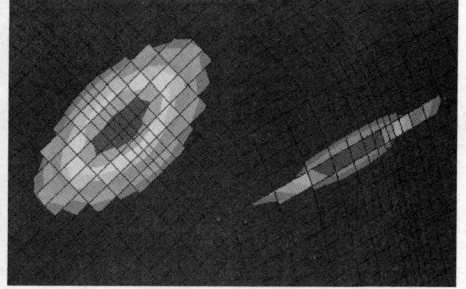
（b）顶宽 30 mm 接触斑

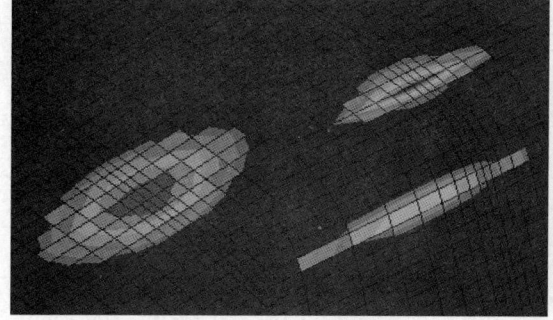
（c）顶宽 40 mm 接触斑

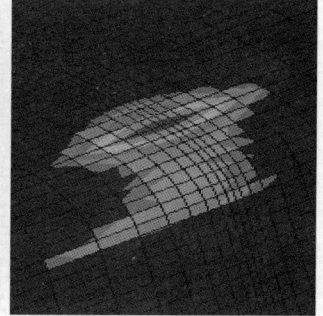
（d）顶宽 50 mm 接触斑

图 5-25　各断面处基本轨与尖轨上的接触斑形状及面积

表 5-7　基本轨上接触斑大小

尖轨顶宽（mm）	接触斑长轴（mm）	接触斑短轴（mm）	有限元解最大接触应力（MPa）	赫兹解最大接触应力（MPa）
20	12.145	3.428	1 000	1 348
30	6.665	3.846	1 398	1 302
40	5.854	3.846	1 244	1 203

从表 5-7 及图 5-25 中可见，基本轨上的接触斑呈椭圆形，这与赫兹接触理论解相符合，且随着基本轨上轮载的降低，接触斑长轴逐渐变短，短轴几乎未变，这主要是随着尖轨顶宽增加，车轮踏面上与基本轨的接触点逐渐外移所致；基本轨上有限元解最大接触应力与赫兹解相当，但在尖轨顶宽 30 mm、40 mm 处大于赫兹角，在顶宽 20 mm 处小于赫兹角，这主要是赫兹解未考虑基本轨上轮轨接触点随尖轨顶宽的变化；尖轨上的接触斑细而长，应力较为集中，易造成尖轨侧面的磨耗，这也主要是由于尖轨接触点处圆弧半径较小所致。

随着轮对横移量的不同，基本轨及尖轨上的接触应力大小也不同，如表 5-8 所示（表中轮对横移量负号表示从线路中心线远离尖轨）。从表中可见，随着轮对远离尖轨，在尖轨顶宽 20 mm 断面处，基本轨接触应力逐渐增大；在尖轨顶宽 50 mm 断面处，尖轨接触应力逐渐减小。轮对横移 ±2.5 mm 时，尖轨上的接触应力分布如图 5-26 所示，尖轨上的轮轨接触点位置发生了较大的变化，不是位于轨距角而是位于尖轨顶面，因而接触应力呈波动状态。

表 5-8　不同横移量下的接触应力

尖轨顶宽（mm）	轮对横移量（mm）	基本轨接触应力（MPa）	尖轨接触应力（MPa）
20	7.5	−1 000~36	−417~30
	2.5	−1 150~50	−1 096~60
	−2.5	−1 419~47	−830~107
	−7.5	−1 526~31	无接触
50	7.5	无接触	−1 687~68
	2.5	无接触	−1 055~45
	−2.5	无接触	−1 333~53
	−7.5	无接触	−1 115~61

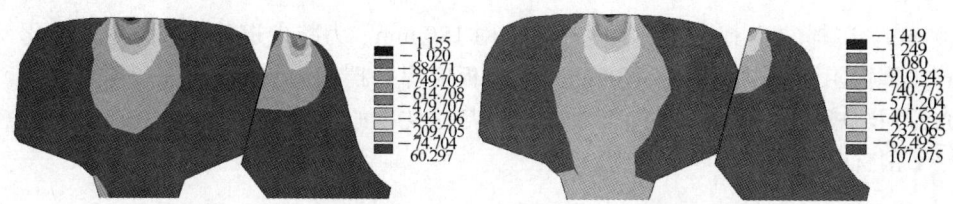

（a）轮对横移 2.5 mm 接触应力　　　　（b）轮对横移 -2.5 mm 接触应力

图 5-26　轮对横移 ±2.5 mm 时尖轨上的接触应力分布

轮轨接触应力还会随着轮轨间摩擦系数的变化而变化，如表 5-9 所示。随着轮轨摩擦系数的降低，尖轨顶宽 20 mm 处基本轨的接触应力略有增大，尖轨的接触应力略有降低；尖轨顶宽 50 mm 断面处尖轨接触应力有所增大，可见道岔轮轨润滑不一定能降低尖轨的接触应力。

表 5-9　不同摩擦系数下的接触应力

尖轨顶宽（mm）	轮轨摩擦系数	基本轨接触应力（MPa）	尖轨接触应力（MPa）
20	0.30	-1 000 ~ 36	-417 ~ 30
	0.25	-1 001 ~ 36	-379 ~ 18
	0.15	-1 004 ~ 37	-332 ~ 20
50	0.30	无接触	-1 687 ~ 68
	0.25	无接触	-1 712 ~ 68
	0.15	无接触	-1 742 ~ 71

第二节　道岔铁垫板强度检算

道岔中因采用轨高较低的 AT 轨制作尖轨及心轨，为保证轨道高度及正常转换，其轨底需设置一定高度的滑床台板，护轨等部位也是如此，同时为保证道岔区内各根轨枕的顶面高度一致，导曲线部分扣件系统也设置有铁垫板，以实现分开式扣紧并取消岔枕挡肩结构。道岔中铁垫板类型很多，有普通平垫板、护轨垫板、滑床台板、通长垫板、辙跟垫板、辙叉大垫板等。

在钢轨设有轨顶坡时，铁垫板为平坡；当钢轨设有轨底坡时，铁垫板设有斜坡。为使垫板传递到岔枕面上的压应力不超过岔枕的容许应力，并考虑到垫板本身应有足够的刚度，不致被压弯折断，因此垫板应有一定的厚度和宽度。垫板厚度一般为 20 mm，若扣件系统刚度较小或轴重较大，也可加厚至 25 ~

30 mm。单根岔枕上的垫板宽度一般采用 180 mm。为减少道岔各部轨距的变化，增加垫板阻止钢轨横向移动的能力，垫板应焊置挡肩。垫板边缘一般应尽可能地与钢轨中心线垂直，但如钢轨中心线与岔枕中心线偏斜过大，垫板边缘应平行于岔枕布置。

一、作用于铁垫板上的力

1. 将钢轨视为置于地基上的无限长梁，则采用 Winker 假设及连续弹性支承梁模型，可求得轮载 P 传递至各岔枕上的压力为

$$R = \frac{aPk}{2} e^{-kx}(\cos kx + \sin kx) \tag{5-12}$$

式中　a——轨枕间距；

k——刚比系数，$k = \sqrt[4]{\dfrac{D}{4EIa}}$；

D——扣件支点刚度

EI——钢轨抗弯刚度。

在荷载作用点下，枕上压力具有最大值

$$R_{\max} = \frac{aPk}{2} \tag{5-13}$$

对于尖轨、心轨、护轨这种半无限长梁、有限长梁及变截面钢轨，可采用有限元法求得轮载传递至各岔枕上的压力。

2. 钢轨传递的横向力

视为无限长梁的钢轨所承受的横向力同样可采用式（5-12）求得传递至岔枕上的横向力，但通常情况下铁垫板与钢轨间采用尼龙轨距块作用缓冲垫层，其刚度较大，最不利情况下可将钢轨承受的横向力全部传递至铁垫板。

3. 钢轨传递的纵向力

钢轨承受的纵向力只有在钢轨相对于铁垫板有滑动时，才会通过扣件系统的摩擦阻力传递给铁垫板，其最大值为扣件系统的纵向阻力，量值较小，一般在进行铁垫板强度计算时可不予考虑。

4. 扣件系统作用于铁垫板上的竖向力

铁垫板上焊有安装弹条的铁座，弹条前肢扣压在基本轨轨底，对于有螺栓扣件，弹条尾部支撑在铁座上，弹条作用于铁座上的压力与扣压力近似相等，拧紧弹条的 T 型螺栓以 2 倍扣压力的大小予以铁座拉力；对于无螺栓扣件，弹条作用于铁座上的竖向力也是相同的。

二、护轨垫板及受力分析

(一) 护轨线形及冲击力计算

1. 护轨冲击力简化计算理论

车轮与护轨的横向冲击力简化计算模型如图 5-27 所示。

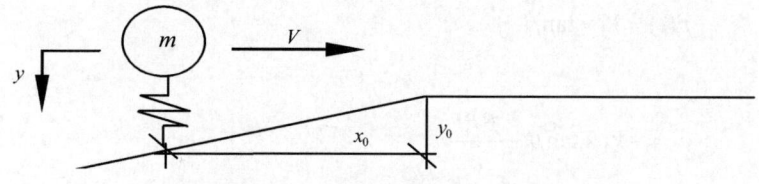

图 5-27 护轨冲击力简化计算模型

车轮轮背与护轨工作边发生接触时：

当 $Vt \leqslant x_0$ 时

$$my'' + k[y + f(t)] + \beta Pf = 0 \qquad (5\text{-}14)$$

当 $Vt \geqslant x_0$ 时

$$my'' + k(y + y_0) + \beta Pf = 0 \qquad (5\text{-}15)$$

车轮轮背与护轨工作边不接触时：

$$my'' + \beta Pf = 0 \qquad (5\text{-}16)$$

式中　m——簧下部分参与振动的质量；
　　　k——车轮轮背与护轨的接触刚度；
　　　P——车轮对基本轨的垂直力；
　　　V——车辆速度；
　　　f——轮踏面摩擦系数；
　　　x_0——车轮与护轨缓冲段接触后行至护轨平直段处的纵向距离；
　　　y_0——车轮与护轨缓冲段接触后行至护轨平直段处的横向距离；
　　　β——基本轨上轮轨摩擦力系数（当 $y'>0$ 时，$\beta=1$，当 $y'=0$ 时，$\beta=0$；当 $y'<0$ 时，$\beta=-1$）；
　　　$f(t)$——车轮与护轨缓冲段接触后，护轨横向距离的变化。

齐次方程 $my'' + ky = 0$ 的通解为

$$y = C_1 \sin(ut) + C_2 \cos(ut) \qquad (5\text{-}17)$$

式中　$u = \sqrt{k/m}$。

方程（5-15）的特解为

$$y^* = -y_0 - \frac{\beta P f}{k} \quad (5\text{-}18)$$

方程（5-14）的特解视护轨缓冲段的线形而定，当护轨缓冲段为直线时，车轮横移轨迹为

$$f(t) = Vt \times \tan\beta \quad (5\text{-}19)$$

特解为

$$y^* = -Vt \times \tan\beta - \frac{\beta P f}{k} \quad (5\text{-}20)$$

当护轨缓冲段为其他线形时，可先求出车轮横移轨迹再得到方程（5-14）的特解。

位移初始条件为：当 $t=0$ 时，$y=0$；速度初始条件随不同的护轨缓冲段线形而变化，当 $t=0$ 时，$y'=V\tan\beta_0$，式中，β_0 为车轮轮背与护缓冲段开始接触时的冲击角，若不考虑轮对在轨道中的偏转角，则该冲击角即为护轨缓冲段与车轮开始接触点处的切线角，对于直线形护轨缓冲段，冲击角 β_0 即为护轨缓冲段冲击角，对于其他线形的缓冲段，同样可求得 β_0。

将初始条件代上述方程中，即可得到直线形护轨对应于方程（5-14）的解为

$$y = \frac{2V\tan\beta}{u}\sin(ut) + \frac{\beta P f}{k}\cos(ut) - Vt \times \tan\beta - \frac{\beta P f}{k} \quad (5\text{-}21)$$

对应于方程（5-15）解的表达式为

$$y = C_1 \sin(uT) + C_2 \cos(uT) - y_0 - \frac{\beta P f}{k} \quad (5\text{-}22)$$

对应于方程（5-15）解的表达式为

$$y = -\frac{\beta P f}{m}t^2 + C_1 t + C_2 \quad (5\text{-}23)$$

随计算参数的变化，车轮在护轨上的接触状态、接触位置可能不相同，因此只能根据具体情况求得式（5-22）、式（5-23）的解。

护轨所承受的作用力为

$$F = k[y + f(t)] \quad (5\text{-}24)$$

当 $F<0$ 时，护轨不承受横向冲击力，此时取 $F=0$。

采用上述简化计算求得的护轨横向力冲击力可能与实际情况有较大差距，计算结果不如道岔动力学计算理论准确，但它是一种解析解，可以得到护轨线形等计算参数对护轨冲击力的影响规律。

2. 护轨线形选择分析

通常，道岔护轨的线形为折线形，包括两侧的开口段、两端的直线形缓段、平直段，其实，道岔护轨还可以为曲线形，包括缓冲段为曲线形和整个护轨均为曲线形两种，曲线形可以为圆曲线、缓和曲线、余弦曲线等。

若外轮贴靠着导曲线外轨运行，轮对为标准尺寸且无横移的情况下，内轮轮背距基本轨工作边的距离为 48～49 mm，若护轨平直段轮缘槽宽为 42 mm，则车轮将在距离平直段 6～7 mm 处开始发生接触，即 $y_0 = 6 \sim 7$ mm。计算中取 $y_0 = 6$ mm，对于直线形护轨，$x_0 = \dfrac{y_0}{\tan \beta}$；对相切式圆曲线形护轨，$x_0 = \sqrt{2Ry_0}$，式中 R 为圆曲线半径；对相式线缓和曲线形护轨，$x_0 = \sqrt[3]{6Rl_0 y_0}$，$l_0$ 为缓和曲线长度；对相切式余弦型护轨，$x_0 = \dfrac{l_0}{\pi} \arccos\left(1 - \dfrac{2y_0}{H}\right)$，$H$ 为半波幅值。

以 60 kg/m 钢轨 12 号固定辙叉为例，直向护轨长 6.9 m，平直段长 1 340 mm，缓冲段长 2 630 mm，开口段长 150 mm，护轨轮缘槽宽 42 mm，缓冲段开口宽 65 mm，开口段开口宽 80 mm，$\beta = 30'$。侧向护轨长 4.8 m，平直段长 1 340 mm，缓冲段长 1 580 mm，开口段长 150 mm，护轨轮缘槽宽 42 mm，缓冲段开口宽 65 mm，开口段开口宽 80 mm，$\beta = 50'$。护轨横向刚度取为 50 kN/mm。

以 21 吨轴重机车直向以 160 km/h、侧向以 50 km/h 的速度过岔时为例，簧下质量 $m = 1\ 634$ kg、轮轨摩擦系数 $f = 0.2$、轮重 $P = 115$ kN。

采用简化计算方法，计算得各种线形的缓冲段直、侧向护轨所受的横向力如图 5-28 所示，图中横坐标表示距车轮与护轨开始发生接触处的距离。计算结果如表 5-10 所示。

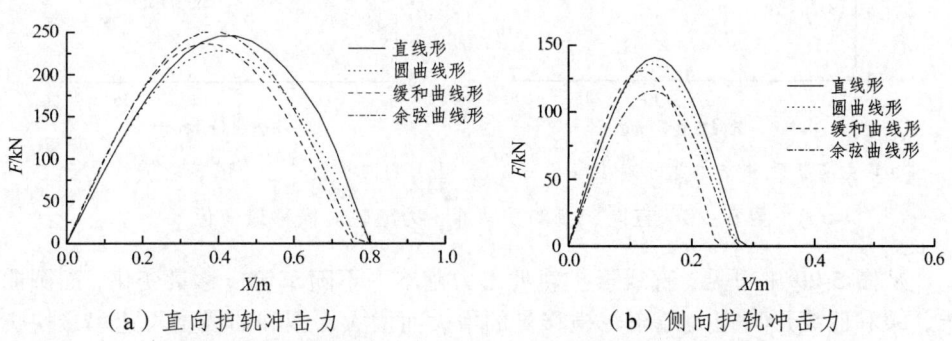

（a）直向护轨冲击力　　　　（b）侧向护轨冲击力

图 5-28　各种线形的缓冲段直、侧向护轨所受的横向力

表 5-10　护轨冲击力比较

护轨线形	直向最大冲击力（kN）	直向开始冲击距开口端部距离（m）	侧向最大冲击力（kN）	侧向开始冲击距开口端部距离（m）
直线形护轨	245.7	2.094	140.8	1.318
圆曲线形护轨	224.9	1.437	136.4	0.923
缓和曲线形护轨	236.9	1.099	130.6	0.72
余弦曲线形护轨	250.9	1.882	115.9	1.191

从图 5-28 及表 5-10 中可见，护轨冲击力发生在车轮与护轨开始接触的一段范围内，随后车轮离开护轨运行。在基本计算参数条件下，直向护轨冲击力较侧向护轨大得多，这主要是由于直向过岔速度较侧向大得多的缘故。

不同线形护轨，列车开始与护轨发生冲击时位置不同，缓和曲线护轨最先发生接触、然后是圆曲线护轨、再次是余弦型护轨，最后是直线形护轨。且不同线形护轨最大冲击力也有所不同，直向护轨上，圆曲线形护轨冲击力最小，较直线形护轨降低 8.5%，余弦曲线形护轨冲击力最大，较直线形护轨有所增加。侧向护轨上，余弦曲线形护轨冲击力最低，较直线形护轨降低 17.7%，缓和曲线形次之，直线形护轨最大，这与车速的变化也有很大关系。

若车轮与护轨发生接触前已有一定的横向位移，或车轮尺寸有偏差，则车轮与护轨初始接触的位置将发生变化，此时直侧向护轨所受力的横向力随线形不同有较大的变化，如图 5-29 所示。

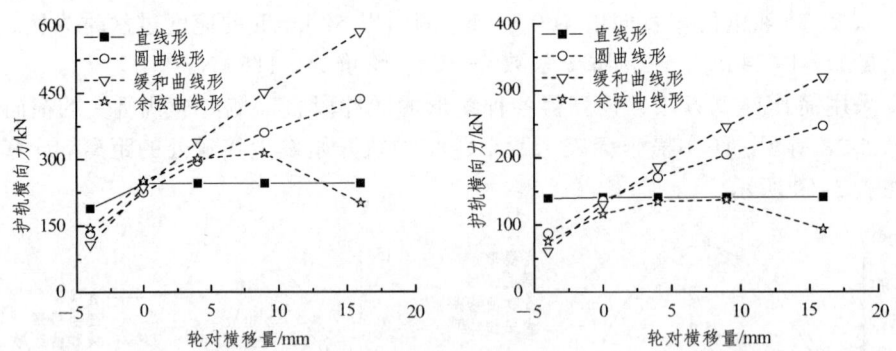

（a）直向护轨冲击力随轮对横移量变化　（b）侧向护轨冲击力随轮对横移量变化

图 5-29　直向、侧向护轨冲击力随轮对横移量变化

从图 5-29 中可见，直线形护轨冲击力基本上不随车轮横移量变化，而圆曲线、缓和曲线形冲击力随车轮横移量的增大而增大，缓和曲线增长速率最快、

圆曲线次之，这主要是由于车轮横移量越大，护轨冲击角越大，因而冲击力也越大。余弦曲线形曲线护轨在车轮横移较小或较大时，冲击力较小，而在余弦形曲线中点附近，因冲击角较大，因而冲击力也较大。可见，只有在车轮横移量较小或为负值的情况下，采用曲线形护轨才可降低护轨冲击力。大多数情况下，车轮与护轨发生冲击前均会有横移，且车轮尺寸也有偏差，可见仅护轨缓冲段采用曲线形并没有显示出优势，不宜采用。

为降低护轨横向冲击力，采用弹性护轨可能更有利，以直线形护轨、轮对无横移时为例，直侧向护轨横向力随横向刚度的变化如图 5-30 所示，但护轨横向刚度的选择宜考虑护轨横向位移对查照间隔的动态影响而综合确定，直侧向护轨横向位移随横向刚度的变化如图 5-31 所示。

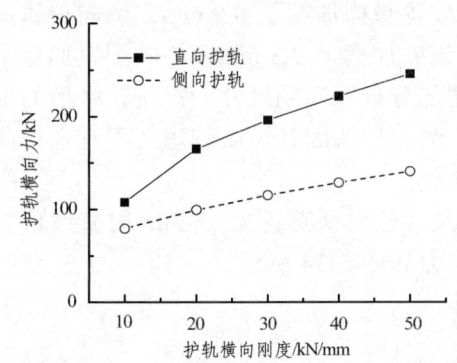 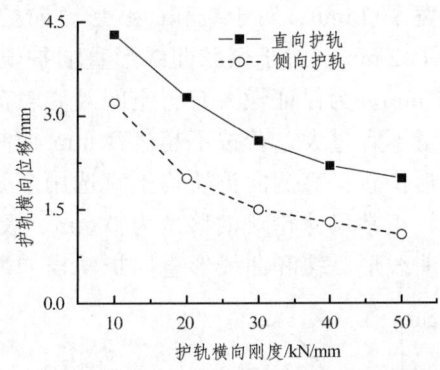

图 5-30　护轨冲击力随横向刚度的变化　　图 5-31　护轨横向位移随横向刚度的变化

从图 5-30、图 5-31 中可见，随着护轨横向刚度的增大，冲击力明显增大，可见降低护轨垫层刚度是减小护轨冲击力的有效措施之一。但护轨垫层刚度越低，虽然冲击力越小，同时护轨横向位移越大，不利于保持固定辙叉的间照间隔。综合来看，护轨横向整体刚度不宜低于 30 kN/mm。

取消护轨平直段，设护轨全为对称的曲线形，护轨中点处及开口段处轮缘槽宽度不变。对于圆曲线形直向护轨半径取为 236.739 m，侧向护轨半径取为 110.054 m，相对于直线形护轨平直段轮缘槽的加宽量如图 5-32 所示。对于缓和曲线形护轨，直向护轨开口端曲线半径取 78.920 m，缓和曲线长取 3 300.144 mm；侧向护轨开口端曲线半径取 36.685 m，缓和曲线长取 2 250.021 mm。对于余弦曲线形护轨，直向护轨 $H = 23$，$l_0 = 3\,300$ mm；侧向护轨：$H = 23$，$l_0 = 2\,250$ mm，相对于直线形护轨平直段轮缘槽加宽量如图 5-33 所示。

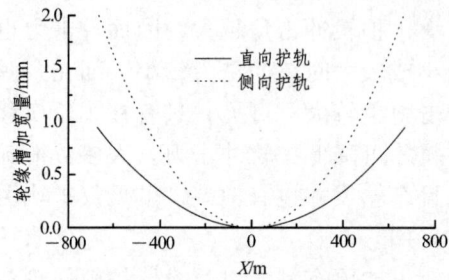
图5-32 圆曲线形护轨轮缘槽加宽量

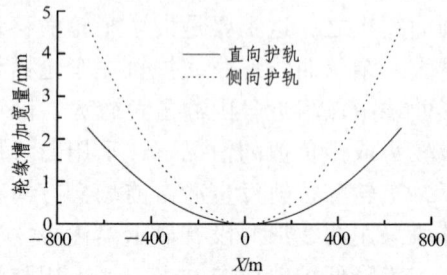
图5-33 余弦曲线形护轨轮缘槽加宽量

由图5-32中可见,对于圆曲线形直向护轨,对应于直线形护轨平直段与缓冲段交界处的护轨轮缘槽宽为43 mm,较直线形护轨加宽了1 mm,侧向护轨加宽了2 mm;对于缓和曲线形直向护轨处轮缘槽加宽了0.9 mm,侧向护轨加宽了2 mm;对于余弦曲线形直向护轨,该处加宽了2.3 mm,侧向护轨加宽了4.7 mm。为保证辙叉有害空间及心轨前端部分查照间隔尺寸,护轨轮缘槽的加宽量不宜过大,若按不超过1 mm控制,侧向护轨因其长度较短,不宜选用曲线形护轨;直侧向护轨均不宜选用余弦曲线形。

正常尺寸轮对横移量为0 mm、极限尺寸轮对横移量为16 mm时直线形、圆曲线形、缓和曲线形直向护轨横向冲击力如图5-34所示。

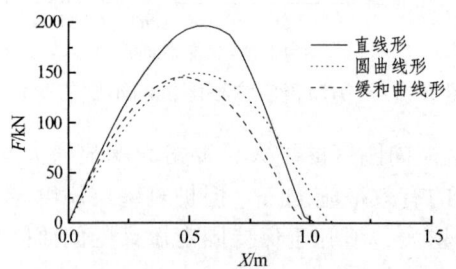
(a)轮对横移量为0 mm时护轨冲击力

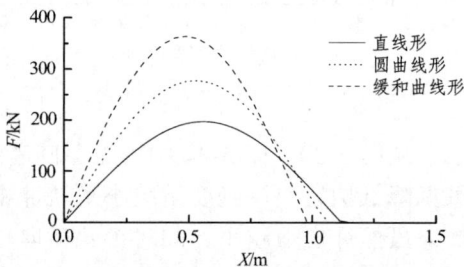
(b)轮对横移量为16 mm时护轨冲击力

图5-34 轮对横移量为0 mm、16 mm时各类线形直向护轨横向冲击力

从图5-34中可见,轮对无横移量情况下,圆曲线形及缓和曲线护轨冲击力均小于直线形护轨,而在最不利条件下轮对横移量达到16 mm时,缓和曲线形护轨冲击力最大、圆曲线形次之、直线形最小,缓和曲线形护轨最大冲击力为363.3 kN,在护轨横向刚度为30 kN/mm时,护轨横向位移达到了4.8 mm,可见不宜采用缓和曲线形护轨。

根据铁道科学研究院对我国车轮尺寸的统计,轮背距加一侧轮缘宽度的平均值和标准差分别为:1 384.18 mm、1.795 mm。可计算出车轮与护轨接

触初始位置 y_0 的分布如图 5-35 所示，圆曲线形护轨冲击力的概率分布如图 5-36 所示。

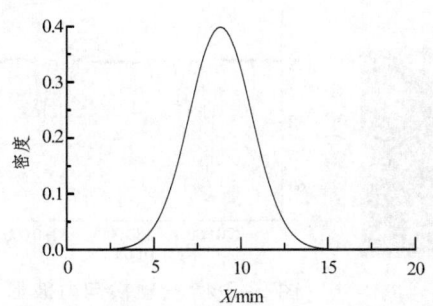
图 5-35　圆曲线形护轨 y_0 的密度分布

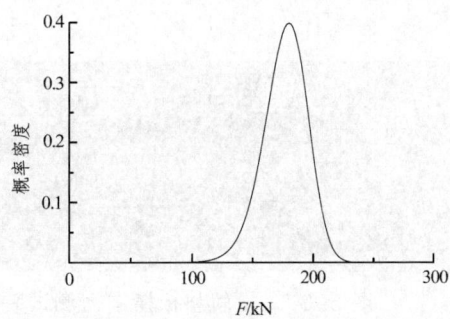
图 5-36　圆曲线形护轨冲击力密度分布

由图 5-35 中可见，当车轮与护轨初始接触位置为正态分布的情况下，圆曲线形护轨冲击力小于弹性直线形护轨的概率为 84.1%，大于刚度护轨（横向刚度未优化前）的概率为十万分之二，同时动态情况下查照间隔尺寸可能满足车轮不撞击叉心尖端、不被卡住的要求。从理论上看，配合护轨横向刚度优化，采用圆曲线形直向护轨是可行的，国外如日本曾成功铺设过圆曲线形护轨，但国内还没有实践，因此高速道岔中未选用曲线形护轨。

（二）护轨横向力测试

为了测试道岔护轨横向冲击力的大小，西南交通大学研发了如图 5-37 所示的护轨垫板横向冲击力测试设备，该测试装置由设有安装孔和基本轨安装组件的安装底板、固接在安装底板上的刚性轴支撑架和传感器支撑架、通过直线滑动轴承结构安装在刚性轴支撑架上的刚性轴、安装在传感器支撑架上的测力传感器和安装在靠近道岔护轨的刚性轴支撑架上的位移传感器所构成，刚性轴的一端与测力传感器连接，另一端固接有一个供与道岔护轨连接的护轨连接块。使用时利用安装底板上的安装孔将本测试装置安装在轨枕上，道岔的基本轨安装在安装底板的基本轨安装组件内，道岔护轨安装在护轨连接块上，且保证刚性轴垂直于护轨安装面。列车车轮通过时作用于道岔护轨的横向冲击力由道岔护轨经与道岔护轨连接的护轨连接块传递给刚性轴进而传递给测力传感器而被测知；道岔护轨的位移值则被位移传感器感知。从而完成列车车轮对道岔的横向冲击力和道岔护轨的横向位移值的现场准确测试。

2010 年，在成都铁路局的一组道岔上，选择了三块垫板进行横向冲击力测试，冲击力波形如图 5-38 所示，验证了该测试方法的正确性。今后还将结合新型护轨的研制，采用该装置测试护轨横向力的分布规律，以验证护轨结构设计的合理性。

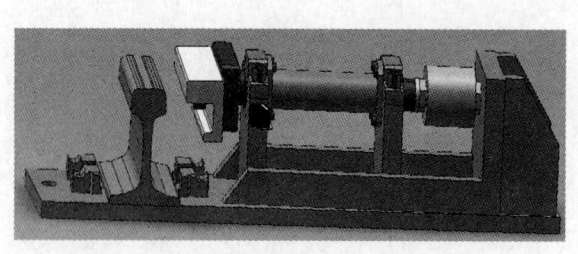

图 5-37　护轨垫板横向力测试装置

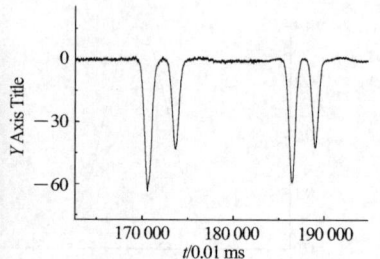

图 5-38　护轨横向力波形

（三）护轨及垫板结构

在固定辙叉中，由于轨线中断，车轮通过"有害空间"时须由护轨制约轮对另一侧车轮的运动方向来保证安全。护轨的另一项作用是起减轻钢轨件的磨耗，在可动心轨锐角辙叉的侧股设置护轨，可减轻可动心轨的侧面磨耗，保证心轨与翼轨的密贴。

我国提速道岔早期采用的是如图 5-39 所示的 H 型护轨。护轨采用普通钢轨加工，护轨垫板的台板下设置空槽，从里侧插入弹簧钢片，打入销钉后是弹片扣压基本轨内侧，基本轨两侧均为弹性扣压件扣压，但为不同类型，基本轨内侧因设置为台板轨距调整困难，护轨垫板为焊接形式，整体性不强，易开焊折断。

随后在秦沈客运专线道岔研制中，开发了如图 5-40 所示的热挤压型钢护轨，但护轨垫板仍为焊接形式，里侧为弹片销钉扣压方式。

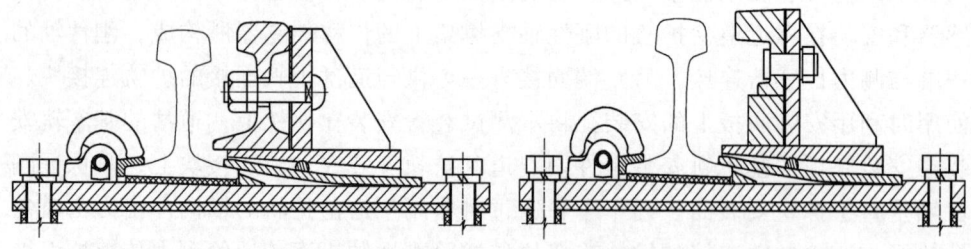

图 5-39　H 型护轨　　　　　　　图 5-40　热挤压槽型钢护轨

为了提高垫板的整体性、改进槽型钢质量，我国研制了轧制槽型钢整体垫板式护轨，如图 5-41 所示，护轨为轧制生产，质量稳定；护轨垫板采用铸造形式，整体性好；基本轨两侧均采用弹条扣压，弹性均匀，但铸造质量对垫板的使用寿命影响较大、护轨下部弹条扣压件维修不方便。槽型钢护轨在保持了 H 型护轨基本特征的同时高度较矮，为护轨下部留出较大的空间可以设置弹性扣件，同时在我国得到得到了较广泛的运用，效果良好。所以，高速道岔宜采用轧制槽型钢护轨。

为了避免基本轨与护轨之间动态相互作用的叠加，还可以采用如图 5-42 所示的分体结构，基本轨下可采用与导曲线同一标准的垫板，而护轨则设置大轨撑单独与岔枕连接，其优点是护轨与基本轨的受力互不影响；其缺点是结构较复杂，占用空间较大，轨撑岔枕螺栓及套管受力较大。

图 5-41　轧制槽型钢整体垫板式护轨　　图 5-42　基本轨与护轨的分体结构

综合比较各种方案的优缺点，高速道岔侧向护轨选用了如图 5-43 所示的结构，采用轧制槽型钢护轨，护轨垫板采用与滑床台板相同的焊接形式，内设空腔安装与转辙器部分相同的几形弹性夹，结构简单、稳定性好、便于维修。

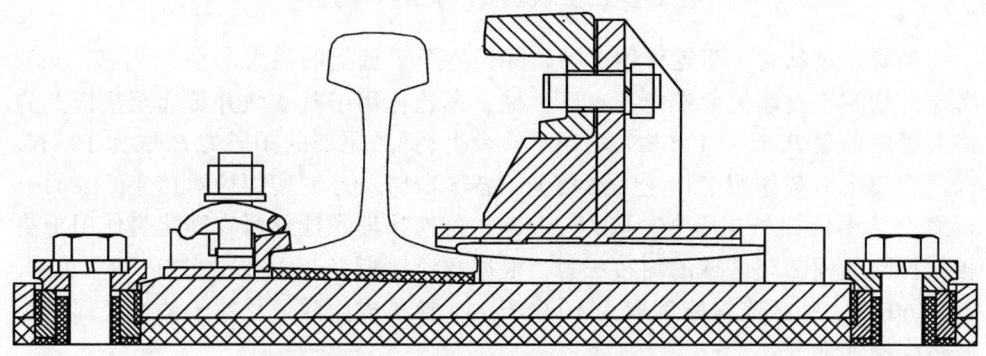

图 5-43　高速道岔护轨结构

（四）护轨垫板受力分析

以图 5-44 所示两种护轨结构，采用 ANSYS 软件建立分析模型，铸造垫板材料为 QT400-15。垫板的受力与边界约束条件如图 5-45 所示。

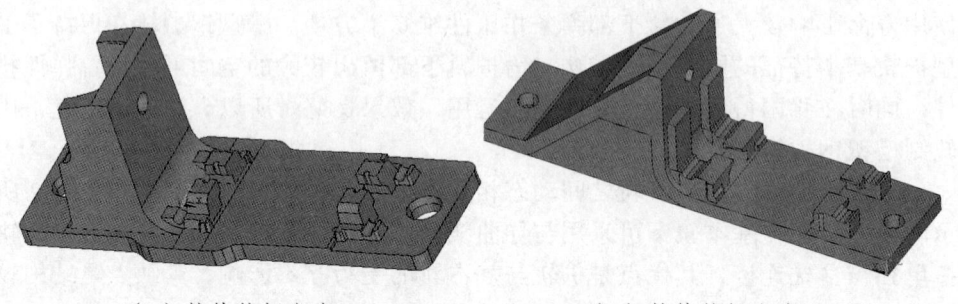

（a）护轨垫板方案一　　　　　（b）护轨垫板方案二

图 5-44　护轨垫板方案

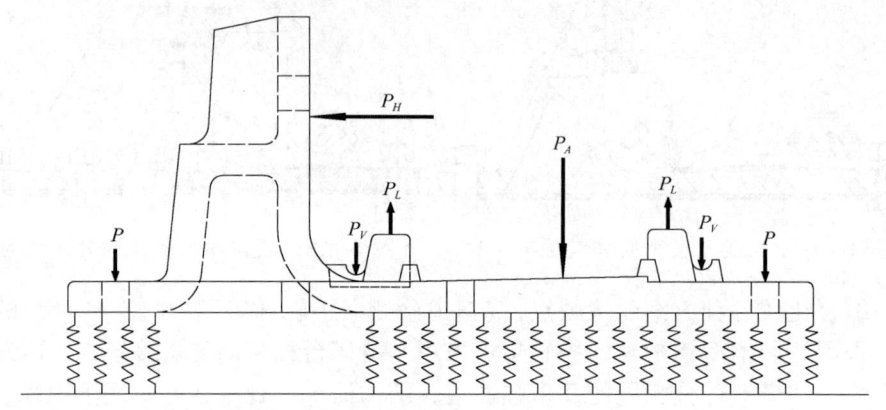

图 5-45　护轨垫板力学分析模型图

当货车过岔时，车轮作用于护轨并传递至垫板上的最大水平力 P_H 按 70 kN 考虑，均布于立墙侧面螺栓孔上下区域；车轮作用于基本轨并传递至垫板上的最大竖向荷载 P_A 取为 125 kN，均布承轨台上；弹条尾部的扣压力 P_V 取为 10 kN，以两个集中荷载作用于挡座弧形槽上（各 5 kN）；倒 T 型螺栓对挡座凸缘的上拔力 P_L 为两倍弹条扣压力，取为 20 kN，岔枕预埋螺栓预紧力简化为作用于垫板螺栓孔周围圆环区域的均布压力，根据螺栓扭矩 250 N·m 换算成预紧力 P，取为 60 kN。垫板支撑刚度取为 60 kN/mm，换算成面弹簧支撑于垫板底部与橡胶垫层接触部分。

计算得两种护轨方案的等效应力及横向位移分布如图 5-46、图 5-47 所示。方案一中，垫板大部分区域应力在 100 MPa 以下，螺栓孔周围应力在 200 MPa 以下，高应力区域出现在撑板和底板相连处，取大应力约 250 MPa，在材料容许强度范围内，撑板上部的最大横向位移约为 0.5 mm，方案二中垫板大部分区域的应力在 120 MPa 以下，螺栓孔周围应力约为 123 MPa，垫板最大等效应约为 278.4 MPa，也出现在底板与立墙连接处，垫板横向位移最大值为 0.52 mm，出现在立墙的顶部，并且从顶部向下逐渐减小，到台板上已基本为 0 mm。从强度及横向变形分析来看，两种垫板没有明显差异，均可满足要求。

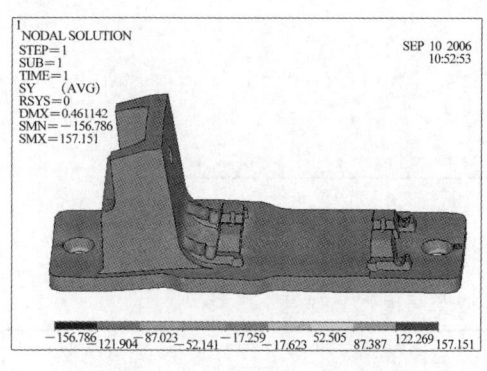

（a）护轨垫板方案一等效应力　　　　（b）护轨垫板方案一横向位移

图 5-46　护轨垫板方案一的等效应力及横向位移

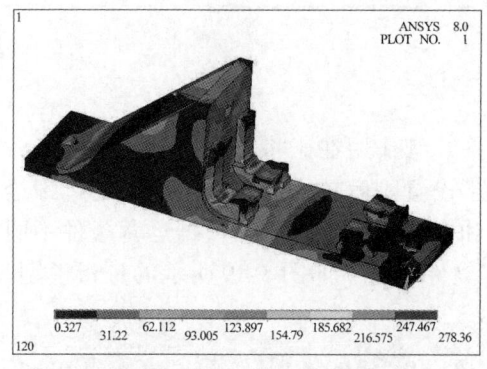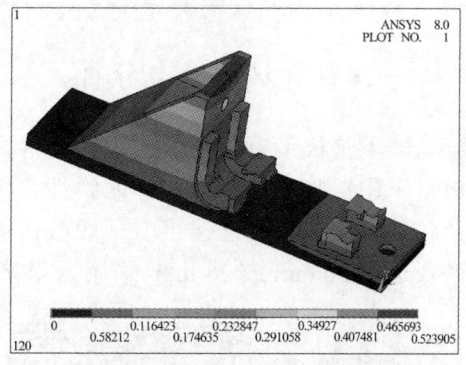

（a）护轨垫板方案二等效应力　　　　（b）护轨垫板方案二横向位移

图 5-47　护轨垫板方案二的等效应力及横向位移

还可利用 ANSYS 软件对该垫板进行疲劳检算，通过在结构可能产生疲劳破坏的位置（通常是应力最大点）定义事件和荷载，输入材料的 S-N 曲线和 Sm-T 曲线，指定循环次数，最后得出允许的疲劳循环次数和疲劳使用系数。QT400-15 的 S-N 曲线如图 5-48 所示，以无车和有车两种状态下的应力作为护轨垫板疲劳应力幅，进行垫板疲劳强度分析，计算结果如表 5-11 所示，虽然两种方案均能够满足疲劳强度要求，但方案二更优。

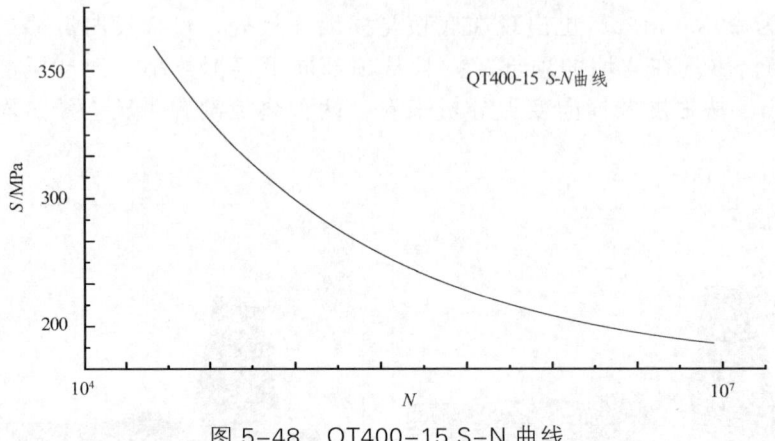

图 5-48 QT400-15 S-N 曲线

表 5-11 护轨垫板疲劳强度检算结果

项 目	应力循环次数	允许循环次数	疲劳使用系数
方案一	0.2×10^7	$0.268\,4 \times 10^7$	0.745
方案二	0.2×10^7	$0.316\,4 \times 10^7$	0.632

三、普通垫板受力分析

轨下垫板是道岔结构的重要部件之一，其作用在于将钢轨荷载传到轨枕，板下采用橡胶垫板实现扣件的弹性，轨下设置刚度较大的缓冲垫层，通过螺栓及扣件将钢轨和轨枕连接。一般分铸造和锻造垫板等，板厚根据运营条件不同一般选用 20 mm 或 25 mm，采用 ANSYS 软件可建立如图 5-49 所示的分析模型。

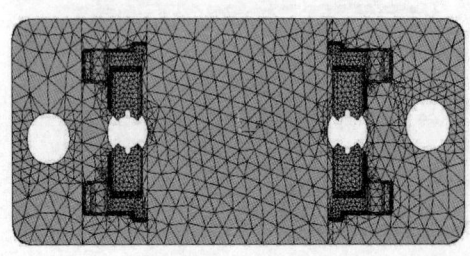
（a）锻造垫板分析模型

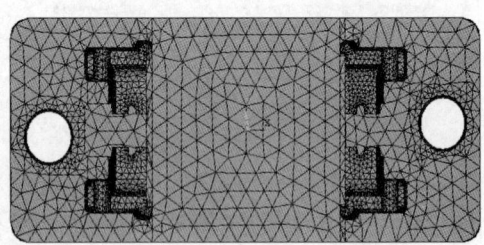
（b）铸造垫板分析模型

图 5-49 锻造及铸造垫板的分析模型

考虑客货共线运营条件，铁垫板所承受的荷载如图 5-50 所示。车轮作用于钢轨上并传递至垫板的竖向荷载 P_A 均布于承轨面上，取为 125 kN；岔枕螺栓预

紧力 P 简化为作用于垫板螺栓孔直径范围内的均布压力，取为 60 kN；扣件尾部对垫板的压力 P_V 均布作用在弧形槽的底部，单侧取为 5 kN；扣件 T 型螺栓上拔力 P_L，均布于弹条座和螺栓的接触面上取为 20 kN；车轮作用于钢轨上并传递至垫板弹条座的侧面的横向力 P_H 取为 70 kN；垫板下采用厚度为 14 mm、刚度为 60 kN/mm 的橡胶垫板，计算中采用面弹簧进行模拟。

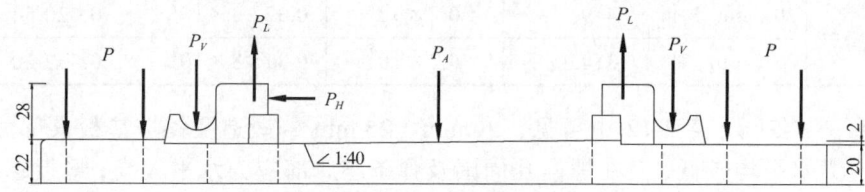

图 5-50 铁垫板荷载布置图

锻造垫板材料取为 30 号钢，其屈服强度为 295 MPa，抗拉强度为 490 MPa；铸造垫板材料取为 ZG200-400，其最低屈服强度为 200 MPa，最低抗拉强度为 400 MPa。计算得在上述荷载作用下的等效应力分布如图 5-51 所示，岔枕螺栓孔周围等效应力最大，其他部分应力均较小。并采用与护轨垫板相同的方法进行疲劳检算，计算结果汇总如表 5-12 所示。

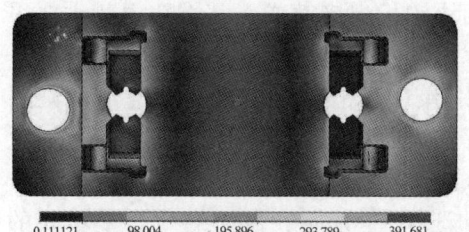

（a）20 mm 锻造垫板应力分布

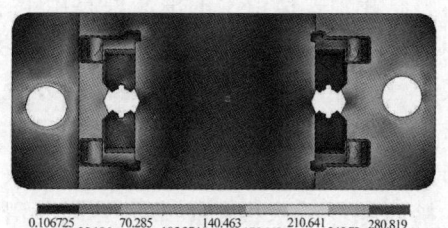

（b）25 mm 锻造垫板应力分布

（c）20 mm 铸造垫板应力分布

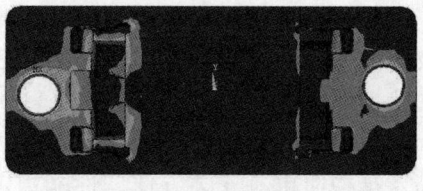

（d）25 mm 铸造垫板应力分布

图 5-51 不同荷载及不同厚度作用下锻造及铸造垫板的等效应力分布

表 5-12 普通铁垫板检算结果

垫板类型	项目	最大应力（MPa）	应力循环次数	允许循环次数	疲劳使用系数
锻造垫板	20（mm）	440.6	0.2×10^7	0.3816×10^7	0.524 11
	25（mm）	315.9	0.2×10^7	0.4529×10^7	0.444 16
铸造垫板	20（mm）	419.7	0.2×10^7	0.3223×10^7	0.620 54
	25（mm）	314.3	0.2×10^7	0.3758×10^7	0.532 20

从图 5-51 及表 5-12 中可见，20 mm、25 mm 的锻造及铸造垫板大部分区域的应力水平均较低，而在螺栓孔周围及弹条座底部应力水平较高；垫板越厚，最大应力越低，疲劳允许循环次数越高。综合比较来看，25 mm 厚锻造垫板性能最优，20 mm 厚铸造垫板性能最差，20 mm 厚锻造垫与 25 mm 厚铸造垫板性能相当。考虑到锻造垫板生产工艺较复杂，也可以采用 25 mm 厚铸造垫板。

四、转辙器部分滑床板弹性扣压与减摩技术

滑床板作为道岔的重要零件，它在整个尖轨长度范围内承托尖轨、扣压基本轨。我国普速道岔的滑床板是由上下两块钢板焊接而成，基本轨内侧主要采用滑床台压舌刚性扣压，弹性较差；提速道岔中，滑床板采用弹片和销钉的方式弹性扣压基本轨内侧，但现场发现个别弹片和销钉有伤损；高速道岔则要求采用性能优良的滑床板弹性扣压件。另外，前述转换计算理论表明，尖轨与滑床板间的摩擦力是转换力的重要组成部分，高速道岔中也要求能采取技术措施降低滑床板摩擦系数，同时滑床板还应能方便、灵活的配合基本轨的轨距调整。

1. 滑床板弹性扣压技术

国外高速道岔滑床板弹性扣压方式主要有瑞士施维格公司的整体弹性夹扣压及德国 BWG 公司的分体弹性条扣压两种。施维格公司采用的弹性夹扣压为∝形状（见图 5-52），扣压力为 12 kN，能够有效扣压基本轨，保证基本轨不外翻，并提供足够的扣件阻力，弹性夹为变截面曲线，结构较复杂，具有技术含量高、结构简单、安装方便、性能稳定等特点，在世界范围应用较广，法国高速道岔也在大量运用。

BWG 公司滑床板为可拆卸式，如图 5-53 所示，底板为整体硫化的弹性基板，扣压件为左右分体的双弹条，台板用双弹条弹性扣压与底板连接，扣压力也为 12 kN。台板下垫片几乎不提供任何弹性，其主要功能是方便基本轨的安

装和拆卸，同样具有技术含量高，安装、拆解简单实用的特点，在德国道岔中运用较广泛。

图 5-52　整体弹性夹扣压

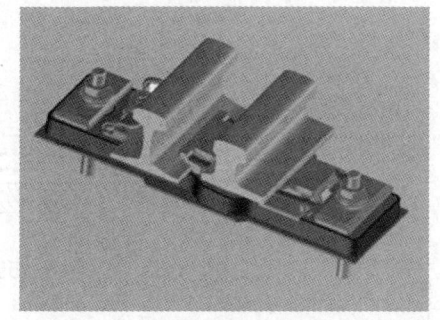

图 5-53　分体弹条扣压

在我国弹片扣压的基础上，可以进一步优化，研发以下两种扣压方式：

（1）针对提速滑床板弹片工作原理上的缺陷，在其基础上研发楔形调整弹片式扣压，如图 5-54 所示，弹片前端扣压在基本轨轨底，后端用楔形调整块抬高支撑，当弹片抬高到位后，台板内腔的支撑凸台下压紧固弹片，后端的楔形块支撑弹片，在弹片前端产生 12 kN 的扣压力，弹片材料为 60Si2CrA 热轧优质弹簧钢，采用 ANSYS 软件计算得最大应力为 771.6 MPa，远小于其屈服强度 1 600 MPa；滑床板可采用整体铸造和台板与座板的焊接结构。

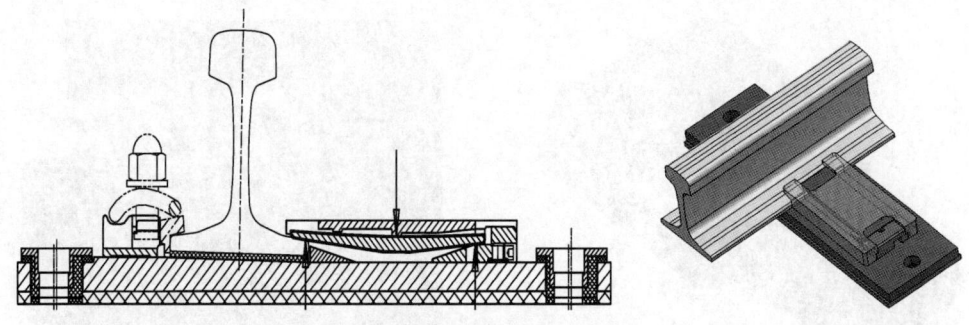

图 5-54　楔形调整弹片式扣压

（2）分体式弹片扣压方式，如图 5-55 所示，两个弹片分别设置在滑床板两外侧，弹片前端扣压基本轨轨底，弹片中部通过滑床台的侧翼限位，弹片后端通过台板的支座抬高、支撑、限位，工作状态弹片发生弹性变形，在前端产生 12 kN 的扣压力。弹片材料采用 60Si$_2$Mn 热轧优质弹簧钢，淬火后的屈服强度为1 170 MPa，采用ANSYS计算得最大应力为759.9 MPa，在容许强度范围内。安装和拆解简单灵活，可以上道试用。

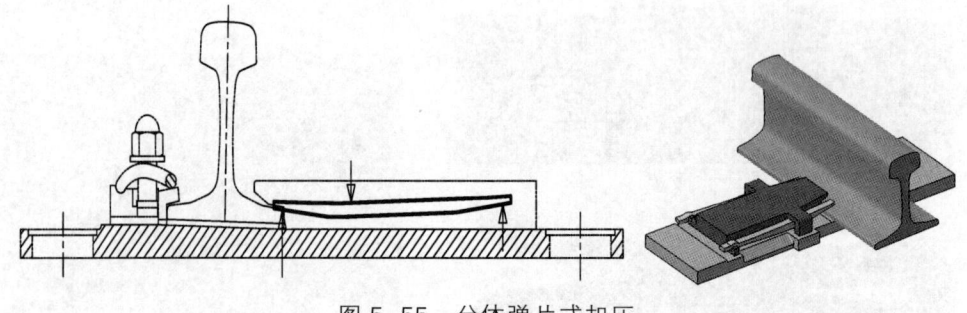

图 5-55　分体弹片式扣压

考虑到新研制的两种扣压结构未经实践检验，经综合比选，我国高速道岔采用了施维格公司的整体弹性夹结构。

2. 滑床板减摩技术

国外道岔滑床台板的减摩主要有两种形式，第一种是机械式减摩，以滚动摩擦代替滑动摩擦，以降低转换阻力，这种减摩方式又有辊轮滑床板、枕间辊轮、滚珠滑床板等结构。法国、德国高速道岔中主要采用的是辊轮滑床板结构，如图5-56所示，尖轨工作状态与滑床台板接触，承受列车载荷，尖轨斥离基本轨转换时，轨底爬上滚轮，使尖轨以滚动形式完成转换。两国辊轮的安装位置不同，法国在滑床板的右侧，德国在滑床板的中间，但均为偏心轴可调式结构。

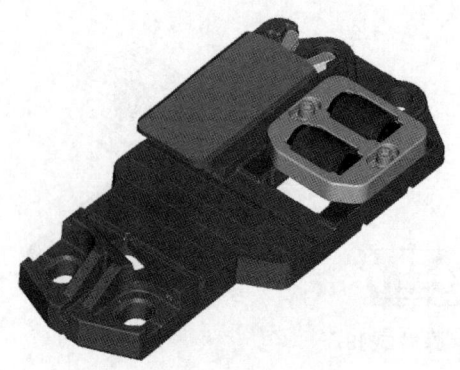　

（a）法国道岔辊轮结构　　　　　　（b）德国道岔辊轮结构

图 5-56　法国、德国高速道岔辊轮滑床板结构

德国施密特公司还开发了安装在牵引点附近两岔枕间的辊轮装置，如图5-57所示，在岔枕边上安装连接支架，支架一方面通过限位装置与岔枕螺栓相

连，另一方面通过连接板与滚轮框架相连；不同位置处滚轮的垂直高度通过调高螺栓调节。这种辊轮结构可以在既有道岔中安装，曾在我国试用过，但结构整体性不如辊轮滑床板。

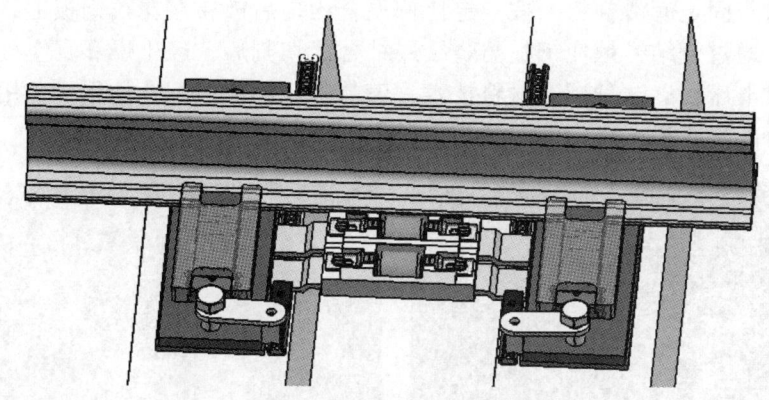

图 5-57　岔枕间的辊轮装置

此外，日本和中国香港地铁中还采用了如图 5-58 所示的滚珠滑床板，但减摩效果不如辊轮结构，不宜在高速道岔中应用。

（a）日本道岔滚珠滑床板　　　　（b）中国香港道岔滚珠滑床板

图 5-58　日本和中国香港地铁中采用的滚珠滑床板

第二种减摩技术是通过改变滑床板表面的材质，以减小滑床台与尖轨的摩擦系数。将自润滑式材料制成的薄板，以不同方式固定在滑床板上，做成不用涂油的滑床板，如图 5-59 所示的整体黏结和部分镶嵌结构。自润滑材料主要有多孔浸油材料、含油粉末冶金材料、含油陶瓷、石墨分散合金、等离子喷涂陶瓷、高分子材料涂层、特种塑料等。用这些材料制成滑床板再以焊接、喷涂、镶嵌、黏结等方法固定在滑床板上。图 5-56（a）中法国道岔滑床台面涂有一层 0.3 mm 厚的镍铬镀层；英国波泰克公司用聚四氟乙烯制作了自润滑滑床板；美国曾采取了将有弹性的自润滑材料镶嵌在尖轨底部以减小摩擦力的方法；日本九州铁路公司研究的金属基固体润滑剂分散型浸油双层材料，它用 Cu-Ni 系合金粉末与固定润滑剂粉末按一定比例混合均匀后散布在花纹钢板上，然后进行烧结，通过烧结扩散使钢板与烧结层结合，切割后，经干燥和真空处理后即可焊接成滑床板。这种减摩材料技术一般与辊轮滑床板配合使用或应用于辙叉可动心轨的滑床板上。

　　（a）黏结减摩层结构　　　　　　　　（b）镶嵌减摩层结构

图 5-59　整体黏结和部分镶嵌减摩层结构

过去，我国道岔滑床板基本上是通过人工定期清理、涂油来进行减摩养护的，这些工作不仅增大了道岔养护工作量，造成线路环境污染，同时由于缺油或各种粉尘及杂物黏附在滑床板上，还会使道岔转换阻力增加，导致道岔转换不良的情况时有发生。近年来也开发和应用了多种技术试图取代传统方法，降低滑床板摩擦系数，减少维护，如采用滑床台面喷涂减摩材料、电（化学）涂镀高硬减摩或其复合材料，并应用于提速道岔中，具有一定效果，但不明显。在高速道岔研制中也从辊轮滑床板结构和减磨涂层材料从以下两方面进行了大量的研究工作。

　　一种是偏心辊轴滚轮装置，如图 5-60 所示，与施维格公司的滚轮类似，其最大优点是通用性强，滑床底板上配有螺纹孔，通过水平移动滚轮装置，可满足不同动程处安装使用同一滚轮装置的要求；通过旋转偏心辊轴，满足不同位置对滚轮垂直高度的要求。辊轮装置是在尖轨开通状态下安装的，它和尖轨轨底外侧边有约 2 mm 的间隙，以免开始扳动时阻力大；离尖轨近的滚轮高出滑床台表面 1.5～2 mm，离尖轨远的滚轮高出滑床台表面 2.5～3 mm；在尖轨前端动程较大处,安装 2~3 个辊轮,后端动程较小处,安装 1 个滚轮。调整好滚轮的垂直高度及水平位置后将辊轴锁紧,滚轮装置安装在滑床台一侧。滚轮及辊轴材料用 40Cr,淬火处理,HRC50~58,并且表面进行发黑防锈处理。轴套、密封环采用聚四氟乙烯材料,具有免润滑,良好的防尘等优点。

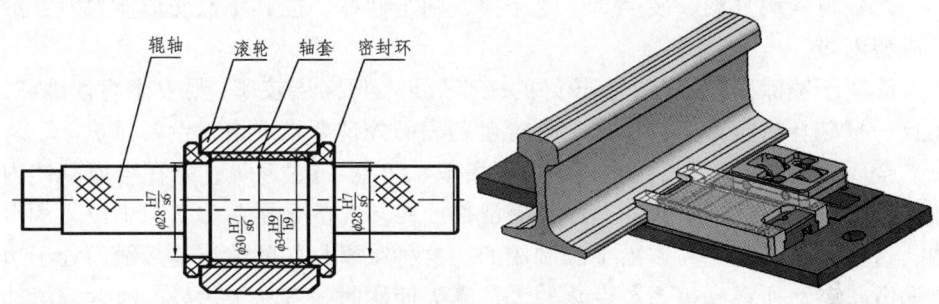

图 5-60 偏心辊轴滚轮装置

另一种是同心辊轴滚轮装置,如图 5-61 所示。为了便于辊轴加工,采用同心辊轴,滚轮、密封、减摩轴套均与偏心辊轴装置结构相同。为确保距尖轨远的滚轮比距尖轨近的滚轮高,在上下盖设计中使两辊轴中心高相差 1.5 mm,这样在双滚轮结构中不用调高第二滚轮就比第一滚轮高 1.5 mm;为了在不同牵引点附近安装同一同心辊轴滚轮装置,在滚轮框架底部使用 0.5~2 mm 调整片;滚轮直径、框架厚度均比偏心滚轮装置小,便于调整片的应用。

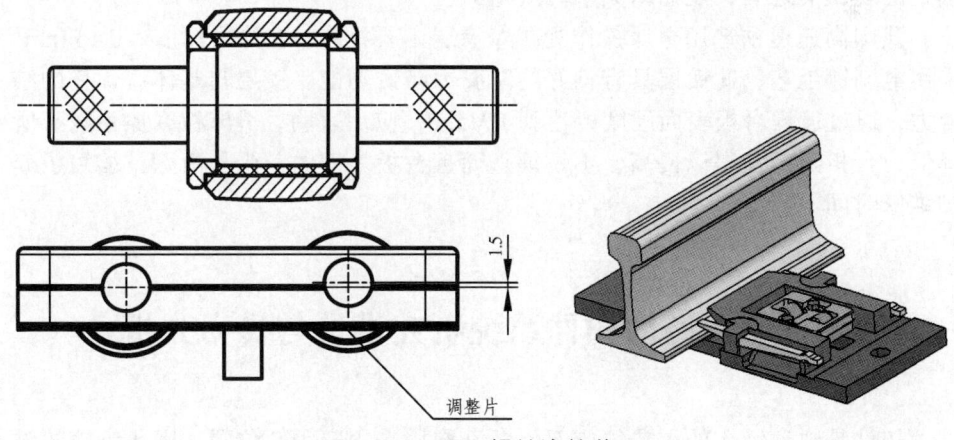

图 5-61 同心辊轴滚轮装置

这两种辊轮装置目前已在新型提速道岔中试用,经综合比较,高速道岔采用的是施维格公司的辊轮结构。

滑床板表面减摩材料要求具有良好的减摩性能、良好的强度和硬度、与机体良好的结合性能、良好的抗摩擦疲劳性能、良好的抗冲击性能、良好的耐腐蚀性和良好的防锈性能。为满足以上技术要求，可在以下一些材料中进行比选取：

陶瓷材料耐高温、硬度高、耐磨损、稳定性好，但其塑性变形能力差，加工成型困难。

等离子喷涂陶瓷涂层，有较好的减摩效果，但涂层较薄、易发生脆性破坏，而且一旦破坏后很难修补，加工时对金属表面处理要求严格，设备昂贵。

金属基复合自润滑材料，如铁-石墨系、青铜-石墨系等，是在金属基体内加入适量石墨、MoS_2、WS_2等固体润滑剂或在多孔的金属基体空隙中浸入润滑油，这些方法都是用粉末冶金法制成的。这种减摩材料的缺点是接触面处于边界润滑状态，所以摩擦系数变化较大，露天使用时，容易被污染，所含润滑油也容易干涸。另外，工艺复杂，价格昂贵。

碳石墨材料，具有良好的自润滑能力和抗磨性、耐蚀性、线膨胀系数小、浸渍金属或环氧树脂等高分子材料后，其抗磨性、减摩性均很好，但抗冲击性差，不适宜做道岔滑床板。

塑料基复合材料是在尼龙等基体中加入润滑油或石墨、MoS_2等固体润滑剂制成的。这种材料的抗磨减摩作用很好、改性容易、工艺简单、成本较低，其缺点为在自然界光和热的作用下易于老化，在冲击载荷作用下易于变形，特别是出现压痕之后，反而增大了转换阻力。

我国高速道岔选用金属镍作为减摩涂层主要材料，镍涂层厚度≤0.15 mm，采用电刷镀工艺，此镀层具有良好的防腐蚀防锈功能，镀层与基体有优良的结合力，通过镀镍台板表面硬度可达到HV550，应用表明，滑床板摩擦系数有所降低，台板耐磨性得以提高，不锈蚀，而且台板表面的灰尘易清除，缩短了养护维修时间。

第三节　道岔扣件系统研究设计与受力分析

扣件是轨道结构的重要组成部件，其作用是固定钢轨位置，阻止钢轨的纵向和横向位移，防止钢轨的倾翻，同时还能提供必要的弹性和绝缘性能。扣件除应具备足够的扣压力、适当的弹性和一定的调距功能外，还应能在动力作用下充分发挥其缓冲减振性能，延缓轨道残余变形积累。此外，钢轨扣件还应构造简单，便于安装及拆卸，并具有足够的耐久性。随着现代高速、重载以及客运专线无砟轨道的建设，对扣件系统的性能要求越来越高，各国根据国情以及线路实际运营情况分别研制和改进了大量的轨道扣件，以适应轨道结构高速、重载化的发展。

一、道岔扣件系统的技术性能要求

（一）高速铁路扣件的一般技术要求

高速铁路由于列车运行速度高、密度大，对钢轨扣件有更高的技术要求。高速铁路钢轨扣件应具有以下主要性能。

1. 保持轨距能力强

保持由钢轨和轨枕组成的轨道框架几何特征稳定，即保持轨距和防止轨距扩大。同时增强轨道框架的弯曲和扭转刚度，以保证轨道框架的稳定性。

2. 防爬阻力大

防止钢轨相对于轨枕的纵向位移，即防止钢轨爬行，这就需要扣压件有足够的扣压力并且扣压力衰减小。有砟轨道混凝土枕用扣件的防爬阻力必须大于道床纵向阻力。

3. 足够的扣压力

钢轨扣件必须有足够的扣压力，以保证钢轨与支承体之间的可靠连接。这个扣压力应使钢轨在弯曲和转动时，不致使轨底沿垫板发生纵向位移，即要求扣件的纵向阻力大于道床的纵向阻力。当然，扣压力也不宜太大，否则会使扣件弹性急剧下降，影响扣件使用寿命。如果钢轨扣压力较大，则由于防爬阻力的增大，钢轨的温度伸缩或断口量就小；又由于轨排刚性的增大，阻止长钢轨臌曲的能量就大，这对无缝线路的稳定性是极其有效的。

在特殊地段，扣件的扣压力有相应的特殊要求，例如，在陡坡地段，扣件扣压力要比一般地段大，而在铺设无缝线路的长大桥上无砟道床，则要比一般地段小，为减小梁轨间的相互作用力，采用小阻力扣件，以防止过大的温度力传至下部结构。

4. 零部件和维修工作量少

高速铁路轨道维修只能在很短的封锁点内进行，因而要求钢轨扣件少维修。这就要求扣件各部件有足够的强度，在期望的使用寿命周期内扣件各部件不产生疲劳伤损和显著的残余变形；同时要求扣件有更好的性能，当扣压件和轨下弹性垫层产生磨耗和残余变形时，扣件阻力减小不大，扣件螺栓无需经常进行复拧。

5. 平顺性好

钢轨扣件应保证钢轨具有更好的平顺性。

6. 良好的减振性能

轨道的动力效应与行车速度有直接的关系,高速列车通过时,轨道动力效应将急剧增大。因而要求钢轨扣件有良好的减振性能,即要求采用弹性更好的缓冲垫板。不少国家高速铁路用钢轨扣件基本与普通线路用钢轨扣件相同,但毫无例外采用高弹性的缓冲垫层。

7. 绝缘性能好

为保证行车绝对安全,要求钢轨扣件有良好的绝缘性能,保证轨道电路的正常工作。

(二)无砟轨道扣件的特殊技术要求

由于无砟轨道结构中的扣件直接将钢轨与混凝土道床连接在一起,无砟轨道结构具有较强的稳定性和轨道几何状态保持能力,不像有砟轨道那样进行起道、捣固作业。同时混凝土基础为刚性,所以无砟轨道钢轨扣件除应具备一般扣件的基本功能外,还对其提出了特殊的要求。

1. 具有一定的钢轨高低与左右位置调整能力

由于无砟轨道结构中的扣件直接将钢轨与混凝土道床连接在一起,与传统的有砟轨道相比,可大大减少线路的养护维修工作量,但由于轨道结构中取消了道砟层,受施工误差和混凝土基础变化等因素的影响,轨道高低状态的变化不能像有砟轨道那样进行起道、捣固作业,只能通过扣件进行调整,因此,无砟轨道结构要求其所用扣件具有一定的调高能力。

相对于有砟轨道,无砟轨道结构具有较强的稳定性和轨道几何状态保持能力,线路在正常运行条件下,轨距的变化量较小,但考虑到混凝土基础的施工误差、扣件的制造公差以及钢轨磨耗等因素,要求无砟轨道结构所用扣件具有一定的左右位置调整能力。

2. 具有良好的弹性与各节点刚度的均匀性

与有砟轨道相比,无砟轨道结构中由于取消了提供线路弹性的道砟层,这样就要求无砟轨道的扣件具有良好的弹性,以最大限度地降低轨道的振动,减缓轮轨间的冲击。对于高速铁路无砟轨道来说,要求扣件各节点刚度一致,以保证线路弹性的均匀。

3. 扣压件前端刚度大

扣压件对钢轨位移的追随性是无砟轨道钢轨扣件的重要设计参数。它直接影响扣件拧紧力的稳定程度、扣压件的应力波动和抵抗钢轨小返的能力。图

5-62给出了国外铁路钢轨扣件各种扣压件(弹片和弹条)前端的刚度特性,其中两段线形两点接触的弹性扣压件性能良好。

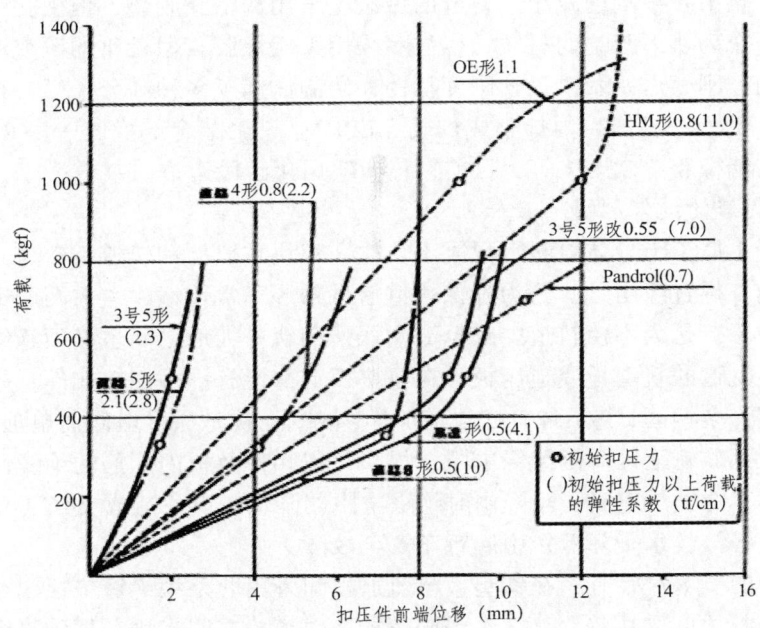

图 5-62 国外各种弹性扣压件前端的刚度特性

4. 合适的轨下胶垫的刚度

混凝土枕轨道和无砟轨道的弹性,主要是由钢轨扣件提供的。这种轨道的刚度一般要比木枕轨道大得多。因此,必须设法降低混凝土轨下基础的刚度,使之尽可能接近于木枕有砟轨道的刚度水平。理论研究和试验结果表明,要做到这一点,扣件节点垂向刚度应以 30 kN/mm 左右为宜,亦即采用低刚度的轨下胶垫。同时钢轨扣件的横向刚度以 20~40 kN/mm 为宜,以减轻轮轨横向力的作用。但横向刚度不足又会使轨距扩大超限,这在运营中是不允许的。

如果轨下胶垫刚度较小,则荷载分散范围宽,轮重变动小,冲击荷载也小,显然有利于改善轨下基础结构的受力状态。此外,还有振动衰减大,道床劣化慢,抑制结构噪声与振动的良好效果。

但另一方面,轨下胶垫自身的应变也会随之变大,有与其耐久性及曲线地段钢轨小返变大如何相协调的问题。作为对策,钢轨扣件结构有向大型化发展的趋势。

轨下胶垫的静刚度和动刚度之间有较大的差异,这在设计时是应当注意的。一般而论,静刚度越大,动刚度越大;加载频率越高、中心荷载越大、加载振幅越小，动刚度越大。动静刚度之比，当加载频率为 5 Hz 时为 1.2～1.5 倍，200 Hz 时为 2.0 倍。

为使轨下胶垫刚度减小，普遍的做法是采用沟槽式胶垫，但微孔胶垫也是有效的。作为轨下胶垫的材质，以往多采用天然橡胶，但近年的研究动向是，为减小动静刚度之差及改进动刚度特性，研制试铺了多种高分子复合材料的轨下胶垫，例如，乙烯－丙烯合成橡胶（EPDM）、聚酯合成橡胶（ESR）、聚氨基甲酸乙酯橡胶（CPU）等，目前，正向实用化阶段迈进。

5. 良好的绝缘性能

混凝土属于半导体材料，混凝土轨枕、双块式轨枕和轨道板轨道必须设置绝缘措施。设置缘由，一是为确保轨道信号系统正常传输，左右两股钢轨之间必需绝缘；二是为不使轨道电路电流漏泄，钢轨与大地之间也必须绝缘。

无砟轨道的轨道板或道床板，在每块板上都设有许多钢轨扣件，并且在板内还布有许多钢筋，它不像有砟轨道那样，混凝土枕是通过道砟而单独铺设的。因此增大无砟轨道区间的绝缘电阻，提高每组扣件及板内配筋的绝缘性能是非常必要的。特别是应当防止降雨时绝缘电阻的降低，以免造成 ATC（列车自动控制）信号接收水平降低，引起行车安全故障。

可行的技术对策有：在铁垫板与轨道板间采用肋条型绝缘垫板，在铁垫板与 T 型螺栓之间采用绝缘套，在锚固螺栓与轨道板之间采用预埋绝缘套管，在扣压件与轨道板之间采用玻纤增强聚酰胺绝缘轨距挡板。特别是螺栓，可采用双重绝缘构造。

一般情况下，无砟轨道扣件绝缘电阻应在 100 MΩ 以上，为提高轨道扣件的绝缘电阻，要求轨下胶垫大于 3 000 MΩ，预埋绝缘套管大于 $4×10^4$ MΩ，绝缘垫板大于 $5×10^4$ MΩ，否则要及时更换。在暴雨情况下，为使轨道电路正常工作，无砟轨道两股钢轨之间的绝缘电阻应在 4 Ω/km 以上，以保证轨道电路传输距离不低于 1.2 km。

6. 较长的轨道电路传输距离

无砟轨道轨道电路的传输距离取决于有绝缘还是无绝缘方式，它与信号制式、传输功率、调制解调方式、轨道电路设备结构、漏电电平补偿量等条件相关。

无砟轨道轨道电路，就 SEI/TVM 430 列控联锁一体化系统，UM71 或 UM2000 型数字编码无绝缘轨道电路传输距离 1.2 km 而言，轨道电路的电气常数目标值要求单位长度的电阻 $R = 3$ Ω/km、电感 $L = 1$ mH/km，电导 $G = 1$ s/km，电容 $C = 1$ μF/km。

对于无砟轨道扣件系统，因绝缘电阻降低而导致轨道电路漏电电导的增加，致使轨道电路传输距离也随之降低，因而，轨道电路漏电电导应控制在 $G=0.2 \text{ s/km}$。作为防止轨道电路漏电电导的增加，应采取增加绝缘垫板的厚度及用绝缘性能更高的玻璃纤维增强的模压复合绝缘板 SMC（Sheet Molding Compound）；还应增强预埋螺栓的强度和绝缘性能，保证运营后零部件材质绝缘的长久性和可靠性，并定期清扫钢轨两旁的铁粉、灰尘及积水。

无砟轨道区间与有砟轨道区间相比，考虑到轨道电路分界处的感抗降低对传输距离的影响，需要采用增大传输功率的对策。考虑到漏电电导的增加对接收水平降低的影响，需要设定漏电电平补偿量，例如，当 $G=1 \text{ s/km}$ 时，接收电平补偿量不应低于 9 dB，但若补偿量过大又会降低短路灵敏度。当实际列车短路轨道电路时，为防止接收电平急剧减小，尤其是在雨雪天气影响下，随着漏电电导的增加，接收电平的降低应缓慢变化。

对于即使增大传输功率也无法保证必要的接收电平的区间，只好考虑采用有绝缘轨道电路。

（三）道岔扣件的技术要求

高速道岔扣件除了应具有高速铁路扣件及无砟轨道扣件的技术要求外，根据道岔的结构特点还应满足以下技术要求。

1. 双重弹性及轨道刚度可调

道岔中尖轨及心轨置于滑床板上，护轨置于护轨垫板上，为保证岔区内轨道高度的一致性，其他部位也采用了普通铁垫板结构，因此道岔扣件一般为带铁垫板的分开式结构，轨下及铁垫板下设置"上硬下软"的双重弹性，为了减缓尖轨与基本轨的动态高差，轨下垫层的刚度较大，而铁垫板下的刚度较小，起主要的缓冲作用。同时，第三章中的道岔轨道刚度分析表明，岔区内因钢轨的帮轨作用、铁垫板及长岔枕的共同作用以及弹性垫层的尺寸变化，岔区轨道整体刚度分布是不均匀的，这将严重影响高速列车过岔时的舒适性，因此高速道岔扣件应能实现刚度可调，以满足岔区轨道刚度的均匀化要求。

2. 道岔各部位轨距可调

道岔转辙器及辙叉部位，因制造与组装偏差、钢轨侧磨等原因导致轨距存在偏差时，仅依靠轨距块是难于实现轨距调整的，必须依靠铁垫板的整体横移并配合轨距块型号的改变来实现轨距调整，过去提速道岔扣件不具备该功能，给养护维修带来了很大困难。

3. 滑床板涂油情况下岔枕预埋套管应可更换、橡胶垫层应有良好的耐油性

岔枕与铁垫板的连接螺栓旋入至岔枕预埋套管中，将列车横向力及纵向力传递至岔枕上，该套管通常采用玻纤增强尼龙制作，在道岔滑床板与扣件涂油的情况下易发生化学反映而损伤，提速道岔研制初期中因岔枕预埋套管不易更

换而造成了大量的岔枕报废。同时，滑床板下的橡胶垫层也会因涂油而损伤变形，必须具有良好的耐油性。当然，若高速道岔的减摩技术可靠，可以取消滑床板涂油，该项技术要求可适当降低。

4. 尖轨及心轨跟端狭窄空间部位能实现弹性扣压

在尖轨及心轨跟端部位，因轮缘槽宽度较小，一般的弹性扣压件是无法安装的，只能采用刚性扣压方式，这将会影响道岔轨道刚度的均匀性，因此德国、法国高速道岔在这些部位采用了特殊的扣压件以实现弹性扣压。此外，为实现岔区各部位的弹性扣压，滑床板及护轨垫板处也需采用弹性扣压件。

5. 护轨等特殊部位处扣压件易于维修

护轨垫板上基本轨内侧若采用与其他部位相同的弹性扣压件，因该部位操作空间狭小，一般不易紧固螺栓和装卸弹条，因此该部位弹性扣压件的选型应考虑其维修更换的便捷性。

6. 能满足轨撑等零部件的安装要求

为了提高转辙器及辙叉部位的横向刚度，有可能会在基本轨或翼轨外侧设置轨撑，该部位扣件系统的设计应能满足轨撑的安装与调整。

7. 适用于岔枕无挡肩结构

为了降低岔枕的制造难度，一般情况下岔枕是不带挡肩的，道岔扣件系统应与岔枕无挡肩结构相适应。

（四）扣件系统结构形式与分类

扣件系统可按以下不同结构形式进行分类。

1. 有螺栓式和无螺栓式扣件

综合世界各国高速铁路选用钢轨扣件情况，扣件基本形式可归为两大类，即：有螺栓式和无螺栓式扣件，两类扣件各有利弊。

有螺栓式扣件便于轨道高低调整，扣压件扣压力衰减后可复拧螺栓恢复扣压力，但零部件较多，需进行涂油作业，养护维修工作量相对较大。

无螺栓式扣件零部件较少，无需进行涂油作业，养护维修工作量相对较小。但不能调整钢轨高低位置。

高速铁路有其特殊性，施工精细，路基、轨道技术指标要求高，不同于一般铁路。高速铁路由于列车运行速度高、密度大，轨道维修只能在很短的封锁点内进行，因而要求钢轨扣件少维修。高速铁路路基、轨道状态较好，维修作业基本上是大范围、成段线路的维修，而且均为大型机械作业。据了解日本、法国、德国高速铁路每一年进行一次综合维修，采用大机作业，基本无垫板作业。因此采用无螺栓无挡肩扣件减少维修工作量是世界各国轨枕扣件发展的趋势，特别适用于重载、大运量、高密度的运输条件。

2. 有挡肩扣件与无挡肩扣件

有挡肩扣件是指混凝土轨枕或混凝土整体道床上设承轨槽，由钢轨传来的轮轨横向荷载主要由混凝土承轨槽挡肩承受，横向承载能力较大，这种方式扣件零部件承受横向力较小。

无挡肩扣件是指混凝土轨枕或混凝土整体道床上不设承轨槽，由钢轨传来的轮轨横向荷载主要由埋设挡肩或紧固铁垫板的锚固螺栓承受和摩擦力克服，承载能力相对较小，由于不设挡肩，特别适合无砟轨道尤其是板式轨道使用。

3. 刚性与弹性扣件

刚性扣件的扣压件无弹性，通常为刚性扣板，容易松弛，扣压力不易保证。

弹性扣件的扣压件有弹性，通常由弹簧板或弹条制成，不易松弛，可保证扣压力要求。

4. 分开式与不分开式扣件

不分开式扣件是指钢轨由扣件直接紧固连接于混凝土轨枕或混凝土整体道床，零部件少，连接牢固，但钢轨高低调整量较小，而且仅靠轨下弹性垫层提供弹性，这种扣件减振效果较差。

分开式弹性扣件通常为带铁垫板的扣件，钢轨由扣压件紧固于铁垫板上，铁垫板通过锚固螺栓与预先埋设于混凝土轨枕或混凝土整体道床的绝缘套管配合或其他方式直接紧固在基础上，钢轨高低调整量大，而且轨下和铁垫板下均设弹性垫层提供弹性，减振效果较好，但零部件较多，维修工作量相对较大。

二、道岔扣件系统研究设计

（一）国外主要扣件类型

弹片扣件以法国 Nabla、日本直结型最为著名，弹条扣件以英国 Pandrol、德国 Vossloh 最为著名，下面简单介绍这些扣件的技术特点。

1. 法国 Nabla 扣件

法国铁路所用钢轨扣件的结构形式，一直是以弹片作为扣件的扣压件，并在世界上首先在双块式混凝土枕上使用了双重弹片式 RN 型钢轨扣件，如图 5-63 所示。这种钢轨扣件适用于混凝土枕或双块枕，其基本结构为弹片有螺栓不分开式扣件。弹片兼有扣压钢轨和提供横向弹性及抵抗横向推力的功用。轨道弹性由轨下胶垫提供。结构简单，便于安装维护，使用广泛。

为适应 TGV 高速铁路的发展需要，1981 年法国研发使用了 Nabla 型钢轨扣件，如图 5-64 所示。Nabla 型扣件也是一种有螺栓不分开式弹片扣件，广泛用于既有线主要干线、TGV 高速线和无砟轨道上。该扣件用 T 型螺栓固定，并用螺距小的螺母上紧弹片，弹片扣压钢轨。根据 TGV 多年的运营经验，无扣件螺栓松弛现象，故改全区间检查为部分区间检查，省去大量扣件螺栓复拧作业。该扣件采用 100 MN/m 的轨下胶垫，并以尼龙垫块作为绝缘部件。安装时，通过对固定中间凸起的弹片与尼龙垫块的两点接触，实现双重扣压方式，以追随钢轨下沉，增大弹性，抵抗横向推力。但这种扣件不能调高，调距也有限。

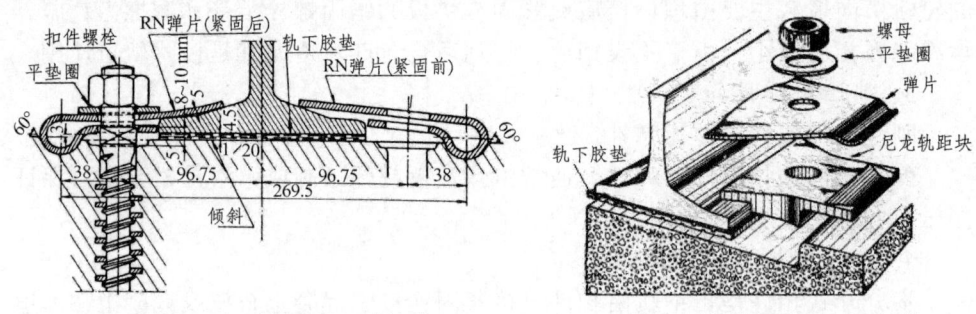

图 5-63　法国 RN 型扣件　　　　图 5-64　法国 Nabla 扣件

2. 日本直结型扣件

日本新干线板式轨道用钢轨扣件，主要有直结 4 型、直结 5 型、直结 8 型和直结 7 型。扣着方式有承轨槽式和铁垫板式两种，并且一直沿用从法国引进技术的弹片式扣件。

直结 8 型扣件（见图 5-65）是在直结 5 型扣件使用的基础上经过改进后采用的。改进的基本原则是不增加扣件零部件的数量，并且通用性强，养护管理容易。它的优点是：弹片前端刚度降低，由于采用悬臂梁形式，扣压时弹片整体应变能较大，弹片前端扣压点刚度较小。从而，初始扣压时挠度大，扣压力偏小，在列车荷载作用下扣压力损失也小，故能较好防止扣件螺栓松弛；扣压力管理容易，扣压力的标准可用上下两片弹片相接触时的形状来管理；钢轨小返阻力增大，上弹片和下弹片接触后的螺栓拧紧力和反力的支点（钢轨扣压点、弹片底部支点）形成简支梁的关系，而且是上下两片弹片共同起抵抗作用，因此前端刚度变大即所谓只有两段线性弹性特征，增加了对比初始扣压力大的向上荷载的抵抗，亦即增大钢轨小返的抵抗；防止扣件螺栓脱落，扣件螺栓根部脱离铁垫板挡肩缺口而被拔出现象，可靠弹片形状控制，万一扣件螺栓有稍许松弛，也不会从铁垫板上脱落；弹片形状小型化，由于采用双层弹片结构，小型化弹片前端刚度有可能减小，弹片与螺栓的全高即扣件螺栓固定点与弹片扣压点之间的距离可以缩短，有利于扣件螺栓的稳定性。其缺点是：由于弹片弯折曲率较小，上下两片之间又需要保持适当的间隔，因此弹片形状较为复杂，这在制作和品质管理上都应十分留意；应力变化较大，由于抵抗钢轨小返较大，故因钢轨小返和钢轨向上而引起钢轨过度浮起时，弹片的应力变化较大。此外，还对钢轨扣件的绝缘垫板、绝缘套管和预埋套管材质的绝缘性能进行了改进，以提高轨道电路的绝缘性能。同时还对可调衬垫的材质进行了改进，以确保板式轨道施工轨面标高的精度。

为适应在软土地基的高架桥上或者土质路基上将来有可能发生沉降变形的地点也能铺设板式轨道，有必要由钢轨扣件吸收一部分沉降，因此决定采用调整富余量较大的直结 7 型钢轨扣件（见图 5-66）。这种钢轨扣件，上下方向可有 30 mm 的调整量，左右方向也可调 30 mm，再通过在铁垫板下插入的高低调整垫片，则上下方向还可调整 20 mm。

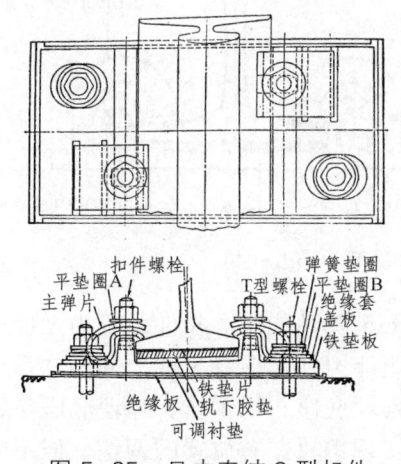

图 5-65　日本直结 8 型扣件

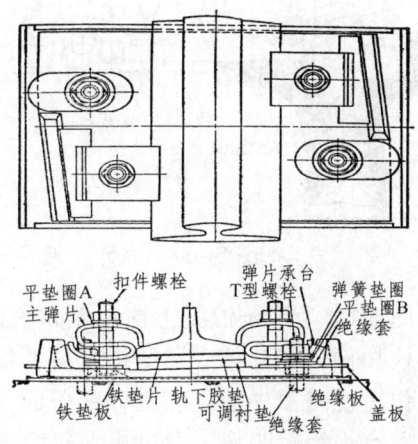

图 5-66　日本直结 7 型扣件

3. 英国 Pandrol 扣件

英国铁路于 1946 年开始大量铺设混凝土轨枕，主要采用 Pandrol 弹条扣件。1963 年英国铁路总局决定 Pandrol 扣件为新建线路的唯一标准，1972 年起成为木枕、混凝土枕、钢枕、道岔的标准扣件，近年来经过改进又使用在 PACT 无砟轨道上。Pandrol 扣件的设计思想主要是"扣件的装卸方便"，至今已在世界上 100 多个国家推广应用。

Pandrol 扣件的弹条主要有 σ 型、ω 型。图 5-67 为用于混凝土枕和无砟轨道上的 σ 型弹条扣件，是一种无螺栓、无挡肩、零部件少，并能快捷紧固钢轨的弹条扣件系统。混凝土枕上主要是用预埋铁座挡肩承受横向推力，并保持轨距，用弹条作扣压件扣压钢轨，并用尼龙块作绝缘部件。这种扣件系统是用铸造挡肩承受横向推力并保持轨距，以线形弹条作为扣压件把钢轨扣着在轨下支承体上，以尼龙块作为绝缘部件。通过对固定弹条的预埋铸造挡肩的形状和位置的改变，基本上可适用于各种轨道结构。平时保持有一定的扣压力，即使松弛也无需紧固作业，可以显著地节省养护维修工作量。但它无法调整钢轨扣压力，调距也难，并且要求有非常严格的制作公差和组装公差，还要求有较高的弹性。目前，世界上至少有 40% 的扣件都采用 Pandrol 扣件，但它在调高和调距上都很困难。

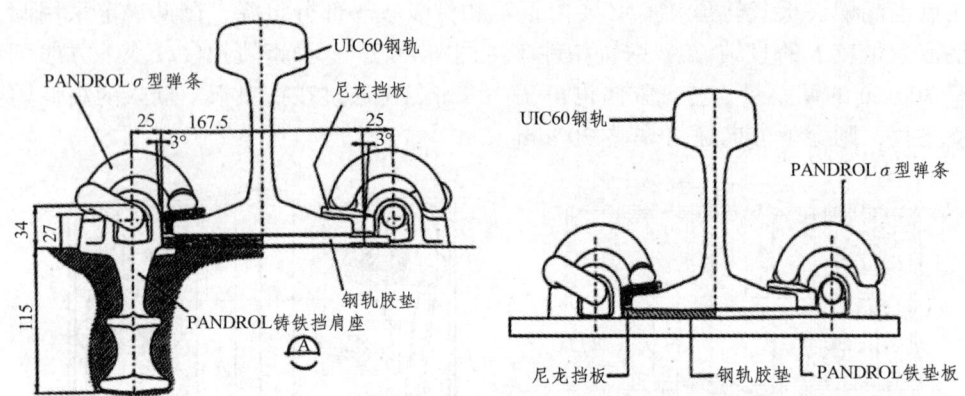

图 5-67　有砟及无砟轨道上的σ型 Pandrol 扣件

图 5-68 为用于混凝土枕和无砟轨道上的ω型弹条扣件。扣件系统为无挡肩无螺栓扣件，零部件少，结构紧凑，保持轨距能力强。混凝土枕上的扣件系统在制作轨枕时预先埋设底座，弹条通过插入预埋底座扣压钢轨，预埋底座与钢轨间设有绝缘轨距块，通过更换绝缘轨距块实现钢轨左右位置的调整，但不能进行钢轨高低调整。无砟轨道上，弹条通过插入铸铁底板的挡肩紧固钢轨，铸

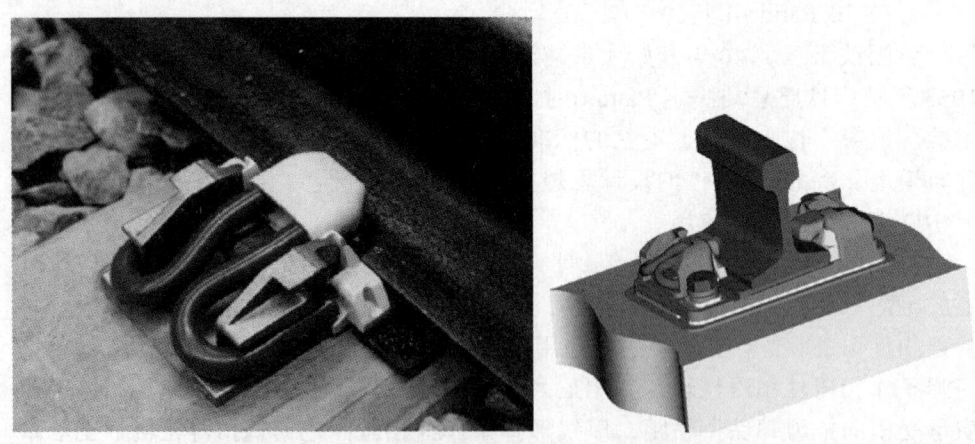

图 5-68　有砟及无砟轨道上的ω型 Pandrol 扣件

铁底板挡肩与钢轨间设有绝缘块，起绝缘作用，通过锚固螺栓与轨枕/轨道板中的预埋套管配合紧固铸铁底板，轨向和轨距的调整通过移动铸铁底板来实现，在铸铁底板下垫入调高垫板实现钢轨高低调整。

4. 德国 Vossloh 扣件

ω型弹条扣件（见图 5-69）是作为德国铁路 B70S PC 枕和传统长枕式 Rheda 无砟轨道的标准扣件。这种扣件基本属于弹条—有螺栓—铁垫板—轨距挡板系统。轨下胶垫厚 15 mm，静刚度 33 kN/mm，可用垫片调高 5 mm，用塑料板调高 10 mm，用轨距挡板调距±5 mm，可提供与有砟轨道同等水平的弹性作用，使用效果良好。

近年来，作为真正意义上的双重弹性钢轨扣件，是由 Hermann Meier 教授研发的 HM 型弹条扣件以及由 Vossloh 公司制造和改进的 Vossloh ε型弹条扣件（见图 5-70）。这种扣件已被广泛地应用于德国 ICE 高速线的有砟轨道和无砟轨道上。它的基本特征有：能有效地实现对不同材质预埋套管嵌入螺栓的固定；横向支挡结构合理，使用可靠；在构造上实现了两点接触，两段弹性的作用。扣件系统的结构特征为带铁垫板的弹性不分开式扣件，混凝土轨枕或轨道板承轨槽设混凝土挡肩，由钢轨传递而来的列车横向荷载通过轨距挡板传递由混凝土挡肩承受。钢轨与混凝土挡肩间设置工程塑料制成的轨距挡板，用以保持和调整轨距，同时起绝缘作用；弹条弹程大（达到 15 mm），疲劳强度高，在采用较低刚度弹性垫层时弹条的扣压力衰减小。增设起荷载分散作用的铁垫板，铁垫板下设置弹性垫层，扣件系统具有良好的弹性，垫层采用发泡弹性体材料制成。

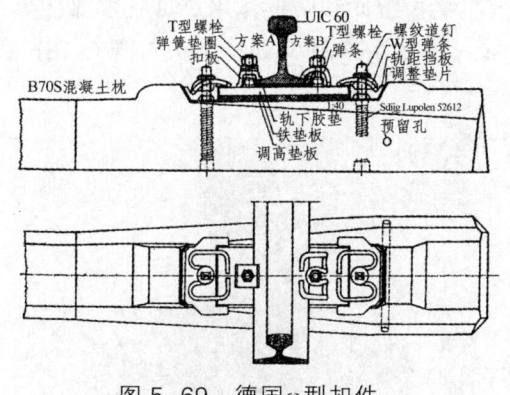

图 5-69 德国ω型扣件

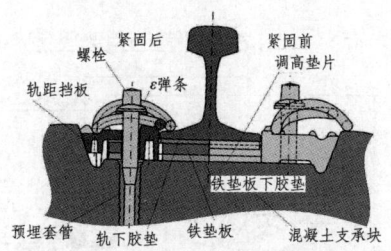

图 5-70 德国 Vosslohε型钢轨扣件

（二）中国主要扣件类型

我国普速及提速铁路上主要使用的是Ⅰ型、Ⅱ型及Ⅲ型弹条扣件。Ⅰ型弹条为有螺栓扣件，但弹条的扣压力不足和弹程偏小，弹条设计安全强度储备不足，在曲线地段，当弹条松动时扣件沿混凝土挡肩上滑，引起挡肩破损和轨距扩大，现在已基本上不再使用。Ⅱ型弹条扣件是在Ⅰ型扣件的基础上研制出的新型弹性扣件，也是一种有螺栓有挡肩的弹条扣件，为提高弹条的强度和扣压力，采用优质弹簧钢 60SiCrVA 作为弹条材料，并在弹条形状优化设计的基础上，弹条直径仍确定为 13mm，与Ⅰ型弹条可以互换，适用于Ⅱ型混凝土枕、新Ⅱ型混凝土枕及无砟轨道。Ⅲ型弹条扣件是一种无螺栓无挡肩的弹条扣件，由弹条、预埋铁座、绝缘轨距块和橡胶垫板组成，利用预埋铁座的挡肩承受横向力，保持轨距，以弹条扣压钢轨，以尼龙挡块作为绝缘部件及调整轨距，弹条具有扣压力大、弹性好优点，而且由于取消了螺栓连接方式，大大减小扣件养护工作量；取消了混凝土挡肩，从而消除了轨底在横向力作用下发生横移导致轨距扩大的可能性，因此保持轨距的能力很强，适用于高速重载线路的混凝土枕和无砟轨道。

近年来，为满足高速铁路的建设需要，我国又针对有砟轨道开发了Ⅳ、Ⅴ扣件，针对无砟轨道开发 WJ-7、WJ-8 型扣件，下面主要介绍这些新型扣件的技术特点。

1. 弹条Ⅳ型扣件

弹条Ⅳ型扣件是在弹条Ⅲ型扣件的基础上，对弹条的结构做了进一步优化，以降低其工作应力，减小残余变形，是一种无螺栓、无挡肩的不分开式扣件，如图 5-71 所示，在制作混凝土轨枕时预先埋设预埋铁座，弹条通过插入预埋铁座扣压钢轨，无需螺栓紧固。预埋铁座挡肩与钢轨间设置绝缘轨距块用以调整轨距并起绝缘作用，通过更换不同号码的绝缘轨距块可实现钢轨左右位置调整。钢轨与混凝土轨枕承轨面间设橡胶垫板起绝缘缓冲和减振作用。具有零部件少、结构紧凑、扣压力大、保持轨距能力强、维修工作量少等特点。与既有Ⅲb型无挡肩预应力混凝土枕相配套使用。

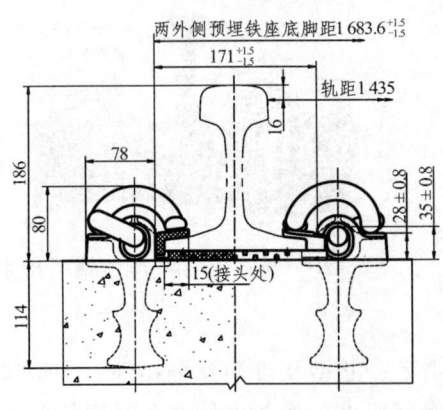

图 5-71 弹条Ⅳ型扣件

2. 弹条V扣件

弹条V扣件通过改变扣压力，将弹条Ⅰ、Ⅱ型扣件系统、桥上小阻力扣件系统进行了结构统一，并采用绝缘轨距挡板代替金属挡板座及尼龙轨距挡板两个部件，增大了弹条的弹程，提高了其疲劳强度，如图5-72所示。它是一种有螺栓、有挡肩的弹性不分开式扣件，采用螺旋道钉与套管配合紧固弹条，提高了扣件系统的绝缘性能；可安装多种弹条，既可安装大扣压力弹条也可安装小扣压力弹条。配合不同摩擦系数的轨下垫板（橡胶垫板或复合垫板），满足不同线路阻力的要求；利用工程塑料制造的轨距挡板调整轨距并起绝缘作用，减少扣件部件数量，避免调整轨距时影响螺旋道钉的受力状态；通过在轨下垫板与轨枕承轨面间垫入调高垫板实现钢轨高低调整。具有零部件少、兼备小阻力功能、保持轨距能力强、绝缘性能好等优点。与既有Ⅲa型有挡肩预应力混凝土枕相配套使用。

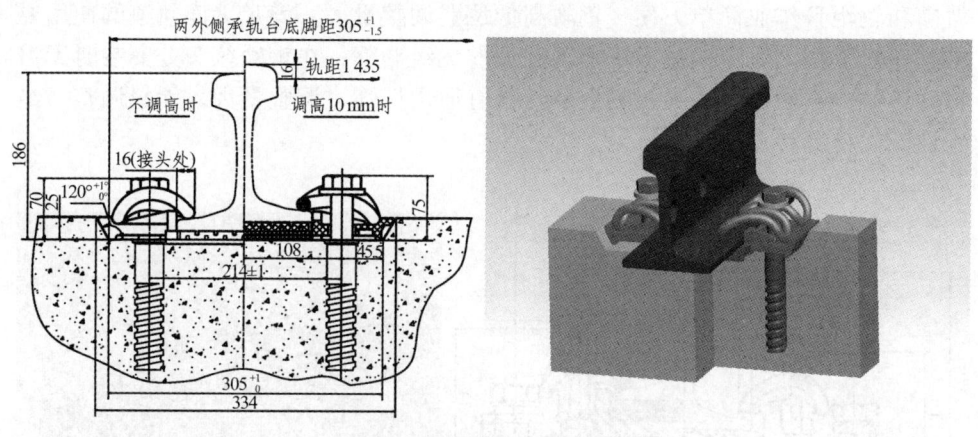

图5-72 弹条V型扣件

3. WJ-7型扣件

WJ-7型扣件是在原WJ-1型、WJ-2型扣件系统的基础上，经多年深入研究和大量试验优化改进而成，适用于桥上、隧道内、路基上轨枕埋入式、板式无砟轨道，如图5-73所示。它是一种有螺栓、无挡肩、带铁垫板的弹性分开式扣件系统。其结构特征为：混凝土轨枕或轨道板承轨槽不设混凝土挡肩，铁垫板上设置轨底坡，混凝土轨枕或轨道板承轨面为平坡，既可用于轨枕（双块轨枕、长枕）埋入式无砟轨道，又可用于轨道板无砟轨道，列车传来的横向荷载主要由铁垫板的摩擦力克服；钢轨轨底与铁垫板间设橡胶垫板，实现系统的弹性，通过更换不同刚度的轨下垫板可分别适应350 km/h客运专线和250 km/h客运专线（兼顾货运）的运营条件；铁垫板上设有T型螺栓插入座和钢轨挡肩，通过拧紧T型螺栓的螺母紧固弹条,弹条弹程大,在采用较低刚度轨下弹性垫层时弹条的扣压力衰减小且疲劳强度高;铁垫板上钢轨挡肩与钢轨间设有绝缘块,用以提高扣件系统的绝缘性能;铁垫板与混凝土枕或轨道板间设绝缘缓冲垫板,缓冲列车荷载对混凝土枕或轨道板的冲击,同时提高系统的绝缘性能,绝缘缓冲垫板周边设凸肋并留有排水口,可有效提高水膜电阻;同一铁垫板可安装多种弹条(常规扣压力弹条和小扣压力弹条),配合使用摩擦系数不同的轨下垫板(橡胶垫板或复合垫板)可获得不同的线路阻力,既可用于要求大阻力的地段,又可用于要求小阻力的地段,满足各种线路条件下铺设无缝线路的要求;铁垫板通过锚固螺栓与预埋于混凝土枕或轨道板中的绝缘套管配合紧固。预埋套管上设有螺旋筋定位孔,便于螺旋筋准确定位,混凝土枕或轨道板中的预埋套管中心对称布置,便于混凝土枕或轨道板的布筋设计;调整轨向和轨距时无需任何备件,通过移动带有长圆孔的铁垫板来实现,为连续无级调整,可精确设置轨向和轨距且作业简单方便;钢轨高低位置调整量大,满足无砟轨道的使用要求,在轨下垫入充填式垫板可实现高低的无级调整;在钢轨接头处安装时无需特殊备件,不妨碍接头夹板的安装。具有通用性强、调整量大、无级调整、绝缘性能优良等特点。

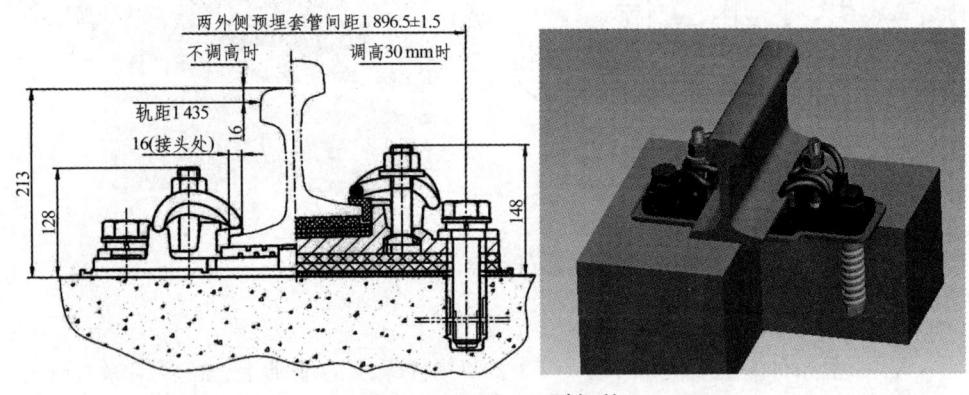

图 5-73 WJ-7 型扣件

4. WJ-8 型扣件

WJ-8 型扣件是在原板式和双块式无砟轨道承轨槽尺寸和位置的限定条件下设计的,适用于桥上、隧道内、路基上有挡肩轨枕埋入式和板式无砟轨道,如图 5-74 所示。它是一种有螺栓、有挡肩、带铁垫板的弹性不分开式扣件系统,结构特征为:扣件系统为带铁垫板的弹性不分开式扣件,混凝土轨枕或轨道板承轨槽设混凝土挡肩,由钢轨传递而来的列车横向荷载通过铁垫板传递至轨距挡板，从而由混凝土挡肩承受横向水平力，降低了水平荷载的作用位置，使结构更加稳定；铁垫板上设挡肩，挡肩与钢轨之间设置工程塑料制成的绝缘块，不仅可以缓冲钢轨对铁垫板的冲击，而且大幅提高扣件系统的绝缘性能，尤其是提高系统在降雨时的绝缘电阻；铁垫板与混凝土挡肩间设置工程塑料制成的轨距挡板，用以保持和调整轨距，同时起二次绝缘作用；扣件组装紧固螺旋道钉时，以弹条中肢前端接触轨底为准，避免了在钢轨与铁垫板间垫入调高垫板时弹条扣压力不足或弹条应力过大；同一铁垫板可安装多种弹条（常规扣压力弹条和小扣压力弹条），配合使用摩擦系数不同的轨下垫板（橡胶垫板或复合垫板）可获得不同的线路阻力，既可用于要求大阻力的地段，又可用于要求小阻力的地段，满足各种线路条件下铺设无缝线路的要求；配套设计的弹条比我国既有弹条在结构上作了优化，使弹条弹程增大（各种弹条弹程均为 14 mm），提高了其疲劳强度，在采用较低刚度弹性垫层时弹条的扣压力衰减小；铁垫板下设弹性垫层，扣件系统具有良好的弹性，垫层采用长寿命热塑性弹性体材料制成；与本扣件系统配套的既有混凝土轨枕或轨道板的承轨槽形式和尺寸无需变动，适应性强。具有通用性强、结构稳定、调整量大、绝缘性能优良等特点。

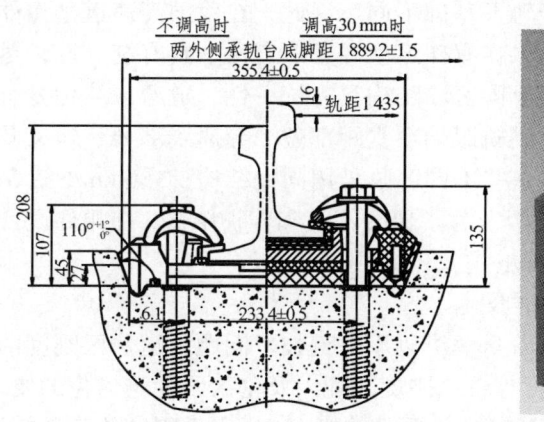

图 5-74　WJ-8 型扣件

（三）道岔扣件系统设计原则

根据高速道岔扣件的技术要求，在设计中应遵循以下原则。

1. 充分吸收区间线路高速铁路扣件的设计经验

中国、法国、德国、日本、英国等国家均开发了成熟可靠、各具特色的扣件系统，以满足高速铁路扣件的高技术性能要求。这些扣件系统的研发思路、结构特点值得我国高速道岔扣件系统的借鉴。

2. 充分吸收国外道岔扣件系统的成熟经验

德国和法国已有高速道岔的运营实践经验，道岔区扣件系统的研究与开发应对其结构和参数进行深入的探讨，研究其结构机理，充分吸收国外高速道岔的成熟经验，并结合我国的工程实际和运营条件，将其应用于我国高速道岔扣件系统的结构设计。

3. 满足客运专线道岔技术条件的要求

我国已经制定了客运专线道岔的技术条件，对主要性能和参数提出了明确技术要求。因此客运专线道岔区扣件系统的结构设计应满足这些技术条件的要求。

4. 结构应具有同一性和统一性

由于中国的运营条件和线路条件复杂，其运营条件包括客运专线和客货混运线路，其线路条件包括有砟轨道和无砟轨道，涉及桥上和路基上道岔，如果道岔区扣件系统种类繁多，势必造成养护维修工作量很大，综合德国和法国的结构特征，其结构具有同一性和统一性，这就要求尽量用同一结构方案满足各种性能要求。具体包括以下方面：有砟与无砟轨道上道岔区扣件系统的可互换性、通用性，德国和法国无论在有砟轨道还是无砟轨道上，高速道岔区扣件系统均采用同一结构，区别仅在于轨下基础不同。因此，在我国高速道岔扣件系统的设计时应尽量采用同一结构，在有砟道岔和无砟道岔上具有统一性，尽量实现可互换性和通用性；道岔区不同区段结构具有统一性，道岔区结构复杂，大致可分为尖轨前、滑床板处、尖轨跟端、支距部位、导曲线部分、辙叉及护轨地段，在扣件设计时应尽量在这些不同区段采用同一结构；350 km/h 道岔扣件和 250 km/h 道岔扣件具有统一性，为了便于铺设和养护维修，在扣件设计时应尽量在 350 km/h 道岔和 250 km/h 道岔中采用同一结构。

5. 解决高速道岔扣件的关键技术。

高速道岔扣件系统研制中应着重解决以下关键技术问题：道岔区刚度的合理设置与匹配，满足扣件节点刚度与轨道刚度匹配以及岔区刚度均匀化的要求；控制过大的轨头横移，满足高速列车过岔平稳性要求；提出低刚度的实现措施，研究解决弹性铁垫板的橡胶物性指标和橡胶型面结构，考虑扣件安装过程中尽量不降低弹性铁垫板弹性的连接方式；降低动静刚度比，使橡胶的变形能够跟得上负荷的变化；实现道岔区弹性铁垫板的整体硫化，合理确定橡胶物理性能指标、垫板橡胶型面、成型效果好且经济的模具设计、硫化工艺，以提高结构的整体性。

（四）道岔扣件系统设计指标

根据客运专线轨道扣件技术条件的要求，参照欧洲道岔区扣件系统的技术要求，提出扣件系统的设计参数如下。

1. 扣压件扣压力不小于 10 kN

为保证扣件系统对钢轨有足够的防爬阻力，满足无缝线路的要求，同时减小钢轨在横向力作用下的倾翻，确保行车安全，参照国内外道岔区扣件使用经验，单个扣压件的扣压力应不小于 10 kN。

2. 防爬阻力大于 10 kN

由于高速道岔长度较长，温度变化对道岔的纵向力和纵向位移影响较大，为满足无缝道岔的铺设要求，要求扣件系统对钢轨有足够的防爬阻力，参照国内外道岔区扣件使用经验，单个扣件节点的防爬阻力应大于 10 kN。

3. 疲劳性能

参照 UIC 标准，扣件系统疲劳试验前后，钢轨纵向阻力变化不得超过 20%，垫板刚度变化不得超过 25%，扣压力变化不得超过 20%。

4. 绝缘性能

为保证轨道电路的正常工作，道岔区扣件系统应有较好的绝缘性能，两走行轨间绝缘电阻应大于 $10^8\,\Omega$（干态）。

5. 高低调整量

根据客运专线道岔技术条件的要求，无砟道岔钢轨高低调整量为 30 mm。

6. 左右位置调整量

根据客运专线道岔技术条件的要求，钢轨左右位置调整量为 -4~+2 mm，轨距调整量为 -8~+4 mm，调整级别为 1 mm。

7. 预埋件抗拔力

预埋件在混凝土轨枕中抗拔力大于 100 kN。

8. 轨底坡

根据客运专线道岔技术条件的要求，轨底坡为 1∶40。

9. 系统刚度

根据道岔区刚度研究成果确定，如时速 350 km 无砟道岔中一般地段即单股钢轨作用地段，扣件节点刚度为 25 kN/mm，其他地段以刚度均匀化原则设置。

（五）道岔扣件系统结构

遵循客运专线道岔区扣件系统的设计原则，按照设计参数的要求，确定客运专线道岔区扣件系统结构方案如图 5-75 所示。其结构特征为：主要结构特征为：该扣件系统为带铁垫板的弹性分开式结构；弹性铁垫板上部结构考虑无螺栓扣件系统和有螺栓扣件系统两种方案；挡肩与钢轨轨底间设轨距块可用于调整和保持轨距；钢轨与弹性铁垫板间设轨下橡胶垫板，主要起缓冲冲击作用；弹性铁垫板下部的弹性垫层起弹性作用；弹性铁垫板与混凝土岔枕采用螺栓与预埋套管配合紧固方式连接；弹性铁垫板与螺栓间设置缓冲调距块，既缓冲铁垫板对螺栓的横向冲击又可调整铁垫板的位置进而调整轨距；垫板螺栓通过盖板扣压弹性铁垫板，盖板上附有弹性较好的橡胶垫圈，既不对弹性铁垫板产生较大压力也可防止垫板倾翻；一般地段轨距调整无需备件，调整级别为 1 mm，可实现精细调整。

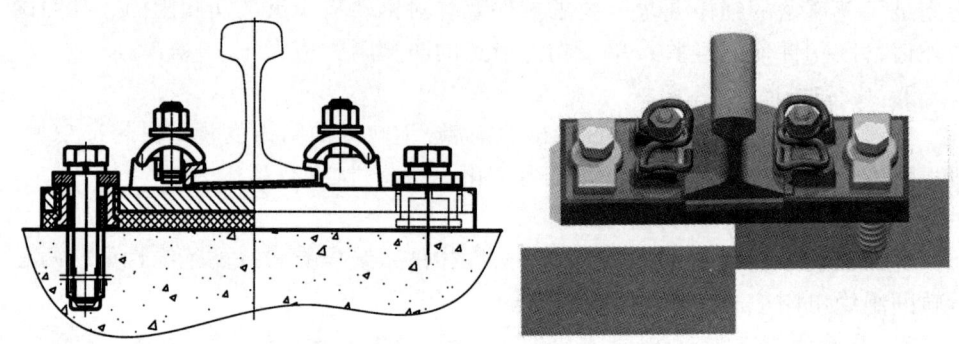

图 5-75 高速道岔扣件系统

由于铁垫板下弹性垫层刚度较小，如直接紧固会带来两个问题：铁垫板下弹性垫层弹性损失，螺栓受较大的横向冲击力，因而采用了以下特殊设计方案：螺栓紧固复合定位套，不直接紧固铁垫板，即使扭矩较大，对铁垫板也不造成大的压力，不影响板下弹性性能；螺栓与铁垫板间设复合定位套，可缓冲列车通过铁垫板对螺栓的横向冲击；复合定位套起到缓冲、定位双重作用；复合定位套内设置缓冲调距块，起到缓冲、调距双重作用。

为了实现低刚度和均匀化，板下橡胶垫层采用如图 5-76 所示的块状结构，并通过改变端部结构、橡胶材质，实现了两级刚度，可控制钢轨的外翻量。为了使铁垫板周边和橡胶粘接强度更加牢固且防止搬运过程中弹性铁垫板磕碰导致黏合处破裂，弹性铁垫板两边包胶厚度为 5 mm；为了防止弹性铁垫板下部橡胶型面的凸出，在橡胶型面上增加肋筋，加大了橡胶的连接力，使整个橡胶型面的结构更加稳定可靠，如图 5-77 所示。为了防止雨水通过钢套流入预埋套管，钢套高于铁垫板 4 mm，如图 5-78 所示。缓冲调距块的主要作用是缓冲铁垫板对螺栓的横向冲击又可调整铁垫板的位置进而调整轨距；为了防止缓冲调距块在钢套中上下窜动，从而造成螺栓受力位置改变，采用如图 5-79 所示的缓冲块结构。

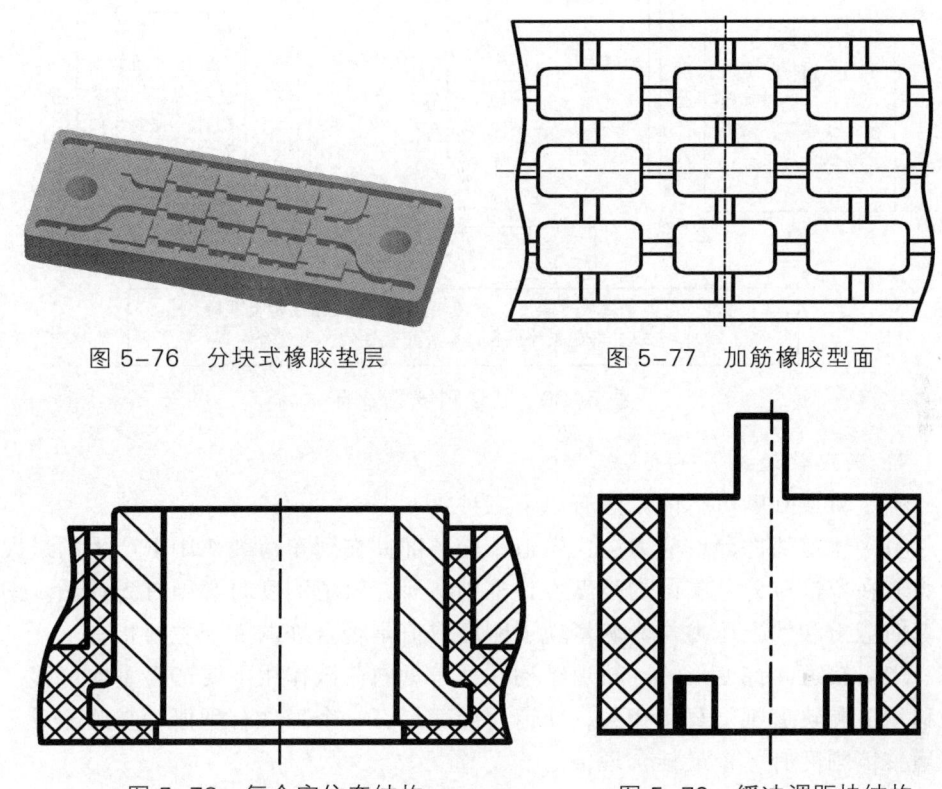

图 5-76 分块式橡胶垫层　　　　图 5-77 加筋橡胶型面

图 5-78 复合定位套结构　　　　图 5-79 缓冲调距块结构

高低调整在减振垫层下实现，调整量为 -4～+26 mm，调高垫板材质为橡塑，静刚度大于 1 000 kN/mm，调高不影响系统刚度。扣件系统具有 -8～+4 mm 的轨距调整量，通过调整轨距块可实现 -2～+4 mm 的轨距调整，附以缓冲调距块垫板可实现 -8～+4 mm 的轨距调整，调整无需备件。对于滑床板和护轨垫板，由于一侧为滑床台或护轨，不能通过钢轨另一侧与铁垫板挡肩间的轨距块进行左右位置的调整，只能通过移动滑床板和护轨垫板来进行轨距调整，具体调整可通过更换不同号码的缓冲调距块实现。

（六）道岔扣件系统刚度的设计要求

轨道刚度对轨道结构振动特性、轮轨相互作用和列车运行品质、轨道反力分布和动态传递特性、维修工作量均有较大的影响，如图 5-80 所示。因此，研究轨道刚度的合理取值及各部件刚度的合理匹配是十分重要的。

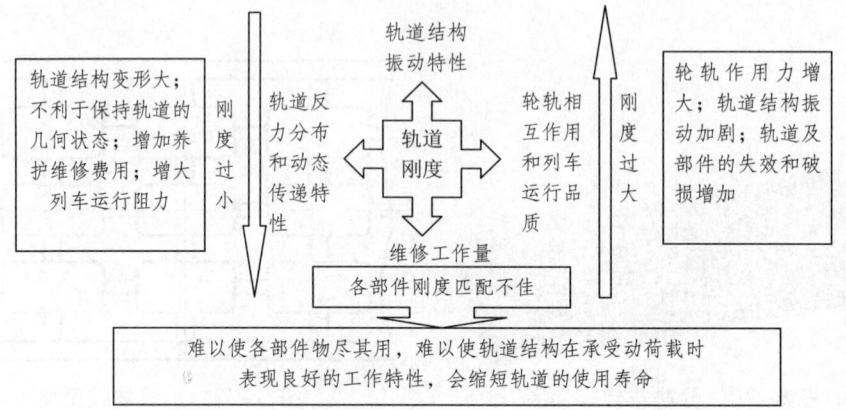

图 5-80 轨道刚度的影响

1. 确定轨道刚度的方法

确定轨道刚度可行的方法有以下三种：

（1）轨道部件允许应力法：轨道结构各部件在列车荷载作用下产生的最大应力应在容许应力范围内的强度设计准则在研究轨道刚度时必须首先遵循。钢轨弯曲应力和枕上压力作为衡量轨道刚度取值是否合理的 2 个主要指标。

（2）轨道允许变形法：轨道结构在列车垂向荷载作用下要产生垂向位移，位移量值和轨道刚度直接相关，轨道垂向变形有一个最佳合理值，与此相对应轨道整体刚度有一个最佳合理值。

（3）轨道和列车动力响应分析法：通过对轨道刚度变化敏感的主要参数如轮轨作用力、枕上压力、轨枕振动加速度、转向架构架加速度、轴箱加速度和轨道不平顺变化速率的分析，提出轨道刚度的合理建议值，但此方法实行较为复杂。

通常采用允许变形法确定轨道刚度，然后采用允许应力法及动力响应分析法进行校核。

2. 钢轨允许变形范围

钢轨允许变形范围一般拟定为 1~1.5 mm，根据如下：

（1）德法两国的运营经验：德国以钢轨垂向位移范围 1.0~2.0 mm 设计系统刚度，对于 ICE1 和 ICE2 高速运输，提出了在轴重为 200 kN 的车轮作用下钢轨位移达到 1.5 mm 为设计目标。法国认为的钢轨变形应控制在 1 mm 左右。

（2）扣件系统结构本身的局限性：对一般扣件结构而言，由于弹性垫层刚度的降低，扣压件在列车通过时扣压端位移增大。Pandrol 和 Vossloh 扣压件的允许疲劳振幅为 0～2.5 mm，中国弹条Ⅳ和Ⅴ型扣压件的允许疲劳振幅为 -0.5～2.0 mm。钢轨垂向位移不允许无限制降低。

（3）钢轨断裂对安全的影响：钢轨断裂后，一端钢轨在车轮荷载的作用下产生向下的位移，而断裂的另一端位置保持不变，两端的高差值对高速列车行车安全有影响。德国人最先提出这一问题，并提出高差为未断裂时钢轨垂向位移的 2.5～3.0 倍（德国称之为断裂因子），列车时速大于 250 km/h 时高差限值为 5 mm。基于该理论，钢轨垂向位移应限制在 1.7 mm 内。

3. 高速铁路轨道刚度值

中国高速铁路采用 60 kg/m 钢轨，有砟轨道轨枕间距一般为 600 mm，无砟轨道钢轨支点间距大多取 625 mm。假定线路运营条件为开行 170 kN 轴重的旅客列车和 250 kN 轴重的货物列车，则客车和货车通过时钢轨垂向位移随钢轨支点刚度的变化如图 5-81 所示。

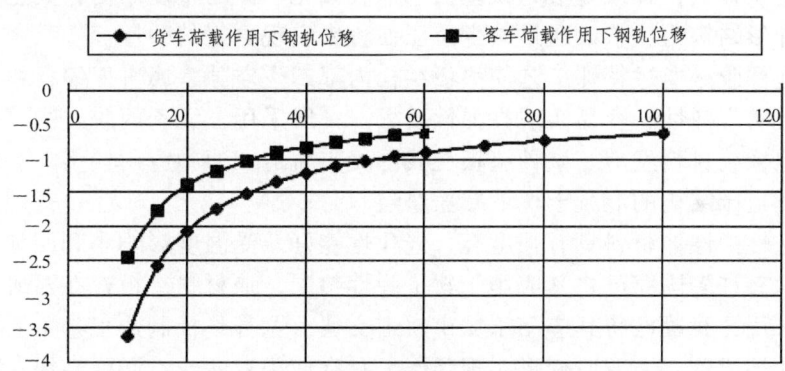

图 5-81 钢轨位移随支点刚度的变化

对于最高速度 350 km/h 客运专线无砟轨道，运营列车均为客车，钢轨支点刚度可选定为 20～30 kN/mm，对应的轨道整体刚度为 56.7～83.2 kN/mm。

对于最高速度 250 km/h 客运专线无砟轨道，考虑轴重 250 kN 货车的作用，钢轨支点刚度可选定为 30～50 kN/mm，对应的轨道整体刚度为 83.2～122.0 kN/mm。

对于有砟轨道，受力状态较为复杂，其刚度的确定不能完全依照上述分析，结合世界各国的高速铁路运营实践，其轨道整体刚度一般不超过 120 kN/mm。可初步确定客运专线有砟轨道的轨道整体刚度为 95～120 kN/mm，对应的钢轨支点刚度为 40～80 kN/mm。

道岔轨道刚度基本上与区间线路取值一致，并运用道岔动力学理论确定的道岔扣件系统刚度设计值为：350 km/h 无砟轨道为 25 kN/mm；250 km/h 有货运无砟轨道为 40 kN/mm；250 km/h 无货运有砟轨道为 50 kN/mm；250 km/h 有货运有砟轨道为 60 kN/mm。

三、道岔扣件系统受力分析

（一）弹性垫层刚度计算分析

1. 弹性垫层材料

橡胶是我国铁路常用的减振材料，有成熟的设计和铺设使用经验，也是世界各国铁路常用的减振材料。以天然橡胶或合成橡胶为主要成分，属不可压缩材料，具有超弹性特性，超弹性是指那些经过有限弹性变形又能完全恢复的材料特性。垫板结构设计一般为沟槽形和圆柱形，在我国城市轨道交通中也采用过与铁垫板硫化一体，利用橡胶的剪切变形实现系统弹性。德国高速道岔靠弹性基板提供弹性，弹性基板为铁垫板与橡胶硫化一体的整体结构，其主要机理是橡胶外形结构为块状，通过减少承压面积来实现更好的弹性。

发泡橡胶是通过特殊工艺使垫板结构内部产生空隙，属可压缩材料，通过压缩变形实现弹性，容易实现高弹性要求。一般采用三元乙丙胶发泡，也有的采用其他橡胶材料发泡。该种垫板在我国城市轨道交通中应用较多，一般用于弹性整体道床结构的混凝土枕下减振垫层。

热塑性弹性体材料具有强度高、老化性能好、受温度影响小和回弹性好等优越性，有许多国家已将其应用于轨下弹性垫层，该材料垫板曾在西班牙高速铁路上采用，我国已将其应用于城市轨道交通。这种垫板制造工艺主要是挤压成型或注塑成型，靠弯曲变形实现弹性，具有使用寿命长、回弹性快、刚度不受环境温度影响等优点。但其造价相对较高。

聚氨酯是减振领域公认的减振材料，其发泡后通过压缩变形可实现高弹性特性，具有强度高、耐老化性能好、受温度影响小等优越性，英国铁路曾经采用过这种垫板。我国有一些企业生产这种材料的减振产品，大部分应用于汽车领域。与热塑性弹性体一样，该材料的垫板造价较高。

各种弹性垫层材料的优缺点比较如表 5.13 所示。

表 5.13 弹性垫层材料特性

序号	代码	材料名称	优点	缺点
1	NR	天然橡胶	力学性能、黏结性、疲劳强度、加工性等优	耐候性、耐油性差
2	SBR	丁苯橡胶	耐候性、耐热性、耐磨性较好	机械强度较差

续表 5.13

序号	代码	材料名称	优点	缺点
3	CR	氯丁橡胶	耐大气老化、耐候性特好，耐油性、耐热老化性较好	滞后损耗较大
4	CPE	聚氯乙烯橡胶	耐候性、耐臭性、耐热性、耐化学性、耐扯断性、耐弯曲龟裂性、耐磨耗性等	冲击回弹性小、永久变形大，耐油性、绝缘性一般，加工性差，硬度的温度依存性大，成本较高
5	EPDM	三元乙烯—丙稀合成橡胶	耐臭性、耐候性、耐热老化性、耐化学性、回弹性、绝缘性等优，可用温度范围广，自然环境下老化寿命较长	黏结性、耐油性、耐燃性差，成本较高
6	ESR	聚酯橡胶	成形性、强度特别是抗冲击强度、抗扯断强度优，可用温度范围广	压缩永久变形大，滞后变形大，因反复变形易发热，弹性性能受温度影响大
7	HDPE	高密度聚酯类材料	作为塑料材料成本低，成形易，强度高，刚度大	防振缓冲性差，易滑动，难以应用于轨下垫板
8	CPU	聚氨基甲酸乙酯类材料	作为高分子材料，可选硬度范围宽广，强度特高，硬度亦高，具有橡胶弹性，耐磨性、耐疲劳性和耐蠕滑性等优点	胶粘有效期短，需有成形技术，耐热性、耐火性差
9	EVA	聚乙烯—乙酸乙烯酯材料	耐热性、耐候性、耐臭性优，黏结性、加工性、耐水性良好	永久变形大，耐油性、耐溶性、耐水性、耐燃性差
10	PUF	发泡聚氨酯合成橡胶	不需加工成沟槽形状	强度、永久变形、耐水性不佳

2. 一般计算方法

轨下胶垫的静刚度 k_p 及压应力 σ，当其变形微小时，一般可用下式近似计算

$$k_p = E_a \frac{A_l}{h} = E_0 F \frac{A_l}{h} \tag{5-25}$$

$$\sigma = \frac{k_p \delta}{A_l} = E_0 F \varepsilon \tag{5-26}$$

式中，E_a 为表观弹性模量（MPa），$E_a = E_0 F$，其中 E_0 为杨氏弹性模量（MPa），橡胶的剪切弹性模量 G 一般为 1 MPa 左右，而体积弹性模量 K 为 103 MPa 左右，

两者相差很大。当考虑微小变形时，根据弹性理论，可得到泊松比与杨氏模量的简单结果：泊松比 $\mu = (3K-2G)/(6K+2G) \approx 1/2$，杨氏模量 $E_0 = 2(1+\mu)G \approx 3G$。

G 为剪切弹性模量（MPa），若已知材料的邵尔硬度 H_A，可采用下列公式计算

$$G = \frac{0.7554H_A + 5.53}{100 - H_A} \quad (5\text{-}27)$$

F 为外形系数 S 的函数，根据日本服部、武井公式，对于圆柱形 $F = 1 + 1.65S^2$；对于矩形 $F = 1 + 2.19S^2$；对于无限长柱形（沟槽型近似）$F = 1.33 + 1.10S^2$；外形系数 S 为受压面积 A_l 与垫板自由侧面积（包括里侧侧面积）A_f 之比，$S = A_l/A_f$。

ε 为垫板应变，为压缩变形 δ 与垫板有效高度 h 之比，$\varepsilon = \delta/h$。

当胶垫相对压缩变形微小时，即 ε 小于 h 的 5% 时，可直接利用式（5-26）计算胶垫刚度，但当 ε 较大和 h 较小时，则式（5-26）应按修正式（5-28）计算。

$$k_p(\varepsilon) = E_0 F \frac{A_l}{h} k(\varepsilon) \quad (5\text{-}28\text{a})$$

$$k(\varepsilon) = \frac{1}{3\varepsilon}[(1+\varepsilon) - (1+\varepsilon)^{-2}] = \varepsilon - \varepsilon^2 + \frac{4}{3}\varepsilon^3 - \cdots \quad (5\text{-}28\text{b})$$

变形小时，式（5-28b）的第 2 项以后可忽略不计，则虎克定律成立。但变形大到一定程度时，应力与变形不再是线性关系。微小变形是指虎克定律成立范围内的变形，有限变形是指虎克定律不再成立范围内的变形。与此相反，剪切变形关系在有限变形范围内是线性的。微小变形的范围关系到设计计算的精确度，作为实用的标准，认为 $|\varepsilon| < 5\%$。

铁道科学研究院从橡胶材料的性质和力学特性出发，利用弹性理论，对于典型的方柱形、无限长柱形和圆柱形减振橡胶的表观弹性模量计算公式进行了改进：

方柱形橡胶垫板 $E_a = (3\pi^2/8)DG$，$D = \left\{\sum\limits_{1,3}^{\infty} \dfrac{1}{i^2[1+(2/9)\pi^2 S^2 i^2]}\right\}^{-1}$ （5-29a）

无限长柱形减振橡胶垫板 $E_a = (\pi^2/2)DG$，$D = \left\{\sum\limits_{1,3}^{\infty} \dfrac{1}{i^2[1+(1/12)\pi^2 S^2 i^2]}\right\}^{-1}$ （5-29b）

圆柱形减振橡胶垫板 $E_a = (3\pi^2/8)DG$，$D = \left\{\sum\limits_{1,3}^{\infty} \dfrac{1}{i^2[1+(1/6)\pi^2 S^2 i^2]}\right\}^{-1}$ （5-29c）

目前，我国铁路使用的橡胶垫层一般为两面开槽或用凸出小圆柱。如果为沟槽型，可以认为橡胶垫板结构属平面应变问题。由其结构特点可类似采用无限长柱形的公式进行分析计算：根据槽的深度（一般为橡胶垫层总厚度的一半）和橡胶条的宽度分条计算弹簧刚度，计算所得的各条弹簧刚度视为并联弹簧，将刚度相加；或者根据平均受压面积和平均自由侧面积计算其外形系数，采用矩形公式进行分析计算。如果为凸出小圆柱，则根据小圆柱的高度，计算单个小圆柱橡胶的弹簧刚度，有几个小圆柱，则得几个弹簧刚度，将这些小圆柱的弹簧刚度并联相加。同样的方法计算橡胶垫另一面的刚度，两面的弹簧视为串联，则就可计算得垫层刚度 k_p。

3. 有限元法计算

橡胶不同于一般的弹性材料，它属于超弹性材料，具有良好的伸缩性和复原性。它的应力应变关系不是线性规律，也不同于应力应变关系曲线的切线斜率逐渐下降的塑性材料，而是随着应力的增长，应变的增长速度逐渐减小的超弹性材料。相对于金属材料的性能表征只需要较少的参数，橡胶的特性就显得很错综复杂。超弹性材料的非线性是很严重的，体现在非常大的应变（可达到百分之几百）；材料的应力应变呈高度的非线性关系；材料近似或完全不可压缩；很强的温度相关性；通常并不单独存在，而是与金属等其他显著不一样的材料之间有很大的相互作用。

对弹性体的非线性材料性质进行标定是很困难的。以应变能密度函数为基础，已发展出几种本构理论，它们适用于超弹材料的大的弹性变形。这些理论与有限元分析一起，可被设计者用来对高形变状态下使用的弹性体产品进行有效的分析和设计。这些本构方程分为两类。第一类假定应变能密度是主要应变常量的多项式函数。对不可压缩材料来说，材料模型一般指 Rivlin 材料。若只使用一次项，则指 Mooney-Rivlin 材料。第二类则假定应变能密度是三个主要拉伸的可分离的函数，所用模型有 Ogden、Peng、Peng-Landel 材料模型等。高次应变能函数的实用价值很小，因为类橡胶材料的重现性是不足够的，不允许精确地对大量的参数进行估计。因此附加项只是用来修正实验误差。由于简单和实用，在有限元分析中应用最广泛的应变能函数首选 Mooney-Rivlin 模型。材料 Mooney-Rivlin 基本定律是能够表达接近不可压缩天然橡胶应力应变特性的较为合理的模型。本节对橡胶垫板的弹性分析采用 Mooney-Rivlin 材料模型。下面简要介绍其本构方程。

Polynomial Form 模型

$$W = \sum_{i+j=n}^{N} C_{ij}(\overline{I_1}-3)^i(\overline{I_2}-3)^j + \sum_{k=1}^{N}\frac{1}{d_k}(J-1)^{2k} \quad (5-30)$$

这是基于第一、第二应变不变量的应变能函数 Mooney-Rivlin 模型。ANSYS 中提供了 2、3、5、9 参数的 Mooney-Rivlin 模型，这些模型可看作是 Polynomial Form 模型中 N 取不同值时的特殊情况。

式中，C_{ij} 为力学性能常数；W 为单位体积的应变能函数，$W = (I_1, I_2, I_3)$ 或 $W = (\lambda_1, \lambda_2, \lambda_3)$，其中伸长率 $\lambda = \dfrac{L}{L_0} = \dfrac{L+\Delta u}{L_0} = 1 + \varepsilon_E$；$I_1$、$I_2$、$I_3$ 称为 Green 应变不变量，分别为 $I_1 = \lambda_1^2 + \lambda_2^2 + \lambda_3^2$，$I_2 = \lambda_1^2\lambda_2^2 + \lambda_2^2\lambda_3^2 + \lambda_3^2\lambda_1^2$，$I_3 = \lambda_1^2\lambda_2^2\lambda_3^2$。

考虑到有限可压缩情况，橡胶材料模型最一般的形式为 $W = (\overline{I_1}, \overline{I_2}, J) = (\overline{\lambda_1}, \overline{\lambda_2}, J)$，式中压缩体积比 $J = \lambda_1\lambda_2\lambda_3 = \dfrac{V}{V_0}$（热膨胀中 $J_{th} = (1+\varepsilon_{th})^3$），$\overline{\lambda_p} = J^{-1/3}\lambda_p (p=1,2,3)$，$\overline{I_p} = J^{-2/3}I_p (p=1,2,3)$。

由于非线性弹性材料在荷载作用下往往伴随着大变形、大应变，因此在求解过程中考虑橡胶材料的材料非线性和由于大变形引起的几何非线性。橡胶材料是几乎不可压缩的，其泊松比一般在 0.48~0.5（不含 0.5）之间，计算中可把橡胶看作一般的近似不可压缩的各向同性的材料，其泊松比取 $\mu = 0.499$。为了得到橡胶材料的物理特性，通过实验确定材料参数。

由实验测得材料的应力应变关系，将所测得的数据通过 ANSYS 自带的超弹性分析程序进行材料特性的拟合计算，得出应变能函数所需要的 Mooney-Rivlin 常数，从而确定所用橡胶材料的材料属性。测试时，使用三类变形模式为：单轴拉伸、单轴压缩和剪切试验。综合各个函数在整体曲线形状以及拟合质量两方面的比较，采用两参数的 Mooney-Rivlin 常数。

下面以 $190 \times 148 \times 9$，$210 \times 148 \times 9$ 两种道岔用沟槽式橡胶垫板的刚度计算为例，其沟槽布置如图 5-82 所示，各种方法的计算结构与试验值的比较如表 5-14 所示。

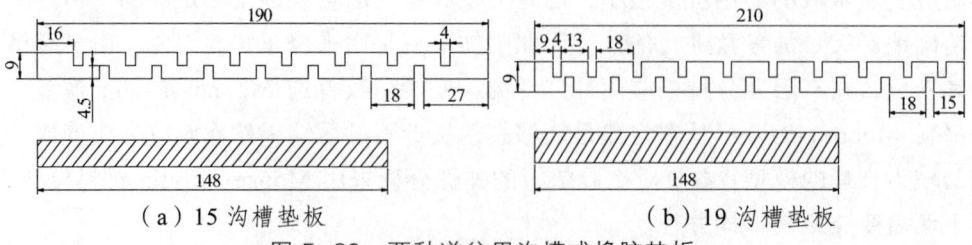

(a) 15 沟槽垫板　　　　　　　　(b) 19 沟槽垫板

图 5-82　两种道岔用沟槽式橡胶垫板

表 5-14　橡胶垫板刚度计算结果　　（单位：kN/mm）

橡胶垫板类型	邵尔 A 硬度	服部、武井解	铁科解	有限元解	试验值
190×148×9 共 15 沟槽	73	93.4	114.6	103.4	106.8
210×148×9 共 19 沟槽	73	85.5	104.9	99.4	86.0

从表 5.14 中可见，数值计算结果与试验结果较为接近。运用理论计算对橡胶的胶料配方、结构设计等进行研究，并结合数值分析技术对制品进行优化分析，将能够有效地改进与提高橡胶垫板的结构与弹性性能，有利于指导、分析和解决工程中遇到的具体问题。

4. 高速道岔板下橡胶垫层设计

高速道岔要求扣件系统具有低刚度，而对刚度起决定作用的是橡胶的配方和橡胶型面的结构。考虑此类垫板的动静刚度值和疲劳性能，并参考长期实践经验，橡胶垫板的胶料配方采用炭黑原位接枝改性技术，用非极性的原位接枝改性剂对极性白炭黑进行表面接枝改性，该技术直接应用于弹性铁垫板的生产，能在满足刚度要求的前提下有效降低胶料硬度，并大幅提高 300% 定伸应力，大幅降低压缩永久变形，进一步满足产品静刚度偏差为设计值的 ±20%、动静刚度比不大于 1.5 和垫板在 300 万次疲劳试验后，无破坏和任何开裂，疲劳试验后的静刚度变化不大于 20% 的技术要求。

为满足刚度要求，具体设计采用如图 5-83 所示的分块式结构，并根据道岔不同部位刚度的要求，设计不同的分块式结构，并采用 Mooney—Rivlin 本构模型和 ABAQUS 分析软件进行检算，如图 5-84 所示，经过反复修改，使该垫层的刚度值达到 25 kN/mm 的设计要求，并满足橡胶垫层的强度要求。

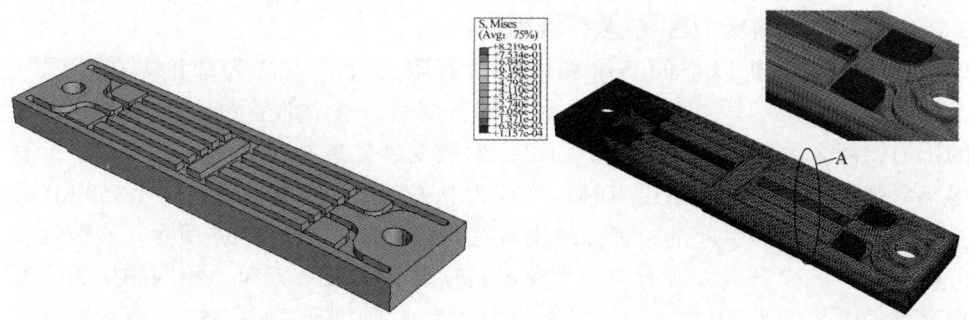

图 5-83　橡胶垫层结构图　　图 5-84　橡胶垫层刚度数值计算结果

（二）弹条受力分析

高速道岔研制之前，我国曾研究设计了道岔专用窄形扣件，试图在道岔各个部分、特别是尖轨跟端狭窄处均可实现弹性扣压,并在山海关车站进行了试铺,结构如图 5-85 所示,但由于铺设时间较短,未能在高速道岔中使用。

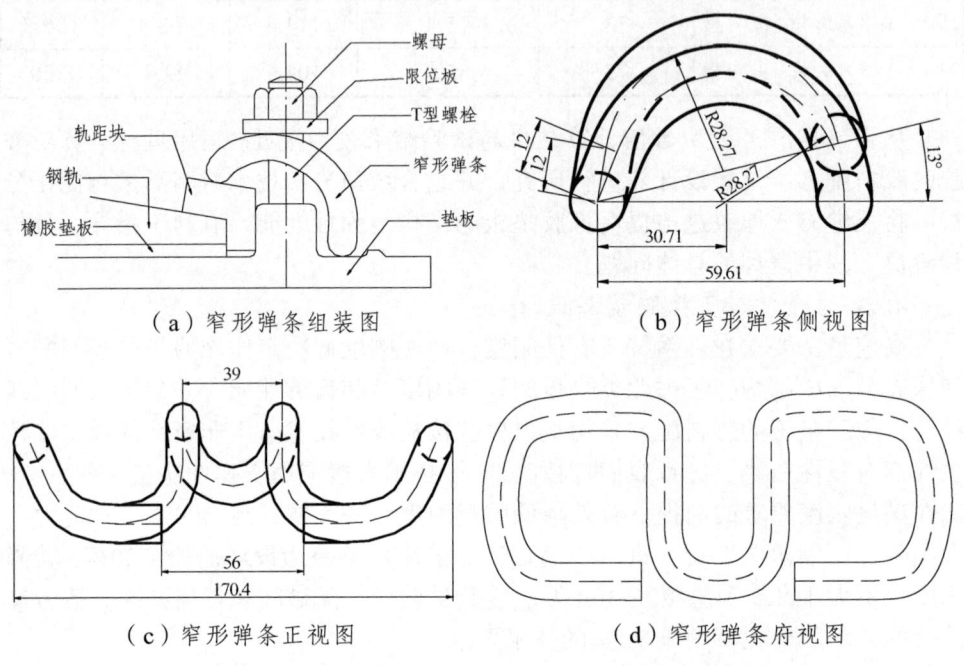

图 5-85　窄形弹条视图

该窄形弹条直径为 13 mm,设计弹程为 10 mm,标准工作状态为弹条中部前端下腭与轨距块刚好接触,即三点接触状态。整个弹条长 170.4 mm,宽 59.61 m,高 34 mm,比Ⅱ型弹条增长 26.4 mm,宽度减少 8.39 mm,高度提高 6.6 mm。弹条材料为 $60Si_2CrA$ 弹簧钢。

弹条受力分析以空间三维弹性力学有限元计算方法为理论基础,采用 ANSYS 软件建立其空间三维梁单元模型;窄型弹条中部受到从 T 型螺栓传递的压力,两个尾部受到垫板支撑约束,两肢受到弹条扣压力的反力作用。计算得窄形弹条达到 10 kN 扣压力时,弹程为 9.92 mm,最大应力约为 1 359 MPa,主要是由扭转变形引起的,对称地出现在弹条尾部,如图 5-86 所示。疲劳计算分析表明,该弹条最大疲劳应力变化允许次数为 562.1 万次。相同扣压力下Ⅱ型弹条的弹程约为 10.07 mm,最大应力约为 1 410 kN,如图 5-87 所示。疲劳计算分析表明,Ⅱ型弹条最大疲劳应力变化允许次数为 566.8 万次。计算分析表明,所设计的窄形弹条使用性能与Ⅱ型弹条相当。

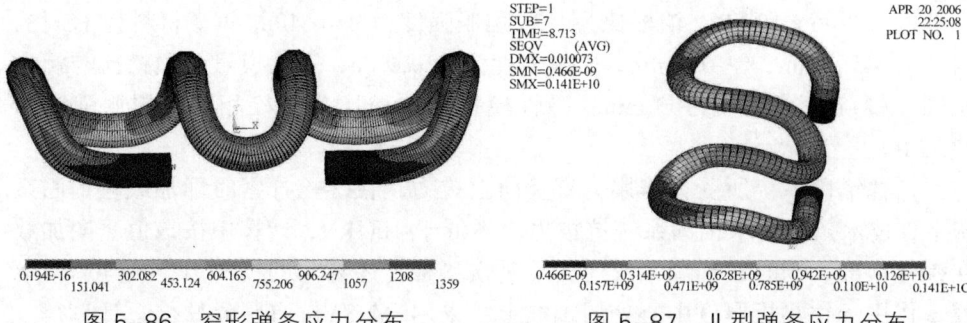

图 5-86　窄形弹条应力分布　　　　图 5-87　Ⅱ型弹条应力分布

（三）岔枕紧固件受力分析

扣件系统与岔枕的连接方式是设计中的关键环节。我国提速道岔扣件系统也采用的是带铁垫板的弹性分开式结构，铁垫板上开有$\phi 32$ mm 的螺栓孔，$\phi 30$ 螺栓与预埋于混凝土岔枕中的绝缘套管配合紧固铁垫板，螺栓与套管配合螺纹为标准梯形螺纹，螺距 6 mm，这种结构具有零部件少、稳定性好、保持轨距能力强等优点，但在使用中由于各种原因造成个别螺栓套管部件出现伤损失效，主要原因有：道岔横向冲击力较大、螺纹车削加工时易在螺纹部分与螺栓光杆交界处留有退刀槽形成应力集中、螺栓防腐措施不利及涂油不当等原因造成部分螺栓锈蚀严重、标准梯形螺纹强度低、加工误差较大不能保证螺纹均匀受力、套管外径偏大导致岔枕易出现钉孔纵裂、施工工艺方法不当造成安装时套管内螺纹伤损。

针对以上原因，在高速道岔设计中采用了以下改进措施：增设缓冲套，以减缓轮轨横向力通过铁垫板对螺栓的横向冲击作用；优化螺纹结构，增大螺距至 8 mm 以提高套管牙跟强度，同时还能控制摩擦角增大所导致自锁系数不大于 0.1，保证其自锁能力，试验表明，优化后的套管内螺纹抗拔强度大于 200 kN；增加套管内部螺栓光杆长度至 40 mm，以保证螺栓受最大弯矩的地方处于光杆部位；螺栓与套管采用松配合方式，以保证螺纹部分均匀受力，提高套管内螺纹强度；缩小套管外径至 45 mm，以减少混凝土岔枕的钉孔纵裂；套管外部设螺旋圈筋定位孔，便于混凝土岔枕中螺旋圈筋的准确定位；预埋套管外再增设钢套，以解决套管失效后不易更换的难题。

下面针对套管与箍筋、套管与钢套、套管及钢套与箍筋三种锚固方式下各部件的受力情况进行分析。混凝土标号为 C60，弹性模量为 3.6×10^{10} Pa，泊松比为 0.15，抗压强度为 38.5 MPa、抗拉强度为 2.85 MPa。套管外径$\phi 45$ mm，厚度 9 mm，材料为玻璃纤维增强尼龙 66，拉伸屈服强度 170 MPa，弹性模量 9.0×10^{9} Pa，泊松比取为 0.25。锚栓采用 10.9 级高强螺栓，直径为$\phi 30$ mm，弹

性模量为 2.06×10^{11} Pa，泊松比为 0.3，屈服强度为 940 MPa。钢套材料为 1Cr13，内径为 ϕ45.6 mm，厚 0.6 mm，屈服强度为 420 MPa，弹性模量及泊松比与螺栓相同。螺旋箍筋直径为 3 mm，弹性模量及泊松比与螺栓相同，屈服强度为 235 MPa。

岔枕锚固系统所受力作用力有竖向上拔力，在螺栓拧紧时即加载在锚固系统上，技术条件要求锚固系统抗拔力应不低于 100 kN，计算中按该值竖向加载在螺栓顶部；同时，锚固系统还要承受铁垫板传递列车的横向力，按 50 kN 取值，作用于铁垫板厚度中心处的螺栓上。采用 ANSYS 有限元软件，计算得三种锚固方式各部件在上拔力和横向力共同作用下的应力比较如表 5-15 所示。

表 5-15　岔枕锚固系统受力分析　　　　　　（单位：MPa）

最大应力	套管与箍筋	套管与钢套	套管及钢套与箍筋	容许应力
螺栓	444.3	401.2	391.2	940
套管	128.2	102.3	111.3	170
钢套	—	323.7	404.1	420
混凝土拉应力	2.6	2.6	2.4	2.85
混凝土压应力	34.6	30.9	29.0	38.5
螺旋筋	33.3	—	22.3	235

从表 5-15 中可见，三种锚固方式中各部件的强度均在容许限度内，设置钢套后，各部件应力均有所降低，其作用与箍筋相当，这种锚固形式近几年已在新型提速道岔中广泛采用。

四、道岔扣件系统试验研究

扣件系统的室内试验研究也是很重要的一个环节。在扣件系统完成结构设计与检算分析后，需要通过室内试验研究结构形式的合理性，验证试制的扣件系统是否达到了设计要求，组装是否存在问题，试验内容通常有组装疲劳试验、垫层刚度试验、扣件阻力及扣压力试验、绝缘性能试验等。高速道岔扣件系统研制后，主要进行了以下性能试验：

（一）部件性能试验

1. 弹性垫板性能试验

主要完成了弹性垫板的橡胶物性试验，如图 5-88 所示，测试结果如表 5-16

所示；弹性垫层的动静刚度测试，如图 5-89 所示，测试结果如表 5-17 所示。试验结果表明，各项技术性能均达到设计要求。

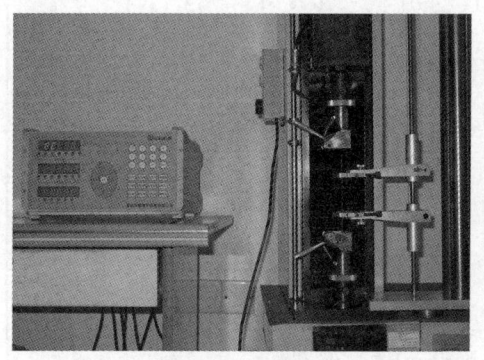
（a）拉伸试验

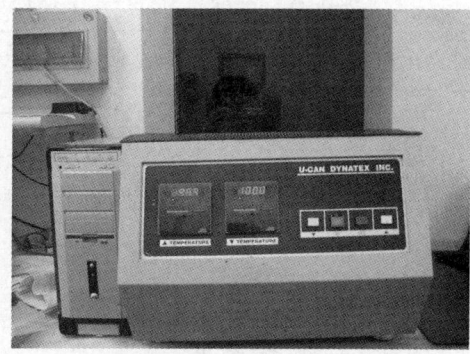
（b）热老化试验

图 5-88　弹性垫板的橡胶物性试验

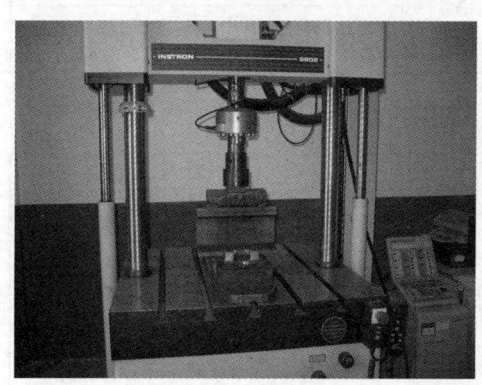
（c）静刚度试验

（d）动刚度试验

图 5-89　弹性垫层的动静刚度测试

表 5-16　弹性垫板橡胶物性指标试验结果

检验项目	检验依据	技术要求	检验结果	项目判定
邵尔 A 型硬度	ASTM D 2240	50~70 度	62	合格
拉伸强度	ASTM D 412-9a	≥13 MPa	18.2	合格
扯断伸长率		≥300 %	315	合格
200% 定伸应力		≥7 MPa	9.3	合格

续表 5-16

检验项目		检验依据	技术要求	检验结果	项目判定
邵尔 A 型硬度		ASTM D 2240	50~70 度	62	合格
高温压缩永久变形（70 °C、22 h）		ASTM D 395	≤30%	20	合格
体积电阻率		ASTM D 257	≥10^8 Ω	9.7×10^8	合格
热空气老化（70 °C、70 h）	拉伸强度	ASTM D 573	≥10 MPa	17.3	合格
	伸长率变化		≤15%	11	合格
	硬度变化		≤10 度	4	合格
耐臭氧试验（40 °C * 50pphm*100 h）下用 7× 放大检验		ASTM D 1149	不得有裂纹	无裂纹	合格
体积膨胀率	ASTM3#油 23 °C * 70 h	ASTM D 471	≤100%	72	合格
	ASTM1#油 23 °C * 70 h		≤20%	13	合格

表 5-17 弹性垫板动静刚度试验结果

检验项目	技术要求	样品编号	检验结果	项目判定
垂向静刚度试验：垂向加载 40 kN，计算 10~40 kN 之间的刚度	20~30 kN/mm	1	27.7	合格
		2	25.2	合格
		3	23.1	合格
动静刚度比试验：垂向加载至 10 kN 和 40 kN 时，各停留 60 s，分别记录压缩变形 Δ_1 和 Δ_2，然后进行动态试验。垂向加载 10~40 kN，频率 4 Hz，循环 1 000 次，分别记录最大载荷 40 kN 和最小载荷 10 kN 相应的变形 Δ_{max} 和 Δ_{min}，计算动静刚度比（$\Delta_2-\Delta_1$）/（$\Delta_{max}-\Delta_{min}$）	≤1.5	1	1.37	合格
		2	1.26	合格
		3	1.32	合格

2. 盖板刚度试验结果

对盖板的压缩性能进行了试验，试验结果表明满足设计要求，试验结果如表 5-18 所示。

表 5-18　盖板压缩试验结果

荷载（kN）	变形量（mm）				均值
	测表 1		测表 2		
	第一次	第二次	第一次	第二次	
1	150	155	110	115	132.5
2	315	315	260	260	287.5
3	440	432	384	370	406.5
4	515	515	450	450	482.5
5	553	560	490	492	523.8
6	575	585	510	515	546.3

3. 缓冲调距块性能试验

对缓冲调距块外形尺寸、内在性能和压缩性能进行了试验，如图 5-90 所示，试验结果如表 5-19 所示，试验结果表明各项性能满足设计要求。

（a）压缩试验　　　　　　　　（b）排水率试验

图 5-90　缓冲调距块内在性能和压缩性能试验

表 5-19　缓冲调距块试验结果

序号	检测项目	单位	要求	结果
1	长度	mm	$47_{-0.1}^{-0.5}$	46.5～46.8
2	宽度	mm	$40_{-0.1}^{-0.5}$	39.5～39.9
3	高度 1	mm	35_{-1}^{0}	34.5～34.9
4	高度 2	mm	47_{-1}^{0}	46.7～47.0

续表 5-19

序号	检测项目	单位	要求	结果
5	内径	mm	$32^{+0.3}_{-0.2}$	31.9~32.3
6	外观	—	表面清洁无缺陷,无可见气泡,无飞边和毛刺	合格
7	厂标	—	有凸出号码标记和厂标	合格
8	内部空隙	—	锯开后截面无可见空隙	合格
9	排水率	%	≥0.5	1.2~1.4
10	压缩残余变形	mm	≤0.4	0.30~0.38

(二) 组装性能试验

为考察扣件系统的长期使用性能,对其疲劳性能进行了综合测试。先将所有扣件组装在岔枕上,采用 45°加力架,向加力架施加 20~100 kN 的重复荷载进行疲劳试验,如图 5-91 所示,试验结果如表 5-20、表 5-21 所示。试验结果表明:经 300 万次荷载循环,扣件各零部件未发现伤损,各零部件强度满足设计要求;疲劳试验前后橡胶垫板的静刚度约提高 3%~8%,满足设计要求;疲劳试验时轨头动态横移 1.71 mm,小于 3 mm 的技术要求;300 万次疲劳试验后轨距变化小于 1 mm,满足小于 6 mm 的技术要求。

图 5-91 扣件组装疲劳试验

表 5-20 静刚度疲劳试验测试结果

垫板编号	疲劳前静刚度(kN/mm)	疲劳后静刚度(N/mm)	静刚度变化
1	25.05	26.85k	增大 7.2%
2	24.25	25.35	增大 4.5%

表 5-21 疲劳试验时位移测试结果

扣件编号	轨头动态横移（mm）	内侧轨底边动态垂向位移（mm）	外侧轨底边动态垂向位移（mm）	钢轨动态倾斜角	疲劳试验后轨距变化（mm）
1	1.57	1.11	1.02	0.04°	1
2	1.71	0.95	0.91	0.02°	

第四节 道岔轨下基础研究设计

高速铁路轨下基础分为有砟及无砟两种形式。

有砟轨道基础上，道岔轨下基础有木岔枕及混凝土岔枕两种形式。混凝土岔枕比木岔枕重、使用寿命长，不易挠曲，可以减少辙叉的裂损，还能增加轨道的刚度，稳定性好，这些优点能大大降低混凝土岔枕道岔的养护维修费用。此外，由于木材供应日趋紧张，铁道部年颁布的《铁路主要技术政策》中明确指出应采用高强度预应力混凝土岔枕。

无砟轨道基础上，道岔轨下基础有混凝土支撑块、混凝土长枕埋入、混凝土道岔板、高分子合成枕等多种形式。混凝土支撑块主要用于城市轨道中，支承块的断面为梯形，除转辙机区段道床的支承块外，其余断面均相同，受力主筋为 4 根 $\phi10$ mm 热轧螺纹钢筋。根据支承块长度的不同从每个支承块内伸出数量不同的钢筋，脱模后将与道床接触的表面刷毛，可使在道床灌筑时与道床牢固地连成一体；道床混凝土一般为 C40，道床板的分段长度为 4 m 左右，支承块与道床板间采用"门形"筋连接。这种结构制造、施工简单，但由于支承块倾斜及定位困难，不易保证高速道岔铺设高精度的要求；合成枕主要用于地铁和城市轨道交通中，主要优点是易加工、易铺设、易维护，绝缘性能好，且具有一定的弹性，缺点是安装精度不高。因此高速道岔无砟轨道基础主要采用混凝土长枕埋入式和道岔板式两种。

一、有砟轨道岔枕研究设计

（一）设计原则

（1）应保证高速道岔组装后的几何尺寸满足《客运专线道岔暂行技术》的要求。

(2) 岔枕承载能力应能满足高速道岔有砟道岔运营条件的要求。

(3) 适用于岔区Ⅱ型弹条分开式扣件，铁垫板与混凝土岔枕的连接采用螺钉与预埋塑料套管，岔枕承轨面为无挡肩形式，承轨面不设轨底坡。

(4) 岔枕枕间距为 600 mm，全部岔枕按垂直于道岔直股布置，适用于 4.6 m 及以上线间距的渡线道岔及到发线道岔。

(5) 考虑长线台座法与流水机组法两种生产工艺，便于施工组织的安排，提高施工效率，保证施工精度和使用耐久性。

(6) 按左右开道岔设计，在每根岔枕直向一端的顶面，应标注出岔枕编号，在岔枕另外一端的顶面，注出制造厂名及制造年份等标志。

(二) 外形及尺寸设计

1. 岔枕长度

岔枕长度与诸多因素相关，如道岔平面布置形式、扣件钉孔距，考虑到生产和现场施工管理上的原因，宜尽量减少不同长度的种类，且均匀分布。通常以 100 mm 和 150 mm 为进级。为方便工厂制造，每种长度数量设置为偶数，长度进级尽可能采用。为了与Ⅲ型混凝土枕线路相连，同时为无缝道岔前端提供更好的稳定性，道岔前端的岔枕长度取为 2.6 m。曲股外侧钢轨中心距岔枕端头的距离是变化的，但最小距离应满足预应力筋锚固长度的要求。为了减少岔后长岔枕的数量，便于铺设维修，岔后可采用短岔枕向线路轨枕过渡。对于转辙机牵引点处的岔枕由于其上面要安装转辙机设备，增加了 3 个安装孔，比其前后相邻岔枕的长度要增加 120~280 mm。

岔枕可为整体式或铰接式。整体式岔枕的道岔结构整体性强，施工简单，养护维修方便，但整体组装发运时，所占的空间较大。铰接式岔枕可实现道岔的分片运输，国外研究还认为可减缓长岔枕对有砟道床的"拍打"作用，但道岔结构整体性差，在我国技术还不成熟，因此高速道岔采用的长岔枕结构。

轨枕端部到第一个套管（钉孔）的距离大小对防止套管周边混凝土出现纵裂是十分必要的，高速道岔用岔枕采用了与提速岔枕相同的设计值 364 mm。

2. 岔枕外形

岔枕外形有有挡肩和无挡肩两种结构。

无挡肩混凝土岔枕与有挡肩结构相比，可以减少纵裂，提高承载能力。过去我国有挡肩混凝土轨枕、岔枕两钉孔间的贯通纵裂严重，特别是道岔连接部分的岔枕钉孔处纵裂较其他部位严重。

一组混凝土岔枕，各部位长度及其上的承轨槽位置都不一样，其弯矩曲线也是逐根变化的。因此，按照岔枕受力特点来设计每根岔枕的外形是不经济和不可行的。承轨槽处按扣件要求下凹外，这种截面变化的优点是制造、维修养护方便，整体美观，缺点是高度变化与外弯矩要求正好相反，枕中承载能力偏低。因此，欧美等国混凝土岔枕均采用无挡肩、无高度变化的外形。

无挡肩混凝土岔枕，不但制造方便，外形简单，整体美观，还可以在不增大岔枕配筋量、不降低轨下承载能力的同时，提高枕中截面承载能力。

因此我国高速道岔采用的是无挡肩、无高度变化的外形结构。

3. 岔枕截面

岔枕越短，对碎石道床产生的压应力越大，因此应以道岔前端最短的岔枕长度为计算基础来选取所需的岔枕底面宽度。为了取得与Ⅲ型混凝土枕相当的有效支承面积，岔枕底面宽度设计为 300 mm。岔枕顶面宽度应宽一些，以便道岔特殊垫板的安装，在不给脱模造成困难的前提下，岔枕顶面宽度设计为 260 mm。岔枕截面高度设计为 220 mm，这是从岔枕承载能力的需要所设计的。这种截面设计与提速道岔岔枕相同。

4. 扣件钉孔设计

铁垫板与岔枕的连接采用单排螺栓，因岔枕与垂直于直股钢轨布置，预埋塑料套管均位于岔枕纵向对称轴上。同时对于曲股钢轨轨下垫板螺钉孔采用分级偏斜的方法，保证垫板与岔枕组装后，仍与钢轨呈垂直状态。左右开道岔曲股钢轨轨下垫板对称制造后，能共用一副岔枕。

（三）混凝土岔枕强度设计

1. 混凝土

混凝土设计强度等级为 C60，世界各国铁路用的混凝土枕大体上都采用不低于 C60 级的混凝土。

混凝土构件纵裂的产生与混凝土构件受压力有直接关系，混凝土构件裂纹的出现与否，是由构件混凝土自身的抗拉能力所决定的，钢筋只能限制或延缓裂纹的开展扩大，并与其共同作用承担外荷载。预应力混凝土的出现，大大提高了混凝土构件的承载能力，但预压应力对混凝土而言也是外荷载的一部分，因此预压应力过大反而加剧混凝土裂纹的出现，很多国家对混凝土构件在外荷载作用下，提出限制混凝土压应力值的标准。

C60 级混凝土的抗拉强度和抗压强度的设计值分别为 2.45 MPa 和 29.5 MPa。根据不同的荷载条件，混凝土枕的允许应力值取值不同。

（1）预压应力允许值：为了防止轨枕混凝土因过大的预压应力导致内部微细裂缝的产生，混凝土枕的预压应力设计中以不超过混凝土圆柱体强度 $0.15\sim0.30 f_c'$ 为宜，全部预应力损失完成后，计算截面混凝土的最大预压应力不应大于 12 MPa。

（2）静载试验应力允许值：传递应力（或施加预应力）时混凝土强度等级

不得低于C45，静载抗裂检验是在轨枕脱模48小时内进行的，该时段的混凝土强度等级按C45设计，其抗拉和抗压强度的标准值分别为2.75 MPa和30 MPa。

（3）疲劳试验应力允许值：由于现行轨枕疲劳试验方法是基于允许开裂，但要控制残余裂缝宽度的试验准则，混凝土强度等级按C60设计，其抗压强度设计值取为29.5 MPa。

（4）设计荷载应力允许值：在设计荷载作用下，轨枕截面受拉边缘混凝土不允许出现裂缝，而允许产生有限拉应力，其拉应力值不应大于混凝土抗拉强度设计值的0.7倍，即1.72 MPa，同时受压区混凝土的最大压应力也不应大于混凝土抗压强度设计值的0.7倍，即20.65 MPa，德国、英国、新加坡等国的轨枕设计原则与我国的基本一致，但有限拉应力则达到3 MPa，与静载、疲劳检验荷载下的允许应力值相比，有较大的安全储备，可控制轨枕在长期的列车不稳定荷载作用下出现裂缝。

2. 预应力钢筋及预应力损失

提速道岔用混凝土岔枕按$\phi 7$ mm、$\phi 10$ mm两种配筋形式设计。目前均按$\phi 7$ mm配筋生产。混凝土岔枕生产可以采用长线台座法和流水机组法两种工艺，两种工艺的预应力损失值不相同，主要反映在锚具变形损失和温差损失上。

$\phi 7$ mm螺旋肋预应力钢丝抗拉极限强度为1 570 MPa，屈服强度为1 330 MPa，设计强度取为1 000 MPa；钢丝松弛率为2.5%、二级松弛；控制张拉应力不超过其屈服强度的70%，提速岔枕按$0.7\sigma_b$设计张拉应力，高速岔枕按$0.68\sigma_b$；黏结强度约为混凝土抗拉强度的3.0~3.17倍，应力传递长度约为45~60倍钢丝直径；公称截面积为38.5 mm^2，公称重量为0.302 kg/m。

预应力总损失值的大小直接影响有效预压应力，要求原材料及工艺有充分的保证，预应力损失系数不超过20%。为了确保混凝土枕预压应力均匀，宜采用自动控制张拉工艺，钢丝下料长度偏差不宜超过2 mm，各根钢筋之间张拉应力误差不宜超过5%，同时还应确保钢筋在截面的配筋位置准确，加大模型刚度。为防止混凝土枕纵裂病害的发生，尽量提高轨枕脱模强度，在环境温度中静停不宜少于2小时，并延长厂内存放时间，坚持混凝土枕生产28天后才可以接受外荷载的规定。对预应力钢丝应力应合理放张，以确保预应力的传递长度，避免端部过大的集中应力而导致水平或竖向裂缝，须采取措施缓慢放松应力或控制放张时的张拉力不超过325 kN。

提速道岔用混凝土岔枕截面主筋采用14根$\phi 7$ mm螺旋肋钢筋，如图2-23所示，预应力中心高度为102 mm，换算截面形心高度为107.17 mm，偏心5.17 mm，这是为了保证正弯矩承载能力而设计的，但会带来岔枕的徐变上拱，提速道岔中曾发现辙叉跟端处的长岔枕最大徐变上拱达到了12 mm，严重影响了道岔的几何平顺性，需要在生产中采取措施予以控制。

高速道岔中，为防止混凝土岔枕的徐变上拱对道岔平顺性的影响，采用了16根$\phi7$mm钢筋对称布置的形式，如图2-24所示。虽然岔枕的正弯矩承载能力有所降低，但由于高速列车轴重较轻，作用于岔枕上的动荷载较小，因而其承载能力能够满足要求。

3. 构造钢筋

混凝土岔枕采用先张法工艺生产，端部预应力钢筋锚固区内应力是变化的，为了改善放张时和工作状态下岔枕端部的应力状态，岔枕端部布置了多道箍筋。沿岔枕长度方向每隔200～300 mm布置了一道箍筋，箍筋和预应力钢筋形成了很强的钢筋骨架。

（四）承载力检算

1. 枕上动压力

我国已颁发的"铁路轨道强度检算法"是采用轨道力学模型计算与试验统计相结合的实用计算法，适用于既有轨道部件允许最大轴重和最高速度的检算或根据既定的轴重和速度，进行轨道设备标准的选择，也可用作轨道参数研究中，对轨道部件工作应力水平的比较分析。国内外轨枕设计中也都采用相接近的力学模型进行荷载计算。在轨枕设计时，首先要确定作用于轨座的垂直动压力R_d。

最大枕上压力的通用表达式为$R_d = \gamma \times P$，式中γ为轮重分配系数，P为设计轮重（包括速度、车轮和钢轨接触表面不平顺以及枕下支承不均匀等因素的动轮重）。这一表达式的力学意义较为明确，即作为计算枕的最大枕上压力承担了近50%的动轮载。

国外枕上压力计算办法如表5-22所示。我国根据主要机车车辆和轨道类型计算得出轮重分配系数的范围，汇总成表5-23所示的实用表，设计时可根据钢轨类型、轨枕间距a和钢轨支座刚度D等条件直接查表得出。

表5-22 国外枕上压力计算表

序号	计算方法	最大枕上压力	轨枕间距（mm）
1	B、E、F法 （纽曼山矿车法）	$R_d = (0.43 \sim 0.65)P$	760
2	AREA法	$R_d = 0.60P$	760
3	ORE法	$R_d = 0.65P$	760
4	三根相邻轨枕法	$R_d = 0.50P$	760
5	日本计算方法	$R_d =$（0.5～0.6）P	625

表 5-23 我国轮重分配系数表

a (cm) \ 轨型	50	50	60	60	75	75	75
D (kN/cm)	55	57.5	57.5	60	57.5	60	62.5
700	0.47	0.48	0.43	0.44	0.39	0.41	0.42
1 000			0.47	0.48	0.43	0.44	0.45
1 200					0.44	0.45	0.47

高速道岔采用 60 kg/m 钢轨，枕间距为 60 cm，考虑橡胶垫层在使用过程中刚度的增大，钢轨支座刚度取为 1 000 kN/cm，因此轮重分配系数取为 0.48。

设计轮重应考虑轮轨不平顺及轨枕不均匀支承或部分支承失效所引起的动力效应，将这些影响考虑在综合动力系数 α 中，则枕上动压力的计算公式为

$$R_d = \gamma(1+\alpha)P_0 \tag{5-31}$$

式中，静轮重 P_0 按 25 吨轴重考虑时取为 125 kN，直向行车综合动力系数 α 根据大量的测试结果取为 1.2；静轮重按 23 吨轴重考虑时取为 115 kN，直向行车综合动力系数取为 1.5，则直向行车岔枕上的动压力取为 135 kN。

侧向行车时曲线部位有较大的横向力，曲线尖轨部位岔枕最短，因此这个部位的岔枕将出现最大负弯矩值。因侧向行车速度较低，速度系数取为 1.0，枕上动压力取为 110 kN。一般岔枕上有四根钢轨，列车通过时非走行钢轨处将有附加上拔力产生，在进行岔枕外弯矩计算时，非走行钢轨处的附加上拔力对计算结果影响很小，可略去不计。

2. 岔枕设计荷载弯矩

各国铁路习惯上都采用简化的支承反力计算图式，并根据经验分别得出相对于轨下和中间截面弯矩的不利支承反力计算式。对于轨下截面弯矩的道床反力图式一般均采用枕中部分长度不支承。对于中间截面弯矩的道床反力图式一般有两种：一种是枕中部分长度内的反力假设为轨下均匀反力的（1/4~1/2），另一种是反力沿轨枕全长均匀分布，后者图式所得的中间截面负弯矩是最为不利的，岔枕设计采用了后者的反力图式，以满足铺设、维修中道砟满铺的使用要求。

按照确定的枕上动压力及岔枕支承反力计算图式，计算得尖轨部位岔枕的最大负弯矩为 11 kN·m，岔后长枕里轨下的最大正弯矩为 23 kN·m。

3. 主要截面的混凝土最大预压应力值检算

高速道岔用混凝土岔枕采用 16 根 ϕ7 mm 钢筋对称布置，设计张拉应力为

$0.68\sigma_b$,计算主要截面的混凝土最大预压应力值为 8.8 MPa,小于 12 MPa 的规定。

采用有限单元法可以分析放张工艺对混凝土端头局部应力的影响,计算表明当单根钢丝突然放张时,轨枕端头承受的最大压应力约为 40 MPa,最大拉应力达到了 12.4 MPa,已远超过混凝土的抗拉强度,这是造成枕端对称轴上竖向劈裂以及钢丝位置竖向挤压裂缝的主要原因。而均匀放张时的枕端拉压应力要远小于单根钢丝放张的情况,且应力分布更为均匀。

4. 静载抗裂检算与检验值

在轨枕设计中,轨枕截面的抗裂弯矩为

$$M_{cr} = \sigma_{pc}W_0 + 1.75 f_{tk}W_0 \qquad (5\text{-}32)$$

式中 M_{cr}——轨枕截面的抗裂弯矩,即轨枕承载能力值;

σ_{pc}——混凝土受拉边缘的法向预压应力;

W_0——换算截面受拉边缘的抗弯弹性模量;

f_{tk}——混凝土抗拉强度标准值;

1.75——截面抗弯弹性模量的塑性系数。

计算得提速岔枕的正向承载能力为 23.6 kN·m,负向承载能力为 17.7 kN·m,可见正向承载能力的储备较小,这是该岔枕采用偏心配筋设计的原因。而高速岔采用对称配筋设计的正向承载能力为 24.5 kN·m,负向承载能力为 22.7 kN·m,既可满足强度要求,还可解决岔枕徐变上拱问题。

当岔枕截面尺寸和预应力配筋量一定时,其设计的抗裂弯矩就是一个定值,可以采用两点支承、一点加载的简单试验方法进行室内检验。对于岔枕试验支距取为 600 mm,岔枕长度为 2 600 mm,试验截面位于岔枕的中部。根据"预应力混凝土枕设计方法"的规定的加载图式,加载检验值与抗裂弯矩间存在如下关系

$$P = \frac{1}{k_1} \cdot k_2 \cdot 0.95 \cdot M_{cr} \qquad (5\text{-}33)$$

式中 P——岔枕静载检验值;

k_1——与试验支距相关的参数(当试验支距为 600 mm、承载垫板宽度为 100 mm 时,其值为 0.137 5);

k_2——轨枕试验时自重对检验值的影响系数,根据大量的试验数据和计算得出,对轨下和中间截面应分别取 1.10 和 1.05;

0.95——考虑有效预应力计算值与实际值的差异、混凝土材料的不均匀性以及截面尺寸允许偏差等的不利影响系数。

计算得岔枕抗裂检验荷载为正向 240 kN、反向 190 kN。

5. 疲劳强度检算与检验值

轨枕的疲劳试验方法是基于允许开裂，但要控制残余裂缝宽度的试验准则，根据"预应力混凝土枕设计方法"的规定，为使岔枕残余裂缝宽度不超过 0.05 mm，相应荷载下的裂缝宽度应控制在 0.2 mm 及以下，从而得出截面受拉区边缘的名义拉应力（或标称拉应力）限值定为 7 MPa。由此确定岔枕疲劳强度检验值为

$$P_{\max} = k_3 P \tag{5-34}$$

式中　P——岔枕静载检验值；

　　　k_3——取值范围为 1.05~1.10，以截面名义拉应力达到 7 MPa 为准。

计算得岔枕疲劳检验荷载为正向 255 kN、反向 200 kN。以此得到的抗裂强度为正向 34.1 kN·m、负向 32.1 kN·m。

6. 道床顶面应力检算

按照岔枕轨下截面支承图示及枕上动压力，计算得岔枕下的道床顶面应力最大值约为 0.41 MPa，在碎石道床的容许应力 0.5 MPa 以内。说明岔枕底部支承面积足够。

7. 岔枕横向阻力检算

岔枕横向阻力对道岔稳定性具有十分重要的作用，岔枕横向阻力可采用日本公式进行估算

$$F = 7.5W + 290rG_e + 18rG_s \tag{5-35}$$

式中　F——轨枕在有砟道床中的横向阻力（N）；

　　　W——轨枕重量（kg）；

　　　G_e——轨枕端面积相对于道砟表面顶部的弯矩（cm³）；

　　　G_s——轨枕侧面积相对于道砟表面顶部的弯矩（cm³）；

　　　r——道床密度（kg/cm³），稳定后约为 1.8×10^{-3} kg/cm³。

该理论计算值与实测值的偏差一般在 10% 以内，可用于评估轨枕横向阻力是否满足设计要求。

对于岔后短枕，若横向阻力不足以保持轨道的稳定性，应采用底部压花设计。在安装转辙机拉杆的岔枕位置处，因枕间无道砟，可在另一侧端部增加挡砟板设计，既可挡住道砟涌入枕间，又可保持转辙机部位两根岔枕之间的距离，增大横向阻力。

（五）主要尺寸允许偏差值研究

1. 钉孔距允许偏差值

我国时速 250 km 高速道岔用混凝土岔枕钉孔距误差限为：当套管间距小于 1.55 m 时其误差限为 ±0.8 mm；当套管间距大于 1.55 m 时其误差限为 ±1.0 mm。这种严格的尺寸要求能保证铁垫板与岔枕顺利组装，并能保证道岔组装后有良好的轨距初始状态。

2. 截面高度及张拉中心偏差值

计算表明，当岔枕截段高度偏差为 $^{+3}_{-5}$ mm，张拉中心位置偏差为 ±3 mm 时，最不利情况下岔枕的承载能力正弯矩将降低 4.6%，负弯矩将降低 8.4%，因此在生产过程中应严格控制各道工序的质量。

二、无砟轨道长枕埋入式岔枕研究设计

（一）设计原则

（1）道岔钢轨件、连接零件、扣件系统和岔枕组装后，应保证其轨距、高低、水平及方向等符合客运专线道岔制造和铺设技术条件对道岔几何形态的要求。

（2）承载能力满足客运专线道岔区无砟轨道总体性能要求和施工荷载要求。

（3）便于工厂化生产和施工组织安排，提高施工效率，保证施工精度。

（4）按右开道岔设计，如为左开道岔时，应按设计图对称制造和铺设。

（5）混凝土岔枕承轨面一律不设轨底坡。

（6）在每根岔枕直向一端的顶面应标注出岔枕编号，在岔枕另外一端的顶面注出制造厂名及制造年份等标志。

（二）岔枕的结构与配筋

1. 截面及配筋

岔枕截面参数设计包括截面外形尺寸、各种配件、预埋件、各种配筋的种类和分布的设计，使其具备一定的承载能力和抗变形的能力。在无砟轨道中起着把列车荷载上传下达的作用，在道床中与其他配件和配筋相适应；在结构上，要满足钢筋混凝土结构设计规范要求，保证其钢筋之间的净距、钢筋净保护层符合要求，减少徐变上拱，保证其使用耐久性；在施工中，必须施工方便，能够承受必要的施工荷载；在混凝土工厂中，使得工厂设备经过改造的条件下，生产出高质量的产品。

无砟道岔用混凝土岔枕截面上下宽度及高度分别为：260 mm、290 mm 和

130 mm，主钢筋分别为 ϕ7.0 mm 的预应力钢丝 4 根，8 根 ϕ14 mm 的普通螺纹钢筋。在岔枕的长度方向上，断面及配筋完全一样，其中 4 根 ϕ14 mm 的螺纹钢筋与 4 根 ϕ8 mm 的螺纹钢筋组成钢筋桁架，露出混凝土截面的下方，使岔枕和无砟道岔能够很好地结合。换算截面的计算结果表明预应力中心高度为 104 mm，换算截面形心高度为 105 mm，偏心很小，预应力总张拉值为 100 kN，张拉系数为 0.414，与有砟轨枕的张拉系数 0.7 相比，预应力度较低，结构产生的徐变上拱将会很小。无砟岔枕截面图如图 2-28 所示。大部分岔枕钢筋在端部伸出 25 mm，以加强与道床的连接，如图 5-92 所示。

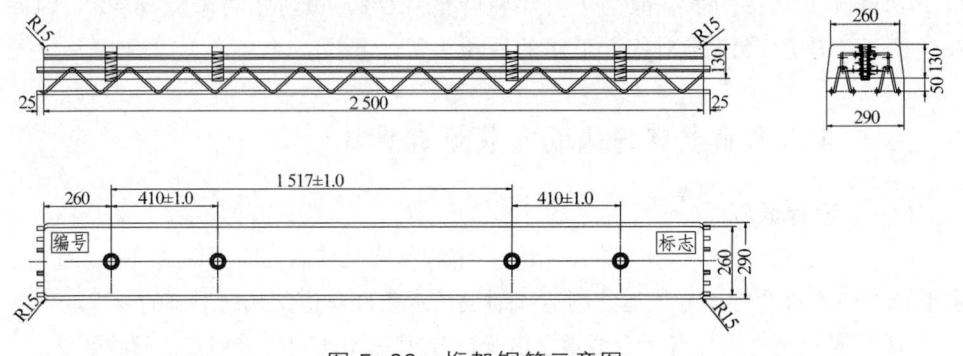

图 5-92 桁架钢筋示意图

2. 岔枕钉孔距偏差限值

为了使列车安全、平稳通过道岔区，对道岔区轨道几何状态有严格的要求，而道岔区混凝土岔枕的钉孔距正是保证轨道几何状态的主要因素，根据《客运专线道岔技术条件》的规定，道岔区轨距误差要求为 ±1 mm，从而给钢轨件、扣件系统、轨下基础等相关部件的设计和制造提出了更为严格的要求，即使对于像轨下基础这样的混凝土部件要求其误差级别达到了 mm 级以下。这个误差是个系统误差，受着多个因素的共同的影响，包括钢轨的误差，扣件系统组装误差，岔枕钉孔距误差。

世界各国对岔枕钉孔距的要求均非常严格。在欧洲标准 BS EN 13230：2002《铁路应用—轨道—混凝土轨枕和岔枕 第一部分 一般要求》和《铁路应用—轨道—混凝土轨枕和岔枕 第四部分 预应力混凝土岔枕》中，不仅对原材料、养生制度、结构性能试验和验收标准进行了详细的规定，对于钉孔距的规定为：与扣件相关的钉孔间距公差为 ±1.0 mm 和 ±1.5 mm，徐变拱形的限定值为 ±2 mm 德国道岔执行的就是欧洲标准。法国对混凝土岔枕钉孔距的规定是：钉孔距 < 500 mm 时误差限为 ±0.5 mm；钉孔距 > 500 mm 时误差限为 ±1.0 mm。

徐变拱形的限定值为 ±1 mm。

我国时速 350 km 高速道岔岔枕采取的钉孔距误差限为：钉孔距 < 1 550 mm 时误差限为 ±0.5 mm；钉孔距 > 15 650 mm 时误差限为 ±1.0 mm。比德国和法国都要严一些，根据过去的经验，对于 2.5 m 长的一般的预应力轨枕，在脱模预应力放张后的两个月后，由于徐变收缩和干缩等因素引起的轨枕缩短量一般为 0.3~0.5 mm，当岔枕的长度为 4.63 m 时，徐变收缩和干缩对钉孔距的偏差影响还要大一些。因此，必须从钢模的制造、塑料套管和钢套管的制造精度以及套管的安装措施等方面入手，摸索出无砟岔枕在不同的混凝土配合比条件下的徐变收缩规律，进行精心地组织生产方可制造出合格的产品。

3. 岔枕端部圆角设计

我国无砟轨道道床上表面控制裂纹宽度为 0.5 mm，致使裂纹出现的原因是多种多样的，对于无砟岔枕这种埋入式结构，裂纹的起点几乎都出现在轨枕的端部角上，可能是岔枕和后灌注的混凝土间存在着新老结合问题，或者岔枕端角太过于尖锐而导致此处的道床应力集中过大造成裂纹的出现。因此在设计中将岔枕端角在竖向做成带圆弧的结构形式，圆弧半径为 15 mm，理论上讲应能对道床表面裂纹产生起到缓解作用，但增加了工厂钢模制造和产品生产的难度，从现场铺设情况来看效果较好。

4. 岔枕端部到第一个套管的距离

轨枕端部到第一个套管的最短距离，取决于岔枕结构、轨枕长度、扣件系统的钉孔距、预应力钢筋对于预应力的传递长度等，无砟岔枕设计中为确保最大限度地减少枕端钉孔纵裂将该值取为 260 mm。

5. 转辙器牵引点处岔枕强化设计

无砟道岔牵引点两侧岔枕与普通岔枕相比，一是由于安装转辙机的要求，其长度比前后岔枕稍长一些；二是由于牵引点处岔枕对稳定性的特殊要求，需增设厂内预埋连接螺母及钢筋加固外接件的现场组装来提高该处岔枕和道床的结合强度，以避免运营过程中长期动荷载下，岔枕与道床新老混凝土接合处出现离缝。

6. 岔后短枕强化设计

对于岔后短枕，因总体布置需要，岔枕端部到第一个套管的距离 260 mm 限值很难保证，需对岔枕端部用箍筋进行加强，如图 5-93 所示，并同时对岔后短枕处的道床进行优化设计，采用 $\phi 14$ 普通螺纹钢筋绑扎（或焊接）连接，以提高岔后短枕的运营稳定性。

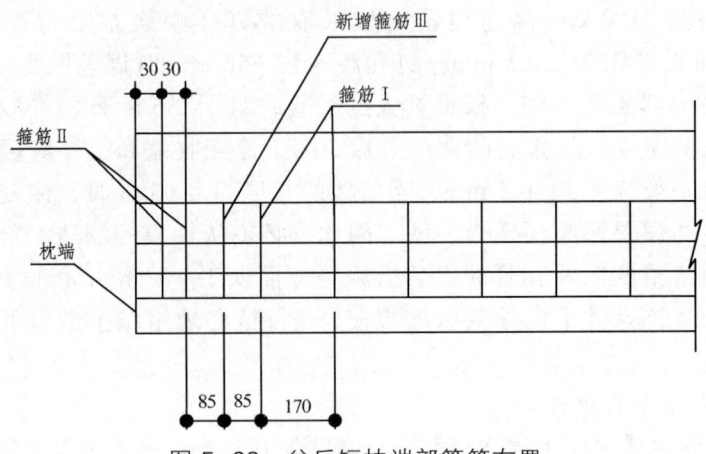

图 5-93 岔后短枕端部箍筋布置

7. 岔枕间距

岔枕间距在一般情况下为 600 mm，在转辙机附近由于需要安装转辙机拉杆，枕间距为 650 mm，而其相邻枕间距为 575 mm。

8. 岔枕长度

岔枕长度与整个道岔区的平面布置形式和扣件钉孔距有很大的关系，不同的地段长度不尽相同，考虑到工厂生产和现场施工管理上的原因，宜尽量减少不同长度的种类，且均匀分布。经划分，大部分岔枕长度进级为 100 mm 和 150 mm，在岔后岔枕按整体式布置时，岔枕均垂直于直股工作边。当岔后插入短枕时，短枕垂直于侧股。对于转辙机牵引点处的岔枕由于其上面要安装转辙机设备，岔枕长度可以特殊设计。

（三）岔区无砟轨道基础设计[24,43]

高速铁路无砟道岔区采用轨枕埋入式结构形式，由高速道岔、Ⅱ型弹条分开式扣件、埋入式轨枕、道床板、钢筋混凝土底座及路基等组成，如图 5-94 所示。现浇钢筋混凝土道床板采用 C40 混凝土，宽度依据道岔平面尺寸确定，板厚依据现有工程经验及板的受力计算确定为 350 mm。钢筋混凝土底座厚度为 300 mm，强度等级为 C20。路基基床由表层和底层组成。基床表层为级配碎石或级配砂砾石，基床表层和混凝土支撑层总厚度大于 0.7 m。基床底层 2.3 m，填料为 A、B 组填料，基床表层地基系数 K30 不小于 190 MPa/m。

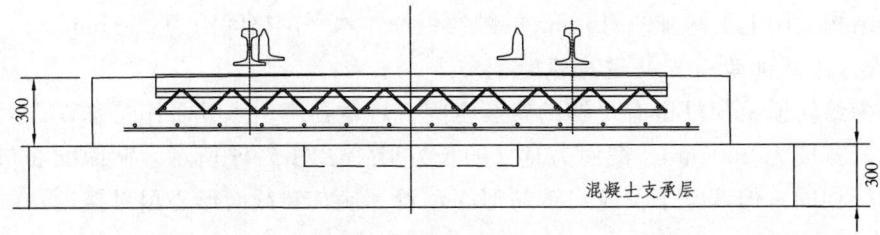

图 5-94 岔区道床结构

1. 道床板的纵向长度分段

为了减少道床纵向中部的裂纹（收缩裂纹），在道床的纵向长度方向上，每隔一定的距离要设置一条伸缩缝，伸缩缝分真缝和假缝两种。道床板的单元长度设计 18 m，中间每隔 6 m 设一个假缝。真缝采用 12 mm 厚的沥青木板，道床缝和基础缝原则上对齐。假缝可以采取锯开的形式来形成，高度一般为截面高度的三分之一。

2. 道床板的横向宽度

道床板的横向宽度沿着道岔纵向是个变化的数值，其设计首先要保证有足够的道床强度及混凝土保护层厚度。道床宽度的变化要尽量连续，使整个岔区道床侧边顺畅，美观大方。还需考虑安装转辙机所需要的道床外侧的宽度。在直股边，道床边缘以直线对齐，保护层厚度最小处为装转辙机处的岔枕，为 50 mm。在侧股，道床边缘以分段的直线首尾相接，以确保线形顺畅。

3. 道床板的高度

道床板的高度以在道床边的高度为准，以 1.5% 的人字坡向中间上升。道床的高度必须与现场的具体情况相结合，主要考虑的是轨道标高和整个无砟轨道建筑高度的关系。

4. 各层结构的连接

基础与道床的连接采用直径为 12 mm 的螺纹钢筋，使其做成门形钢筋，增加与混凝土的锚固强度。

5. 道床和基础结构钢筋

道床和基础结构钢筋和混凝土截面一起，组成了一个承受列车荷载的整体。结构钢筋直径和其在混凝土结构中的分布的选择，体现了对结构整体性、结构强度以及对施工的可行性。

选择的道床结构钢筋使其端部做成弯勾型，增加与混凝土的锚固强度。道床结构采用上下两排钢筋，为直径为 18 mm 的螺纹钢筋，水平网格间距为 190 mm。

基础结构采用上下两排的 $\phi 14$ mm 的螺纹钢筋，水平网格间距为 200 mm。

6. 转辙机牵引点处道床设计

为给转辙机拉杆留有足够的安装空间，转辙器牵引点处采用特殊设计的岔枕，其宽度为 260 mm，截面为直立的长方形，如图 5-95 所示。截面配筋与其他岔枕相同，但调整了预应力钢筋形心位置，使其和截面形心尽量接近。

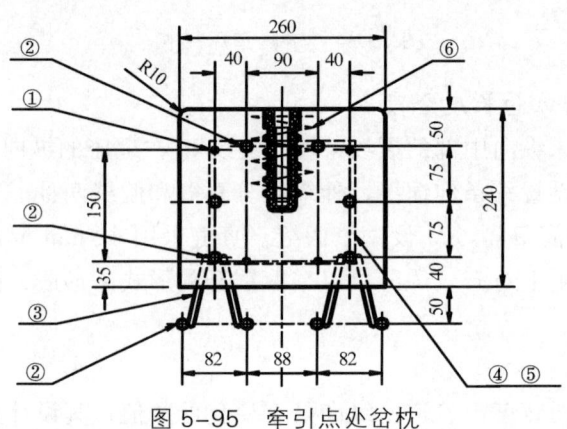

图 5-95 牵引点处岔枕

牵引点处的岔枕两侧面的道床的高度不一致，较深的一侧约为 200 mm，而较浅的一侧约为 50 mm，岔枕在道床中的受力不对称，如果纵向力较大时，将处于不利状态，设计中采用预埋连接螺母及钢筋加固外接件的方案，在道床施工时，加固钢筋与高道床的一侧混凝土浇筑在一起，可大大地增加岔枕的稳定性。

7. 轨道电气性能

为满足轨道电路对轨道要求的绝缘性能要求，道床结构内各处钢筋交叉点用绝缘套管隔开。

8. 排水措施

由于道岔区的横向宽度比较大，在露天的环境下，必须要有有效的排水措施，拟选择 1.5% 的人字行排水坡排水，同时要考虑道床边处的排水和各层结构接缝之间的防水措施。

9. 道床混凝土

道床混凝土采用耐久混凝土配合比，提出了对混凝土各种原材料更高品质的要求，努力保证其使用寿命达到规定的年限。采取有力的措施（如采用涂刷界面剂的办法），尽量减少新老混凝土接触界面上的裂纹的产生。

(四)岔枕受力计算

1. 施工荷载计算

无砟岔枕预应力配筋较少,预应力值较低,且岔枕长度较长,因此在运输和施工过程中可能会因为各种情况受到外荷载的作用而变形开裂,为计算岔枕在施工和运输过程中可承受荷载的情况,采用 ANSYS 有限元软件建立了岔枕计算模型,如图 5-96 所示。计算结果表明,当集中荷载达到 12 kN 时,岔枕混凝土开裂,竖向位移达到了 9.7 mm,3.2 m 长岔枕的应力及位移分布如图 5-97、图 5-98 所示。为确保施工过程中岔枕的强度,并控制其变形,建议浇注混凝土时每根岔枕上不能站立 3 人及以上的施工人员,吊装及储存时不得超过 4 层。

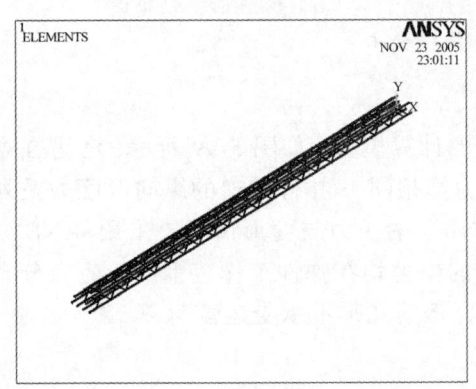
(a)整体模型图

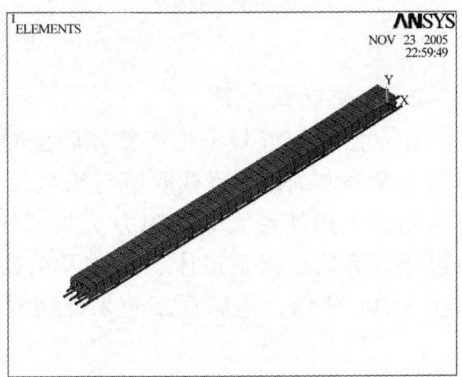
(b)桁架钢筋模型图

图 5-96　无砟岔枕计算模型图

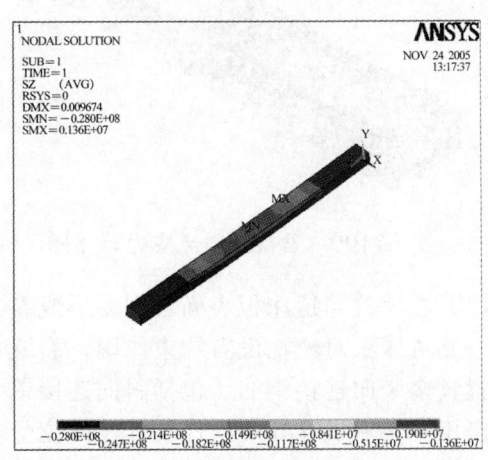
(a)混凝土枕应力分布图

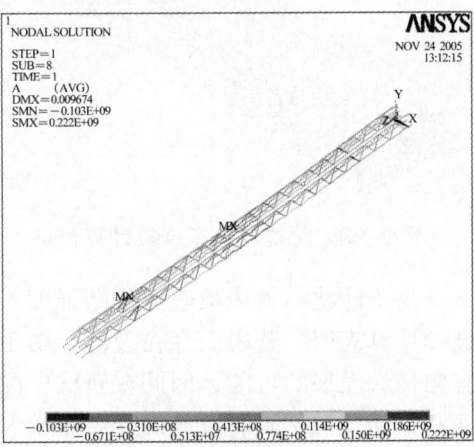
(b)钢筋应力分布图

图 5-97　应力分布

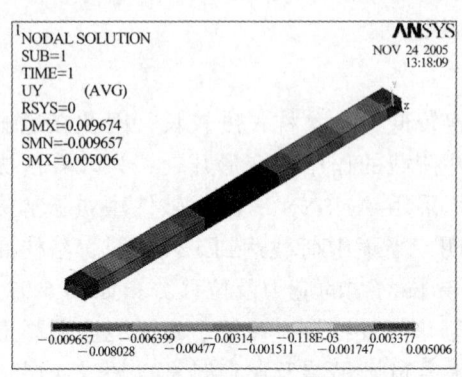 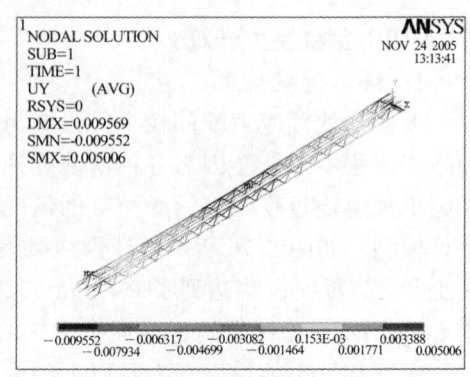

(a) 混凝土枕位移分布图　　　　　(b) 钢筋位移分布图

图 5-98　位移分布

2. 运营荷载计算

建立岔枕与混凝土道床整体联接时的计算模型，如图 5-99 所示，考虑在列车竖向及横向荷载（荷载取值与铁垫板检算相同）、扣件传递的纵向温度力及列车制动力（扣件最大纵向阻力）共同作用下的受力与变形情况，采用 ANSYS 有限元计算软件得到道床、岔枕及钢筋的应力均在弹性工作范围内，应力分布如图 5-100 所示，道床混凝土未开裂时，钢筋几乎不承受运营荷载。

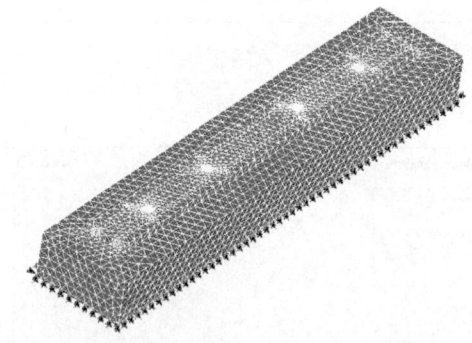 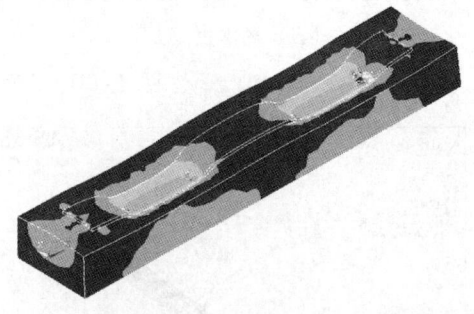

图 5-99　岔枕与道床连接计算模型　　　图 5-100　岔枕及道床应力分布图

由于轨枕与道床板表面黏结强度不足，在轨枕与道床板表面之间易形成裂缝，计算表明，若表面存在裂缝，由于一侧道床板对轨枕没有约束作用，裂缝有向枕底发展的可能，因此在轨枕中配置较多竖向连接钢筋（包括斜向连接钢筋和箍筋）对于限制裂缝的开展有较大作用。转辙机孔处的岔枕较其他部位受力更为不利，特别是在出现界面裂缝后，枕底继续开裂的可能性更大，因此对于转辙机坑处的轨枕采取侧面加强措施是十分必要的。

（五）混凝土基础结构受力检算

1. 计算模型

由于道岔区无砟轨道结构复杂，在道岔区的不同部位，道床板尺寸均不同，应用传统的弹性地基梁板模型计算道床板的竖向受力非常困难，也很难反映出荷载作用在不同位置处引起的道床板弯曲，为详细计算荷载作用在不同位置处引起的道床板及钢轨受力变形情况，为道床板提供设计荷载，建立了包含道岔、扣件、道床板以及底座的整体模型，如图 5-101 所示。

图 5-101 无砟道岔分析模型

模型中钢轨采用梁单元模型，扣件采用线性弹簧模拟，道床板连同底座采用弹性地基板单元模拟，板底支承系数采用地基 K30 系数。根据道床板与底座的不同连接方式将双层板转换为刚度相当的单层板，按弹性地基上的当量单层板计算荷载作用下的应力，而后再按上下层的刚度计算各层所分担的弯矩和应力。

2. 板间连接分析

按双层板之间层面接触条件的不同，可以分为三种情况：层间完全光滑接触的分离式双层板、层间完全黏结接触的结合式双层板、介于完全光滑和完全黏结接触两种情况之间的部分结构式双层板。对于道床板与底座间设置隔离层及凹凸台传递纵向力的情况，可以认为是层间完全光滑接触的分离式双层板进行计算；而对于道床板与底座间通过门型连接钢筋连接的情况，可以认为是层间完全黏结接触的结合式双层板进行计算。

对于分离式双层板，由于层间无摩阻力，分离式双层板的上层和下层板在荷载作用下分别绕各自的中面弯曲。如图 5-102 所示。假设各层板均无竖向压缩变形，其挠度曲线的曲率相同，则双层板所承受的总弯矩为上层和下层

各自承受的变矩之和,而双层板的变曲刚度也为上层板和下层板弯曲刚度之和,即

$$M = M_1 + M_2 \tag{5-36}$$

$$D = D_1 + D_2 = \frac{E_1 h_1^3}{12(1-\mu_1^2)} + \frac{E_2 h_2^3}{12(1-\mu_2^2)} \tag{5-37}$$

$$M_1 = \frac{D_1}{D} M, \quad M_2 = \frac{D_2}{D} M \tag{5-38}$$

式中 M、D——双层板在荷载作用下的总弯矩和总弯曲刚度;

M_1、M_2——上层板和下层板分别承担的弯矩;

D_1、D_2——上层板和下层板的弯曲刚度;

h_1、h_2——上层板和下层板的厚度;

E_1、E_2——上层板和下层板的弹性横量;

μ_1、μ_2——上层板和下层板的泊松比。

假设上下板的泊松比相等,与双层板总刚度相等的单层板的当量厚度 h_e 为

$$h_e = \sqrt[3]{\frac{12(1-\mu^2)D}{E}} \tag{5-39}$$

式中,E 为等刚度单层板的弹性横量,可取用上层或下层板的弹性模量,本报告中均简化为上层道床板的弹性模量。

计算等刚度单层板在荷载作用下产生的弯矩,即为双层板的总弯矩 M。由此可分别计算出上层板和下层板的弯矩 M_1 和 M_2,并进一步按下式求得上层板和下层板底面的弯拉应力 σ_1 和 σ_2

$$\sigma_1' = \frac{6M_1}{h_1^2}, \quad \sigma_2' = \frac{6M_2}{h_2^2} \tag{5-40}$$

对于结合式双层板,由于层面间无相对位移,双层板在荷载作用下的表面如同单层板,围绕一个中面弯曲,如图 5-103 所示。中面的位置随上下层板的厚度和弹性横量而异,按作用于截面上的应力合力为零得到当量单层板的中面位置

$$h_0 = \frac{E_1 h_1^2 + 2E_2 h_1 h_2 + E_2 h_2^2}{2(E_1 h_1 + E_2 h_2)} \tag{5-41}$$

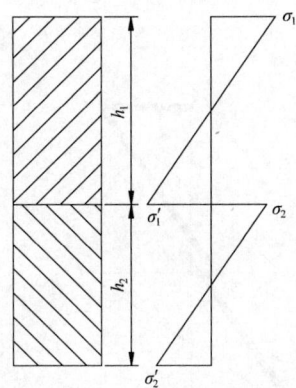 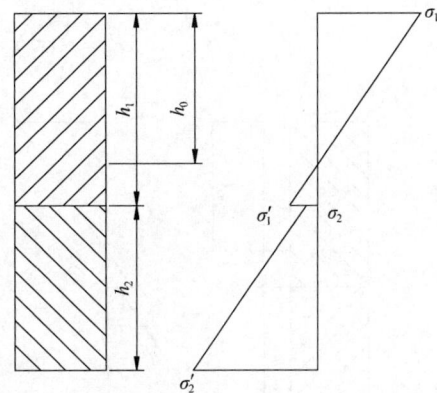

图 5-102　分离式双层板应力分布特点　　图 5-103　结合式双层板应力分布特点

依据中面的位置，可得到相应的单层板弯曲刚度计算式

$$D = \frac{E_1}{3(1-\mu_1^2)}\left[h_0^3 - (h_0-h_1)^3\right] + \frac{E_2}{3(1-\mu_2^2)}\left[(h_0-h_1)^3 + (h_1+h_2-h_0)^3\right] \quad (5\text{-}42)$$

E_1 为弹性横量；弯曲刚度为 D 的单层板的当量层厚 h_e 为

$$h_e = \sqrt[3]{\frac{12(1-\mu^2)D}{E_1}} \quad (5\text{-}43)$$

利用上述弯曲刚度和当量层厚，便可按单层板公式计算荷载作用下的变矩和相应的板底最大应力 σ_e，并进一步推算出上下层顶底面的应力

$$\left.\begin{aligned}
\sigma_1 &= \frac{2h_0}{h_e}\sigma_e \\
\sigma_1' &= \frac{2(h_1-h_0)}{h_e}\sigma_e \\
\sigma_2 &= \frac{2(h_1-h_0)}{h_e}\frac{E_2}{E_1}\sigma_e \\
\sigma_2' &= \frac{2(h_1+h_2-h_0)}{h_e}\frac{E_2}{E_1}\sigma_e
\end{aligned}\right\} \quad (5\text{-}44)$$

由图 5-103 可知，每层板的应力分布情况均可视为弯压（拉）构件，设计时可按弯压（拉）构件进行设计，也可按照纯弯构件进行设计计算，如图 5-104 所示。

$$M_1 = \frac{1}{6}(\sigma_1+\sigma_1')h_1^2, \quad N = (\sigma_1-\sigma_1')h_1, \quad M_2 = \frac{1}{6}(\sigma_2+\sigma_2')h_2^2 \quad (5\text{-}45)$$

$$M_1' = \frac{1}{6}\sigma_1 h_1^2, \quad M_2' = \frac{1}{6}\sigma_2' h_1^2 \tag{5-46}$$

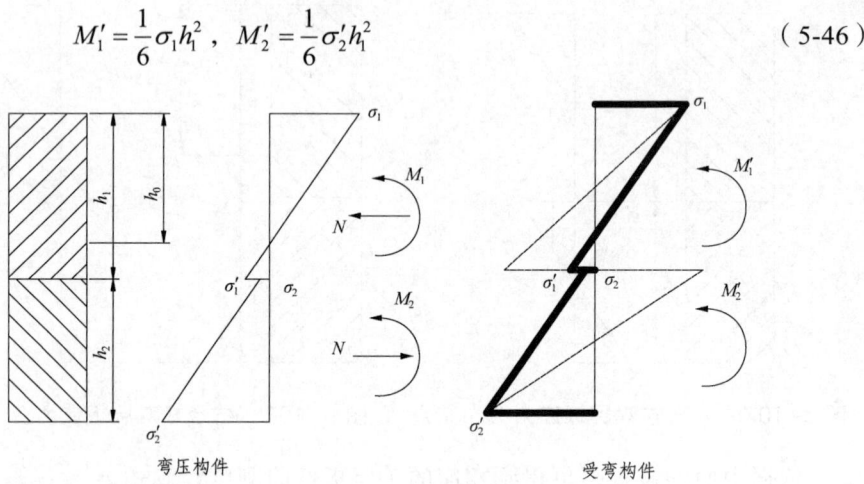

图 5-104　弯压构件及纯弯构件应力分布特点

对于多层板,可以按照每相邻两层板的实际界面状态,组合分离式双层板和结合式双层板,将多层板折合成当量单层板进行计算。

3. 荷载工况

道岔区无砟轨道设计动轮载取为 255 kN,荷载图式动车组的轴列式布置。道岔区道床板结构复杂,每块道床板尺寸以及荷载作用位置均不相同,对于每一块板均需对其在不同荷载形式、不同作用位置、不同行车方向下的道床板受力进行计算,找出其在竖向力作用下的道床板、底座最大弯矩以及作用位置。考虑到侧向行车较少,行车速度不高,计算中主要针对直向高速行车进行。

4. 计算结果

选取 18 号道岔的第 I 块板,计算其在竖向力作用下的轨道响应如图 5-105 所示,各板块在竖向力作用下的纵、横向弯矩及层间剪力如表 5-24 所示,各板即可按计算结果进行配筋设计。

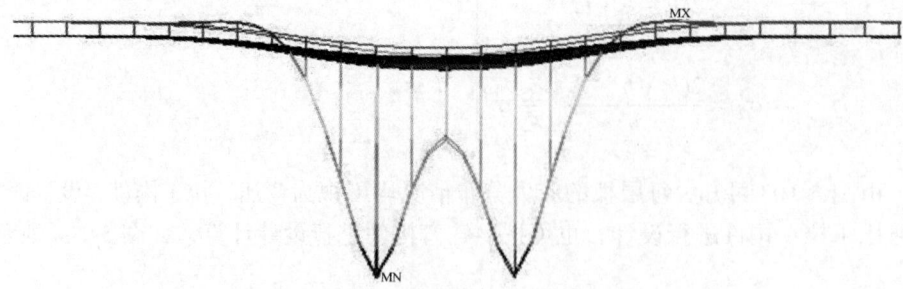

(a) 钢轨及道床板竖向位移分布

（b）道床板纵向应力分布

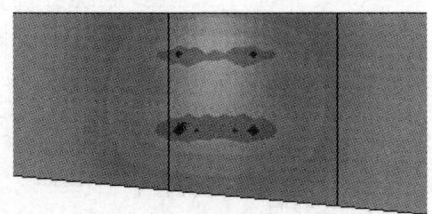
（c）道床板横向应力分布

图 5-105 竖向力作用下的轨道响应

表 5-24 竖向力作用下的轨道响应

板块	纵向正弯矩 (N·m/m)		层间剪力 (kN)	纵向负弯矩 (N·m/m)		层间剪力 (kN)	横向正弯矩 (N·m/m)		层间剪力 (kN)	横向负弯矩 (N·m/m)		层间剪力 (kN)
	道床板	底座		道床板	底座		道床板	底座		道床板	底座	
A	14 783	8040	200	−9 673	−5 261	131	9 733	5 293	132	−7 832	−4 260	106
B	14 660	7973	198	−9 948	−5 410	134	9 499	5 166	128	−6 123	−3 330	83
C	14 761	8028	200	−9 876	−5 371	134	9 619	5 231	130	−6 663	−3 624	90
D	15 017	8167	203	−10 303	−5 604	139	9 710	5 281	131	−7 423	−4 037	100
E	15 241	8289	206	−10 892	−5 924	147	9 700	5 275	131	−6 128	−3 333	83
F	15 743	8562	213	−9 729	−5 291	132	8 832	4 804	119	−6 667	−3 626	90
G	14 414	7840	195	−9 583	−5 212	130	10 011	5 445	135	−6 615	−3 598	89
H	14 124	7682	191	−9 452	−5 140	128	10 260	5 580	139	−7 586	−4 126	103
I	13 934	7578	188	−9 297	−5 056	126	11 120	6 048	150	−7 503	−4 081	101
J	14 024	7627	190	−9 318	−5 068	126	11 623	6 321	157	−8 636	−4 697	117
K	13 901	7560	188	−8 962	−4 874	121	12 159	6 613	164	−8 724	−4 744	118
L	13 555	7372	183	−9 261	−5 037	125	12 483	6 789	169	−7 539	−4 100	102
M	13 678	7439	185	−9 064	−4 930	123	12 226	6 649	165	−7 785	−4 234	105
N	13 510	7348	183	−8 881	−4 830	120	11 802	6 419	160	−6 250	−3 399	84
P	13 443	7311	182	−9 005	−4 897	122	11 444	6 224	155	−6 665	−3 625	90
Q	13 432	7305	182	−9 006	−4 898	122	11 311	6 151	153	−6 826	−3 712	92
R	13 499	7342	182	−9 043	−4 918	122	11 126	6 051	150	−6 000	−3 263	81

5. 基础发生不均匀沉降时的道床板弯矩

根据无砟轨道设计技术条件，路基工后不均匀沉降为 20 mm/20 m，可计算出针对于一块 6 m 长板而言其不均匀沉降为 1.8 mm，此时发生不均匀沉降后轨道的曲率 ρ 为 0.000 4，为适用此变形引起的轨下基础中的弯矩为

$$M = EI\rho \tag{5-47}$$

路基发生不均匀沉降后，道床板可视为长度为板长的简支梁，对于自重作用的简支梁，其跨中挠度为

$$\delta = \frac{5ql^4}{384EI} \tag{5-48}$$

对于板厚 h，板长 L 的道床板，其自重 $g = \rho \cdot g \cdot h$ kN/m，在自重作用下的挠度 $\delta_g = \frac{5gl^4}{384EI}$，弯矩为 $M_g = \frac{1}{8}gl^2$ mm。

路基沉降及自重作用下道床板、底座的弯矩及挠度计算结果如表 5-25 所示。由表中可见，在自重作用下的挠度小于 1.8 mm，存在 1.42 mm 的空吊；需在道床板上的施加 $q = 303.23$ kN/m/m 的均布荷载才能确保底座板底面与路基接触，若动轮载为 350 kN 时，是可以保证的，但实际轮载小于该值，应将岔区路基沉降标准在 4 mm/20 m 以内，这对路基的填筑质量要求是相当高的，宜采用桩板、桩网等承台式土工结构予以保证。

表 5-25 自重作用下的轨道响应

无砟基础结构	道床板弯矩（N·m/m）	底座弯矩（N·m/m）	层间剪力（kN）	挠度（mm）
路基沉降	47 163	25 650	638	1.80
自重作用	11 960	6 505	162	0.38

三、无砟轨道道岔板研究设计

无砟轨道道岔板因其结构稳定、轨道高度低，现浇混凝土量少，施工进度快，便于施工组织，道岔轨件未进场前，即可进行轨道施工，因此在武广、沪杭（上海—杭州）、京沪、京石（北京—石家庄）、石武（石家庄—武汉）等高速铁路建设中得到了推广应用。

（一）设计原则

（1）满足道岔零部件组装后的几何形位要求。

（2）道岔板按容许应力法设计，应满足高速铁路运营条件和施工荷载的要求。

(3)工厂化制板,采用公路和铁路运输。
(4)承轨面一律不设轨底坡。
(二)岔区轨道结构形式
岔区板式轨道结构形式主要有两种:

一种是带找平层的结构,由道岔部件、道岔板、底座、找平层等所组成,在施工完成的找平层上,精调道岔板状态,在道岔板和找平层之间灌注自密实混凝土,通过道岔板底面预留的门形桁架钢筋和底座相连,通过道岔板底面和底座的黏结力、摩擦力以及门形桁架钢筋的抗剪作用实现轨道结构的纵、横向限位。道岔板采用C55混凝土,板面设置0.5%的横向排水坡,承轨台无坡度,板间砂浆连接缝宽度为100 mm;底座采用流动性较好的自密实混凝土,强度等级为C40,厚度为180 mm,横向上较道岔板宽400 mm,突出的边缘设置4%的排水坡;找平层为C25混凝土,可不配筋,厚度130~200 mm,横向较底座宽300 mm;道岔板板底预留门形桁架钢筋植入底座,从而将道岔板和底座形成整体。该结构如图5-106所示。

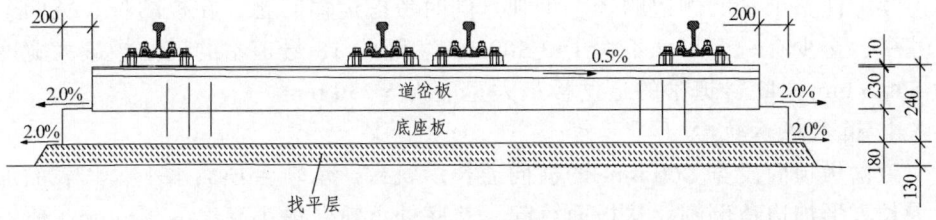

图5-106 带找平层的岔区轨道结构

另一种是带充填层的结构,由道岔部件、道岔板、充填层和底座等组成,在混凝土底座上,进行道岔板状态精调,在道岔板和底座之间灌注充填层,在道岔板和底座钻孔植入销钉,通过道岔板底面和底座的黏结力、摩擦力以及销钉的抗剪作用实现轨道结构的纵横向限位。道岔板采用C55混凝土,板面设置0.5%的横向排水坡,承轨台无坡度,板间砂浆连接缝宽度为100 mm;充填层材料要求具有良好的施工性能(流动性、膨胀率、分离度等)、力学性能(抗压、抗剪强度)和耐久性,常用乳化沥青砂浆;底座混凝土强度等级为C40,岔区底座可连续,横向上较道岔板宽大400 mm,突出边缘设置4%的排水坡;在道岔板和底座间植入的销钉可将道岔板和底座牢固连接。

(三)道岔板结构与配筋

1. 道岔板长度

为了生产和施工方便,道岔板采用分块设计,起点布置在尖前伸缩缝中心,终点根据岔后轨道结构情况而定;在转辙器和辙叉区段以转换拉杆的基坑处作为划分点,根据转换要求,该处每一块板预留在道岔两侧安装转辙机的可能性。18号道岔划分道岔板最长5 900 mm、最短4 562 mm;42号道岔最长5 624 mm、最短2 162 mm。

2. 道岔板厚度

道岔板厚度的选择与线路运营条件(列车荷载)、轨道结构高度、道岔板的结构形式(混凝土性能、是否采用预应力以及普通钢筋配筋率等)和承轨台高度等多方面因素有关。经过力学分析及结构配筋设计,确定道岔板厚度为240 mm(包括承轨台高度)。

3. 道岔板宽度

由于岔区轨道几何尺寸是变化的,因此道岔板的横向宽度沿线路纵向也是个变化的数值,其设计中应保证道岔板有足够的强度和稳定性、保证混凝土保护层厚度和套管到道岔板侧面的最小距离不短于300 mm、道岔板板宽应连续渐变,在直股边缘为直线,侧股边缘沿曲股钢轨的线形变化,相邻两块板的板宽连续,使整个岔区侧边顺畅、美观。同时考虑运输问题,在板的长、宽两个尺寸中,至少有一个尺寸不大于3 500 mm。因此18号道岔的道岔板最大宽度为5 445 mm、42号道岔的道岔板最大宽度为5 330 mm。

4. 道岔板承轨台

道岔板顶面设宽260 mm的横向通长承轨台,承轨台顶面水平,其表面形状为长方形加边角倒圆。从板面算起,轨底处承轨台最小高度为12 mm,研发的扣件系统各垫层高度之和为56 mm,轨底至板面的最小净空为68 mm,可满足维修时小型起道机械的作业空间要求。承轨台间的板面设0.5%的横向排水坡,道岔板统一确定为向线路外侧排水。

5. 道岔板观察孔与起吊孔

在每块道岔上均匀布置上口直径160 mm,下口直径140 mm的自密实混凝土灌注、观察孔(也作为排气孔),长板设置三个,短板设置二个。

为满足道岔板施工起吊的要求,每块道岔板上设置六个起吊套管,长边一侧设置二个,短边一侧设置一个,为加强起吊螺母处混凝土结构,起套套管处采用$\phi 14$ mm的梯形补强钢筋,其上下侧采用$\phi 12$ mm、长650 mm的纵向和横向补强钢筋。

6. 道岔板混凝土强度设计

道岔板采用普通钢筋混凝土结构,混凝土强度等级为C55。道岔板混凝土不施加预压应力,可消除徐变上拱,钉孔纵裂的可能性也大为降低,通过截面尺寸和配筋设计,可保证道岔板的结构强度和抗裂能力。

7. 道岔板结构配筋

道岔板受力结构钢筋分上下两层，层间距约在 100～120 mm 之间，每层钢筋纵横交错成网格，网格平均间距 120 mm（纵筋间距）×125 mm（横筋间距）。纵筋及横筋均采用 HRB335 级钢筋，直径分别为 ϕ12 mm 和 ϕ14 mm，主筋的混凝土保护层最小厚度为 30 mm。

8. 连接钢筋

路基上无砟道岔板采用板底预设门形钢筋与底座相连、同时道岔板底部保留粗糙面（或拉毛），使其与下部底座自密实混凝土牢固连接。门形连接钢筋采用 ϕ12 mm、HRB335 级钢筋，在每块道岔板上底和下底的承轨台下各布置一排桁架筋，在板的中部，按每隔 1 个承轨台间距布置一排桁架钢筋、每排桁架筋上每个门形筋距离直股边板侧均为 200 mm 的整数倍，为避开道岔板的结构钢筋和各种预埋件，实际位置允许有 ±50 mm 的移动量，每排桁架筋在靠近直股和侧股边的布置密度大于板中心，以限制板边新老混凝土结合缝。设计中桁架钢筋底部的两根横向钢筋，必须等道岔板施工就位后，方可从板的侧面插进去，避免道岔板就位时与底座纵向钢筋相接触。

桥上无砟道岔板采用充填层加销钉的连接设计，对照道岔板详细钢筋布置图进行钻孔，可以避免在其他部位钻孔时碰到钢筋，每块板上锚固销钉的个数为 8 个以上。

9. 道岔板绝缘设计

目前无砟轨道采用的绝缘方式有三种：热缩套管、环氧树脂涂层钢筋、钢筋绝缘塑料卡。无砟道岔板内采用横向环氧树脂涂层钢筋进行绝缘处理，钢筋之间电阻值不小于 2 MΩ。另外在制造过程中，要求套管周围螺旋筋和电务预埋螺母不能与周围钢筋相碰，对与其距离较近的钢筋应涂绝缘漆，其中套管螺旋筋在漆干后方可安装，以保证道岔的绝缘性能。

（四）道岔板受力分析

1. 计算模型与计算参数

采用西南交通大学提出的无砟轨道设计理论与设计方法，建立道岔板受力计算的"梁-板-板"模型，将道岔钢轨模拟成梁单元，将道岔板及底座视为板壳单元，将找平层视为弹性地基板。

道岔板及其下部结构尺寸、材料按设计图选取，扣件节点静刚度取为 25 kN/mm，路基支承面刚度取为 76 MPa/mm，桥梁底座支承面刚度取为 1 000 MPa/mm。列车荷载按 170 kN 轴重及 3 倍动载系数考虑，设计荷载取为 255 kN，检算荷载取为 200 kN；考虑温度梯度引起的翘曲应力，温度梯度取为

45 ℃/m；路基不均匀沉降按 15 mm/20 m 取值，梁的挠曲引起和梁端转角按不大于 1‰ 取值。

荷载组合按以下情况考虑：纵向上以"列车竖向荷载＋温度翘曲"的主力组合作为设计荷载，以"列车竖向检算荷载＋温度翘曲＋基础不均匀沉降"的主力加附加力的组合作为检算荷载。横向上以"列车竖向荷载＋横向荷载＋温度翘曲"的主力组合作为设计荷载。

2. 运营荷载作用下的道岔板检算理论

列车竖向荷载按每块板单轴或转向架加载，利用 ANSYS 有限元软件采用"梁-板-板"模型进行计算，得到计算荷载和检算荷载在不同加载位置处的道岔板纵横向上的正、负弯矩。

道岔板翘曲应力按照 Westgaard 计算理论进行计算，分别计算"上冷下热"和"上热下冷"两种情况，温度梯度取值相同，对于板厚 220 mm 的道岔板或道床板，翘曲应力系数近似取为 1.0，计算公式为

$$\sigma_{qx} = \sigma_{qy} = \frac{E\alpha_t \beta_h T_g h}{2} \quad (5\text{-}49)$$

$$M_q = \frac{\sigma_q h^2}{6} \quad (5\text{-}50)$$

式中 σ_{qx}——纵向最大翘曲应力；

σ_{qy}——横向最大翘曲应力；

E——钢混凝土的换算弹性模量；

α_t——混凝土膨胀系数；

β_h——温度梯度板厚修正系数；

T_g——温度梯度；

h——道岔板厚度；

M_q——温度梯度产生的道岔板弯矩。

横向力作用下道岔板的弯矩为

$$M_q = \frac{1}{2} \times 0.3 \times Q \times H / a \quad (5\text{-}51)$$

式中 1/2——道岔板上、下侧弯矩相同，均为横向荷载作用下的弯矩的一半；

0.3——横向力沿轨道纵向的分配系数；

Q——横向力,取为 70 kN;

H——横向力作用点距板顶面的高度,与板厚 0.22 m 相同。

路基不均匀沉降的形状假设为余弦形曲面,其表达式为

$$y = \frac{f_0}{2}\left(1 - \cos\frac{2\pi x}{l_0}\right) \tag{5-52}$$

式中 f_0——不均匀沉降幅值限值;

l_0——沉降长度。

其最大曲率为

$$\rho_{max} = \frac{2\pi^2 f_0}{l_0^2} \tag{5-53}$$

考虑道岔板与底座的协调变形,则相应道岔板内产生的弯矩为

$$M_u = EI\rho_{max} \tag{5-54}$$

式中 EI——道岔板抗弯弹性模量。

综合考虑设计的合理性和经济性,路基沉降的附加弯矩在进行荷载组合时,可取 0.5 的组合系数。

桥梁的挠曲变形曲线假定为半波正弦,其表达式为

$$y = \delta \sin\frac{\pi x}{L} \tag{5-55}$$

式中 L——桥梁跨长;

δ——桥梁挠度,可由端部转角 θ_0 求得 $\delta = \frac{L\theta_0}{\pi}$。

求得其最大曲率为

$$\rho_{max} = \frac{\pi^2 \delta}{L^2} \tag{5-56}$$

同样假定道岔板与桥梁协同变形,则相应道岔板内产生的弯矩与路基沉降产生的弯矩计算表达式相同,只是在进行荷载组合时可不考虑组合系数的折减。

以 18 号道岔辙叉部分第 12 块道岔板为例,计算得在设计荷载及检算荷载作用下道岔板所承受的弯矩如表 5-26、表 5-27 所示。

表 5-26　道岔板设计弯矩　　　　（单位：kN·m/m）

设计荷载	荷载作用位置	设计部位	沿轨道纵向弯矩	沿轨道横向弯矩
列车竖向荷载	道岔板端部	上侧	-2.46	-0.97
		下侧	12.22	15.30
	第二个扣件处	上侧	-2.57	-0.77
		下侧	13.81	13.81
列车横向荷载	第二个扣件处	上侧	—	-3.74
		下侧	—	3.74
温度梯度	第二个扣件处	上侧	15.41	15.41
		下侧	15.41	15.41
荷载组合	第二个扣件处	上侧	低于下侧	低于下侧
		下侧	29.22	32.96

表 5-27　道岔板检算弯矩　　　　（单位：kN·m/m）

检算荷载	荷载作用位置	检算部位	沿轨道纵向弯矩	沿轨道横向弯矩
列车竖向荷载	道岔板端部	上侧	-2.45	-0.96
		下侧	10.69	13.32
	第二个扣件处	上侧	-2.56	-0.70
		下侧	12.25	12.05
列车横向荷载	第二个扣件处	上侧	—	-3.74
		下侧	—	3.74
温度梯度	第二个扣件处	上侧	15.41	15.41
		下侧	15.41	15.41
荷载组合	第二个扣件处	上侧	低于下侧	低于下侧
		下侧	32.23	31.20

根据道岔板的设计弯矩、检算弯矩及结构尺寸、配筋情况，即可进行强度检算与开裂检算。在设计荷载作用下，道岔板混凝土所受压应力为 5.82 MPa，钢筋拉应力为 172.83 MPa，裂纹宽度为 0.18 mm；在检算荷载作用下，道岔板混凝土所受压应力为 6.42 MPa，钢筋拉应力为 190.63 MPa，裂纹宽度为 0.19 mm。均在容许限度内。

3. 制造、运输和施工阶段的道岔板强度检算

道岔板在制造时的受力状况简化为自重作用下的简支梁，在纵向支承点位于距板端 1/4 处，在横向支承点位于板端，因此制造过程中考虑到道岔板的翻转，其纵向上下侧弯按 2.7 kN·m 考虑，横向上下侧弯矩按 20.9 kN·m 考虑，均小于设计荷载。

考虑到道岔在起吊过程中的冲击作用，运输过程中纵向上道岔板下侧按 3 倍自重、下侧按 2 倍自重作用下的简支梁计算，也均小于设计荷载；在横向上，因道岔板采用全断面支承，基本上不会产生弯矩，即使产生也会超过制造时的弯矩。

在施工过程中，除考虑道岔板的自重作用外，还应考虑施工人员和机具的自重，作用于板中时按 10 kN 集中荷载考虑，作用于板端时按 5 kN 集中荷载考虑，计算得纵向上道岔板上侧弯矩为 7.43 kN·m、下侧弯矩为 6.02 kN·m，横向上道岔板下侧弯矩为 26.27 kN·m，也均在设计荷载范围内，可以满足强度要求。

4. 门形连接钢筋强度检算

无缝道岔的纵向温度荷载按 30 kN/m 考虑，列车起制动荷载按道岔板上作用 2 轴转向架时的总设计轴重的 25% 考虑，即 85 kN。轨道横向阻力按 20 kN/m 考虑，列车横向荷载按两轴共 70 kN 考虑。假定道岔板所受纵横向力全部由其下 6 组共 18 根门形钢筋承担，则其剪应力为 45.44 MPa，在容许限值 80 MPa 以内。

5. 预埋套管部分混凝土剪应力检算

在检算中假定左右预埋套管各分担横向力的一半，混凝土的检算位置处于预埋套管的中心位置，其剪应力可根据抗剪面积来计算

$$\tau_p = \frac{Q}{2A_\tau} \tag{5-57}$$

式中　τ_p——混凝土剪应力；

Q——设计横向力；

A_τ——混凝土抗剪切面积，与预埋套深度、板端至预埋套管的距离、道岔板厚度及横向力传递宽度等有因素有关。

计算得安装转辙处的预埋套管周围混凝土的最大剪应力为 0.17 MPa，小于其容许值 0.3 MPa。

6. 起吊套管周围混凝土剪应力检算

在道岔板起吊时，起吊套管周围混凝土的受剪面积为

$$A_\tau = 2\sqrt{2}h_1 l + l_0 l \tag{5-58}$$

式中 h_1——起吊套管中心至道岔板上表面的距离；

l——预埋套管长度；

l_0——预埋套管中心距。

混凝土剪应力计算公式与式（5-57）相同，只是其承受的荷载为道岔板自重，对于 18 号道岔重量最大的道岔板，其最大剪应力为 0.89 MPa，满足采用构造筋强化后的容许值 1.45 MPa 的强度要求。

（五）接口设计

1. 道岔板与扣件锚固螺栓连接方式

在武广高速铁路上，道岔板采用后钻孔的方式实现扣件的连接。在道岔板生产过程中，采用几套钉孔模板，在钢模板上高精度定位出多块道岔板所需要连接钉孔，在现场采用人工钻孔，工作量大、钻头耗材大、钻孔易歪斜，且切断的钢筋数量较多。因此，我国研制的道岔板采用预埋套管的连接方式，考虑到塑料套管与钢外套的配合工差的累积影响，道岔板中未采用钢外套结构。

2. 套管布置方式设计

套管布置及其位置偏差对道岔组装后的几何平顺性影响较大，特别是沿道岔纵向的钉孔直线度是枕式轨下基础中没有的误差影响，为满足道岔高平顺性的组装要求，规定套管纵横向间距小于 1.55 m 时，其偏差限值为 ±0.8 mm；间距大于 1.55 m 时其偏差限值为 ±1.3 mm，横排套管的直线度偏差限值为 ±0.5 mm，经误差累积分析，制造造成的道岔钢轨横向位置的最大偏差量可达 ±2.15 mm，需要利用扣件的调整量予以消除。

道岔板上的套管应垂直于直股布置，但在岔后侧股短枕部分若仍垂直于直股，则会造成板式道岔与枕式道岔的部分扣件系统不通用，在制造中套管布置仍按枕式道岔垂直于侧股钢轨方式布置，这样将给制造中钉孔偏差的控制造成一定的难度，因此需采用专用检测样板来控制钉孔的位置。

3. 综合接地设计

每块道岔板内均设置综合接地系统，由沿线路方向设置的 4~7 根直径为 16 mm 钢筋与 1 根横向钢筋焊接而成，横向钢筋设置在道岔板的中部；轨道岔两端分别设置接地，接地端子均布置在线路外侧，焊接在紧靠道岔板侧面的 1 根 16 mm 钢筋下面。

4. 转换设备安装接口设计

在道岔转辙机的安装位置上，道岔板的两侧均预留安装转辙机部件用的品字形布置的螺栓孔。改变密贴检查器在岔枕上的安装方式，将密贴检查器的安装螺母设置在承轨台之间的道岔板面上。

此外，道岔板在制造过程需要解决钢模质量、钢筋骨架编制、预埋套管定位等关键工艺；在铺设过程中需要解决高精度、快速精调等关键技术。

第五节　道岔转换设备受力分析

转换设备是道岔重要的组成部分，由电子、机械等零部件组成，由于其使用环境恶劣，长期承受着列车振动荷载、并暴露在潮湿、强磁、粉尘等恶劣的自然环境中，使用可靠性受到很大影响，故障率较高，占铁路通信信号总故障率的40%左右，因此改善转换设备的工作环境，增大强度储备，提高其使用可靠性，在高速道岔研制中是十分必要的。

由于转换设备中的锁闭设备直接承受着列车荷载，需要在两个方面保证行车安全。一方面，同轨道结构部件一样，需要直接承受列车通过时的动态力，若锁闭装置强度不能满足要求，则将不能保证列车安全通过道岔；另一方面，转换锁闭设备还需要提供给使用者道岔开通方向的准确信息，如果给不出道岔开通方向的信息，则将造成道岔不能使用，若提供了错误的信息，给出了道岔开通方向的错误表示，则将造成更大的安全事故。而这两方面对转换锁闭设备来说，是相互联系的，转换锁闭设备的安全使用至关重要，因此需要对转换锁闭设备的强度进行分析，以满足行车安全的要求。

但是，由于转换设备在列车通过时的受力状态非常复杂，受外荷载受道岔制造、铺设质量及使用状态的影响波动较大，长期以来未形成明确的设计荷载、检算方法等，只能依靠现场测试来验证其结构设计的合理性，限制了其技术的进步。因此在高速道岔的研制中，对转换锁务设备进行了探索性的力学分析研究。[67-68]

一、尖轨转换设备主要部件强度分析

尖轨钩形外锁闭转换设备主要部件包括：锁钩、锁闭杆、销轴、锁闭框、锁闭铁、尖轨连接铁。

1. 尖轨锁钩强度分析

当尖轨处于密贴位置时，锁钩通过销轴、连接铁将密贴尖轨与基本轨保持

在规定工作位置，列车通过时，承受列车轮对的冲击与振动作用；当尖轨处于斥离位置时，锁钩保持斥离尖轨在正常的工作状态，满足道岔开口的要求，锁钩承受斥离尖轨的反弹力作用，通常情况下锁钩在斥离状态承受的外力要比密贴状态小，因此只对锁钩密贴状态的受力进行计算分析。

锁钩受力的边界条件如图5-107所示，A面为锁钩与锁闭铁的接触面，该面受锁闭铁横向和竖向的约束；B面为锁钩与锁闭杆的接触面，该面受锁闭杆的竖向约束；C面为锁钩与销轴的接触面，由于销轴通过尖轨连接铁与尖轨相连，能起到限制锁钩竖向运动的作用，因此在锁钩与销轴的接触位置施加限制锁钩竖向运动的约束。

锁钩在转换过程中受的外力主要是锁闭杆的拉力，在锁闭状态，除了锁闭力，还包括列车通过时的动态力，锁闭状态下锁钩的受力状态更为不利。对尖轨锁钩进行强度分析时所加的外力主要包括：锁闭力和弹性恢复力。锁闭力主要是转换到位后，由于尖轨弹性变形作用在锁钩上的力；弹性恢复力主要是列车通过时，横向力作用在一、二牵引点之间的尖轨上，尖轨由于弹性变形导致牵引点处的锁钩受力，通过计算，高速道岔尖轨传递至锁钩上的荷载约为16.5 kN，考虑一定安全余量，检算中按20 kN考虑。

尖轨锁钩等效应力分布如图5-108所示，锁钩颈部处的最大等效应力101 MPa，开槽倒角处的应力水平较高，最大等效应力约为125 MPa，在锁钩45号钢的容许强度261 MPa以内，可以满足使用要求。

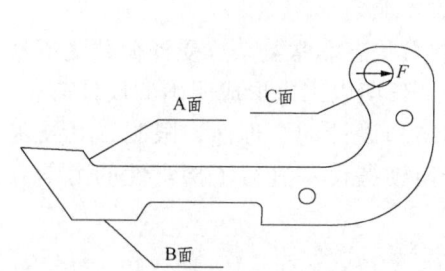

图5-107 锁钩受力边界条件示意图

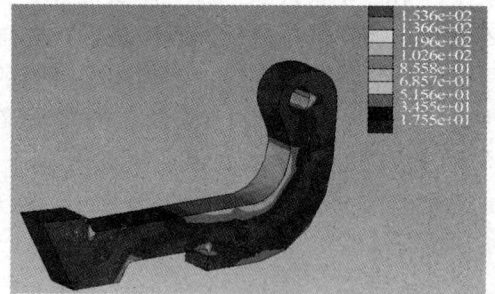

图5-108 锁钩应力分布

2. 尖轨销轴、尖轨连接铁强度分析

尖轨连接铁的材料为45号钢，销轴的材料40Cr，其容许应力为600 MPa。尖轨连接铁与销轴受力的边界条件如图5-109所示。A面受的力有两个，F为限制尖轨传递的列车横向力，f为销轴限制锁钩向下运动而产生的分力，约为

1.0 kN。B 面为连接铁与尖轨的接触面，只考虑尖轨的作用，尖轨与基本轨接触面取为固定；考虑两个尖轨连接螺栓的作用。

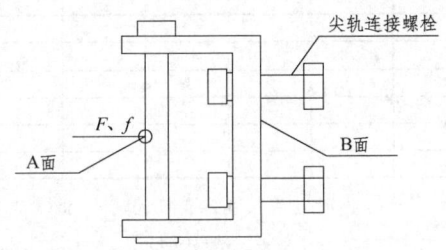

图 5-109　连接铁、销轴受力边界示意图

尖轨连接铁、销轴的等效应力分布图如图 5-110 所示。尖轨连接铁折角位置及螺栓孔位置应力水平较高，最大等效应力约为 129 MPa，销轴的最大应力出现在销轴的中部，一侧受拉，一侧受压，最大等效应力约为 158 MPa。尖轨连接铁和销轴的强度都在强度容许范围内，其中销轴的强度储备较大，而尖轨连接铁的最大等效应力较大，一方面是因为断面尺寸比提速道岔有所减小，另一方面是由于考虑了对销轴向下的作用力，因此在安装时尽量将连接铁下底面与尖轨上底面接触，增加连接铁与尖轨的整体强度，可以保证连接铁良好的受力状态。

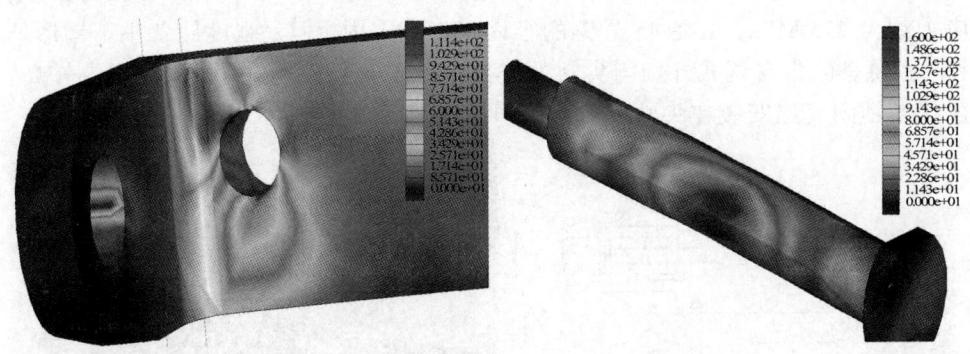

图 5-110　连接铁、销轴应力分布图

高速道岔研制课题组在武广高速铁路综合试验段上对 18 号道岔尖轨锁钩及销轴动应力进行了测试（见图 5-111），锁钩最大应力约为 69 MPa，销轴最大应力约为 77 MPa，低于理论计算结果，说明理论计算可用于指导尖轨转换锁闭机构的设计，所考虑的计算条件是合理的，所施加的检算荷载有一定的安全储备。

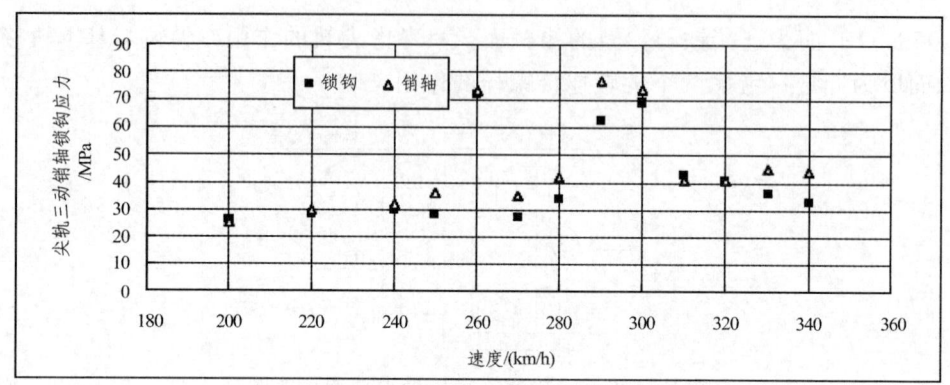

图 5-111　尖轨锁钩及销轴应力测试图

3. 自调式尖轨转换设备主要部件强度分析

高速道岔研制中还设计了如图 5-112 所示的自调式外锁闭机构，其主要部件包括：适应伸缩机构、锁闭杆、锁钩连接夹板、锁钩、尖轨连接铁、锁闭框、锁闭铁。与钩形外锁机构的受力条件类似，A 面为锁钩与锁闭铁的接触面，该面受锁闭铁横向和竖向的约束；B 面为锁钩与锁闭杆的接触面，该面受锁闭杆的竖向约束。C 面为尖轨连接铁与尖轨的接触面。外力 F 与钩形外锁机构相同，检算中按 20 kN 考虑。

自调式外锁机构的等效应力分布如图 5-113 所示，锁钩颈部处的最大等效应力约为 225 MPa，虽在 45 号钢的容许强度范围内，但是强度储备小于钩形外锁，主要是因为自调式外锁与尖轨的连接采用了连接铁方式，荷载作用点较高，建议外锁闭直接安装在尖轨轨底上，可改善其受力条件。

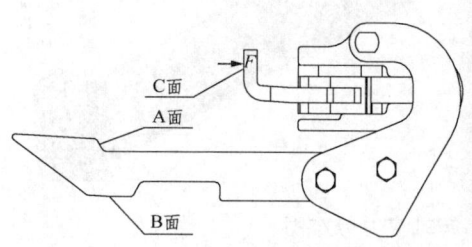

图 5-112　自调式外锁受力边界示意图

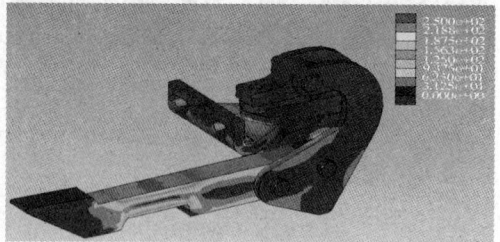

图 5-113　自调式外锁应力分布图

二、心轨转换设备主要部件强度分析

心轨一动锁钩、锁闭杆的材料采用 45 号钢，锁钩与锁闭杆的受力边界条件如图 5-114 所示。A、B 为锁闭框对锁闭杆的支撑位置；C 面为锁闭铁对锁钩的约束面，由于锁闭框、锁闭铁与翼轨相连，对分析心轨锁钩、锁闭杆而言，可以不计锁闭框、锁闭铁的弹性变形，直接约束 C 面的垂向、横向位移以及 A、B 面的垂向位移。

锁钩在转换过程中受的外力主要是锁闭杆的拉力，在锁闭状态，除了锁闭力，还包括列车通过时的动态力，锁闭状态时锁钩的受力状态最为不利，对心轨锁钩、锁闭杆进行强度分析时所加的外力主要包括：锁闭力和弹性恢复力、开口恢复力。锁闭力主要是转换到位后，由于心轨弹性变形作用在锁钩上的力；弹性恢复力主要是列车通过时，横向力作用在一、二牵引点之间的心轨上，心轨由于弹性变形导致牵引点处的锁钩受力；若道岔条件不良，心轨与翼轨不密贴，出现开口，当列车通过时，横向力作用下将该开口压回，使心轨与翼轨贴靠，则锁钩承受心轨的作用力，该作用力称为开口恢复力。通过道岔轨件的受力分析，心轨传递至提速道岔转换凸缘式心轨锁钩的外荷载约为 14.8 kN，传递至高速道岔托槽式锁钩上的外荷载约为 12.9 kN。

心轨一动锁钩、锁闭杆的等效应力分布如图 5-115 所示。心轨一动锁钩应力最大位置出现在锁钩托架底部处，最大应力约为 127 MPa，在容许应力范围内，并有一定强度储备。而锁闭杆的应力水平比锁钩低得多，约为 30 MPa，因此在正常使用情况下不会出现锁闭杆应力异常偏大的情况。

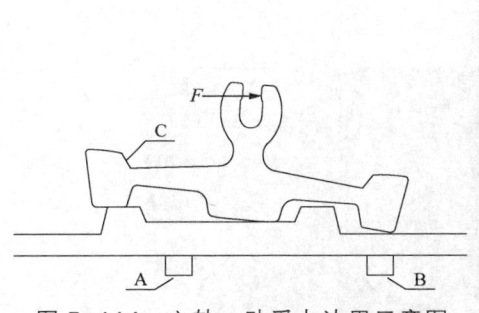

图 5-114　心轨一动受力边界示意图

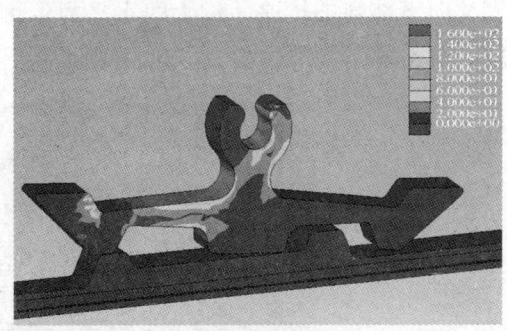

图 5-115　心轨一动应力分布图

武广高速铁路上对 18 号道岔心轨一动的动应力的测试结果如图 5-116 所示，锁钩最大动应力约为 69 MPa，低于理论值；锁闭杆的最大动应力约为 31 MPa，与理论值相当；表示杆的最大动应力约为 49 MPa。测试结果也表明，理论计算分析可用于指导心轨一动锁闭机构的设计，但对这种组合结构的荷载传递及其安装状态对锁闭杆的强度影响还需进一步深化研究。

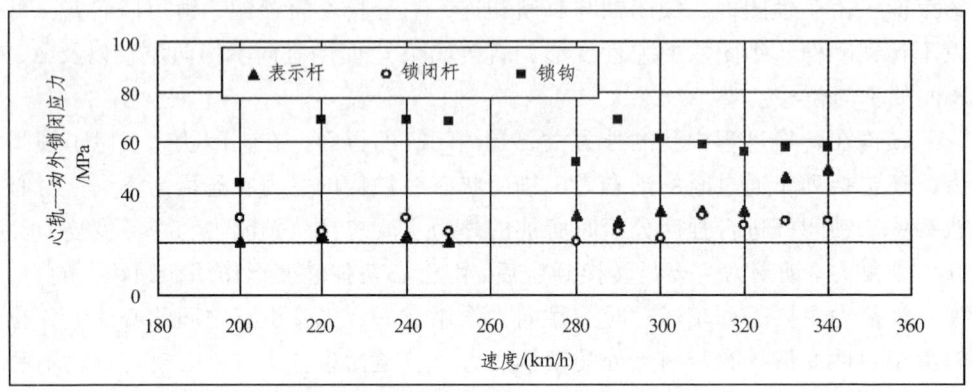

图 5-116　心轨一动应力测试图

三、一机多点转换系统中拐肘固定销的受力分析

引进法国技术的高速道岔采用一机多点转换系统，如图 5-117 所示，在转换过程中牵引连杆与导管间通过拐肘进行传力，而固定销作为拐肘的固定点，连杆牵引力和导管拉力在固定销处产生的力矩相互平衡，因此拐肘固定销在转换过程中承受了较大的水平力。拐肘固定销上的水平力通过导管托板及其锚固螺栓向下部基础传递，过大的水平力将可能影响导管托板与下部基础的连接强度，曾出现了导致岔枕开裂的问题。

图 5-117　一机多点转换系统结构

参 考 文 献

[1] 王平，刘学毅. 无缝道岔计算理论与设计方法. 成都：西南交通大学出版社，2007.

[2] 刘学毅，王平. 车辆—轨道—路基系统动力学. 成都：西南交通大学出版社，2010.

[3] 刘学毅，赵坪锐，杨荣山，王平. 客运专线无砟轨道设计理论与方法，成都：西南交通大学出版社，2010.

[4] 王平，陈嵘，杨荣山，刘学毅. 桥上无缝道岔设计理论研究，成都：西南交通大学出版社，2011.

[5] 王平. 道岔区轮轨系统动力学的研究[D]. 西南交通大学，1998.

[6] 陈小平. 高速道岔轨道刚度理论及应用研究[D]. 西南交通大学，2008.

[7] 蔡小培. 高速道岔尖轨与心轨转换及控制研究[D]. 西南交通大学，2008.

[8] 周文. 高速道岔尖轨矫直理论及应用研究[D]. 西南交通大学，2008.

[9] 陈嵘. 高速铁路车辆—道岔—桥梁耦合振动理论及应用研究[D]. 西南交通大学，2009.

[10] 杨荣山. 桥上无缝道岔纵向力计算理论与试验研究[D]. 西南交通大学，2008.

[11] 任娟娟. 桥上无缝道岔区纵连式无砟轨道受力特性与结构优化研究[D]. 西南交通大学，2009.

[12] 陶凯. 客运专线桥上无缝道岔空间力学特性的研究[D]. 北京交通大学，2007.

[13] 王平. 道岔区轮轨系统空间耦合振动模型及其应用. 西南交通大学学报：1998，33(3)：284-289.

[14] Wang Ping（王平）. Dynamic Analysis of the Configuration of Lead Curves of Turnouts. Journal of Southwest Jiaotong University. 1998，Vol.6，No.1：May 64～69.

[15] 王平，刘学毅，寇忠厚.道岔竖向刚度沿线路纵向分布规律的探讨. 西南交通大学学报. 1999，34(2)：143-147.

[16] 王平，刘学毅，万复光. 列车—可动心轨式道岔空间耦合系统动力分析. 铁道学报. 1999，21(3)：72-76.

[17] 王平，万复光.列车与可动心轨道岔的耦合振动及仿真分析研究. 中国铁道科学. 1999，20(3)：20-30.

为给导管托板与下部基础的连接设计提供基础荷载,对 18 号道岔一机多点转换系统的拐肘固定销进行了受力分析。计算中采用有限单元法分析模型,拐肘既传递拉力,还传递弯矩和剪力,采用梁单元模拟;导管只传递拉力,采用杆单元模拟;导管与拐肘连接节点不传递弯矩,因此导管和拐肘采用铰接方式模拟。

当尖轨无伸缩和在轨温变化 60 ℃、尖轨伸缩 31 mm 时,各销轴的受力计算结果如表 5-28 所示。

表 5-28　18 号道岔尖轨拐肘固定销的水平力　　（单位：kN）

销轴编号		1	2	3	4	5
尖轨无伸缩	横向力	6.57	0.26	12.76	0.64	5.82
	纵向力	3.07	1.03	0.68	4.11	7.02
	合力	7.25	1.06	12.78	4.16	9.12
尖轨伸缩 31 mm	横向力	16.79	6.91	18.68	6.06	7.48
	纵向力	12.54	2.11	3.01	6.49	7.06
	合力	20.96	7.22	18.92	8.88	10.29

从表 5-28 中可见,5 个销轴中,以中间换向拐轴固定销的受力最大;随着尖轨伸缩量的增大,各销轴的受力均有较大幅度增大。拐轴所承受的水平力将通过托板传递至与岔枕连接的螺栓上,在设计中应根据螺栓的受力检算岔枕混凝土及连接零件的强度,在优化设计中采用了双托板结构来减缓螺栓的受力,合宁客运专线的运营实践表明,这种改进设计是有效的。

[18] 王平. 道岔转辙部分轮载分布规律的研究. 西南交通大学学报. 1999, 34(5): 550-553.

[19] 王平. 钢岔枕的力学特性分析及其改进措施.铁道建筑. 2000(1): 8-10.

[20] 王平. 列车在道岔中的运行稳定性分析.西南交通大学学报.2000, 35(1): 28-31.

[21] 王平. 道岔转辙部分的力学特性分析.铁道学报. 2000, 22(1): 79-82.

[22] 王平. 多点牵引时道岔扳动力计算与分析.铁道标准设计. 2002, 22(2): 23-25.

[23] 陈小平,王平. 无碴道岔轨道刚度分布规律及均匀化. 西南交通大学学报. 2006, 411(4): 447-451.

[24] 田春香,颜华,赵坪锐,王平. 无碴轨道道岔区轨下基础受力分析.铁道工程学报.2006(5): 48-50.

[25] 蔡小培,李成辉,王平. 滑床板摩擦力对尖轨不足位移的影响.中国铁道科学. 2007, 28(1): 8-12.

[26] 刘巍,王平,徐娟娟,万轶. 基于 ADAMS 的轨距加宽式道岔动力仿真分析.铁道建筑. 2007: 94-96.

[27] 周文,刘学毅. 高速道岔尖轨矫直的有限元分析. 西南交通大学学报. 2008, 43(1): 82-85.

[28] 蔡小培,李成辉. 高速道岔辙叉区轮轨接触不平顺. 西南交通大学学报. 2008, 43(1): 86-90.

[29] 陈嵘,王平,陈小平. 车辆与桥上道岔的耦合动力学分析. 西南交通大学学报. 2008, 43(3): 361-366.

[30] 陈小平、王平、陈嵘. 高速车辆与道岔空间耦合振动特性. 西南交通大学学报. 2008, 43(4): 453-458.

[31] CHEN Rong, WANG Ping. Dynamic analysis on Vehicle-Turnout-Bridge Coupling System of High Speed Railway, 2008 International Conference of Chinese Logistics and Transportation Professionals, 2008, vol 3: 2515-2522.

[32] CHEN Rong, WANG Ping, CHEN Xiaoping. Wheel/Rail Noise Generation Mechanisms and Its Control in High Speed Railway, 2008, vol 3: 2565-2571.

[33] 蔡小培,王平,李成辉. 转辙器轨距加宽对高速道岔动力特性的影响.铁道科学与工程学报. 2008, 5(4): 1-6.

[34] 翟淼,陈小平,王平. 基于有限单元法的转辙器扳动力计算软件开发及应用.铁道建筑. 2008(10): 74-76.

[35] 蔡文锋,王平,赵伟. 关于橡胶垫板刚度计算方法的研究.铁道建筑. 2008(4): 83-85.

[36] CHEN Rong, WANG Ping, YANG Rong-shan, CHEN Xiao-ping. Dynamic Analysis and Experimental Research on Jointless Turnout on Bridge of High-speed Railway. Proceedings of International Conference on Transportation Engineering, 2009.

[37] WANG Ping, CHEN Rong, CHEN Xiao-ping. Wheel/Rail Relationship Optimization of Switch Zone in High-speed Railway Turnout. Proceedings of International Conference on Transportation Engineering, 2009.

[38] GUO Li-kang, WANG Ping, CHEN Rong, CHEN Xiaoping. Wheel/Rail Contact Irregularity of High-speed Railway Frog. Proceedings of International Conference on Transportation Engineering, 2009.

[39] WANG Ping, CHEN Rong, CHEN Xiao-ping. Adaptability assessment and maintenance technology research of existing railway line speed increases to 200 km/h. Proceedings of the 9th International Conference of Chinese Transportation Professionals, ICCTP 2009. Critical Issues in Transportation Systems Planning, Development, and Management, 3413-3419

[40] 王平，陈嵘，陈小平. 高速铁路道岔设计关键技术. 西南交通大学学报. 2010，45（5）：28-33.

[41] 全顺喜，王平，伍曾. 客运专线无砟轨道道岔精调系统的研究与应用. 铁道标准设计. 2010(2)：36-39.

[42] 陈小平，王平. 时速 350 km 客运专线无砟道岔的合理轨道刚度研究. 铁道标准设计. 2010(3)：1-3.

[43] 翟淼,王平,李培刚,陈小平. Dynamic Response of Elastic Sleeper Ballasted Track on Bridge. Journal of Southwest Jiaotong University(English Edition). 2010，Vol.18，No.2，April：124-128.

[44] 周文，刘学毅，王平，林红松. 客运专线道岔尖轨矫直残余应力研究. 铁道学报. 2010，32(4)：74-78.

[45] 陈小平，王平，张瑶. 250 km/h 客运专线无砟道岔的合理轨道刚度. 铁道工程学报. 2010(7)：25-28.

[46] 王平，刘学毅，陈嵘. 我国高速铁路道岔技术的研究进展. 高速铁路技术. 2010，1(2)：6-13.

[47] 张瑶，杨冠岭，宋杨，王平. Force Path Analysis of Ballasted Jointless Bridge Turnout. Journal of Southwest Jiaotong University(English Edition). 2010，Vol.18，No.4，Oct：309-313.

[48] Ping WANG, Rong CHEN, Xiao-ping CHEN. Characteristics of Track Dynamic Stiffness of Ballastless Turnout in High-Speed Railway. ICCTP 2010：Integrated Transportation Systems. 3298-3304.

[49] Rong CHEN, Ping WANG, Shunxi QUAN. Optimization of Dynamic Design for Ballastless Turnout on Bridges in High Speed Railways. ICCTP 2010: Integrated Transportation Systems. 3305-3312.

[50] Rong Chen, Ping Wang, Shunxi QUAN. Reasonable Stiffness Value of Ballastless Track Turnout In High-Speed Railway. Key Technologies of Railway Engineering, High-speed Railway, Heavy HaulRailway and Urban Rail Transit.

[51] Ping Wang, Rong Chen, Shunxi QUAN. Longitudinal Interaction Between Ballasted Turnout and Simply Supported Beam Bridge. Key Technologies of Railway Engineering, High-speed Railway, Heavy HaulRailway and Urban Rail Transit.

[52] R. Chen, P. Wang, and X.p. Chen. Influencing Factors of Dynamic Pereformance of Jointless Turnout on bridge in High-speed Railway. Proceedings of the 2010 Joint Rail Conference JRC2010 April 27-29, 2010, Urbana, IL, USA

[53] P. Wang, R. Chen, and X. p. Chen. Dynamic Assessment of Ballastless Track Stiffness and Settlement in High-speed Railway. Proceedings of the 2010 Joint Rail Conference JRC2010 April 27-29, 2010, Urbana, IL, USA

[54] Zunsong Rena; Shouguang Suna; Gang XiebA method to determine the two-point contact zone and transfer of wheelrail forces in a turnout.Vehicle System Dynamics. October 2010, v 48, n 10, p1115–1133.

[55] García Márquez, Fausto Pedro (ETSII, Universidad de Castilla-La Mancha, Ciudad Real, Spain); Schmid, Felix. A digital filter-based approach to the remote condition monitoring of railway turnouts. Source: Reliability Engineering and System Safety. June 2007, v 92, n 6, p 830-840.

[56] Bonaventura, Clifford S. (ZE TA-TECH Associates, Inc.); Zarembski, Allan M.; Palese, Joseph W.; Holfeld, Donald R. Increasing speed through turnouts. Source: RT and S: Railway Track and Structures. July 2004, v 100, n 7, p 20-23.

[57] Sugiyama H, Tanii Y, Matsumura R. Analysis of Wheel/Rail Contact Geometry on Railroad Turnout Using Longitudinal Interpolation of Rail Profiles. JOURNAL OF COMPUTATIONAL AND NONLINEAR DYNAMICS. Apr 2011, v 6, n 2.

[58] Bonaventura, Clifford S. (ZETA-TECH Associates, Inc.); Zarembski, Allan M.; Palese, Joseph W.; Holfeld, Donald R. Increasing speed through turnouts. Source: RT and S: Railway Track and Structures. July 2004, v 100, n 7, p 20-23.

[59] Kramer, Jerome. Developments in turnout technology. Source: Railway Track and Structures. Jul 1996, v 92, n 7, 3pp.

[60] Zarembski, Allan M. Effects of heavy axle loads on turnout maintenance, Source: Railway Track and Structures.Apr 1995, v 91, n 4, p 10-11.

[61] Kassa E, Nielsen JCO. Dynamic interaction between train and railway turnout: full-scale field test and validation of simulation models. VEHICLE SYSTEM DYNAMICS. Suppl. S, 2008, v 46, p 521-534.

[62] Pichard, Claude (Unieux Research Cent, Firminy, Fr, Unieux Research Cent, Firminy, Fr); Bechet, Simone. AS-CAST MANGANESE-MOLYBDENUM RAIL FROGS CUT COSTS, REDUCE MAINTENANCE. Source: Molybdenum mosaic. 1985 , v 8, n 2, p 1-5.

[63] Gasik, M.I.; Semenov, I.A.; Yushkevich, O.P.; Ovcharuk, A.N.; Projdak, Yu.S. Simulation of wear resistance service characteristics of high-manganese steel turnout frogs. Source: Problemy Spetsial'noj Electrometallugii. 2002, n 1, p 40-43.

[64] Kramer, Jerome. Working to improve mainline turnouts. Source: Railway Track and Structures. Apr 1994, v 90, n 4, p 16-21.

[65] 高速道岔联合课题组. 研究报告. 国外高速铁路道岔考察技术报告. 2003.

[66] 高速道岔联合课题组. 研究报告. 时速 250 公里 18 号有砟轨道道岔研制报告. 2006.

[67] 高速道岔联合课题组. 研究报告. 时速 250 公里 18 号无砟轨道道岔研制报告. 2007.

[68] 高速道岔联合课题组. 研究报告. 时速 350 公里 18 号无砟轨道道岔研制报告. 2007.

[69] 高速道岔联合课题组.研究报告. 时速 350 公里 42 号无砟轨道道岔研制报告. 2008.

[70] 高速道岔联合课题组. 研究报告. 时速 350 公里 62 号无砟轨道道岔研制报告. 2010.

[71] 中国铁道科学研究院等.研究报告. 胶济线时速 250 公里 18 号有砟道岔动测试验报告. 2006.

[72] 中国铁道科学研究院等.研究报告. 遂渝线时速 250 公里 18 号无砟道岔动测试验报告. 2007.

[73] 中国铁道科学研究院等. 研究报告. 合宁线时速 250 公里 18 号法国技术有砟道岔动测试验报告. 2007.

[74] 中国铁道科学研究院等. 研究报告. 武广客运专线综合试验段时速350公里 18 号无砟道岔动测试验报告. 2009.